中国油气田企业
智慧油田技术交流大会论文集

中国石油和化学工业联合会　编

中国石化出版社

图书在版编目(CIP)数据

中国油气田企业智慧油田技术交流大会论文集／中国石油和化学工业联合会编. — 北京：中国石化出版社，2023.6
ISBN 978-7-5114-7130-7

Ⅰ.①中… Ⅱ.①中… Ⅲ.①智能技术-应用-油田开发-中国-文集 Ⅳ.①TE319-39

中国版本图书馆 CIP 数据核字(2023)第 111926 号

中国石化出版社出版发行
地址:北京市东城区安定门外大街 58 号
邮编:100011 电话:(010)57512500
发行部电话:(010)57512575
http://www. sinopec-press. com
E-mail:press@ sinopec. com
北京科信印刷有限公司印刷
全国各地新华书店经销
*
880×1230 毫米 16 开本 24.5 印张 723 千字
2023 年 7 月第 1 版 2023 年 7 月第 1 次印刷
定价:260.00 元

《中国油气田企业智慧油田技术交流大会论文集》
编　委　会

前 言

随着新一轮科技革命和产业变革快速演进，5G、云计算、人工智能、元宇宙等数字技术加速数字世界与现实世界的融合，数字经济新模式、新业态不断涌现。能源产业与数字技术融合发展正成为新时代推动能源产业基础高级化、产业链现代化的重要引擎，是落实“四个革命、一个合作”能源安全新战略和建设新型能源体系的有效措施。

当前，石油和化工行业正在进行革命性变革，处于新旧动能转换和低碳化、智能化、绿色化转型的关键时期。国际大石油公司纷纷调整发展战略，明确提出实现净零排放、发展可再生能源等目标，谋求转型发展。面对能源转型和绿色低碳的发展趋势，面对油气勘探难度加大、开发成本上涨、油价不稳定等系列挑战，国内油气田企业普遍加快数字化转型步伐，对标国际大石油公司最佳实践，以智慧油田建设为目标，坚持价值导向、战略引领、平台支撑和数实融合，全面赋能油气勘探开发产业链创新、高质量发展。

2023 年 3 月，国家能源局印发《关于加快推进能源数字化智能化发展的若干意见》，明确提出：“以数字化智能化技术助力油气绿色低碳开发利用。加快油气勘探开发专业软件研发，推进数字盆地建设，推动油气勘探开发数据库、模型库和样本库建设。推动智能测井、智能化节点地震采集系统建设，推进智能钻完井、智能注采、智能化压裂系统部署及远程控制作业。加快智能钻机、机器人、无人机、智能感知系统等智能生产技术装备在石油物探、钻井、场站巡检维护、工程救援等场景的应用，推动生产现场井、站、厂、设备等全过程智能联动与自动优化”，是智慧油田建设的行动指南，为石油和化工行业数字化转型、智能化发展提供了方向指引和政策遵循。

“十四五”以来，以中国石油、中国石化、中国海油为代表的石油石化企业积极有效应对油价波动、成本高企以及快速上产对劳动用工增长形成的压力，充分发挥数字技术的放大、叠加、倍增作用，大力推进智能油田、智慧油田建设与应用，成效与价值逐步显现。中国石油紧密围绕现场作业智能操控、生产运行智能管控、勘探开发智能协同研究和经营管理智能决策分析四大转型方向，建设和应用勘探开发梦想云，创新驱动“油公司”模式改革。中国石化重点围绕生产运行、集成协同、智能油田建设示范等稳步推进数字化、智能化建设，全力打造全面感知、集成协同和全局优化能力。中国海油从综合研究、现场作业、业务管理到战略决策四个层次，聚焦“透明化油藏、无人化操作、协同化运营、知识化决策”四类典型场景，着力打造海上油气勘探开发“智慧大脑”。在长期实践过程中，油气田企业和合作伙伴积累形成了很多有价值、可推广的经验、做法、技术或产品，同时也面临诸多共性困难和挑战，特别是在智慧油田的关键技术研究方面，还存在很多“卡脖子”技术难题，通过与国际石油公司对标也看出，国内智慧油田在理念、方法、技术和管理等方面仍存在较大差距，亟需行业内外各方凝聚共识、共建生态、共谋发展、实现合作共赢。

“中国油气田企业智慧油田技术交流大会”是围绕油气勘探开发数字化转型、智能化发展而搭建的共享交流平台，来自政府机构、科研院所、能源企业的专家学者共聚一堂，深入探讨国内外智慧油田发展的最新进展和未来趋势，广泛交流智慧油田建设及应用成果，细致研讨智慧油田关键技术问题和发展方向，合力构建涵盖油气勘探开发生产全要素、全过程的新型数字化能力，助力形成油气田企业高水平科技自立自强和创新发展的良好局面。

本届会议得到了中国石油、中国石化、中国海油、延长石油等集团企业的大力支持。行业内各企事业单位、科研院所踊跃投稿，大会共征集论文230余篇。经专家评审择优收录63篇，内容涵盖智慧地质、智慧油藏、智慧工程等典型场景，人工智能、大数据、数字孪生、5G等新技术落地应用，油气田数据湖、数据中台、知识库等建设实践以及新型基础设施、网络安全防护体系和组织管理机制改革等最佳实践，总体反映了我国油气田企业智能化建设的最新成果和发展愿景。我们将此次征集的优秀论文集结成册，为探索具有中国特色的智慧油田发展提供宝贵经验，同时为我们制定和完善油气产业智能化发展相关政策提供参考借鉴。

相信国内石油石化企业将以本次大会为契机，进一步明晰智慧油田建设之路，不断加快数字化转型、智能化发展进程，为石油和化工行业数实融合、高质量发展做出更大贡献。

本书编委会

2023年7月

目　录

第一篇　数字化总篇

第二篇　智能化总篇

第一篇　数字化总篇

最小业务单元建模方法研究及在梦想云协同研究平台中的应用

李家金　马　潇　古丽娜扎尔·阿力木　钟泽义

（中国石油塔里木油田公司）

摘　要　石油的勘探开发信息化多年来，不同的油公司根据业务需要，构建了诸如POSC、EPDM等不同的数据业务模型，但这些建模方法大多由于缺乏一套具有广泛适用性的统一的数据管理标准，特别是针对国内油田企业的实际业务需求，在当前实际应用中存在着一定掣肘。本课题创新性建立了全业务环节任务驱动技术和最小业务单元业务建模技术，以圈闭研究、井位研究和经济评价等业务场景，划分业务坐标维度、定义业务关系，构建最小业务单元模型，建立资源共享中台。目前该建模方法应用于塔里木油田协同研究全领域，支撑全线上勘探、经济评价、储量协同研究、工程技术协同平台等多个在研信息化项目，实现了研究业务标准化及研究资源共享。

关键词　石油信息化；最小业务单元；业务标准化；数据模型；协同研究

信息技术在石油勘探开发中应用的进步和发展，数据管理是基础。石油勘探开发数据是油田企业的重要资产，如何有效使用和利用这些资源，是石油勘探开发数据资产化管理与应用的重要课题。开展石油天然气勘探开发数据模型标准研究与建设，建立统一、完整、可拓展的石油天然气勘探开发数据模型标准，对于当前国内石油企业信息化建设来说无疑是至关重要的。本课题依托塔里木油田公司智能油气田基础技术研究项目，创新性建立了全业务环节任务驱动技术和最小业务单元业务建模技术。

1　最小业务单元建模方法概述

1.1　石油业务坐标体系建立

通过对多年石油信息化工作的总结，我们发现所有的石油数据都是伴随业务工作产生的，用户在一个业务节点，一定会产生一个业务数据类型。而根据石油地质理论及行业规范，能够按照既定的几大维度，梳理出所有的业务节点，也就是说能够提前建立好一个业务坐标体系。这种方式摒弃了传统的通过主外键去关联数据，而是通过业务坐标关系去定位和查询关联数据。因此，最小业务单元建模方法的一个创新性思路就是，可以按照对象域、专业域、工作域、业务域和业务过程域等五大业务维度，对石油数据进行坐标定义，如图1所示。

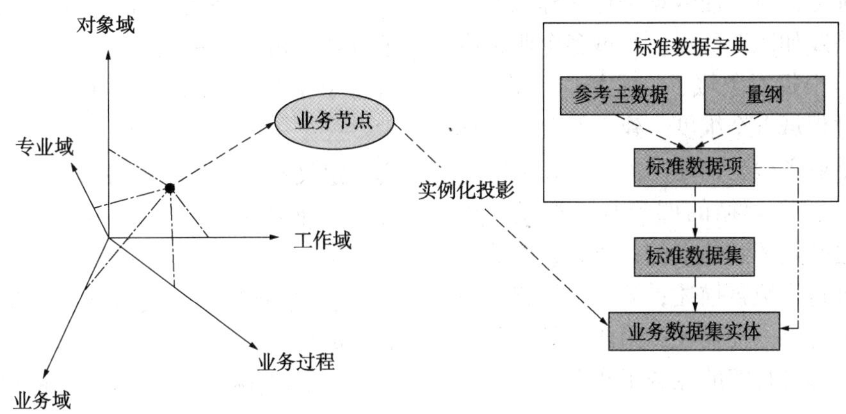

图1　石油业务坐标体系建立

对象域是标记业务工作的工作对象。每一个业务数据都必须依存于一个业务对象，业务对象是指石油业务中的工作组织单元或者工作对象；业务对象类型即按照一定的标准将业务对象进行分类的集合。根据工作类型，其主要可分为地质对象、生产设施设备、工程技术设备及工具、关键物料、管理对象、样品几大类。

工作域是指一个时间节点上，按照工作性质的划分，可分为工程类、研究类、管理类和经营类等，是以工作性质维度进行划分。

专业域是指不同的技术方法(或者技术维度)，可以按照石油地质专业划分。例如工程技术方法、研究技术维度，管理层级及目的，经营方面(如人力资源、财务、采购、计划等)。

业务域是指按照石油勘探开发时间轴的先后顺序，划分到工作阶段，每一个工作阶段有明显的边界，并且每个工作阶段有相对固定的成果，不同的业务域不能有工作交叉，只能有先后顺序。其主要可分为勘探、开发、生产几大类。

业务过程域是指一项具体工作的工作节点划分，该业务工作一般独立于具体的业务域。这个工作环节可以分为多个层级，一个业务过程基本包含几个要素，一是工作顺序，二是技术方法，三是工作目的。

按照对象域、专业域、工作域、业务域和业务过程域五个维度，建立石油业务坐标体系，按照 IPOM 的思路梳理节点参与的岗位、需要使用数据、工具、方法、专家资源以及节点最终产生的成果。通过对上述三方面内容的梳理，能够构建起各业务概念之间的图谱关系，从而用于后续业务工作的智能化场景推送，如图 2 所示。

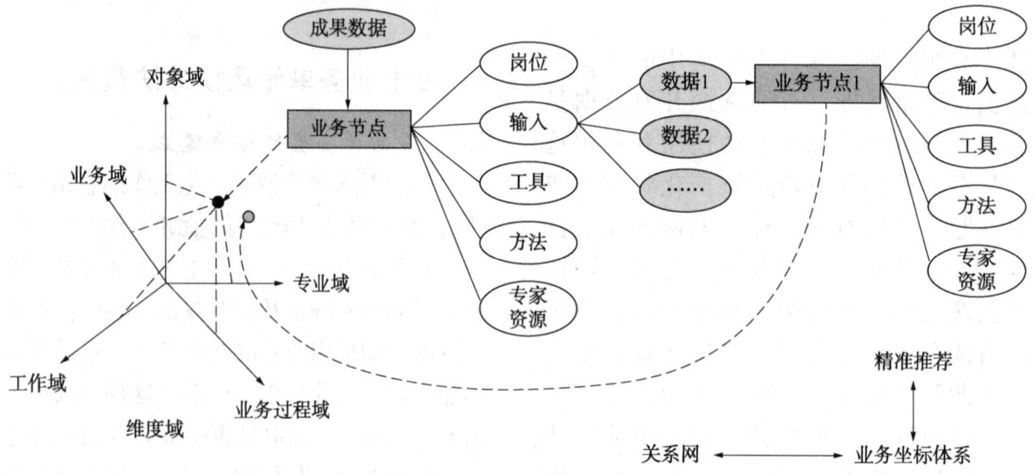

图 2 石油业务坐标体系建立及业务节点资源匹配

1.2 技术路线

按照对象域、专业域、工作域、业务域和业务过程域五个维度，对石油数据进行坐标刻度和定义，其技术路线如图 3 所示。经过多个业务应用的实践检验，根据对象域、专业域、工作域、业务域和业务过程域五个维度，建立的业务坐标体系，能够满足业务模型描述的需要。在实际业务建模过程中，需要遵循的四个基本原则：第一，业务坐标之间是相互独立的；第二，能够对石油任何业务进行全覆盖描述；第三，能够对不同的业务节点进行唯一性描述；第四，具有确定的业务含义，能够与现实的业务工作有唯一的映射和对照。

1.3 工作流程

最小业务单元建模工作流程(图 4)主要包括三大环节：一是数据需求分析。依据甲方的第一手资料分析、抽提相应的业务工作流程节点，分析每个工作节点对应的 IPOM，并梳理数据需求；二是 PT 标准化(PT 指的是一个业务数据集，定义有对象域，业务域，工作域，业务过程域、专业域五维标记，以及 PT 名称和其定义的数据字段内容)。基于获取的数据需求梳理 PT，定义 PT 五维域坐标及具体的数据内容等，并校验所创建 PT 的唯一性；三是数据字典标准化。定义好 PT 中数据项的详细属性后导入中台，中台是 PT、数据项、量纲及标准附录表的统一管理平台，在这里可以进行集中维护。

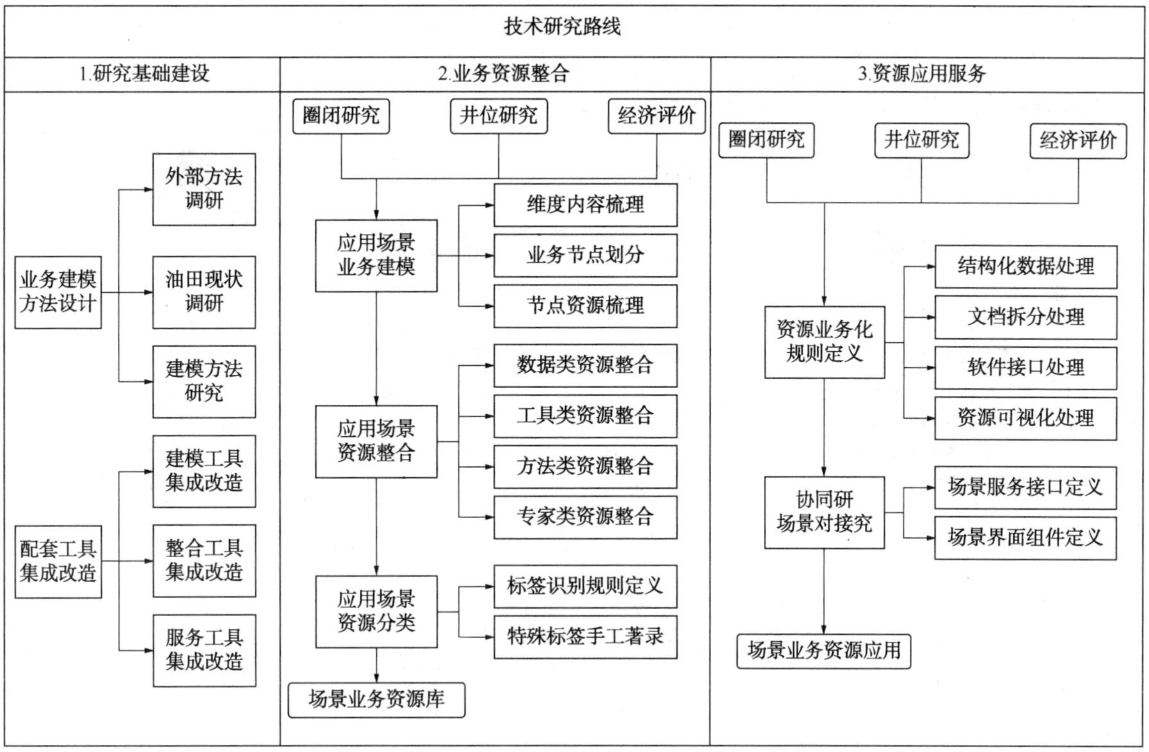

图 3　塔里木油田最小业务单元建模技术路线图

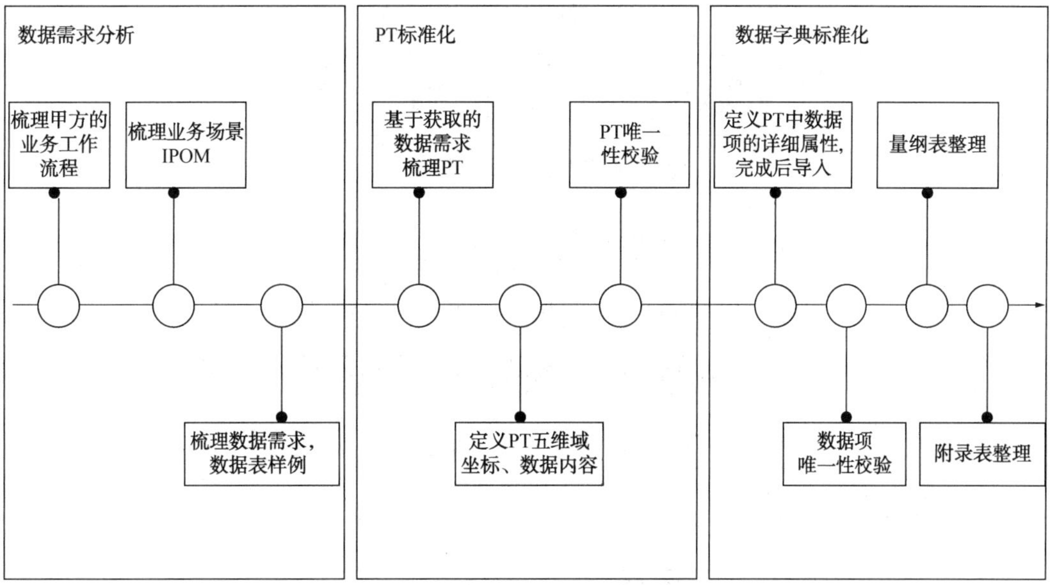

图 4　最小业务单元建模工作流程图

2　最小业务单元建模应用实例

在塔里木油田协同研究信息化项目的实践中，基于梦想云协同研究平台，我们成功的将这套建模技术应用在全线上勘探、经济评价、储量协同研究、工程技术协同平台等多个在研项目(图 5)。围绕相关协同研究领域，开展业务标准化建模和数据萃取填充，建立资源共享中台，为 A6 协同研究“个人工作室”基础研究业务提供精准的研究工具、数据、成果、方法知识等资源推送服务(图 6)。

应用最小业务单元建模技术，实现了以下两点突出效果：

1）实现了研究业务标准化：基于最小业务

单元划分，促进圈闭、井位、储量、经济评价、钻采工程研究业务流程标准化和研究成果标准化，实现研究工作线上转变，多场景工作协同；

2）实现了研究资源共享：以最小业务单元为核心，纵向打通数据银行、协同平台之间的资源通道，横向打通各研究场景之间的成果共享，侧向打通工具、专业软件数据链路，实现研究资源共享，研究工具集成(图 7)。

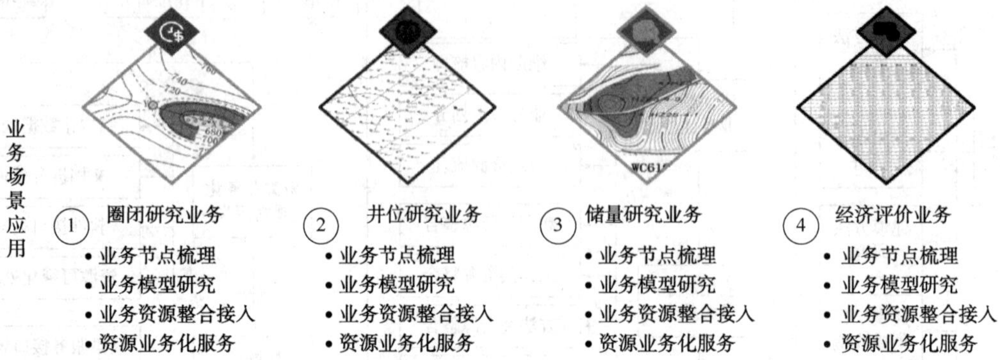

图 5　最小业务单元建模业务场景应用

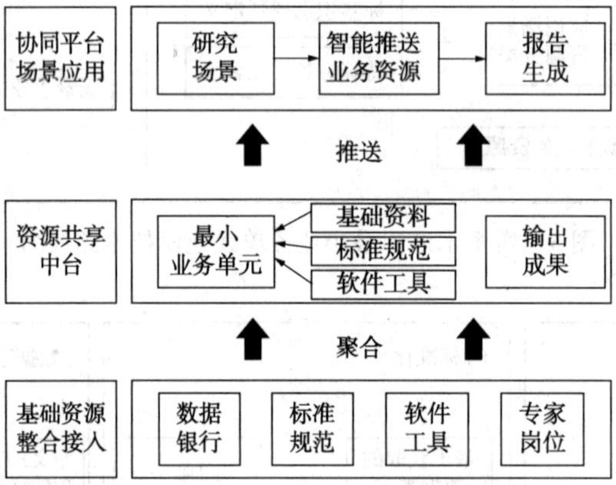

图 6　业务建模和数据资源整合

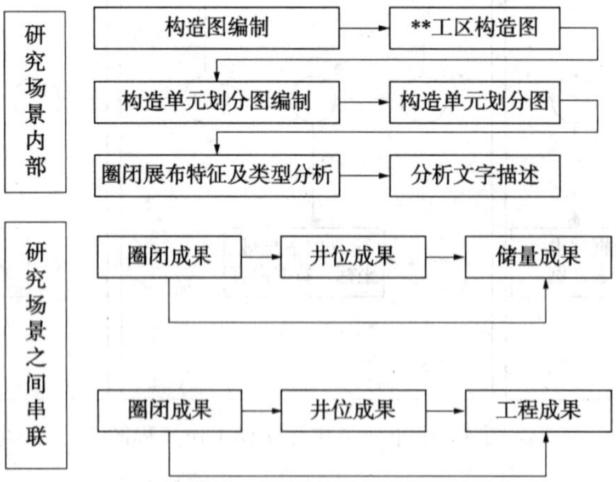

图 7　以最小业务单元为核心建立研究场景全任务驱动

3　最小业务单元建模优势

最小业务单元建模具有以下优势：

1）可以基于石油地质理论和行业规范，建立一套通用于所有油公司的石油数据描述模型；

2）可由业务人员(非软件开发人员)直接进行建模，对数据库建设要求的 IT 门槛相对较低，让业务人员更深度参与；

3）依托建好的数据模型，能够快速生成石油数据知识图谱，能够提供数据标准去做数据的虚拟整合；也可以生成物理库表，快速建设小型的应用系统；

4）通过维度刻度的关系计算，能够推算出理论上应该有多少石油行业数据；

5）提供了石油数据的业务坐标体系，能够快速定位，找到关系数据，为未来的应用也提供了无限可能。

4 结束语

最小业务单元建模方法在查询现有模型的基础之上，创新性地提出五大业务维度，刻画数据坐标，有效优化了数据管理效率，并提供了一套完整可行的数据管理标准，实现了建造效果与建造目标的高度一致，相关技术也成功在一系列信息化项目应用中得到了检验，是一套高质量的数据建模方法，适用于石油业务全流程全要素生产环节，能有效助力国内油企数字油田的规划目标实现。

参考文献

[1] 王海平，葛珺，王娟．基于 POSC 的油田业务分析与建模方法[J]. 计算机系统应用．2010，19(03).

[2] 马庆有，陈付平，张莹．油气勘探开发数据模型的建立[J]. 大庆石油地质与开发．1998(01).

[3] 熊方平，马进山，陈新燕，孙瑶．中国石油一体化勘探开发数据模型研究与实践[J]. 信息技术与信息化．2011(03).

油气勘探工区中无人机定点巡检实现和应用

白志宏　杨　韬　门　哲　杜清波　雷　飞　吴　昱　杨　剑　王婧婧

（中国石油东方地球物理公司）

摘　要　随着油气勘探工区野外施工地形的日益复杂，尤其是复杂山地给施工作业者进行踏勘巡检带来困难，随着无人机技术的发展与推广，可以借助无人机实现野外踏勘和巡检。使用无人机厂商提供的SDK开发包，开发一种无人机定点巡检APP软件，利用高精度的数字高程数据，规划复杂山地的巡检点的飞行高度，完成复杂山地的定点巡检工作。通过在西部某勘探工区，使用定点巡检软件进行实测，除了续航能力差一些，基本满足野外踏勘巡检要求。通过实际工区测试验证，表明开发的定点巡检软件，能够满足油气勘探工区定点巡检的需要，提供一种踏勘巡检的新方法，来降低踏勘巡检难度。

关键词　无人机；油气勘探工区；定点巡检APP；数字高程数据；野外踏勘巡检

近年来随着油气勘探的不断发展，勘探目标区已从简单地表向复杂地表区转移，复杂山地区进行野外地震采集难度大，陡峭悬崖、高落差峡谷、军事禁区等复杂地物地貌，都给采集施工带来极大困难，在复杂地表区地震勘探进行踏勘和日常井炮巡检工作带来挑战，影响了山地地区的施工效率。

随着无人机技术和航拍技术的发展，以及地理信息数据、遥感数据精度的提高，在地震勘探领域中得到了广泛应用。地震勘探领域不断深入拓展，越来越多的复杂地表也已成为勘探主战场。在物探过河和深沟的放线作业中，使用无人机进行放线，不仅可以保证放线作业过程的安全性，还可以使得放线施工效率倍增。在观测系统设计时，利用无人机拍摄的高清影像，针对黄土塬等地形、地物复杂地区地震勘探测线优化设计进行了的探讨。同时无人机也广泛的应用在电力、管线日常巡检中，无人机厂家考虑了通用场景下的应用，但对特殊应用的场景如起伏剧烈且连续的井炮点的巡检考虑的比较少，所以针对复杂山地踏勘场景，展开了一种无人机定点巡检APP的软件研发，解决复杂山地踏勘和巡检工作，如图1所示，为西部某油气勘探工区进行踏勘施工的现场。

图1　西部某工区进行踏勘施工现场

1　无人机巡检流程

1.1　物探踏勘和巡检现状

在复杂山地区进行油气勘探，踏勘和巡检是一项重要的工作，目前作业流程，先进行测量工作，缺乏合理路线规划给山地测量带来巨大的工作量，同时由于西部安全环保的政策需要对已经下药的井位进行现场巡检，确保井位的安全无异常状况，通过车载人员到施工现场对井位进行核查，如果遇到特殊情况巡检效率比较低，不能满足突发事件的应急响应。

1.2　无人机踏勘与巡检流程

开展无人机踏勘与巡检工作，采用高清遥感影像数据和观测系统的激发点信息，进行巡检航线的设计，同时使用高分辨率的数字高程数据获取航线上的巡检点的高程数据，设置无人机航线上每一点的高度，这样可以生成无人机航点任务，可以避免无人机巡检过程中撞到山体与障碍物上。上传无人机航点巡检任务后，可以开始进行巡检，巡检过程中记录必要的影像和视频数据，完成巡检，如图 2 所示的流程。

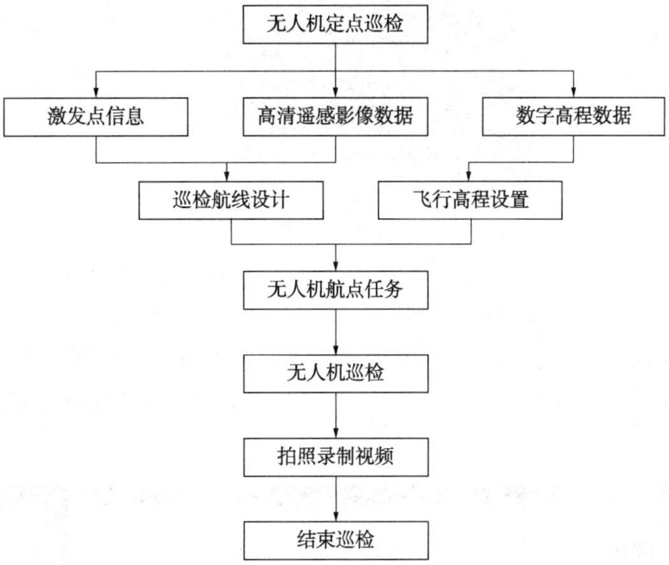

图 2　无人机定点巡检流程

1.3　无人机巡检的优势

根据无人机的特点，无人机运用于物探巡检中主要有以下方面的优势：

1) 具备巡检高效的优势。通过空中优势可以直线运动的到巡查点，部分山区路途行走艰难、沟壑纵横。无人机巡检技术则有效避免了进入山区的危险，克服车辆派送人员到达现场时间长需要组织人员的特点，节约时间和人工成本。

2) 具备直观性、实时视频传输优势。可以快速的利用无人机上加载的视频传输功能，将现场的图像实时传输的控制中心，利用无人机航测技术结合野外重点地段核为生产的决策提供依据。

3) 具备事故的快速反应优势。在油气勘探工区内重点区域定点盘旋或区域巡检，实现对安全动态的及时掌握，做到“早发现，早报告，早处置”，有效预防突发事件和人为破坏。

2　无人机飞行 APP 的开发

2.1　无人机 SDK 开发包

结合无人机 SDK 开发包，可以开发适合物探定点巡检的无人机应用 APP。可以进行底层的控制包括相机和云台全方位的实时控制，获取无人机实时高清影像，进行飞行数据的实时回传，以及遥控器和电池的状态获取，各种飞行参数的设置。通过 SDK 可以定制开发特殊定制功能，以满足地震采集踏勘和巡检的需要。

2.3　无人机定点巡检 APP 的开发

利用无人机 SDK 开发包进行了功能的拓展无人机巡检 APP 的开发，无人机航点巡检 APP 完成的主要功能，加载离线地图、导入无人机航点任务、设置航线点参数、执行巡检任务、及拍照录像功能。

航线任务文件的说明，可以通过外部编辑设置航点文本文件，航点的文件格式为<航点序号>，<纬度>，<经度>，<飞行高度>。其中设定的序号对应需要巡检的激发点，激发点巡检坐标为 WGS84 的经纬度，高度为相对于起飞点的相对高度。

2.4　巡检软件功能说明

无人机定点巡检软件的界面如图 3 所示，可以加载离线地图，叠加在标准高德地图上进行踏勘和飞行路线控制。

图 3　无人机定点巡检 APP

各按钮功能说明：

LOCATE：将地图定位到无人机所在位置；

ADD：进入交互编辑添加航点模式。进入后，点击地图上的点即可增加航点；

CLEAR：清除航点；

CONFIG：设置航点参数；

UPLOAD：上传航点巡检任务到无人机；

START：无人机开始执行航点任务；

STOP：无人机终止执行航点任务；

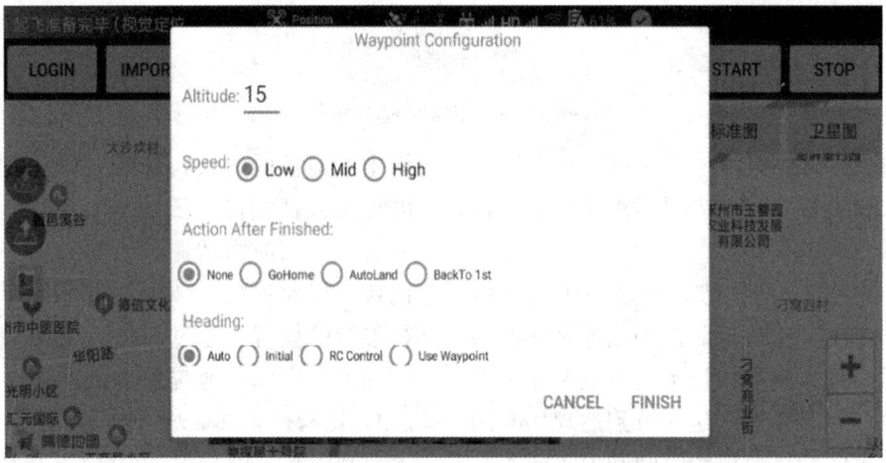

图 4　无人机航点路线参数设置机

Altitude：若不为空且大于 0，则设置所有航点的相对高度，为 0 使用导入文本中的高度；

Speed：飞行速度：分别为 1/5/10(m/s)

Action After Finished：设置任务结束后行动；

None：悬停；　　GoHome：返航；

AutoLand：自动着陆

BackTo1st：直线返回第 1 个航点；

Heading：设置飞行时机头朝向；

Auto：和无人机飞行方向一致

Initial：使用无人机到达第一个航点时的航向。在到达第一个航点前遥控器可以控制航向，到达第一个点后航向就固定不再改变；

RC Control：遥控器控制

Use Waypoint：使用每个航点设置的航向。

3　勘探工区测试与分析

前往用西部某山地三维采集项目进行了实地测试，如图 5 所示，灰色区域为无人机限高 120 米区域，绿山区域和红色区域存在机场和敏感建筑为禁止飞行区域，定点巡检测试在采集工区的北部和东部进行。

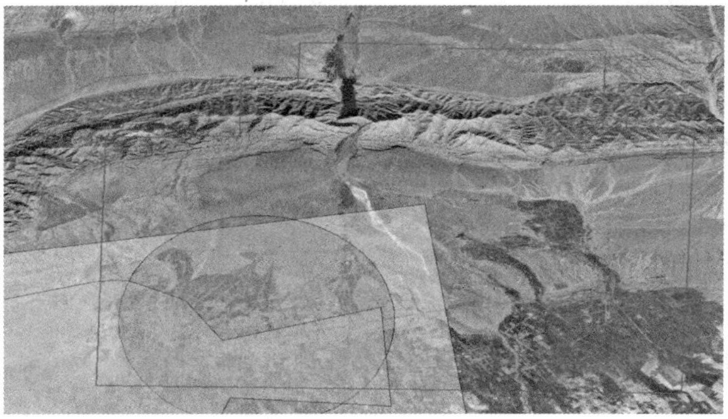

图 5 西部某三维采集勘探区限飞区域

3.1 地震勘探工区概况

测试实验的勘探工区南部包含城市市区，北部跨越秋里塔格山，地表条件复杂，大致分为高陡山体、一般山体、城镇农田，山体高陡，南部施工障碍物众多，需要详细踏勘解决生产施工组织、生产安全管理困难的问题。

3.2 路线设计与巡检

以勘探工区的高清影像为依据，设计了巡检的航线，待准备工作结束后，查看气象预报选择合适合飞行的天气，对无人机做好必要的检查维护，使设备处于良好状态，设定无人机飞行路线进行巡检，采集飞行数据以及图像数据。

3.3 巡检数据成果

对巡检中拍摄的影像数据进行处理，多张影像数据进行处理，生成立体地表数据，生成数字地表模型显示如图 7 右图所示。

图 6 勘探区域选取无人机巡检路线

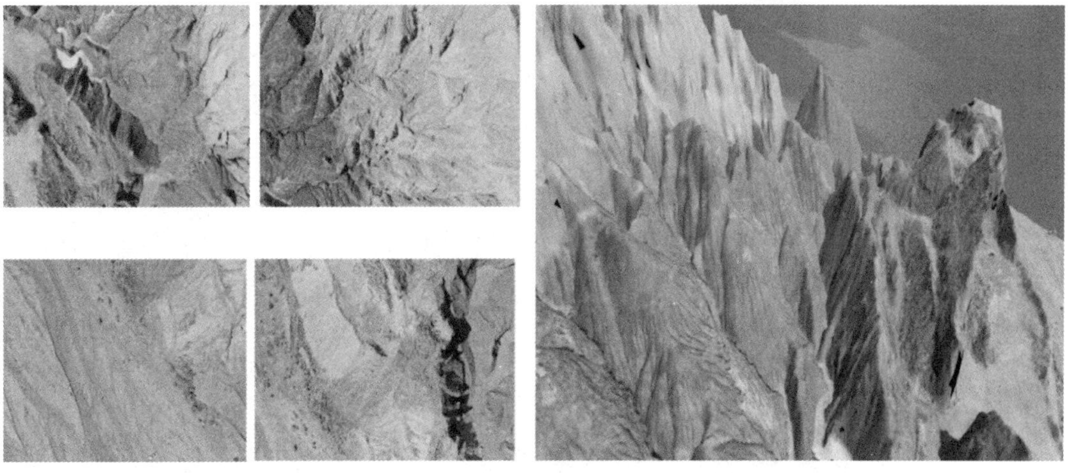

图 7 西部复杂山地区影像及处理后的立体地表显示

4　结论

通过实际勘探工区对无人机巡检进行的测试实验，还需要进一步深入研究，充分发挥无人机各项功能的优势，已经进行了无人机巡检测试，验证了无人机巡检 APP 的各项功能。在测试过程中使用的多旋翼无人机其续航能力不足，需要频繁更换电池，如果推广无人机巡检的应用需要提升续航能力，或者更换为续航能力较强的固定翼无人机。

参考文献

[1] 倪浩飞，袁俊，代伟明，代斌，陈怀静，贾志勇．无人机在断崖和河流放线作业中的应用[J]．中国科技信息，2020(18)：40-41+13.

[2] 陈楠，宋智礼．无人机自主飞行精确定位导航在环境安全中的应用[J]．现代电子技术，2020，v.43；No.553(02)：105-108+113.

[3] 刘辉，王川洪，廖敬，等．运用无人机进行管线巡检探讨[J]．化工管理，2020，No.546(03)：208-209.

[4] 史小奇，畅毅，司海新，等．利用无人机航测影像进行物探测线优化设计[J]．物探装备，2016，26(004)：265-267.

[5] 耿春，敬龙江，陈江力，胡善政，黎书琴，罗文，巫骏，岳礼．真地表观测系统设计技术在复杂山地的研究及应用[A]．中国石油学会天然气专业委员会．2018年全国天然气学术年会论文集(01地质勘探)[C]．中国石油学会天然气专业委员会：中国石油学会天然气专业委员会，2018：5.

[6] 王路路．浅谈无人机在放线中的应用[J]．科学与财富，2017，000(032)：126-126.

[7] 任瑞国，闫小兵，陈永前．无人机航测技术在临汾浮山断裂调查中的应用[J]．山西地震，2019，No.180(04)：30-33+40.

[8] 侯振国．无人机低空摄影测量技术在非洲公路设计中的应用[J]．科学技术创新，2021(05)：150-151.

[9] 白志宏，肖虎，潘英杰，郭武，吴昱．一种山地可控震源轨迹施工的方法[A]．中国石油学会2019年物探技术研讨会论文集[C]．中国石油学会石油物探专业委员会，2019：4.

[10] 丁华，张辉．无人机机载激光雷达在输电线路巡线中的应用[J]．机电信息，2021(03)：10-11+14.

[11] 解文武．土地整治工程中无人机航测技术的应用探讨[J]．科技创新与应用，2019(36)：174-175.

[12] 李永才．基于 WebGL 的铁路三维虚拟踏勘与遥感判释系统设计与实现[D]．西南交通大学，2019.

塔里木油田视频网方案设计与实践探索

余忠凯　张少飞　冯雅静

（中国石油塔里木油田公司）

摘　要　随着数字化转型智、能化发展工作的大力推进，塔里木油田生产现场数字化、智能化改造愈加迫切。为深化智能应用、提升风险管控、强化安全监督，高效实现生产现场“安全生产智慧眼可视化智能化识别工程”（以下简称“安眼工程”），针对目前存在的视频资源缺乏统一管理、视频业务未分离传输、视频业务与办公和工控业务混传、主动运维管理缺乏、视频数据未高效应用等问题，油田在建立统一标准规范的基础上，通过对视频网统一建设、接入、应用方案的思考和实践探索，最终实现油田生产作业现场高效监控、风险管控预警及远程精准监督，达到了预期建设目标。

关键词　数智化；视频网；安眼工程；音视讯平台；统一标准规范

随着新一代信息技术与能源产业深度融合，塔里木油田生产施工作业智能化需求逐渐提高，应用数字化技术和手段推动油气生产、地面建设、工程技术3类重点领域生产管理和安全监管数字化，实现“安眼工程”全天候、全方位、全过程、无死角智慧监管，逐渐成为生产现场业务精益化管理的重要手段。

由于视频监控数据量大、数据传输实效性要求较高，为实现“安眼工程”等相关视频业务高效应用，同时保证油田生产网、办公网数据安全，提升生产网、办公网数据传输稳定性、可靠性、时效性，油田通过建设单独的视频网，保障视频业务高效稳定传输和灵活便捷调用已经迫在眉睫。

1　油田视频网现状

随着生产安全要求的不断深化和视频技术发展的迭代更新，目前塔里木油田视频业务已覆盖油田油气生产、地面建设、工程技术三大领域，通过油田通讯网络及运营商专线传输到油田基地统一的音视讯平台。通过对视频业务的数字化初步应用，油田实现了对生产作业现场的可视化、智能化监督和管控—为油田单井生产提供钻、试、修、生产全生命周期的音视讯监督，为油田智慧场站、智慧工地、维稳防恐、无人值守、应急调度等提供精准管控，成为油田安全生产管理不可或缺的技术支撑手段；在大幅提升油田数字化应用、管理水平的同时，为推动油田数字化转型、智能化发展奠定了坚实的基础。但在具体应用管理和运行维护过程中也存在以下问题：

1.1　缺乏统一管理、资源共享机制

目前已建设的视频监控，包括多个厂家多个型号产品，涵盖早期建设的模拟视频设备和现有高清网络视频设备，各类视频监控系统各自独立，形成资源孤岛，视频监控资源的共享应用缺乏统一顶层规划和标准规范，难以有效共享视频资源到相关部门和应用，视频资源的二次利用价值未能充分展现。

1.2　视频业务与办公、工控业务混传，存在网络安全隐患

如图1所示，目前采油气管理区存在视频业务与办公业务、工控业务混传的情况，主要有4种情况：

① 视频业务与办公网共用光纤链路和网络设备；

② 视频业务与工控子网共用光纤链路和网络设备；

③ 视频业务和工控子网共用工业4G网络；

④ 物联网视频业务直接进入办公网，接入音视讯平台。

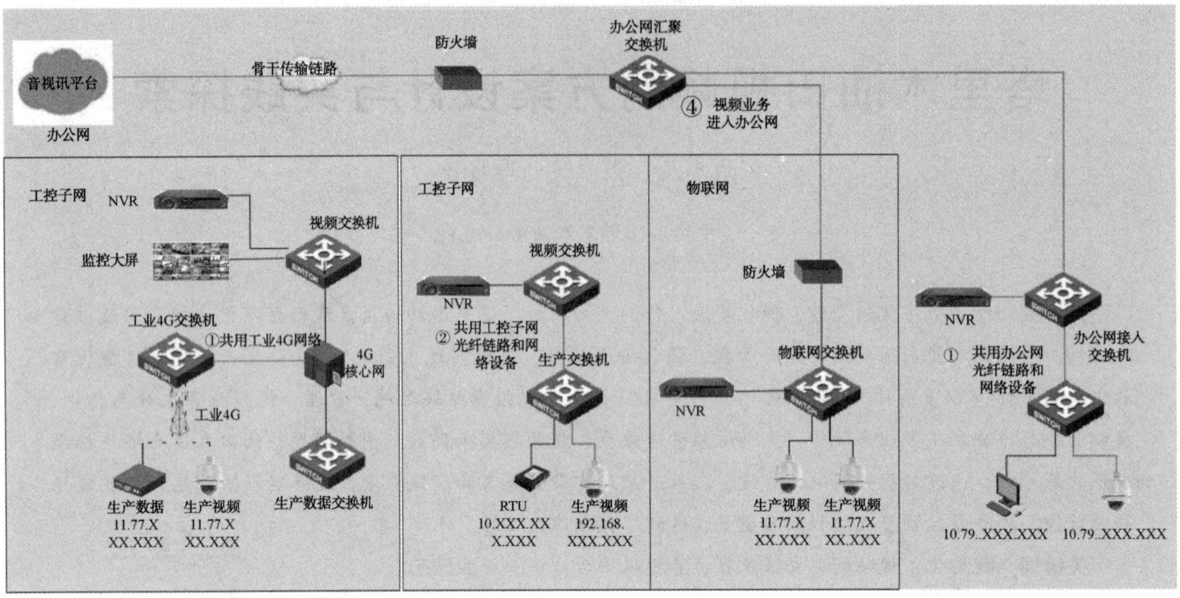

图 1　视频与办公、工控业务传输现状

1.3　标准规范缺失

油田各领域视频网建设情况和对视频资源的需求、要求各不相同，要实现视频资源的统一网络规划、统一资源调用、统一运行管理、统一平台调度，必须制定各领域的建设、接入标准规范，统一进行规划部署。

1.4　缺乏主动运维管理手段

视频监控系统资产和运行缺乏统一运维管理。对视频的在线率、完好率、故障率、录像完整性等缺乏统一的运行质量评价。当视频监控系统运行状态出现故障时，难以做到主动监测定位故障，从而影响实际应用效率。

随着系统规模越来越大，设备越来越多，管理越来越复杂，需要在现有系统的基础上增加运维管理功能，对系统内所有设备进行设备监测、设备状态统计、维修管理、异常报警主动推送等，做到主动运维。管理员用户第一时间了解系统整体运行状态，并可以统计系统内各品牌设备故障率、各二级单位的视频在线率、图像可用率等系统信息，为设备二次采购或者业务考核提供参考依据。

1.5　缺乏深度智能视频应用

经过多年的建设，视频监控资源规模日益增长，单一依靠监看人员人工盯防，已难以满足日常需求。需适度借助视频智能分析技术，实现对重要敏感区域开展“无人值守”“业务不间断”的视频智能监控，自动分析检测并发现异常事件，智能预案和报警联动，提升对异常事件的快速响应和防范。

2　建设方案

基于油田数字化整体 3+3 顶层设计框架，油田视频网建设主要由平台、通讯网络、应用领域三部分组成(如图 2 所示)。

音视讯平台：部署在油田办公网，接入油田各类视频、语音数据，为各应用系统提供视频监看、录像回放等服务；实现与视频会议、语音通讯等系统间的共享调用，为优化生产组织形式，强化安全生产受控、提升安保维稳能力、提高应急处置时效、丰富员工交流奠定基础。

通讯网络：主要为三大领域业务提供传输链路，油气生产领域视频主要依托油田 OTN 骨干环网传输至办公网；地面建设领域视频主要通过视频子网、4G 和 VPDN 链路传输至办公网；工程技术领域视频通过油田通讯网络及运营商专线传输至油田办公网。

应用领域：油气生产—主要应用于油气场站(各采油气管理区、油气运销部)和后勤科研(油气生产技术部、生活基地小区等)所在区域，视频业务主要通过视频子网传输进入油田办公网，通过音视讯平台推送至其他应用系统。

地面建设—主要应用于地面工程大、中型项目的固定建设工地和流动建设工地，视频业务主要通过视频子网和 VPDN 链路进入油田办公网，通过音视讯平台推送至其他应用系统。

工程技术—主要应用于正钻井、试油井、修井现场，视频业务与办公网应用、生产数据、视频会议、语音通讯等通过油田通讯网络运营商专线进入油田办公网，通过音视讯平台推送至其他应用系统。

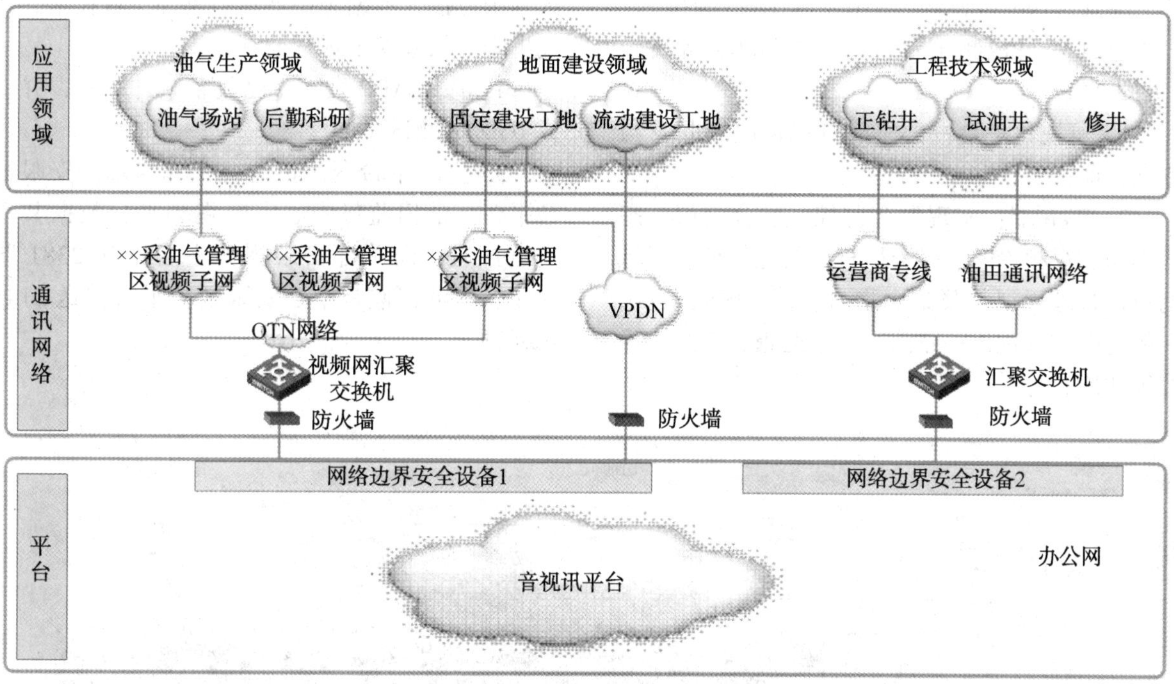

图2 油田视频网系统组成图

2.1 总体目标

(1) 结合数字化油田顶层设计及今后发展趋势，对油田整体视频网建设进行统一规划；

(2) 满足国家、地方、集团公司、油田公司的视频相关标准规范要求和信息安全要求；

(3) 满足国家相关部门的管理要求，如公安、安全环保等对企业监管的需求；

(4) 满足集团、油田公司各业务的需求，实现统一管理、灵活调度；

(5) 满足油田今后业务扩展的需求。

2.2 设计思路

秉持“建好、管好、用好”原则，坚持问题导向原则，持续完善管理制度和标准规范，依据视频接入方案和有关标准规范，按应接尽接、分级分类的原则，建好油田视频网；按属地化管理原则，依托生产业务部门，明确各单位对视频业务的管理职责，逐级管好视频网；以视频网为基础，为各类应用提供安全、快速的视频业务，用好视频资源。

2.2.1 标准化

从视频网的整体架构、组网模式、IP/VLAN、应用接入、存储及信息安全等方面制定标准化要求，编制相应的接入规范、配置规范等；

2.2.2 安全性

满足视频网本身及外部资源调用时的信息安全要求；

2.2.3 经济性

采用提升技术手段节约资源、充分利用自有资源、多方共建共享资源等多种方式，节约投资、提升效果；

2.2.4 实用性

考虑项目的受众范围非常广，从设计层面应尽量考虑操作时简单易用；结合各领域需求、地理位置、现场情况等的差异，制定一地一策、一站一策、一井一策的针对性解决方案；

2.2.5 合规性

满足国家、集团公司、油田公司的相关标准规范要求，以及信息安全要求。

2.3 建设情况

2.3.1 音视讯平台建设情况

采用物理主机搭建独立梦想云环境进行部署，建立音视讯基础平台。互联网资源通过在集团 DMZ 区域部署接入节点进入办公网，接入油田音视讯平台；视频子网资源通过“准入网关+网闸+防火墙”，接入油田音视讯平台。

■ 平台架构

目前油田音视讯平台已支撑6个应用系统集成服务组件应用，提供坦途微件和服务组件，完成5196路视频、310方会议终端接入，并为总部安眼视频平台推送超过4000路视频（见图3）。

1）可视化平台：已完成可视化应用开发与测试验证；

2）Web端：实现融合监控、融合会议、态势感知、视频诊断、媒资检索、信息管理、区域湖数据管理、视频督察、监测预警、解码调度、视频巡岗、音视讯一张图、实景巡查、交互式显控等功能；

3）数据入湖与接入展示：HSE监督助手、油气生产标准化信息工作平台、施工作业信息公示系统等关键数据字段全部入湖，通过数据银行数据服务接入数据集中展示，支撑工程技术、油气生产等领域安全远程监督；

4）移动APP发布：已具备软件版本，并完成DMZ区测试验证

5）上级平台资源推送：完成与总部安眼视频平台、油田监督中心安眼视频平台数据共享通道打通，向总部安眼视频平台推送2381路视频，向油田监督中心安眼视频平台推送2148路视频

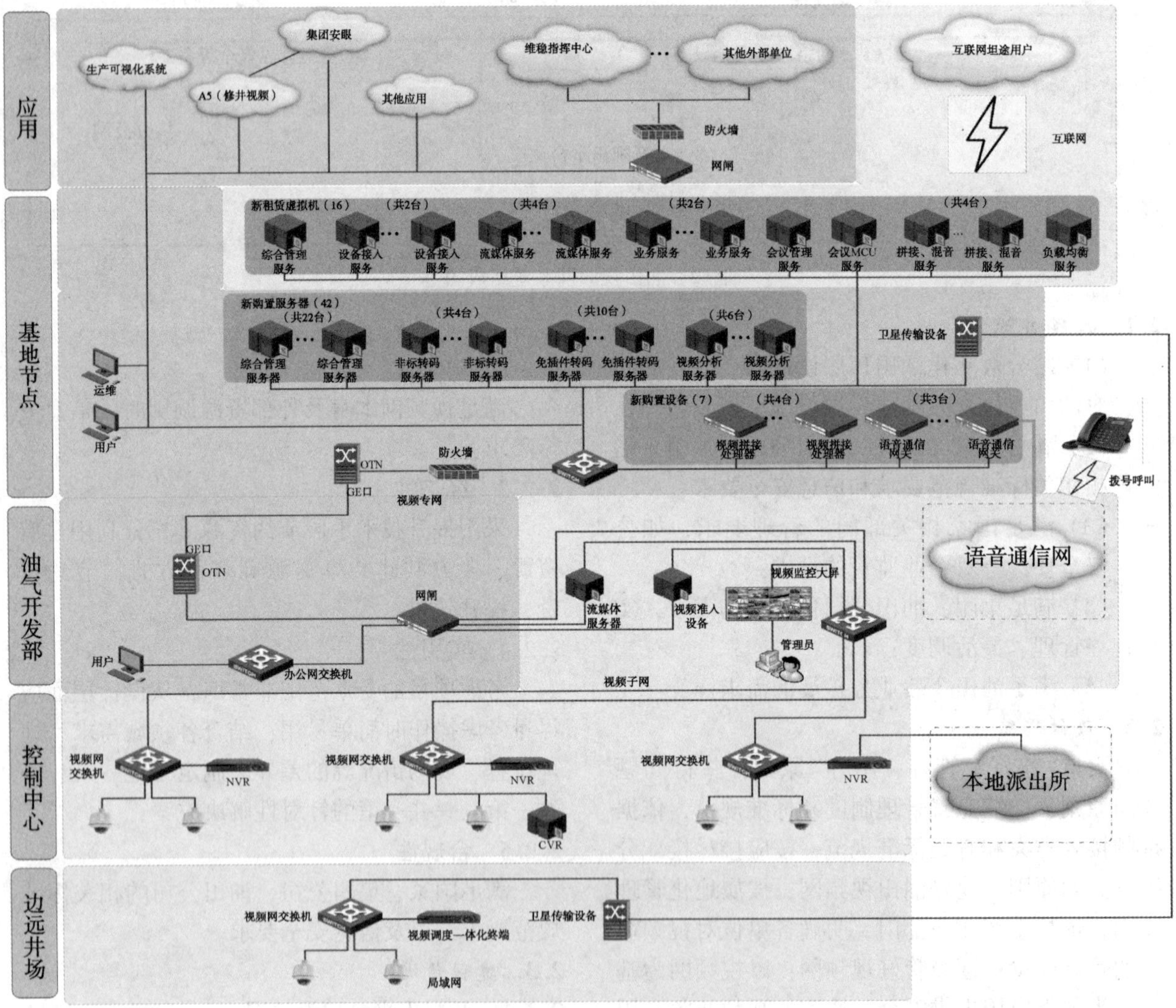

图3　音视讯平台总体架构图

■ 智能算法

智能算法建设按照“油田+二级单位”两级原则，统一部署油田视频智能分析算法管理平台，实现告警信息分级推送，

智能分析算法：共收集三个领域算法需求共计33种，其中针对人员履职情况算法需求4种，人的不安全行为算法需求19种，物的不安全状态算法需求10种(见表1)。目前，已完成10种

算法上线部署运行(见表1)。

表1　智能分析算法需求

序号	名称	数量	描述
1	人员履职	4种	人脸识别确认人员身份；人员定时巡检判定；在岗人员脱岗；在岗人员睡岗
2	人的不安全行为	19种	通用场景算法(8种)：未戴安全帽；安全帽未系帽带；未戴手套；未穿工鞋；未穿工衣工裤；抽烟识别；烟雾识别；火焰识别
			作业场景算法(11种)：榔头作业时未戴护目镜；上下扶梯未用手扶住扶梯把手；起下钻期间操作不规范；钻工用脚开吊卡；接单根期间未按规定灌浆；高处作业未系安全带；高处作业向下抛物；吊车作业半径内有人穿行；吊装作业手扶吊物，未使用牵引绳；进入受限空间未佩戴便携式气体报警仪；作业现场无监督人、监护人
3	物的不安全状态	10种	泵房高压区无黄色警戒带；封井器组试压时无警戒带；钻杆起下钻台时公扣没戴护丝；监控画面遮挡(蜘蛛网、人为)；高风险作业场景判断；吊车作业时现场无警戒带；吊车摆放时未垫千斤板；吊钩防脱装置没有固定；起重机上没有吊钩安全限位装置；脚手架搭建不规范、连接件脱落

表2　智能分析算法部署情况

序号	算法名称	适用场景	达成的效果
1	人员佩戴安全帽识别	井场、站库、危险作业	对未佩戴安全帽的人员进行识别
2	人员穿着工服识别	井场、站库、危险作业	对穿戴本单位统一工服的人员进行识别
3	人员佩戴绝缘手套识别	配电室	对未佩戴绝缘手套的行为进行抓拍并识别
4	吸烟识别	站库、危险作业	监测员工吸烟行为
5	接打手机识别	站库、危险作业	监测员工打手机的情况
6	重点区域入侵	站库、危险作业	对重点区域的人员闯入行为进行监控
7	人员睡岗识别	调度中心	对指定调度中心人员的睡岗行为进行监控报警
8	人员值岗/离岗识别	调度中心	对指定调度中心人员的离岗行为进行监控报警
9	监控画面异常识别	井场、站库	识别监控画面遮挡或异常状态，遮挡体现为大面积单一颜色；异常状态体现为因相机移动造成的明显的画面异常
10	密闭空间未佩戴气体检测仪	风险作业	检测人员进入受限空间作业，是否佩戴便携式气体检测报警仪

2.3.2　通讯网络

主要为三大领域业务传输提供链路，目前油田已建成覆盖所有采油气管理区的OTN骨干环网，油气生产领域视频主要依托油田OTN骨干环网传输至办公网；地面建设领域业务相对单一、地点不固定，可以根据现场情况选择通过视频子网或VPDN链路传输至办公网；工程技术领域主要依托油田通讯网络和运营商专线传输。

传输方式：包括油田通讯网络、运营商专线，采用光缆、网桥、卫星三种传输方式。

网络边界与安全设备：边界路由器、防火墙、流量控制设备(详见图4)。

2.3.3　油气生产领域视频网建设情况

截至目前，油田已完成油气生产领域《“安眼工程”油气场站视频网络改造方案》编制，相关单位均已开展视频网构建改造工作。下面以哈得采油气管理区为例，介绍具体建设情况：

哈得采油气管理区于2022年启动视频网建设，实现了视频网统一网络规划、统一平台调度、统一运行管理、统一资源调用；同时通过视频网安全准入系统，实现了视频网业务安全共享，满足后期油田统一管理、接入要求。同时为形成视频网建设标准规范提供了视频网络整体架构、组网模式、IP/VLAN、应用接入、存储及信息安全等方面的实践案例样本。

如图 5 所示，按照油田统一要求，哈得采油气管理区视频网划分为应用、核心、接入三个区，将核心区划分为外联区、存储区、服务区，明确了各个层级、区域的功能，为采油气管理区视频资源调度、管理、分发、扩容提供了坚实的基础。

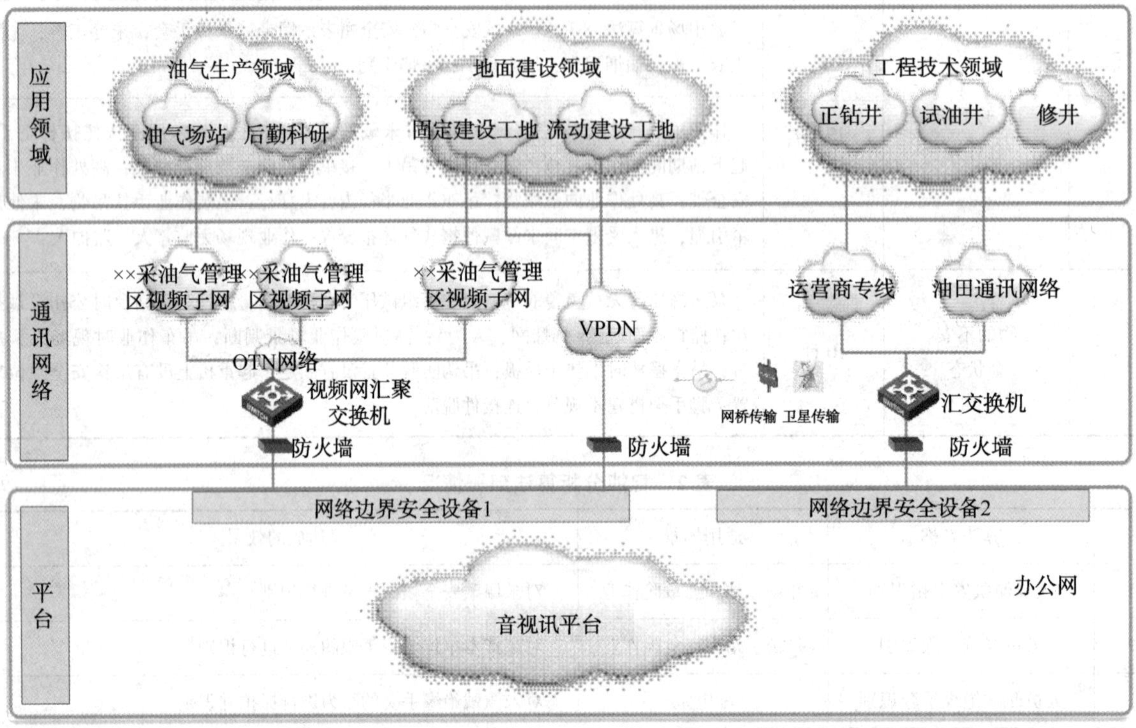

图 4 视频网通讯网络架构及传输方式

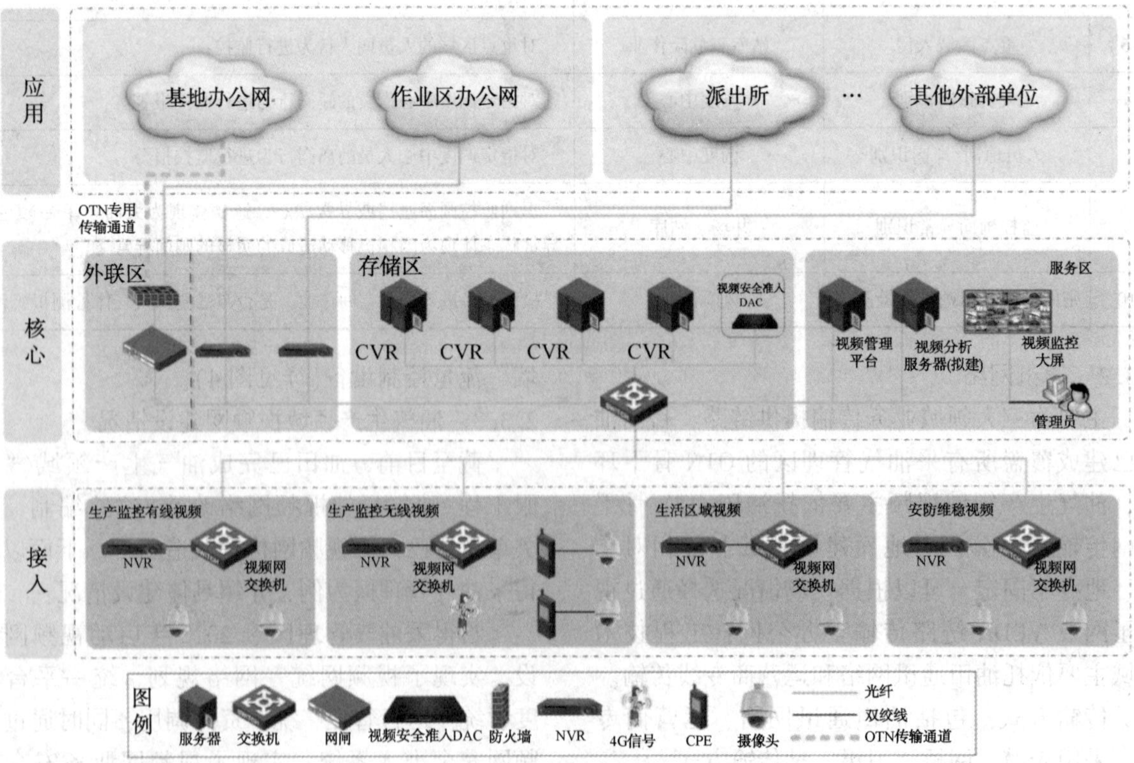

图 5 哈得采油气管理区视频网业务架构

2.3.3.1　网络架构

1）编制各层级交换机和视频终端配置标准，制定统一选型规范。

2）新增交换机支持 IP 冲突阻断功能，在前端阻断 IP 冲突故障，更有效的保障网络稳定。

3）利用现有光缆资源，构建调度中心、哈一联、哈四联主环，同时建立 3 个子环，确保主要节点链路冗余(详见图 6)。

2.3.3.2　核心区

视频网核心区包括外联、存储、服务三个区域，对每个区域的功能、接入方式做了明确定义，各区域可根据实际需求灵活扩展，满足资源管理、调度、共享、安全需求。

外联区：建立了视频网外联的统一接入标准，油田办公网用户通过防火墙链接；公安、环保等部分通过增加 NVR 来实现资源调用和网络隔离。

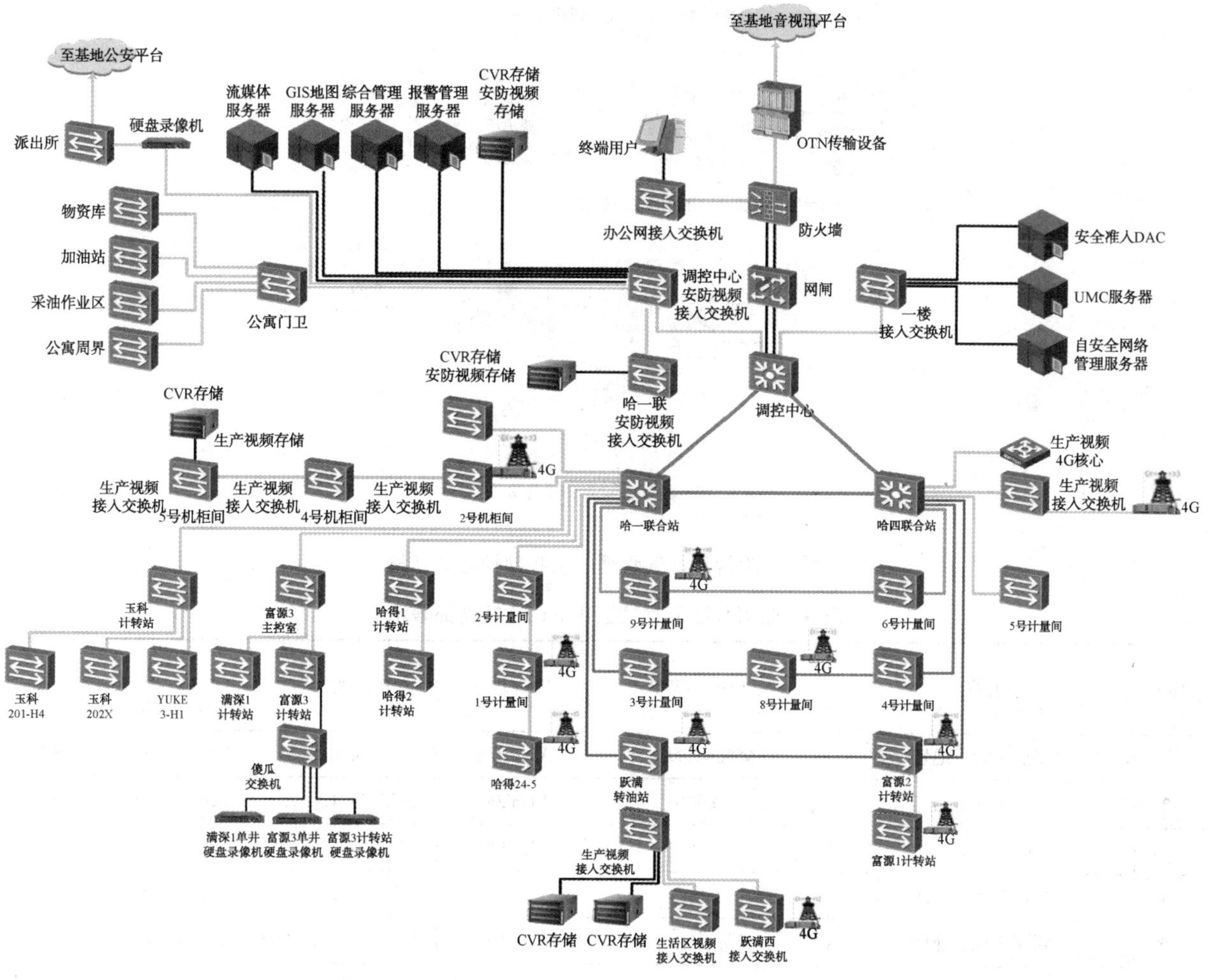

图 6　哈得采油气管理区视频网通信网络架构

存储区：划分单独 VLAN，部署针对性的安全策略进行集中管理和重点防控。

服务区：视频网相关应用均部署在服务区，如管理平台、视频分析、显示大屏、管理终端等

2.3.3.3　Vlan/IP 规划部署

IP 地址规划使用：共 16 段地址 4096 个地址，已使用 728 地址，剩余 3368 个地址；

VLAN 规划使用：共 100 个 vlan，已使用：16 个 vlan，剩余 84 个 vlan(详见表 3)。

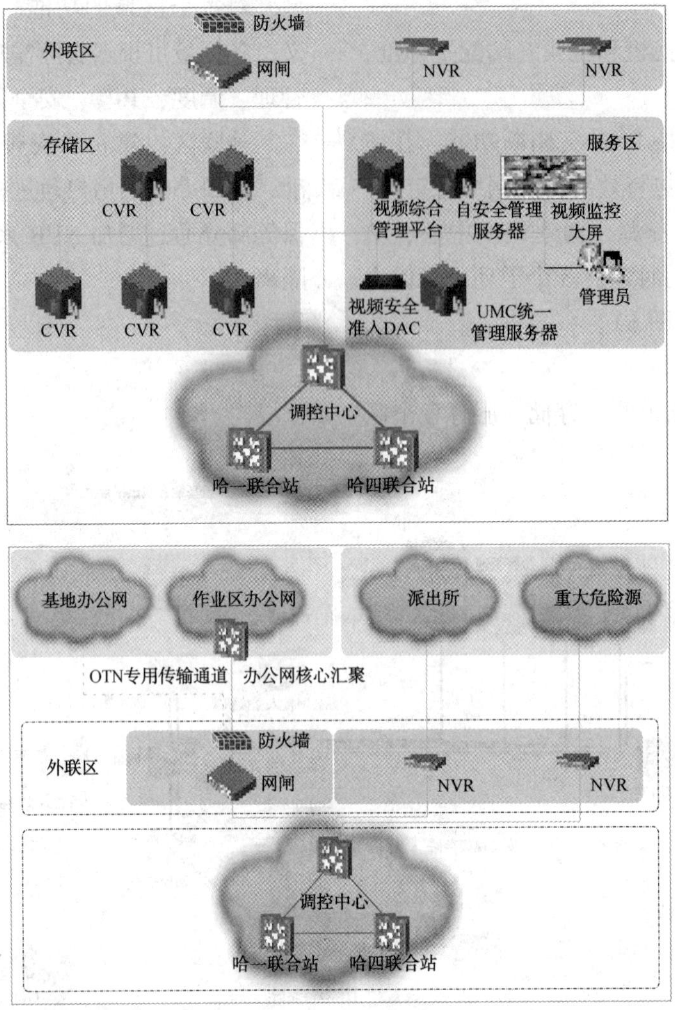

图 7　哈得采油气管理区视频网核心区架构

表 3　哈得采油气管理区 Vlan IP 规划部署示例

序号	片区	业务类型	Vlan 规划	IP 地址规划	使用情况		
					总数	已用数	剩余
1	交换机管理地址	交换机管理	Vlan2000	172.24.0.0/24	255	43	212
2	哈一联合站	安防	Vlan2001	172.24.1.0/25	128	58	70
3	哈四联合站	安防	Vlan2002	172.24.1.128/25	128	0	128
4	哈得采油作业区	安防	Vlan2003	172.24.2.0/25	128	0	128
5	跃满采油作业区	安防、生活	Vlan2004	172.24.2.128/25	128	41	87
6	富源、满深采油作业区	安防、生活	Vlan2005	172.24.3.0/25	128	0	128
7	哈得公寓	安防、生活	Vlan2006	172.24.3.128/25	128	74	54
8	哈一联合站	生产	Vlan2010	172.24.5.0/24	255	67	188
9	哈四联合站	生产	Vlan2011	172.24.6.0/25	128	5	123
10	哈得采油作业区	生产	Vlan2012	172.24.6.128/25	128	72	56
11	跃满采油作业区	生产	Vlan2013	172.24.8.0/24	255	42	213
12	富源 3、满深采油作业区	生产	Vlan2014	172.24.7.0/24	255	118	137
13	质量安全环保	环保	Vlan2015	172.24.14.0/24	255	10	245

续表

序号	片区	业务类型	Vlan 规划	IP 地址规划	使用情况		
					总数	已用数	剩余
14	哈得标准化	哈得标准化	Vlan2019	172.24.13.0/24	255	255	
15	服务器	服务器	Vlan2020	172.24.9.0/25	128	22	106
16	网闸内侧接入 vlan	网闸内侧接入 vlan	Vlan2021	172.24.9.128/25	128	1	127
17	网闸外侧接入哈得汇聚办公网地址	网闸外侧接入哈得汇聚办公网地址		11.77.20.128/29	6		6
18	网闸外侧接入科研楼办公网地址	网闸外侧接入科研楼办公网地址		11.77.20.0/25	128		128
19	4G 单井			172.24.10.0/24	255	124	131
20				172.24.11.0/24	255	31	224
21				172.24.12.0/24	255	0	255

2.3.3.4　DAC 安全准入系统

按照图 8 所示架构，部署视频准入设备（DAC），对网内所有网络设备实现可视化管控，避免非法私接和违规外联行为，通过白名单管理，只允许授权终端接入，只允许授权业务数据传输；有效阻断非法渗透、非法扫描、DDoS、数据重放攻击等威胁入侵，阻止数据泄露、篡改、删除等行为。通过 UMC 统一管理中心，实现对网络运行、设备资产、业务准入、安全风险等运营管理类指标的综合展示。

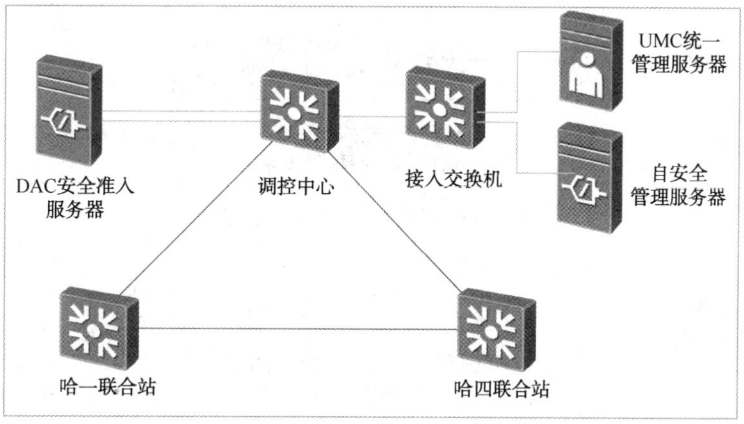

图 8　DAC 安全准入系统架构

2.3.3.5　安全建设

按照视频网控制流和数据流走向，通过对网闸、防火墙的精准化配置，实现视频网和油田生产、办公网络的安全隔离，派出所、安全环保部门可以在符合信息安全要求下，接入所需视频资源。

2.3.4　地面建设领域视频网建设情况

按照油田发布的《地面建设领域移动视频接入方案》，要求将作业现场视频回传并接入到油田音视讯平台作为开工的前置条件，传输方式统一采用视频子网或 VPDN 接入，没有信号的地方采用 NVR 本地存储或 SD 卡离线存储。截至目前，油田 15 家单位中 121 个在建地面项目均配备安眼专用摄像头，上传油田音视讯平台项目 110 个，其余 11 个现场无通讯信号均已采用 NVR 本地存储或 SD 卡离线存储（见图 10）。

2.3.5　工程技术领域视频网建设情况

工程技术领集成了生产数据、生产视频、视频会议、语音通讯和办公业务，分别通过光缆、网桥和卫星三种传输方式，采用油田通讯网络+运营商专线混合组网，目前已完成《钻完井和重点建产区块通讯网络优化方案》编制并实施，组建了工程技术子网（详见图 11）。截至目前，已完成全部正钻井的优化部署，方案主要思路：

1）优先使用油田通信资源，优先使用光缆

和网桥；

2）秉持共建共享原则，与运营商实现互惠共赢；

3）根据生产需要动态调整传输带宽，提升通讯网络整体质量；

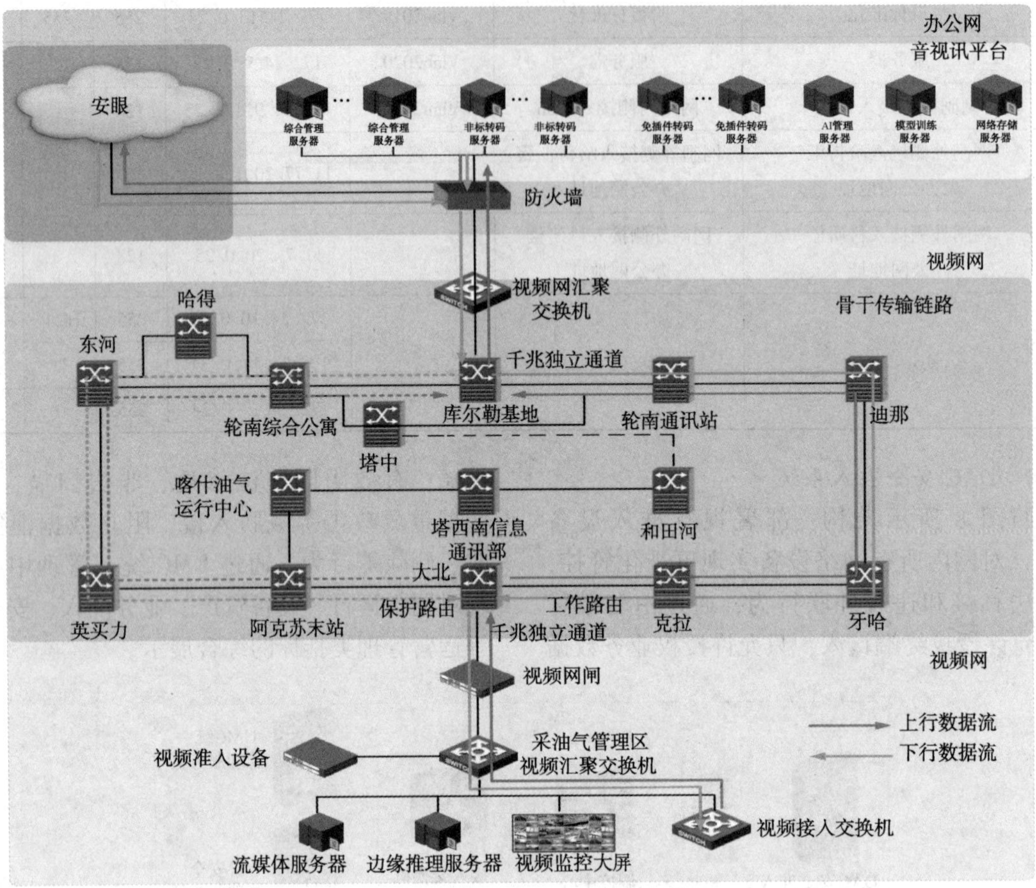

图 9　视频网控制流和数据流示意图

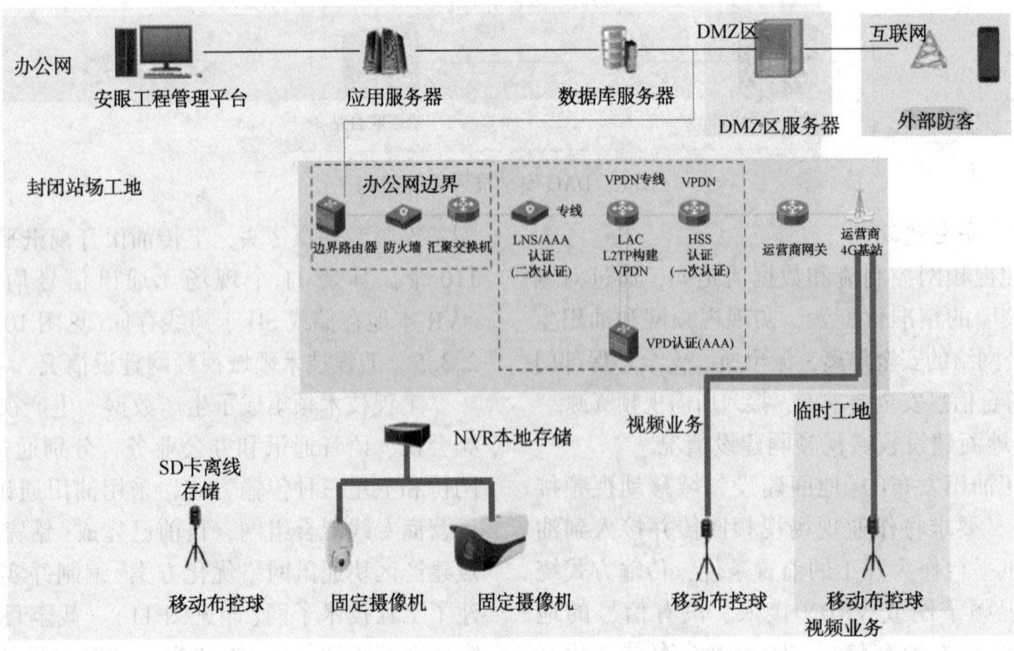

图 10　地面建设领域移动视频接入类型图

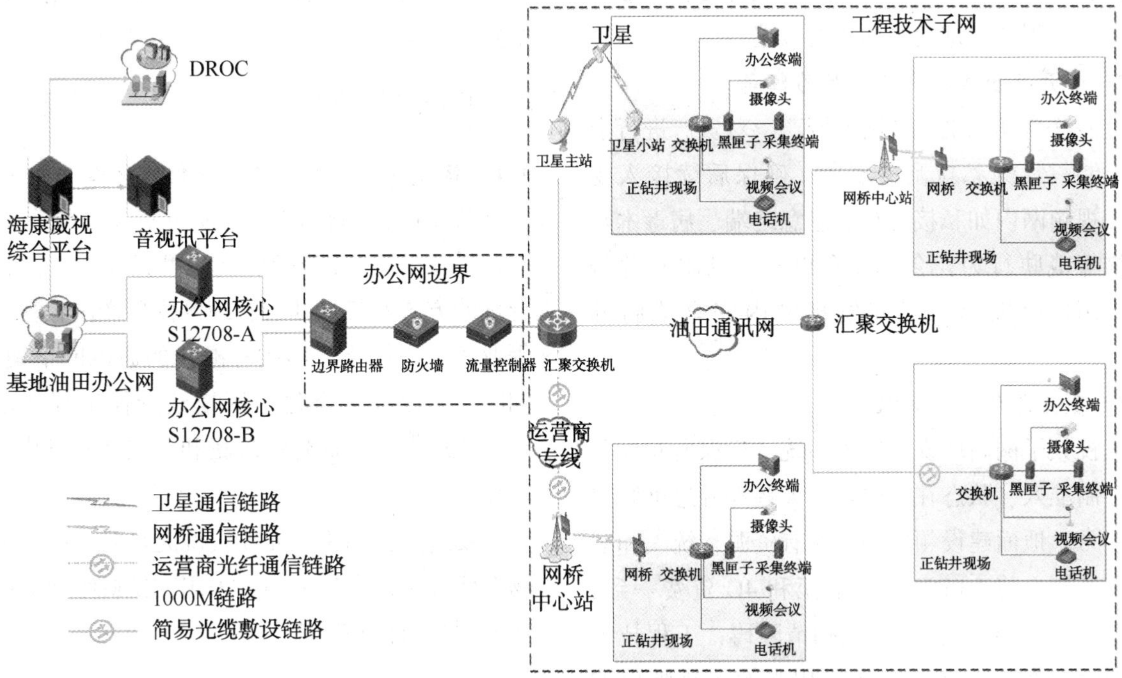

图 11　工程技术子网组网拓扑图

3　实施效果

3.1　标准化建设

标准规范：完成《音视讯资源接入管理规范》、《音视讯平台运行维护管理规范》、《“安眼工程”地面建设领域非固定生产现场移动视频接入指导意见》、《地面建设领域视频接入规范》、《工程技术领域通讯网络接入规范》等 5 个标准规范的编制；

技术方案：完成《钻完井和重点建产区块通讯网络优化方案》、《安眼工程油气站场视频网络改造方案》、《安眼工程前端设备技术规格清单》、《地面建设领域移动视频接入方案》等 4 个技术方案与标准的编制。

通过以上标准规范及技术方案的宣贯，有效地指导了油田各单位视频网建设工作。

3.2　资源整合及业务调用

完成 5196 路视频、310 方会议终端接入，为集团总部安眼视频平台推送 4000 路视频；支撑 6 个应用系统集成服务组件，提供坦途微件和服务组件，提供移动 APP 功能；

3.3　实现视频数据安全隔离和共享

视频子网内部建设安全准入系统，视频子网与油田办公网、生产网通过“网闸+防火墙”安全隔离，形成单独的安全域，满足信息安全要求；地面建设领域采用视频子网和 VPDN 接入，满足安全要求；工程技术子网采用油田通讯网络和运营商专线接入，满足安全要求；

数据共享由音视讯平台统一推送，特殊情况，如公安、环保等部门要求本地接入的，可通过视频子网外联区安全接入。

3.4　整体架构优化和 IP/VLAN 规划部署

充分利用现有资源，按照主干环网+星型架构方式组网，加强了网络稳定性；按照油田统一规划，重新部署视频网 IP/VLAN，满足现网及后续扩容需求。

3.5　边界清晰、易于维护

按照标准规范要求，各领域视频网边界清晰明确，杜绝混网的现象，网络稳定性得到有效提升；视频网实时展示网内终端链路质量情况，为故障处理提供判断依据；对视频网内发生的 IP 地址冲突会进行自动阻断，避免对现网产生影响。

3.6　视频网综合展示和业务办理受控

能够实时展示视频网资产情况、安全威胁情况等，具有资产管理、业务入网、日志分析等功能，实时展示业务、故障等的处理进度，并形成报表，为用户管理提供详实的数据。

3.7 资产安全准入和非法行为阻断

能够自动识别视频网内资产，对资产进行准入控制，杜绝私拉乱接现象，确保后续接入受控；视频网内如私接终端、恶意终端、病毒木马扫描等威胁行为，会被安全设备自动阻断并告警，用户可以第一时间发现网内安全威胁并处理。

3.8 多措并举、节约投资

视频子网新增安全准入系统，确保所有设备可控制准入、状态在线监测，大幅提升运维和保障能力；地面建设领域整合所有资源，统一和运营商谈判，将 VPDN 资费降至和 4G 资费一致，为禁止 4G 采用 VPDN 接入扫清障碍；工程技术子网因地制宜，在无人区采用光缆简易敷设方式，大幅降低工程建设成本，为减少租用运营商链路提供坚实基础。

4 下步工作思考

4.1 持续优化油气生产领域视频组网

持续优化通信网络，按照实际光缆资源情况，尽量采用“环型+链型(星型)”结构，以科学合理的方式对各采油气管理区内生产网、视频网等业务进行优化，形成标准化的通讯网络架构。同时，考虑在重点建产区搭建延伸工程技术子网，使后期各地面建设现场和钻完井井场均可就近接入。

场景一：当主干光缆资源充足时，中小型站场至联合站处理厂之间可采用交换机组建对应的业务网络(详见图 12)。

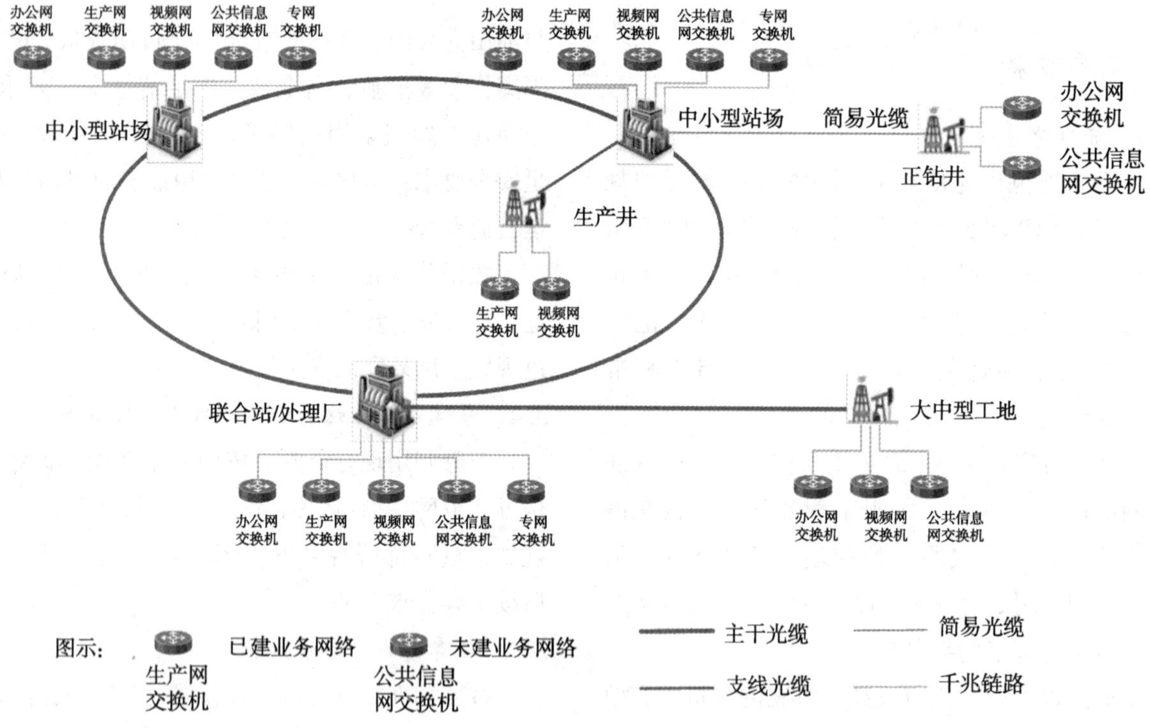

图 12 油气生产领域视频网组网图 1(主干光缆资源充足时)

场景二：当主干光缆资源不足时，中小型站场至联合站处理厂之间可使用 SDH 光传输设备组建光传输网，通过 SDH 业务划分对应的业务网络，节约纤芯资源(详见图 13)。

4.2 严格规范地面建设领域视频接入

按照《地面建设领域移动视频接入方案》，严格管控，统一采用视频子网和 VPDN 接入，严禁采用 4G 等违规方式接入(详见图 14)。

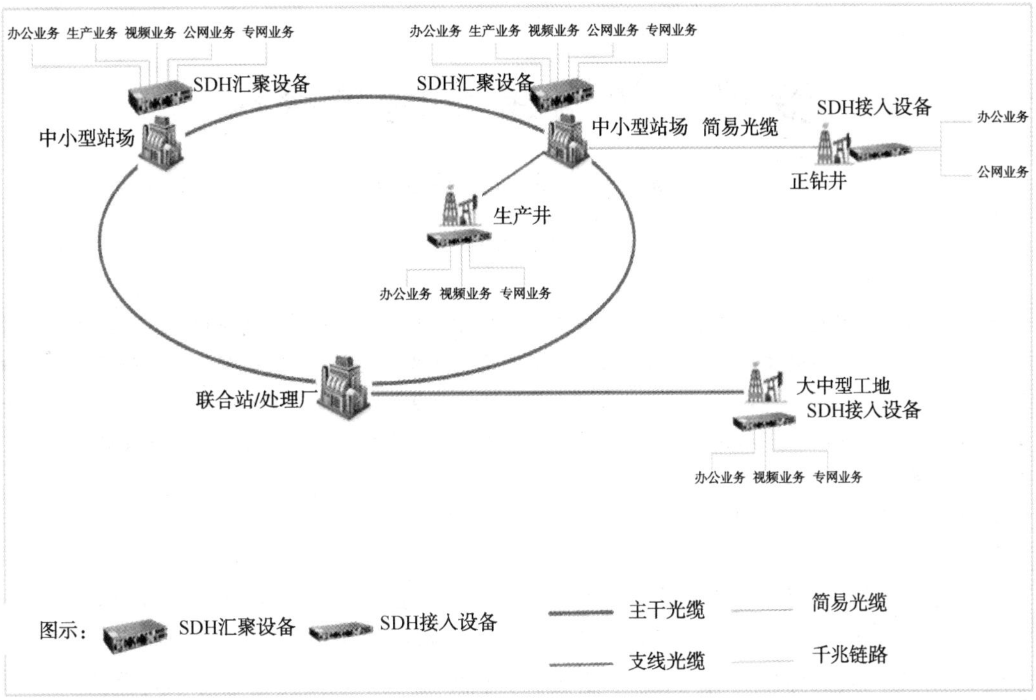

图 13　油气生产领域视频网组网图 2(主干光缆资源不足时)

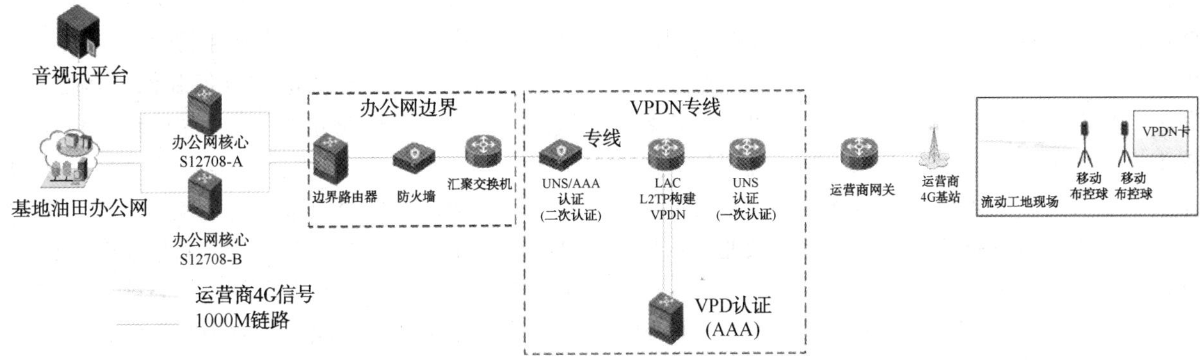

图 14　地面建设领域移动视频接入图

4.3　有效延伸工程技术子网

4.3.1　强化工程技术子网延伸覆盖

优先考虑重点建产区、井场密集区、网桥中心站等重点场所的覆盖，使后期各地面建设现场和钻完井井场均可就近接入.

4.3.2　优化通讯资源布局

在认真总结前期钻完井和重点建产区块通讯网络优化工作的基础上，对下一步的工作进行了再认识：遵循“光缆优先”原则，综合考量井位坐标和油田现有通讯资源，以较高的性价比统筹通讯基础设施布局(“点线结合，由点及面”，重点考虑网桥中心站的光纤链路高速接入)，精准做好今后待钻井的“一井一策”方案。

梦想云数据建设模式探讨

崔玉杰　邵传禄　王宝友

（中国石油吉林油田公司）

摘　要　梦想云建设一个目的是让数据资产开放，让搜索和大数据分析成为可能。数据的源点单位就是数据资产管理和建设的基本主体，用谁的数据谁来建设。总结出数据资产建设的核心关键是实体的唯一性建设和数据源点的完整性建设，通过项目实践，我们解决了梦想云建设的两个关键问题，并实体唯一性的问题，搭建了梦想云的基础底台-数据接口服务平台，支撑应用系统的数据引用，支撑数据源点的完整性建设，支持数据搜索和大数据分析。

关键词　大数据；API；APIstore

随着信息化的逐渐深入，数据库多、平台孤立、应用“三多”现象日趋突出，油气田统建、自系统多达上百个，数据无法共享、业务无法协同。国内外信息化发展已经进入从“N”到“1”的时代，平台化共享应用成为信息发展主要趋势。通过自动化数据摄取与充实技术，建立油气田勘探开发全业务链的完整数据生态系统，为业务应用和大数据、人工智能分析等应用提供一站式数据支撑，各油气田负责数据源、特色应用扩展的建设，负责大块数据体、实时数据存储及就近服务，负责本单位数据治理，并支撑扩展业务数据管理与共享应用。

在梦想云建设和大数据分析的当下，我们解决了梦想云建设的两个关键问题，并实体唯一性的问题，搭建了梦想云的基础底台-数据接口服务平台，支撑应用系统的数据引用，支撑数据源点的完整性建设，支持数据搜索和大数据分析。

1　组织机构和数据的关系

亚里士多德的第一性原理的思想方式是用物理学的角度看待世界，就是说一层层拨开事物表象，看到里面最基本的本质。

梦想云建设一个目的是让数据回归源点单位。数据的源点单位就是数据建设的基本主体，用谁的数据谁来建设。在源点单位部署采集系统，建设和管理的主体应该是对该系统产生的数据有完整约束、快速管理考核的组织机构，而这个组织机构恰恰就是这个源点单位的基层管理部门。离开了本组织机构管理的数据无法生存，数据质量无法得到保证。

数据源点单位数据资产管理的水平还很低下，数据散乱，没有统一数据库，在做大数据分析的当下，数据完整性得不到保证。

数据是组织机构的资产，让数据体现价值。对于有形资产我们容易管理起来，数据和成果这种无形资产管理对于一个企业来说是一个全新的领域。由于无法衡量对应的价值和保密等因素，这些数据和成果长期分割在各个统建或者自建系统里。而在 BAT 这样的企业中，通过收购数据和用户资产来实现快速整合已经成为趋势。搭建开放的共享平台，在大数据，大共享的时代，打破数据封闭状态，让数据夸部门、夸区域流转起来，为各个系统提供服务，避免了重复建设，重复投资，重复分析。数据的价值实现也能反哺系统投资，从而优化服务质量，提高系统的生命周期。

2　数据开放模式的探讨

企业的数据资产还没有真正体现价值，有价值的数据无法被发现，数据交互还没有按照资产进行管理。“开放数据”(open data)随之受到政府和企业的重视并纷纷纳入议事日程。有三种开放方式，完全公开、机器可抓取，授权公开。无论哪种开放的方式，数据可以基于 HTTP 协议进行传输；制约数据连接的是管理方式和对数据资产的认识，数据作为资产在网络上实现价值传递，让数据能够更多的被检索到，也是标准规范的传递。

接口技术是让数据作为资产为用户服务的方式之一。结合互联网让系统的触角可以延伸到更远的地方，WEBSERVICE、WEBAPI 的技术应用，让企业生产生活的基本信息有了统一的发布接口，用户可以检索和重用，付费完成一定时间的应用需求，同时把数据的标准和规范下达到第三方系统。举例来说，日常工作过程中，很多系统经常需要大量采集个人的基本信息，而人事部门应该有完整的信息，由于系统接口封闭，第三方系统需要这些信息的时候，只能重复采集，或者连接底层数据库，有可能造成数据的不一致，形成多版本数据，数据的价值和标准规范也无法得到体现和传播。腾讯的微信用户认证就是一个很好的例子，第三方的程序不需要采集过多的用户信息，就可以确认人员身份，而腾讯只是开放了一个 API 接口。

数据交互还需要一个可以握手的机会，就是数据实体唯一性的建设和标准建设工作(图 1)。

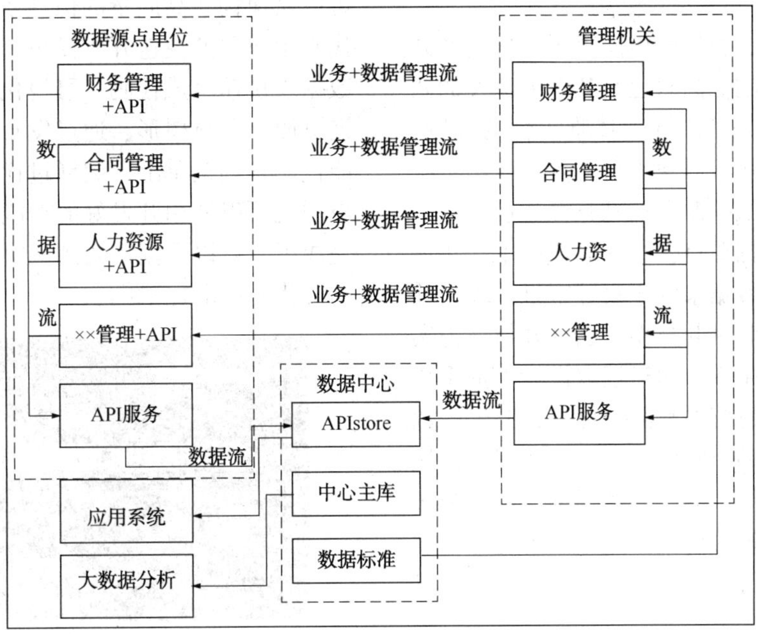

图 1　API 数据流程图

数据标准建设在图 2 中的作用不言而喻，它是连接所有数据接口和整合分析的关键。对于油气田企业来说，井实体标准化就是数据标准建设的一部分。统一井号命名，井 ID 命名无论对于统建系统和自建系统来说都是极其关键步骤，也是实现大数据分析的关键。

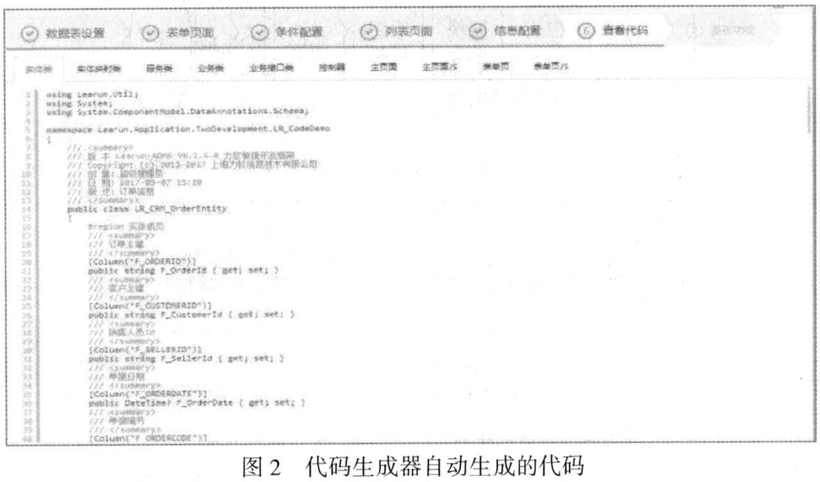

图 2　代码生成器自动生成的代码

经过标准化生成出来的 API 接口如何让用户检索到，在未来的项目开发中被引用哪？那么，就需要有一个统一的发布平台，APIstore 就是这样的平台，承载了大量专业应用系统的 API 集散中心，提供免费或者付费服务，是一个连接开发者、服务商的一站式分发和检索平台。也是实现数据资产价值转化的平台。通过一个统一平台发布各组织机构、各专业完整的数据接口，便于其他待建系统的开发人员检索，为应用系统提供数据，也可以给不同地区公司提供检索平台，避免重复开发。从而实现数据资产的转移和重用，让数据资产产生价值，在传播数据的同时，也传播了标准和规范。数据中心通过该平台整合数据，引用到中心主库，为大数据分析提供服务，保证数据的源头唯一性，数据完整性的统一。

3 数据接口服务平台开发实践

通过项目实践，我们尝试解决了数据资产开放问题和唯一性问题。同时也是梦想云建设的两个关键问题，一个是解决井实体唯一性的问题，一个是搭建了数据接口服务平台，支撑应用系统的数据引用，支撑数据源点的完整性建设。

汇总井实体数据源点，统一建成一个井实体数据表。井实体的数据来源于设计审批系统，并监测钻井生产数据和录井数据，已经开钻作为实体产生的充分必要条件，通过读取设计审批系统的设计坐标，录井系统的复测坐标，钻井生产数据的开钻时间和完钻时间来完善基础数据表，从而让分散在各个系统中的实体数据统一到一个实体表中。井实体数据可以根据用户需求对外开放API接口，并发布到APIstore平台，提供给开发者服务。

研发工作利用敏捷开发框架和 . net core 技术来搭建一套井实体 API 接口，并对外提供服务。通过这套管理工具的研发，建立井实体的唯一身份确认，实现井名等基础信息注册认证、井ID按照命名规范自动生成、统一发布井实体的WEBAPI接口。

我们利用敏捷开发框架快速的完成了基于 . netcore 的接口平台开发工作。敏捷开发通过框架内置工作流、向导式智能开发组件、即时通讯组件、APP 开发组件、微信组件、通用权限等一系列组件，软件开发人员通过一系列配置就可以快速构建高质量的信息系统。敏捷开发通过代码生成器的快速开发模板，为用户选中的单个数据表快速生成代码。可视化编辑表单页面和查询页面、导航树形、通过发布功能将生成好的功能代码挂到菜单上。编译过代码以后直接点击菜单项就可以使用开发好的功能了。基础的开发就完成了，可以根据需要到解决方案中修改生成好的源代码(图 3，图 4)。

图 3　接口服务平台

接口平台分成三层架构，基础数据层、井实体管理工具层和井实体数据库。

图 4　系统框架图

功能包括五个模块：井基本实体管理模块、井基本信息同步注册模块、井基本实体 API 模块、数据查询和统计模块、用户及权限管理模块。

为用户提供接口服务，API 接口调用方式通过授予 CODE 的方式访问接口，在 . netcore 完成接口服务配置，通过三种方式对外提供调用服务：单条、多条、分页(图 5，图 6)。

开始日期	结束日期	授权代码
2020-11-02	2020-11-11	D4E84C736699E2BF7C936E54DA9AB3A2
2020-11-02	2020-11-04	7BCDAB7F6843A8CCFC765F030802182A
2020-10-28	2020-10-28	AC5A1F2F3854D90AB98A2D4787229740
2020-10-28	2020-10-31	D17C4555FBD5E6596146E63F6AC92535
2020-10-28	2027-10-01	40E01B79A38C69D4CA7012792A8DAF4E
2020-10-01	2099-10-01	D99F4ADA65037ABF77C563793C59B0F3
2020-10-01	2020-10-30	A84E7A69A3364964264153259BF68DD5

图 5　API 授权代码

```
using Autofac;
using JST.Api.DbContexts;
using JST.Api.Repository;
using JST.Api.Repository.UnitOfWork;
using Microsoft.AspNetCore.Builder;
using Microsoft.AspNetCore.Hosting;
using Microsoft.AspNetCore.Http;
using Microsoft.EntityFrameworkCore;
using Microsoft.Extensions.Configuration;
using Microsoft.Extensions.DependencyInjection;
using Microsoft.Extensions.Hosting;
using System;

namespace JST.Api
{
    2 个引用
    public class Startup
    {
        private const string DefaultCorsPolicyName = "JST.Api";
        0 个引用
        public Startup(IConfiguration configuration)
        {
            Configuration = configuration;
        }

        3 个引用
        public IConfiguration Configuration { get; }

        // This method gets called by the runtime. Use this method to add services to the container.
        0 个引用
        public void ConfigureServices(IServiceCollection services)
        {
            DB

            Redis

            IP

            Swagger

            MVC
```

图 6　netcore 数据提供三种方式

目前系统已经为统建系统和自建系统提供了服务，随着实体 API 接口的普及，未来会有更多的接口文档被发布，被引用，统建系统数据可以通过接口平台回传到数据源点，支撑源点的信息化建设。通过本项目的实施，规范所有管理机关和数据源点源点单位的井实体数据，从而保证数据的唯一性、完整性和一致性，让数据搜索和整合分析成为可能，为各专业数据正常化提供必备的基本实体数据支持，为梦想云建设和数据共享应用奠定基础。

4　结语

梦想云建设一个目的是让数据资产开放，让搜索和大数据分析成为可能。数据共享服务平台作为梦想云在地区公司基础底台的重要实践，已经走出了重要的第一步，随着后续接口的日益增多，对接口服务的统一管理和安全管控逐渐提上日程。

该平台支撑了两个方向的建设，一个方向是支持了源点单位数据完整性建设，一个方向支持了梦想云的建设，其实是一个统一的整体。数据资产从孤岛中的围墙走出，为其他系统服务。

技术只是实现先进意识的工具，大数据的构建的前提像空间站的建设，无论你的太空舱是哪国建设的，只要接口是按照标准建设的，就能够实现成功对接，就能够共同实现探索太空的目的。先进的永远不是技术本身，而是组织技术实现目的的能力。

当然，大数据的建设不是一蹴而就的，数据从封闭到开放的观念的转变不是一朝一夕的事，开放数据建设规划也应该有条不紊的展开，在国家层面，行业领域，逐步消除壁垒，形成数据有价值的流转，数据从支流汇成数据胡泊，乃至数据的海洋。

参 考 文 献

[1] 大数据的本质，(百度百科)，2019

[2] 刘永峰，三分钟看懂十年云计算：从服务到公共资源的演化之路

[3] 刘涛，国内云建设普遍缺失的一环：云管理平台

[4] Ben Linders 越来越多的系统向云上迁移，软件工程技术的未来到底在哪里？

[5] 陈皓．云计算，说到底拼的还是运维

[6] 黄东旭「企业上云」系列之开源数据库的现状

梦想云平台在塔里木油田数字化转型应用与实践

李家金　马　潇　宋晨晨

（中国石油塔里木油田公司）

摘　要　云计算由于其高效、灵活、低成本的优势被越来越多的企业考虑作为IT基础架构的首选。中国石油勘探开发梦想云是石油行业的工业互联网平台，为油气田企业上云、用数赋能提供了统一的云平台，塔里木油田在油气田企业中率先落地了云平台，为“坦途”系列产品的诞生提供了坚实牢靠的技术底台。本文详细介绍了梦想云，梦想云塔里木专属平台的集群部署方案，DevOps落地的具体实施，服务治理平台以及塔里木油田现行的梦想云运维保障体系和标准规范。

关键词　梦想云；集群管理；DevOps；分支管理；服务治理

2018年中国石油发布了勘探开发梦想云，助力油气勘探开发数字化转型智能化发展。勘探开发梦想云融合了人工智能、大数据、云计算、物联网、移动应用等数字技术，以统一数据湖、统一技术平台为核心，打造了石油行业的工业互联网平台，构建了中国石油与各油气田企业共建、共享的数字化新生态，推动中国石油上游业务全面迈入“厚平台、薄应用、模块化、迭代式”的敏捷时代，有力支撑油气勘探开发业务数字化转型智能化发展。

塔里木油田在中国石油油气田企业率先落地了梦想云，打造了“坦途”专属云平台。整个云平台由容器平台、DevOps流水线平台以及服务治理平台组成。其中，PaaS容器平台基于主流kubernetes+docker技术构建，支持油田传统应用的云化部署以及数字化转型云原生应用容器化运行。DevOps流水线平台以jenkins为基础，集成git、harbor、nexus等工具链，支持c#、Java、Python等开发语言以及dotnet、spring cloud、vue等主流框架，为“微服务化、迭代式”敏捷开发模式提供基础支撑。服务治理平台以istio服务网格为基础建立，提供了服务拓扑发现、流量监控、调用链追踪等微服务治理能力。梦想云平台在塔里木油田落地，改变传统“烟囱式”信息系统建设模式，为油田业务应用提供统一的开发、发布、运维云环境和DevOps开发体系，全面支撑了塔里木油田数字油田各领域应用建设，助推了油田数字化转型和智能化发展。

1　梦想云平台简介

梦想云平台主要由容器平台、DevOps流水线平台以及服务治理平台组成。

容器平台采用kubernetes+docker技术。平台管理方面，通过统一管理集群实现对多个Kubernetes工作集群的接入和全局性管理。租户和环境管理方面，采用逻辑隔离形式实现多租户管理，单个租户可关联一个或多个Kubernetes工作集群，借助多个工作集群及的集群下namespace组件提供相互隔离多租户运行环境（如开发、测试、生产等）。应用管理方面，提供统一图形界面，实现应用交互创建、启停、扩缩容以及应用日志、关联事件、运行状态监控等功能；同时，平台还集成了应用商店，提供常用中间件组件在容器平台上快速部署。权限管理方面，可集成Ldap或OpenID等企业级认证系统，实现单点登录，并提供对租户、环境等多级权限控制。运维管理方面，集成了prometheus以及日志收集组件实现集群和容器相关组件运行指标和日志收集，并提供了可视化监控和查询界面。

DevOps平台采用jenkins流水线技术，实现了对源代码管理工具gitlab、镜像管理工具harbor、组件管理工具nexus等工具链集成。DevOps 平台属于租户级别，提供了常用流水线模板通过图形界面设置参数用于快速构建开发流水线。针对构建好开发流水线，平台提供运行状态监控、运行日志浏览等功能用于快速定位和排查构建错误。

服务治理平台通过容器平台集成 Istio 服务网格，通过无侵入的边车技术，提供了服务拓扑自动发现、微服务管理、流量监控、调用链追踪、服务网关等功能，通过服务路由配置，实现了强大的流量管理，为微服务治理提供了强有力手段。

2　梦想云平台在塔里木油田落地与实践

2019 年开始，作为塔里木油田开展大规模数字油田建设重要基础支撑，梦想云平台正式在油田落地。

2.1　本地集群环境规划与部署

塔里木油田在云平台应用支持方面需求主要包括：一是能够为数字化转型应用提供开发、测试、生产等多种应用环境，其中生产环境需要支持 PC 端应用和移动端应用。二是油田存在大量传统 Net 应用，只能在 Windows 平台运行，需要集群能够运行 Windows 容器。三是平台各环境需提供 GPU 支持以及大容量内存资源需求能力，需要集成物理节点。四是主要生产应用必须满足中国石油“一朵云”整体要求。

针对上述需求，规划了梦想云云平台在塔里木油田落地和部署方案(如图 1)。其中本地化部署五个集群，分别为：本地管理集群、开发测试集群、移动应用生产集群、DMZ 生产集群以及 PC 端生产集群。

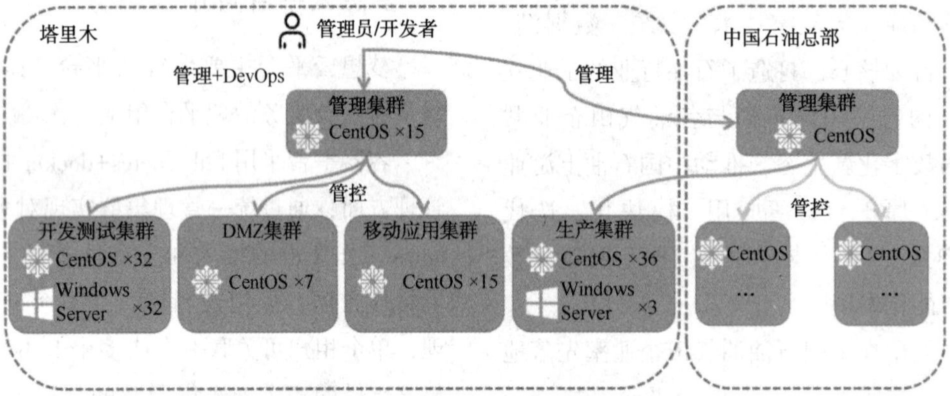

图 1　梦想云云平台在塔里木油田落地和部署方案

本地管理集群采用梦想云平台相同技术架构，用于管理开发测试集群、移动应用生产集群以及 DMZ 生产集群，满足油田 DevOps 平台运行、开发测试环境应用和移动应用发布的需要。而 PC 生产集群则由中国石油梦想云平台管理集群托管。

开发测试集群为 Windows 和 Linux 组成的异构混合集群，使用节点总数达 35 个，包括了 12 台物理机以及 23 台规格 8CPU/32G 虚拟机，资源总数为 784Core/5. 7TB 内存。部分物理机配置了 Tesla T4 GPU，可满足开发测试环境对云数据库、消息对列、缓存部署、AI 计算以及 DevOps 流水线支撑等需求。同时，集群包括了 3 台 Windows 节点的虚拟机，满足 NET 应用容器化部署需求。

DMZ 集群由部署在中国石油总部 DMZ 区的 7 个虚拟机节点组成，资源总数 40Core/196GB 内存，主要用于将油田移动应用前端发布到互联网。通过 DMZ 集群，塔里木油田实现了移动端办公，扩展了坦途系列产品的办公场景。

移动应用集群由 15 个虚拟机节点构成，资源总量 156Core/359GB 内存，用于发布移动应用依赖的后端服务，访问局域网部署的数数据库、缓存、队列等资源。通过 DMZ 应用与移动应用发布服务交互，移动应用集群实现塔里木本地资源与 DMZ 区的数据互通桥梁。

PC 生产集群为 Windows 和 Linux 组成的异构混合集群，使用节点总数达 39 个，包括了 36 台 Linux 虚拟机节点和 3 台 Windows 虚拟机，资源总数为 296CORE/1.18TB 内存，支撑了塔里木油田最常用 PC 桌面端应用。满足中国石油“一朵云”要求，生产集群由中国石油梦想云平台管理，塔里木油田仅作为租户在梦想云上使用。

2.2 DevOps 平台在油田落地与应用

DevOps 开发运维一体化是一组过程、方法与系统的统称，用于促进开发(应用程序/软件工程)、技术运营和质量保障(QA)部门之间的沟通、协作与整合。它的出现是由于软件行业日益清晰地认识到：为了按时交付软件产品和服务，开发和运营工作必须紧密合作。

梦想云平台提供了以 Jenkins 流水线为基础较为完善 DevOps 平台，集成常用开发工具链，支持应用上云自动化(图 2)。为实现 DevOps 平台在塔里木油田落地，重点需要解决三个方面问题：一是优选并落地部署应用上云需要常用开发工具链，包括源代码管理、组件仓储管理、源代码编译、源代码质量扫描、容器镜像管理等。二是通过 DevOps 平台对落地工具进行集成。三是制订相关开发管理和技术标准对相关工具和流水线进行规范。其中，第三个方面将在 2.5 节中重点介绍。

图 2　梦想云 DevOps 平台可集成软件开发工具链

(1) 源代码管理选择和集成

常用源代码管理和版本控制工具主要有 svn 和 git。二者主要区别在于 svn 代码和版本集中存储，git 则是分布存储，分支功能 git 更强更灵活。通过比较，我们需要更强分支功能管理开发、测试以及生产阶段源代码，最终选择 gitlab 作为源代码管理工具，并采用 gitlab 分支模型管理不同阶段源代码：即 master 分支对应开发分支，该分支允许未经 Pull 请求可以进行新版本代码提交。基于 master 分支建立 pre-production 分支作为测试分支，提交到 master 分支代码必须经过 pull 请求通过后才能合并到 pre-production 分支，在测试分支，使用 rcx.y 作为 tag 标记。类似 pre-production 分支，基于 pre-production 分支创建 production 分支，pre-production 分支通过测试后代码通过 pull 请求才能合并到 production 分支，生产分支使用 vx.y 作为标记(图 3)。

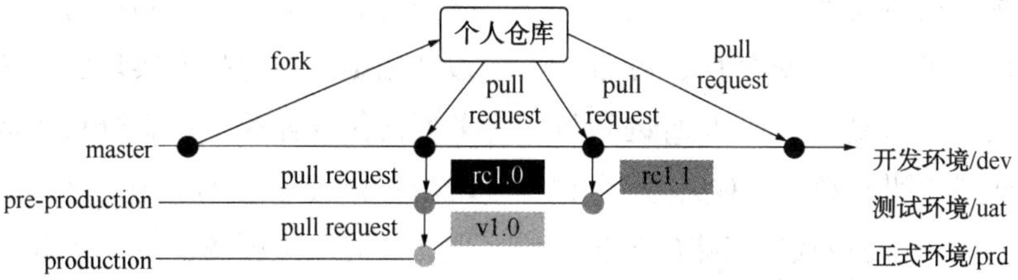

图 3　塔里木油田源代码管理采用 git 分支模型

源代码管理工具在与 Jenkins 流水线集成时，我们采用 3 条不同流水线来构建开发、测试、生产三个环境应用对应的容器镜像。在流水线配置代码分支时，开发阶段流水线分支使用 master，测试和生产阶段流水线使用 Git 的 tag 作为分支。分支设置作为流水线环境变量与后期容器镜像 tag 关联。

(2) 组件包管理选择和集成

现代编程语言 Java、c#、Python、javascript 等均使用许多可复用的公共开源组件包来支持相关框架以及应用生态，每种语言都有自己组件包管理格式，比如 c#采用 nuget 格式、java 采用 maven 格式、python 使用 pypi 格式，javascript 则主要使用 raw 或 npm 包格式。在塔里木油田，我们选用同时支持这些格式的 nexus 工具来管理各种公共组件包。

在流水线驱动源代码编译时，首先需要从组件仓库下载并恢复应用引用组件到编译和构建环境。如果存在互联网环境，编译和构建软件时可以直接连接到互联网公共仓库来获取组件。在塔里木油田局域网环境下，部署在 Kubernetes 集群中 DevOps 平台不能直接连接到互联网，组件获取只能从部署在本地环境 nexus 仓库下载。本地环境 nexus 仓库使用代理和缓存机制获得公共仓库中组件，即软件依赖的公共组件通过本地 nexus 提供代理上网机制从互联网公共仓库中获取，利用缓存机制将组件缓存到本地仓库中，下次拉取时从直接缓存中读取，提升了本地获取效率。各编程语言使用本地 nexus 仓库获取公共组件设置可从互联网上搜索相关文档。

(3) 代码扫描工具选择与集成

源代码质量关乎最终软件质量。源代码质量控制用于衡量软件源代码是否符合编程规范要求，通常可从代码的可靠性、安全性、可维护性、单元测试覆盖率、重复率等多方面进行度量，其中可靠性对应代码缺陷(BUG)、安全性对应代码漏洞、可维护性对应代码气味(smell)。

为保障代码质量，塔里木油田搭建了主流代码扫描工具 sonarqube 本地环境，结合 jenkins 流水线支持对 donet、java、javascript、python 等开发语言代码质量检查，扫描结果可结合 git 工具供收到合并请求进行代码审核时参考，也可链接至代码编辑调试工具如 visual studio 等辅助代码修复。

(4) 镜像管理工具选择与集成

容器环境下，容器镜像是软件制品最终封装，镜像存储和管理非常重要。通常，我们使用容器镜像仓库进行容器镜像存储。构建阶段，DevOps 平台构建的软件镜像通过 push 操作推送之镜像仓库，部署应用阶段，通过 pull 操作从镜像仓库自动拉取应用镜像运行。

塔里木油田采用开源 harbor 工具开展容器镜像存储和管理。除容器镜像存储和管理外，harbor 还支持容器镜像漏洞扫码以及 helm 的 chart 管理功能。

DevOps 为应用 CI/CD 提供了基础，为加强镜像版本控制，合理设置镜像 tag 非常重要。在 jenkins 与 harbor 集成时，我们结合 git 集成相关环境变量合理设置容器镜像的 tag，比如开发环境镜像 tag 采用 ${BUILD_ NUMBER}_ ${GIT_ COMMIT}，测试和生产环境则采用 ${BRANCH}_ ${GIT_ COMMIT}。通过上述设置，便于实现代码和运行镜像之间可追踪性。

2.3 服务治理平台落地

容器平台以及 DevOps 平台解决了应用上云问题。在当今微服务开发时代，服务粒度越来越小，服务之间调用错综复杂，给软件运维带来了不小挑战，这就需要支持云原生应用服务治理平台。

服务治理主要包括信息采集、信息分析、治理策略和服务网关等。信息采集是基础，主要对服务状态、调用关系和流量等指标进行采集，通过调用链追踪等技术实现服务拓扑自动发现、服务性能主动监控。信息分析指通过可视化手段实现服务监控以及对提供指标数据进行分析和处理，及时改进服务质量。治理策略则是通过设置路由策略实现负载均衡、请求限流以及服务容错等治理功能。服务网关实现了内部服务和外部服务之间相互调用。

目前，塔里木油田主要利用 Istio 和 APM 工具进行服务治理能力。其中，Istio 重点在于治理策略控制，以实现灰度发布等功能。APM 则是用于调用链跟踪。

2.4 平台可视化运维与平台问题闭环管理

梦想云平台提供较完善的集群、节点、容器等指标收集和监控工具，在此基础上，通过二次开发，我们定制出了平台资源统一展示模块，实现了平台上节点、应用、服务、流水线、应用构建等关键实体信息实时统计(图 4)。

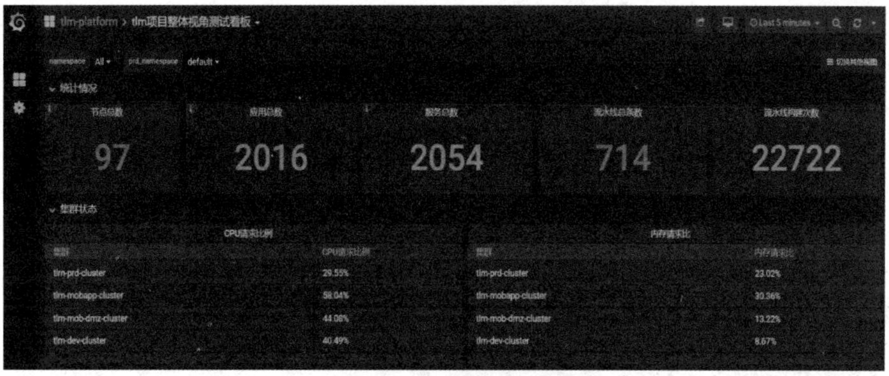

图 4　云平台资源统一展示

为更好地对平台应用问题实现及时发现和处理，我们结合梦想云平台提供监控指标，开发了流程闭环管理程序，实现对集群节点掉线、容器运行不正常等问题自动发现和报警，通过线上管理流程实现问题闭环处理，初步实现问题及时发现处理，一定程度了平台稳定性(图 5)。

图 5　云平台节点掉线问题闭环处理

2.5 平台管理规范建立

为实现云平台及应用规范管理，更好发挥云平台对油田数字化转型项目支撑，塔里木油田针对云平台及应用开发方面制定发布了九项标准规范：《云平台运维管理规范》、《云平台 docker 镜像管理指南》、《开发流水线流程体系指南》、《云平台资源命名规范》、《云安全标准》、《基于梦想云平台的中台建设规范》、《软件设计规范》，《微服务开发规范》和《软件运行维护管理标准》，同时形成《源代码分支管理技术方案》技术方案。上述标准和方案进一步指导和规范了油田应用上云。

3 梦想云平台在塔里木油田应用效果

塔里木油田坦途云平台作为坦途系列产品的底座，对于塔里木油田信息化的有着举足轻重的地位。截止 2021 年底，油田 67 个软件项目实现全部“上云用数赋能”开发，建立开发流水线 660

多条，各项目运行应用构建，运行容器1978个，大幅提升IT资源利用率和管控能力，降低运维成本，促进了油田科研、管理与生产过程的数字化转型。

基于梦想云平台，塔里木油田诞生了“坦途”系列产品，包括：塔里木智能线上协同工作平台，公共组件等。

塔里木智能线上协同工作平台打造组件—微件—应用—坦途开发建设流水线，构建了树叶—树枝—大树—森林的数字化油田应用新生态。提供“千人千面”的个人工作间，按岗位职责自动配置标准化应用，按需要和兴趣配置个人化应用，实现任务自动推送、信息智能共享(图6)。

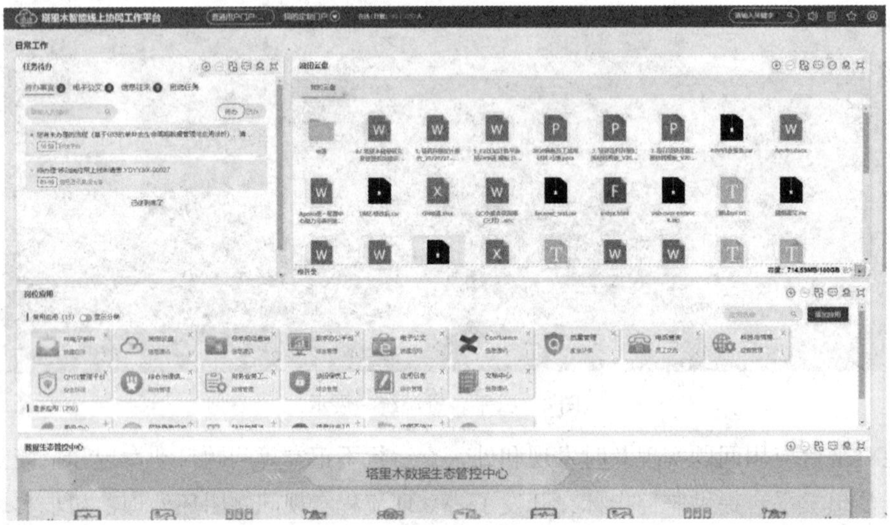

图6　塔里木智能线上协同工作平台个性定制

基于梦想云平台，构建了油田公共基础组件，包括：用户中心、消息中心、电子签章、流程中心、智能在线编辑、文档中心、日志中心、图形展示、报表展示、UI组件、井史历程、组件管理、即时通讯等组件。公共组件已在塔里木油田被其他100余款应用所引用，加快了塔里木油田数字化转型智能化发展步伐。

4　结束语

梦想云平台在塔里木油田的成功落地标志着塔里木油田数字化转型智能化发展取得了强有力的“底座”，实现了塔里木油田软件开发模式由原来的“竖井式”开发转变成“积木式”搭建，极大的减轻了开发者的负担，提升了开发和部署的效率。梦想云平台作为坦途系列产品的技术基座，已在塔里木油田数字化转型中取得了显著成果，随着梦想云平台在塔里木油田的进一步的完善推广，今后将在塔里木油田智能化发展中扮演不可或缺的角色、发挥无限潜能。

参　考　文　献

[1] 马涛，张仲宏，王铁成，丁建宇，黄兆越，项建，辛麒，王建宇，朱明新．勘探开发梦想云平台架构设计与实现[J]．中国石油勘探，2020，25(05)：71-81.

[2] 杜金虎，时付更，张仲宏，王铁成，丁建宇．中国石油勘探开发梦想云研究与实践[J]．中国石油勘探，2020，25(01)：58-66.

[3] 范国伟．基于容器的DevOps云平台设计及系统测试[J]．科学技术创新，2021(32)：119-122.

[4] 赵鑫，李铭轩．基于服务网格的微服务故障治理[J]．信息通信技术，2021，15(04)：50-58.

境外油气企业数字化转型探索与实践

辛　盈　杨　华　徐学忠

（中国石油国际勘探开发有限公司）

摘　要　面对国际油价持续低位震荡、油田开发进入“双高”阶段、资源国商务法律纠纷缠身等诸多内外不利因素，安第斯公司深入分析自身发展的瓶颈和风险挑战，顺应国际油气行业潮流，借鉴其他企业先进做法，结合企业生产经营实际情况，利用已经储备的技术资源，因地制宜的开展了五个方面的数字化转型实践。一是加大应用系统集成力度，全面提高经营管理效率；二是推动内控体系数字化落地，严控内部风险和运营成本；三是搭建虚拟化云计算平台，平稳保障生产经营运行；四是构建油田物联网生产管理系统，有效提升生产管理效率；五是建设异地灾难备份恢复系统，协助防范重大商务风险。通过这一系列管理转型实践，有力的推动了公司数字化转型和智能化发展，对中国石油海外项目数字化转型实践具有良好的探索借鉴意义。

关键词　数字化转型；SOA；云计算；物联网；异地灾备

2014年以来，国际原油价格持续地位震荡，给境外油气企业带来了新的挑战，特别是上游生产企业利润大幅降低，生产经营面临着巨大的困难。另一方面，新技术、新装备的应用以及新商模式和运营模式的出现，促进世界工业转型升级，利用以信息技术为核心各种新技术，与工业技术和工业生产过程深度融合，数字化创新快速开启生产率增长和市场规模化，实现数字化转型已经成为发达国家创新发展的潮流。在数字化转型过程中出现了一批典型企业，通过自动化与信息化融合，实现了向数字工业公司的转型。面对国际油价震荡下跌带来的困难和挑战，境外油气企业对数字化转型提出了迫切需求，希望借助数字化技术连接新业态，创造新动能，实现企业转型升级和创新发展。

1　安第斯公司面临的挑战与问题

安第斯石油有限公司（下简称“安第斯公司”）是拉丁美洲厄瓜多尔当地最大的外资上游油气生产商，中国石油担当作业者。2014年以来，安第斯公司面临着来自外部和内部的严峻形势。一是国际油价急剧下跌导致公司收入大幅减少；二是主力油田进入“双高”阶段使得公司成本不断攀升；三是政府试图通过制造税务和劳工纠纷给公司带来重大商务风险。

安第斯公司深入分析了自身发展的瓶颈和风险挑战，将目光转向内部，谋求借助数字化技术为公司带来发展新动能、增长新动力。公司信息化建设方面的不足有：一是应用系统分散独立，集成性较差，业务流程效率较低；二是内控体系未技术实现，内部风险较大，经营成本攀升；三是IT基础设施差异性大，维护成本较高，宕机事故频发；四是油田现场数字化程度低，管理效率不高，操作成本较高；五是数字资产保全方式欠缺，无灾备系统，信息丢失风险大。

2　安第斯公司管理数字化转型实践

安第斯公司顺应国际油气行业潮流，借鉴其他油气企业先进做法，结合企业生产经营实际情况，利用已经储备的技术资源，因地制宜的开展了五个方面的数字化转型实践。为生产经营可持续发展带来了新动力，为重大商务风险防控提供了坚强保障。

2.1　打破数字孤岛，加强应用信息系统集成

经过多年发展，公司建设实施了一系列的经营管理应用系统。表面上看，系统分布广泛、业务覆盖全面，为公司日常运营提供了全方位的业务支撑。实际上，各业务系统基本处于独立运行、各自为政的状态，各应用系统内的流程独立运转、信息内部流通，无法与其他系统进行交互，形成了大量“数字孤岛”。大量的“数字孤岛”不仅没有为公司经营管理效率带

来太大幅度的提升，反而慢慢成为了效率提升的绊脚石。

为了提高应用系统之间的集成度和耦合性，公司顺应数字化转型潮流，引入企业系统集成的先进架构模型：SOA（Service Oriented Architecture），即面向服务的架构模型。SOA可将不同的应用系统虚拟为“服务”，并为这些服务之间定义良好的接口和协议，接口是采用中立的方式进行定义的，使得各种各样应用系统可以以一种统一和通用的方式进行交互。公司采用了基于SOA架构模型的Oracle Service Bus（OSB）中间件产品（图1），该中间件提供了消息队列、事件驱动、异步处理等机制，为松散耦合的服务和应用之间提供多种集成方式，可以消除不同应用系统之间的技术差异，实现不同系统之间的整合。

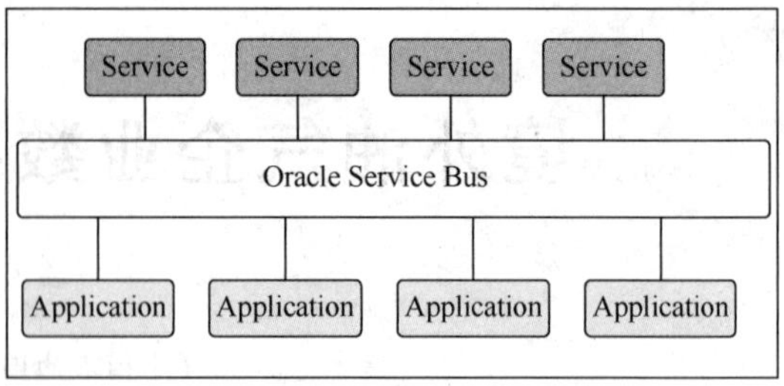

图1　基于SOA架构的中间件

借助基于SOA架构的OSB中间件技术，公司实现了所有应用信息系统之间的集成与整合，建成了以JDE系统为核心的经营管理应用系统集成体系（图2）。应用系统之间的高集成度，让“数字孤岛”之间的鸿沟被打破。业务系统各司其职、分工明确，相关流程相互协作、充分交互，使得公司的经营管理流程及数据充分流动，经营管理效率得到大幅提升。

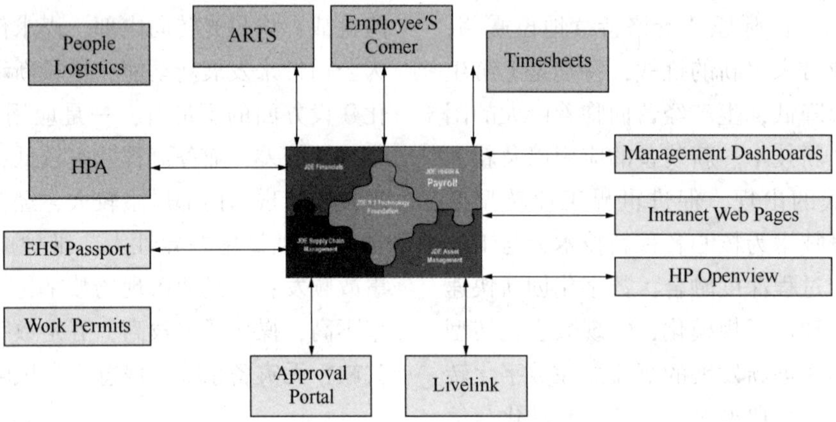

图2　安第斯公司应用系统集成体系

2.2　规范商务流程，推动内控体系数字化落地

虽然公司前期建立了比较全面的风险内控体系，但是要让这些内控规则在日常经营管理中发挥作用，而不是由业务部门人员被动遵守这些规则，则需要推进内控体系的数字化技术实现。

公司利用JD Edwards系统升级改造的有利契机，积极开展风险内控体系的数字化技术落地实现。基于公司前期建立的风险内控体系，相关部门对JDE系统中涵盖财务、设备维护、采办库房、人力资源等业务领域的1008个功能点进行逐个分析识别，梳理出143个可以在系统中实现自动化或半自动化控制的内控规则（表1）。

表1　JDE系统中实现的内控规则统计

		Total Functionalities	Controls AC/A/S	CONTROLS			
				28	50	65	41
	FINANCE	474	91				
F04	Accounts Payable	135	34	7	9	18	13
F09	General Ledger	49	11	2	6	3	3
F01	Address Book	23	4		1	3	2
F12	Fixed Assets	61	16	2	6	8	1

续表

		Total Functionalities	Controls AC/A/S	CONTROLS			
				28	50	65	41
F51	Authorization For Expenditure-AFE	93	10		2	8	3
F52	Joint Interest Billing-JIB	36	4			4	1
F03B	Accounts Receivable	77	12		11	1	7
	MAINTENANCE						
M12	Fixed Assets Constants						
M13 01	Work Order						
M13 02	Preventive Maintenance	149	22	6	6	10	6
M13 03	Maintenance cost Inquieres and Reports						
M13 04	Condit ion Based Maintenance						
M13 05	Integration with other modules						
	PROCUREMENT						
L41	Inventory Management	312	26	11	8	7	5
L43	Procurement						
	HUMAN RESOURCES						
RO8 01	Employee Master Information	73	4		1	3	1

通过在JDE系统中配置定制相关业务流程，公司完成了对143项内控规则的数字化技术实现，这些内控规则涉及财务、设备维修、采办库房及人力资源等业务，全部实现了自动化和半自动化控制。以财务模块中的“应付票据”及“采购和应付账款”流程为例(表2)，自动控制规则既包含“比对科目和财务报表”、“定期编制核对银行余额调节表”、“不允许重复的采购订单号和发票号”等这些基本风险内控规则；也包含“部门及AFE花费与预算及以前期间进行比对”、“由专人进行折扣折让的计算和审核”、“费用超支需要补充AFE审批”等有效的成本控制手段。这些内控规则的技术落地实现，一方面有效的提高了公司内部风险管理水平，极大程度减少或规避了内部管理风险；另一方面也为公司投资费用成本控制提供坚实的技术基础。

表2 JDE系统中内控规则示例

流程	控制	种类
应付票据流程	付款大于一定额度需要额外审批	自动控制
应付票据流程	配置系统比对科目和财务报表	自动控制
应付票据流程	配置系统正确地进行信息的录入/加总/计算	自动控制
应付票据流程	系统过账前要求批准OPEX和CAPEX分类	自动控制
应付票据流程	定期编制核对银行余额调节表	半自动控制
应付票据流程	部门及AFE花费与预算及以前期间进行比对	半自动控制
应付票据流程	定期进行债务合规计算审核	半自动控制
应付票据流程	财务部与贷款人进行协议合规的确认	半自动控制
应付票据流程	审核财务报表和试算平衡表	半自动控制
应付票据流程	由专人进行利息计算及核对	半自动控制
应付票据流程	管理层对财务报表披露和重要数据进行比对	半自动控制
采购和应付账款	付款大于一定额度需要额外审批	自动控制

续表

流程	控制	种类
采购和应付账款	保证所有的采购订单申请都与 AFE 号相联系	自动控制
采购和应付账款	配置系统正确地进行信息的录入/加总/计算	自动控制
采购和应付账款	配置系统比对科目和财务报表	自动控制
采购和应付账款	系统将采购申请、收货报告、发票三者进行匹配	自动控制
采购和应付账款	系统不允许重复的采购订单号和发票号	自动控制
采购和应付账款	由专人进行折扣折让的计算和审核	半自动控制
采购和应付账款	部门及 AFE 花费与预算及以前期间进行比对	半自动控制
采购和应付账款	每天对采购申请、收货报告、发票进行匹配分析	半自动控制
采购和应付账款	审核财务报表和试算平衡表	半自动控制
采购和应付账款	管理层对财务报表披露和重要数据进行比对	半自动控制
采购和应付账款	月末对一定天数未完成的采购订单进行分析	半自动控制
采购和应付账款	采购订单要求金额及编码批准	半自动控制
采购和应付账款	费用超支需要补充 AFE 审批	半自动控制

1.3　改善系统性能，搭建虚拟化云计算平台

通过部署虚拟化产品 Power VM 和 VMware vSphere，对公司 IBM PowerPC 架构下 14 台 AIX 操作系统服务器实施虚拟化，对 Intel X86 平台下 200 台 Windows Server 服务器和 57 台 Linux 服务器实现虚拟化。通过大规模应用虚拟化技术实现计算资源的集中调度分配，计算资源的优化配置和按需调度，公司所有的应用系统得以成功上“云”。由于底层硬件资源得到了统一调度、集中管理，使得系统运行性能和稳定性大幅提升、IT 基础设施运维工作大幅减轻，设备宕机事故率大幅降低。

实现计算资源集中管理后，进一步实施了存储系统集中化管理，建立公司私有云存储系统。由于公司采用了 Power PC 和 X86 两个底层硬件平台的，即便采用云计算技术也无法使硬件资源完全统一，所以公司引入了 SAN(Storage Area Network)存储区域网络技术。基于 SAN 技术，公司实现每 1 比特的服务器数据都集中存储在同一台物理存储设备上，这样存储资源的统一调度和分配也得以实现。

基于集中存储系统，公司实施了两项私有云存储应用项目。一是私有网盘项目，基于集中存储系统和域认证技术，为每位用户配置了一定容量的网盘(H 盘)，用户将个人工作文件存储在该区域后，无需使用专用计算机，无论是在办公室还是油田现场，只要使用公司账号接入内网环境就可方便的访问个人文件。二是邮箱大附件项目，为了方便员工传输大附件，公司实施了基于私有云技术的 Citrix Sharefile 大附件项目。该项目实施后，用户可以方便的向邮件添加任意大小的附件，共享给同事或外部人员，也可以发送一个链接请求他人向我方传送文件。

1.4　优化现场管理，构建物联网生产管理系统

2015 年，公司推进建设数字油田，构建油田物联网系统。建设独立的工业控制局域网，并通过防火墙与办公网隔离以保证工业设备信息安全。升级厂站装置监控系统 RSVIEW32 至最新版本，提高其稳定性和功能性，升级后实现对所有容器的温度、压力、液位等参数的监控，并且可以远程操控装置关停和开启，每一个厂站只需要 2 名内操作工和 2 名外操作工驻守，相较以前大大节省了人工成本。为油田所有采油井部署数据采集设备及电潜泵控制装置，安装部署 IGNITION 系统，该系统为业界最先进的 SCADA 系统，基于 WEB 技术为用户提供灵活友好的操作界面(图 3)，显示每一口井下电泵的频率、电流、出口压力、入口压力等关键参数，以图形化界面展示设备历史工况。除了提供井下状态监控功能，在紧急情况下，具备权限的管理人员还可以通过系统远程关停或开启井下设备。

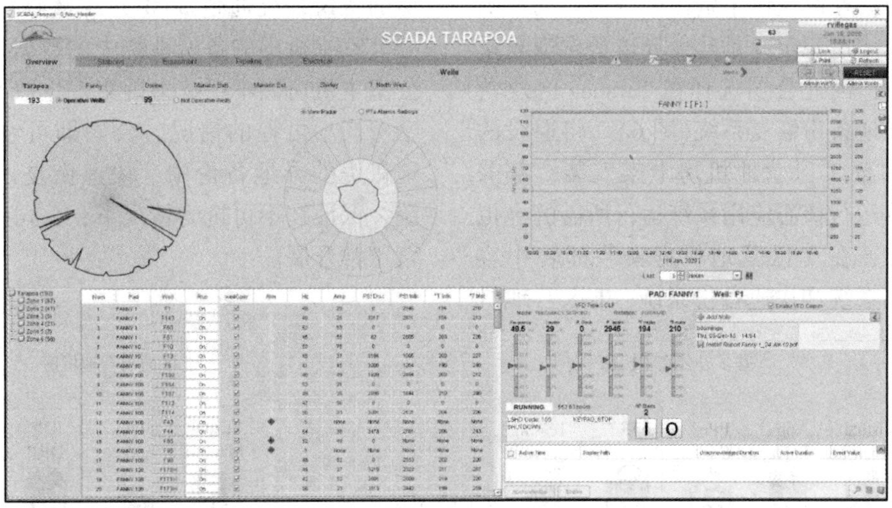

图 3　SCADA 系统操作界面

由于资源国环保要求苛刻，原油在输送过程中一旦发生泄漏，将为公司带来严重的后果。为此，公司建设实施了两套管道监测巡线系统。一是管道泄漏监测系统，基于管道沿线部署的 PLC 采集的压力、流量、阀门状态等数据，配合 IGNITION 系统对管线状态进行实时展示，操作人员可以实时查看管线运行状态，一旦发现泄漏，可以马上处置；二是无人机巡线系统，引进 Matrice 210 和 Inspire 2 等最新无人机设备，对油田原油外输管线开展无人机巡检(图 4)，识别管道沿线地表的损毁、重型机械作业、及可能出现的裂缝、侵蚀、滑坡、沉陷等情况导致的管线裸露和漏油事故，相比之前的人工巡检，在节省人力物力的同时，大大提高了巡线效率。

图 4　无人机巡检

1.5　保全数字资产，建设异地灾难备份恢复系统

如前文所述，公司通过建设私有云存储系统实现了公司生产经营数据及员工工作数据的集中存储，为公司建设异地灾备系统奠定了坚实的基础。在此基础上，公司建设实现了三级存储备份体系(图 5)，三级存储系统通过 LAN(局域网)或 SAN(存储区域网络)高速连接。第一级即为前文提到的集中式存储系统，为信息数据的集中存放提供容器；第二级为 RAID 6 级磁盘阵列快速备份系统，该系统以 24 小时为周期快速备份集中式存储系统中的数据，具备灵活备份配置策略和智能去重压缩功能，最大限度压缩备份数据量，同时为公司保存最新的数据备份；第三级为 LTO 8 级持久磁带备份系统，该系统以三个月为周期冗余备份快速备份系统中的数据，配备磁带读写操作机器人，将公司数据每间隔三个月进行一次冗余备份。磁带具备容量大、保存时间长、不易损坏、成本低廉等诸多优点，可以为公司数据资产的保存提供良好媒介。公司迄今为止积累了历史数据冗余备份磁带 260 份，涵盖项目接管以来 120 多个时间点的备份数据。

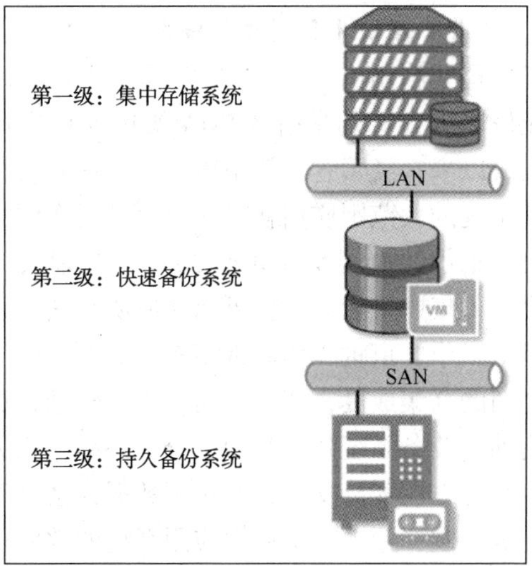

图 5　安第斯公司三级存储备份体系

公司油田作业区块位于资源国东部亚马逊雨林地区，地质构造稳定，是建设异地备份恢复系统的绝佳场所，因此公司选择在 Tarapoa 区块营地机房实施异地备份恢复系统(图 6)。将退役的硬件设备迁移至 T 区营地机房上架安装，部署公司生产经营运行核心应用系统运行所需的虚拟服务器。同时，在 T 区营地机房安装部署小容量的集中存储系统和快速备份系统，T 区营地机房的备份系统通过 30M 光纤链路实时同步基多办公室主机房的备份系统中的数据。一旦基多办公室主机房因不可抗力因素发生数据丢失或者数字资产不可控的情况，公司即可在油田 T 区营地机房的异地备份中，快速恢复出核心应用系统，保证在不可抗力情况下，公司的日常生产经营正常开展。

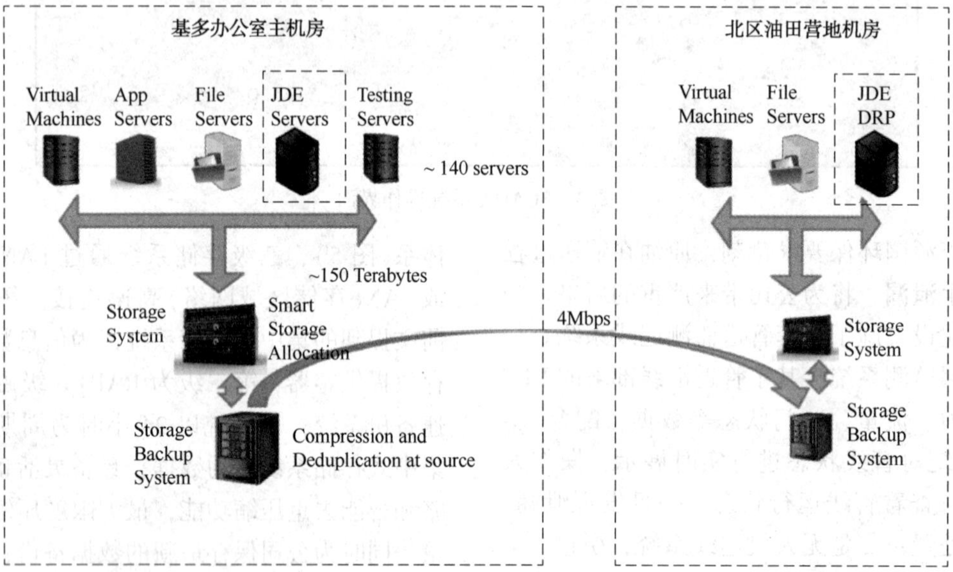

图 6　异地灾难备份恢复系统

3　安第斯公司数字化转型实践取得的成果

安第斯公司通过实施数字化转型战略，大力开展五个方面的数字化转型实践，在管理效率提高、内部风险控制、投资成本降低、作业费用压减及重大风险防控等方面取得了丰硕的生产经营管理成果。

3.1　经营管理效率得到大幅提升

公司实施 JDE 系统升级和周边补充应用系统建设以后，特别是引入 SOA 架构推行应用系统集成以来，经营管理效率得到大幅提升。集中审批系统的大范围应用就是一个典型的案例，公司大大小小的应用系统共近 20 个，管理人员只需要进入集中审批系统就可以完成所有其他系统的审批工作，审批工作非常高效。此外，应用系统之间的高集成度，使得公司的经营管理数据充分流动，业务系统各司其职、分工明确，相关流程相互协作、充分交互，避免了数据冗余、流程重复等问题，业务人员使用应用系统的效率得到大幅提高。

3.2　内部风险得到有效控制

公司前期建立了比较全面的风险内控体系，但是这些内控规则不一定能在日常经营管理切实发挥作用。在 JDE 系统流程中数字化实现内控规则以后，公司内控体系真正嵌入到日常业务流程中，不仅让财务会计基本准则得到有效遵守，而且可以防范票据造假、费用超支、现金挪用等重大风险。并且，所有的控制手段都是在 JDE 系统中自动化或半自动化实现的。使来自于公司内部的风险被有效控制。

3.3　投资成本和作业费用有所降低

公司通过升级 JDE 系统、推进周边应用系统集成、推动内控体系数字化落地，为公司核心业务“项目规划-经济评价-大小标-AFE-项目实施-后评估”六大闭合流程提供数字技术支撑，文档流程管理系统中实现了大小标申请及审批、AFE 申请及审批等重要流程，并与 JDE 系统度深度集成。这些流程的严格执行有效地控制了公司的投资成本和作业费用，系统集成上线以来，没有投资超预算或作业费用超过计划的情况发

生，通过严控商务流程累计节省成本 1400 万美元

3.4 IT 基础设施运行更加平稳

公司开展云计算数字化转型以来，基多办公楼主机房和油田营地机房的 IT 基础设施得到了集中管理，后台运维工作量大幅减少；计算资源实现统一分配调度，应用系统运行更加平稳，性能较大幅度提升；全部应用系统实现上“云”，虚拟服务器宕机事故率降低到不足 0.1%，业务应用系统常年平稳为用户提供服务，累计节省 IT 运维费用 115 万美元。此外，私有云网络存储系统为用户提供了良好的使用体验，也为公司数据安全和数据备份打下坚实基础。

3.5 现场作业管理效率得到提升

公司建设实施 SCADA 物联网系统和无人机巡线系统以后，实现了对所有生产井和管线远程监测和控制，一旦油井出现异常情况，系统会自动报警，操作人员即可远程进行紧急处置，减少了大量的人工巡井巡线工作量。各厂站值守工人数量也大幅下降。建设实施物联网系统以来，油田用工减少了接近 15%，节省用工成本 820 万美元。油井关井时间大幅度下降，稳产增产效果良好，每年为公司完成产量任务做出了较大贡献。

3.6 为重大风险防范提供扎实基础

数字资产是公司十多年来生产经营的珍贵成果，公司建设实施异地灾难备份恢复系统以后，积累了历史上多个时间点的备份数据。在项目公司碰到重大商务纠纷、不可抗力因素、甚至重大自然灾害时，公司依然可以妥善转存保管这些珍贵的历史生产经营数据，同时实现快速异地核心系统恢复。为商务问题解决、历史数据分析、管理经验借鉴、生产经营恢复提供数据基础和技术保障。

参 考 文 献

[1] (美)安德鲁 V. 爱德华(Andrew V. Edwards). 数字法则：机器人、大数据和算法如何重塑未来[M]，机械工业出版社，2016.

[2] 陈明，梁乃明. 智能制造之路：数字化工厂[M]. 机械工业出版社，2016.

基于梦想云的塔里木工程技术协同研究环境构建与应用

李家金　侯　琳　马　潇　宋晨晨

（中国石油塔里木油田公司）

摘　要　石油工程技术是一项复杂的系统工程，涉及多专业、多学科、多种数据类型、专业软件数量多，研究人员在整理基础数据环节费时费力，繁多的应用软件及成果之间各自独立、孤立应用、共享难。基于勘探开发梦想云的塔里木工程技术协同研究环境搭建了包括钻井方案设计、采油气方案设计及工程地质一体化协同研究业务环境，探索并创建了基础资源共享、基础数据共享、专业软件共享、地质工程协同、勘探开发协同、前后方协同及甲乙方协同的“三共享、四协同”全线上协同研究、审核审批工作新模式。有效支撑了科研数据互联、技术互通、业务协同，大幅提升了工程技术研究的质量和效率。

关键词　勘探开发梦想云；最小业务单元；三共享、四协同；协同研究；工程技术

石油工业作为一个技术密集型产业，需要多个专业相互配合协作。面对低油价常态、日益加剧的跨界竞争、复杂新技术不断革新等问题，整个行业开始探索数字化转型以及向智慧化发展。塔里木数字油田建设按照“十三五”夯基础、“十四五”强应用、“十五五”智运营“三步走”战略。组织开发搭建了基于区域湖及专属云平台的塔里木油田工程技术协同研究环境。坚持“业务主导”，以需求为导向、遵照顶层设计、以科学研究、方案设计、生产支撑、决策参谋四大主要业务为目的，消除信息孤岛，实现勘探开发数据互联、技术互通、业务协同与智能化发展，以提高工程技术方案设计质量及作业效率。实现数据与资源有效共享，增强工程技术评估与分析能力，支撑勘探生产、开发生产、协同研究及经营管理等方面综合应用。

1　技术方案

坚持“共享、统一、优化”思想，以“需求导向、顶层设计、应用驱动、以点带面”为原则，基于塔里木数字化油田建设总体规划和已经建设的国内外其它优秀基础平台进行工程技术协同研究平台设计。确定了工程技术协同研究环境方案。

1.1　最小业务单元建模

石油地质工程数据都产生于某个石油勘探开发业务过程，与其对应的石油勘探开发活动及对象的对应关系。按照最小业务单元结合对象域、业务域、业务过程域、工作域、专业域五个维度建立塔里木油田石油业务坐标体系。在五大维度划分的基础上，分析不同的维度和刻度两两之间业务关联关系，通过降维的方式定义两两之间业务坐标关系；再结合实际业务分析，赋予理论业务节点不同属性，与实际业务相关联。

研究单元是由多个业务单元组成，研究单元是针对独立业务执行者最小活动单元，最小业务单元是完整独立的活动单元，可产生一个清晰可确定的结果、有清楚的时空界限、是独立的不可再分或不必再分的业务活动。业务单元与业务数据和业务角色关联（图 1）。

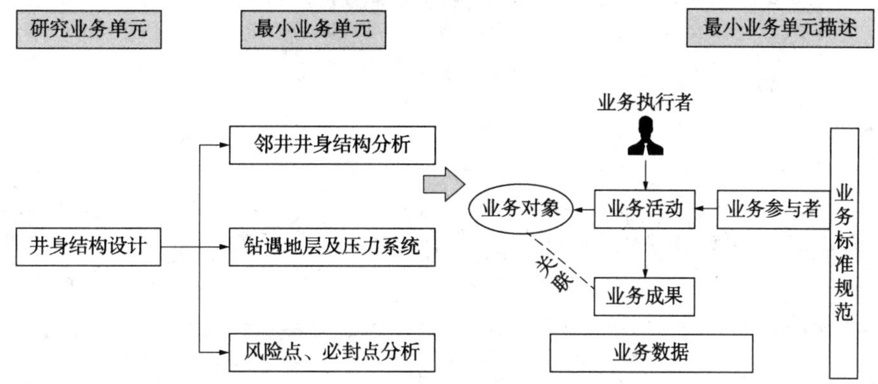

图 1　业务单元与研究单元之间关系说明

业务单元与业务数据、业务角色关联，通过业务单元五个维度刻画，建立业务数据、业务节点及业务人员的关联关系，可实现业务岗位的资源定制和精准数据、工具、软件、标准等资源服务（图 2）。

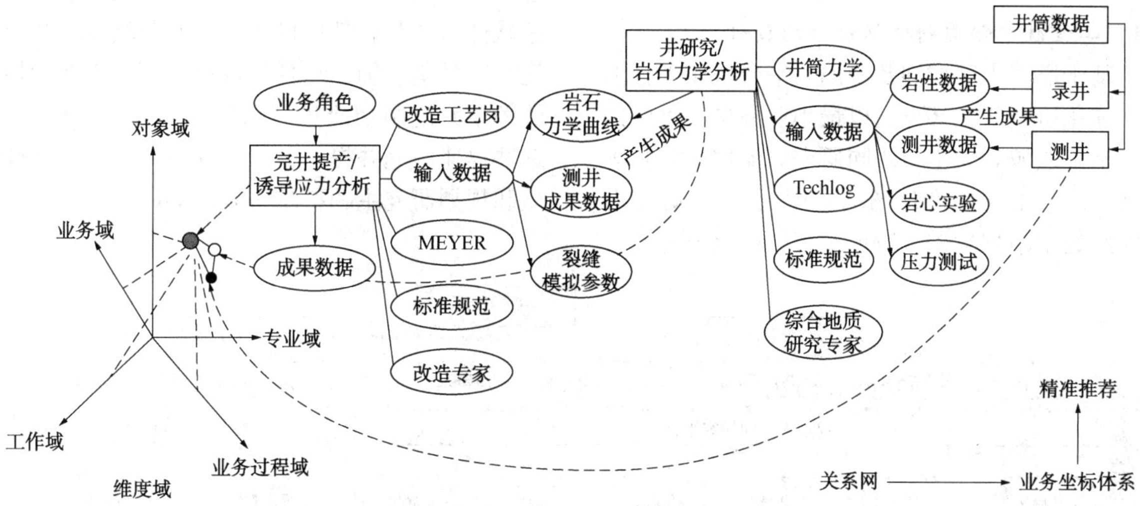

图 2　业务单元与研究流程之间关系说明

工程技术协同研究环境围绕工程地质研究、钻井提速、完井提产、采油气提产、井完整性提质及规划研究 6 大主题科学研究梳理 5 大类 14 小类方案设计科学划分一级研究单元 26 个、二级研究单元 120 个，三级研究单元 426 个，四级业务单元 933 个，建立业务数据和业务节点关联，实现业务岗位的资源定制和精准数据、工具、软件、标准等资源服务。

1.2　协同研究场景设计

以协同研究、方案设计协同编制任务为目标，以团队协同研究为纲，以个人工作室为载体，以团队管理为组织，实现工程技术线上协同研究新模式。协同研究整体流程由研究、方案设计协同编制场景定制、团队任务创建和管理、团队任务指派、个人登录工作、个人成果提交、团队内成果审核入湖 6 大步骤构成。可实现基础资源共享、数据共享和软件共享的一体化协同；应用权限、数据权限、团队工作空间配置的线上跨部门团队配置；按照最小业务单元定制符合业务所需专业数据服务、数据推送；一键生成符合塔里木油田企业标准的施工方案、设计报告；线上审查审批及多维度、自定义、智能化的钻井和采油气数据综合分析应用及可视化展示场景（图 3）。

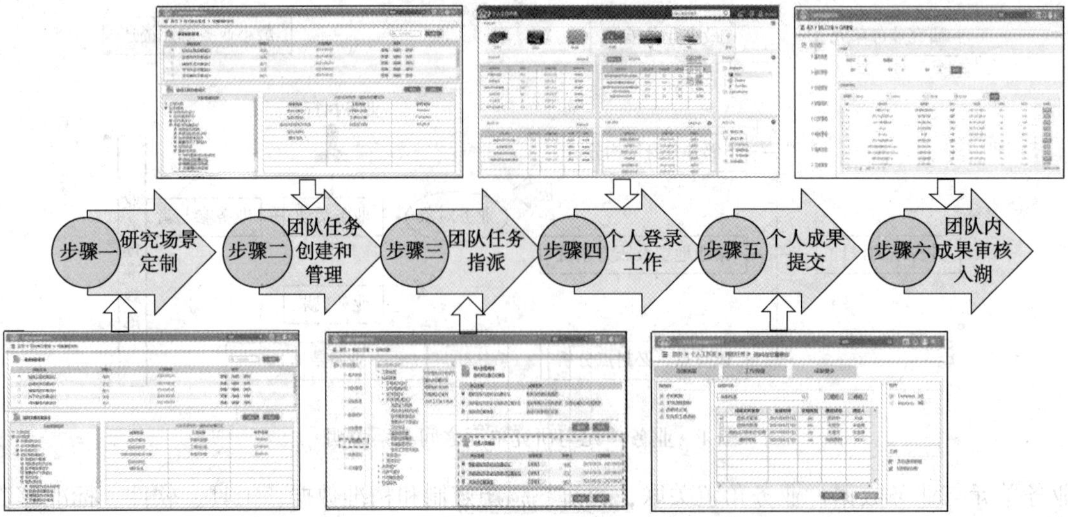

图3　协同研究场景整体流程

2　工程技术协同研究环境设计

2.1　工程技术协同研究环境架构设计

基于塔里木区域湖及专属云平台搭建工程地质一体化协同研究环境，以最小业务单元为原则开展钻采领域6大主题协同研究。梳理钻完井现场动态库、油气生产现场动态库及13个历史专业库经数据治理后进入数据银行。结合云平台，依托数据中台、业务中台和技术中台搭建数据生态环境。构建协同环境应用所需对的功能集，主站软件云化和软件接口功能、专业软件计算及可视化工具集、辅助工具集及科学研究需要的最小业务单元定制功能集。满足钻采领域工程地质、钻井提速、完井提产、采油气提采、井完整性提质和规划研究主题科学研究(图4)。

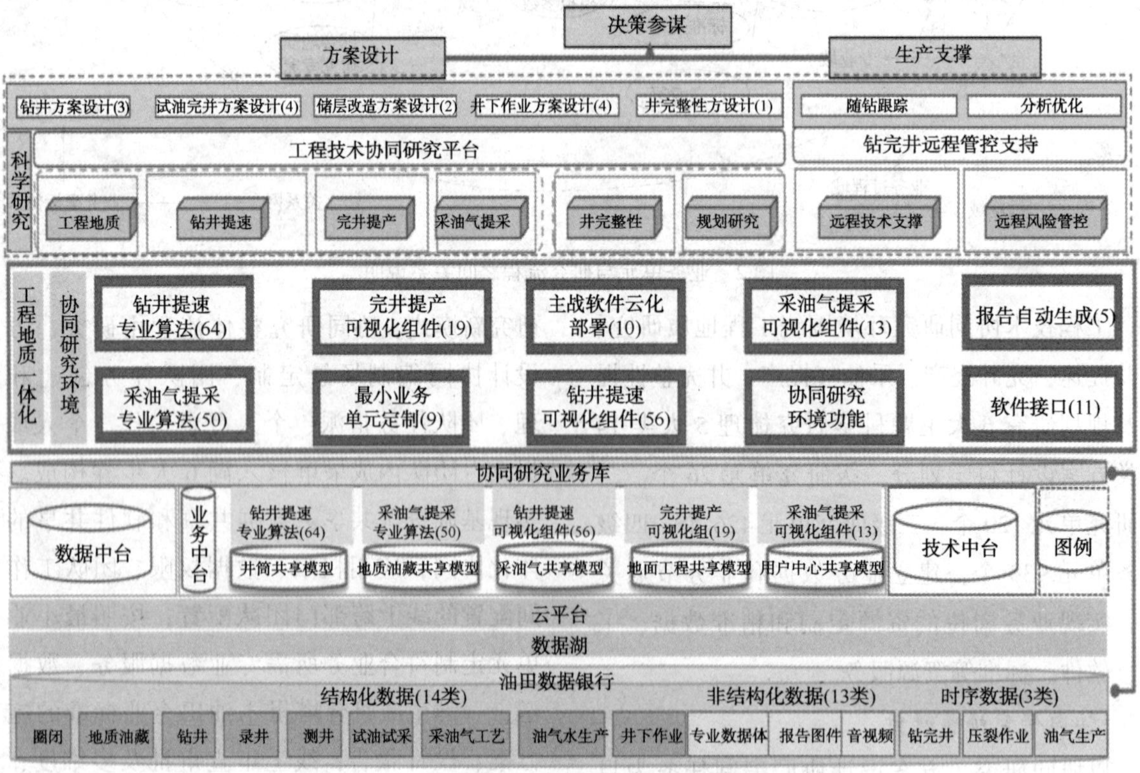

图4　程技术协同研究环境架构图

2.1 工程技术协同研究环境搭建

在统一数据湖的基础上，以研究项目为基本单元，以项目生命周期为主线，将研究人员与项目、岗位、数据(含成果)、专业软件、常用工具有机融合，为勘探开发研究及决策人员构建一体化工作平台，实现对钻完井综合研究全过程应用支撑。

结合最小业务单元梳理按照不同项目类型定制业务节点、数据集、相关专业软件和工具，根据不同角色，为用户构建项目协同研究环境，即项目工作室。通过项目工作室，项目研究所需的各类数据可通过数据湖选取、其他项目关联、专业软件关联及本地上传等多种方式进行组织，做到数据、成果、软件之间的共享与协同；同时还建立了项目分级管理，支持基于任务驱动的项目过程管理，项目经理或项目负责人可以根据研究内容，定制研究流程、组建项目团队、分解研究任务、把控项目进度、审核研究成果，确保项目按时完成、成果按时归档，做到科研项目全线上管控。

3 主要功能设计

3.1 主战软件云化

针对油气田勘探开发专业软件门类多，数据格式不开放、标准不统一的现状，从软件分类、软件描述、主要功能、数据格式、运行环境、数据存储及使用频率等方面对目前使用的勘探开发软件进行梳理，最终确定主战软件接口开发，打通数据传输通道，建立不同专业软件之间的无缝集成。

专业软件云化部署，实现软件在服务器端集中安装部署，许可统一管理和调配，用户在客户端无需安装任何专业软件，即可开展各类专业研究工作，并且按照实际研究业务需求，进行许可分发及回收。软件数据集成，实现专业软件数据接口与坦途区域湖数据无缝对接，用户可从区域湖中获取基础数据，并且在研究过程或结束后，成果一键归档功能。

工程技术协同研究环境在钻井和采油气工程领域云化主战软件 8 套，分别为 Landmark 钻完井分析设计(6 个子软件)、井控 DRILLBENCH、固井 CemCADE、Wellead 平台井优化设计、GOHFER 压裂与酸化模拟、试油完井 PIPESIM、MANGROVE 缝网改造设计、OLGA 软件

3.2 在线专业算法组件

工程技术研究涉及数据种类繁多，科研人员需要在各专业数据库和相关部门进行数据收集，渠道分散、费时费力、效率低下，且主要依托于不同工具平台计算分析，数据整理步骤多，计算分析需要在不同平台输入输出，缺乏灵活性。遵循协同研究环境统一架构，以数据银行为数据基础，基于云平台开发钻采研究应用，实现钻井液计算、水力学计算、压力计算、井控计算等钻井专业算法，产能计算、物性计算、多项流计算、有杆泵优化分析设计计算、电泵优化分析设计等采油专业算法公共组件共 202 个，数据银行直连钻采专业算法，实现计算，成果直接入湖的全线上计算分析新模式。

3.3 专业图形可视化组件

可视化的成效在于有助于研究人员从繁杂的计算与抽象的数据中快速提取形象而丰富的信息，从而更好地获得对问题的洞察与见解。工程技术研究涉及专业门类繁多，每个专业学科都有专属的可视化组件，协同研究平台梳理钻井地质工程设计、主战专业软件计算结果等可视化组件，用户可实现对钻井、完井、试油、试采、关井、油气生产、修井到弃置等各个工期的全生命周期的可视化组件进行展示。

3.4 设计报告自动生成

报告定制引擎设计按照不同井别、不同沉积类型储层实现钻完井设计模板定制，可适应报告标准和章节编排的变化，方便用户在报告格式、内容等变更时快速更改定制模版。用户根据定制的模版，协同研究、在线编辑设计报告内容，提交研究成果、报告自动生成。完成后按照规范的审查流程，报告推送至各级审核部门全程在线审核审批、审核意见留痕存档、修改过程实时反馈，形成审核-修改-反馈的闭环工作模式，且用户可便捷地对审查流程进行查看，了解成果审查的最新动态。

4 应用及效果分析

塔里木工程技术协同研究平台以数据生态建设为基础，整合了数据、专业知识、专业软件及行业经验，打破信息壁垒，以业务流程为核心，初步实现了基础资源共享、基础数据共享、专业软件共享、地质工程协同、勘探开发协同、前后方协同及甲乙方协同的“三共享、四协同”全线

上协同研究、方案设计编制、审核审批工作新模式，特别是钻井工程系统的研发，实现了节点化流程、表单化质控、一键式修正，极大地缩短了科研人员数据准备和研究的时间，把科研人员从大量重复、简单的工作中解放出来，从而促使科研人员的工作习惯发生了根本性的转变。

4.1 搭建在线个人工作室

根据项目类型定制特定项目研究所需的业务节点和数据集、专业软件、在线分析工具，开展协同研究线上跨部门团队配置，包括应用权限、数据权限定制、团队工作空间配置，实现以项目为主线的研究团队、数据和任务的一体化管理。

团队负责人(项目长)进入个人工作室，调用自定义创建的研究场景模板，开展团队研究工作和管理，定制业务单元、专业软件、常用工具，选取研究对象及研究业务对应数据。指派项目参与成员及业务单元负责任人(图5)。

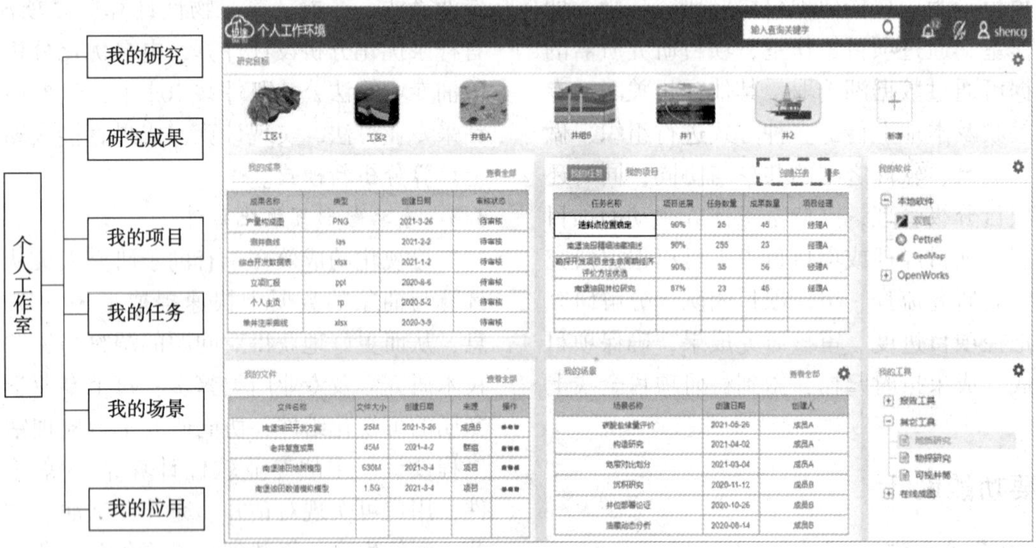

图5　工程技术协同研究个人工作室

4.2 方案设计协同编制

根据业务单元性质构建研究工作环境，配置相关业务单元数据、软件、工具支撑，实现基础数据一键提取，专业软件、计算分析工具直连，标准规范智能推送，成果共享共用。充分利用协同研究环境，边研究边形成报告，最终实现多人在线协同编制、在线审核审批。

井眼轨迹设计中，用户可一键提取设计所需的井口坐标、靶点、地质、邻井等所需数据，直连 compass 软件，轨道设计详点数据、垂直投影图、水平投影图及防碰分析在线生成并可视化，且智能推送轨道设计行业标准规范。解决了研究人员在整理基础数据环节费时费力，数据交互困难、协同环境线上沟通交流不方便等问题，大大提高了研究效率(图6)。

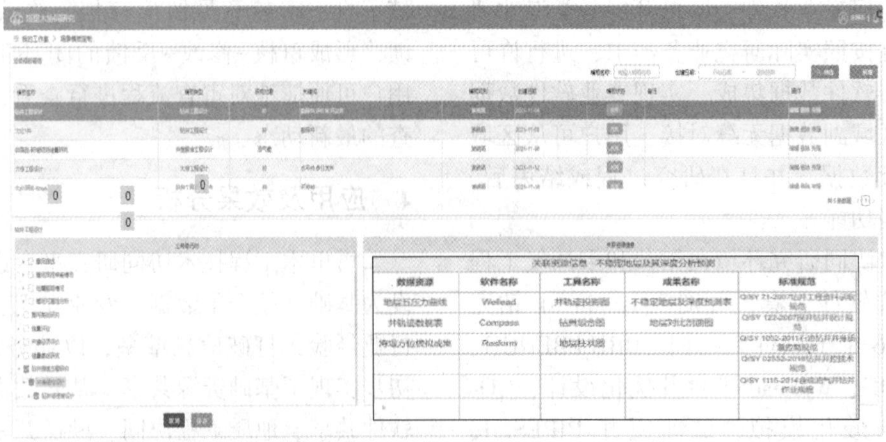

图6　基础数据、软件、工具及标准规范配置

5 结语

基于梦想云的工程技术协同研究环境，可以方便获取数据湖中结构化数据、非结构化数据和时序数据等各类数据，并且与专业软件之间直接进行数据推送应用，实现了各专业数据与多种专业软件之间的无缝对接，数据和成果得到多层次共享使用，显著提高了工作效率。通过快速搭建项目工作室，实现了以项目为主线的研究团队、数据和任务的一体化管理，提高了项目管控深度，也能够实现方案设计与综合研究相关数据、成果、资料等高效集成与共享，以及文档在线编辑、在线审核审批等功能。为项目成员及管理人员建立了交流互动平台，便项目组成员之间成果交流。可以有效支撑油气田企业的“数字油气田—智能油气田—智慧油气田”建设和绿色可持续发展。

参考文献

[1] 罗彩明，唐雁刚，屈洋．等．塔里木油田梦想云协同研究应用与展望[J]．中国石油勘探，2020，25(5)：57-62.

[2] 石玉江，王娟，魏红芳．等．基于梦想云的油气藏协同研究环境构建与应用[J]．中国石油勘探，2020，25(5)：23-30.

[3] 马涛，张仲宏，王铁成．等．勘探开发梦想云平台架构设计与实现[J]．中国石油勘探，2020，25(5)：72-81.

基于NB-IoT技术的远传温压变送器在大牛地气田的试验效果评价

王子雨　徐　嘉　崔梦迪

（中国石化华北油气分公司）

摘　要　大牛地气田始建于2003年，地处毛乌素沙地东部，气井井口压力、温度等参数仍采用机械仪表采集、现场人工抄录的方式进行录取。为提高数据录入工作的效率和质量，同时降低人工巡检成本，选取大牛地气田采气管理一区为试验区，开展NB网络信号覆盖基础情况评估及单井井口数据远传试验的应用效果评价，以期对通过推广应用基于窄带物联网（NB-IoT）技术的远传压力变送器进行气井数据录取方式信息化改造的思路和方案得出可行性分析和优缺点评价，为试验区后续更深入的信息化改革提供数据录取基础。

关键词　NB-IoT；大牛地气田；井口压力；数据录取；信息化改造；远传压力变送器；信号覆盖

1　试验背景

大牛地气田地处陕蒙交界鄂尔多斯盆地北部，位于毛乌素沙地东部，地形主要为沙地和沙丘。气田开发始于2003年，其中75%以上的气井投产时间超过10年。建产初期，由于信息化基础设施的局限性及成本控制，气井井口压力及温度等参数均采用机械压力表、玻璃温度计等测量仪器进行采集，通过原始的人工抄录方式进行录取，数据录入工作的效率低且缺乏连续性，同时由于井位分布分散，巡检工作耗费的成本不断增加，亟需对气井数据的录取方式进行信息化改革。

气田现场的信息化改造，应在充分调研现场的应用需求、基础设施现状、环境适用性要求等各项重要影响参数后，提出可行性解决方案。首先根据应用需求，井口数据录取方式的改造应达到气井压力、温度等基础参数能够实时远传并自动记录汇总至气田信息处理平台的最基本要求；其次根据大牛地气田目前的气井分布情况及井口基础设施安装现状，井口数据的远传需增设电源为远传仪表提供电力，同时应选择无线传输的方式避免大规模高成本的光纤线路铺设；最后根据大牛地气田所处的地理位置，现场远传仪器需要有较好的适用性，能够同时适用于冬季极寒温度（最低-35℃）环境及夏季较为集中频繁的雷暴天气。

窄带物联网（Narrow Band Internet of Things，NB-IoT）技术构建于蜂窝网络，只消耗约180kHZ的带宽，支持低功耗设备在广域网的蜂窝数据连接，可直接部署于GSM网络、UMTS网络或LTE网络，可实现低成本平滑升级。目前NB远传技术已与多个行业的仪器仪表设备相结合，并形成了较为成熟的远传智能压力、温度变送器产品，且由于变送器低功耗的设备特性，可通过自身携带电池供电，正常的数据传输功能下，电池寿命可达3~5年，基本满足了大牛地气田井口数据信息化改造的硬件设备要求。

2　试验设计

2.1　网络信号覆盖情况评估试验设计

选取大牛地气田采气管理一区为信息化改造试验区块，对试验区块内所有单井井场的NB信号进行测试普查，根据测试结果对试验区推广使用NB远传仪表的信号覆盖基础情况进行评估。

2.2 井口数据远传单井试验设计

根据现场 NB 信号覆盖情况，选取 NB 信号质量良好以上的单井，同时优选 NB 远传压力、温度变送器，进行井口数据远传单井应用效果评价试验。压力、温度远传变送器应满足以下应用要求：①压力、温度量程范围包含井口所能达到的极限情况；②过程接口可根据井口采气树取压考克类型进行定制；③远传变送器自带电源，电源电压应在安全电压要求范围内；④测量适用环境为天然气与地层水混合流体；⑤传输网络为 NB-IoT，且数据传输最小周期应小于 60min，并能随时满足加密传输的数据监测需求。

根据现场应用需求，优选福建上润精密仪器有限公司的 362 系列智能远传压力、温度一体化变送器进行单井数据远传试验。该系列智能变送器的工作原理及参数设定如下图 1 及表 1 所示：

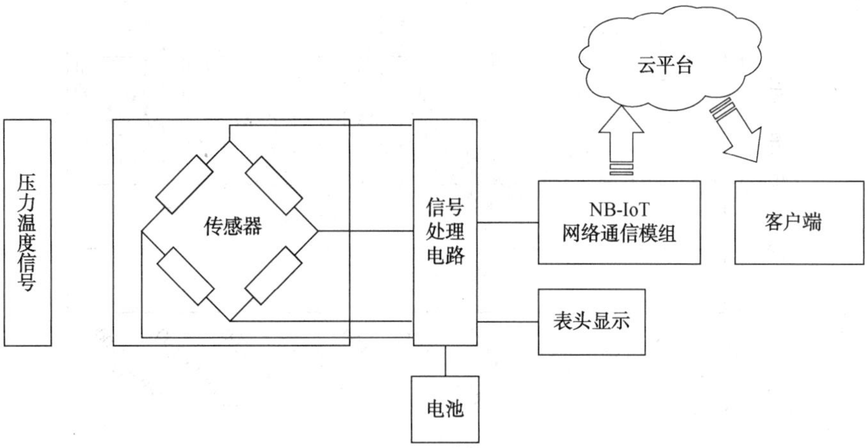

图 1 362 系列智能远传变送器工作原理图

表 1 362 系列智能远传变送器参数设计表

项　目	参数设定
压力量程/MPa	0~25
温度量程/℃	-20~60
过程接口	M20×1.5
供电电源	锂电池 3.6v dc
电池寿命/a	>3
测量流体	气体/液体混合
传输网络	NB-IoT
传输间隔/min	55

3 试验情况及效果评价

3.1 试验区 NB 网络信号覆盖情况测试结果

使用 D5200 型智能 NB 网络测试仪对大牛地气田试验区块 276 口单井井场的电信公司 NB 网络信号进行实地测量和记录，测试结果如下图 3-1 所示，结果显示：269 口单井井场的电信 NB 信号驻网成功，信号覆盖率达到 97.4%；信号质量达到良好以上的井数为 223 口，占总井数的 80.8%(图 2)。

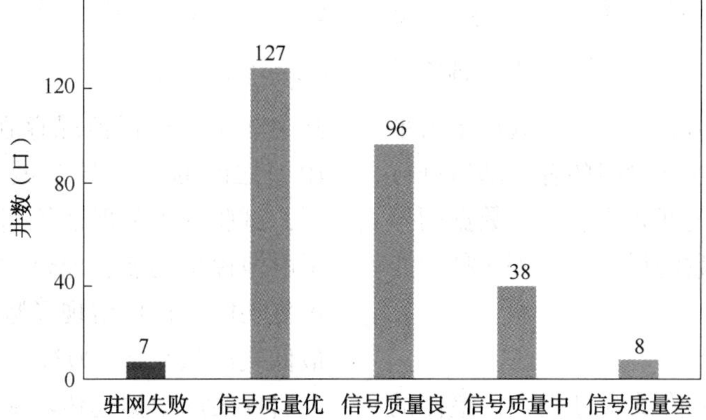

图 2 试验区块 NB 网络信号覆盖情况测试结果汇总图

综合试验区块所有单井的 NB 网络信号测试结果，电信公司 NB 网络信号的覆盖情况达到了试验区推广使用 NB 远传仪表的基础条件要求。

3.2　单井试验情况及效果评价

3.2.1　单井试验情况

根据 NB 网络信号测试结果，优选信号质量为优的 D1-1-112 井进行数据远传单井试验。该井于 2020 年 1 月 14 日完成井口远传温度、压力一体化变送器仪表的安装及参数的设定和调试，开启了井口油管压力、温度的实时远传功能，至目前运行时间超过 165 天，累计成功传输井口压力、温度数据 4339 条，整体运行平稳，在较短的数据传输周期内实现了井口压力、温度数据的实时远传(图 3，图 4)。

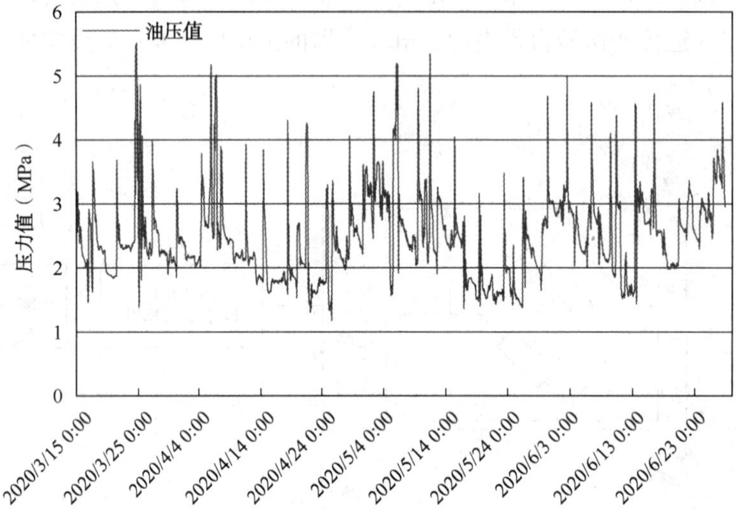

图 3　试验单井远传压力历史曲线图

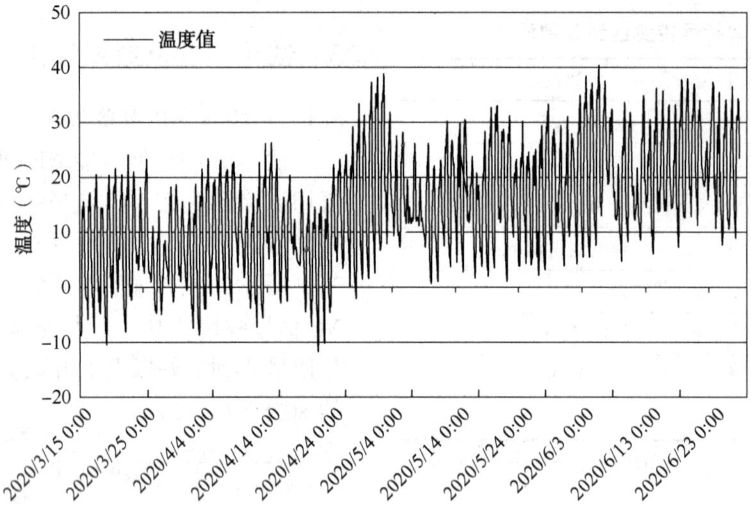

图 4　试验单井远传温度历史曲线图

单井仪表将井口压力、温度数据远传至云平台后，技术人员可通过互联网络的客户端口进行登录，实现实时数据的更新查看、历史数据的导出、上下限报警值等参数的设定修改等多种功能操作。

3.2.2　环境适用性评价

单井井口数据 NB 远传试验过程中，整体的环境适用性良好。在经过 2020 年 1-3 月冬季极寒温度条件下，正常的运行时率达到 90%以上，其中非正常运行情况存在于：1 月 20 日至 2 月 10 日之间的部分日期最低温度下降到-20℃以下，试验仪表为保证长期的电池使用寿命，开启了电池保护功能，即暂时关闭了能耗较大的数据远传功能，仅保留现场数据采集及存储功能，待最低气温恢复至-20℃以上后，可通过平台远程开启仪表的数据远传功能，同时仪表能将远传功能关闭期间存储的参数数据补发至云平台，保证了数据录取的连续性。

3.2.3 经济效果评价

通过实现井口压力、温度数据的远程传输，减少了巡检需求，降低了人工巡井成本。以试验井 D1-1-112 井为例，按照前期 3 天 1 次的单井巡井周期需求计算，安装井口温压远传仪表后，试验井每周期可减少巡井车辆 12km 的巡井里程（巡井车平均百公里油耗为 15L，92#汽油 0.82 元/L），折合成 1 天的油耗成本约为 0.5 元，同时加上定期巡检的人工成本 120 元/天，升级为 NB 远传仪表进行井口数据录取，单口井每日节省成本 120.5 元，具体成本对比如下表 2 所示。按照每块 NB 远传仪表 2000 元的市场价格，单口井需安装油压、套压两块仪表，即初期投资费用 4000 元，仅需 34 天即可收回初期投资成本。

表 2 数据录取方式成本项目对比表

成本项目	人工抄录	NB 仪表远传
初期仪表/元	1000	4000
定期巡检油耗/(元/天)	0.5	0
人工成本/(元/天)	120	0

4 结论

（1）通过对大牛地气田信息化改造试验区单井井场的 NB 网络信号覆盖情况进行测试普查，信号覆盖率达到 97.4%，且信号质量达到良好以上的井数达到 80.8%。可以在试验区推广应用基于窄带物联网（NB-IoT）技术的远传压力变送器进行气井数据录取方式信息化改造。

（2）通过井口压力、温度数据远传的单井试验效果评价，当前市场上已经形成了较为成熟的远传智能压力、温度变送器仪表及配套平台产品，且仪表的现场环境适用性及平台的功能多样性均可以较好的满足试验区块数据录取信息化改造的应用需求。

（3）通过对井口数据录取方式进行 NB 远传仪表的信息化改造后，在提高数据录取效率和质量的同时，能够较大的缩减人工巡检成本，具有一定的经济效益。

参 考 文 献

[1] 蜂窝上的万物互联：NB-IoT[EB/OL]. 未来移动通讯论坛.2016-2-3

[2] 基于 NB-IoT 窄带通信和多传感器组网技术的森林火灾监测预警系统[J]. 秦钰林，周若麟，张珂欣，范训礼，冯瑞航. 物联网技术.2020(06)

[3] 基于 NB-IoT 的地震台站运行状态监控系统[J]. 物联网技术.2020(06)

油田站库 PID 控制器参数鲁棒整定及其应用

宋伟强

（中国石油大庆油田公司）

摘　要　PID 控制器的性能与其参数密切相关，油田转油站和联合站的变频器以及游离水脱除器的气动阀等关联的 PID 控制器性能退化且油田站库存在大的随机干扰，导致系统运行波动较大。为此本文从数据驱动鲁棒建模出发，构建了基于鲁棒模型的多目标的 PID 参数鲁棒整定策略。首先利用最小一乘法建立了对异常值不敏感的鲁棒模型；接着利用内模控制原理并融合 PID 控制器的动态性能控制需求实现了 PID 参数鲁棒整定，现场实际应用表明本文所提策略能较好地实现油田站库的 PID 参数整定，整定后的控制系统的不仅运行平稳，且转油能耗大幅降低。

关键词　PID 参数整定；鲁棒建模；内模控制；最小一乘法；动态性能

油气集输系统的主要作用是把分散的油井所生产的石油、伴生天然气和其他产品集中起来，经过必要的处理、初加工，然后将合格的油和天然气分别外输到炼油厂和天然气用户。目前油田的转油站和联合站外输液由变频器进行控制调节；游离水脱除器自动放水通过气动阀控制调节，这些变频器和气动阀等均采用 PID 控制器进行控制。PID 控制算法中比例、积分、微分参数设定直接影响 PID 控制性能。

PID 控制器的参数整定方法很多，无论是在理论上还是在工程实现上。近些年来，PID 参数整定方法更是融合了许多新的特性。大体上有参数辨识法、频域指标法、鲁棒整定法、最小可达方差整定法、内模法、参考模型法和智能搜索法等参数整定法。这些算法都为 PID 参数整定提供了丰富的选择。然而，单一目标的 PID 参数整定常常得不到期望的结果，这是因为有多个 PID 参数可以满足单一目标，故在实际应用中更加关注的是多目标融合的 PID 参数整定方法。

目前油田站库在用 PID 参数整定主要以经验试凑法为主，一般由系统开发人员根据经验设置，虽能满足基本生产控制需求，但实际生产过程中存在节能效果不佳、变频器和气动阀振荡运行、液位和界面波动大等情况。根据现场实际情况，本文研究了油田站库 PID 参数鲁棒整定技术，通过采集输入、输出及控制参数等数据，建立数据驱动的鲁棒模型，之后实施鲁棒模型下的多目标融合的鲁棒 PID 参数整定。

1　鲁棒建模

1.1　模型结构及模型阶次

通常，实际对象的模型结构均可描述成如下的输入输出结构

$$y(k)=\theta_0+\theta_1 y(k-1)+\cdots+\theta_n y(k-n)+\beta_0 x(k)+\beta_1 x(k-1)+\cdots+\beta_m x(k-m)+\varepsilon \tag{1}$$

方程中，θ 和 β 为待辨识的参数，x 和 y 分别是过程的输入和输出信号，为避免不同量纲引起的建模误差，通常建模采用的数据为无量纲的标准化数据。在方程中，有两个参数即所谓的模型阶次 m，n 需要事先确定。通常采用赤池信息准则（AIC）或贝叶斯信息准则（BIC）来确定。

转油站和联合站的结构类似，均可描述成图 1 所示的结构。实际建模显然可以建立设定值和液位之间的闭环模型，也可以建立变频器到液位之间的开环模型。虽然可以通过机理的方式来确定模型，但输油泵含有非线性环节且需要考虑老化问题，直接利用机理模型困难较大且不一定满足现场实际情况，为此本文采用数据驱动方式建模。

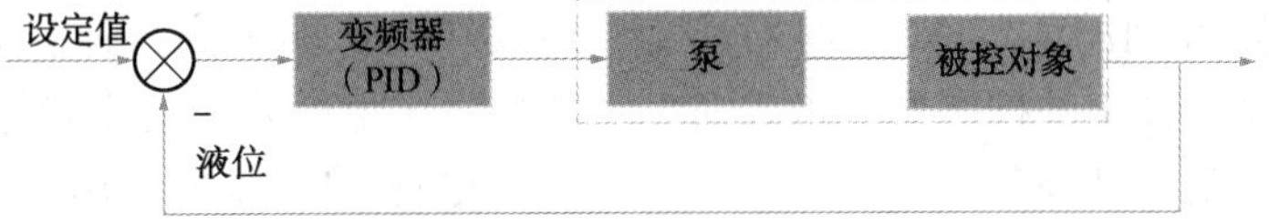

图1　系统结构框图

现场采集的数据包括液位设定值，变频器频率和实际液位值，部分采集的数据如图2所示。从采集的数据看，现场的数据波动较大，与常规的工业过程平稳监控数据差异较大。直接利用这些数据按最小方差准则来建模可能得不到期望结果。为此，本文从鲁棒建模的角度出发，建立具有一定鲁棒性的模型。

建模之前需确定模型的结构。在模型确定阶次时，只需要关注图1虚线框内的模型，即建立变频器的频率和液位之间的模型。在确定模型阶次之前，还需确定系统是否存在滞后环节，为此对有关数据进行相关分析，分析结果如图3所示。由图3可确定变频器频率和液位之间有滞后存在(对于该采样数据，滞后为一个采样周期时相关度最大)。另一方面，被控对象和泵大多是在线性区间工作，因此可假定系统的模型结构为 $G(s)\ e-\tau s$ 形式，其中 $G(s)$ 为线性部分的传递函数，$e-\tau s$ 为滞后环节的传递函数。

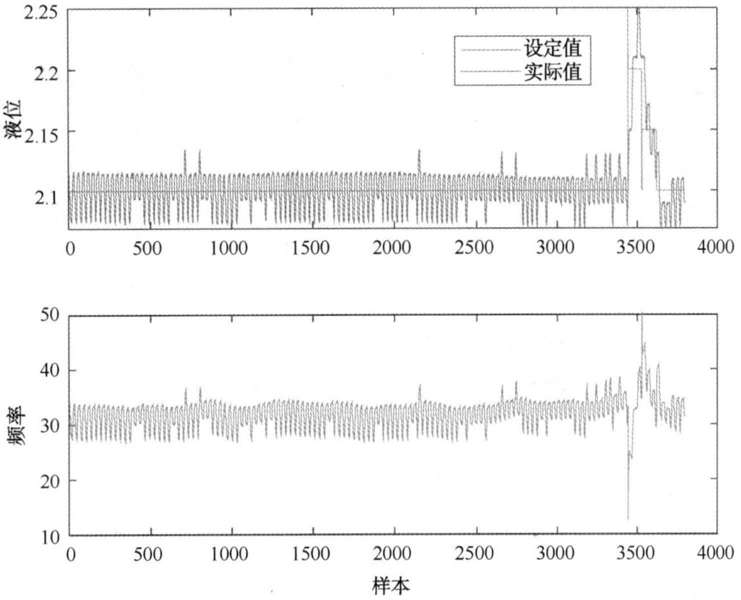

图2　设定值、频率和液位的变化曲线

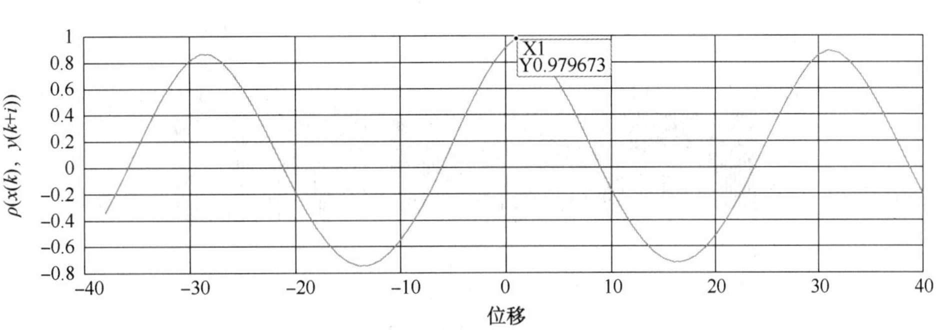

图3　相关系数分析结果

对于有滞后环节的系统，在确定阶次时需要首先给定滞后时间常数。对于该样本采用最小二乘法简单辨识获得图4所示的模型阶次与参数个数的关系图。在图中，蓝色框是AIC准则给出的最优模型参数个数，红色是基于所给数据能获得的最佳拟合效果的参数个数。但AIC准则给出模型参数个数达21个，此时它对应一个高阶模型。高阶模型无论是在控制器设计，还是在系统性能分析中，都不是一件简单的事。实际上，模型参数为 3 个时 AIC 准则的值与 21 个时对应的 AIC 值相差很小。结合图 1 的框图看，被控对象为储油罐，它可由一阶惯性环节近似，泵在线性区间工作时也可由一阶惯性环节描述，因此，图 1-1 中黄色框内的模型用二阶系统描述就可满足大部分需求。图 5 给出了 AIC 推荐的模型和选定的模型的拟合曲线，虽然 AIC 模型在一定程度上更好地匹配了数据变化趋势，但该结果仅仅是从数据拟合的角度来考虑，建立的模型是否符合实际并没有考虑。另一方面，选定的结构虽然没有 AIC 准则高，但其拟合曲线也能很好地匹配设定值的阶跃变化趋势。

尽管 AIC 准则给出的推荐值与选定值有一定距离，但图 4 给出的结果表明就给出的数据选用 2 阶模型带来的风险和 AIC 准则的最优值差异不是很大。另一方面，选定的结构模型结构简单，便于后续分析。因此，综合考虑，在接下来的分析中，将采用 2 阶滞后模型结构作为最优的模型结构。

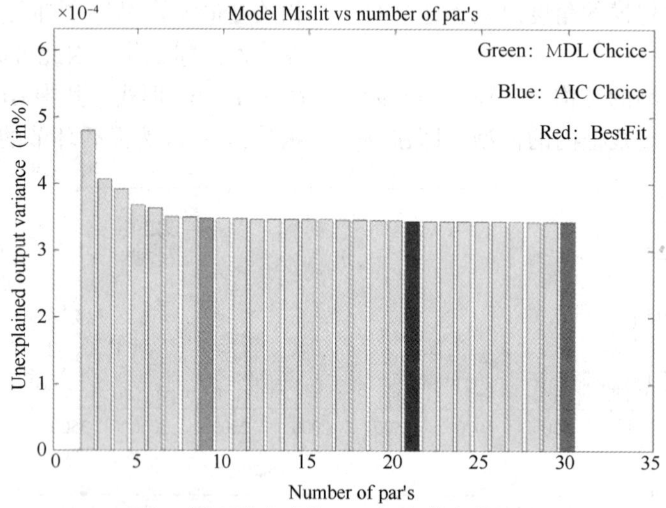

图 4　模型拟合残差(%)与参数个数关系

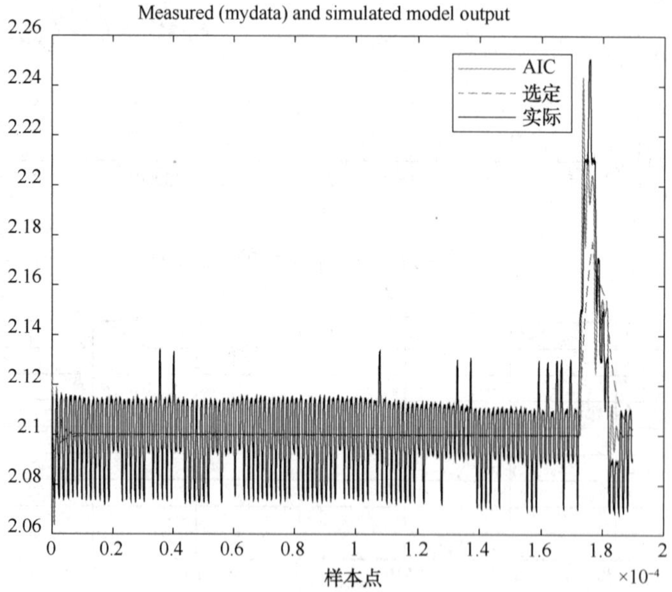

图 5　模型阶次和拟合曲线

2.2　数据驱动鲁棒建模研究

目前优化目标有多种方法可实现数据驱动建模。比如在数据预处理按格拉布斯准则剔除异常数值后利用最小二乘法实现数据驱动建模；也可以不剔除异常值，直接利用最小一乘实现数据驱动鲁棒建模。由于现场数据波动较大，很难区分异常值与正常值，故对异常值敏感的最小二乘法不能满足现场实际需求。为了提升模型的鲁棒性同时保全样本，本文中在建模优化目标中优先选用了具有对异常值不敏感的最小一乘法。

最小一乘法只要求各实测点到回归直线的纵向距离的绝对值之和为最小。它不要求随机误差服从正态分布，“稳健性”比最小二乘法好。在数据随机误差不服从正态分布时，本法的统计性能优于最小二乘法。最小二乘法的目标函数是

$$\sum_{i=1}^{N}(y_i-\hat{y}_i)^2$$

式中，y_i（$i=1,2,\cdots,N$）是实际系统第 i 次采样的标准化值，$\hat{y}_i$ 为 y_i 的估计值。最小二乘回归直线是一条均值直线，最小二乘回归也可称为均值回归。最小一乘法的目标函数是

$$\sum_{i=1}^{N}|y_i-\hat{y}_i|$$

最小一乘回归直线是一条中位数直线，因此最小一乘回归也可称为中位数回归。

在建模中面临的问题实际上是一个多元回归问题。可抽象描述为对 p 个自变量 x_1，…，x_p 和因变量 y 进行 N 次观察（即 N 次采样），得观察数据，记为 $x_1(i)$，…，$x_p(i)$，$y(i)$，一般要求 $N>p$，满足下列线性关系：

$$y=\theta_0+\theta_1x_1+\cdots+\theta_px_p+\varepsilon \tag{4}$$

最小一乘线性回归须使目标函数最小。对于本项目来说，实际面临的回归问题是一个自回归问题，即

$$y(k)=\theta_0+\theta_1y(k-1)+\cdots+\theta_ny(k-n)+\beta_0x(k)+\beta_1x(k-1)+\cdots+\beta_mx(k-m)+\varepsilon \tag{5}$$

由上一节的模型结构可确定式中的 m 和 n，通过最小一乘回归即可辨识 θ 和 β，进而可获得相应的数据驱动模型。

3　控制回路参数鲁棒整定

基于PID控制器的动态性能和鲁棒性能的实际需求，本文采用内模控制（IMC）和绝对累计误差（ISE）相融合的方法来整定PID参数，在保障控制的动态性能的前提下，实现整定好的控制器具有一定的抗干扰性。内模控制是一种基于过程数据模型的控制策略，其结构是将被控对象系统与过程模型并联，取系统输出与模型输出的偏差作为反馈。虽然不同的IMC-PID略有差异，但总体类似，为保证行文的完整性，本文大致阐述了IMC-PID的设计过程。IMC控制结构如图6所示。

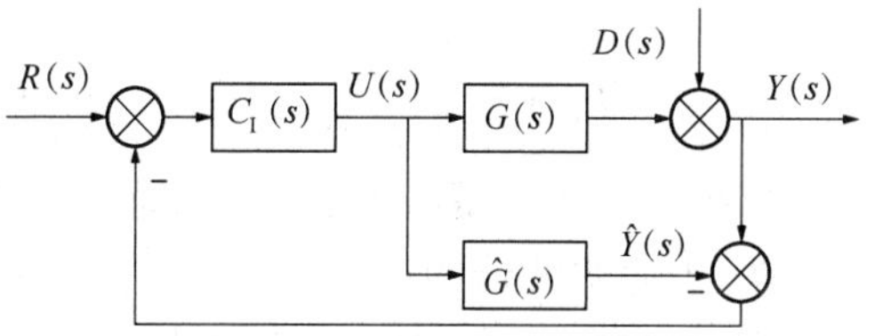

图6　内模控制器结构框图

图6中的 $\hat{G}(s)$ 为过程模型。图6的结构可以等价变换为图7的结构形式：

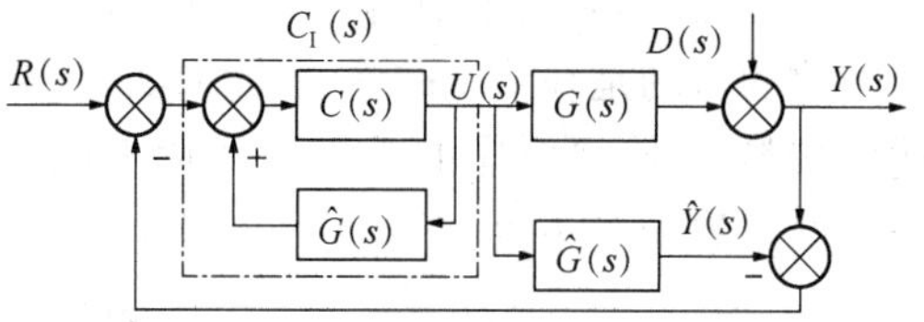

图7　内模控制器等效形式

稍加推导可得常规PID反馈控制器与IMC的关系如下

$$C_I(s)=\frac{C(s)}{1+C(s)\hat{G}(s)}\text{ 或 }C(s)=\frac{C_I(s)}{1-C_I(s)\hat{G}(s)} \tag{6}$$

设计控制器如下：

$$C(s)=\hat{G}^{-1}(s) \tag{7}$$

这样的控制器只有在 $\hat{G}^{-1}(s)$ 存在的条件下才可以实现，而事实上，被控对象常常具有时滞环节和惯性环节，此时 $\hat{G}^{-1}(s)$ 就会存在超前微分环节，则式的控制器只能是理想控制器，很难使用上面的方法实现。实际中一般是先对被控对象的模型进行分解，再对其中含有稳定零点极点的部分进行设计。

第一步：对对象模型进行分解，分解为两部分

$$\hat{G}(s)=\hat{G}_+(s)\,\hat{G}_-(s) \tag{8}$$

其中 $\hat{G}_+(s)$ 含有所有时滞环节和右半平面零点，对于任意频率都满足 $|\hat{G}_+(jw)|=1$；$\hat{G}_-(s)$ 是稳定的且具有最小相位特征的部分。

$$\hat{G}_+(s)=e-\tau s\prod_i\frac{-\beta_is+1}{\beta_is+1},\ Re(\beta_i)>0 \tag{9}$$

其中 β_i^{-1} 为所有 i 个右半平面零点，τ 为模型时滞环节的时滞参数。

第二步：设计内模控制器，在 $\hat{G}_-(s)$ 部分引入滤波器 $f(s)$ 来满足系统稳定性和鲁棒性要求，则内模控制器可以由下式表示

$$C(s)=\hat{G}^{-1}_{-}(s)f(s) \tag{10}$$

$$f(s)=\frac{1}{(1+\lambda s)l} \tag{11}$$

其中 $f(s)$ 为低通滤波器，λ 为低通滤波器的设计参数，l 为滤波器的阶次，与 $\hat{G}^{-1}_{-}(s)$ 的阶次密切相关。与常规 IMC-PID 不同，为满足 PID 控制器的动态性能，λ 满足如下要求。

$$J=\min\left(\int_0^{+\infty}|e(t)|\,dt\right) \tag{12}$$

式中的 $e(t)$ 为设定值与输出值的偏差。该目标函数的目的是在给定的滤波器结构下，寻求合适的参数 λ 使得对应的控制器作用下的系统的绝对误差累积极小化。

4　应用

基于上述算法，我们采用 C#开发了 IMC-PID 软件包。为验证 PID 参数整定软件的适应性，采集了某转油站的阶跃信号，该站初始 PID 参数为 $K_c=50$，$K_i=2.5$ 秒$^{-1}$，需要注意的是该站的积分增益 K_i 和积分时间 Ti 的关系是 $K_i=1/T_i$。利用该阶跃信号和 PID 参数进行闭环辨识。选择模型结构选为零极点结构 $G(s)=\frac{c}{(s+a)(s+b)}e^{-ds}$。相应的参数辨识为 $a=3.241$，$b=3.911\times10^{-7}$，$c=0.00764$；$d=3.545$ 秒，系统辨识曲线如图 8 所示。

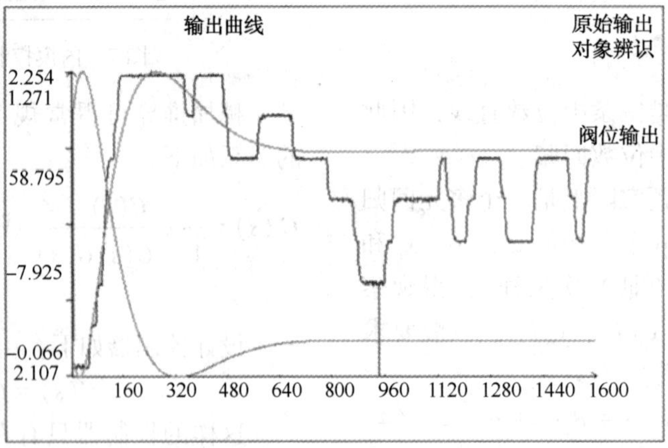

图 8　系统辨识曲线

图中的阀位输出值是软件模拟的阀门开度变化曲线。采用模型 IMC-PID 法进行参数整定，PID 参数整定得 $Kc=87.8576$；$Ti=0.198$ 秒（Ki=约等于 5 秒$^{-1}$）。

该转油站整定后连续 2 天采集液位信号如图所示，液位设定值为 2.2m，系统能够稳定控制，正常时液位波动值在±3cm 以内，在来液有波动或干扰情况下，系统能够快速达到设定值，恢复稳定控制（图 9）。

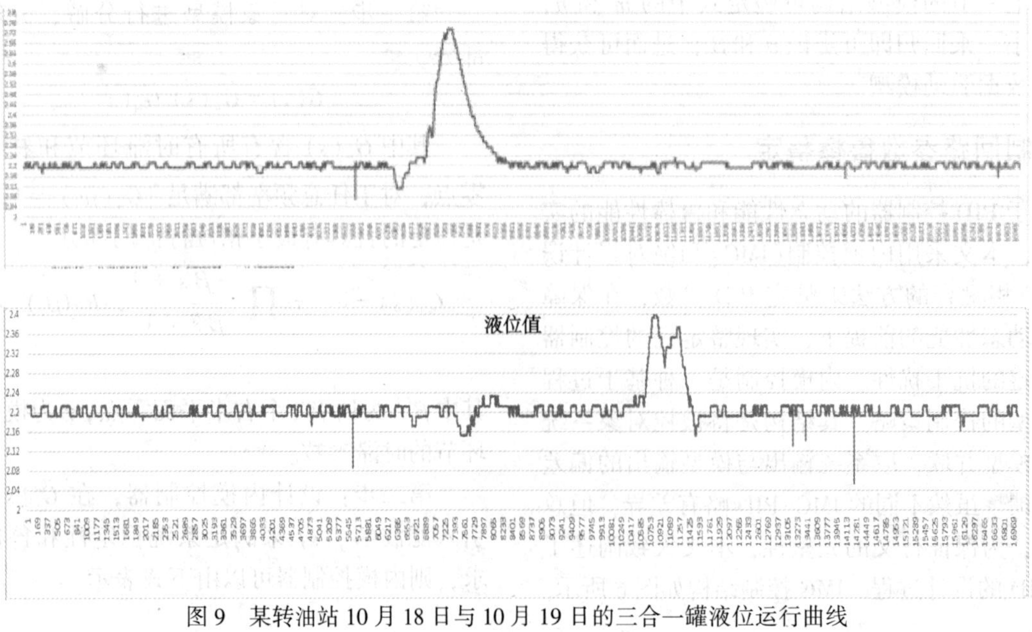

图 9　某转油站 10 月 18 日与 10 月 19 日的三合一罐液位运行曲线

参数整定15天后，对整定前后能耗作了对比评估。整个评估周期的能耗曲线如图10所示，图中标记部分为整定后耗电数据。评估结果表明整定前吨液耗电0.2898度，整定后吨液耗电0.2590度，整定后平均节电约为10.6%，从耗电量和液位控制看，整个系统运行稳定，耗电量等关键指标优于预期指标。

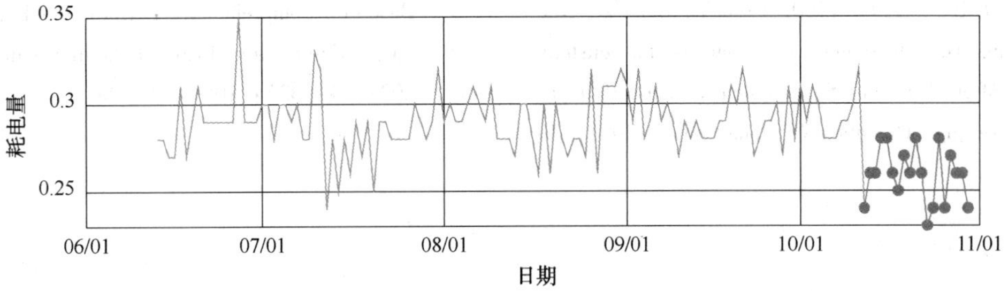

图10 整定前后能耗对比

5 结论

针对大庆油田转油站和联合站的变频器以及游离水脱除器的气动阀等关联控制器的实际情况，本文构建了基于鲁棒模型的多目标融合的PID参数整定架构。为此本文首先采用相关分析法和AIC信息准则确定了模型结构中的滞后环节和模型阶次，并根据现场实际情形确定了将转油站的模型结构选择为二阶滞后模型结构；接着针对油田站库的控制回路输出波动大本文采用了最小一乘法来建立具有一定鲁棒性的模型。在此基础上，利用内模控制法实现了PID参数整定，特别地，在滤波器的参数选择上采用了误差绝对值累积极小化技术。在某转油站开展现场应用表明，利用采集的阶跃信号通过软件平台整定的PID控制器参数能够满足现场控制要求，整定后平均节电约为10.6%，优于预期目标。

参 考 文 献

[1] 肖华，王亚刚，张伟. 基于闭环辨识的H_∞-PID热电功率回路参数整定[J]. 控制工程，2021，28(04)：821-826.(Xiao H, Wand Y, Zhang W, H_∞-PID Thermoelectric Power Loop Parameter Tuning Based on Closed-loop Identification[J]. Control Engineering of China, 2021, 28(04): 821-826.)

[2] 汤赵建，靳其兵，蒋北艳. 基于相位裕度和幅值裕度的IMC-PID整定方法[J]. 计算技术与自动化，2017，36(04)：14-17.(Tang Z, Jin Q, Jiang B. Tuning of IMC-PID based on Phase Margin and Gain Margin[J]. Computing Technology and Automation. 2017, 36(04): 14-17.)

[3] Verma B, Padhy P. Robust Fine Tuning of Optimal PID Controller With Guaranteed Robustness[J]. IEEE Transactions on Industrial Electronics, 2020, 67(6): 4911-4919

[4] Leva A, Papadopoulos A, Seva S, Cimino C. Explicit Model-Based Real PID Tuning for Efficient Load Disturbance Rejection[J]. Industrial & Engineering Chemistry Research. 2019, 58: 23211-23224.

[5] Shahni F, Yu W, Young B. Rapid estimation of PID minimum variance[J]. ISA Transactions. 2019, 86: 227-237.

[6] Zhang W, Dong H, Xu Y, Cao D. and Xiaoping Li, Multi-objective Tuning and Performance Assessment of PID Using Teaching - Learning - Based Optimization [J]. ACS Omega 2021, 6(47): 31765-31774.

[7] 余哲，王志国，刘飞. 基于遗传算法的模糊内模PID控制器优化. 化工自动化及仪表，2020，47(04)：294-298+321.(Yu Z, Wang Z, Liu F. Optimization of Fuzzy Internal Model PID Controller Based on Genetic Algorithm[J]. Control and Instruments in Chemical Industry. 2020, 47(04): 294-298+321.)

[8] 盛锴，邱靖，周刚等. 基于IMC-PID的超临界火电机组AGC性能优化. 控制工程，2022，29(08)：1443-1449.(Sheng K, Qiu J, Zhou G, Deng J. Performance Optimization of AGC for Supercritical Thermal Power Unit Based on IMC - PID [J]. Control Engineering of China, 2022, 29(08): 1443-1449.)

[9] Alagoz, B. B.; Tepljakov, A.; Petlenkov, E.; Yeroglu, C. Multi - Loop Model Reference Proportional Integral Derivative Controls: Design and Performance Evaluations. Algorithms 2020, 13, 38.

[10] 陈超波，胡海涛，高嵩. 人工蜂群的分数阶PID控制器参数自适应研究[J]. 控制工程，2020，27(6)：956-961.(Chen C, Hu H, Gao S. Parameters

adaptive design of fractional order PID controller based on artificial bee colony algorithm[J]. Control Engineering of China, 2020, 27(6): 956-961.)

[11] 林永刚，邓忠华，薛延军等．阿独乌鄯系统密闭输送运行风险分析及 PID 参数整定[J]．油气储运，2021，40(10)：1194-1200.（Lin Y, Deng Z, Xue Y, Wang D. Operation risk analysis for custody transfer of A-Du-Wu-Shan system and the PID parameter setting. Operation & Management, 2021, 40(10): 1194-1200.）

[12] 张永亮，赵众．基于综合性能评价指标的智能 PID 参数优化与应用[J]．化工自动化及仪表．2021，48(02)：105-113+196.（Zhang Y, Zhao Z. Intelligent PID Parameter Optimization and Application Based on Comprehensive Performance Evaluation Index [J]. Control and Instruments in Chemical Industry. 2021, 48(02): 105-113+196.

异构海量多类型数据同步方案与技术研究

付　立　姚以泰　王子通　张　毅　李　琦

(中海石油(中国)有限公司天津分公司))

摘　要　随着勘探开发工作量不断增大，渤海油田科研数据已达到PB级别，且数据类型多样、变化量大。现有的同步工具和开源异构同步技术无法满足PB级数据量和多种类型数据同步的需求。本次研究基于渤海油田不同类型数据的特点，通过创新应用和自主研发，对科研生产数据、Oracle等结构化数据和虚拟化数据，分别采用不同的技术进行同步，进而制定了异构架构下海量多类型数据的同步方案。其中，海量的科研生产数据创新应用文件块级的同步技术，Oracle等结构化数据创新应用字节级同步技术，虚拟化数据则基于二次开发的跨节点多线程的并行技术。通过本次研究，储备了针对多数据类型的同步技术体系，进一步增强了渤海油田的数据安全，为存储选型提供更高的自由度，对石油行业勘探开发数据的同步有一定的借鉴意义。

关键词　异构；海量多类型；渤海油田；数据同步；字节级

随着石油行业勘探开发研究的逐步深入，数据存储量大幅度上升，已经达到PB级别。同时，由于公司存储品牌类型也不断增多，异构架构下同步技术与方案的研究逐渐受到重视。数据同步技术根据分类方式的不同，可分为增量同步和全量同步，实时同步和定时同步，在线同步和离线同步。针对不同的业务系统和数据类型，需要采用不同的同步技术。通常同一品牌的存储为相同架构，由于同构存储底层的文件系统的一致性，可以采用存储提供的基于文件的同步工具。

异构架构下，海量多类型数据的同步技术与方案则是渤海油田数据安全面临的重大技术难点。常见的开源异构同步技术无法满足PB级数据量和多种类型数据同步的需求，计算能力和传输效率均较低。本文通过创新应用和二次研发，首次在渤海油田建立了异构海量多类型数据的同步方案，满足了渤海油田数据安全的要求。同时，由于勘探开发研究数据具有相似性，因此该方案与技术在石油行业的异构数据同步具有一定的借鉴意义。

1　渤海油田数据同步现状

1.1　数据同步特点

渤海石油勘探开发生产等业务的专业数据是公司重要的无形资产。目前，数据同步主要有两个特点：

1）异构架构普遍存在：随着存储品牌多样化和国产化替代的要求，渤海油田的存储由单一品牌变为现在的多个品牌共存。不同品牌之间属于异构架构，以往同构下的同步技术在异构下是不适用的。异构架构下数据如何同步和迁移，是当前数据管理和数据安全面临的难题。

2）数据量和增量大、类型多：由于勘探开发工作量逐年大幅上升，渤海油田的数据总量已经由2013年底的115TB变为现在的1526TB；每天的数据增量也由原来100余GB，增加为现在每天600余GB；数据类型也非常多样，主要可分为三种类型，一是解释、反演、处理及数值模拟等非结构化的科研生产数据，二是Oracle、SQLite及PostgreSQL等结构化数据，三是VMware中的VMDK等虚拟化数据(表1)。

表1　不同类型勘探开发数据的特点

数据分类	业务类型	数据特点	原有同步技术	存在问题
科研生产数据	解释类	总量大，实际变化量相对小，每天都变化	文件级同步	总量和增量都急剧增加，原有的文件级同步技术无法满足需求
	数模			
	处理	总量巨大，仅道集数据就581TB		

续表

数据分类	业务类型	数据特点	原有同步技术	存在问题
结构化数据	Oracle 等	实时性要求高	tar	异构架构下，Oracle 等结构化数据无法在线同步和迁移
虚拟化数据	虚拟化	单个文件大，个数多	无	虚拟化数据从未同步过，没有成熟的技术和手段

1.2　数据同步存在的问题

渤海油田原有的数据同步手段和技术多针对同构架构，无法满足异构下海量多类型数据的同步和迁移。通过对不同类型的数据特点进行分析，得到以下认识：地震解释和数值模拟类数据总量大，但实际变化量小，且每天都变化；处理类数据总量巨大，仅道集就 581TB；结构化数据对数据的实时性和一致性要求非常高；虚拟化数据单个文件在 200-500GB 之间，且文件个数多。

基于不同类型数据的特点，认为现有的同步技术和手段存在三个方面问题：1)、解释、处理及数模类数据的总量和增量均急剧增加，原有的基于文件属性的同步技术无法满足异构架构下海量数据同步的需求；2)、异构架构下，Oracle 等结构化数据无法完成在线同步和迁移；3)、VMware 等虚拟化数据以往从未同步过，没有成熟的技术和手段(表 1)。

2　异构同步方案与关键技术

针对渤海油田数据同步存在的问题，通过创新应用和自主研发，制定了异构架构下海量多类型数据的同步方案，对科研生产数据、Oracle 等结构化数据和虚拟化数据，分别采用不同的技术进行同步(图 1)。其中，文件块级同步技术创新应用于勘探开发生产数据，解决了海量数据同步的问题；字节级同步技术创新应用于 Oracle 等结构化数据，解决了实时性和一致性的问题；跨节点多线程并行技术属于二次开发，解决了虚拟化数据无法同步的问题。最后，通过自编 Bash 脚本完成对数据完整性的检查和校验。三项关键技术如下：

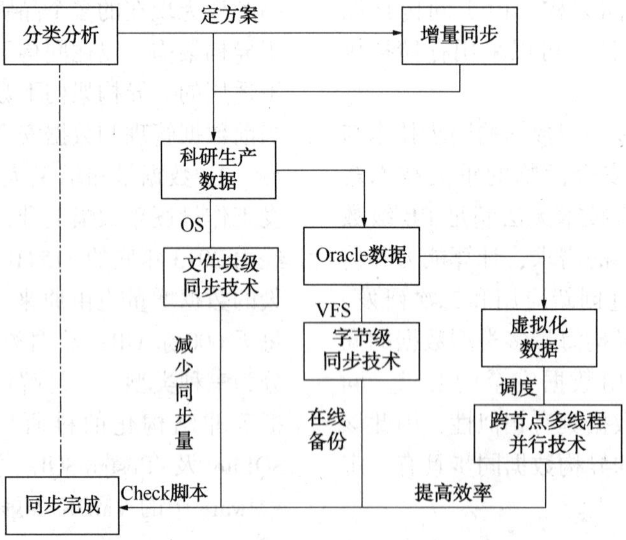

图 1　异构海量多类型数据同步方案与关键技术

2.1　文件块级同步技术

第一项关键技术是文件块级同步技术。异构架构下原有的手段 DataIQ 和 Znas 采用的是基于文件属性的文件级同步技术，无法满足异构海量数据和增量较大的需求。文件块级同步技术是操作系统层面的技术，其基于文件系统定义的 block 大小，在数据同步中仅传输变化的文件块。例如，某个文件的变化的数据为 16KB，变化后文件大小是300MB，文件级同步是传输整个文件的大小，也就是传输300MB，文件块级别同步则只传送变化的16KB，每个文件块4KB的话，就是只传送四个文件块。因此，应用文件块级同步技术极大的提高传输的效率，降低了网络带宽的压力。

2.2 字节级同步技术

第二项关键技术是字节级同步技术，其面向的是Oracle等结构化数据。结构化数据的完整性要求高，数据、控制和日志文件均需一致，文件块级是无法满足的。以往在同构下通过snapmirror镜像进行同步，恢复过程中会报错，使用tar进行冷备则需要中断业务，数据库的大小决定中断时间。

字节级同步技术可以实现数据库的无缝切割，具体实现分为规则模块、捕获模块、缓存模块和本地网络模块(图2)。该技术是基于操作系统中的VFS虚拟文件系统，监控文件和目录字节级的I/O操作信息，进行实时捕获且生成序列化I/O操作日志，通过缓存模块进行序列化I/O操作的队列缓存，随后将不同缓存队列的数据进行发送。相对于文件块来说，字节级同步有实时捕获的模块，传输的是字节级变化量，因此能够严格保证数据的完整性和一致性。例如，某个1MB的文件已经完成首次同步，再写入4B的数据，那么就只传送4B的数据，相对文件块需要传输4KB的话，传输量更小，也更能保持数据的一致性。

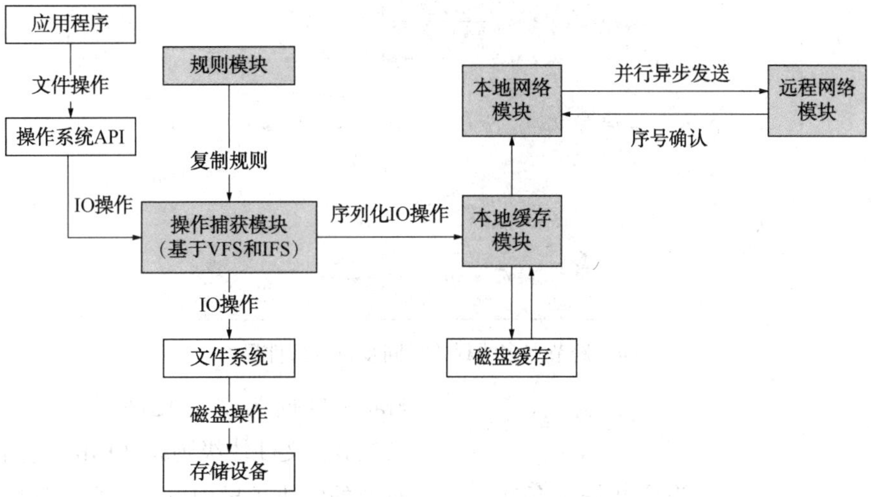

图2　字节级同步技术实现步骤

2.3 跨节点多线程并行同步技术

第三项关键技术是跨节点多线程并行技术，其面向的是虚拟化数据。现在科研云平台、部分微机许可和服务器均部署在虚拟化上面，使用文件块同步技术，一周都不能完成同步。通过分析，发现主要是目前虚机个数已经182个，每个虚机对应的VMDK文件的大小在200-500G之间，其特点是变化量很小但是随时在变化，这就导致了182个虚机文件在源端和目标端对比中，计算哈希值非常耗时，传输只花费几分钟，计算则要数百倍的时间。因此，提高同步节点的计算能力是关键。

为了提高处理能力，通过自主编程，基于linux中的rsync服务二次研发了跨节点多线程并行技术，实现了多个同步主机多线程并行同步，这样就由原来的单节点单线程工作，变为了调用多个节点多线程并行工作，提高了处理能力(图3)。同时将这一技术做了可视化界面，便于日常的操作和维护(图4)。

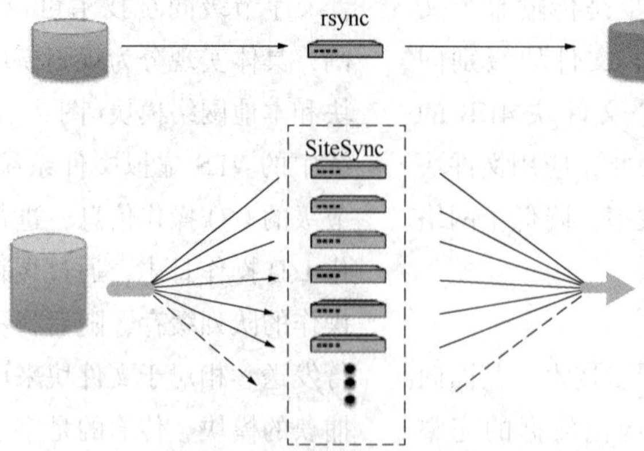

图 3　跨节点多线程并行同步技术示意图

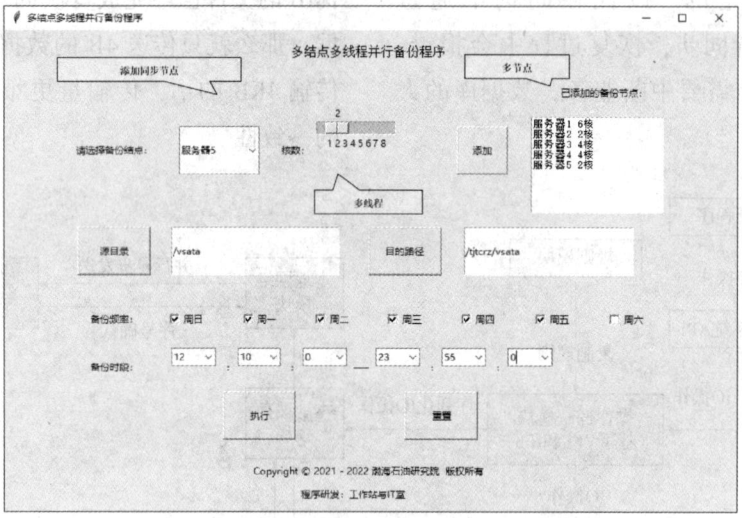

图 4　跨节点多线程并行同步技术软件界面

3　应用效果

异构同步方案与技术在 2021 年容灾系统升级改造过程中得到了很好的应用，截至目前累计迁移和同步了 618TB 的数据，有力的支撑了容灾改造工作；同时，在 2022 年曙光存储 gather4 卷、avaz 卷及 DDN 存储的 gather5 卷的数据迁移中起到了关键性的作用，累计迁移了 717T 的生产数据，并通过 autofs 实现了存储卷的无缝切割，对业务系统无任何影响，进一步增强了渤海油田数据的安全性。三项关键技术具体应用情况如下：

1）、基于对数据特点的分析，首次将基于文件块级同步技术应用到异构存储的同步中，减少了数据的传输的量。NetApp 存储到 Isilon 异构存储同步中，与以往文件级对比，文件块级同步的传输量减少到原来的 1/4 左右（表 2）。以 GeoFrame 数据为例，文件级同步每天的传输量 122GB，文件块级则是 30GB。这个技术的应用，有效的解决了异构下海量数据且增量较大的同步问题。

表 2　文件块与文件同步传输量对比

不同类型数据	文件块同步/（传输量/天）	文件同步/（传输量/天）
gf_ data（GeoFrame）	30GB	122GB
DSG+Jason_ data	28GB	110GB
传输方式	仅传输文件变化的块	传输发生变化的文件

2）字节级同步技术严格保证了数据库同步后的完整性和一致性。应用字节级同步技术，实现了 NetApp 存储到 Islion 异构存储下 Oracle 的在线同步，同步完成后 Oracle 正常启动，专业软件也可以正常使用。与以往异构下需要中断业务 6-8 小时相比，字节级同步可实现数据库的

无缝切割，可以做到业务零中断。

3）跨节点多线程并行技术，提高了数据哈希值的计算能力，满足了虚拟化数据同步的需求。应用跨节点多线程并行技术技术，提高了目标端与源端虚机 VMDK 文件哈希值的计算能力，虚拟化数据均能当天完成。以生产存储 kyy 卷为例，2021 年 12 月 4 号到 17 号期间每天完成同步的时间减少，原来耗时一周左右或者同步任务处于卡死状态，目前 9-12 小时之间就可以完成同步。

4 结论

通过本项目的研究，建立了异构存储海量多类型数据的同步和迁移方案，满足了渤海油田 IT 架构下的各种数据的同步和迁移需求。与此同时，储备了异构架构下针对海量多数据类型的同步技术体系。其中，海量的科研生产数据采用文件块级的同步技术，Oracle 等结构化数据采用字节级同步技术，虚拟化数据则采用跨节点多线程的并行技术。前两项技术在渤海油田均是首次应用，跨节点并行同步技术属于自主研发。三项关键技术进一步保障了数据安全，为公司信创工作也打下坚实的基础。

该同步方案与关键技术在 2021 年容灾系统升级改造过程中得到了很好的应用，且在 2022 年曙光存储 gather4 卷、avaz 卷及 DDN 存储的 gather5 卷的数据迁移中起到了支撑作用。目前，现有的 Panasas、DDN 等多个存储均已出保，面临存储更换的问题。这次建立的同步方案为存储选型提供更高的自由度，今后可以更多的选购国产的华为、曙光、浪潮等存储，更好的顺应了国产化的趋势。

参 考 文 献

[1] 顾倩文，曾献辉. 多源异构环境下数据同步复制技术的研究[J]. 微型机与应用，2015，34(22)：22-24.

[2] 王树鹏，云晓春，余翔湛，等. 容灾的理论与关键技术分析[J]. 计算机工程与应用，2004(28)：54-58.

[3] 张海峰，张耀南，张宝山. 异构环境下数据文件 Rsync 同步机制研究[J]. 计算机与现代化，2009(10)：78-81

[4] 连淑娟，等. 基于虚拟化的数据备份机制[J]. 计算机系统应用，2015，24(8)：247-251

[5] 斯兴焱，段念，陈代军，等. 全基于 Linux 平台的远程数据容灾系统的设计与实现[J]. 计算机应用，2012，32(7)：2056-2058

[6] 汤晓迪，马晓旭，宁静，等. 远程文件差异同步系统的设计与实现[J]. 计算机工程与设计，2010，31(20)：4389-4392

光纤温压监测系统原理及其在油田的应用

付 威

（中国石油大庆油田公司）

摘　要　本文对光纤温压监测系统的原理进行了介绍。地面宽带光源发出的宽带光经过光缆传输到传感器的光栅上，井下压力通关光栅作用在入射光上，改变其频率，在将其反射回来，反射光顺着光缆反向传输到达光纤解调器，解调器将反射光中携带的信息解调出来，发送到地面显示装置，即可实现井下压力的实时监测。该系统的精度试验数据进行了分析，其温度精度达到±0.5℃。压力精度达到0.5%F.S。同时在进行了现场应用试验，系统性能达到设计要求，该系统综合了传光型(非功能型)传感器，和传感型(功能型)传感器的特点，在一条光缆中布设了传光和传感光纤，实现了定点精确测量和分布式全面测量的结合。为试油数据的采集提供了新的方法。

关键词　光纤；传感器；光栅

1　光纤传感技术的发展

近20多年来，光纤传感器的发展有取代传统传感器的趋势。光纤传感器是集成光学技术发展的成果，与传统意义上的的传感器不同，它以光学的形式将被测信号的状态读出。利用半导体二极管等简单元件可以进行光信号转换，与一些电子装备配合。此外，光纤不仅是一种敏感元件，还是一种优良的低损耗传输线，因此，光纤传感器还可以用于传统的传感器所不适用的远距离测量。

光纤传感器出现以来，由于其具有的防火、防爆、精度高、损耗低、体积小、重量轻、寿命长、性价比高、复用性好、响应速度快、抗电磁干扰、频带范围宽、动态范围大、易与光纤传输系统组成遥测网络等优点而被广泛地应用于各行各业。

随着石油开采技术的不断发展，用于辅助石油开采的重要技术油井探测传感光缆技术日益受到关注。在油井中最常用的是分布式传感系统和光纤光栅传感系统这两类，在已经商用这两类系统中分布式传感技术主要采用的是多模光纤，光纤光栅传感技术主要采用的是单模光纤。

国内在低温(300℃以内)区间，光纤传感器系统获取的数据已经加载在采油系统中并对其进行自动控制，在高温(300℃以上)的油井中，光纤传感器系统仍然处在单系统试验试用阶段。其中哈尔滨工业大学研发的Well monitor系列井下参数监测系统已实现了商业化，现场应用达到31口井。

国外方面已经在高温井监测方面取得了进展，如美国Fiberguide公司研发生产的覆铝光纤，英国Oxford Electronics公司研发生产的覆铜光纤工作温度均可达到400℃以上。目前国外的研究热点集中在耐温超过600℃高温的特种光纤方面。

2　光纤温压监测系统工作原理

2.1　光栅压力计原理

地面宽带光源发出的宽带光经过光缆传输到传感器的光栅上，井下压力通关光栅作用在入射光上，改变其频率，在将其反射回来，反射光顺着光缆反向传输到达光纤解调器，解调器将反射光中携带的信息解调出来，发送到地面显示装置，即可实现井下压力的实时监测。

光栅压力计的作用就是传导压力和保护光

栅。光纤光栅压力计由光纤光栅与应变杆组成；压力膜片受到外界压力变形致应变杆发生变化，同时使光纤光栅工作波长发生漂移，通过测量波长漂移量来感知外界压力。

温度补偿部分由另一光纤光栅制成，用于补偿压力测量部分光纤光栅波长随温度的移动。从而使整个传感器性能不受温度影响。

2.2　全分布式光纤温度传感器原理

光经过分布式传感光纤时会发生散射，产生斯托克斯光和反斯托克斯光，依据在测量终端接收到的反斯托克斯光在时间上的先后可确定其在光纤上的对应位置，而两者的光强比受散射区温度影响，通过监测光强比即可得到待测温场的温度分布。

3　压力监测系统室内精度试验

3.1　压力精度检测

将光纤压力计通过密封接头连接至加载实验台上，从0MPa开始加载，加载步长2MPa，根据标定曲线验证测量精度。分别设定实验台加载压力为4MPa，8MPa，12MPa，通过光栅解调仪得到压力实测值，并计算误差，如表所示，压力计精度在设计范围(0.5%F.S)内(表1)。

表1　压力测量精度

理论值/MPa	实测值/MPa	误差(FS)
4	4.11	0.28%
8	8.03	0.07%
12	11.85	0.38%

3.2　温度精度测试

将长度为5米左右的光纤温度传感器放置于加载实验台内，控制实验台温度逐渐上升至150℃。通过拉曼解调仪测量实验台内光纤传感器的温度变化，如图所示。实验台外的光纤温度传感器测量值接近室温，在14度左右，实验台内的光纤温度传感器被加温至设定值，温度曲线上出现明显台阶。

记录实验台温度设定值与拉曼解调仪测量值，计算测量误差，如表所示温度误差在设计范围(±0.5℃)内(表2)。

表2　拉曼解调仪测量误差

设定值/℃	测量值/℃	误差/℃
53	53.41	0.41
60	60.11	0.11
75	75.41	0.41
84	84.13	0.13
100	100.23	0.23
150	150.08	0.08

4　压力监测系统现场应用试验

4.1　试验过程

在一口试油井中下入光纤监测系统管柱152根，利用管柱携带光纤压力计下井，随后进行抽汲降低井下液面，对动液面进行了监测。

4.2　试验结果

4.2.1　精度检验

经与电子压力计数据对比光纤压力监测系统温度精度在±0.5℃，压力精度在0.5%F.S内，符合设计要求(表3，表4)。

表3　光纤压力计与电子压力计压力数据对比

时间	光纤压力计/MPa	电子压力计/MPa	偏差/MPa
9：00	0.42	0.48	-0.06
9：30	1.33	1.23	0.10
10：00	1.22	1.22	0.00
10：30	1.14	1.28	-0.14
…	…	…	…

表4　光纤温度传感器与电子压力计温度数据对比

时间	光纤温度/℃	电子压力计/℃	偏差/℃
9：00	13.43	13.63	-0.20
9：30	16.01	15.81	0.20
10：00	15.97	15.97	0.00
10：30	16.05	16.00	0.05
…	…	…	…

4.2.2　温度剖面监测动液面

井筒液面降低后捆绑在油管外壁的光纤暴露在空气中，由于空气与液体的导热性不同，导致温度梯度曲线斜率发生变化，斜率变化处就是动液面。应用该原理，利用全分布式光纤测温系统对井内液面进行了监测。如下图所示第一次抽汲后电子压力计显示井内液面为1271m。温度剖面显示液面在1246m处，两者相差25m。通过下表试验数据分析温度剖面法测得的动液面误差在每千米20米。

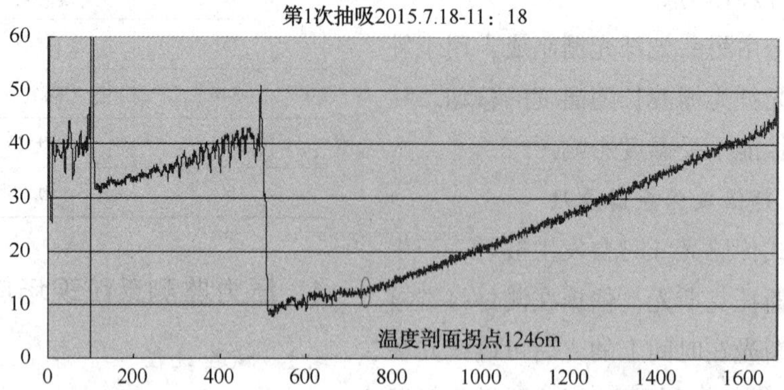

电子压力计数据：

2015-7-18	11:15:06	102775.00	12625.5220	57.9399
2015-7-18	11:16:06	102835.00	12584.3041	57.4503
2015-7-18	11:17:06	102895.00	12590.6988	57.3219
2015-7-18	11:18:06	102955.00	12716.9366	57.3707
2015-7-18	11:19:06	103015.00	12741.0252	57.1739
2015-7-18	11:20:06	103075.00	12743.8144	57.1637
2015-7-18	11:21:06	103135.00	12745.9948	57.2253

图1　利用温度剖面测动液面

表5　温度剖面法测得动液面与电子压力计数据对比

抽汲次数	温度剖面法测得动液面/m	电子压力计测得动液面/m	误差
1	1246	1271	1. 97%
2	1160	1182	1. 86%
3	1065	1072	0. 65%
4	1023	1035	1. 16%
5	946	957	1. 15%

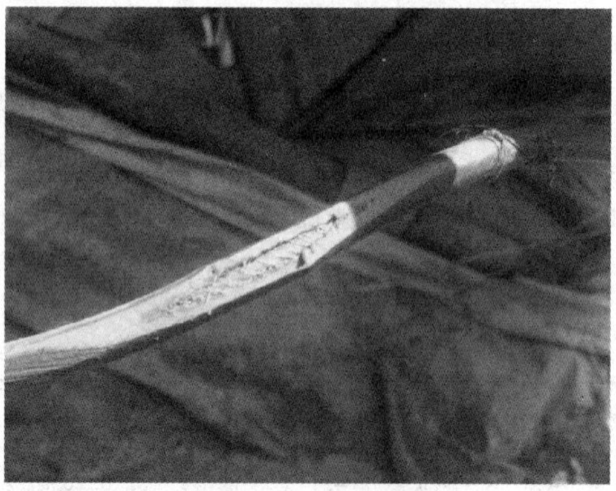

图2　光缆破损

5　存在问题及改进措施

5.1　存在问题

下入光纤监测系统管柱时，下入140根管柱后两只光纤压力计信号丢失，温度剖面显示最底部的300m左右温度数据丢失。起管过程中发现在光纤压力计2的一分二分线器上部约3m位置出现了光缆破损，如图7所示。

5.2　原因分析

油管底部未安装扶正器，随着下入深度的增大，底部油管容易晃动，导致光缆与套管剐蹭；一分二连接器尺寸较大(114m)，再加上采用了光纤保护器进行固定，外径进一步增大，容易与套管内壁剐蹭，使得局部光缆弯曲。

5.3　改进措施

在安装压力计及一分二连接器部位加装油管扶正器；改进一分二连接器结构，减小径向尺寸，避免剐蹭。

6　结论

光纤温压监测系统综合了传光型(非功能型)传感器，和传感型(功能型)传感器的特点，在一条光缆中布设了传光和传感光纤，实现了定点精确测量和分布式全面测量的结合。即既可以采用光栅压力计测量定点压力又可以利用分布式光纤传感器测量温度分布。实现了井下压力、温度的实时监测。通过试验对光纤压力监测系统的精度进行了检测，系统精度符合设计要求。应用温度剖面测得的动液面数据误差在允许范围之内。

作者简介 付威，1982年生，2005年毕业于哈尔滨工业大学，工学硕士。

参 考 文 献

[1] 刘清栋．王晓燕．陈超．徐浩．李晓辉．罗中．复合光纤温压监测系统在深层稠油火烧吞吐中的应用[J]．钻采工艺，2018，(2)：46-48.

[2] 王南．一种结构匹配共形的温度快速补偿海洋光纤光栅压力传感器设计与实现[J]．电子世界，2020，(10)：130~131，134.

[3] 刘军．光纤光栅无源传感器在结构监测系统中的应用[J]．智能建筑与智慧城市，2020，(6)：31~32.

[4] 刘军严．杨向同．刘洪涛．高文祥．周鹏遥．巴旦．光纤式永久温压监测系统在大北204井的应用[J]．钻采工艺，2014，(1)：108-110.

海上电气盘柜操控型巡检机器人技术应用

徐 林 朱 峰 任宏伟 季国宾

(中海石油(中国)有限公司天津分公司))

摘 要 海洋石油机器人的发展历程可以追溯到20世纪60年代，随着海上石油开采的不断深入和远离陆地的需求，人们开始研发和应用机器人技术来解决深海石油开采的难题。进入21世纪，海洋石油机器人的发展进入了一个新阶段。自主操作和智能化成为关键词，机器人具备了更强大的感知、决策和执行能力。同时，无人机器人、水下机器人和地面控制中心之间的无线通信技术的进步，也使得远程操作和监控实现。电气设备操作机器人是指一种能够代替人类进行电气设备操作任务的自动化机器人。它利用先进的传感器、控制系统、机械装置、操作臂，能够执行各种电气设备的操作和维护任务。渤海某智能油田首次引用了操作型巡检机器人，探索新的智能化、无人化的方式。

关键词 机器人；控制中心；远程操作；操作臂；无人化

渤海某智能油田在机器人应用上不断探索，集合优势资源合作开发操作巡检机器人设备。该机器人集成了激光导航、局放检测、AI视觉算法、气体检测以及机械手臂操作工装的智能切换技术，实现了覆盖全配电间设备的电气操作和数据巡检等多种功能，所有功能均支持集控中心的远端操作，提高了电气配电系统的数字化水平，为海上石油平台的安全生产保驾护航。

1 操作型智能巡检机器人的应用意义

在二十大会议上，我国对制造业的发展提出了更高的标准和要求，其中的一个关键点，是要推动互联网、大数据、人工智能和实体经济深度融合。与此同时，在我国的《中国制造2025》计划中，也对制造业的智能化发展提出了明确的要求。除此之外，不论是国家、行业，还是公司自身，都相继在工业智能化领域当中，制定了一系列的目标、要求和战略计划。此次，操作型智能巡检机器人在海上石油平台的首次应用，既是对各种战略、规划的践行和落实，更在实践层面上具有重要的意义。如操作型智能巡检机器人将人从相对特殊、危险的工作环境中解放了出来，减少了人在生产中的潜在安全危险隐患。而且操作型智能巡检机器人具有完备的功能和高效的运算、辨别能力，可以按照相关任务要求，完成生产任务操作，自动识别各种潜在危险因素，贯彻安全生产的基本要求。

2 操作型智能巡检机器人的设计原则

高压开关室智能操作巡检机器人整合了激光导航、模式识别技术、无线信号传输技术、智能控制技术、机电控制技术等多种高新技术手段，对关键设备进行实时监控，实现辅助巡检；适应用于高压配电柜的机器人，对高压配电柜进行断路倒闸操作，解决高压配电柜由于人员失误或误操作导致危害人员生命安全的难题，达到安全生产的目的。

3 操作型智能巡检机器人的介绍

开关室智能机器人系统兼具巡检以及操作两种主要功能，主要由监控端、机器人本体、自动充电桩以及附件箱组成。各组件主要功能如图1所示：

3.1 操作型智能巡检机器人的监控端

操作型智能巡检机器人具有智能化的功能，但其智能化主要表现在对具体任务的执行上，而任务要求依然需要人来下达并控制。本次首次使用的操作型智能巡检机器人，具有专门的登录入口，设置了专门的用户账号、密码，一来可以防止外部入侵，二来可以方便进行对机器人的控制和操作记录。其控制平台具有很强的集成性，运营公告信息，报警消息，机器人的任务、操作简述记录，现场区域总览信息等，都在控制平台中一览无余，方便操作人员了解信息，进行操作控制。

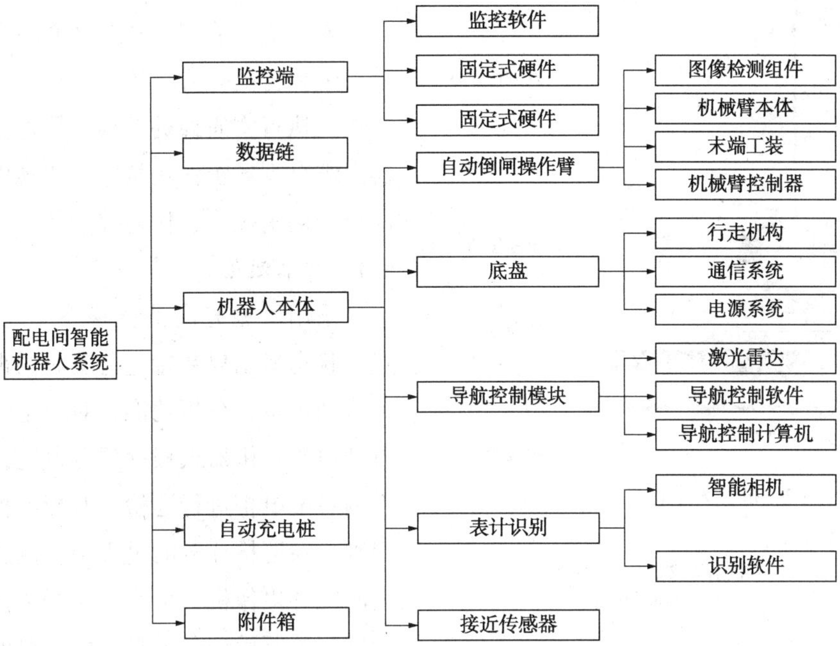

图1　机器人主要组件

3.2　操作型智能巡检机器人现场实时数据采集

操作型智能巡检机器人与普通人一样，需要通过对环境信息的感知、识别和判断，来决定如何采取下一步的行动，并将其采集到的数据反馈到管理平台。本次应用的操作型智能巡检机器人为了感知和采集环境信息，分别配置了温振传感器、定点摄像头，其可以准确感知周围的环境温度，获取现场的实际画面，如果其通过对现场温度、环境的判断，发现了异常，便可以发出异常消息，提醒工作人员注意。为了实现对机器人的监控遥控，控制平台可以实时反馈机器人的实时摄像信息、电量状态信息等，并且可以通过远程的控制，对机器人进行启停、移动、拍照、机械手运动等操作控制。考虑到信号连接可能中断的问题，控制平台设计了重定位功能，如果丢失了机器人信号，便可以通过该功能准确定位机器人的所在位置，重新控制机器人。在机器人巡检工作中，一些特殊的区域不允许机器人进入，此时可以设置机器人行动禁区，这样就可以避免机器人误入。

3.3　操作型智能巡检机器人的本体

由移动底盘、操作臂、导航控制系统、表计以及热传感器等外部感知部件组成，主要接受用户利用监控端下发的任务或者控制指令，实现在区域内自主移动以及对任务对象的自主或半自主操作，并且利用表计以及热传感器等状态监控载荷实现巡查，将前端信息反馈至监控端(图2)。

底盘主要由行走机构实现移动功能，同时导航控制模块实现自主定位与导航，并且实现底盘的运动控制，电源管理系统以及通信系统为机器人本体提供能源与通信手段。

倒闸操作臂用于完成倒闸操作(断路器小车工作位与实验位之间)，主要由机械臂、末端工装、智能相机以及机械臂控制器组成。由智能相机判定倒闸孔的位置与姿态坐标，从而发送给机械臂控制器，控制器根据位置姿态坐标进行运动规划，并且控制机械臂运动至倒闸孔前方，末端工装执行打开旋钮孔并且进行摇进摇出的行为。

末端工装是按照要求进行设计，实现了三种功能集成，即按钮开关操作、旋钮开关操作、分合闸操作(图 3)。

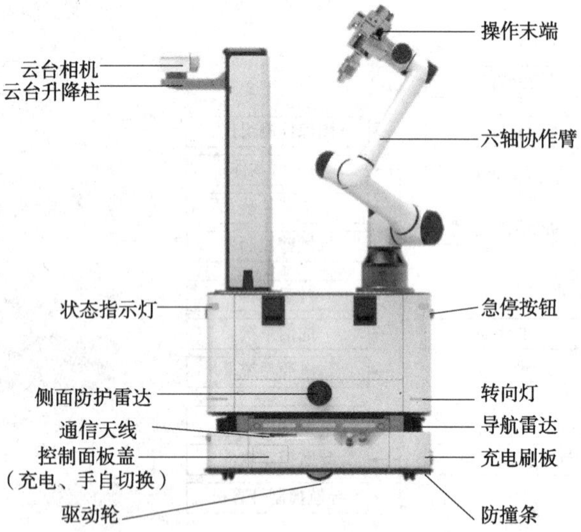

图 2　机器人结构

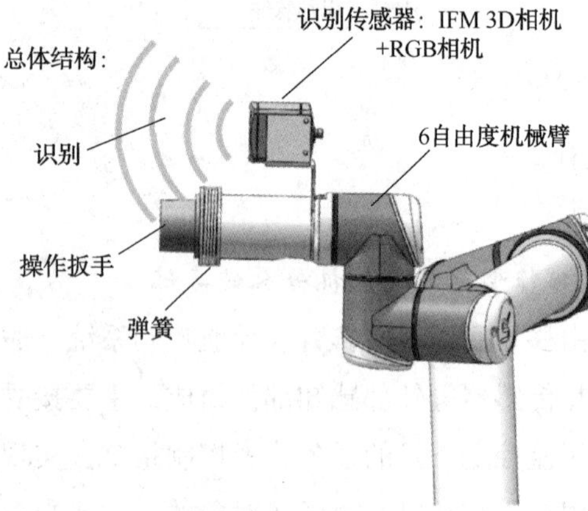

图 3　倒闸工装示意图

导航控制模块采用激光 SLAM+惯性的组合导航控制方案，自动生成环境地图，且适应周围环境动态变化。搭载激光雷达，智能检测识别障碍物，主动停驶和绕障。

智能相机并不是一台简单的相机，而是一种高度集成化的微小型机器视觉系统。它将图像的采集、处理与通信功能集成于单一相机内，从而提供了具有多功能、模块化、高可靠性、易于实现的机器视觉解决方案。同时，由于应用了最新的 DSP、FPGA 及大容量存储技术，其智能化程度不断提高，可满足多种机器视觉的应用需求。

机器人的底盘、操作臂、导航控制三个组件实现移动、监控以及操作三种功能，其中操作功能是此机器人的重点功能，也是首次在海洋石油领域的实际应用。

4　操作型智能巡检机器人的主要功能

操作型智能巡检机器人的主要功能和作用，是在平台智能化升级改造工程中，取代部分人的工作，执行实质性的巡检、操作任务。操作型机器人结合现场工作场景主要实现以下功能，智能巡检、倒闸操作、作业提醒。

4.1　智能巡检

采用可见光高清摄像头，对综合自动化装置、状态显示仪装置进行实时的视频监测，并具备自动记录、分析功能，对异常情况准确、及时自动报警。机器人根据后台设定，可定时对开关室内各配电柜进行巡检，对配电柜上的表盘进行识别；在巡检任务的过程中，通过在机器人云台上的红外摄像机，可实时对开关柜整体进行温度测试，拍照后记录最高、最低温度，进行超限报警(图 4，图 5)。

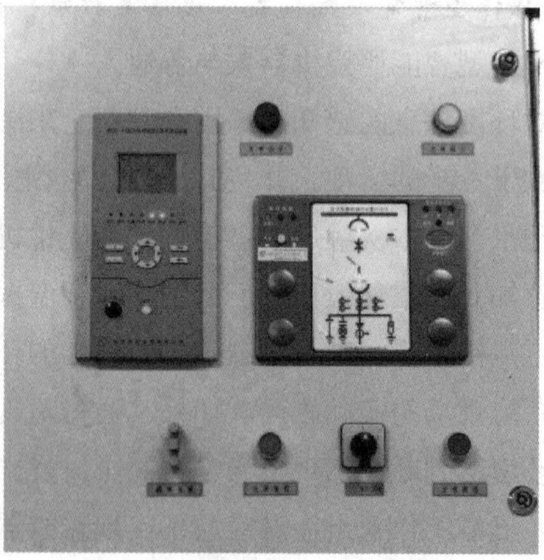

图 4　机器人识别开关柜状态

图 5　机器人对盘柜进行温度监测

4.2 倒闸操作

过机器人携带的机械臂完成高压开关柜的倒闸操作(工作位与实验位之间)。主要由机械臂、末端工装、高度集成化微型机视觉系统以及机械臂控制器组成。由智能相机判定倒闸孔的位置与姿态坐标，从而发送给机械臂控制器，控制器根据位置姿态坐标进行运动规划，并且控制机械臂运动至倒闸孔前方，末端工装执行打开旋钮孔并且进行旋入旋出的行为。

通过智能机器人进行倒闸操作时，工作人员可在远程工程师站或通过便携式终端在安全位置完成操作。在整个倒闸操作过程中都不会有人员暴露在危险区域，从而能保证人员安全。由中央控制系统统一控制机器人的每一个动作和步骤，按照顺序一步步自动化执行，在过程中通过人在远方下达的指令，智能巡检操作机器人可以完成全部操作：待机位置-操作位置-操作成功-自动返航到待机位置(图6，表1)。

图6　机器人在进行开关操作

表1　机器人操作业务流程表

序号	名称	动作	备注
1	机器人待命	机器人位于充电待命位，等待执行任务	
2	指令下发机器人	操作人员在操作面板电子地图上选择间隔(机柜编号)及操作动作，二次确认后下发机器人与工单系统集成，可自动取得操作相关数据，用户进行选择即可。	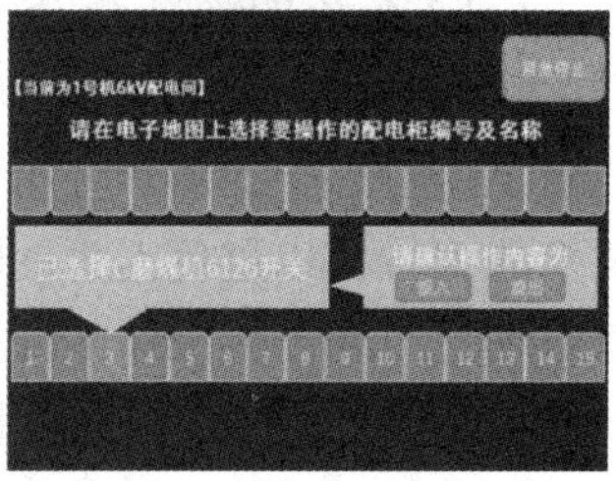
3	机器人移动及位置确认	机器人自动移动到对应配电柜前，通过摄像机扫描柜体二维码，确认配电柜编号正确，同时上传照片。人员二次确认照片内配电柜正确。 与工单系统集成，可自动对比操作票相关数据，保证配电柜正确。	机器人依据指令移动到位置停好，平均时长约1分钟 
4	确认仪表开关状态	机器人自动识别分合闸指示，判断是否可以执行操作，同时上传照片。人员二次确认。	采集照片并上传识别，平均时长约40秒 

续表

序号	名称	动作	备注
5	操作操作	机器人自动对位操作孔，同时上传照片。人员二次确认下发摇进/摇出指令，机器人开始断路器小车工作位与实验位之间的倒闸操作(摇进/摇出)。	机器人操作对位为技术难点，包含操作孔姿态识别、机械臂位置调整、机械臂插入动作、力反馈调节位置，平均时长约4分钟 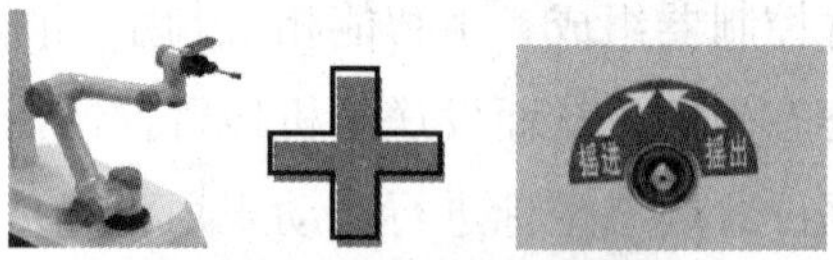
6	完成操作	操作就位后，机器人识别操控装置指示灯，同时上传照片。人员二次确认，确认操作完成。	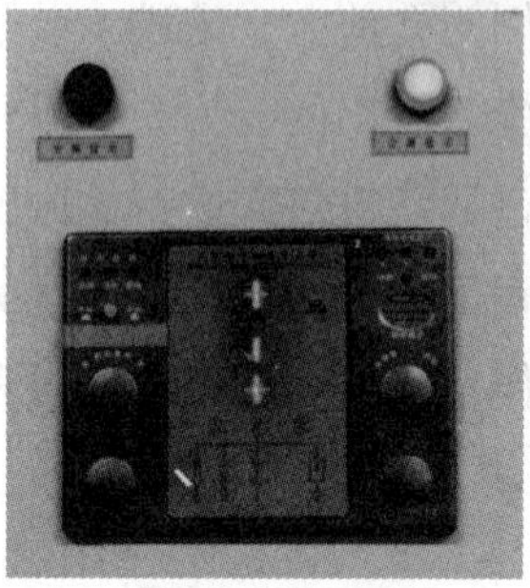
8	机器人回位待命	机器人回充电待命位，等待执行下一个任务	

4.3 作业提醒

电子工单与机器人操作平台建立软件接口，实现与“两票”系统的深度结合。自动提取操作设备开关状态及操作人员操作步骤等信息，对所获取的信息进行综合处理和分析，自动提取工单中开关柜的编号，以避免人为的输入错误；机器人可以自动定位到需要操作的开关柜前，配合杜绝“走错间隔”事件的发生，辅助实现二次确认的功能(图4)。

图4　机器人自主定位操作的开关柜

4.4 辅助功能

为了保证机器人的安全，以及任务的正常执行，机器人还配备了其他各项完善的功能。如操作型智能巡检机器人可以自动防碰撞，其能够检测行进道路上的障碍物情况，判断是否会对前进造成阻碍，从而选择绕道或是清除障碍，对于其不能清除的障碍，便可发出提醒，由工作人员到现场进行清理。机器人具有自动充电功能，通过与充电装置配合可完成自动充电，机器人平台因自动充电而中断工作任务时，充电完成后应能够根据设置恢复或停止工作任务，如果有紧急任务需要出动，操作人员可以强制停止充电，让机器人立即执行任务。再者，机器人配置了自检功能，可以对自身的遥控遥测模块、电池模块、驱动模块和通信设备等部件的工作状态进行自检，如果发现某模块、部件存在故障或隐患，便可自动发出提醒，由工作人员进行修理。

5　操作型智能巡检机器人的应用效果与展望

5.1 应用效果

通过对操作型智能巡检机器人的应用，智能化操作方面取得了实质性进展。如其首先是提高了生产的安全性，降低了人力成本的投入，使工作人员可以将更多的精力放在其他工作上，有效控制了海上油气田的开发工程投资和海上油气田的全生命周期操作运营成本，达到了降本增效的效果。

其次机器人配备了各种传感器和高精度设

备，能够实时监测和检测平台设备的状态和性能。机器人可以提供准确的数据和报告，帮助操作人员快速了解平台的健康状况和潜在问题，减少了人为巡检的主观性和误差。

操作型智能巡检机器人可以通过远程操控和监控技术，实现对无人化平台的实时控制和监测。无人化平台可以依靠机器人的远程操控功能，解决远程操作的需求，所以操作型智能巡检机器人的应用将平台的无人化（少人化）的工作又向前推进了一大步。

5.2　未来优化内容

5.2.1　机器人的避障能力提升

由于此款机器人设计的机械臂较长，然而在主动、被动避障方面重点设置在底盘上，所以在盘柜上侧出现障碍物时会出现避障失效的情况。在未来设计中要重点针对空中障碍物的情况进行甄别并调整路线。

5.2.2　机器人巡检效率的提升

参考此型号机器人实际工作时间，可以看出机器人有65%时间在工作中，18.5%的时间在充电，剩余16.5%的时间在闲余时间，仅有16.5%的时间可以安排其他的工作。为了满足大型平台的巡检、操作的需要，提高巡检效率，优化巡检方案是后期必须要重点攻克的难题（表2，表3）。

表5.1　机器人作业时间周期

序号	作业内容	对象	工作周期
1	日常巡检	配电间盘柜（62个）	80分钟
2	局部放电月检	配电间盘柜（83个）	50分钟
3	开关操作	指令盘柜（1个）	9分钟

表5.2　机器人工作时间统计

序号	统计时间	工作时间	充电时间	空闲时间
1	1天（24小时）	15.6小时	4.5小时	3.9小时
2	1月（24*30小时）	485小时	142小时	93小时

3　自主学习能力的提升

对电气盘柜巡检、操作机器人来讲，其面对的识别对象、操作对象较多，仅靠技术人员配合进行巡检盘面、操作盘面的配置将花费大量的时间和精力。为更好的完成巡检盘面、操作盘面的配置需要机器人具备自主扫描、选取配置、操作识别的能力，技术人员仅需确认与调整，便于现场快速的应用。

4　充电位置优化

作为海上应用的机型，目前采用了单充电站的方式。从实际应用来看狭小的空间通道不时会出现物品、人员，这对机器人来讲是无法自行逾越，为了确保机器人能够及时为自已保持充足的电量，建议在同一个电气房间配置2-3个充电站。

总体来看，操作型智能巡检机器人确实发挥出了预期的功能和作用，能够按照计划安排和控制；实现对海上石油平台的巡视、检查、操作；帮助工作人员实时、动态和全面的掌握海上石油平台生产运行情况。这对保证生产的安全、高效进行来说，至关重要，在今后的生产中，将进一步探索操作型智能巡检机器人的应用场景。

参考文献

[1] 易伟；陈刚；李德伟．无轨智能巡检机器人在国内某海上平台首次应用[J]．石油和化工设备，2022，(02)：10-12.

[2] 陈土顺；冯猛；张林；陈超核；谭纶．浅析海洋油气平台安全巡检机器人应用[J]．广东造船，2023，(02)：82-85+81.

[3] 任林鹏；郄海波；孟才植．海上油田智能巡检机器人的研发与应用[J]．天津科技，2023，(04)：67-70.

[4] 黄珂；提浩；刘雨露；魏海；徐学智；刘磊；曹立红．海上无人驻守平台智能巡检机器人的应用[J]．化工管理，2021，(34)：86-88.

基于聚合报表开发框架的采油厂三次采油管理系统设计与实现

关洪伟

（中国石油大庆油田公司）

摘 要 油田开采后期，水驱开采的难度越来越大，随着聚合物开采技术的不断提高，三次采油在油田开采的地位越来越重要，三次采油管理平台的开发和使用推广，强化了三次采油的数据管理流程，针对三采重点区块的各项关键指标开展全面分析，并基于可视化技术进行预警指标的直观展示，能够绘制采出、注入数据趋势曲线，展示了相关站库的供液、处理能力关系，完成开采规模、驱替类型、开发阶段、油层分类等层级分类统计功能，能够满足数据的时效性、完整性、准确性要求，数据处理得到规范，数据展示多样化，平台应用稳定，效果良好，适合在我厂油田管理部三次采油管理人员、三采管理室、矿三采管理技术人员中广泛应用。由于本项目的基础数据是使用统建项目 A2、A5 数据，在采油厂数据源统一，只要维护三采区块属性数据、站库对应关系属性数据等少量静态数据，就可以在各采油厂广泛推广。实现了多样化的数据报表展现效果，提供丰富的视觉交互探索功能。通过数据钻取、联动、链接等交互操作，实现用户与数据的直接应用，为数据的优化展示提供了技术解决方案，为三次采油数据提供信息支持，具有很好的应用前景，随着本项目推广范围的不断扩大，必将成为三采数据管理的最有效的管理工具，进一步提高三次采油信息管理水平，为我厂原油稳产再立新功。

关键词 三次采油；分类统计；可视化展示

1 背景及意义

目前，我厂三采投注区块数量、规模逐年增大，数据处理量大幅度增加，为推进我厂三次采油向科学、合理、可持续开发不断迈进，加强生产信息跟踪管理，降低生产指标超出正常运行范围带来的影响，同时将信息化根植于油田实际，贴近于生产经营，结合于业务需求，针对厂矿队各项重点生产指标开展全面分析这一问题，我们开发了三次采油管理平台，结合 JS 动态预警进行指标的直观展示。从统建项目 A2、A5 系统数据获取三次采油井单井数据及其相关结果数据，自动提取油井单井、水井、小区块属性部分数据及相关站库信息数据，提高了三采数据提取效率及数据的准确性，有效整合资源，提高数据共享效率。

2 平台技术选型及重点技术研究

2.1 系统开发工具和开发环境：

Windows10 操作系统、Oracle12C 数据库、FineReport 模板设计器、JavaScript。

系统应用环境：

Windows 2000/XP/2003/7/10 操作系统，采用 TCP/IP 网络协议的任意计算机。

网络架设：局内办公局域网

2.2 使用的相关工具

2.2.1 聚合报表

聚合报表是一款直观、高效的报表工具，它能够快速的构建出数据表格、各类数据图幅以及填写报表，并支持多格式的数据导入、导出功能。比较适合使用在数据分析类的软件研发中。聚合报表使用 JAVA 开发，应用服务器使用 JAVA 类服务器均可，目前使用 Apache 的 Tomcat10.0 应用服务部署在我厂的服务器上。FineReport 所有的管理有一个集中的平台 FS，该平台可以对用户、模块、权限进行集中管理。但权限管理过于简单，无法实现复杂管理。

2.2.2 JavaScript 语言

JavaScript 一种直译式脚本语言，是一种动态类型、弱类型、基于原型的语言，内置支持类型。它的解释器被称为 JavaScript 引擎，为浏览器的一部分，广泛用于客户端的脚本语言，最早是在 HTML 网页上使用，用来给 HTML 网页增加动态功能。JavaScript 是一种属于网络的脚本语言，已经被广泛用于 Web 应用开发，常用来为网页添加各式各样的动态功能，为用户提供更流畅美观的浏览效果。

3 系统实现及应用效果

3.1 系统实现：

从 A2 系统数据获取三次采油井单井基础数据及其相关结果数据，对标 A5 站库对应关系自动提取相关站库信息数据，有效整合资源，提高数据共享效率，根据项目开发目标，平台主要开发 5 个功能模块，其中包括三采区块基础数据处理模块、组合区块处理模块、站库信息数据管理模块、基础结果数据展示浏览模块、用户安全管理模块

3.1.1 完成的内容

3.1.1.1 三次采油井基础数据，由公司统建项目 A2、A5 系统自动提取，确保数据源统一，提高数据质量。

3.1.1.2 根据需求设计了三采区块属性部分基础数据，包括开发规模、开发阶段、驱替类型、油层分类、空白水驱时间、注聚时间、注复合济时间，保证数据填报规范，保障数据应用需求。

3.1.1.3 完成三采区块相关站库信息数据中配置站、转油站、注入站、污水站等和三采区块对应关系维护。

3.1.1.4 将 A5 系统中站库 ID 号为主键，与 A2 系统做对标，自动提取配置站、注入站、转油站、污水站的生产数据，使站库数据信息更及时、准确。

3.1.1.5 完成了三采数据统计分析和动态分析展示形式。

3.1.1.6 完成应用用户管理控制，对标 FCP 系统进行数据浏览权限管理，符合数据安全要求。

3.1.2 基本查询功能模块

3.1.2.1 基本三采区块数据查询

用于查询所选区块的“开采层系”、“空白水驱时间”、“注聚时间”、“注复合剂时间”、“开采类型”、“开采阶段”、“三采区块”、该区块的相关站库信息，以及近 10 天的生产数据曲线。

点击对应配制站、注入站、污水站、转油站，穿透至该站近 10 天生产数据。

3.1.2.2 组合三采区块数据查询

当要查询包括多区块的大区块组合时，可以点取任意区块的组合体，实时绘制大区块数据曲线。

3.1.2.3 查询三采区块所属油、水井单井日数据

如果需要调取更详细的单井生产数据时，可以点击“油井总井数”穿透进入所选区块对应的油井总井信息。

3.1.2.4 三采区块所属站库数据查询

点击“相关站库信息”中对应站库查询对应站库日生产数据，配制站、注入站、污水站、转油站，穿透至该站近 10 天生产数据。

3.1.3 创新点

3.1.3.1 实现统建项目 A2、A5 应用数据成果共享共用

在实际应用中，A2 数据主要是单井基础数据，以及单井属性数据，包括单井所在区块单元数据、油井所属转油站信息、水井所属注入站信息；A5 主要是站库日生产信息，以及站库所属关系数据。

由于分属两套独立系统，站库标识符 ID 相对独立，不能通用，需要建立 A2、A5 关系映射关系表，实现数据共享通用。

3.1.3.2 实现三采区块数据的任意区块的组合查询功能

项目除实现一般的数据查询功能外，还能通过组合区块查询功能按区块类型(试验区、工业区)、驱替类型(聚区、三元)、以及任意区块的组合形式进行数据查询，使用方便、快捷，数据实时刷新。

3.1.3.3 数据展现形式多样

3.1.3.3.1 报表折叠

油田生产数据种类多、数量大，由于 JS 不会占用网络资源，只是在基本终端进行交互，可添加 label 控件作为标记，JS 语句将按钮与 label 绑定，通过点击按钮事件改变 label 的标记性，再通过控制页面属性来实现局部刷新和数据折叠。利用 JS 技术实现数据的个性化“隐藏”和“展示”。

突出主要信息、隐藏次要信息、需要时展开查看，提升报表的可读性和使用体验。

3.1.3.3.2 按钮互斥变色

为了达到提醒的目的，改变报表按钮显示效

果。利用 JS 代码嵌入，通过预加载初始化 JS 包，快速配置页面元素的样式，达到界面的统一规范，直接改变 label 值和按钮的 CSS 属性，实现按钮的互斥变色，提高交互体验，从而实现开发模式的定制。

3.1.3.3.3 “九宫格”扩展方式

原有的报表开发技术只能实现数据的横向或纵向的单一扩展方式，利用 JS 与数据报表扩展方式相结合，应用遍历页面元素中的数组值进行循环，动态生成按钮，实现数据的网格化扩展，并将参数传回，达到个性化区块查询的目的。

3.2 应用效果

能够绘制采出、注入数据趋势曲线，展示了相关站库的供液、处理能力关系，完成开采规模、驱替类型、开发阶段、油层分类等层级分类统计功能，能够满足数据的时效性、完整性、准确性要求，数据处理得到规范，数据展示多样化，平台应用稳定，效果良好，适合在我厂油田管理部三次采油管理人员、三采管理室、采油矿三采管理技术人员中广泛应用。实现了多样化的数据报表展现效果，提供丰富的视觉交互探索功能。通过数据钻取、联动、链接等交互操作，实现用户与数据的直接应用，为数据的优化展示提供了技术解决方案，为三次采油数据提供信息支持，具有很好的应用前景，随着本项目推广范围的不断扩大，必将成为三采数据管理的最有效的管理工具，进一步提高三次采油信息管理水平。

4 总结

从统建项目 A2、A5 系统数据获取三次采油井单井数据及其相关结果数据，自动提取油井单井、水井、小区块属性部分数据及相关站库信息数据，提高了三采数据提取效率及数据的准确性，有效整合资源，提高数据共享效率。

绘制了采出、注入数据趋势曲线，展示了相关站库的供液、处理能力关系，在开采规模、驱替类型、开发阶段、油层分类等层级分类统计，能够满足数据的时效性、完整性、准确性要求，数据处理得到规范，数据展示多样化，平台应用稳定，效果良好。

取得了以下创新应用：

（1）实现统建项目 A2、A5 应用数据成果共享共用。

（2）实现三采区块数据的任意区块的组合查询功能。

（3）实现了数据展现形式多样性。

三采数据管理平台围绕我厂三次采油数据工作的实际需求，对数据进行动态展示。界面操作直观便捷，能有效提高三采生产数据的信息共享效率，为管理决策层对全厂三采产量、供液情况数据的管控提供直观分析手段，加快信息化建设的步伐。

参考文献

[1] 王德民，赵兰水．关于三次采油的经济效益[J]．油气田地面工程，1998 年 06 期

[2] 王亮．浅谈三次采油[J]．科技资讯，2008 年 11 期

[3] 邢诒俊，陈亚楠．FineReport 报表工具的使用与集成．《华南金融电脑》，2009 年 09 期期刊

以 A4 地图为载体的多网融合综合防恐指挥平台研究

李　姗

（中国石油大庆油田公司）

摘　要　油田安保防恐管理至关重要，为了提升油田防恐目标防范工作水平，以本 A4 地图为载体将视频监控、数字集群、车辆定位、数据分析、雷达预警融为一体，形成多网融合的重点部位全要素可视化、数字系统全数据集成化、分级管理全信息网络化的保卫防控体系，最终实现油田防恐目标技防设施的全覆盖及监控资源整合，形成统一的防恐指挥平台。

关键词　A4；多网融合；安保防恐

1　项目背景

现阶段，凭借油田保卫队伍传统的“人海战”、“疲劳战”方式，难以有效应对因多种因素引发的、破坏、盗窃及恐怖活动，必须充分运用现代科技手段，建立较为完备的数字化、智能化、系统化的技防监控和指挥系统，才能全面提高油田保卫综合防护能力。政府也对油田保卫工作高度重视，发布了庆办字[2014]12 号《中共大庆市委办公室大庆市人民政府办公室转发市反恐怖工作领导小组关于<大庆市反恐怖一级重点目标防范工作规范>的通知》，要求油田加强对重点防恐目标的安全防护能力。

大庆正在推进资源型城市转型，油田步入转型升级阶段，企业战略形势的发展离不开良好稳定的治安环境。尽管油田治安治理成效越来越好，但传统的顽固性涉油犯罪仍然对油田稳产和油区治安构成重大威胁。油田企业内现有安防数据报送都是传统的纸质报表留存，对重点人员监管没有统一的数据标准，在发生暴恐事件时无法通过先进的信息化平台做到全方位的调度指挥。

本文将重点阐述多网融合综合防恐指挥平台的建设思路及技术实现，实现对油田一、二级重点目标、保卫队伍、公安执勤室、油田驻厂分局等业务的全方位管理，并通过系统集成进行多网融合，最终实现油田防恐目标技防设施的全覆盖及监控资源整合，形成统一的防恐指挥平台。

2　建设思路

为了提升油田防恐目标防范工作水平，本项目对油田防恐一、二级重点目标进行技防建设、改造，包括无人机、视频监控、数字集群、车辆 GPS 等部分内容，最终实现油田防恐目标技防设施的全覆盖及监控资源整合，形成统一的防恐指挥平台。平台建设思路如图 1 所示。

保卫中心实现对保卫大队、重点目标、公安执勤室等相关业务的管理，通过对各目标进行基础数据、和动态数据的采集，实现对各目标的管理和考核。同时基于此项内容，为综合调度指挥提供数据来源，便于后期在地图上对相应目标进行直观展示。

基于 A4 地图，并通过前期对车辆、集群、视频位置信息的和无人机、指挥车辆基础信息的维护，实现基于 A4 地图的五网融合。在地图上可以直观查看位置信息，并直接调用对应系统功能，真正实现了统一调度，形成了保卫指挥综合调度新格局。

建立指挥中心，在 A4 地图上实现一图指挥，并结合中心大屏幕，实现一键派警、集群直呼、警情分析、视频直达等功能。真正实现现场状况看得见、周边警力调度动、指挥指令传的到，形成综合指挥调度体系。

通过以上攻关建设，最终建成了一套集成统一的安保防恐指挥平台，并基本形成了统一调度、统一指挥的安保防恐新格局。通过五网融合实现了综合调度，能够对突发事件进行快速响应，实现报警快、接警快、派警快的“三快”应急响应机制。

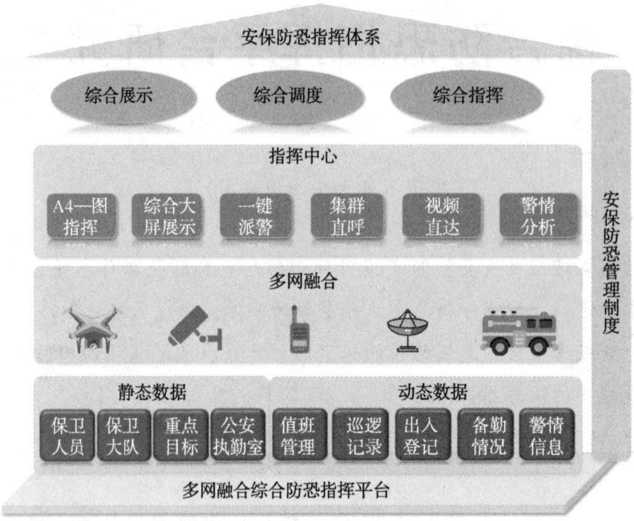

图1　平台建设思路

3　平台架构及功能实现

以计算机网络系统为基础，以视频监控、车辆卫星定位管理、数字集群、多功能勤务车、无人机、雷达光电视频监控等多业务系统进行整合集成，实现多网融合，根据不用业务的应用需求，将五个系统的数据根据既定的逻辑关系进行分析、整合和处理。

3.1　平台架构

软件平台的架构设计遵循平台化、组件化的设计思想，采用统一的数据交换和接口标准，由数据层、接口层、服务层、业务层和展现层组成。系统架构图如图2所示。

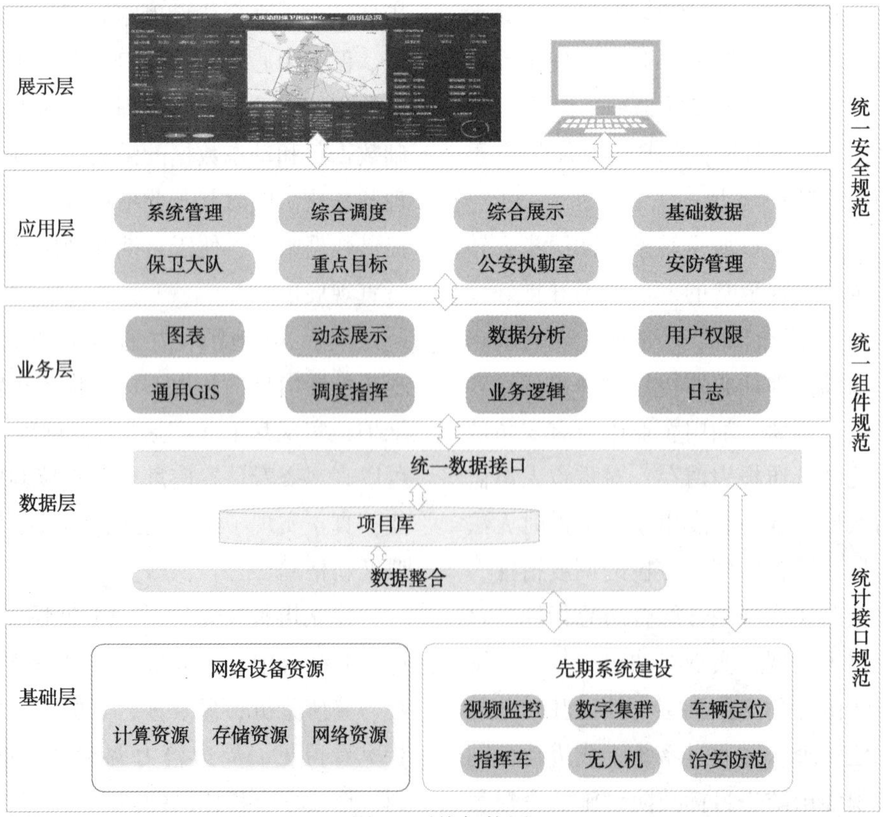

图2　系统架构图

基础层是指利用网络设备资源，集成视频监控、数字集群、车辆定位、多功能勤务车、无人机、治安防范六大系统数据。

数据层实现数据获取及分发、指令消息、各类信号系统的接入而定制的统一接口服务。提供数据库服务和专用业务支撑服务。

业务层是指支撑软件平台业务数据分析的各种业务功能模块，包含 GIS 功能、动态展示功能、数据分析功能、调度指挥功能、警情日志功能等。提供调度指挥平台的核心服务。

展现层是指对指挥中心大屏上展示的界面做出美化规划，以保证显示的信息简洁有效。

3.2　功能架构

多网融合综合防恐指挥平台主要包括综合调度、综合展示、警情管理、基础业务以及系统管理五个部分，系统功能框架图如图 3 所示。

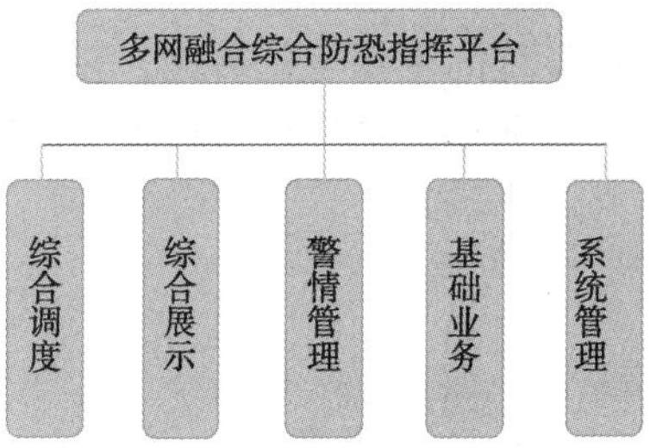

图 3　系统功能框架图

将多网进行集成融合，基于 A4 地图进行综合展示，实现综合指挥调度；平台实现对视频监控、车辆定位、数字集群，实现对各业务的综合展示；平台支持对警情的统一管理，设计接警界面，加入派警功能，通过数字集群进行派警，并将警情信息发送到对应人员设备上；基础业务实现对油田一、二级重点目标，保卫队伍，公安执勤室、油田驻厂分局等业务的全方位管理；建立统一的数据管理中心，数据标准化，汇集分散在各个系统的数据资源，收集、处理和存储各类共享数据，为系统提供数据共享服务；实现支撑系统运行的基础功能，包括组织机构、用户管理，以及角色授权、日志等内容。

3.3　软件功能实现

3.3.1　综合调度

基于 A4 地图实现对数字集群、视频监控、车辆定位、无人机、指挥车等系统和设备的关联管理，并在地图上进行综合展示(图 4)。

警力关联：通过地图圈选，用户自行绘制选择警情范围，选择范围内的警力资源(车辆/数字集群设备/摄像头)自动显示在地图上，也会显示在圈选列表中；

指挥警力：通过点击警力标签，提供语音呼叫、文字信息、视频调用等指挥功能，可以与各警力资源保持语音和视频沟通，实时掌握油田保卫人员、保卫车辆状态和警情状态；

图 4　系统架构图

警力跟踪：选中某一警力，弹出跟踪功能按钮，触发跟踪功能后，地图实时刷新警力状态。

车辆定位：选中某一台车辆，点击追踪，可以进行实时定位跟踪。

3.3.2　综合展示

(1) 视频监控

按组织机构进行分类，显示视频归属组织机构列表，提供视频信号搜索功能，有利于操作人员进行有针对性的视频调取，包括实时视频和历史存储视频，如图5所示；

调用大华视频监控的SDK，对各主流视频设备、新旧设备进行适配。实现视频系统间的调用转发。提供多种模板，同时支持个性化的窗口布局设计，设计的窗口布局模板可以随时方便调用，提供视频窗口缩放、全屏、位置交换等窗口控制功能。

图5　视频监控

(2) 数字集群

平台支持数字集群系统的基础业务功能，通过数字集群系统的卫星定位数据，在地图上显示个人单兵设备和车载单兵设备位置(图6)。

图6　集群管理

在数字集群设备功能的基础上，实现平台的调度指挥功能，通过组呼、单呼、广播、强插、强拆、动态重组等基础功能，实现平台与油田保卫人员的实时语音沟通、联合处理警情等功能，通过前端设备的现场图片回传，使指挥人员及时了解现场情况，结合人员GPS位置实时的进行调度指挥，提高调度效率。

提供单点登录，完成功能调取、页面适配等工作。视频对接，将单兵设备与后台指挥中心、视频监控管理平台进行连接，实现多种视频设备的通信、流媒体转发。在A4地图上绘制视频监控点的分布图，并通过地图实时调取、切换视频图像。

(3) 车辆定位

平台支持GPS车辆管理系统的基础业务功能，对定位车辆进行管理、统计和维护。根据车辆的定位数据，在地图上展示定位车辆位置，规划车辆路线，进一步统计车辆行驶里程，行驶时间等日志信息，有利于油田保卫部门统筹管理油田保卫车辆使用信息(图7)。

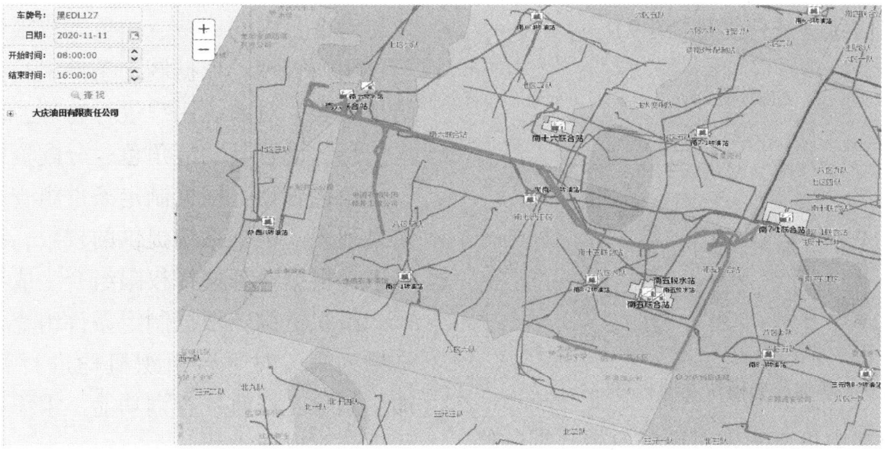

图 7　车辆历史轨迹

实现对油田保卫相关车辆的 GPS 定位管理、违规报警、轨迹回放功能，可以根据事件发生地点，及时调取周边车辆信息，并能够在地图上予以体现。

从车辆卫星定位监控平台获取车辆坐标数据、历史数据。通过单兵数字集群系统的 GPS 数据接口，获取单兵设备坐标数据。获取视频监控点坐标数据。建立 Web Service 客户端，调用 A4 底图服务接口、基础数据接口、业务数据接口。使用 ArcGis 绘图工具，开发各图层，将纠偏后的数据标注到图层，建立车辆、人员等矢量图层。设置各类图层。

3.3.3　警情管理

通过地图展示的警情事发地定位，提供警情现场及周边视频监控展示功能，掌握警情现场和周边的实时状况，及时发现异常情况，提高警情处理效率。

视频关联：地图圈选功能完成后，触发视频关联功能，平台自动关联圈选结果中的视频监控画面，依照用户要求布局呈现关联视频。

视频定位：地图加载平台数据内所有摄像头定位，选中摄像头图标可弹出视频画面，如图 8 所示。

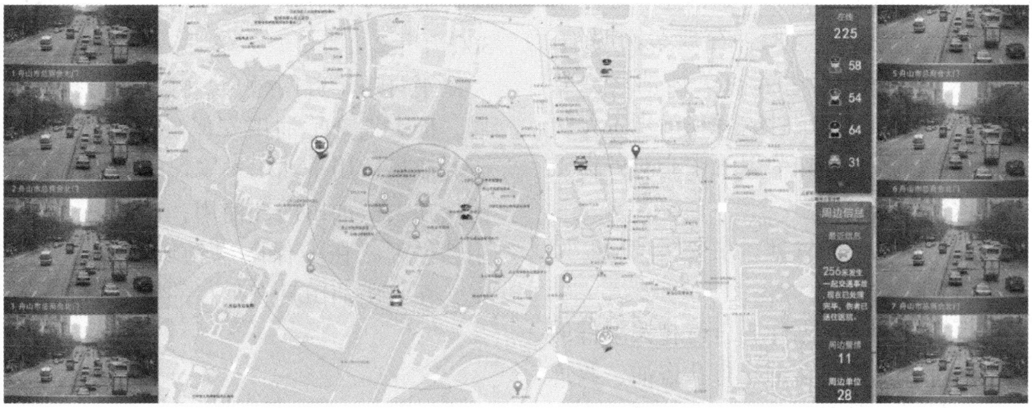

图 8　警情实时视频监控示意图

平台支持对警情的统一管理，其中根据用户角色不同，管理权限也会不同。

接警：单独设计接警界面，方便调度用户及时录入警情，使用下拉列表和预录入的方式以减少录入用户的操作时间，使用地图选取的方式获取警情的定位数据，达到方便、快捷、易操作的目的。

派警：通过平台可以对警情进行处理，通过数字集群进行派警，并将警情信息发送到对应人员设备上。

3.3.4　基础数据

基础数据实现对各模块基础数据的管理，是将各模块中的基础业务进行抽离形成的集合，在基础数据中，可以对公安机关、公安执勤室、视频监控位置、视频指挥车管理、企业基础信息、重点目标基础信息等进行管理(图9)。

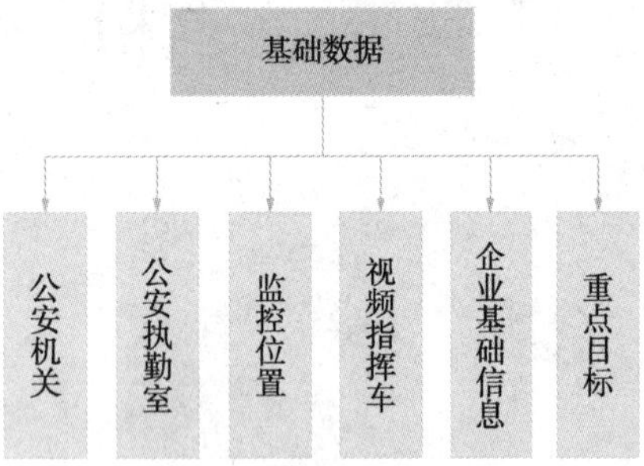

图9　基础数据模块功能框图

在基础数据中可以实现对部分原始数据的修改和标定，例如视频监控位置信息，管理员标定位置后普通用户无法进行修改。提高了基础数据的安全性。

重点目标实现对油田一、二级重点目标的管理。对重点目标基础数据、人防、物防、技防等信息进行维护，同时录入动态数据，并作为对重点目标的考核内容。动态数据主要包含人员/车辆进出登记、值班记录表、要害部位人员调出登记表、巡逻情况表、备勤信息表、视频图像值班看守表、防恐演练培训表等内容。

保卫大队实现对各二级单位保卫大队的管理，保卫大队中可以查看企业基础信息，同时实现对保卫人员、保卫车辆的集中管理。同时进行无人机配备信息、值班信息、出勤信息、巡逻信息、管道巡逻、原油返缴、羁押存放车辆明细、捞油车辆出入登记、配合公安机关涉油厂点登记、押运记录、治安隐患统计、专项治理工作统计等动态数据的录入，并作为保卫中心对各保卫大队的考核依据。

实现对公安执勤室的管理，主要实现对基础信息和值班信息的维护。

基于九厂治安防范数据库，进行相关案件的统计工作。案件涉及开井盗油、打孔盗油、收炼化油点、移交原油、涉油其它、盗用生产物资、暴恐、群体以及其它共10种案件。

3.3.5　系统管理

对平台内的用户、角色和权限进行管理。

用户管理：根据制定条件组查询，显示查询结果列表。对系统用户进行管理，添加用户的基本信息，设置其功能角色、分配资源权限。

角色管理：根据制定条件组查询，显示查询结果列表。根据系统提供的权限，结合实际业务需求，根据业务选择权限组合生成各级角色。

组织机构：根据制定条件组查询，显示查询结果列表。对平台组织机构进行管理，提供增加、删除、修改、查询功能。组织机构以树形结构显示，以便查找。

数据字典管理：根据制定条件组查询，显示查询结果列表。对平台内涉及的数据字典进行管理。

5　结论

本平台主要针对油田安保工作的信息化建设，基于A4地图实现多网融合，真正实现了五网联动。平台特有的报警快、接警快、派警快的“三快”应急响应机制，也极大提升了油田保卫力量对突发事件的相应速度，提升了油田安保的影响力，极大震慑了涉油违法犯罪分子的气焰，减少油田的经济损失。基于快速的反应机制，可以极大减少因反应不及时造成的抢、盗油案件数量，保守估算每年可为油田减少经济损失300万元。

平台基于五网融合，打造综合指挥调度新格局，极大提升了油田安保防恐指挥工作的水平。研究成果适用于油田类安保防恐信息化建设，目前仅在大庆油田内部使用，对其它油田也具有适用性，因此在安保防恐领域具有广阔的应用前景，在大庆油田具有很高的推广价值。

数字油田物联网系统的安全问题与保障机制

张　雷

（中国石油大庆油田公司）

摘　要　随着时代的发展、计算机技术的提高，在油田的经营生产管理等工作中企业也在应用新型的科技技术加以辅助发挥，而目前由于物联网系统的使用已是在油田公司中已经开始普遍存在了，而公司也开始进行了信息化发展，而企业在应用物联网系统同时也已经达到了生产管理的自动化和经营生产的数字化。为了更加研究数字化油地问题，对过去在井场的抽油工作中所形成的重大资源挖掘结果，对实现信息收集、大数据分析、信息传递、质量控制等重大生产流程问题进行了研究，并指出通过数字化物联网系统的引入，生产分析工作将更加具备及时性、准确度和稳定性，在油田管理工作中发挥着不可或缺的功能，据此，文章中还针对通过物联网系统深入影响到现代油田事业中的主要生产安全问题展开了剖析，并提出保障机制。

关键词　数字油田；物联网系统；安全问题；保障机制

在信息化背景下，我国油田的生产作业流程中大大增加了对电脑技术的应用，而物联网系统在油田生产领域中的广泛应用，则大大促进了数字油田的发展，同时也从根本上促进了油田生产管理水平的有效提高，为企业的现代化发展作出了重要的贡献。物联网生产管理系统，不但可以实现了对当前油田井场中各种生产管理设备和参量数据的信息采集、传递和集中管理等，同时在此基础上，油田中的生产管理部门还能够利用对现场更复杂的生产过程，从而实现了信息监控和集中管理等。不过，要想真正达到出物联网系统在油田中生产过程中的最大效率，首先就必须实现了对整个生产流程数据的安全与真实性，对各种安全问题都实现了严格管理，如此才能推动中国数字油田的高速发展。

1　数字油田

1.1　数字油田概念

数字油田的概念，源自于数字地球。而数字地球概念主要指的是，人类可以通过利用地球在地理坐标和空间位置上的极大差异性，将所有在世界范围内所有的数字信息资源都加以有组织的统一存储，并以此为基准来建立起一个统一的地理信息模型，这将可以给世界各地民众带来更为直接、更加简单、更为快捷、更加便利的信息交换查询方法与应用，而数字地球的定义则诞生于当时主要目的，也正是希望为全人类提供信息公共服务的。在上世纪九十年代初期，人们就开始产生了数字油田的概念了，在当时，人们对于数字油田仍然处于一个比较懵懂的概念，而且人们对这些定义也都仍处于萌芽阶段，不过在后来这种思想就开始得到了人们的普遍接受了。而随之，人们也很快地就对数字油田做出了以下定义：来自于世界上各个地方的公司、运营商及其技术伙伴，都能够通过联合应用或借助通过技术手段提升后的强大数据挖掘、更为有力的数据挖掘工具、知识管理工具以及技术推进体系等，以更为高效的方式管理业务流程，并获得了更大的收益。

1.2　数字油田发展

在二十一世纪的初期，中国数字油田发展过程也就即将开始了萌芽阶段，也就在此时，中国公司在油田的整体经营流程中也就开始形成了较为丰富的可视化技术和虚拟现实、智能油井、对监测装置和生产流程的统一控制等新技术手段。在中国油田的整体经营链中，也建立了电子商务和 ERP 系统等。而在二十一世纪初期，我国同时又是世界数字油田科技与发展的重要启动阶段，在中国深大区以研究当前世界数字油田技术研究与发展中的关键性问题为宗旨召开的全国专项讨论会上，来自海内外的专家学者们积极提出了通过运用先进 IT 信息技术，来促进全球油田勘探科研、生产管理等工作的高度系统化、效益化的科技发展目标。而从二零零五年开始，数字油田技术也步入了崭新的发展阶段，在美国达拉斯于二零零五年十月召开了国际油田技术协会年会，并于年会着重介绍了 Sell、Chevron 等实际运用于数字油田工程中的实际案例。同时，智慧油田工程也开始在世界各地全面推广。

2　数字油田物联网安全问题分析

物联网中软硬件的复杂性以及物联网方案的多样性，均构成了对物联网系统复杂性极大的安全性挑战。而对于目前技术手段已经比较完善的国际互联网和中国移动通信网来说，其安全性系统也已经开始逐步走向成熟与完备，使得不管终端用户或是系统开发人员都能够在较为安全的环境中开展工作，从而获得各种业务。但是由于中国目前对物联网系统的安全性研发尚处在起步阶段，再加上物联网系统的多源异构特性，也导致了其安全性研发艰难。对于数字油田的生产物联网系统，通常都设定为三层架构：井场感知底层、重大数据处理底层、生产信息管理基础和技术服务底层。从实现的过程上而言，将在井场中收集到的大量数据经由无线网桥与无线传感网汇总后传送至生产调度中心，并完成了对数据的统一管理、保存与大统计分析，在整个信息收集管理的工作流程中既反映了生产物联网安全的基本特点和需求，也展现了其存在的主要安全性问题。

2.1　感知层安全问题

数字油田物联网信息系统中，人们在从第一步的信息感知采集中就可能面临到一些安全问题。因为感知的信号收集装置，如感应器和 RFID 终端等装置，本身就会受到外界影响和破坏。在 RFID 产品感知信息的过程中，会接触到很多的特殊情形：首先，放在被感知物体上的识别标记，通常都能够被合法的 RFID 阅读器所访问或读出(读取操作简单)。但假如是被未经许可的使用者所做出读写动作的，其标识中数据的安全、完整性也将无法获得保障。其次，因为目前 RFID 阅读器大多为手持的移动式阅读器。所以有可能还存在着假冒甚至非授权的服务访问问题。

2.2　网络传输层安全问题

数字油田物联网系统中，在互联网传播环节的安全问题，也一样是无法避免的。由于物联网系统本来是专门针对互联网传播而设计的，也因此使得在网络中所出现的安全问题，也一样可以复制给物联网系统。所以就延续了在油田物联网体系中的传统无线网桥技术，而引入了采用 IP 传输机制的数据型无线网桥，这样使得在整个网络传输层上所有信息都能够采用 IP 数据包的形式传递。而尽管延续了在油田企业专网系统中，已推出了行为审计、流量管理、舆情分析、防火墙等硬件设备来增强了安全保护能力，但依然存在着部分安全威胁。而在互联网发展中所面临的传统信息安全问题，也同样地为物联网系统带来了安全性威胁。

2.3　应用层安全问题

应用层的服务范围包括了从公司生产调度中的海量信息处理、数据重组和数据反馈，到以网络形式为企业各类人员服务的各类业务。期间，以网络传输方式而言经历了从公司内部各个范围内不同的无线传感网、无线网桥，最后才进入了企业专网即互联网；从综合服务的实际情况出发，原则实现了对不同层级权限相同的用户注册和管理。

3　数字油田物联网系统的数据通信技术

3.1　工业无线网络 WIA 技术

它更适合于自动生产系统和工业设备，是一个全球的无线网络标准系统，是由中国企业自行研制，但同时也是一个安全、可信的网络体系。

它由骨干的 Mesh 网络和分簇的架构所共同组成，其中前者不但能增加了端到端间的通信安全，还能更进一步拓展了我国在油地物联网的发展渠道。

3.2 国产设备的相关技术简要

有一项新技术标准名为 WIA-PA，意思就是能够将中国全部电子制造业生产流程全部智能化的无线网络技术标准，也因此这个专利的内容具有全球化标准特性，有由国家工业管理委员会所提出，除了在全世界的工业行业中被普遍重视之外，也获得了世界工业联合会的支持，被国际电工委员会所积极认可，并在测控技术和管理领域中的国际无线网络规范和全国化规范，国际编号为 IEC62601。工业与自动工业无线网络关键技术为中科院工业智能化研究所研究，已经成为现代工业与自动管理技术应用上的重大突破，同时也是首次进入世界，并被现代工业高速自动控制所广泛应用，这也将是当前全世界工业间自动技术工作领域中最重大的科技重大突破和又一次新技术展现，它不但改善了中国制造业的产品生产传统模式、减少了对生产设备的投资，同时也更重要的将中国制造业由传统产品型发展成为现代服务个性、高端工业型，提升生产力、革新、改型发展水平，为产业现代化创造了有利条件和为工业未来发展提供了基石。

3.3 设备技术概念

WIA-PA 技术的研究核心和目标，主要是利用网络和无线传感器技术进行融合。更多的离散设备工业厂商在智能控制器中也广泛使用了 WIA-PA 技术，最具体的表现在如下方面：第一，针对静态设备的使用，能够包含在控制器内部设备与控制器之间的自动智能化应用、以及在控制器与互联网设备之间的手动切换；第二，针对重复性的工作动作，可以做到末端执行器化，像机器人那样重复性地固定运行；第三，不同轨道形式的搬运设备如吊车、机车等；第四，在工厂工作运转中可以自主运动和自主运转的机械装置；等。

3.4 WIA-PA 技术的标准要求

WIA-PA 技术能够被国际市场广泛认可，对技术的需求与标准事业相当高的，最简单的技术标准便是对工业行业在智能应用领域中的具体工作过程进行规范，最重要的技术标准便是按照国际相关标准，对工业的智能工作过程进行监视、测试与管理，以保证工业无线管理系统的顺利工作，以上便是工业无线网络标准技术中针对工业生产智能化发展过程的具体规范规定。

4 数字油田物联网系统的保障机制

4.1 感知层安全保障

在对感知层进行安全保护的过程中，主要根据 RFID 技术的系统特性采取了以下措施。首先，可对物体的标签进行物理防护。如果对于一些无源滤波的标签，出现了非法访问的读取错误或是损坏的情形，那些对标签合法的读取器就可以设置为在 kill 的指令发出时限内，对标签定义为永久无效的状态。其次，它还能够使用加密技术进行保护。对于标签内信息也进行了保密管理，当合法的电子阅读器在对其内容进行阅读过程中，在借助公钥技术进行解码以后就可以读出信息。但如果设备在室内机房中，那么就需要有机关专门加以监督管理，这样保证了任何进行对设备访问的活动，都是获得相关部门同意和许可的。

4.2 网络层安全保障

在对无线网络的传感器实施安全的保护过程中，人们还可能通过消息验证法、数据加密法、节点间的数据检查法等方式实现安全保护系统。在消息核对法中，接收者将需要对其所传输的消息数据进行核对，并确保消息内容具有完整性，从而证实消息是由合法节点所传输的。在数据加密法中，将要求其所传输的消息数据仅可以向被授权的用户检索，但一旦不是许可消息数据将无法完成对用户的检索，还可以利用保密制度来对所传输的消息数据进行保密管制，以使攻击者对其所传输的数据无法正确读出消息。但在节点数据检查法中，则必须对所有聚合节点的数据实际时更新性进行审查，并由所有聚合节点对最新的所收数据包进行检测确认，来看其是不是节点最新数据包。同时，还必须检测数据包中没有由恶意节点所传递的消息。

4.3 应用层安全保障

在对应用层安全的维护中，可以采用的措施相当多。可对数据库的存取方式授权范围进行了设定，或者根据不同等级和授权范围的管理人员而设定了对不同存取方式的授权，或利用授权来对数据中所存放的内容加以管理；可以通过数据备份手段，定期对历史数据进行备份管理，并进行异地备份操作；根据不同权限的使用情况，对他们信息也可以进行针对性维护，防止他们信息的泄漏出现；也可利用密码技术进行数据保护，这些技术分为数字签名和数字证书等。

5 小结

综上所述，数字油田物联网安全问题已变成了当前数字油田建设的关键所在，因而要充分保证当前中国数字油田的安全发展，就需要针对数字油田物联网系统的感知级、网络级与应用级，就各所对应的安全问题展开深入分析研讨，并需要进行有针对性的安全建设和社会保障体系，如此才可以保障当前数字油田的物联网系统实现有序、平稳地运转。

参考文献

[1] 王旭东．数字油田物联网系统的安全问题与保障机制分析[J]．中国设备工程，2021(3)：2.

[2] 赵彤，葛云华，周波，等．钻井业务物联网远程决策支持系统的现状与发展[J]．国际石油经济，2019，27(11)：5.

[3] 师玉，刘鹏瑾，陈宇钦，等．油田数字化建设中的物联网技术运用研究[J]．化工设计通讯，2020，46(2)：2.

[4] 陈养平．基于物联网技术的网络安全相关问题与应对之策[J]．网络安全技术与应用，2021(10)：3.

[5] 袁月，张维维．基于“物联网+”的数字化油田创新生产管理方式[J]．化学工程与装备，2019(8)：3.

大数据时代下计算机网络信息安全问题分析

韩　彤

（中国石油大庆油田公司）

摘　要　大数据时代下，当前计算机网络信息安全也受到危险，进而影响到我们的财产和人身安全，因此为了保护好广大人民群众的切身利益，提高计算机网络信息的安全性十分重要，相关工作人员要切实做好网络信息安全防护措施。

关键词　大数据；计算机网络；信息安全

1　大数据时代下计算机网络信息安全问题

1.1　信息安全意识薄弱

大数据时代背景下，计算机网络的出现为人们的生产生活带来了诸多发展惊喜。在大数据发展如此迅速的情况下，我国部分信息安全管理人员的思想意识等并没有同步提升，潜移默化中增加了计算机网络信息安全问题出现的隐患。特别是政府部门、高校等单位，他们的计算机网络系统中往往储存着大量的数据信息，若管理人员安全意识薄弱导致信息泄露，将产生严重后果。就现阶段计算机网络信息安全现状而言，很多用户自身的网络安全意识也有待进一步提升，对于自己的个人信息不能进行严格管理，导致个人信息泄露风险增加。

1.2　计算机网络存在安全漏洞

众所周知，在信息技术不断普及、不断提升的背景下，计算机网络的网站与软件数量不断增加，很多用户在使用计算机的过程中都会应用到各种各样的软件提交资料，抑或利用APP查询资料等。但任何软件的使用都会留下痕迹，用户不仅需要对自己的信息加强管理，还要注意痕迹清理，否则犯罪分子捕捉到任何信息都会对用户利益与合法权益造成威胁。现阶段，市面上出现了很多杀毒软件，计算机系统通常都有自己的杀毒系统，但这些系统往往只针对简单的病毒，对于攻击性强的病毒，这些杀毒软件就会显得无能为力。此外，大数据时代下反病毒软件不断更新和优化，但计算机病毒的新类型与新形式也在这一网络环境下层出不穷，很多计算机病毒形态各异且攻击性难以预测，增加了计算机病毒的防治与治理难度。大数据时代下，不论是个人还是企业的信息存储都十分集中，一旦不法分子通过计算机病毒获取信息数据，将会导致个人及企业的巨大损失。就大数据时代的数据存储而言，在数据源不断拓展的前提下，现阶段的数据存储对象及分布十分广泛，实现数据信息保护的安全性较为困难。除此以外，现阶段所使用的计算机处理结构多为Hadoop，这一架构的内在安全机制有待进一步优化，同样会在潜移默化中增加计算机网络信息的安全风险。如数据的转移或穿越会突破原有的保护边界，原有数据保护方案难以发挥作用，大数据传输过程中外部接口的使用也会增加计算机网络安全风险。

1.3　管理制度规范程度有待进一步提升

现阶段网络使用过程中钓鱼网站的出现足以反映我国在计算机网络信息管理制度方面存在的问题。钓鱼网站的出现多以带有欺骗性的邮件等作为开端，为不法分子进行网络诈骗提供了便利。与此同时，不法分子也可能通过钓鱼网站的登录信息盗取用户的身份信息或银行账户信息，导致用户个人隐私与财产安全受到威胁。

2　大数据时代计算机网络信息安全的防范措施

2.1　强化安全意识

在大数据时代下强化相关人员的安全意识尤为重要。个人要形成计算机安全防范意识，注重计算机过程中对个人隐私的维护，在使用过程中不轻信陌生链接，对于网络上各种信息要加强甄别。在使用网站的过程中，要尽量使用安全的网络，以官网网址为准，从而防范不良信息的侵入。而对于企业而言，对于计算机网络信息安全的防范要求更高，企业要构建完备的管理系统，从而对日常计算机使用情况进行监督，同时组织对员工的安全防范意识培训，可以通过讲座、会议等形式，不断增强员工的计算机安全意识，尤其是在使用公用网络的过程中，要注重对个人隐私及公司机密的维护，不随意泄露自身的账号及密码，从而最大限度规避网络风险，保障企业计算机网络安全。

2.2 提升使用人员的专业水平

在计算机日益普及的当下，计算机使用人员的专业水平参差不齐，实际上大部分的使用人员专业性不足，也为计算机网络信息安全带来隐患。从小的方向来看，每个人都是计算机的使用人员，用户在日常生活中使用微信、QQ、微博等工具进行信息的获取与浏览时，要对自己的账号、密码等个人信息进行妥善的保管，不随意向他人泄露。同时对于重要的数据、信息，要学会进行加密处理，计算机、手机等都应当配备登录密码。其次对于企业而言，要聘用专业的计算机网络信息安全管理员，同时对于企业内部计算机的使用权限进行分配，越重要的信息就需要越高的权限，从而防止信息泄露，在出现问题时也能够在第一时间找到责任人。不管是企业员还是个人而言，都要增强计算机的操作水平，通过阅读、视频学习等形式，掌握计算机的正确操作方式，从而减少因人工操作失误而造成的计算机安全问题。在计算机功能与各类软件日渐丰富的情况下，操作者也要不断提升自己的使用水平，才能适应新时代的要求，尤其是对于文化程度不高以及年龄较大的使用者而言，对于新事物的接受度较弱，必要时可以通过培训班的形式来增强操作者的使用水平。例如对于老年用户而言，在很多老年大学中都开设了计算机课程，从而来提升老年人的计算机操作水平。通过提升使用人员的专业水平，能够从源头上杜绝大部分的计算机网络安全问题，从而营造良好的计算机使用环境。

2.3 加强网络监控

随着计算机网络信息安全问题日益突出，也推动着网络安全监测技术的发展进步，其中入侵监测技术是一种有效的网络监控手段。通过采取入侵监测技术，能够对网络系统进行全面的扫描监测，从而对网络环境、使用用户以及账号安全等进行监测，从而极大的提高网络信息使用中的安全性。在应用入侵监测技术的过程中，其会自动对于数据进行分析，按照既定程序对账号进行监测，只有获取许可的账号才被允许进入网络，同时还会对使用者的 IP 进行监控，从而掌握网络的使用动向。通过不断提升网络入侵监测技术的水平，能够直接促进网络信息安全性的提高，从而起到加强网络监控的作用。当入侵监测技术监测到任何的异常数据后，都能够及时进行反应，从而激发系统设定的保护程序，保障网络信息不会出现数据泄露、丢失的情况，从而实现对计算机网络信息安全的防范。

2.4 完善计算机信息安全管理体系

大数据时代背景下，加强对网络信息的保护十分重要，我国也将信息安全问题上升到国家层面，因此完善计算机信息安全管理体系十分重要，要借助法律法规的作用来保护好网络信息。比如要结合当前存在的网络信息安全问题来制定针对性的法律法规，规范用户的互联网行为，切实保护好我们的个人信息。比如，我国可以向一些发达国家进行学习借鉴，不断地完善我国的信息安全制度。此外，大数据时代下，网络信息的安全涉及网络技术、计算机技术、资源储存技术等，我们要从多个方面来完善信息安全管理体系。比如，要建立科学完善的信息管理流程，要确保各项信息安全管理制度的有效落实等，从而切实做好网络信息的安全。

3 结语

大数据时代背景下，数据信息的储存和传输都十分快捷方便，但是与此同时网络信息也面临较大的安全威胁，进而影响我们的个人信息安全。因此，为了进一步提升网络信息的安全性，工作人员要结合相应的影响因素来制定针对性的安全防护策略，提高信息的安全等级。

参考文献

[1] 金立群．大数据背景下的网络信息安全[J]．电子世界，2020(24)：11-12.

[2] 石书红．大数据背景下计算机网络信息安全管理及防范措施[J]．普洱学院学报，2020，36(06)：15-17.

[3] 步英雷．计算机信息网络安全技术和安全防范措施探讨[J]．网络安全技术与应用，2020(12)：5-6.

油田开发注采同测技术

章海宁 陈 涛 刘国权 刘 杰 陈 强 李 栋 宁卫东 赵 阳

（中国石油集团测井有限公司）

摘 要 生产测井是准确监测油气藏动态、厘清开发矛盾，服务油田增油控水、提高采收率的必要手段。当前注入剖面、产出剖面、套后剩余油等生产测井技术在油气藏动态监测中发挥了重要作用，基本满足了油田开发的需要。但现有的这些监测技术和手段也存在一些短板，主要体现在三个方面。一是许多开发井管柱结构复杂，管柱变形、破损经常发生，造成生产测井仪器下不去，无法进行测量；二是目前的生产测井仪器仅是对测量时间点或是一个很小时间段内对油藏动态的反映，没有实现对油藏进行连续监测；三是油田开发中注入井和采油井是相互影响和关联的，目前的监测方式往往是基于单井的，所获取的动态资料配套性不够。以上三个方面的问题造成了以现有的资料分析油藏动态还存在一些不确定性。注采同测技术将生产测井仪器中的探测器与生产管柱结合，直接在管柱上进行监测，彻底改变了以往生产测井的作业模式，根本上避免了仪器下不去的问题，首先保证了能取得资料；其次是通过探测器短节结构、电路板、电缆和接头等关键部件的优化设计，保证仪器井下高温高压条件下能长期稳定工作，实现了连续监测；最重要的是注采同测技术以注采井组为研究对象，注入井和采油井监测同步设计、同时测量，并实时将动态信息发回资料中心，由综合分析与辅助决策系统对井组的开发动态进行分析，明确水驱和剩余油分布状态，并给出相应的调整开发策略，措施经审核后，可实时通过发送指令对注入井和采油井进行调控。注采同测技术是生产测井技术的一次创新和变革，随着技术的不断成熟和应用，将成为建设智慧油田的重要利器。

关键词 油田开发；生产测井；分注分采；动态分析；水驱前缘；剩余油

中国油田储集层大多为陆相沉积，注水开发是提高采收率的常用开发方式。而提高注水开发效果的核心是要掌握储层的注入量、压力保持情况、产出的含水率等关键信息，特别是在多层统一开发易造成层间矛盾的情况下。应用生产测井技术可准确监测储层的注入、产出和压力情况，较好地满足了油田开发需要。但随着油田开发技术的发展和开发管柱的复杂化，生产测井技术面临了许多瓶颈问题。精细分注分采技术的大规模应用使管柱结构发生了变化，加之当着大量老井由于长期井下应力和地下水腐蚀引发管柱变形和破损，都造成了生产测井仪器无法下入，无法取得注水井和采油井第一手的开发动态资料。另外，同一个注采井组注水井与采油井没有构成一体化的监测和调控系统，造成注采井组动态分析基础资料不配套，基于注采井组动态分析的决策调整不够及时。

注采同测技术以注采井组为工作对象，将探测器与管柱结合，在生产管柱上增加持水率、流量、压力和温度等测量探头，在注水井和采油井中同时下入测量和控制短节，实时准确监测注水井和采油井的注入和产出动态，并由无线传输模块和井组分析处理决策模块，将注水井和采油井生产动态传回，进行整体、实时分析，并在分析的基础上及时对注水井和采油井进行调整，从而提高采收率。注采同测技术实现了将生产测井的单井作业变成了以井组为对象、某一时间点的分时测量变成了基于管柱的长期监测、单一测量向测量分析调控一体化的三个转变。

1 注采同测系统组成

注采同测系统由地面测控与远程传输模块、分层采油模块、注水井测量控制模块与数据综合处理分析与决策模块组成，如图1所示。系统工作时由注水井测量控制模块测量各层流水量、压力和温度，分采模块测量各层的流量、油水含量、压力和温度，监测数据由地面测控与远程传输模块传输至地面并通过网络发送回处理中心服务器，进入数据库，数据综合处理分析与决策模块从数据库中读取井组的注采同测实时监测数据，结合地质、测井和生产动态信息对井组的开发动态进行分析处理，明确井组的水驱和剩余油分布状况，提出井组的调整措施和建议，并将措施决策指令返回井场，由地面测控模块对井下测量和控制短节进行控制，调整分注分采策略。

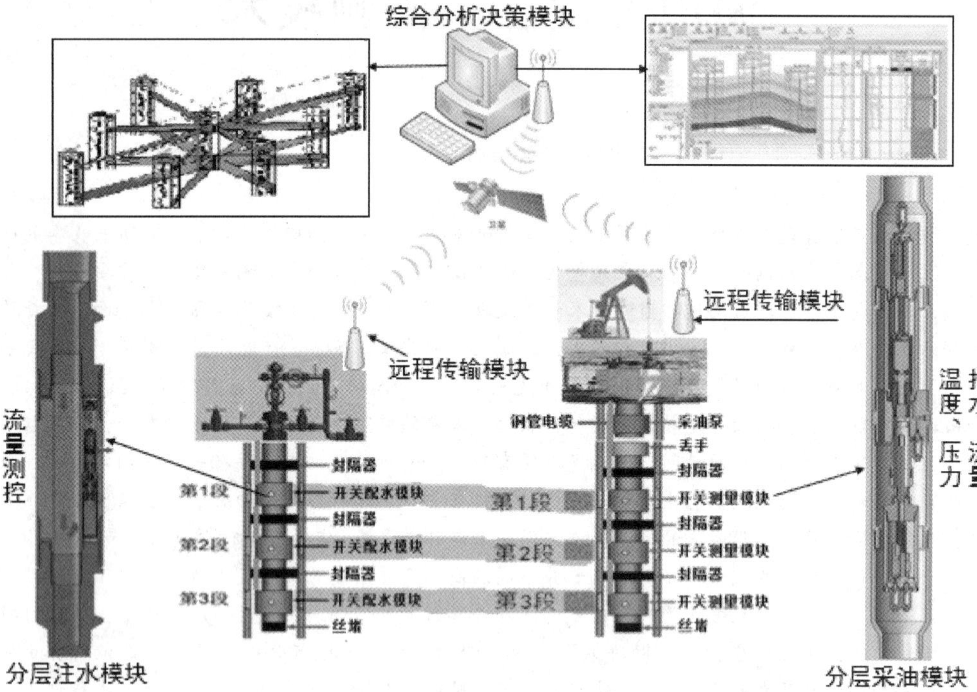

图1　注采同测系统组成

2　注采同测测量与控制技术

2.1　井下管柱结构

生产测井作业是根据采油厂的要求，针对特定井的问题进行不同项目的测量，从而获取单井某方面的动态信息。而注采同测技术是针对一个或一定范围内的井组，在注水井中下入分层测量控制模块，在采油井中下入分层测量控制模块，同时对这些井进行流量、含水率、压力及温度等参数的实时监测与控制，从而满足对井组生产动态的分析要求。

作业时，井下注水和采油测量控制模块需要配套封隔器、长短油管、钢管电缆、电缆保护卡等工具。其中封隔器将用于将各目标层分隔开来，杜绝层间反灌与干扰。仪器下井时，需根据井身结构参数，结合封隔器等工具长度，计算各分采模块之间需要连接的油管长度，不同尺寸的短油管起到深度调节作用。钢管电缆用于地面到井下、仪器与仪器之间的供电与通讯，它具备较好的承压密封性，适合井下长期工作。根据设计需要，分注或分采井可以配置为每层分时独立测量或不同层独立组合同时测量，支持实时调节每层注入及产出量大小。

2.2　注水井和采油井测量控制模块

2.2.1　注水井测量控制模块

注水井测量控制模块用于注水井分层注水测控，集成了实时开关井、实时井下流量测量、实时流量调节、实时内外压力测量、温度测量功能，如图3所示。图中红色箭头指向为水流方向。若需对某层进行配注，控制电机打开水嘴，水流从水嘴下入口进入，上出口流出灌入地层，单层测试流量即为该层注入量。水量调节单元由水嘴、密封组件、电机组件等组成，采用压力平衡活塞结构设计，实现在地层与油管高压差下水量调节机构可开启，可实现流量从零到最大量程线性可调。机械结构设计采用U型流体通道，有利于防积沙、防刺损，使用寿命长。

注水井测量控制模块在同一时间各目标层可以单独注水，也可以多层组合注水，与传统产出剖面组合测井仪对比，它有助于实现油田精细分层注水，远程测调及验封，实时监测调节每层注水量的大小。通过与地面测控传输模块、决策模块的协调工作，可进一步实现全自动、全天候、无人测调。

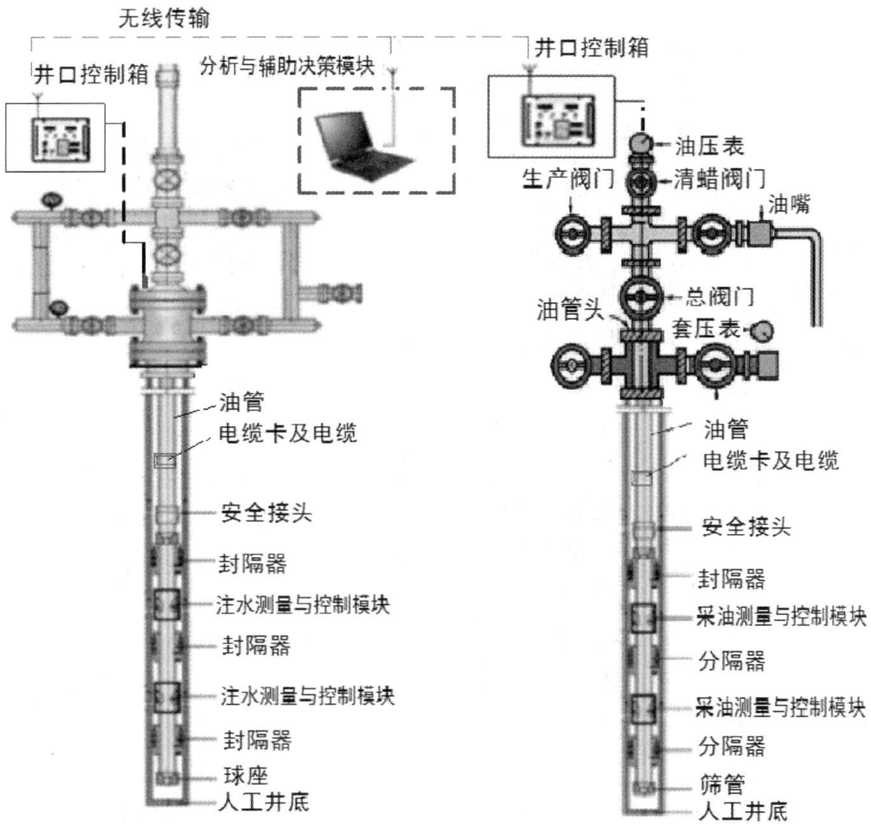

图 2　注采同测井下管柱结构示意图

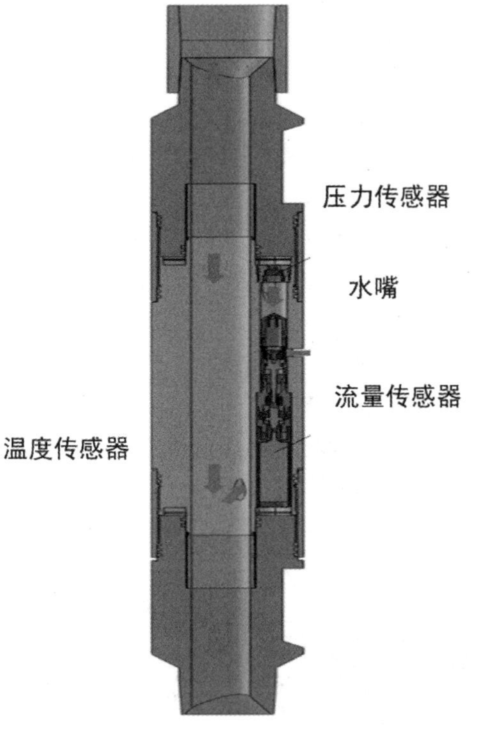

图 3　注水井测量控制模块结构

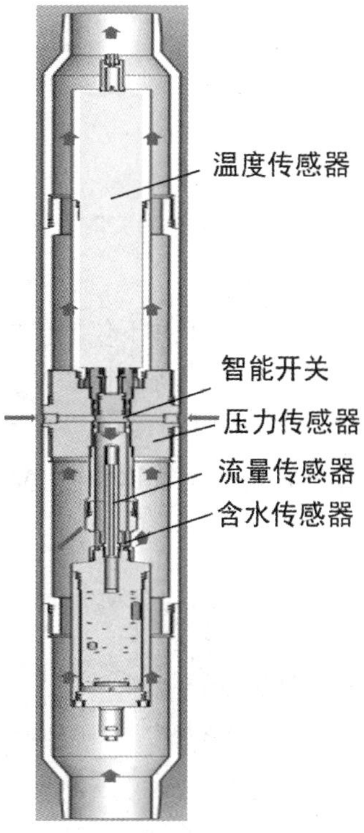

图 4　采油井测量控制模块结构

2.2.2　采油井测量控制模块

采油井测量控制模块如图 4 所示。该模块中心预留 Φ46mm 产液通道，随着智能开关的打开，本层地层流体进入流体入口，向下流过持水率流量探头后由出液口流入公共通道，公共通道向上流入封隔器与油管，并随着地面不断的抽吸汇入地面产液箱。

与常规环空组合仪器相比较，采油井测量控制模块的主要特点在于实现一趟管柱实现找水、控水、分层开采、定量配产、分层测试；实现分层或层内分段的精细分采，或实现分层轮替采油；分层地层参数更加直观、实时性强，准确度更高。

考虑到国内低孔渗的油藏特征，分采模块中的流量测量部分采用基于热扩散原理的温差流量测量技术，这种测量方法没有转动机械结构，可以防止砂卡。由已知参考文献可知，温差与流速存在如下关系：

$$\Delta T=T_s-T_e=Q/\pi L(C_1+C_2V^{1/2})$$

针对某一探测器，器加热功率为定值，因此 Q 为常数，由上式可知，流速(与井下吸水剖面流量成正比)V 与温度差 ΔT 之间存在-1/2 次幂关系。随着流体速度的增大，探测器热量散失速度增大，温差 ΔT 不断减小。令 $C_1=C_2=1$，$Q=667$w，$L=$ 005m，可以得到温差与流速的关系如图 5 所示：

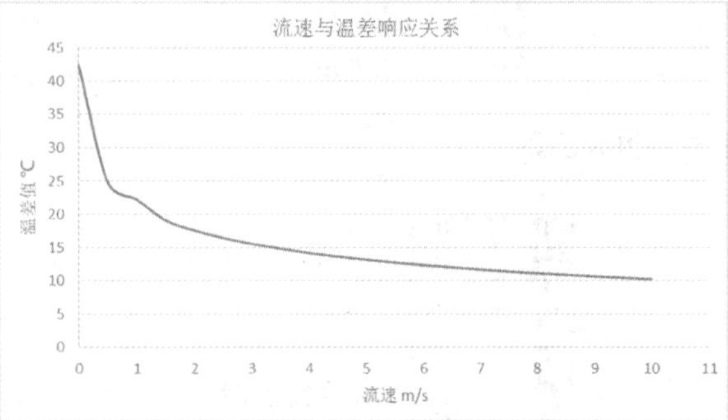

图 5　温差与流速的关系

2.2.3　地面通讯控制模块

地面通讯控制模块用于井下仪器供电、数据通讯、测调控制、远程通讯等。模块集成了包括蓝牙、wifi、串口等多种现场接口，便于现场调试与配置。远程数据传输主要依靠 GPRS 模块。该模块可以向井下输出 50W 的额定功率，根据井下分注分采模块设计指标，可同时满足 6 层工作的电源需求。

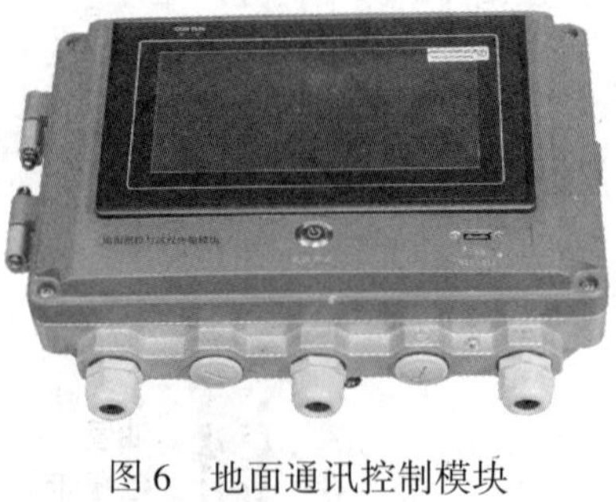

图 6　地面通讯控制模块

2.3　系统的可靠性优化设计

系统的设计目标是实现井下长期动态监测与调节控制。为了实现该目标，在多个方面开展了优化设计：

2.3.1　钢管电缆选型

钢管电缆是连接井下仪器与地面通讯控制设备的唯一通道。一方面在工作时，钢管电缆长期浸泡在油水井流体中。各油田注入水及产出流体成分复杂，特别是酸化流体对常规钢管电缆腐蚀是造成电缆绝缘失效、短路断路等问题的主要影响因素之一。另一方面，由于下井工艺的限制，钢管电缆需要附着在油管上，连续下放至目标层位。地面施工过程中由于下放速度过快、管串晃动，井下套管缩径扩径等因素，容易因碰撞造成钢管电缆的损伤，影响电缆绝缘与通断性能。

在钢管电缆选择时应综合以上因素，选择抗腐蚀能力强，抗冲击性能好的电缆，提高现场施工与井下长期工作可靠性。通过实验，本系统选择了加强型 5＊5mm 方形钢管电缆，如图 7 所示。它在传统钢管电缆基础上外覆了一层方形外护层，既有效的隔绝了井液对不锈钢层的侵蚀，又可以充当缓冲材料，降低碰撞对电缆损伤的可能性，有利于提高整体可靠性。

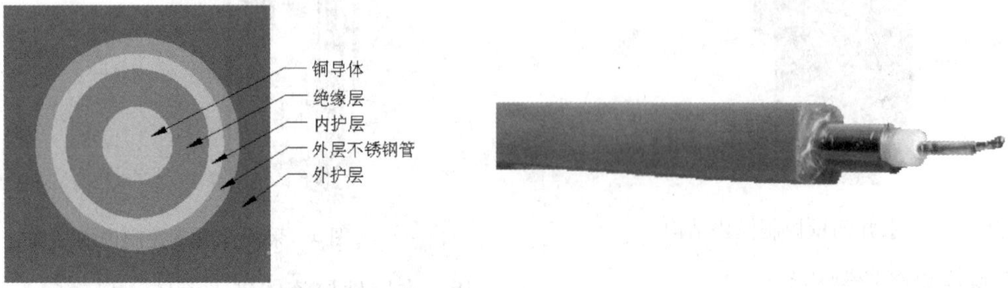

图 7　方形钢管电缆

3.3.2 井下模块密封结构

井下各模块长期工作在高温、高压、复杂成分环境中，对模块中使用的各类接头的密封性能提出了较高要求。为实现长期监测的高可靠性目标，井下模块在接头处设计多重密封结构，通过密封圈、铜球、胶套等多级密封手段，实现了井下高可靠的密封效果，如图 8 所示。

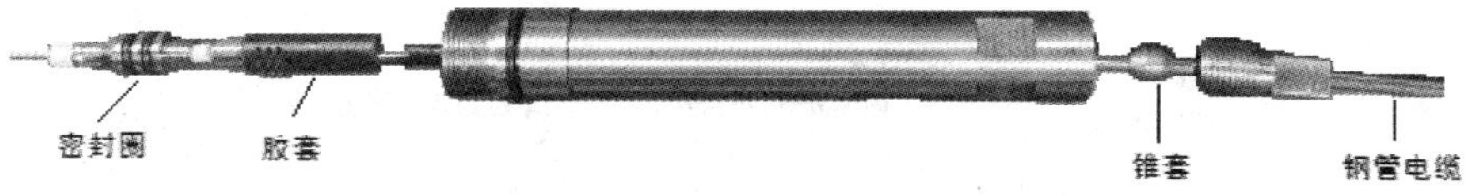

图 8 接头多重密封结构

2.3.3 电子线路特殊工艺

常规井下测井仪器连续工作时间大多在 10 个小时以内，在使用过程中通过定期保养、测试，能够保证较长时间的使用寿命。注采同测系统使用的电子线路部分由于需要长期处于井下环境中，无法实现定期检测与保养，因此需要在制造工艺方面进行特殊处理。

对于电子线路处于的长期高温高湿度环境，制造中对所有电子线路板卡均进行了三防处理，通过采用专用聚氨酯三防工艺提高电子线路高温高湿度环境耐受性能，微米级防护膜一方面将电子线路部分的绝缘指标提高近 30 倍，同时为线路板功率器件提供了更好的散热性能。处理后的电子线路板具有优越的绝缘、防潮、防漏电、防震、防尘、防腐蚀、防老化、耐电晕等性能。

图 9 分层采油测控模块通讯板

3 注采同测分析与处理技术

传统注产剖面测井均采用绞车、电缆、测井仪器组合方式，这是一种独立、单一的短时间点测模式。产液剖面测井与吸水剖面测井资料在时间与空间关联性有限。注产同测系统采用井组一注多采的作业模式，实现了注入产出剖面数据在时间与空间的有效关联。

3.1 井下室内同步

注采同测系统工作时，井下各模块按照地面配置测量周期定时完成井下各层位的参数采集。注入与采收井数据通过井下通讯电路将数据通过单芯电缆发送到地面模块。地面通讯控制模块首先对接收数据进行编码与加密处理，再通过 GPRS 模块将数据发送到云服务数据库进行备份。

油藏评价工程人员可远程通过数据库实时读取井下数据，调取任意时间段内的井下注采数据，实现井下测量与远程室内数据的同步。

3.2 分析与决策同步

综合分析决策软件是注采同测系统的大脑，注采同测系统通过综合分析决策模块将注水井和采油井、现场和基地有机整合串联，实现对注采井组的实时监测、综合分析和及时决策。

综合分析决策模块由预处理、地质分析、资料解释、动态分析和采集方案设计五大功能模块组成。预处理模块实现与数据库的连接和工区数据读取、加载，包括数据的处理和成图功能；地质分析模块进行地质平面和纵向对比分析，掌握井组生产层位的纵、平面分布规律；资料解释模块进行井组动态监测资料的处理解释，明确各生产层位生产动态；井组动态分析对井组的生产指标、连通性、注采对应关系、注水方向、水驱前缘和剩余油分布进行分析，并根据井组动态分析结果给出措施建议；采集方案设计是在各井组分析的基础上，进行动态监测方案的设计，明确重点、潜力井及井组监测方案。

分注与分采模块的实时监测数据通过传输模块发送到中心服务器后，综合分析决策软件加载井组所在工区的地质、测井、生产动态等信息，从数据库中读取该井组的注采同测系统的监测数据，对该井组地层连通性、水驱和剩余油分布进行分析，并同步给出调整措施建议。

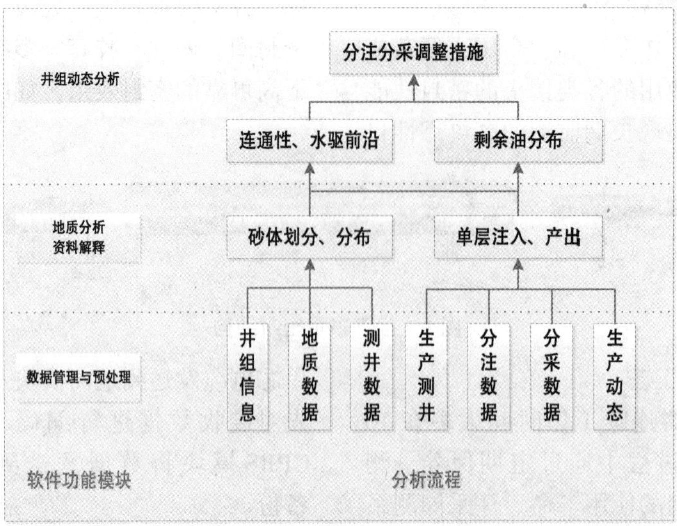

图 10　综合分析决策模块软件处理流程

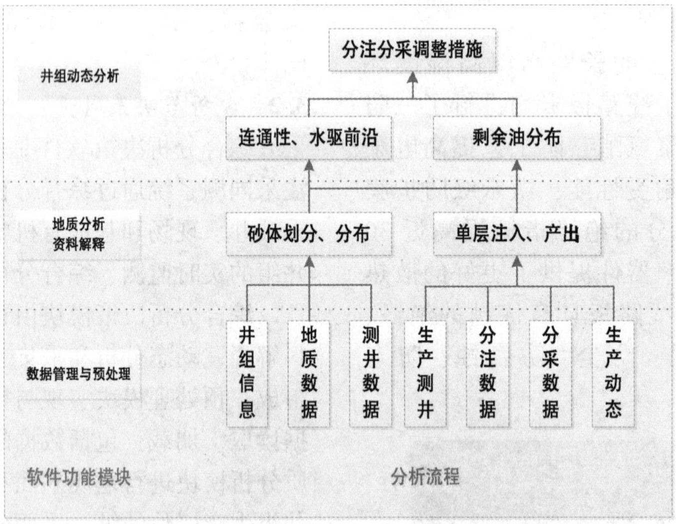

图 11　综合分析与辅助决策模块软件组成

分析辅助决策模块的优势在于将油田开发数据、油水井静态资料、动态监测资料等结合起来分析，并且是同一时段注采数据分层测量、关联分析、动态分析，可以更加准确地掌握油水井生产状况，实现生产预警。分析的结论形成决策建议，通过远程 APP 测控进行油水井生产参数调节，也为油田的智能化管理提供了支持。

3.3　测量与调控同步

在实时进行井下分注分采数据测量的同时，工程人员利用该数据在综合处理分析决策软件中结合油藏、地质、测井、生产动态等丰富信息对当前井组的注采效果进行评价，并不断调整、优选开发方案。

开发方案通过软件转换为具体的调控措施，并进一步分解为井下分注、分采模块的操作指令。这些指令通过远程传输模块发送到井下模块，由分注分采模块执行各层注入与采出量的调节，实现测量与调控同步。

4　应用情况

4.1　应用情况

注采同测系统在华北油田 A 井组进行了应用，该井组位于华北油田某凹陷断块中部，主要含油层系为下第三系东二、东三段。该井组五点井网开发，目前生产层位为 Ed2Ⅰ3、Ed2Ⅰ8、Ed2Ⅱ6、Ed2Ⅲ3。A 井日注 50 方，累注 1222 万方，对应井组三口采油井，日产液 564 方，日产油 63 吨，含水 888%，层间矛盾较突出。

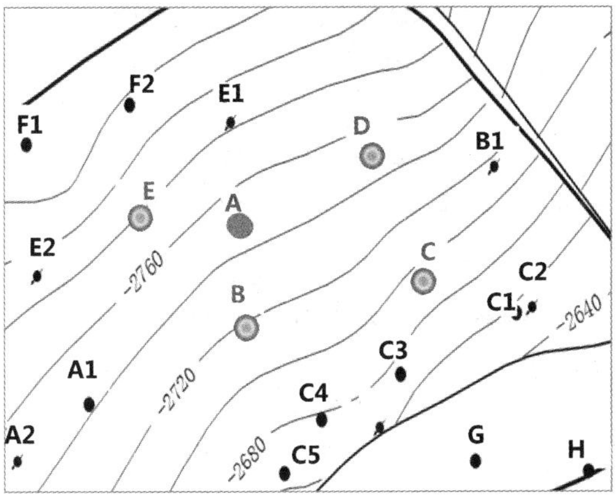

图 12　A 井组井位图

4.2　应用效果分析

针对 A 井组整体高含水、层间产水情况不清的开发矛盾，利用注采同测技术明确各层注采情况。B 井下入油井测量与控制模块，A 井中下入油井测量与控制模块。注水井采用三级三段分注，第一段为 5 号层，第二段 8 号，第三段为 11、14 号层；对应采油井 B 也采用三级三段采油，其中第一段为 3 号层，第二段 7 号，第三段为 10、11、12 层。仪器运行和资料分析效果

注采同测测试采油测量与控制模块于 2020 年 10 月 7 日下井，10 月 13 日开始采集，目前已连续采集工作 35 天，仪器工作正常；注水井测量与控制模块 10 月 27 日下井，10 月 31 日开始注水，11 月 6 日对注水井实行远程分层注水开关操控，并实现开关过程的监控。

4.2.1　注水井监测数据分析

A 井采用三级三段分层配注，总配注量 $60m^3/d$。根据注采同测分注测试流量数据显示，初始第一段注入 $355m^3/d$，第二段注入 $93m^3/d$，第三段注入 $172m^3/d$，总计约 $62m^3/d$，与设计配注量相当，各分层测量误差在 07—$55m^3/d$。按照注采油计划，需要测控关闭第一段（5 号层）、第三段（11、14 号层）。通过调节水嘴开关关闭第一段、第三段，流量迅速变化，压力曲线有响应，中间重新开启开关验证，流量迅速上升，而后完成关闭第一、三段操作。经分析，温度会受注入水量的影响，在流量较大情况下，温度值会下降趋势，特征也较为明显。从压力曲线反映，第二段内压与外压力较为稳定，第一、三段由于注水关闭后，内压较为稳定，外压呈下降趋势，说明分注测得内压能反映注水量的大小。综上分析，注水测量与测控模块可以实现远程调控注水，较为准确的测得各层的吸水量，结合温度、压力等可实现准确分析注水井分层注入状况。

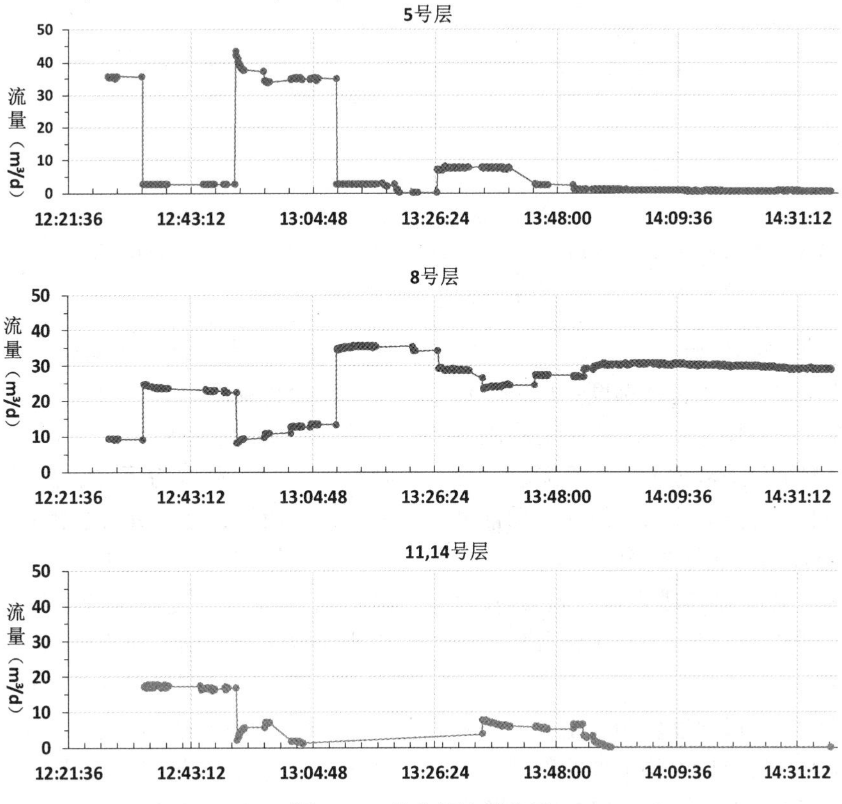

图 13　A 井分层流量曲线

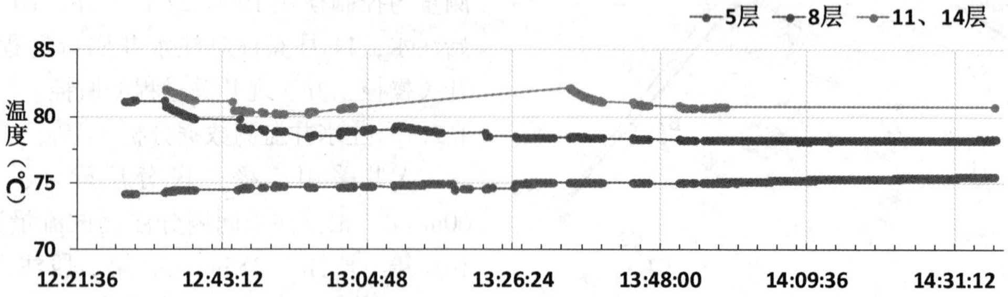

图 14　A 井分层温度曲线

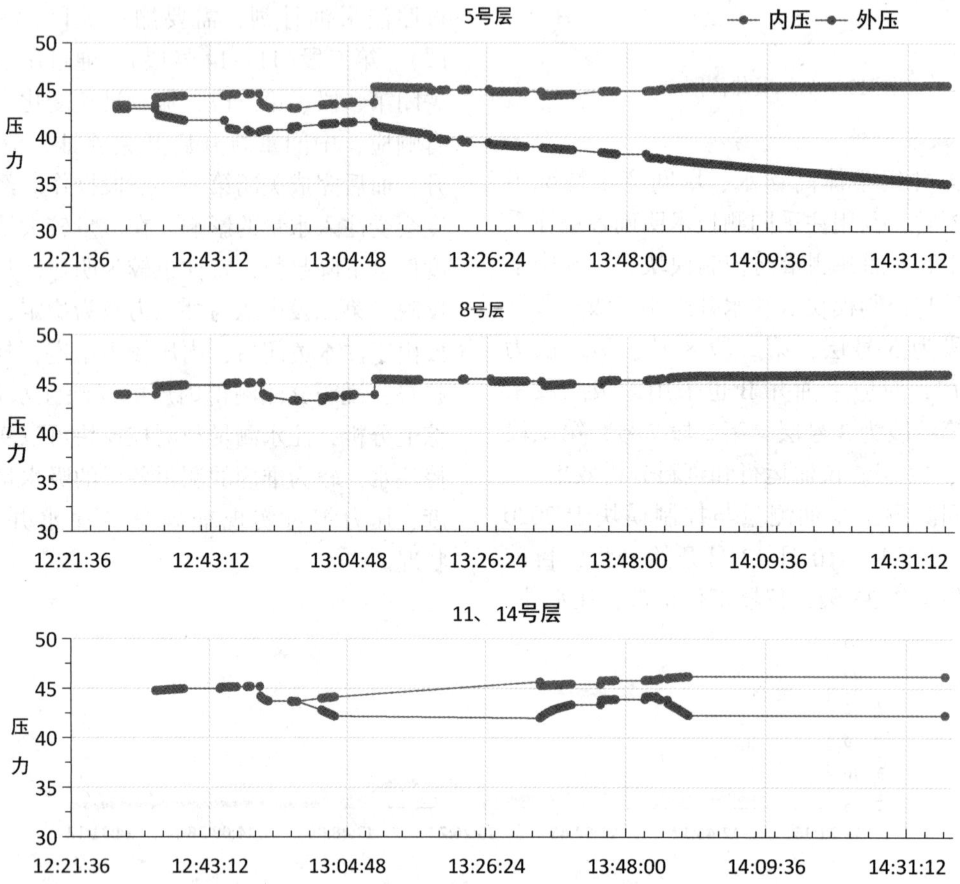

图 15　A 井分层压力曲线

4.3.2　采油井监测数据分析

注采同测分采数据主要包括温度、压力、流量计数率以及含水率。图 16 为 B 井注采同测分采曲线图，本次测试分采数据分为三个阶段，第一阶段为 10 月 31 日之前：注水井停注，采油井三段生产；第二阶段为 10 月 31 日至 11 月 6 日：注水井三段注水，采油井三段生产；11 月 6 日后单注第二段，单采第二段。开始正常分注，实现注采同时测量。

在第一阶段中，三段温度较为稳定，且随着深度增加温度增加，符合地温梯度变化特征；三段压力均成呈下降趋势，由 1705Mpa 降至 898Mpa，流量值变化波动较大，其中第三段较第一段变化幅度更大。分析认为，该阶段曲线变化特征主要受水井停止注水影响，油井地层能量补充减少，导致压力下降，流量变化幅度增大。在第二阶段中，注水井分层测量与测控模块完成下井，开始三段分层注水，注采同测曲线反映三段压力值逐渐恢复，从 898Mpa 升至 1079Mpa，说明地层能量得到了补充；第一、三段温度相对稳定，第二段温度值降低，分析第二段的出液量增加，但因该段无流量测量数据，难以佐证。11 月 6 日进入第三阶段，注水井与采油井关闭第一、第三段，单采第二段，此时温度曲线显示第

一、三段温度较为平稳，第二段温度值下降明显，由 11 月 6 日 9656℃ 降至 11 月 10 日的 9523℃，同时，流量计数率也相应的增加，说明单采第二段在分采模块有明确响应特征。

综上分析，采油井测量与测控模块可以远程实时调节井下开关，测试井下分层温度、压力、流量、含水等参数，明确分层产出情况，并可在注水井在不同的工作制度下进行同步实时采集，通过油水井间的曲线响应特征分析注采连通情况，为制定井组的注采调整措施提供依据。

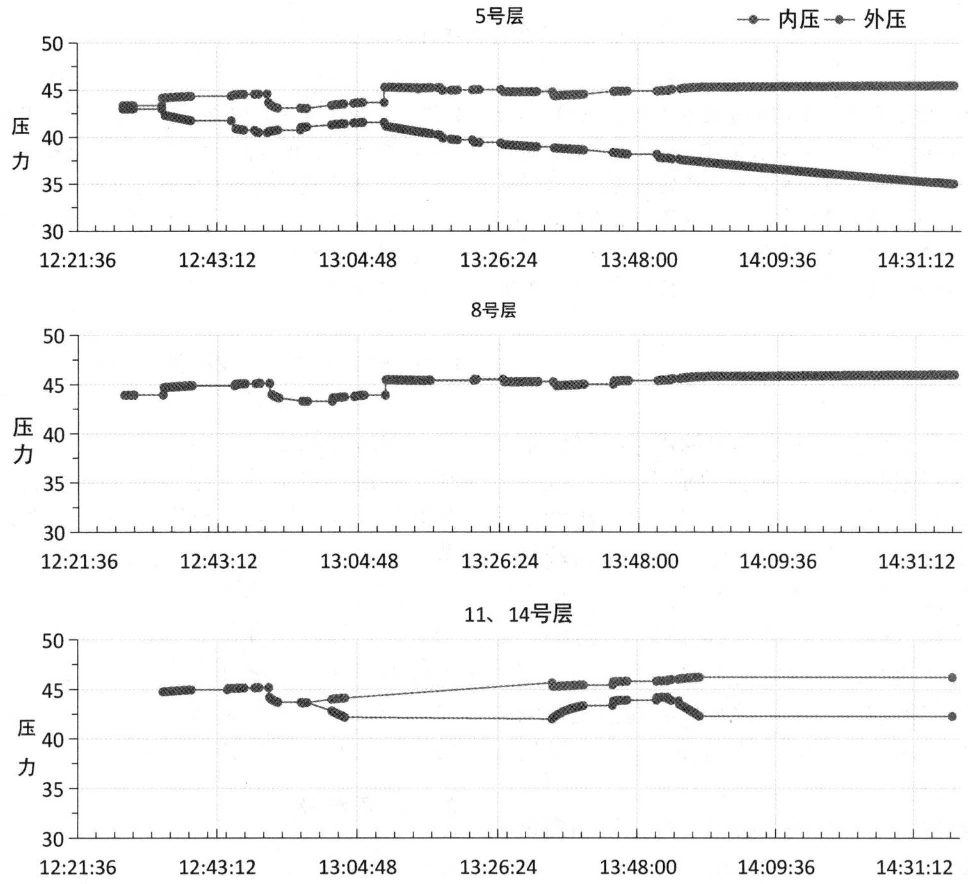

图 15　B 井分层参数曲线图

5　结论

油田开发注采同测技术，以井组为目标，在生产管柱上实时、长期监测井下流量、温度、注水压力和地层压力等参数，并根据井组动态进行分注分采的措施调整，将彻底改变生产测井作业模式。该技术的应用有利于深入认识掌握井组、区块注采关系，准备分析井间地层连通性、水驱和剩余油动态，助力油田提高油气采收率，为数字化油田建设提供有力支撑。

CPLog 远程测井软件系统研究与实践

樊　琦　余卫东　周　军　刘建建　陈　歆　雷晓阳

（中国石油集团测井有限公司）

摘　要　本文基于 CPLog 装备及配套 ACME 采集软件提出一种远程测井作业系统，结合软硬件标准化建设，提出一种基于现场采集前端的装备控制权协同和参数与命令同步技术，研发可靠 UDP 传输技术提升远程端控制的实时性和数据接收的完整度，实现了远程端与井场端协同控制一套装备、同步采集记录测井数据的远程测井采集模式。研究成果在中油测井 11 家分公司取得良好的应用成效，试验表明该系统可有效共享工程师和技术支持资源，为作业带来提质、降本、增效、省时等多种收益。

关键词　远程测井；标准化；控制权；可靠 UDP；提质降本增效

1　引言

随着石油工程技术进步和原油需求增强，油田开发节奏越来越快，提速提效成为长期主题；测井作为开发过程中的一环，对于井筒工程构造和油气识别有着无可替代的重要作用，为后续钻完井等工程技术环节和地质评价提供相关数据支撑，提升测井数据从井场到达后端解释处理中心的时效一直是测井提速提效的重要任务之一。国内测井数据的传输和应用伴随移动通信技术的发展而进步，从一开始的“数据随车走”，发展到“测完后传输”，再到“准实时监控”，利用远程传输和监控技术，为测井数据质量保证和提供快速油气结论发挥了一定的作用。

然而远程传输和监控技术只能用于监视，不能实时直接操作井场装备，测井工程师必须到井场作业。由于油田勘探开发成本控制，测井服务价格也受到直接影响，标准化测井作业队配置在人、物成本上难以有效降低；油田开发中成像测井、水平井等测井服务工作量逐年提升，其操作复杂、质量控制对工程师的技术水平和作业经验要求越来越高，富有经验的工程师数量不足会影响测井作业质量；我国油田分布范围广且大部分自然环境较差，忙时测井队经常处于“连井”状态、偏远井场路途时间经常超过 8 小时、在井场施工阶段，水平井、超深井等单井施工作业持续时间长，这些因素会对宝贵的工程师资源造成浪费。因此，从生产组织上持续深入推进提质降本增效的需求变得难以满足。

在科技进步和信息基建逐步完善的基础上，远程测井作业是测井生产发展的必然趋势，可以对上述现状起到显著的改善作用，远程测井模式是推动测井数字化转型智能化发展的重要抓手。

2　系统结构

2.1　技术架构

CPLog 远程测井软件系统基于标准化的硬件组成，利用相关的通讯、传输、控制等技术体系，支撑上层综合应用。如图 1 所示，硬件装备响应命令以及提供数据；相关技术体系主要包含一套标准化的硬件和通讯协议规范、远程实时传输、远程协同控制、实时数据库等技术；基于这些技术构建远程监控、远程采集和远程技术支持等应用场景。

图 1　远程测井技术架构

2.2 系统组成

远程测井系统由井场装备、基地数据中心和远程作业中心组成，如图 2 所示。

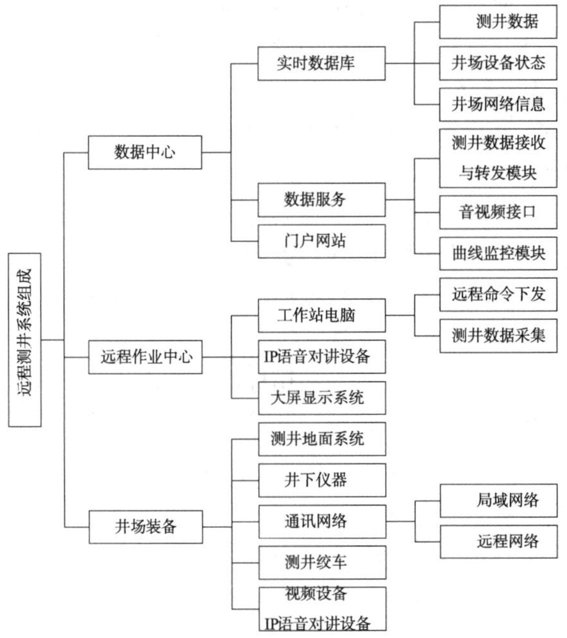

图 2　远程测井系统组成

井场装备主要包含测井装备、辅助设备以及通讯网络。测井装备包含支持网络化通讯的测井绞车、地面系统和下井仪器等，辅助设备包含网络摄像机和网络对讲等、通讯网络包含车载局域网络和远程传输网络，车载局域网络负责将上述测井装备连通支撑本地测井作业，在此基础上远程传输网络负责将车载局域网和基地数据中心连通，以支撑远程测井作业，为保证操控可靠性，应使用基于 4G、5G 或卫星通讯并且带宽足够的远程传输网络。

基地数据中心为远程测井作业提供数据流转、工作流程和音视频流服务，主要包含实时数据库、数据服务和远程测井作业门户网站。实时数据库负责统一存储远程传输网络发回的测井数据、井场设备信息和井场网络信息，数据服务负责接收和转发上述数据给远程工程师或第三方；门户网站负责作业状态显示，曲线浏览监控以及音视频集成显示。

远程测井作业中心包含工作站电脑、语音通话装置、大屏显示系统及办公空间等，是测井工程师实施远程作业的工作环境和场所，同时也是提供远程技术支持和专家决策场地，远程作业工作站电脑上部署测井采集控制软件和 Web 浏览器等软件。工作站电脑通过有线网络与基地数据中心保持连接，取得井场作业相关状态和信息，通过该信息启动测井采集控制软件与井场装备取得连接，采集井场传回的测井数据，根据实际情况下发控制指令操作井场测井装备，并将采集的测井数据发送到数据中心实时数据库。

2.3 系统特点

CPLog 远程测井系统除了支持井场和远程协同控制之外，还可以在不依赖井场运行测井采集软件的情况下，实现在远程端直连控制井场测井装备进行资料采集；并且该系统除了可采集测井系统地面装备和下井仪器的数据之外，还支持对测井绞车远程控制运行和采集数据，可以减少井场绞车工用工量，进一步降低测井作业成本；同时，远程采集的实时测井数据可以及时进入在线处理环节，为测井后作业环节决策提供快速处理解释结论，有益于提质增效。

3 关键技术

3.1 协同控制

3.1.1 控制权分配

CPLog 测井系统在井场和远程的采集软件直接连接到井场测井装备，控制权由地面系统分配和交接。在井场装备采集箱体上电运行后，即开始负责控制权的分配，同一时刻只允许一个采集软件具备控制权；如果只有一个(不论井场或远程)采集软件连接上采集箱体就默认具备控制权；如果有多个连接，则申请控制权的主控发出的请求会被采集箱体转发到当前控制端，当前控制权决定是否同意该请求；井场采集具有最高优先级，发出的控制权请求总会被采集箱体直接允许。控制权的分配情况会被广播到所有连接到该地面系统上的所有采集软件。

3.1.2 控制参数与命令同步

为了使远程端与井场端记录到一样的测井数据，有必要将两端采集软件的仪器控制命令、刻度系数、处理参数、数据记录等参数和操作完全同步。

CPLog 远程测井系统通过地面系统前端软件应答和保存处于控制状态的采集主控下发的控制命令参数等信息，并将其广播到非控制状态的采集主控端的方式实现各场点的采集软件记录到同样的测井曲线数据。

3.2 远程实时传输

远程测井作业中心运行采集软件，通过远程

IP 访问获取井场测井装备的控制权。如图 3 所示，测井工程师在远程端下发采集参数、控制绞车、控制供电、控制数据记录等命令，测井数据从井场通过传输网络发送到远程端。

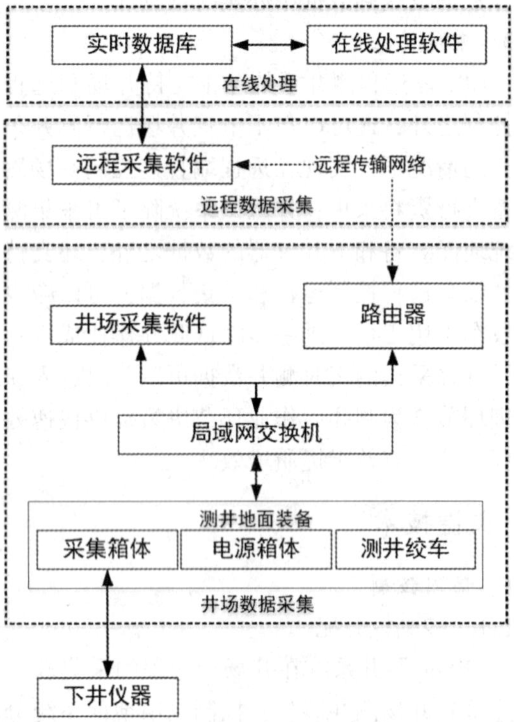

图 3　远程测井采集网络结构

井场环境一般处于偏远地区，网络覆盖情况较差，一般来说传输网络都有高延迟高丢包率的特点，而远程测井对于装备控制实时性和采集数据完整性有很高的要求，一套可靠的远程传输技术是远程测井系统安全稳定运行的基础。

TCP 传输协议在测井车局域网络可以很好的完成数据流转，然而，当远程网络质量较差时，尤其是丢包率较高、延迟较大时，由于 TCP 协议特性，为保证完整性远程网络上会发生很多数据包重传的情况，同时数据包发送速率会迅速降低，导致远程端无法及时得到井场的最新数据，对于数据质量控制和作业安全都会带来风险。而 UDP 传输协议由于不存在数据包重传机制，因而具有较好的实时性，但是数据的完整性不能得到保证。

远程测井系统结合两种传输协议的优势，形成一种可靠 UDP 传输协议，即以 UDP 为基础，增加一层协议栈用于保证数据包的完整性和顺序，实现类似 TCP 的重传机制，不同的是可靠 UDP 采用了快读启动和非退让流控特性，以多消耗少许带宽的代价换来延迟大幅降低，非常适合测井采集这类传送及时性要求很高的小量数据。

该项技术在 ACME 采集软件前端模块中应用，使得远程测井系统对于网络质量的要求显著降低，远程测井可适用的范围得以明显扩大。

3.3　其他

远程测井系统还采用了实时数据库和音视频融合等技术。

实时数据库技术在硬件部分依托高性能服务器和存储阵列，测井数据和井场其他数据流转为结构化数据存储入数据库，之后为数据转发服务提供高并发访问支持。

音视频融合技术利用标准化访问接口，将接入测井车中舱、井场、井口配备网络摄像头和语音对讲终端提供的数据流整合在 Web 显示应用，实现远程测井视频监控和语音实时对讲功能，构建远程端与井场端无缝沟通环境。

4　系统实现

本系统组成部分——井场装备、数据中心、远程测井作业中心三者之间的对应关系如图 4 所示，上述三者均可部署在不同地理位置，同一时间一套井场装备只能接入一个数据中心，而远程测井作业中心可以访问多个数据中心的数据，即数据中心和远程测井作业中心之间是多对多的关系，数据中心对井场装备是一对多的关系。此种部署结构有利于响应不同地区的数据管理及相关政策，也便于利用当地网络降低远程传输网络受影响风险，提升远程测井体验。

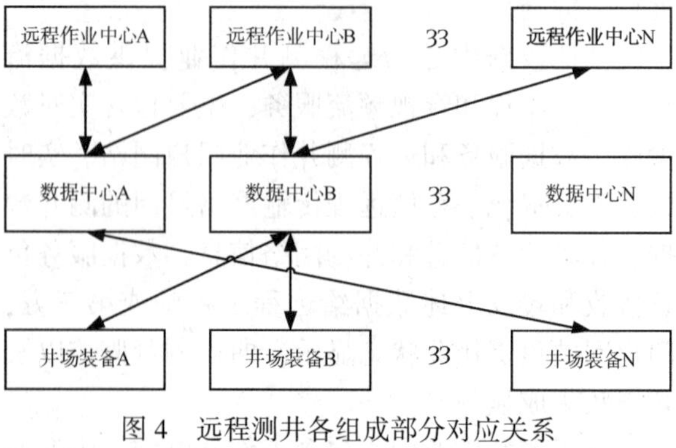

图 4　远程测井各组成部分对应关系

远程测井作业具体包括以下步骤：

（1）连接下井仪器和测井地面装备，并连接到局域网交换机：下井仪器按测井项目正确连接后，通过测井电缆，将信号接入地面采集箱体；采集箱体与地面电源形体、测井绞车均为网络化可程控设备，全部接入车载局域网交换机。

(2) 井场运行测井采集软件开始作业(可选)：井场测井计算机上运行采集软件，连接到测井地面装备，操作绞车输送仪器到目的层、操作电源箱体给下井仪器供电、下发命令采集箱体开始数据采集和记录。

(3) 局域网交换机接入远程传输路由器，基地远程测井作业中心运行测井采集软件：测井地面装备在接入远程传输路由器后，远程作业中心的采集软件即可连接到测井地面装备开始工作。利用 4G/5G/卫星通讯，远程工程师在基地连接到井场测井单元，利用测井采集软件远程控制测井绞车和下井仪器采集数据，实现测井仪器的上提、下放，同时可以远程调节测井仪器参数，基于音视频对讲系统，可以随时与井场工程师开展交流。

正常情况下，井场操作人员连接好下井仪器，就可以移交控制权，远程工程师直接控制井场装备完成测井数据采集。远程测井系统支持多个用户同时观测和记录测井数据，因此在远程测井作业时，远程工程师也可不操作装备而仅充当井场小队的技术顾问。

由于采集软件对于装备控制权的申请、释放以及分配均在地面系统采集箱体中完成，因此使得步骤 2 为可选。并且如果井场采集软件在运行中，则与之协商装备控制权；如果发生紧急情况，井场采集软件具有最高优先级接管测井装备；如果井场未运行采集软件，那么远程采集软件自动具有控制权。

(4) 远程采集软件下发相关控制指令到井场测井装备开始采集数据，并发送测井数据到实时数据库：远程采集软件在连接到测井地面系统后，根据步骤(3)取得控制权后，与步骤(2)类似，可以操作绞车输送仪器到目的层、操作电源箱体给下井仪器供电、下发命令采集箱体开始数据采集和记录。数据在被记录的同时也发送到实时数据库。

(5) 在线处理软件从实时数据库取得数据开始自动工作得到初步处理结果。在线处理软件将测井数据从实时数据库取回本地缓存，在得到足够深度范围的数据后，根据测井处理解释方法得出该段地层的初步处理解释结果，该结果反馈到实时数据库，供相关方参考，此步骤使得测井处理结果从测完后再解释后得到，变成“准实时”结果供参考，显著提升测井数据处理环节时效。

基于上述步骤实现可构建的综合应用场景有远程采集、远程监控、远程支持。

远程采集：远程端运行测井采集软件，在拥有或不具有装备控制权的情况下，采集到和井场一致的测井数据。

远程监控：无需运行采集软件，在能够接入远程测井系统的任意地点，打开浏览器即可访问当前正在采集的测井曲线数据。进一步，该应用场景可扩展为远程测井监督。

远程支持：在远程采集或远程监控的基础上，通过视频或语音方式为井场提供技术指导。

5 应用效果

CPLog 远程测井软件系统 2021 年完成关键技术研发探索，之后开始进行现场试验。截至 2022 年底，该项技术已部署在中油测井下属 11 家分公司的 68 支测井队，采用中国移动 VPDN 网络接入中国石油内网，数据中心部署在公司本部机房，并且在中油测井公司本部、东部共享中心建立远程作业中心，远程工程师的数量按照队伍数量的 1/3 的配备，完成试验应用 1233 井次。

试验数据表明，网络质量是影响远程采集的关键因素，在传输网络质量达到所需的指标时，远程采集曲线与现场完全一致；当网络稳定性较差不足以满足传输需求时，远程端记录数据需要二次补传。在试验应用区块，远程采集试验综合成功率 95%。

远程测井模式适用于作业地区有较为稳定的 4G 网络覆盖的 CPLog 作业队。目前大部分 CPLog 电缆测井项目和生产测井项目均可通过远程测井系统完成，其中部分测井项目已经实现了远程采集数据直接提交到解释中心，测井作业数据流转时效和人员利用率显著提升。

6 小结

标准化的装备和操作流程是远程测井的基础，稳定的远程传输网络是开展远程测井作业必要条件。

远程测井作业模式有利于提升测井工程师的利用率，并且在降低人工成本同时降低井场风险，在远程中心配置富有经验的工程师可使得采集资料的质量更有保障。

远程测井系统市场应用潜力巨大。考虑按照

国内测井市场每年作业量、信号覆盖稳定性和施工项目，预计未来五到十年 30%的测井工作量可通过远程测井系统完成，有望创造出巨量经济效益和社会效益。

参 考 文 献

[1] 林德强，蔡成定，王延峰，等 NetLog 测井协同工作平台[J] 石油科技论坛，2015 (B10)：12-14.

[2] 曾军 水平井固井质量测井施工工艺分析[J] 化工管理，2019，9.

[3] 汤天知 EILog 测井系统技术现状与发展思路[J] 测井技术，2007，31(2)：99-102.

[4] 陈江浩，张悦，王成龙，等 ACME 采集控制管理平台仪器组件设计与开发[J] 测井技术，2012，36 (4)：406-409.

[5] 卢卫，陆希玉 4G 时代移动互联网的发展趋势[J] 电信科学，2014，30(5)：51-54.

[6] AL-Dhief F T, Sabri N, Latiff N M A, et al Performance comparison between TCP and UDP protocols in different simulation scenarios [J] International Journal of Engineering & Technology, 2018, 7(436)：172-176.

[7] 郝伟清 基于可靠 UDP 的手游弱网络通信优化[D] 南京大学，2016.

[8] 谈敏刚，钱龙军 VxWorks 系统下的 UDP 通信在实时系统中的应用[J] 工业控制计算机，2014 (12)：1-3.

[9] 毛小阳 浅析移动 VPDN 技术及其应用[J] 通讯世界：下半月，2014 (1)：7-9

油气井分相产量在线自动测量技术探索与实践

陈 朋 尹立山

（中国石油集团测井有限公司）

摘 要 油井油气水分相数据是油田潜力分析、方案制定、效果评价的重要依据。随着油田二次和三次开采的不断深入，特别是数字化油田建设进程的加快，实时、准确获取和监测油井油气水分相动态信息，对评价生产措施的有效性、判断油井的开采价值，分析油气井产量及其变化规律非常重要。目前油井油气水分相数据主要依靠传统的人工化验和分离器量油方法获得，人力和物力资源消耗大，测量数据量不够且相对滞后，存在认为和系统误差以及HSE风险。根据国家数字化引领方向和数智化油田建设需求，各油气田相继进入了数字化建设快速发展阶段，但在油田生产各场景油井油气水分相产量在线实时精确测量方面，尤其是含水率测量精度仍然满足不了数字化应用的需求，是行业亟待解决的痛点。中油石油测井公司成功研发了电特性法油井井口油气水分相实时连续测量技术，实现了在不脱气、不分离状态下，油气井含水、液量、温度、压力等多参数的在线自动测量，填补了国内该领域化学驱测量的技术空白，经大量现场试验证明测量精度高，适应范围大，重复性和稳定性好，适应不同开采阶段、不同驱替方式和不同生产场景，满足HSE要求，为油田数字化应用和智慧油田建设提供了技术手段。

关键词 分相产量；含水率；在线自动测量；数智化油田；智能感知

绪论

油井井口采出液油气水数据的实时在线、自动准确测量，是行业长期以来的技术痛点，也是油田数智化应用亟待突破的关键技术之一。国内井口采出液的计量，目前仍以传统的人工采样、脱气、油水分离、人工化验和分离器量油方法为主，劳动强度大、效率低，数据不实时、不连续，存在人为和系统误差，同时也存在HSE风险；远不能适应油田数字化发展需要，急需研发先进、准确、无人值守和适用性强的数字化自动计量技术。依据某油田《水驱油水井资料录取管理规定》中产液量和含水率资料录取要求，每年量油和取样化验工作量约900万次，预计“十四五”末，人均管井数增加幅度很大，为2010年人均管井数的3倍。随着化学驱的普及，化验工作将进一步增加。但是现有量油和含水率录取方式过程繁琐、数据实时性差，无法满足现场实际需求，与数字化、智能化油田建设要求不相适应，急需研发应用新一代油井含水与液量自动测量技术。

1 多相流计量技术

90年代，随着沙漠、海洋、极地恶劣环境条件下的油气田开发，投资规模成倍增加，同时计算机及计量技术的发展，刺激了多相流计量新技术的开发与研究。近年来美、英、挪威和俄罗斯等国的一些大石油公司相继投资研制开发了多种类型的多相流量计，且有些已获商业性应用。国内井口数字化自动计量起步较晚，处于技术研发和试验阶段。目前在油气水三相混合状态下，对油气水单一相态的自动准确测量尚未突破原理和关键技术。应用超声波、微波、射频导纳等原理研制的测量设备，技术结构复杂，精度普遍不达标，设备体积大、成本偏高，应用条件比较苛刻，技术普适性差。对于化学驱油井，国内尚属技术空白。多相流计量技术主要有以下三种。

1.1 全分离式多相流量计

全分离式多相流量计是在井液进入计量装置后先进行气液分离再分别计量气液两相的流量，测出液相的含水率，求出油气水各相的流量。Texaco公司研制的SMS多相流量计是全分离式多相流量计的典型代表，是针对北海海底设计的，多相流气液分离采用斜管式分离装置。多相流首先进入一直径较大的竖直管段，流速下降，并开始分离，然后进入斜管分离腔，分离成气相和液相。用涡轮流量计计量气体体积流量，用一专用流量计计量液体体积流量，用γ射线密度计测液相密度，确定残留在液相的气体量。在旁通斜管分离装置中，用微波含水率测定仪测含水率。水下数据采集装置将数据传送给计算机，结合温度和压力数据计算，即可求得油气水三相的流量和总流量。目前该流量计的计量精度是，含水率精度±5 %、油和水流量精度±5%、气体流量精度±10%。

1.2 取样分离式多相流量计

取样分离式多相流量计目前已有多种类型，其计量原理大同小异，一般是在计量多相流总流量和平均密度的基础上，提取少量样液加以气液分离，并测定油气水各相的百分含量，通过计算获得油气水各相的流量。Euromatic 公司、美国 Nusonic 公司、BAKER CAC 公司、Atlantic Richfield 公司生产的多相流量计都属这种类型。其中 Euromatic 公司开发的多相流量计较有代表性，涡轮流量计与主管线连接，测总体积流量；γ 射线密度计与主管线连接，测多相流的平均密度。用一台微型采样器采样并脱除气体，用 γ 射线密度计测定油水混合物密度。同时测温度和压力，并将各数据输人微机，按给定的公式算出油气水各相的流量和总质量流量。在所有的计量仪表中，涡轮流量计的转子是唯一的运动部件，转子用碳化钨制造，流量计内腔也有碳化钨保护层，以防止液流中的砂或其它颗粒的磨蚀。

1.3 不分离式多相流量计

不分离式多相流量计是在不对井液作任何分离的情况下实现油气水三相计量，是多相流量计发展的主要方向。其技术难度主要体现在油气水三相组分含量及各相流速的测定。目前，相流速测量技术主要有混合+压差法、正排量法和互相关技术，其中互相关技术应用最多，已开发的多相流量计中有一半以上采用互相关技术。组分百分数计量的主要技术有微波技术、核能（γ 射线）技术，以及采用电容、电感传感器测量流体电解质等。

1.4 多相流量计存在的问题

操作繁琐，测量精度低。现有的大多数多相流量计都需要测量若干数据后，再根据这些数据计算出各相的流量，计量精度受到很大影响，所有目前用于多相计量的技术都要求必须掌握流体的特性，如介电常数、质量吸收系数等，才能比较精确地计量，如果流体特性出现变化或多相流量计用于多井计量，必须频繁地评价和标定多相流量计的传感器。几种主要多相流量计的最高适用含气率为 09~10，随着含气率的增加，液相的计量精度将受到影响。目前市场上大多数多相流量计在大部分流态下各相测量误差为±10%。

适应性差。全分离流量计由于气液分离计量，计量技术简单，但体积大，结构复杂，一般适用于层流或环状流等易于气液分离的流态，而对泡状流，特别是化学驱乳化程度高等不易分离的流态，分离器内的乳化液影响气液分离效果，会使含水率测量值不准确，从而大大降低多相流量计的性能和计量精度。

代表性不强。采用小型取样分离技术的多相计量系统，虽然在一定程度上解决了全分离流量计体积大、结构复杂等问题，然而取样的代表性自然就成为这种流量计的主要难题。有些流量计采用混合器来解决这个问题，主要困难是如何在一定空间，特别是一定时间内获得均质混合物。

普适性差。采用电容、电感技术的多相流量计，其局限性是只能在连续相乳化液的流型中使用，含水率一般不能超过 50%，而且各公司开发的流量计都只能限于特定的流态，如果流动中某些必要的特征不存在时，其测量精度常常出现很大变化；采用微波技术的多相流量计适用于油连续相和水连续相的流型，但从微波信号的强度考虑，它适用的流量较小，因此这种技术多应用于取样分离流量计中。

存在辐射风险。多相流量计普遍采用像微波等辐射源，而有关法规对使用辐射源有严格的限制。

目前所有的多相流量计采用的技术都有长处和不足，从大量的试验数据分析，没有一种多相流量计能在所有流量组分和流态条件下对多相流准确计量。从多相流计量技术现状和多相流量计的试验数据分析可知，每种多相流量计只能覆盖某一特定区域，例如高含水井和气举井可能会需要不同的多相流量计。在合适的流态条件和流量及组分范围内，多相流量计能达到的各单相流量的计算准确度为 5%~10%。总的来看，多相流量计正处于研究和开发应用的发展阶段，但可预计多相流量计在油田将有很好的应用前景。

2 电特性法测量技术

2.1 含水测量原理

中国石油集团测井有限公司最新研制的电特

性法含水率测量设备，其核心原理是发明了一种新型多物理量高灵敏度传感器，在不脱气状态下可有效识别油气水三相采出液油包水、水包油的相态，通过多参数、复杂相态的分析与优化计算，可以实时连续精确测量油井采出液中油气水三相分相数据。

2.1.1　传感器创新

创新多物理量高灵敏度传感器，通过获取油井采出液的矿化度、温度、压力、流速、油气水比例等数据，再通过传感器符合流体力学的结构设计，精准获取多个采出液的特征值，对流体的相态进行模式识别。

2.1.2　工艺创新

根据油井采出液多相流的特点，通过 CFD 对管道的流体形态进行管理，避免在测量区域油气水出现滑脱现象，确保采出液在测量区域重复混合而且流态稳定；创新传感器自清洗技术，实现设备免维护，保证设备连续长期稳定在线测量。

2.1.3　算法创新

创新建立多参数、复杂相态数学模型和化学模型，区别检测“油包水”和“水包油”的特征值，结合不同油田、不同矿区的水驱、聚驱、二氧化碳驱等不同驱替类型采出液的特点，形成大数据综合检测模型，通过算法优化、模式识别，综合计算得出含水值。

2.2　液量测量原理

中国石油集团测井有限公司液量测量技术采用动态称重法测量，通过稳流设计控制进液，消除进液冲击影响。通过高灵敏度多模量关联传感器对进入测量罐的液体及时进行重量变化响应，结合多响应值数学模型与算法的优化，实现了对液量的动态精确测量。

通过监控油井采出液液位的上升速率，由重力传感器实时测量重量，根据传感器响应时间曲线计算单位时间内产出液量；自清洗系统和独特传感器，可保证连续测量。

2.2.1　传感器创新

创新采用多物理量关联传感器联用模式，对单位时间内的重量变化精确响应，生成传感器响应曲线，实现动态连续准确测量。

2.2.2　工艺创新

创新采用稳流设计，通过控制进液方式，消除流体冲击力突变的影响，保证测量准确性。

2.2.3　算法创新

根据属地油田原油的物性，以及油井采出液的特性，创新重量监控的算法，针对不同的工况及气候条件，建立多响应值数学模型及迭代优化算法，确保对液量进行精准测量。

2.3　形成系列化产品

中国石油集团测井有限公司油井含水率、液量、气量在线自动测量技术通过不断的产品升级和技术优化，针对不同市场需求情况，成功研发出系列化产品。

序号	产品名称	型号	功能	应用场合
1	含水率测量仪(常规版)	OCMI-W-R	含水	井口
2	液量测量仪(常规版)	LVMI-W-R	含水	井口
3	液量气量含水率一体化测量仪(站场版)	LOGMI-ST	液量、气量、含水	站场
4	含水率测量仪(小型版)	OCMI-W-M	含水	井口
5	液量气量含水率一体化测量仪(高含气/页岩油版)	LOGMI-W	液量、气量、含水	井口
6	含水率测量仪(站场版)	OCMI-ST	含水	站场
7	含水率测量仪(极寒版)	OCMI-W-EC	含水	井口
8	液量测量仪(极寒版)	LVMI-W-EC	液量	井口

3　现场试验

3.1　专业机构检测

2020 年 9 月，在大庆油田油气水计量检定站检测液量测量设备核心部件合格并获检测报告。

2021 年 9 月，在集团公司“测井试井技术检测实验中心”对含水和液量测量设备进行了室内标定试验，取得了标定试验报告，试验数据符合设备技术参数要求。

2022 年 8 月 11 日，含水率测量设备通过国家“原油及成品油计量检测重点实验室”计量检定，全量程满足校准标准要求，误差在±1%以内并获得《校准证书》。在同行业里处于技术领先水平。

3.2 室内验证

在实验室验证了温度、流速、矿化度、化学驱聚合物、化学驱表活剂等因素对含水传感器的影响。结果表明，温度对含水传感器测量影响较大，但采取自动温度补偿后，可以保障含水测量精度符合要求；在流速不大于3米/秒的工况条件下，含水测量准确度不受流速的影响；对矿化度、碳酸钠、聚合物、磺酸盐进等行了重复实验，含水传感器几乎不受影响；含水900%以上误差在±05%以内，800%以上误差在±10%以内，600%以上含水误差在±20%以内；液量低于3t/d时，测量相对误差低于50%，液量在3~300t/d时，测量相对误差低于30%，高于油田标准要求。

3.3 单井应用验证

通过12口井896组数据对比证明，产品在不同采油区块、不同开发方式、不同含水级别和液量范围的工况条件下均具有很好的准确性、适应性和可靠性，含水测量绝对误差在±3%以内，液量测量相对误差在5%以内，均满足油田标准要求。

3.4 区块应用验证

水驱验证：2020年3月，在某采油厂数字化区块10口水驱井开展水驱区块化应用。单机连续运行超13292小时，累计运行达71532小时，含水共计200个数据对比样本，符合率为1000%，液量共计120个数据对比样本，符合率为975%。其中优于油田标准的含水占比910%，液量占比858%。验证结果获得采油厂应用证明。

化学驱验证：2020年12月和2021年4月，在某采油厂数字化区块10口三元驱井开展三元驱区块化应用。单机连续运行超22130小时，累计运行达111450小时，含水共计280个数据对比样本，符合率为989%，液量共计210个数据对比样本，符合率为986%。其中优于油田标准的含水占比835%，液量占比905%。验证结果获得采油厂应用证明。

4 结论

4.1 原理先进

在国内外同行业首次在原理上实现油气水三相、不脱气、不分离状态下含水和液量的准确测量，测量精度高于油田标准，化学驱测量技术国内外首创。

4.2 测量准确

经过实验室验证、不同工况条件单井验证和区块化工业应用，含水和液量测量具有很高的测量精度，区块化应用跟踪对比数据符合率高，满足油田标准要求，其中含水测量符合率达到995%，液量测量符合率达到983%，其中优于油田标准数据样本，含水占比905%，液量占比898%。

4.3 运行稳定

设备运行状态稳定，在水驱井单机连续运行超13292小时、累计运行达71532小时；在聚驱井单机连续运行6752小时，累计运行13752小时；在三元驱井单机连续运行超22130小时(超两年半)、累计运行达111450小时，期间无异常，稳定性和可靠性良好。

4.4 适应性强

该技术和产品适用于水驱、聚驱和三元驱井以及计量间，不同采油区块、不同类型井、不同含水级别和不同液量范围的测试结果都优于油田标准，同时设备不受原油含蜡量、含聚量影响，经受住了-33℃严寒的考验，对原油性质和外部环境的适应性强。

4.5 数字化对接

该技术和产品能实现含水和液量数据的在线实时连续自动采集、无线传输，可取消人工报表，替代人工取样、送样、化验、量油和分析的传统管理模式，规模应用可支持大幅度缩减管理幅度、优化流程、降低成本、减少人力投入、提高工作效率，实现降本增效；

4.6 助力生产管理

融合新一代互联网技术，配套研发的数据智能化应用系统，可提升油田动态分析和生产管理的自动化和智能化水平；通过采集数据动态变化趋势及异常波动的实时监测，已获取故障预警和井况异常识别等多个成功案例。

4.7 应用前景广阔

该技术对油田勘探开发不同阶段、不同应用场景、不同驱替方式、不同需求，补齐油田数字井口技术链条，助力油田数字化转型和智能化发展。

吐哈油田数据治理探索

李新宁[1]　任文波[2]　刘　亮[1]　王亚强[1]　胡　洪[2]　刘永军[1]

（1. 中国石油吐哈油田公司；2. 西安石文软件有限公司）

摘　要　吐哈油田为实现满足科研工作及梦想云(A6)数据湖的正确调用，对专业数据进行治理，通过构建数据治理体系、建立数据采集管理规范、历史数据治理、区域湖中心数据库建设等，完成了油田数据治理初步探索。针对吐哈油田数据现状，创建数据治理方案，明确了数据治理归口部门及职责分工，利用标准化数据采集规范对数据源、数据管理部门进行质量管控和考核。通过中心数据库建设加强了数据标准化，消除数据不一致性，建立了统一的应用标准和数据模型。完成了三类专业历史数据治理，通过补缺、纠错、核验等方式，提高了数据质量。采用与 A6 数据湖入湖相同的开源 ETL 处理平台 Kettle v81，开发了数据规范性质检、完成了治理后数据入区域湖处理过程。为后期数据广泛共享奠定了坚实的基础，也为油田企业数据治理提供了思路。

关键词　数据治理；数据模型；区域湖中心数据库；数据采集规范

1　引言

传统能源行业响应国家号召、大力推进数字化转型，降本增效，成效显著，但也遭遇了挑战。如石油、天然气等行业油田专业数据不统一是数字化进程中的最大绊脚石，同时也制约中石油梦想云平台推广，股份 A120 系统专业数据资产库建设，也是油田公司自建 A1 系统应用平台升级应用等方面的阻碍。在建立勘探开发梦想云平台、集团 A120 系统、油田公司自建 A1 系统应用平台三者数据生态链过程中，专业数据的不完整、重复、错误、单位不统一、重复采集、缺乏数据管理、应用系统间数据不共通等问题导致专业数据质量低下、数据孤岛等问题普遍存在，极大的影响了股份公司统建系统的数据采集，勘探开发梦想云平台的数据湖数据建设及专业软件云调用，无法建立数据服务和数据应用有效管理和应用的成熟体系，导致数据利用率低下、复用性差，数据监管难、数据融合分析决策难。

油田数字化转型首先要在油田公司级做好数据模型统一、数据质量核查、数据共通共享、数据管理等工作，实现数据统一归口、标准化管理，为更上层的应用和系统建设奠定基石。那如何解决油田专业数据问题呢？从源头来看，多年的信息化建设积累的不同系统之间的数据存在重复、标准不一、单位不统一，管理混乱、职责不清，没有厘清数据产生单位、勘探公司、研究院三方数据采集、审核、归档的管理流程，油田历史数据存在缺失或者纸质文档化，没有进行结构化。因此，吐哈油田基于以上问题及现状进行了数据治理先导性实验。首先通过对数据进行清洗、转换、入库使得油田多年信息化发展积累的数据形成数据资产，通过与油田业务实际结合对数据资产进行治理，使其长期保持“金数据”状态。建设吐哈油田区域湖中心数据库，为集团公司 A6 梦想云平台数据入湖做好准备。从数据生产者和数据管理者、数据使用者角度来考虑，数据治理工作需在油田组织机构下制定相应规范、标准化流程，并通过制度来监督执行，确保有效落地。统筹数据生产者和数据管理者、数据使用者共同解决数据管理应用问题。

2　数据治理的核心与内涵

数据治理的核心是消除数据不一致性，通过标准化采集，规范数据源，建立统一的数据模型、应用标准，提高数据质量，打通数据流通壁垒，实现数据广泛共享，并能应用于油田业务、生产管理、战略决策中，发挥数据资产价值。

数据治理的内涵和价值在于基于数据安全、保密的情况下缩短用户获取数据时间，打造数据资产，形成统一的数据管理应用平台，实现面向用户的多样性，单系统解决多系统事务，从根本上解决油田专业数据采集、管理、应用、维护问题。

3　数据治理整体架构

根据吐哈油田实际情况，制定了详细的解决方案。首先将吐哈 A1 库目前的数据资源和集团公司数据入湖规范求并集，参考最新行业规范，对基本实体、录井、钻井、测井、试油、分析化验、井下作业、文档及数据体等 11 类数据开展数据项比对及合并工作，同时参考 EPDM 模型，中国石油勘探开发梦想云平台数据集规范、中国石油天然气集团企业标准-井筒工程数据采集规范以及吐哈油田 A1 数据库，建立吐哈油田区域湖中心数据库，为各类历史数据及新采集数据统一储存。

其次，在数据项比对和合并的基础上形成探井、评价井的井基础数据、录井分层数据和试油数据三类专业数据治理模板。依照数据治理模板，结合吐哈 A1 库原始数据及相关纸质资料，对数据现状进行分析，通过数据查漏补缺、油田专业性的数据排查规则创建、规则型数据质量检查和图形化手段质量检查等手段等对三类历史数据进行治理。

再者，参考国内各大油田企业级数据采集规范、国家标准基础上，结合吐哈油田实际情况，建立新数据采集及质量规范。

最后，在吐哈油田区域湖中心数据库的基础上，开发集团公司 A6 数据库接口，实现与其数据同步及对接。完成区域湖中心数据库与吐哈 A1 库双向对接，让数据治理结构能应用到各大上层应用中。

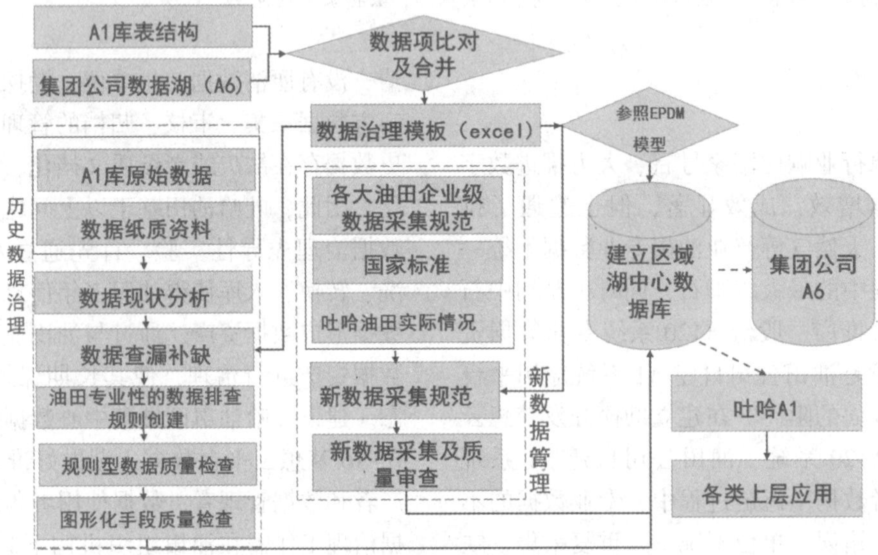

图 1　吐哈油田数据治理整体框架

4　数据治理步骤

本期数据治理着眼于数据应用实际，依照数据治理整体思路、先进行数据库建设，在数据治理模板的基础上进行历史数据清洗、入库，为新数据更新采集管理规范，将新老数据入区域数据湖进行统一管理，定期维护，形成了准确、高效、全面，有价值的数据资产，为其上层应用（大数据分析、智能综合研究、生产指挥、应急调度），股份公司系统建设，梦想云平台数据入湖等夯实基础。结合目前勘探与生产分公司总部和各油气田公司普遍存在的数据问题，坚持标准先行、技术引领、强化管理、应用驱动的总体推动策略，组织开展吐哈油田数据生态建设，持续推动数据向资产的转变，最终实现数字化转型、智能化发展。

4.1　统一数据采集管理规范

数据治理，坚持标准先行，在调研前期总部信息化总体顶层设计要求、连环湖建设思路、现有的 EPDM 数据规格标准的要求以及在油田已有两版数据管理规范的基础上，结合国内各大油田及国家标准管理规范、吐哈油田管理规范，以如何使管理规范能充分落地和如何使最新数据能服务于今后的智能油田建设两个核心思路为基础，针对吐哈油田实际业务需求，整合完善物探、录井、试油等 12 个专业数据采集内容、职责部门以及数据采集入库管控流程，制定吐哈油田数据量化考核制度，建立资料借阅、使用规章制度和管控措施，通过梳理吐哈油田各专业业务及数据机构职责划分，进一步修正完善物探、钻井、录井、试油等12项专业数据采集管控流程，形成吐哈油田专业数据管理规范，厘清研究院、勘探公司、准东项目部、施工方、档案馆等几方责任，打通数据产生单位、审核方的数据采集、审核和归档的管理流程，实现专业数据正常化采集、入库和治理(图2，图3)，保证了信息系统数字化的正常推进，建立三级质检流程。

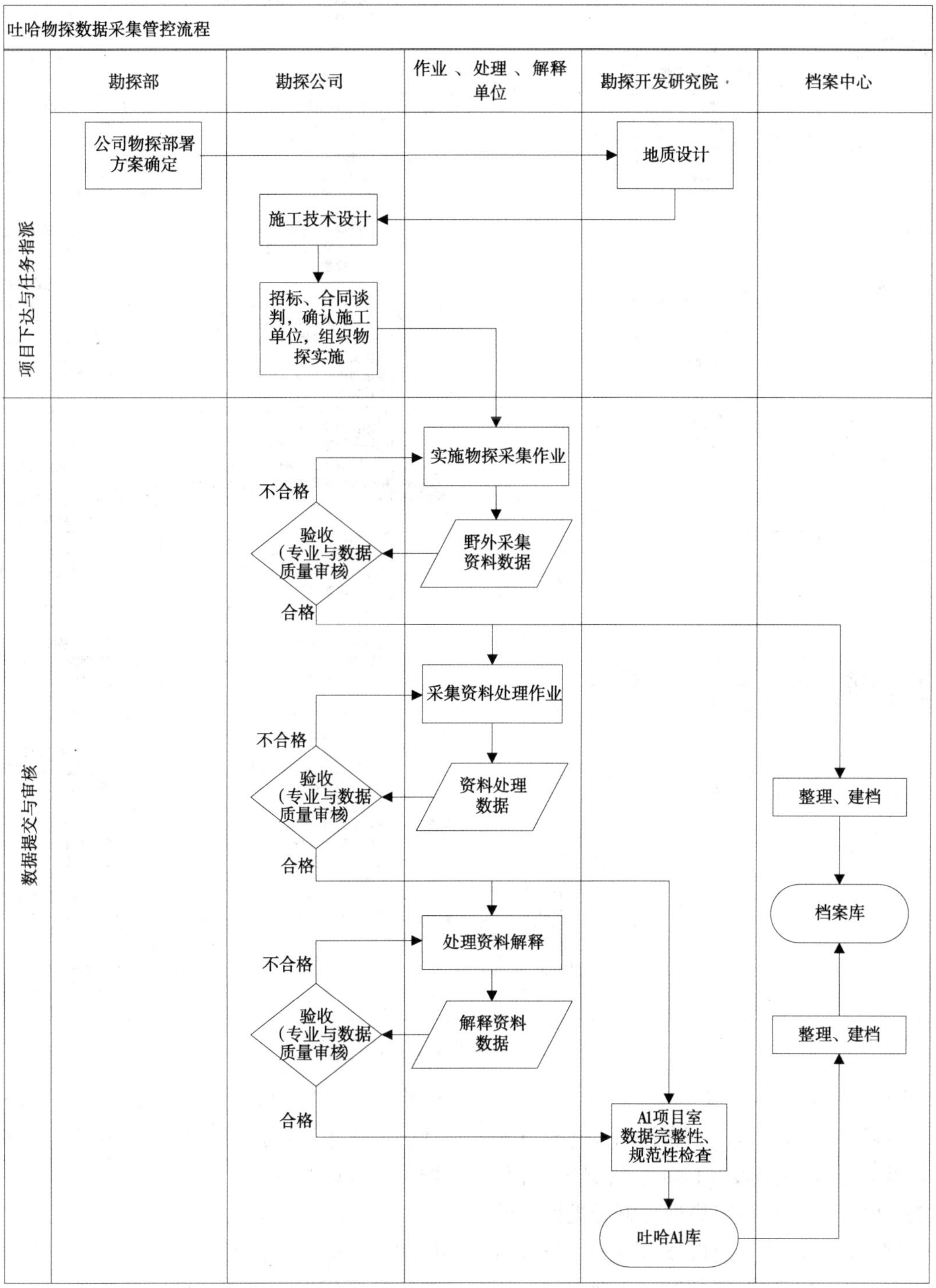

图2　原物探数据采集流程

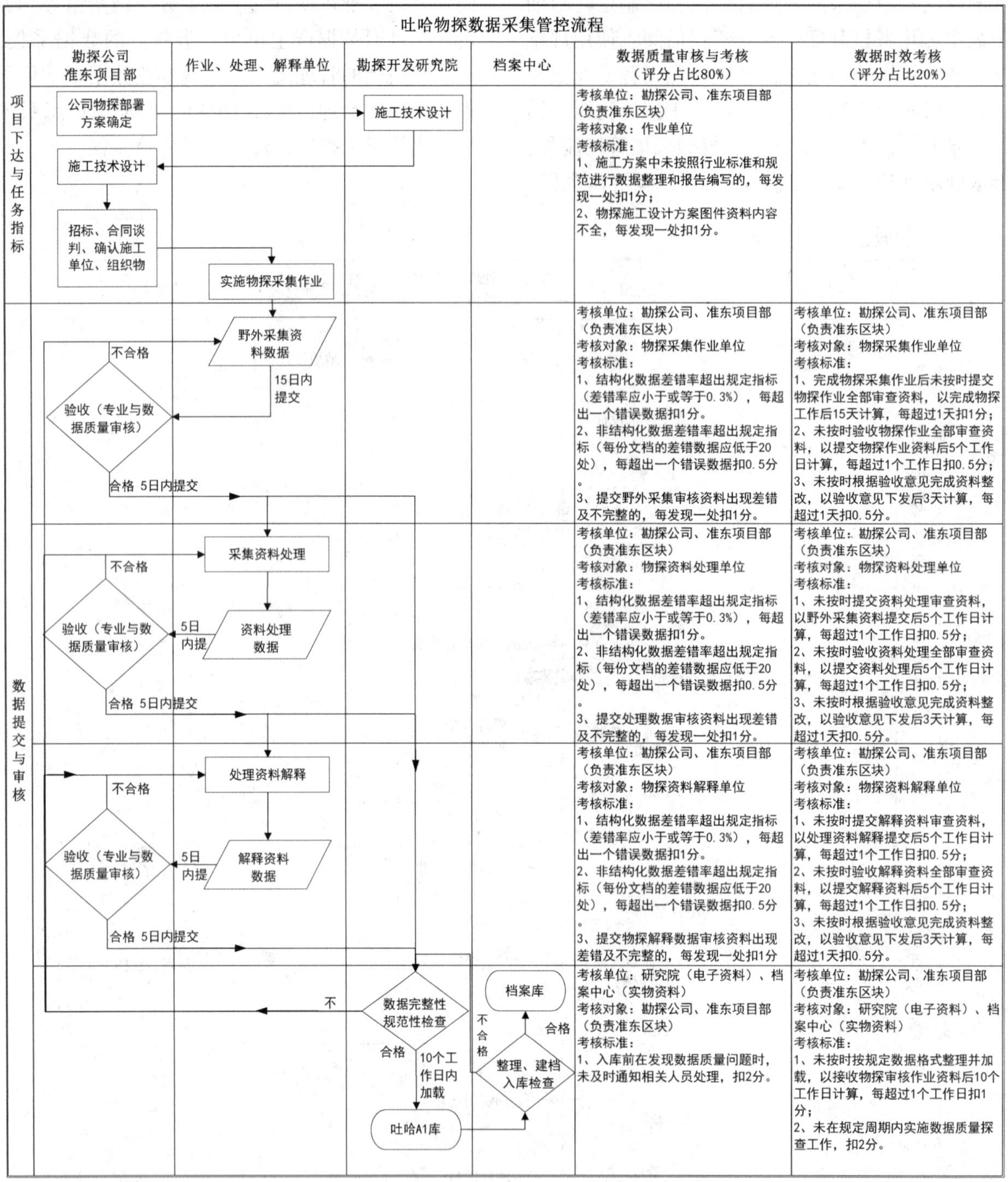

图 3　新物探数据采集管控流程

4.2　区域湖中心数据库建设

基于吐哈油田自建 A1 数据字典、中国石油勘探开发梦想云平台（E&PCloud）_数据集规范、Q/SY 128-2019 井筒资料采集处理解释规范，开展中心数据库模型设计与建设技术攻关，设计数据模型在已有的 A1 数据库的基础上补充 A6 数据湖的字段和将原数据映射到新 A6 数据模型中，从而达到原数据入湖标准。

数据模型结构设计上参照 A6 数据模型，同时借鉴 Q/SY 128 规范、EPDM20 规范进行了设计，加入了主数据引用约束，实现了对多专业数据统一入库管理。

因 Oracle 在数据上具有的安全性与完整性控制方面的优越性能、跨操作系统、跨硬件平台的数据操作能力备受青睐，吐哈油田自建 A1 库及集团公司 A6 数据湖均使用 Oracle 作为数据库平台，故本次区域湖中心数据库也选择 Oracle11gR2，特点是支持多用户、大事务量的事务处理、数据安全性与完整性高、支持分布式数据处理、具有可移植性。

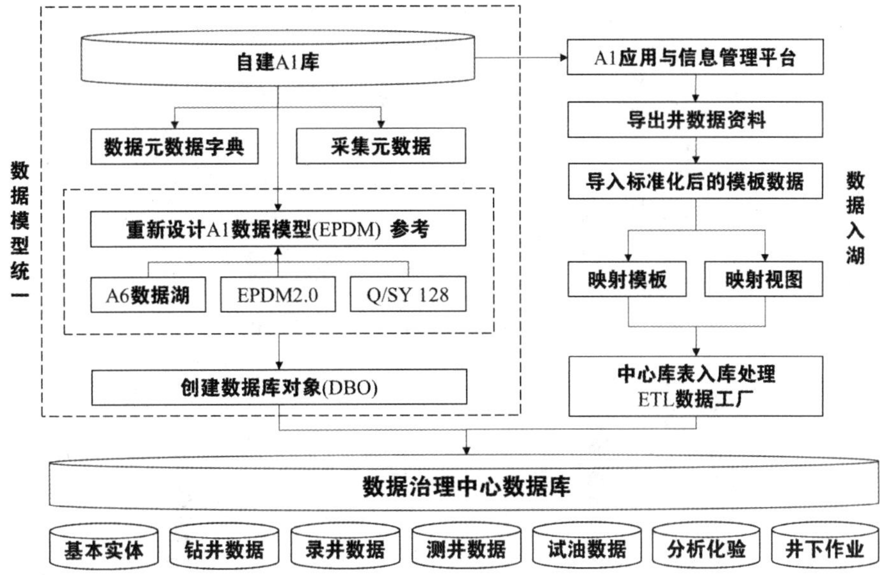

图 4　区域湖中心数据库建设思路

区域湖中心数据库建设实施内容包含元数据整改、井数据资料治理、标准化数据入中心库规范化表三大部分(图 4)。在建库时将吐哈油田自建 A1 数据库抽象为 A1 数据模型，获取元数据，将其与《A6 数据模型》、《中石油 EPDM20 数据模型》、《中石油井筒工程数据采集标准》等数据规范进行对比合并，获取基本实体、钻井数据、录井数据、测井数据、试油数据、井下作业数据、分析化验数据共计 7 大类数据的数据字典，通过 Oracle 数据库将字段汇总成符合上述规范数据表进而建设数据治理中心数据库。

4.3　历史数据治理入库

历史数据治理通过数据查漏补缺及油田专业规则查错将历史数据补全、纠错，通过图形化方式核查数据准确性，重新成图、成表，保证了历史数据入库质量。

4.3.1　历史数据问题及治理解决思路

本期对 1300 口探井基础数据，1022 口探井录井分层数据、460 口探井试油测试数据进行了治理，治理过程中发现三类专业数据存在以下问题：

(1) 井基本信息表缺失大量信息甚至存在错误信息，如构造、圈闭、圈闭类型、设计及完井坐标、经纬度、设计及完钻井深、海拔、层位开钻、完钻和完井钻日期、人工井底、完井周期、钻头和套管程序等信息存在不同程度缺失，部分原始数据有误。

(2) 录井分层信息表缺失分层信息、地层层序混乱，录入数据错误，设计和实钻数据空白，界、系、统、群、组缺失，同区块相同层位部分井分层不一致等，如三塘湖盆地卡拉岗组，部分井归到二叠系下统，部分井归到石炭系上统。

(3) 试油成果表中缺失试油数据、测试数据、射孔数据、或录入数据有误、或试油结论不规范等现象。

出现的这些问题说明了现行数据采集管理规范下入库历史数据质量缺乏检验、数据没有形成统一的管理应用体系，数据利用价值没有充分挖掘，影响数据资产的形成和数据的反复利用。

针对以上问题，我们利用专业地质软件结合地质专家思维处理，将三类历史数据进行治理，通过对原始地质资料数据提取、整理，将三类专业数据表信息进行补全、纠错，利用直方图方法、专业软件验证法、平面图核查法验证数据准确性，保证数据质量。井基础数据缺失率由治理前 233% 下降至 41%，录井分层缺失率由 24% 下降到 6%，试油数据中缺失率由 18% 下降至 24%。

4.3.2　数据准确性检验方法

(1) 使用直方图方法核查字符型数据准确性，以地层接触关系、井别举例：

治理前，分层数据杂乱，存在关系不完整、关系错误、关系表述重复等问题，数字英文标识统一修改为中文标识，比如地层名称，接触关系的未穿、分层数据的▲、(未穿)都是代表未穿，对此类字符型数据进行统一命名。

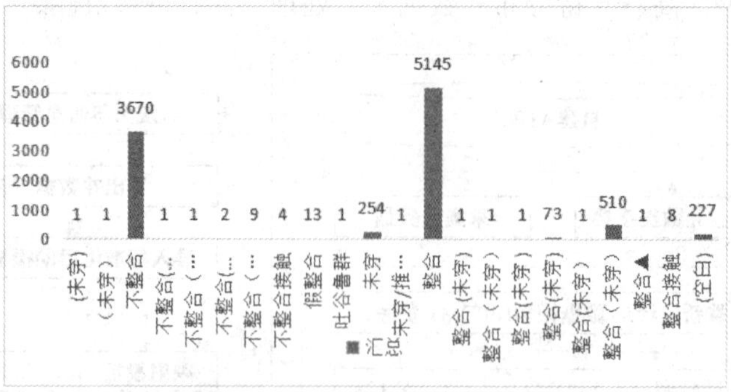

图 5　治理前三塘湖盆地接触关系图

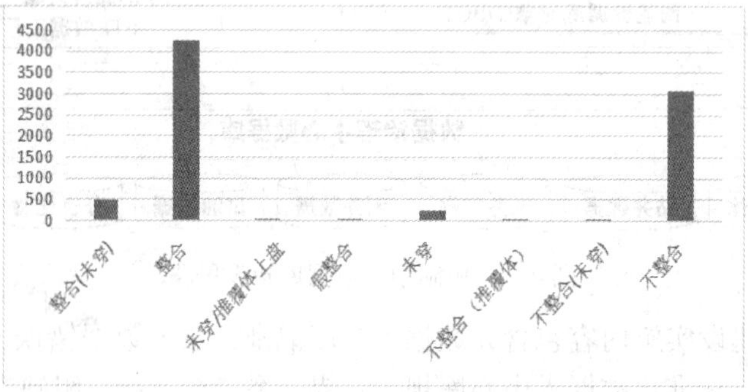

图 6　治理后三塘湖盆地接触关系图

井基础数据中“井别”数据不规范，特别是同一字段用中文括号和英文括号表示，井名多一个井字或少一个井字等问题普遍存在。针对此类问题通过对“井别”进行了合并处理，滚动评价井、开发评价井统称为评价井，滚动探井、区域探井、科学探索井统称为探井，滚动预探井、预探井（定向）、预探井（定向井）、预探井（水平）、预探井(水平)等统称为预探井等进行统一规范命名。井类别由治理前的 18 类合并成 4 类。

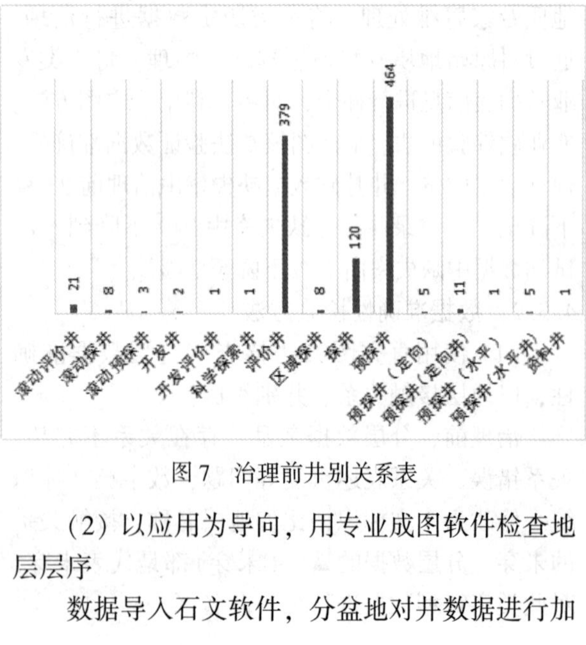

图 7　治理前井别关系表

（2）以应用为导向，用专业成图软件检查地层层序

数据导入石文软件，分盆地对井数据进行加载，并绘制吐哈盆地平面图，利用软件核查数据准确性，治理后导入专业软件，正确数据地层层序正常。

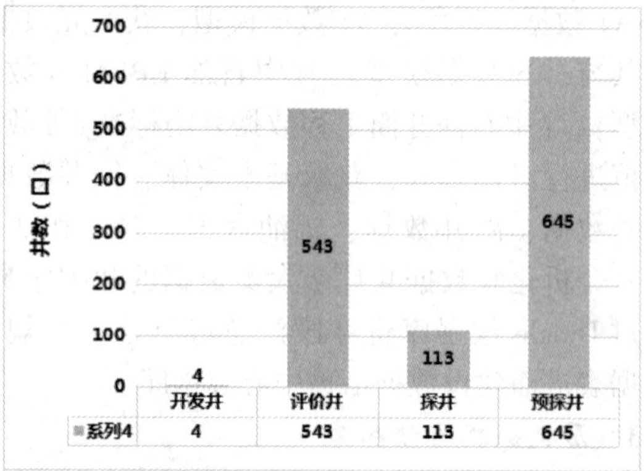

图 8　治理后井别关系表

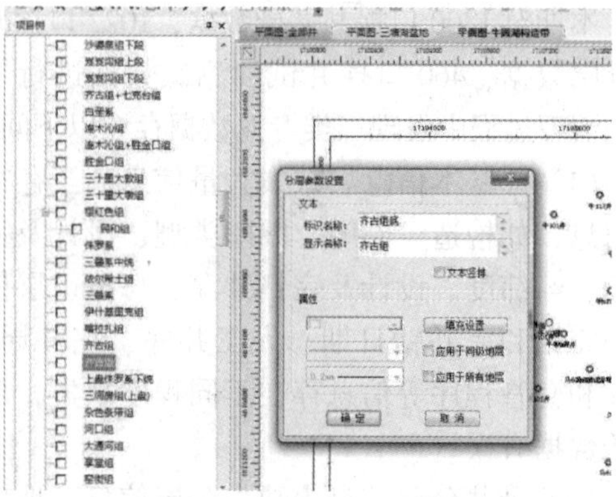

图 9　治理前分层关系表

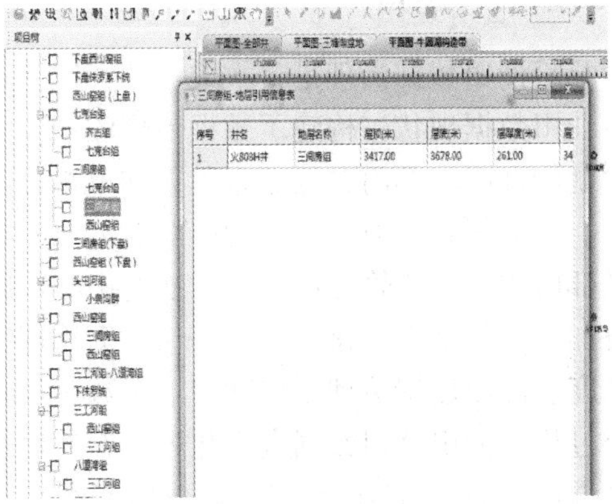

图 10　治理前分层关系表

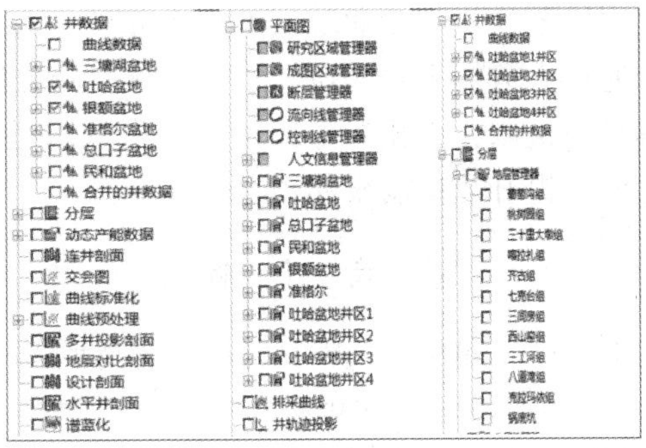

图 11　治理后地层层序关系表

(3) 平面图形式核查数据准确性

1) 坐标检查。将此次治理的坐标数据，导入研究院勘探成果图中，进行井位重叠性检查，复查井位存在偏移的坐标信息。通过井位重叠性检查，吐哈盆地数据库井位与原井位重合度高，进一步证实数据库井位坐标准确可靠。

2) 补心海拔检查。

盆地井基础数据中补心海拔导入石文软件中，以平面图形式查看异常点，从结果来看，等值线整体趋势平缓，但是局部井补心海拔值突变，疑似有误。通过补心海拔等值线图与纸质资料比对核查发现，目标井与邻井海拔高差相比均有 100m 左右的差值，怀疑数据有误。通过纸质资料和地面高程图复查，找出断层是造成目标井与邻井存在海拔高差大的直接原因，以此证实目标井补心海拔数据准确无误。

4.4　治理后数据质检及数据入湖

采用与 A6 数据湖入湖相同的开源 ETL 处理平台 Kettle v81，开发数据规范性质检及数据入库处理过程。借助此工具，大大节省了数据校验及数据映射的复杂度，并且后期可以灵活的增加数据字段、数据校验规则等，建立更加完善科学的质量校验机制。

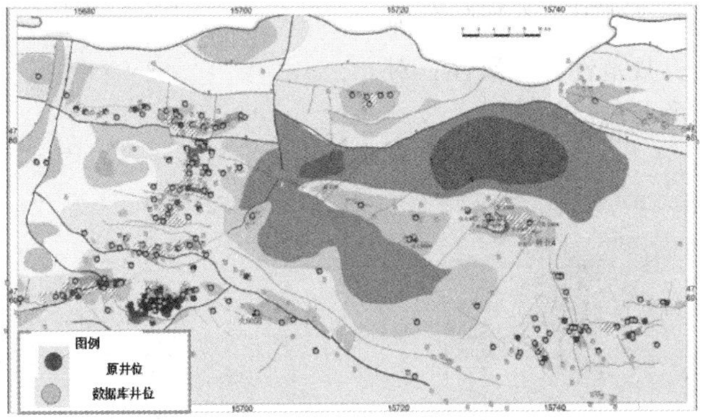

图 12　勘探成果图与数据库井位图核对

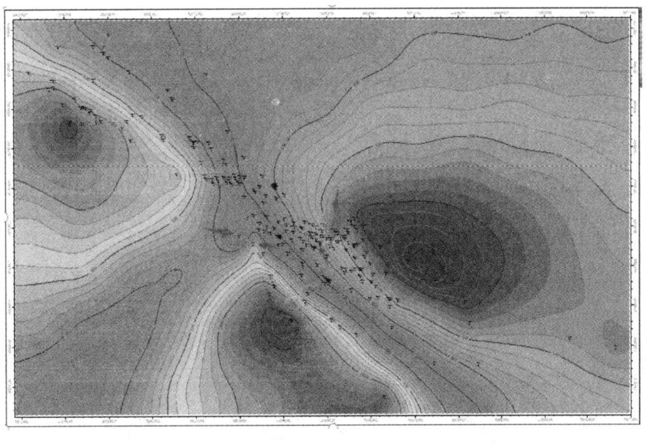

图 13　井位补心海拔值平面成图

4.4.1　数据入湖整体思路

将治理好的数据导入模板数据表之中，通过ETL工具将导入模板的字段抽取出来与正式表中的字段形成字段映射，将模板中存放的治理好的数据加载到映射关系之中转换成与正式表相匹配的数据进行入库处理。

在入库的过程中，使用ETL工具自带的数据检验工具对治理的数据进行数据质检工序（图14），保证不符合数据库规范的数据无法进入中心库并形成错误日志反馈给数据治理人员，对错误数据进行再次修改，直至能符合数据库规范正常入库，从而保证了后期入湖数据的正确性。

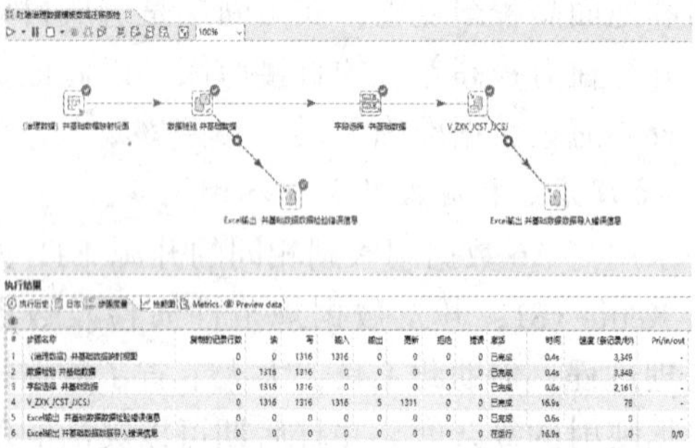

图14　数据处理质检处理过程

将存入中间表的治理数据，通过第三方工具KETTLE导入数据库中的正式表中。有效的保障了治理后的信息的完整性，规范性，一致性，对后期开展应用打下了坚实的基础（图15）。

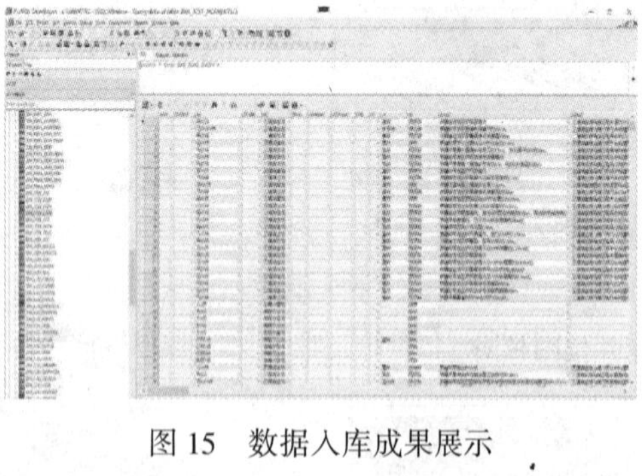

图15　数据入库成果展示

4.4.2　数据处理特点

构建灵活，可以任意调整查询检索、数据检查、映射关系、错误信息日志等信息。借助ETL数据工厂（查询、加载、转换）即可完成全部数据质量及处理过程。无需等待代码发布、编译、测试即可解决数据处理难题。目前ETL已在数据仓库及大数据领域广泛使用。

5　结束语与愿景

吐哈油田数据治理是一次成功的尝试，针对吐哈油田数据现状，构建了数据治理体系，明确了数据治理归口部门，数据采集方和审核方职责分工。建立了新的数据采集规范对数据源、数据管理部门进行质量管控和考核，通过中心数据库建设加强了数据标准化，定期评估数据治理能力成熟度。油田数据治理是伴随着油田数字化转型的全过程，油田公司数据资产化是中石油梦想云平台推广、股份A120系统专业数据资产库建设的重要基石。下一步计划在新的数据采集管理规范下建立覆盖全业务链条的数据采集、传输、管理应用体系。实现专业数据的广泛分享、系统共通，通过大数据平台建设，创新数据融合分析与共享交换机制，强化业务场景数据建模，挖掘数据价值，提升数据洞察能力，促进生产。

参　考　文　献

［1］刘庆会，刘相数据治理为数据流动保驾护航［J］软件和集成电路，2020(05)：37-39.

［2］阿比旦·斯提瓦力地数据治理在石油行业的探索与研究［J］信息系统工程，2021(01)：88-89.

［3］胡洪，李新宁勘探与生产技术数据治理［R］吐哈油田2020.

海洋油田多元装备数智化平台建设实践

刘振方　杨生斌　何　伟　楚西超　刘　备

（中海油田服务股份有限公司）

摘　要　中海油田服务股份有限公司管理和运营全球颇具规模的船舶、钻井平台、油田技术服务等海洋油田多元装备，基于“投资规划、设计研发、建造制造、运营维护、废弃处置”的特色多元装备全生命周期业务特点，建设了一套海洋油田多元装备完整性管理体系。在石油石化行业数智化发展背景下，提出“串珍珠成项链”理念，建设多元装备数智化平台及数据治理体系，以数字化手段落地多元装备完整性管理要求，实现多元装备管理流、业务流、数据流“三流”合一，往海洋油田多元装备全生命周期智能化管理迈进。本文主要介绍这套数智化平台的建设理念、标准、内容、成果以及发展方向。

关键词　海洋油田多元装备；全生命周期；三维建模；数字孪生；物联网；数智化

1　前言

中海油田服务股份有限公司（简称“中海油服”）是全球较具规模的综合型海洋油田服务供应商，提供物探勘察、钻井、油田技术及船舶服务等四大类业务，贯穿海上石油及天然气勘探、开发及生产的各个阶段。

中海油服拥有全球较为强大的海洋石油服务多元装备群。运营和管理200余艘大型装备，及系列先进的测井、泥浆、定向井、固井和修井等油田技术服务设备。截至2020年底，与国际同行相比，公司运营和管理的大型装备数量，钻井平台、物探船、油田服务船数量均具各自行业前列，有较强的整体规模和竞争力；同时，自主研发制造、具有国际先进水平的高端技术服务设备已商业化应用。

公司多元装备群具有总体数量大、设备类型多、管理模式多样、全球化分散等特点，传统的装备管理方式已不能满足当前业务需求。为有效应对挑战、持续提升装备高质量管理，结合公司多元装备全生命周期管理需求，建设了一套海洋油田多元装备数智化平台，结合物联网、三维建模、数字孪生等先进数字化技术，实现了海洋油田多元装备管理流、业务流、数据流“三流”合一，以及智能规划、数字化设计、智能监测和视情维护等智能化系统在全生命周期各阶段的应用，向海洋油田多元装备数字化、智能化管理持续迈进。

2　数智化平台建设理念

面对装备规模持续扩大、类型不断增多、以及全球竞争下降本增效的挑战，2018年对标国际一流的先进经验，在顶层设计上通过数智化逐步解决业务高速发展问题。通过详细梳理公司装备业务整体现状，认为多元装备信息化数字化水平处于初级阶段，存在信息化系统分散无法形成合力展现数据价值、部分系统架构无法适应当前技术发展、数字化新技术应用少与高价值装备不匹配等不足，无法高效支持多元装备全球化规模作业。

基于海洋油田多元装备全生命周期和完整性管理要求，汲取当前数字化、智能化发展新技术、新理念，依托装备完整性体系“制度化”，坚持业务“标准化”，实现管理流、业务流、数据流融合发展，整合零散系统建设具备集成与开放性的数智化平台，提升装备管理的一体化、扁平化和高效化。于此，提出“串珍珠成项链”理念推动多元装备数字化、智能化平台建设，促装备业务的数字化和智能化快速转型发展。

通过不断探索，基于企业数智化理念，提出建设海洋油田多元装备数智化平台目标，利用数字化、智能化技术驱动管理创新和变革，构建全新的管理模式。多元装备数智化平台实现人与人、设备与设备、人与设备、人与组织的信息的全连接，而且这种连接是智能的、实时的。其目标是要实现：

员工能动，从传统的从上到下模式转为上下互动的模式，成为员工的赋能平台；

数据驱动，多元装备管理从流程驱动转向数据驱动；

全球资源，多元装备管理打破本地性和区域性管理转向全球资源整合提升竞争力；

智能运营，从业务流程的信息化转向自动化、智能化运营管理。

3 数智化平台建设蓝图

3.1 简洁高效的多元装备制度纲领

首先制定多元装备的制度纲领，详细对标全球石化行业装备管理相关法律和规范、中国海洋石油集团有限公司装备完整性管理要求，高度凝练装备业务 12 项关键要素，独创性开创全球海洋油田多元装备管理新模式，为数智化体系建设奠定坚实的理论指导基础。

本着“同要素、接流程、拓要求”的理念，装备体系全面夯实公司多元装备数智化发展的基调与管理根本，多元装备体系逻辑、流程、输出的全面成熟与落地。构建全球体系架构、承接集团公司“动态的、基于风险的、全生命周期”完整性管理思想、凝练装备系统优良作风融入体系、开发定量化体系评审工具、丰富归集多元装备“七核心业务、五保障业务”，形成具备 PDCA 循环、要素齐全、层次分明的现代化多元装备全球管理体系，为多元装备数智化建设扫清了管理壁垒，奠定了坚实的基础。

3.2 敏捷创新的技术架构

基于集团公司和公司海洋油田多元装备业务特点及平台建设理念，并且和行业咨询公司以及大的 IT 厂商充分沟通交流，明确数智化转型发展规划、数智化平台建设顶层设计及建设策略，基于“一个规则、一套标准”，构建“一个平台”的顶层设计方案，指导多元装备业务数智化建设。

3.2.1 一个互通互联的大数据平台

建立面向海上油气勘探的大数据公共服务平台，实现设备、管控系统、指挥系统、应急处置等业务系统高效协同和智能决策，海上生产作业更加安全、环保、经济、可靠。

1）涵盖设计、生产、制造、管理、服务全环节，机器、产线、系统、产品全要素，以平台为支撑基础，以高效精准决策、实时动态优化、敏捷灵活响应为特征的生产制造和生产组织方式。

2）平台按照 PaaS 模式建设多元装备数智化平台技术支撑底座，包括容器运行平台及管理、公共技术服务、业务专业服务、DevOps 开发等服务组件，为业务应用开发提供统一、标准的技术框架，并考虑未来应用功能的不断增加、迭代和演进，将分布在不同功能中重叠的功能拆解、细化、重构成为独立的功能单一的、可重用的应用服务，实现对业务应用需求的敏捷响应。

Docker+Kubernetes 为平台提供基于容器技术的应用运行环境

DevOps 开发流水线提供敏捷开发、自动化测试、自动部署和快速迭代能力

应用商店和服务目录为业务用户提供可用的服务资源

SDK/组件目录检索为技术开发人员提供快速的微服务及组件 API 接口

上架审核、配额管理、日志审计等对平台运维人员提供可视化运维管理

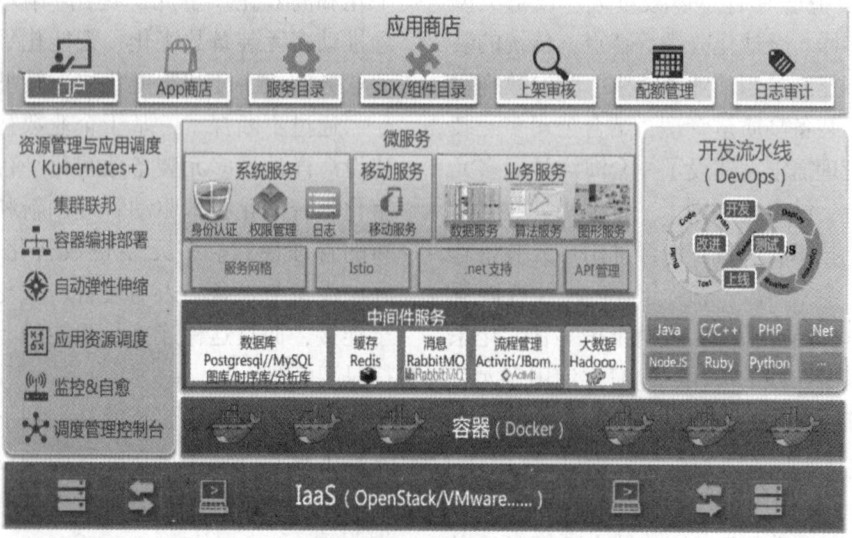

图 1　技术平台

采用微服务架构模式。强调“业务的组件化和服务化”，将原有的单个业务系统拆分为多个可以独立设计、开发、运行的小应用，应用之间通过服务完成交互和集成。

3）大数据环境下全要素数据实时采集和分析与实时算功能。

4）设备状态监控与主动感知、快速响应功能，对关键设备及部件的全生命周期管理功能，提供寿命预测及故障预测服务。

5）海上作业环境下基于网络的船舶辅助驾驶与路径化功能，实现生产环境下的多种关键模型特征连和特征识能力。

6）海上灾难监测与预警功能。

7）可视化建模功能，复杂地理地质的快速建模功能。

8）具有与 ERP 或 MES 系统的数据交互功能;，以跨行业，跨企业提供服务。

9）具有可靠的备份功能，具有完整、准确的运 记录，具有在线数据库、图形以及报表的维护功能。

3.2.2　一套统一的数据标准

为了各系统间数据更好的互通融合，围绕“实现全公司多元装备数据专业化和一体化有机结合的管理模式”的目标，把专业系统数据形成数据资产实现共享，并与装备的其他数据资源结合形成一体化数据库，在多元装备数智化平台采用具有高度融合性的编码规则，明确装备数据资产标准及管理模式，确立装备数字治理应用框架标准。

通过扫描多元装备业务流程以及各类数据，形成一套多元装备工作流程标准、设备分类标准、装备专业术语标准，现共完成 14 大类 590 小类设备分类标准，以及 8 大类 110 个专业术语标准的制修订，在顶层上确定了平台数据的统一标准，为数智化应用提供全面有效的数据基础。

3.2.3　一个支持创新的应用系统

聚焦海上多元装备、生产和运营优化场景，开发海上油气勘探生产优化、安全应急、综合调度、节能降耗、精益化管理、预测性维护、视情维修、智能航行等创新系统。

4　数智化平台建设

4.1　阶段性成果

平台融合中国海油设备设施完整性管理、植根于中海油服特色装备全生命周期五个阶段，基于数据标准和编码，实现全生命周期数据的实时关联和调用，根据不同需求满足不同维度的服务，达到多元装备全生命周期高效管理目标。

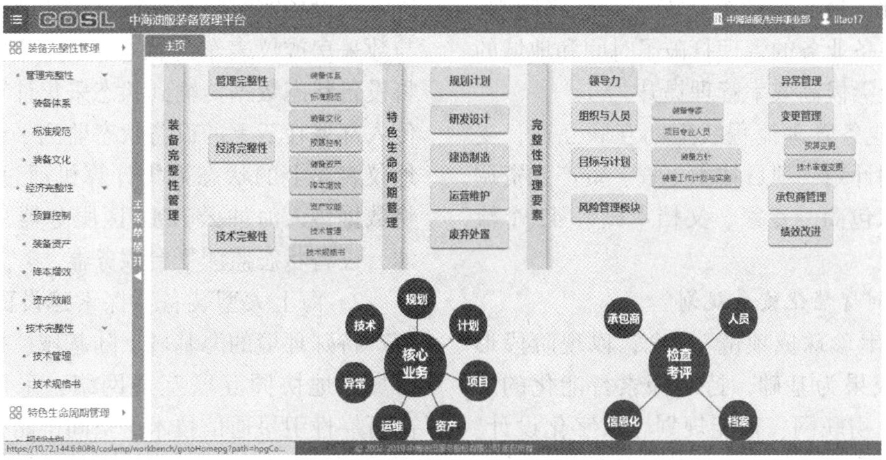

图 2　完整性与全生命周期理念

通过阶段性目标的建设，现已实现成果如下：

1）日常工作实时化：日常报告实现实时、过程记录，成为基层单位日常记事本，全公司装备类报表自动归集。

2）数据资产体系化：形成了一套对外服务的数据资源管理目录，固化 55 个核心的数据模型，积累了 294910 条原始数据，为统计分析，实时在线考核等提供坚实基础和决策支持。

3）数据使用标准化：通过对业务和系统的全盘梳理，完成装备主数据下设备编码标准，明确区域、作业地点(海域)、设备状态等 24 个属性数据的标准，以及各业务主题下 248 个数据项的引用规范等。

4）完成装备规划、计划、项目、运维、异常告警监控等 17 个功能模块，涵盖 14 大业务、海内外 12 家单位，支撑“类型、单位、区域”矩阵同享共用全球规范标准，过程自动归集文档，平台累计数据量已达 446756 条。

5）实现强大的各级用户数据仪表盘功能。支持数据一次录入和全局调用，支持总部、事业部、作业公司、基层单位/平台四个层级的数据封层展示，包含大型装备和技术装备的基础资料、作业动态等，为多维度管理提供数据服务和决策支持。

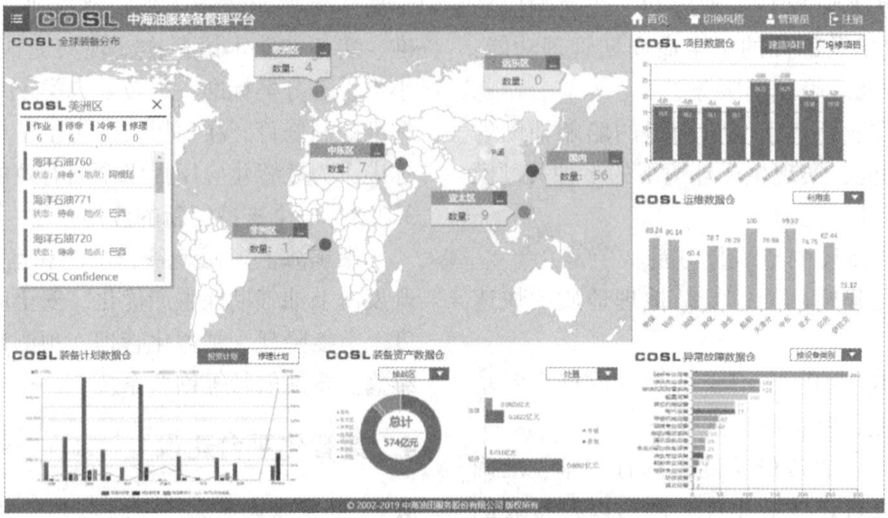

图 3　适用于各层级的页面展示

6）完成业务在线审批功能，平均时间 13 天，为规定时效的 27%，全面提升基层服务时效，并具备自动档案归集管理功能。

7）支持移动端应用，将动态展示、资料查询、流程审批、报表统计等功能同步至移动端，为全球多元装备业务的管理打破了时间和地域的限制，实现全天候高效率管理提升。

8）实现业务管理流程线上的互联互通，支持从装备规划计划、项目技术审查、资产入资调拨报废，到承包商、专家、文档审核等 42 个流程的高度集成。

4.2　数字化到智能化发展规划

坚持以“串珍珠成项链”理念，以现阶段形成的数字化成果为基础，持续探索智能化的应用，通过建设物联网、智能规划、数字化设计、智能监测和视情维护等高级功能，快速构筑符合公司全球业务战略的海洋油田多元装备业务管理模块的数智化发展路径。

4.2.1　物联网

针对海上大型装备、流动撬装设备的特点，制定物联网解决方案，突破传统海洋油田多元装备通讯限制，并根据国家信息系统安保等级要求，安全的将状态监测、远程支持、故障预警诊断、状态维护等所需大量数据实现海上和陆地的高效传输。

1）海上流动撬装设备：规划通过撬装/车载酸化、压裂、固控、测井等设备上搭载的状态传感器将设备实时状态采集，由撬装设备上的网卡与数采房或仪表车内状态采集计算组成局域网，将设备状态数据传输到状态采集计算机，将数据传入部署在云上的设备状态监测平台服务器。陆地仪表车上的状态采集计算机通过 4G/5G 网络将数据传入海油云 DMZ 区服务器，再中转进海油云设备状态监测平台服务器。

2）海上大型装备：探索建设面向海上勘探生产特殊环境的海基域、陆基域、指挥中心之间跨域天地协同互联互通网络，采用 SD-WAN、高可靠性卫星通信技术、空间链路技术、混合组网技术等新型工业互联网技术，构建覆盖各海域和陆地各片区的工业互联网，网络传输方面的海上作业环境区域网络实时同步精度达到毫秒级，7＊24 小时测试条件下船岸网络可用性大于 999%。实现海油多元装备各种设备状态信号的实时采集、传输、储存和分析，为多元装备数智化平台提供可靠的海洋和陆地数据高速通道。

图 4　海洋装备物联网部署架构

通过物联网技术实现监测数据的实时采集和计算，为设备状态监测、故障预测和远程诊断等打下基础。

4.2.2　智能海上平台结构安全管理

利用数字孪生技术建设各类设备的三维模型，对于大型装备，将数字孪生理念应用于关键的结构评估上，实现海上移动平台的完整的连续、动态、快速的结构化评价。通过对载荷变化数据、结构状态数据的有效管理及与结构有限元仿真模型的无缝链接，对平台结构在任何时点、任何受载状态进行快速结构应力评价，实现平台全生命周期内的结构安全管理，为作业、检验、维修、应急响应提供全面准确的技术决策。

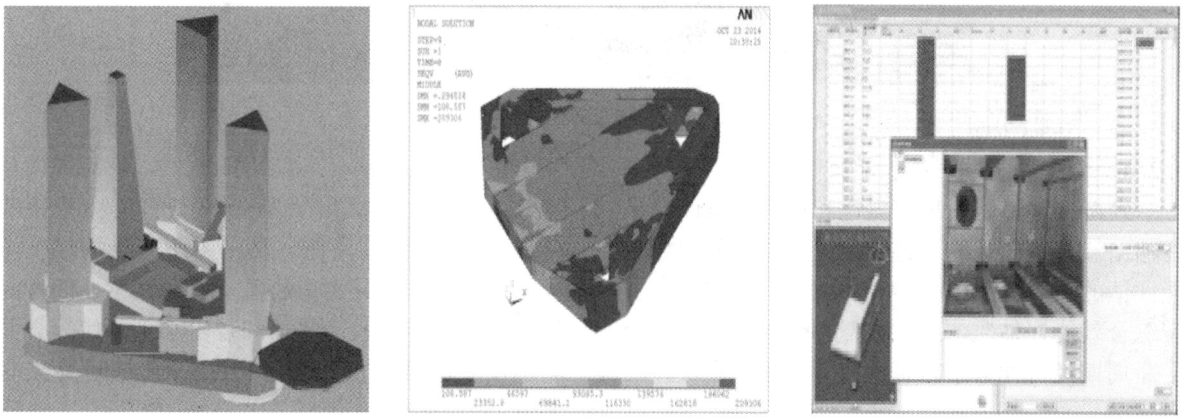

图 5　大型装备结构评估模型

4.2.3　智能状态监测与维护

探索高端自升式钻井平台设备的智能状态监控与故障诊断，根据智能应用部署设备数据采集器，并集成已有的设备监测系统以及手持智能巡检终端将海上大型设备状态监测数据，周期性采集各类数据，记录设备参数，利用知识图谱、人工智能、机器学习等数字化技术实现设备状态监测、设备故障诊断和设备视情维护，提升关键设备安全，降低故障率和维护成本。

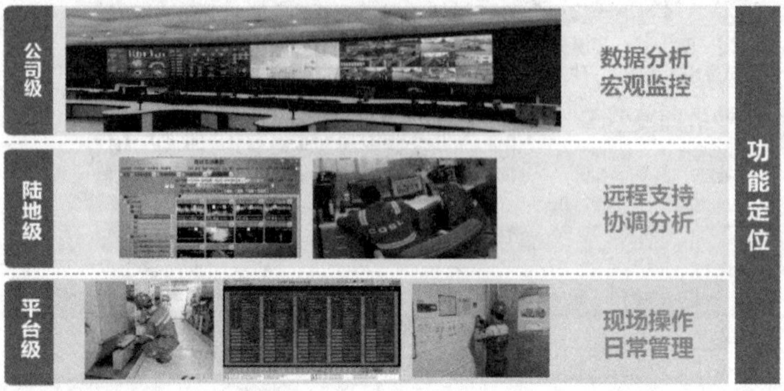

图6　三级装备管理模式

结合设备机理模型库进行联合诊断，采用FFT技术实现设备故障实时诊断及设备健康情况预诊断分析：一是对于已有数据，通过在平台Distributed Control System(DCS)系统中部署OLE for Process Control(OPC)接口授权，依托OPC方式实现对DCS系统设备状态数据进行采集，实时录入到平台上的实时数据库服务器。二是基于设备巡检的自动化数据采集，通过手持智能巡检仪搭配移动检测仪表的无纸化巡检，实现温度、振动、加速度等参数自动采集并在手持智能终端保存。三是增加传感器部署进行数据采集，进一步满足对关键设备状态监测和故障预判诊断的需要。

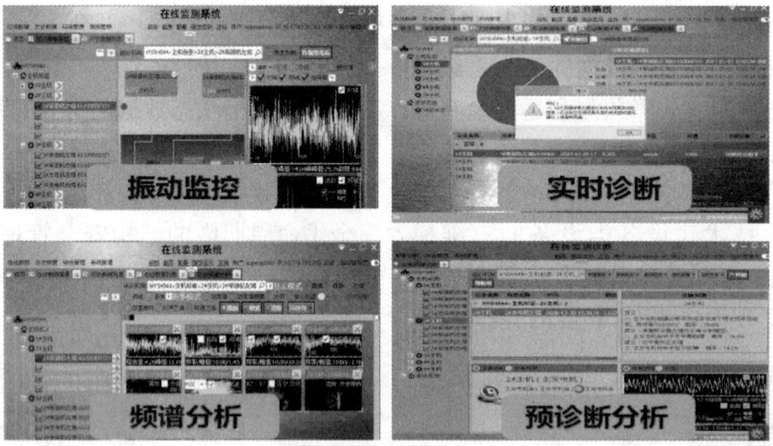

图7　系统主要功能界面

4.2.4　全生命周期资产效能评估

经济完整性是管理完整性和技术完整性的最终输出和价值体现，通过借鉴国内外相关领域效能评估的经验，从2019年开始研究“大型装备资产综合效能评估”，依托数智化平台迅速完成全生命周期经济性数字化管理模型构建、模块开发及建设。

资产效能把反映大型装备性能的各种管理、技术、安全指标科学的综合在一起，形成一个或几个反映装备完成任务能力的数值。针对现代化复杂装备资产，提出了基于效能的麦克特指数(MECT)的完整性评估方法，采用定量的尺度度量装备效能，研究大型装备资产在运营期的性能劣化、周期经济成本最佳和技术水平落后等方面的定性、定量评价方法，以及它们之间的关联关系。

通过对中海油服海洋油田多元装备全生命周期中的性能、费用等数据进行综合分析，建立综合效能评估模型，基于模型开展综合效能的可比性、可预测性和全寿命周期波动规律的分析，提供管理决策库。

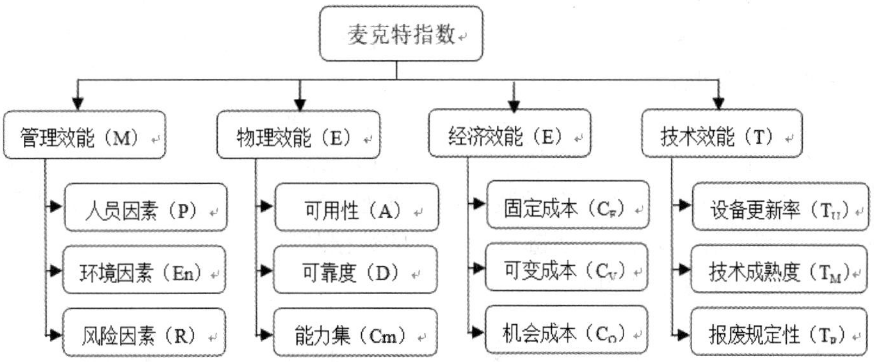

图 8　大型装备资产综合效能评估指标体系

该系统在物理寿命、经济寿命、技术寿命及其整合分析的基础上，构建大型装备资产的效能-费用分析模型，运用排序技术、权衡优化和结构协同等，建立并完善大型装备资产的管理可比性评估体系。通过将模型对接并根植于平台中，作为“经济完整性”智能化应用，实时分析装备信息平台产生的各维度数据，自动生成预测分析结果，实现关键指标敏感性纵横维度敏感性分析，指导管理决策。

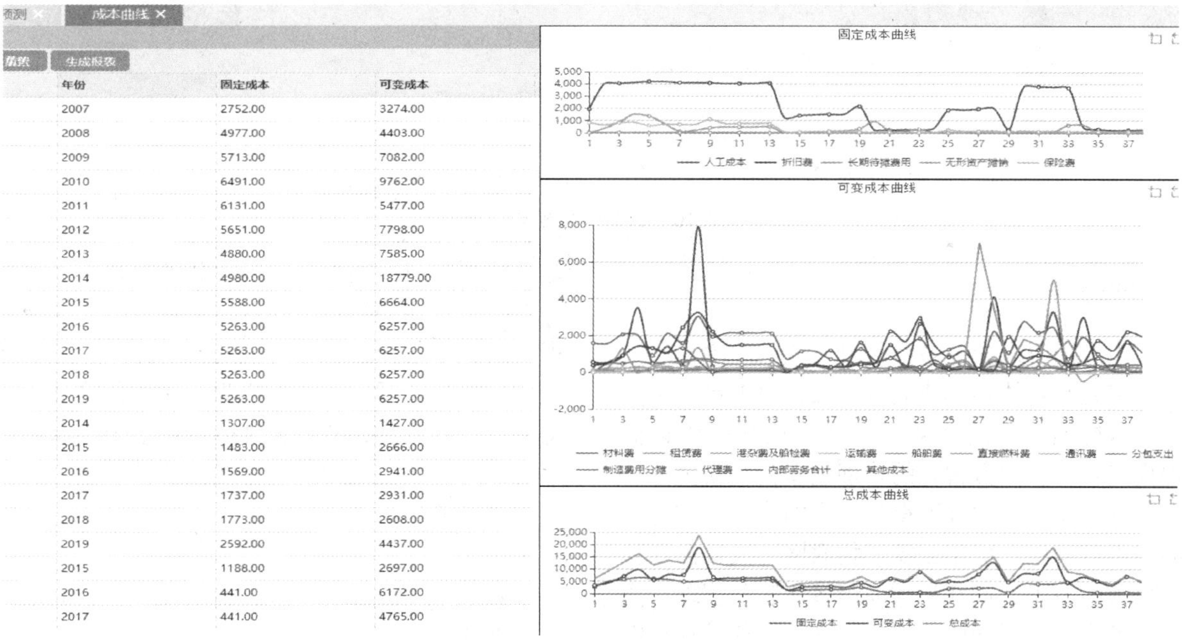

图 9　实际应用案例曲线

系统的有效应用，物理寿命、技术寿命和经济寿命曲线的结合，模型的实时评估分析预测，能有效找到装备效能的转折点，实现优化资产生命周期各阶段管理策略，最终实现最经济的设备全生命周期成本，并从智能规划等角度为多元装备提供兼具技术和经济的数据指导，促进多元装备结构持续科学调整。

4.2.5　装备智选

通过对投标技术标书中关键数值的输入，可实现对装备参数筛选、比对、评价，结合区域、技术、预算等大数据分析，从技术角度和经济角度快速定位综合性能匹配性最佳的装备，为公司市场开拓提供准确、高效和经济的装备方案，为公司高质量发展和国际化进程提供数据价值。

集成中海油集团公司各单位的装备供给和需求，推广装备智选业务的生态应用。规划和建设中国海油集团公司海工装备资产共享平台，实现海工装备资产配置运营效率提升，支持跨单位的资产共享和高效利用，为大型海工装备的整体高效配置和利用，在前期油田设计、中后期油田维护等阶段及时提供数据支撑。

4.2.6 持续的高质量数据治理

数智化平台依照中海油服特色装备全生命周期五个阶段构建功能获得的基础数据，结合装备状态监测与维护系统、工业互联网、装备资产效能评估等系统获得的实时数据，覆盖了多元装备全生命周期的关键节点。在串珍珠成项链过程中，出现了数据业务定义不清、管理规范缺失、统计口径或技术规范不统一导致的数据交互困难，为此平台进行全面数据治理工作。通过全面盘点数据，形成统一对外的数据资源目录，形成主数据及代码的标准规范，形成各业务主题数据概念模型，形成业务数据字典，明确各主题下数据项的数据来源及流向等，建成一套数据治理的工具用来固化梳理后的成果，实现数据的规范化管理机制，为构建装备一体化智慧平台提供坚实的数据基础。

图 10 数据治理模块功能

5 结语

中海油服多元装备数智化平台，首创“导入一个多元装备体系、建立一个数智化平台、落实一个敏捷创新应用体系）”，从信息化的优化流程提高效率，向数智化的管理创新构建新优势转型，开展相关实践并取得了一定的成果。在持续的建设过程中，应用云端、物联网、大数据和移动化等新技术，创新海洋油田多元装备管理，实现装备全生命周期的数字化管理，如通过预算编号、成本中心、资产编号等关键标准数据的关联和数据的实时采集、同步，实现设备从规划、计划、项目、资产、运维、及最后的报废处置的全生命周期的大数据管理及智能分析，进一步畅通从公司管理层到现场作业人员的双向高速通道，创新装备管理从业务驱动到数字驱动，提高装备运营效率、降低运营成本、实现数据驱动的智能决策，提升全球多元装备竞争力。

平台建设从顶层设计开始，时刻秉承“串珍珠为项链”指导原则，兼收并蓄整合多个装备信息化系统，夯实装备大数据应用基础，催生高级综合性智能新应用生长。多元装备数智化平台建设是一个长期的过程，随着对装备全生命周期数据自动化采集和智能化管理的不断深入、各项高级应用的持续开发，必将成为多元装备管理的智慧平台，提升多元装备管理的价值空间和综合竞争力，为整个公司智慧运营提供装备价值。

参 考 文 献

[1] Clarksons Rseearch, Offshore Intelligence Monthly, 2021-1.

[2] 用友网络科技股份有限公司 企业数智化研究报告 2020.

[3] 祝守宇、蔡春久等 数据治理：工业企业数字化转型之道 北京：机械工业出版社，2020.

[4] GB/T 36627-2018《信息安全技术 网络安全等级保护测试评估技术指南》.

[5] 中国船级社 现有船状态评估程序(CAP)指南 2020.

[6] 张杰、唐宏、苏凯等 效能评估方法研究 北京：国防工业出版社，2009.

[7] 刘晓东等 装备技术经济分析 北京：国防工业出版社，2017.

基于 SuperMap 的油气田地理信息系统开发与应用

鲁　岑　张　玮　倪　乐　金　伟　边　编　汪　琼　葛静涛

（中国石化华东油气分公司）

摘　要　油气开发地域环境复杂，点多面广，信息流通手段落后，准确性低，给工程技术人员全面了解工程建设和油气生产信息带来困难。基于 SuperMap 软件，采用二三维一体化专业应用技术、影像金字塔技术、海量三维管线技术、多系统集成技术建设地理信息系统，集成了二维可视化、站库三维模型 、集输动态、视频挂接、管网图册、单井图形等功能。实现了油气生产信息共享，为工程建设管理和日常生产提供了有力的工具，有利于提高规划设计的科学性。

关键词　地理信息系统 三维模型；系统集成；油气集输；地面工程

油田企业的油气开发区域和工程建设设施所处的地域都在野外，地域范围较广，地形复杂，现场数据收集难度大，精度低。同时，工程建设与生产信息更新和传递手段落后，准确性和及时性差，给油气生产职能处室、科研部门客观、全面地收集了解工程建设和生产运行等方面的信息带来了较大的困难。

现有业务系统仅注重于数据采集和数据查询功能，但查询手段单一，条件限制复杂，缺乏加合理、直观的展示方式，不便于管理和技术人员高效使用，大量数据沉睡在数据库中，得不到有效利用，限制了系统地推广应用。

近些年来，随着 GIS 技术的不断发展和进步，在油气田物探、油气管网巡检、油库管理等各领域均有了较多应用。沁水煤层气集输管网三维地理信息系统将三维 GIS 技术与集输管网相关情况相结合，实现了煤层气集输系统的模拟与优化。基于 ArcGIS Server 的石油管道巡检系统将管道巡检业务的信息化管理和远程监督管理进行了有机结合，提升了巡检质量。陕北某油田集输管网地理信息系统基于 Skyline 技术完成了油田集输管网的数字化管理系统的建设，在三维化、可视化的基础上增加了空间分析和优化布局的功能。

本文利用 SuperMap GIS 技术和空间数据库技术，结合基础数据录入系统和自动化系统，对数据进行图属结合统一管理，实现地形图、影像图、属性数据、专题地图综合展示。高效率直观化地展示油田地理环境情况、业务空间数据，结合各业务环节进行 GIS 协同分析与展示，提升油田可视化生产的管理水平。

1　技术应用

1.1　总体设计

采用三层体系结构，利用 Html5，WebGL 等技术实现二三维一体化 GIS 平台及应用系统的搭建。整个系统基于勘探开发业务协同平台建设，分为三层结构：数据层、服务层、应用层。数据层主要基于现有的二维矢量数据和影像数据，展示三维站库场景，结合站库静态数据和生产运行数据；服务层主要提供 GIS 服务的发布以及通过数据服务平台发布业务数据；应用层即是在现有的 GIS 框架之上，建立地理信息系统。

系统的总体架构如图 1：

1.2　核心技术

（1）二三维一体化专业应用

二三维一体化技术打破以前三维 GIS 系统相对于二维 GIS 系统在数据、功能、结构上各自独立的弊端，将 GIS 中的二维空间数据与三维空间数据整合在一个平台下。利用 SuperMap RealSpace 二三维一体化 GIS 技术，进行油田联合站设备设施三维展示，实现二三维场景切换、设备设施属性数据的综合展示，生产运行数据的动态展示等功能。高效率直观化地展示联合站及关联的各设施管网情况，配套各业务环节进行 GIS 协同分析，提升油田开发安全管理水平。满足用户动态地叠加二维数据，进行一些二、三维空间分析的需求。

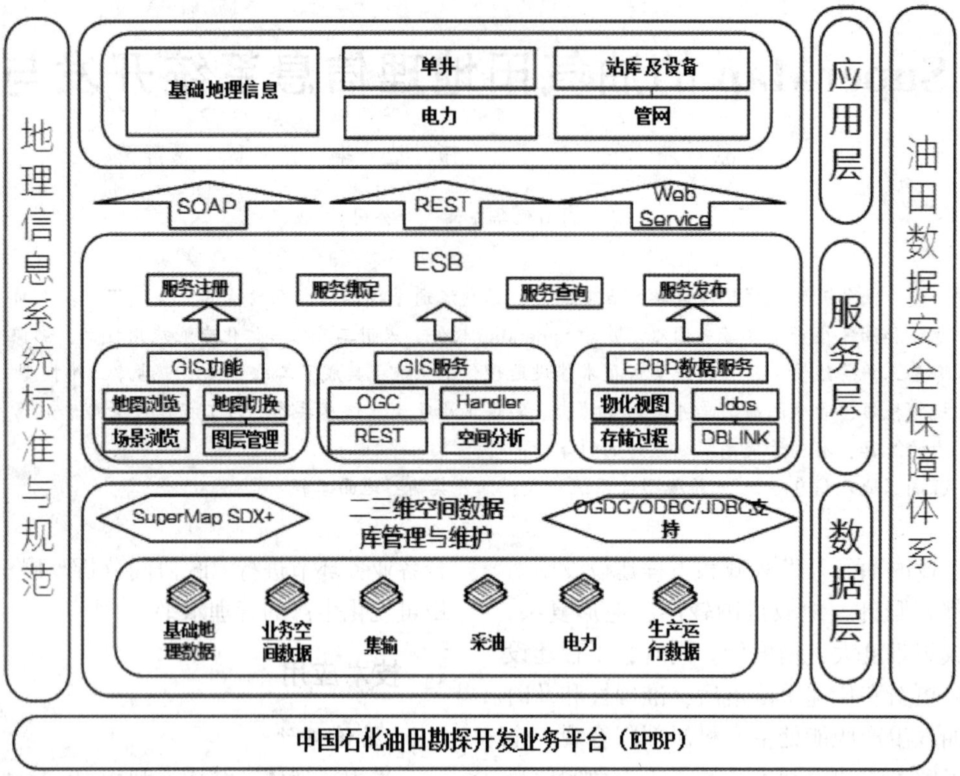

图1　总体架构图

（2）影像金字塔技术

影像金字塔是栅格数据集的简化的分辨率(Reduced Resolution)图像的集合，通过影像重采样方法，建立一系列不同分辨率的影像图层，每个图层分别存储，并建立相应的空间索引机制，从而提高缩放浏览影像时的显示速度。本文采用SuperMap SIT影像文件存储格式创建了影像金字塔，可以超快速地显示影像数据，与影像数据大小基本无关，即使在很低配置的机器上也能非常流畅地对海量影像数据进行显示。

（3）海量三维管线技术

地上地下各类管网、管线是重要的基础设施，具有规模大、范围广、种类多、分布复杂、变化大等特点。三维管线技术提供快速高效、完善实用的技术方案，基于二三维一体化技术的三维管点、管线符号及自适应管点符号，可由二维点、线数据快速构建三维管网；采用自适应管点符号、实例化渲染、LOD结构等技术提升性能，突破了海量三维管线的性能瓶颈。综合利用这些技术，保证了平台优越渲染效果和稳定性能，内存、CPU、显存等资源占用少，可承载海量三维管网数据。

（4）多系统集成技术

中国石化勘探开发业务平台和生产指挥系统，两大业务系统在数据采集和数据查询上有了很大提高，为生产管理发挥了很大作用，但仍然缺乏更加合理、直观的展示方式。大量数据沉睡在数据库中得不到有效利用，查询手段过于单调。

地理信息系统不另起炉灶建设自己的数据录入功能，而是结合现有系统，从勘探开发业务平台的井、站、设备、管网的基本信息和生产指挥系统的实时生产数据提取出来，进行进行二次开发利用，以一种更加直观的方式呈现给用户，帮助用户获取感性认识，使用户快速掌握生产状态成为可能。

2　业务功能实现

2.1　功能描述

平台结合周边环境高清晰度影像数据，以二、三维方式直观展示油气生产工区及其周边环境的现实状况，将结构复杂的集输流程、生产设施形象地展现出来。除实现井、站库、管网、电网查询，地图放大，缩小，平移，量算等地图基本操作功能外，还实现了一些与业务紧密关联的功能。

集输动态功能如图 2，通过与 EPBP、PCS 数据库之间进行灵活、迅速的数据交换，动态展示采油、采气井的井口回压、产量，集输管网的节点压力、温度、流量等实时信息。站库三维模型如图 3，实现站场设施可视化、应急物资位置标注、工艺流程演示、站内视频监控功能。管网图册功能，实现在二维地图中绘制多边形区域，系统自动制作该区域内的管网图册，同时导出一个管线相关信息的 EXCEL 文件，建立管道档案。单井专业图形提供组合测井图、岩屑录井草图、井身结构图、井下作业管柱图等 8 种钻侧录和井下作业的专业图形的查询功能。标绘功能支持在二维场景中进行点图元、线图元、面图元的增加、删除、命名、修改和查看，作为地面工程技术人员进行选线、选址时的工具。地图打印功能实现在地图中框选打印范围，调整分辨率，选择图层，最终生成高分辨率大图。

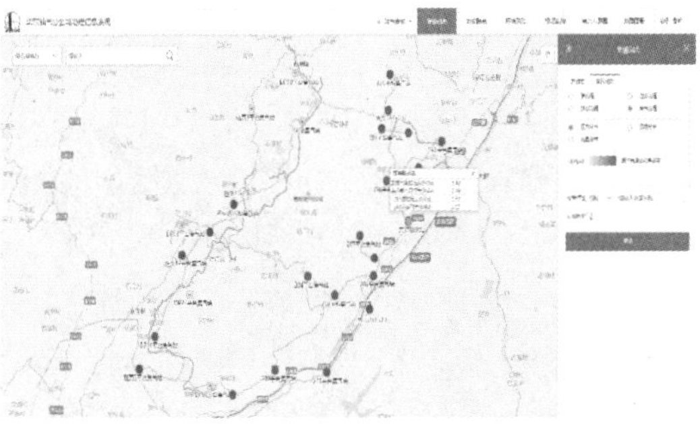

图 2　集输动态

图 3　站库三维模型

2.2　应用效果

以先进的二三维一体化方式实现数据的上传、汇总、查询、展示，既方便了基层人员的日常，又满足决策层的直观查看和可视化调度指挥，有利于加强规划设计的准确性。

以某页岩气管网图册制作为例，该页岩气田包含管网 80 余公里，脱水站 1 座，平台集气站 43 座。在没有使用此项功能之前，人工收集各项信息和绘图，需要 10 人 · 天才能完成。采用管网图册制作功能后，数据由岗位员工在管线、站库建成后随即录入基础数据系统。制作图册时只需人工完成选择制图范围，为图册命名的工作，全程只需 1-2 分钟时间，管网图如图 4。既省去了到处找资料的麻烦，极大地优化了工作体验，又提高了完成质量。以此例推广到全公司 1000 余公里管线进行计算，可节约 120 余人 · 天/年，大大节约了人工工作量，提高了工作效率。

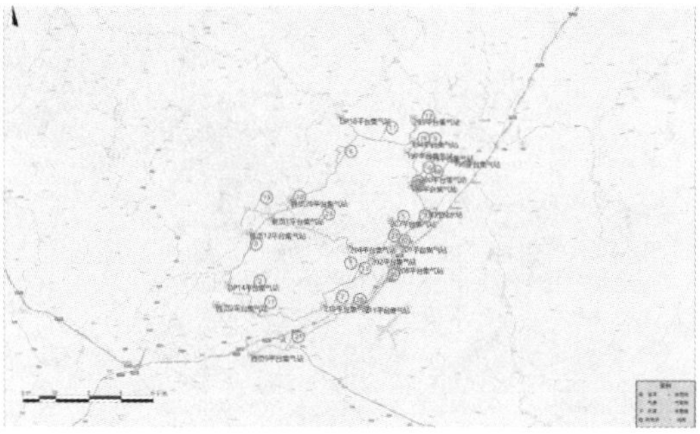

图 4　某页岩气管网图

3　结论

通过油气田地理信息系统的开发应用，可以得到以下结论：

（1）本系统基于 SuperMap 技术，建立了油气田“一张图”WebGIS 平台。通过油气生产信息的共享，改变了各二级单位原有信息孤立的状况，能及时、动态共享采油、采气等信息，实现了油气田多部门、多专业、多管理层面的空间数据应用和共享。

（2）站库三维全息化场景构建提供了全方位、立体化、特效表现查询功能，不仅有助于生产管理，也有效地提升了企业培训水平、培训效果。

（3）管网图册、标绘功能、单井图形化展示、地图打印等特色化定制功能为地面工程管理和设计提供了有力的工具，大大提高了工作效率。

参 考 文 献

[1] 刘金萍，唐亮亮，郭学勇等石油物探三维 GIS 系统设计与实现研究[J]地理信息世界，2014，21(3)：105-108，112.

[2] 周峤 基于移动 GIS 技术的管道智能巡检系统开发与研究[D]东北石油大学，2013.

[3] 刘苏成品油库三维数字化应急系统研究［D］，西南石油大学，2013.
[4] 郭大成，李志平 3D_ GIS 和移动互联技术在第三方交叉管线管理中的应用[J]，油气田地面工程，2018，37(2)：98-103.
[5] 梅永贵，郭简，王景悦等沁水煤层气集输管网三维地理信息系统的设计[J]油气储运，2015，34(12)：1328-1332.
[6] 彭辉基于 ArcGIS Server 的石油管道巡检管理系统设计与实现[D]湘潭大学，2016.
[7] 慧立，徐慧，李苗等基于 GIS 技术的油田集输管网数字化管理[J]油气储运，2011，30(11)：808-810.
[8] 李颖基于 GIS 头台油田台 103 区块注水管网系统的研究与应用[D]东北石油大学，2012.

多旋翼无人机在油水井管护过程中的常规巡检实践

李　智

（中国石油大港油田公司）

摘　要　随着无人机技术及相关的挂载相机和传感器技术的飞速发展，无人机广泛应用与电力巡检、勘察测量等领域。大港油田的油田生产管理，主要依靠岗位员工的日常巡检去发现设备故障和管线泄漏、电力线路故障隐患。劳动强度大，故障隐患隐蔽等因素，导致了常规巡检存在一定的局限性。不适应新时期数字化油田的生产需求，迫切需要对油田生产管理中的日常巡检作业进行分析，融合无人机技术，实现事故隐患的“早发现，早控制”。本文介绍了无人机在油水井管护过程中的常规巡检，进一步提高事件的响应速度和故障事故隐患的排查效率。

关键词　无人机；油水井场；输油管线；输电线；日常巡检

无人机巡检作为一种使用可见光及红外热像仪等巡检设备对输电线路进行巡视检查的全新巡检技术，具有迅速快捷、工作效率高、不受地域影响、巡检质量高、安全性高等优点。据统计，运用无人机进行缺陷识别，杆塔瓶口及以上位置、人工难以发现的缺陷占比 785%。设备本体巡检效率和质量显著提高，并且极大降低了劳动强度，提升了巡检效率，确保了对电力设备状态的运行维护能力。因此，无人机的应用是线路巡检智能化发展的有效解决方案。

大港油田的劳动组织模式是常规“驻岗式”，即岗位员工负责一定区域内的生产参数采集，设备设施巡回检查。由于劳动强度大，生产效率低，生产设备和油气集输管道、电力线路的安全平稳运行存在着巨大故障隐患。越来越不适应新时期数字化油田的生产需求。特别是油气生产物联网系统建设以来，劳动组织模式调整为“中控+按需巡岗”。日常巡检的功能性缺失，限制了数字化油田的经济和社会效益。

因此，有必要对油田生产管理中的日常巡检作业进行分析，融合无人机技术，实现事故隐患的“早发现，早控制”。

1　无人机选型

无人机是一种自带动力的、无线电遥控或自主飞行的、能执行多种任务并能多次使用的无人驾驶飞行器。无人机系统是通过建在地面、车船或其他平台上的通信站，获得无人机所侦察到的信息，向无人机发布指令，控制其飞行，使无人机能够顺利完成任务的一整套软硬件设施。无人机系统主要包括飞机机体、飞控系统、云台以及图像传输系统等。无人机主要分为固定翼无人机、无人直升机和多旋翼无人机三大类。

无人机具有成像分辨率高，使用灵活，机动性好，易于紧急调度的优点，可以对油气生产现场进行定期和紧急检查。针对油田生产管理的特点，需要对重点油水井进行精确监测，要求无人机具备滞空悬停能力。由于 6KV 中压配电线路的高度，需要在 40 米高度的空中做低速查，要求无人机具有低空低速飞行能力。由于输油管线的距离较长，对无人机的续航时间具有较高的要求。

根据试验区域的作业面积和区域特性、环境特性，采用多旋翼无人机定点、短距巡查，固定翼无人机长航时长距离双机组合巡检方式，固定翼在工作过程中，发现的异常，多旋翼针对重点区域，利用飞行姿态优势，高精度检查异常区域及周边情况。

2　任务载荷选型

根据油水井生产管理所需的巡检范围及内容，结合无人机巡检的技术特点，不同的巡检内容使用不同类型的任务载荷进行监测，主要选用带热成像功能的光电吊舱和可见光摄像机光电吊舱、支持微光夜视 功能的双光吊舱，来实现日常巡检和精细勘察监测任务。

3　日常巡检方案及应用效果

3.1　日常巡检区域及线路

根据巡检区域的地理坐标信息，划分为5个油水井日常巡检区域，1条输油管线日常巡检线路，5条输电线精准勘察线路。

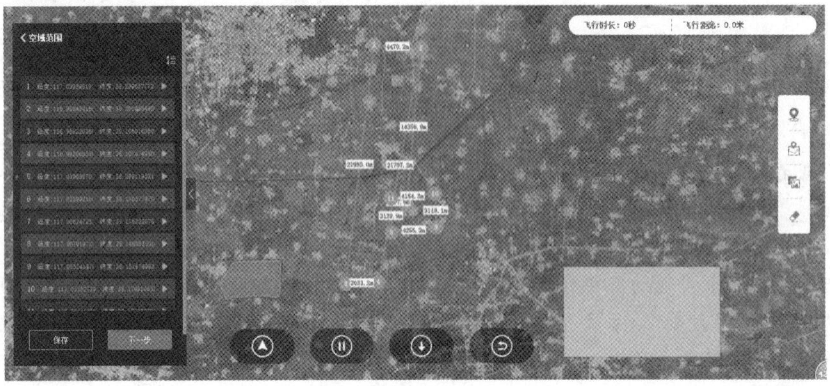

图1　无人机巡航线路

3.2　输油管线的日常巡检

针对官二联输油管线进行日常巡检，搭载可见光吊舱检查管线路由上的违章占压、环境污染、大型车辆碾压、管线取土、种植树木等情况；

夜间-8℃，搭载双光吊舱，不定时巡检管线路由，无人机飞行高度50米，航速8m/s，热成像画面切换成黑热时，浅埋输油管线的地表温度明显差异于周边环境，能清晰查勘管线走向，渗漏，人员偷盗原油情况。

图2　红外热像仪扫描下的输油管线的黑热图像

3.2　油水井场的日常巡检

采用双光吊舱实现井区安全防控，夜间作业，实时采集并显示高低温度，巡检油水井生产设备的运行情况，是否存在泄漏，可疑人员等情况。

无人机飞行高度40米，航速10m/s，间隔130米，双光吊舱任务载荷对井区的设备设施，进行横向切块扫描。监测油水井设备设施的运行工况，精准查勘各部件的发热情况。采油树和集油管线的渗漏情况。

图3　抽油机设备的昼夜巡检图像比对

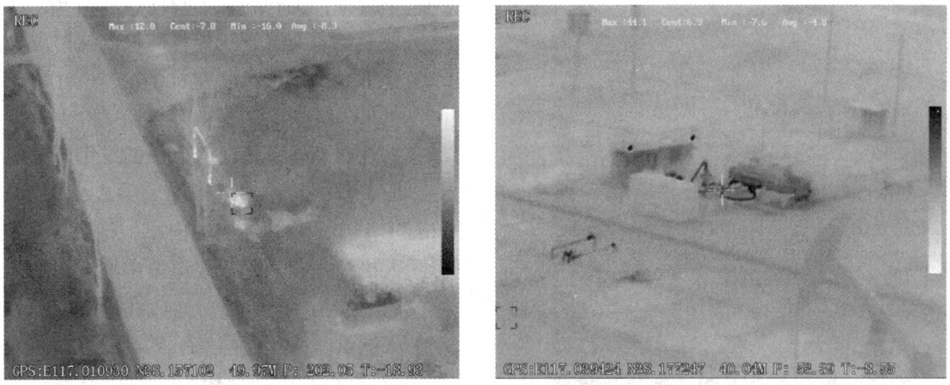

图 4　井区设备设施的巡检图像

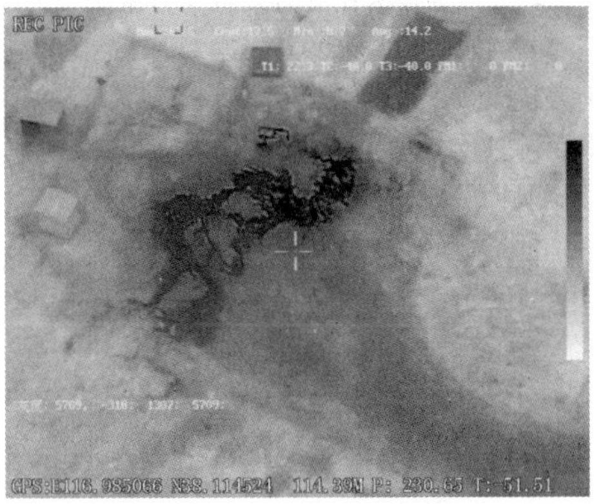

图 5　采油树井口流程刺漏情况监测图像

3.3　输电线的精准勘察

针对五条 6KV 电力线路，进行例行巡检；搭载可见光吊舱检查电力线路上是否存在鸟窝、树枝遮挡、电线裸露等情况；搭载双光吊舱，精细勘察电力线路的异常发热点。

无人机飞行高度 30 米，航速 10m/s，伴随电力线路路由巡检。可见光吊舱任务载荷可清晰查勘包括架空输电杆塔、导线、地线、引流线、避雷线、绝 缘子、销钉、防震锤、线路金具、地基与基面、接地装置、防鸟装置 等以及杆号、警告、防护、指示、相位标识等重点巡检内容。双光吊舱任务载荷可清晰查勘电力线的发热情况，判定故障隐患点。

图 6　电力线路的夜间热成像效果

3.4　应急查勘

配合安保系统进行应急查勘，要求在目标区域上方悬停于一定时间，搭载高清摄像机，超视距查勘，调查取证。

3.5　可疑人员车辆的判别跟踪

无人机在例行飞行巡检过程中，在某场站门口发现可疑人员车辆。无人机切换飞行模式，改变固有飞行航迹追踪可疑 车辆，记录航迹坐标，摄像取证，便于经警人员打击偷盗原油活动。

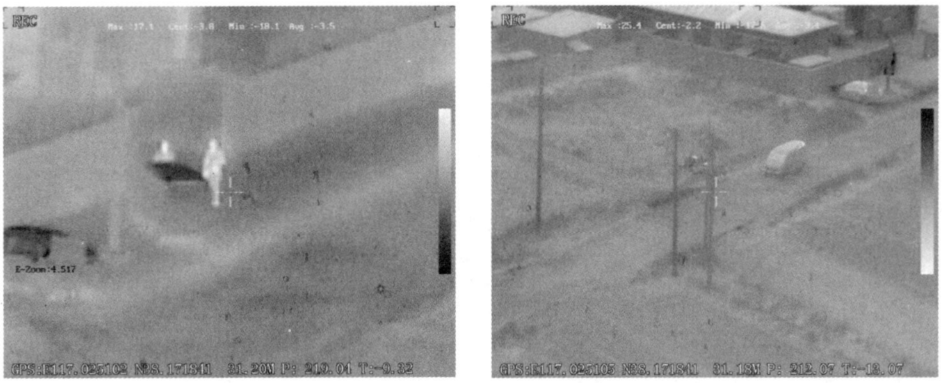

图 7　可疑车辆判定跟踪情况

图7 可疑车辆判定跟踪情况(续图)

4 结束语

利用无人机对油田的生产设备设施、输油管线，输电管线进行日常巡检、精确勘察，可及时发现安全隐患，降低事故发生概率；可精准定位、跟踪监控漏油盗油情况，有效地遏制、打击破坏油田生产设施的违法犯罪情况；可及时定位、定性管道突发事件，缩短事故处理时间，减少能源浪费、环境污染甚至可避免灾害的发生；可有效降低员工工作强度，极大提高巡检工作效率。

参 考 文 献

[1] 付昱玮，李宇明，姜洪．无人机巡线的发展和应用研究[J]．黑龙江科技信息，2014 (3)：25-27.

[2] 段云跃，谢德俊．无人机巡检技术在长输管道高后果区管理中的探索与应用[J]．石油库与加油站，2020，29 (1)：4-8.

[3] 张敏，韩芳，康键，孙浩，郭亮，李春领．红外热成像技术在民用领域的应用[J]．红外，2019，40 (6)：35-43.

[4] 王全德，王莉华，王盼锋，邬高翔．关于无人机搭载设备对集输管线交替巡检的探讨[J]．内蒙古石油化工，2018(12)：78-80.

[5] 赵果，叶斯哈纳提・叶尔哈力，吴敏．无人机巡线系统在高含硫集输管道中的应用研究[J]．油气田地面工程，2018，37 (2)：19-23.

[6] 王军锋，马建荣，魏向军，谢敏，张亮．油发式无人机技术在油田管线巡护中的应用[J]．石油化工应用，2016，35 (11)：44-46.

[7] 朱振洪，张岳，陈彦．无人机在输变电线路巡视和应急抢险中的应用[J]．电子测试，2017 (13)：96-97.

[8] 梁忠红外测温技术在电力设备运行维护中的应用探究[J]科技风，2019(29)：174.

[9] 李力，徐勋建，李波，等．架空线路无人机巡线技术探讨[J]．湖南电力，2012，32 (1)：44-47.

[10] 杨忠炯，王卉，董栋．无人机输电线路巡线系统及应用研究[J]．电子设计工程，2017，25 (4)：162-166.

数字化可视技术在油井的探讨与实践

吴可嘉　柳　敏　孟祥松　赵乾菊　王子毓　庞井蛟

（中国石油大港油田公司）

摘　要　数字可视化技术是油田企业未来的发展趋势，是推动油田开发转型升级、提质增效的有效手段。对于生产现场而言，数字可视化技术可以加深对油井的认识，减少躺井率，提高油田的经济价值。本文介绍了数字化可视技术在ZD平台的实际应用情况，通过数字可视化实时监控井下电机温度、泵入口压力、温度等数据，并结合电流、电压及井口压力、温度的变化能够判断电泵的运转状态，自动诊断、决策和控制油井工况，根据实际情况进行开关井、调整工作参数，增强电泵排量与地层供液协调性，从而提高生产时率和井的寿命。并在此基础上进一步探讨了数字油井的发展趋势。

关键词　数字可视化分析；数字油井；电泵运转；提质增效

面对国内外油气行业竞争加剧、油田质量效益与规模不同步，要进一步提升企业竞争能力、创新能力和盈利能力，推动油田开发转型升级、提质增效，加快油田信息化建设就成为当前形势下的迫切需求。ZD平台搭载的数字化可视系统已形成超过90000个系统点数、671个火气探头、3515个过程仪表、13套PLC控制模块的大型中央控制系统，油水井覆盖率100%，系统设备完好率平均达到98%，监控数据准确率达到100%，系统运行稳定效果良好。

通过可视化技术，将油田地上、地下各类生产过程海量数据抽析、分类、处理，智能分析，自动控制电泵排量与注采平衡度，大大提高推动了海上油田安全高效开发。

1　数据可视化的概念及发展历程

数据可视化领域的起源，可以追溯到二十世纪50年代计算机图形学的早期。数据可视化技术的基本思想，是将数据库中每一个数据项作为单个图元元素表示，大量的数据集构成数据图像，同时将数据的各个属性值以多维数据的形式表示，可以从不同的维度观察数据，从而对数据进行更深入的观察和分析。通俗的理解就是用视觉形式向人们展示数据重要性的一种方法。

石油行业生产过程中，随着自动化程度越来越高，每天都在制造和分享数据，数据的积累量呈指数增大。基层目前普遍大量运用传统的Office办公软件，产生了大量的数据堆积，数据不能直接反应油气生产现场情况。相对于传统图表，如今的数据可视化致力于用更生动、友好的形式，即时呈现隐藏在瞬息万变且庞杂数据背后的生产数据。利用数字可视化可以准确而高效、精简而全面地传递信息和知识。可视化能将不可见的数据现象转化为可见的图形符号，能将错综复杂、看起来没法解释和关联的数据，建立起联系和关联，发现规律和特征，进一步挖掘数据的价值，并为油气生产直接服务，利用合适的图表直截了当且清晰而直观地表达出来，实现数据自我解释、让数据说话的目的。实际上，数字油田并不是遥不可及，也是一步步发展与完善的，如图1所示。

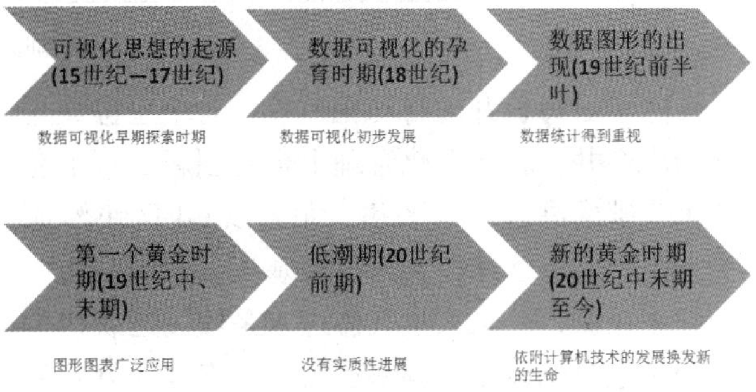

图1　数据可视化的发展历程

2　大数据可视化分析方法

2.1　生产参数的远程采集

大数据可视化技术运用计算机图形学和图像处理技术，将数据转换为图形或图像在屏幕上显示出来，并利用数据分析和开发工具发现其中未知信息的交互处理的理论、方法和技术，使其具有交互性；多维性；可视性。数字化可视技术的出现改变了人工手动录入数据的现状，人工录入生产数据时，存在油水井多，生产参数复杂，无法实时更新等问题，而且准确率无法有效保证。ZD平台搭载的数字化可视系统通过现场安装的温度传感器、压力传感器达到3513台，设备覆盖率达到96%，可以直接读取和监控套管压力、管线温度及压力、井下电机温度和频率、泵入口压力、液位、温度等生产数据，甚至气体探头、烟雾探头等报警设备也可以实时监控。所有数据皆是直接反馈到HMI操作界面，实时读取数据，提高了数据的准确性、及时性，并且可以查看任一数据近期的变化曲线，方便生产人员进行分析和整合，实现了全平台的数据可视，为数据库的建设提供了有力保障。

2.2　电潜泵控制原理

赵东油田生产井电潜泵均安装井下压力传感器和温度传感器，监测泵吸入口压力、泵出口压力、电机温度、吸入口流体温度。同时，监测地面三相电流和电压，X/Y方向振动值和电泵系统漏电流以及地面变频间环境温度等重要数据，控制系统对以上监控的重要数据设置了报警点及自动关断点，当这些数据异常，达到报警点时，电泵控制系统会自动向生产监控系统发出报警，现场操作人员可通过报警数据诊断电潜泵运行情况，及时处理，达到自动关断点的紧急情况下可自动停机，实现对电泵的多重保护。

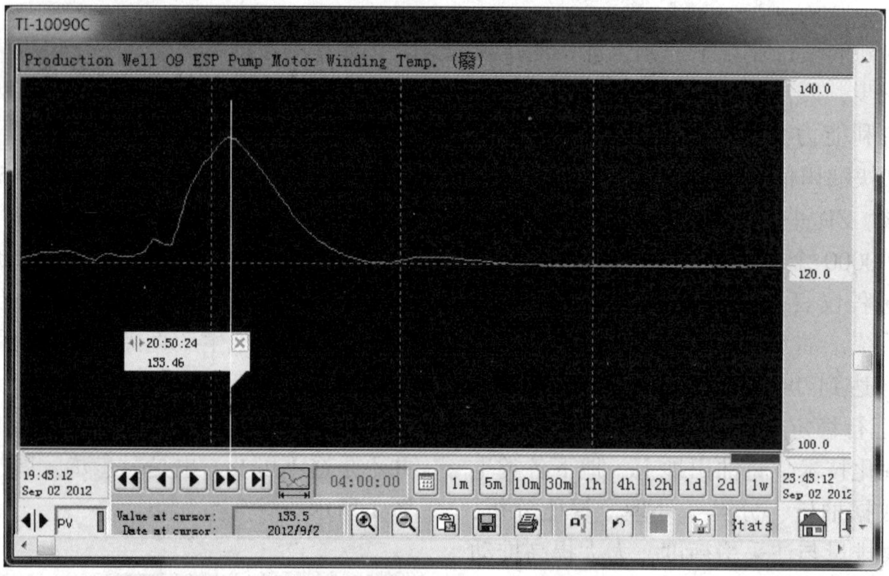

图2　-F8油井可视化监控界面

除了对每口井的自动化监控，对一些特殊井况的生产井，在自动化管理上也有创新。对于易产生气锁的高含气水平井，尤其以C4区块沙河街中生界井，往往是气体呈段塞流，如果采用传统频率控制，一旦大量气体进入泵体，造成初步气锁，电泵仍以设定频率运行，并未改变电泵工况，以致气体进一步积攒，直至完全气锁。以赵东油田C4区块F8井为例，该井主力油层中生界，该层位油井存在供液量不稳定、气液比高等生产特点，极易造成电泵高温。如图2电潜泵马达区间温度曲线图所示，该井电潜泵吸入口温度在90℃，马达温度维持在120℃，在马达温度区间图所示某一时刻由于液量过低无法对马达进行充分冷却，马达温度持续升高接近关停点，为避免此种情况发生，在赵东油田创新采用电流自动控制模式，当初步气锁发生时，由于进入泵体的流体密度变小(气体进入)，电泵负载降低(电流降低)，为保证电泵在原电流设定下运转，电泵系统自动提频，加速气体压缩、搅碎气块，利于气体快速排出，从而避免气锁发生。一旦进入气量变小，马达温度恢复正常，负载升高，电泵自动返回初始工况，有效的避免了由于供液不足而造成烧泵。自动化控制模式的创新，有效的减少了高含气井发生气锁的情况。目前没有出现因为气锁而造成的检泵情况发生，实现了高气油比情况的稳产、高产，截止2020年底，赵东平均检泵周期2168天，最长寿命6028天的国际领先水平。

3 数字油井的探讨

智能诊断和决策是油井的最终发展方向，但是由于智能诊断和决策系统需要大量的实际油井生产经验来获得知识，并且其可靠性的验证风险大、花费多、历时长，这样以来油井智能决策和诊断也一直处于停滞不前的状态。然而，随着科学技术的进步，国外的一些大型石油企业已经着手开发并应用数字化技术开采石油。本人认为数字化油田的开发要有全局意识，在现有条件下，研究技术难度小、切实可行，又对油田生产起到关键性作用的技术，加强对数字油井技术研究，推动采油系统全面升级与再造。“走进”油井，观测油井内部工作情况，计算机模拟油井开发生产，进而用人工智能方法对油井系统进行合理的设计是未来的发展趋势。

数字化功能油井是油井数字化工程的核心。结合计算机动画及仿真技术，实现数学模型与可视化油井的集成，使数字化油井设计由“形似”提高到“神似”，具有油井的实际功能，能够反映油井内部各部件的实际工作特性，并在此基础上重新认识数学模型。数字化功能油井的功能：(1) 真实动态三维地显示油井各部件的流动特性(井筒多相流体)、动力学特性(抽油杆柱、泵阀)、静力学特性(油管、套管、水泥环)和相互间的作用(如杆管偏磨)；(2) 具有正确反映油井实际工作状况，可以输出相关指标的图形和表格的功能；(3) 能够进行虚拟现场试验，三维显示各种工作制度和各种工况下油井的运行特征。

3.1 数字化油井的建设阶段

第一阶段：建立数字化油井设计平台—数字化可视油井，利用油井数字化工程数据库系统的资料，以三维可视的形态显示静态油井原型。

第二阶段：把数字模型与数字化可视油井进行集合。在计算机上形成一个具有油井实际功能的、可以进行分析试验的数字化功能油井。

第三阶段在数字化功能油井的基础上结合人工智能科学技术，形成能够进行智能决策和诊断的数字化智能油井。运用人工智能方法建立能够从数字化功能油井的输出数据中获取知识，并且能够对油井进行实施故障诊断和决策的智能系统。

3.2 油井数字化工程数据库系统

数据库管理系统主要为油井可视化服务。另外由于它的系统性、方便性，同样可以应用油田数据管理的其他方面，它使得数据分类更系统，录入、删除、查询更方便。根据钻井、测井、完井、套管、油管、电潜泵、地层压力、流体参数、计算成果等数据可视化数据库，为描述展示油井的静动态的工作状况做好数据准备。

建立数字化可视油井，基于油井数字化工程数据库系统进行三维井眼轨迹的设计，并设计三维完井段、套管、水泥环、油管、电潜泵和泵阀的三维静态模型。实现任意位置及方位角度下全井段三维展示。未来数字可视化油井建成生产数据实时采集、数据管理、生产动态预测、实时工程分析、故障诊断、远程计量、系统效率及损耗分析、生产参数实时优化设计、措施方案发布、智能控制、方案决策等硬软一体化的工程数据平台及采油工程专家系统。实现数字化油井为生产的服务，提高生产效率及工艺水平：数字化油井技术对采油、注水、集输等系统进行整体优化，通过工艺流程自动监控、设备运行预警保护、生产参数动态优化的配套应用，使得系统效率提高。

3.3 数字油田的展望

数字化油井的开发与应用，将提升油田采油工程设计研究水平，并为各项采油工艺技术实施提供可靠的依据。从数字油井到数字油田，再到智能油田，这是数字油田发展的必然和基本阶段。数字打基础，智能助提升，提高油气田管理科学化水平，降低劳动强度和生产成本；及时准确采集生产数据，为技术研究和生产决策提供科学依据；不同类型专业软件成果数据相互调用，实现技术分析决策快速化智能化。数字、智能油田建设是有规律可循的，遵循“采、传、存、管、用、智”规律，以数据为主线，利用“大物云移智”技术来完成，逐步实现石油行业的“智慧油田”，用数智化转型加速驱动油气行业高质量发展。

4 结论

(1) ZD 平台搭载的数字可视化系统可实时监控井下的电机温度、电流、电压，泵入口压力、温度，井口压力、温度，管线压力、温度，套管压力等数据，设备覆盖率达到 96%，所有数据均可以在 HMI 界面上直观显示，实时读取数据，提高了数据的准确性、及时性，并且可以查看任一数据近期的变化曲线，方便生产人员进行分析和整合，实现了全平台的数据可视，为数据库的建设提供了有力保障。

（2）通过数字可视化实时监控井下电机温度、泵入口压力、温度等数据，并结合电流、电压及井口压力、温度的变化能够判断电泵的运转状态，自动诊断、决策和控制油井工况，根据实际情况进行开关井、调整工作参数，增强电泵排量与地层供液协调性，从而提高生产时率和井的寿命。

（3）探讨了数字化油井的建设主要包括三个阶段，首先建立起三维可视的形态显示静态油井原型，其次把数字模型与数字化可视油井进行集合，在计算机上形成一个具有油井实际功能的、可以进行分析试验的数字化功能油井，最后结合人工智能科学技术，形成能够进行智能决策和诊断的数字化智能油井。

参考文献

[1] 李丽芳．石油天然气井筒数据可视化系统研究[J]．内蒙古石油化工，2009(07)：29-30.

[2] 王权．大庆油田有限责任公司数字油田模式与发展战略研究[D]．天津大学，2003.

浅析数智化在海上平台的建设进展及前景展望

景海增　徐咏梅　姜学华　蒙　文　周陆平　王洪亮

（中国石油大港油田公司）

摘　要　面对国内外油气行业竞争加剧、油田质量效益与规模不同步，要进一步提升企业竞争能力、创新能力和盈利能力，推动油田开发转型升级、体质增效，加快油田信息化建设就成为当前形势下的迫切需求。赵东项目结合自身特点，开展了数字化建设，逐步构建智能化管理模型，实现了“三降、三提、三促进”即：降低劳动强度、降低技术门槛、降低运营成本；提高劳动效率、提升工作质量、提高开发水平；促进开发业务流程优化、促进生产运行方式优化、促进劳动组织结构优化，为油田开发转型升级，实现油田高质量发展提供有力的技术支撑。

关键词　数字油田；海上平台；智能化；控制系统；发电机组负荷管理系统

赵东油田位于河北省黄骅市赵家堡以东5米水深线以内的大港油田滩海、极浅海地区，是中石油第一个对外合作的海上油田。赵东油田结合自身特点，吸收和引进国内外先进技术和经验，根据实际需求，发挥比较优势，突出进攻重点，集中优势力量开展数字化管理和智能化研究。

1　赵东海上平台数智化管理现状

2003年投产至今，赵东平台发展成集钻井、油气开采和集输、注水功能于一体的大型固定式综合平台，有设备撬块集成化、过程控制自动化、火控系统全覆盖等特点。各种机械设备336台/套(其中撬装设备22套，泵232台，常压罐39台，压力容器43台，需要重点监控的工艺容器69台/套)，各种仪器仪表设备约3，515台套，各种火气仪器仪表设备约583台套。实现平台全覆盖，通过不断优化控制模式，在保证安全的前提下，实现了高可靠性和高保障率。

通过实行数字技术推动了海上平台无人化、少人化，生产指挥集成化、智能化，逐步转变生产运营方式，实现降本增效。赵东平台现95%的设备可以通过中控室远程启停，100%的设备状况实施数字化监控。现已实现生产过程监控、异常预警报警、流程自动控制、功图分析、工况诊断、趋势分析等功能，见图1。

通过利用物联网技术，建立覆盖油气井口、油气水处理、计量、集输，建成规范、统一的数据管理平台，实现生产数据自动采集、远程监控、生产预警，支持油气生产过程管理。坚持生产流程的优化、管理流程的优化、组织机构的优化，实现生产效率的提高、管理水平的提升。

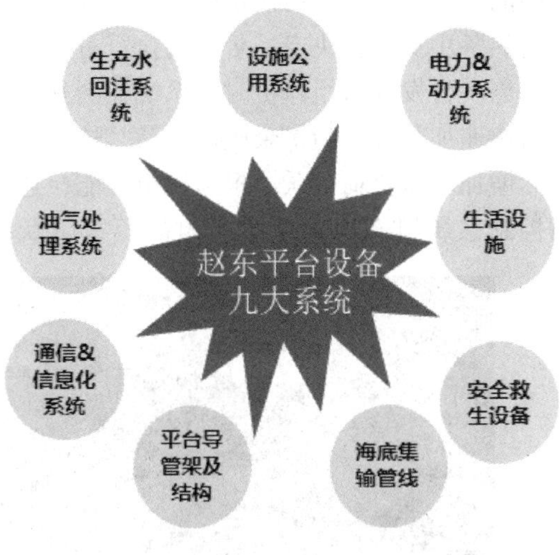

图1　赵东平台设备九大系统

建立完善了数据资源共享服务体系，实现跨部门联动“井下-地面处理-集输”一体化、网络化。科研、生产、管理及决策人员工作场景由个人桌面上的独立单兵作战转变为跨地域、跨部门、跨层级的一体化协同作战，达到了结合专家经验实时优化、动态协调现场生产的目的。赵东海上平台具有快速应对突发事件的联动机制，不管是在家里还是外地出差都能通过任意一台互联网电脑实时掌握现场生产情况，有效及时地帮助领导层快速决策，调整方案、解决难题。

2　赵东海上平台数智化建设进展

随着生产井数量增加以及注水量的增大，平台用电负荷也在不断地增加。平台主电源供应由岸电和平台自发电机组两部分组成，岸电系统通过两条35Kv海底电缆供电，平台自发电由四台SOLAR透平发电机组组成，两路电源独立分列运行。透平发电机组为三用一备供电方式。在实际运行过程中，自发电侧有时由于一台发电机的不正常或者超负荷，会造成平台电力系统不能稳定工作或发电机组全面失电而影响平台的正常生产。

赵东项目结合自身特点实行“国际化运作，中石油管控”逐步构建智能化管理模型。设计中石油首个“发电机组负荷管理系统”，将物联网的采集控制功能与智能应用平台的分析决策功能深化融合，利用现场实时数据，建立分析决策模型，驱动油田开发智能化管理模式。

负荷管理系统通过MODBUS与三相智能电力检查仪表进行数据读取，以此实时监控13个负荷，一旦一台或者多台发电机停机，系统将通过电网的带载情况与负荷设定值运算在停机前剩余机组热备用负荷，决定是否需要执行负荷脱扣操作。当一台发电机组停机时，系统控制其余联网机组快速加载来承担多余电网负荷，这种负载的突然增加叫做负荷阶跃。根据机组性能，通过负荷控制系统组态决定单个机组的负荷阶跃能力，所有在线机组阶跃负荷之和，决定了机组剩余热备用负荷。当剩余机组阶跃负荷小于停机负荷时，执行负荷脱扣操作。停机负荷和剩余机组阶跃负荷之间的差值即是最小脱扣负荷。

当单台机组手动停车时，主断路器断开之前大部分负荷会分配给剩余在线机组，此时断开断路器发电机空载运行，为了不执行负荷脱扣功能，系统根据运行状态和断路器状态判断该机组是否为故障停机，同时机组设置卸荷临界值，临界值以上执行负荷脱扣运算，临界值以下不执行负载脱扣运算。

赵东平台的负载管理系统，利用PLC系统的先进检测控制技术与强大的运算功能，构建了海上石油平台发电机组应急卸荷控制系统。避免了发电机不正常停机导致的剩余机组超负荷现象发生，在保障平台安全生产的前提下，该管理系统可以根据每台发电机组最大负荷能力和实际负荷，通过设置大负荷设备优先级，卸荷掉部分次重要电气负荷，确保剩余在线机组的正常运转，有效减少意外关停次数，并为恢复故障机组或启动备用机组提供时间，为平台稳定生产提供良好的电力保障。如下图2所示：

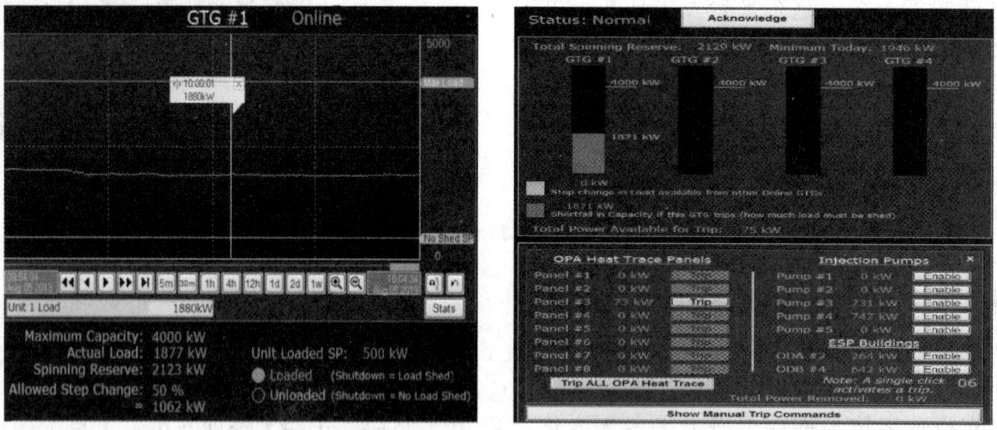

图2　发电机组负荷管理系统

负荷管理系统投入之前，出现卸负荷需求时，控制室值班人员需要在几秒钟内通过人机界面手动卸荷，难度极高。以快速卸荷为设计目的，系统控制功能，控制原理，系统软件采用了梯形图和功能模块相结合的逻辑程序，如下图3所示。该软件控制系统能有效地提高运行效率和动作实时性。为提高卸负荷执行速度满足工作实时性，PLC系统主程序扫描时间为30ms。并且自动化控制系统程序故障率低，维护方便。

针对赵东平台自发电机组实际情况，采用PLC控制设备和检测装置相结合的硬件结构，通过功能块和梯形图的软件编程组合，设计了自发电网的负荷管理系统。从该系统软硬件调试后正式投运近2年的实际情况表明，系统克服了发电机组因非正常停机过载故障造成全面停电停产的不足，为平台供电的可靠运行、保证生产长周期稳定生产、防止平台全面停电事故的发生、提高油田产量提供了坚实的基础。

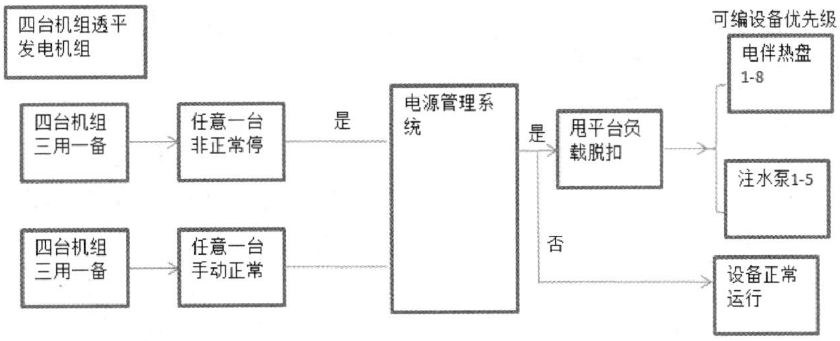

图 3　控制系统示意图

3　赵东海上平台数智化建设展望

赵东油田已全面建成油气生产物联网系统，油气生产现场全部完成数字化改造，实现油气生产全过程数字化管理。数字油田建设的一个重点领域是保持全局视野，实现生产运营一体化。智能油田建设只能研究现有条件下实施难度较小，并且能够切实支撑油气生产的业务。结合赵东平台现有自动化高、数据储存量大、人机控制系统兼容性强，将逐步开发火气系统，自主完成视频监控与火气系统联动工程，实现异常报警时中控室监控画面自动切换至报警点，实时追踪报警区域现场情形，为应急指挥提供科学决策，进一步提升平台火灾预警和处置能力、油水井井动态管理及产量分析预警能功能。

创建油水井井动态管理及产量分析系统，改系统以数据中心为基础，通过计算机网络实现数据库、应用服务器与各部门之间的数据共享。应用服务器完成数据的缓存、运算参数的设定与运算，为各部门需求提供不同使用权限。根据各生产层次单位实际生产能力等情况，确定判定生产异常状况阀值 ，进一步进入变动原因分析功能，从各类当日增减因素(开关井、正常井产量波动、电网和管网、注水井注入量变化等因素影响)判定产量异动原因，进一步对其中开关井情况进行动态跟踪分析，即可找出产量异动的主要因素、次要因素，并可排除偶然因素的影响。产量监控预警和对比分析的最终目的是在警示管理层产量出现异动和提示相关部门异动原因的基础上，进一步推测下一阶段产量运行趋势的量化判断，预测要完成目标产量所需的措施工作量，以及下一阶段可能对产量产生影响的主要因素(生产环境变化、已安排可预见的增产措施等)，并对下一阶段产量运行趋势做出较为量化的预测，并据此对措施工作量及其他因素采取相应措施予以修正。

在目前实时大数据和信息共享平台基础上，综合研究，智能协调，推进可视化软件的开发和应用：激活海量数据价值将油田地上、地下各类生产过程海量数据抽析、分类、处理，通过云计算、大数据、人工智能等分析技术，替代现场技术人员快速发现判识剩余油气储量、注采平衡度、井筒工况，精确指导油气藏开发和油气井措施作业，提高采收率。进一步打造智能化的赵东油田，实现油气田全生命周期的闭环管理。

4　数字化技术带来的优势

智能油田是数字油田未来的发展方向，未来将以统一的数据智能分析控制平台为中心，无论固定资产、移动设备还是工作人员都将成为数据的收集者和接受者并直接同控制中心建立联系。智能控制中心结合人工智能、大数据、云计算等技术，通过分析海量的数据实时完成资源的合理调配、生产优化运行、故障判断、风险预警等，最终实现全部油田资产的智能化开发运营。

人工智能将在设备预测性维护方向产生巨大价值。我们知道，机器设备出故障后维护成本高，且在一段时间不能提供服务。因此，通过历史运行及故障维修数据构建预测性维护模块后，石油企业就可以预判故障发生概率，提前做例行保养，减少突发故障带来的成本增加。

石油行业历经百年的发展，不仅积累了相当庞大的海量数据，同时也形成了一套完整的知识体系，更培养了大量的专家型人才。因此，要让人工智能在石油行业具体的应用场景中发挥更大价值，显然让石油行业专家更便捷的使用 AI 平台工具，将大大提升他们的工作效率，并降低开发的复杂度。由此可见，人工智能技术正在越来越多地应用到石油行业，并在专家助手、优化生产、降低运营成本和最大限度地提高效率上发挥了重要作用。

5 结论

智慧油田的建立是一个系统工程，建立在实时大数据系统和信息共享平台基础上。其核心是油气田全生命周期的闭环，包括前端数据采集与监控、油藏动态分析、井下作业、生产管理与调控、设备设施完整性管理、生产运营、整合 IT 基础建设等领域。未来我们将在自动化数据采集和控制的基础上，实现油藏管理、采油工艺、生产运营的持续优化，为将来建立全面感知、自动控制、智能预测、优化决策的智能油田体系打下基础。

赵东项目坚持“经济性、实用性、先进性”原则，以数字化、智能化为引领，逐步开展“数字油田、智能油田、智慧油田”发展战略，在巩固扩大数字化建设成果的同时，加快智能化建设进程。总结模式经验，固化标准规范，优化设备技术，因地制宜，规模复用，提高建设效率和效益，数字化建设、智能化管理为油田开发转型升级，实现油田高质量发展提供有力的技术支撑。

参 考 文 献

[1] 范江涛 . 海上石油平台发电机组的应急卸荷控制系统[J]. 自动化仪表，200930(12)：52-54

油田数智管控新模式的建设研究

刘劲松 艾 鹏 张 帆 宋英茹 姚智萱 江维娜 段莉娜 瞿 燕

（中国石油大港油田公司）

摘 要 随着信息技术、自动化技术的快速发展，我厂实现了单井–管道–站库的整装地面数字化建设，达到解放生产力、提质增效等目的，但随着国际油价持续走低和安全环保带来的双重压力，油田的发展面临前所未有的挑战和考验，而随着无人机、北斗智能终端、移动单兵等新技术的出现，基于油田地面数字化建设，依托信息化技术发挥合力优势推进老油田数字化转型智能化发展，为系统优化、精益管理、盘活用工、降本增效提供支撑，助推采油厂提质增效，转型升级，打造采油作业区数智管控新模式。

关键词 无人值守；少人值守；信息化；RTU；PLC

1 数字化建设背景

随着油田中后期的开发，以及疫情和国际油价的双重影响，油气开发过程中所面临的难题也日趋加剧。就我厂而言，主要体现在以下几个方面：

1.1 持续上产与用工总量不断减少的矛盾

按照“三控制一规范”和上市单位出 5 进 1 的原则及每年正常退休，引发持续上产与用工总量不断减少的矛盾，而且新进大学生基本工作在一线，不能更好的施展才华，需要给年轻员工提供展示舞台，同时，新区开发增产不增人，需要岗位优化。

1.2 安全生产和环保压力

我厂生产井大都分布在农田、虾池、河道及地方企业厂房边缘地区，新的安全环保法实施后，面临更大压力。

1.3 管理模式繁琐，效率低

传统生产模式由人工录取各类数据，工作效率低、劳动强度大、采集上报周期长、信息量不全，发现问题时，逐级上报，且管理层级多，反馈环节多，决策效率低。

面对以上问题，我厂依托地面数字化建设，整合自动化资源，来带动优化组织机构，盘活人力资源，提升安全生产管控能力，提高管理水平。

2 我厂的数字化建设

2.1 油水井数字化

2.1.1 油水井生产参数采集系统

采油厂油水井全部安装生产信息采集系统，实现了油水井生产现场 Zigbee（图 1）传输网络的全覆盖，油水井现场设备、仪表安装达到标准统一，目前，数据传输率>95%，数据采集传输及报警时延<2min，数据采集传输及丢失率<1%。

2.1.2 非密闭油气生产全过程全时段管控系统

系统采用先进的移动互联网、物联网和云计算概念，将采油厂单井点和运油罐车全部纳入一个综合监管网络内，通过建设监控指挥中心，对原油拉运进行统一的智能监管，井场建设拉油点视频监控、拉油点电子锁控、油罐车电子锁封管理子系统，形成了采油物流配送的全过程全时段闭环式管控新模式（图 2）。实现了行为可控、液量载体可控、路途痕迹可控，有效提升单井拉油生产管控能力。

2.2 站库数字化

2.2.1 接转站数字化

无人值守站系统是在 A11 系统整体技术架构基础上开展建设的，通过现场仪表、控制设备对生产现场数据进行采集，结合 PLC 技术、组态软件应用，实现作业区生产监控。同时将生产实时数据整合进 A11 的生产管理子系统中，最终在采油厂及油田公司实现对无人值守站的集中管控（图 3）。

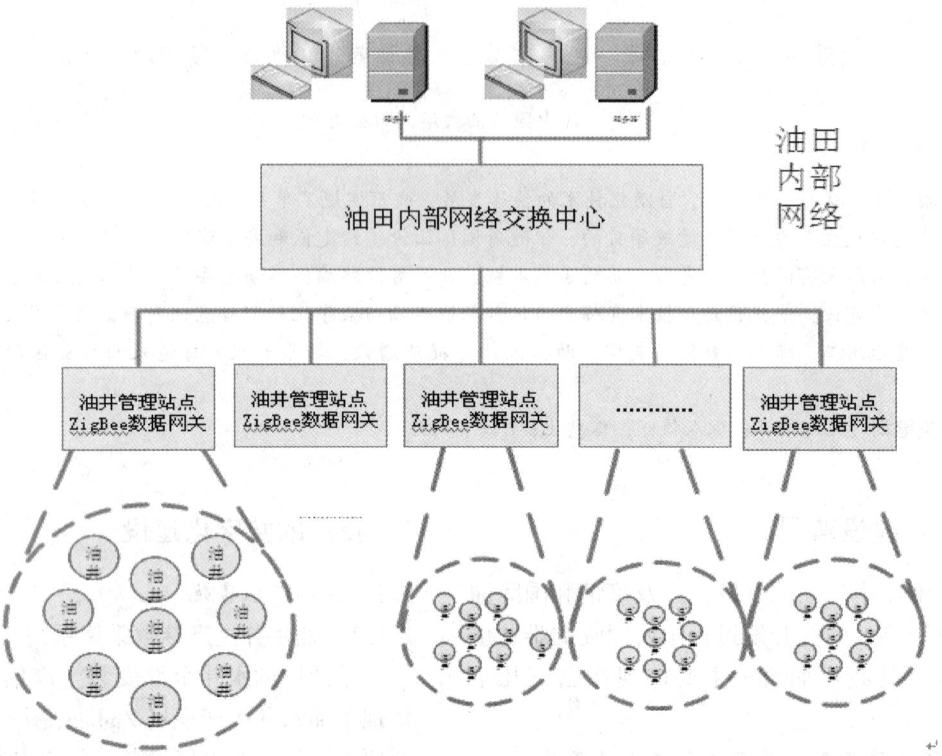

图 1 Zigbee 技术网络构架图

图 2 非密闭油气生产全过程全时段管控系统闭环式管控模式

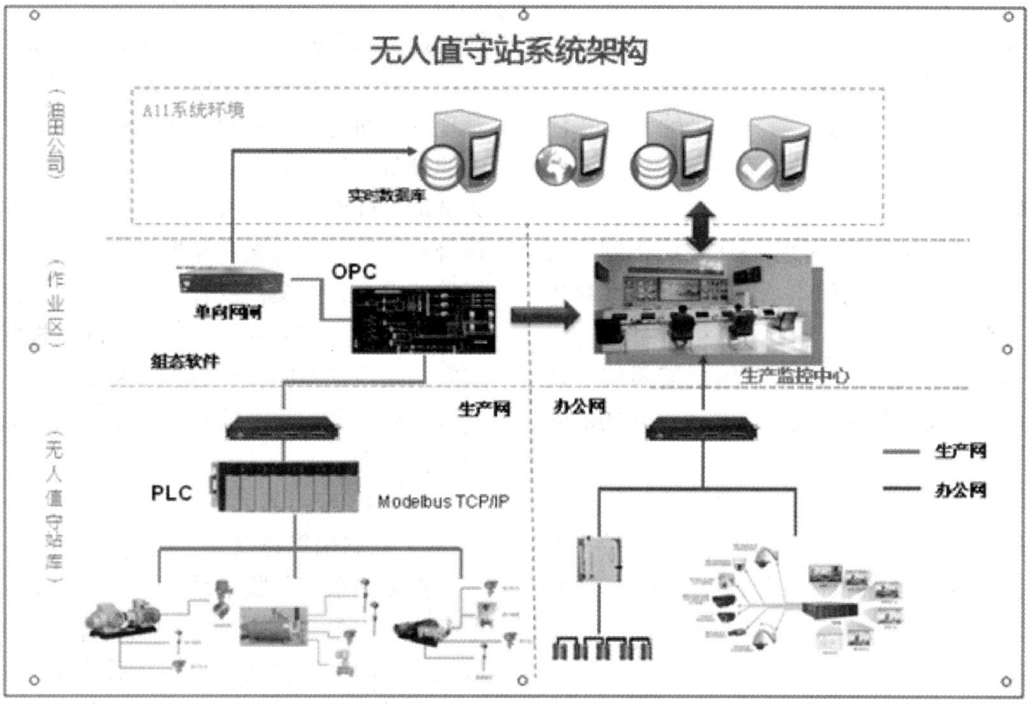

图 3　无人值守站系统架构

(1) 系统建设

1) 生产专网建设

无人值守站与作业区通信采油光缆有线传输，宜充分利用现有网络资源，在作业区部署单向网闸，建设生产专网与办公网实现物理隔离，实现实时数据单向传输，保证数据传输安全。

2) 生产过程控制系统建设

① 生产参数调控

为保证站内各系统的生产安全，对系统设定报警限制，当实时监测的生产参数超过限定值时，启动相应保护措施。

② 远程监控

远程监测各机泵的运行状态，并通过控制信号，远程自动启/停各机泵。

③ 联锁保护系统

A 集输系统：可实现对压力、温度设置高高、高、低、低低四种报警值，并根据压力、温度的高高、低低报警值联锁停泵，以及过滤缸前后压差变化达到限定值时报警，在接收到停泵信号及压力高高报警信号后，自动开启直通电(气)动阀门，在泵运行状态及压力数据正常情况下自动关闭直通电(气)动阀门。可燃气体浓度设超高报警值，实现与泵房风机形成联动开启、报警消除后自动停机的功能。

B 注水系统：进、出口汇管管道安装自动泄压阀与污油池工艺相连，当压力、温度出现高高、低低报警以及过滤缸前后压差变化达到限定值时，机泵能够自动停泵，而且当汇管压力超过自动泄压阀设定压力值时，自动打开泄压阀。

C 加热炉系统：供气管线压力值设置高、低压限值，实现报警功能。

D 污油池系统：污油泵出口与混输泵(输油泵)出口汇管相连，污油泵出口管道安装单流阀，出口控制阀门常开，系统可对液位设高、低报警值，并根据限值，自动开启/关闭污油泵。

3) 生产环境监测建设

① 视频监控：根据站内环境和监控需求配置球机和枪机等视频采集设备，泵房内采用防爆型摄像机，摄像机通过网线上联至交换机，将数据上传至作业区硬盘录像机。

② 周界报警：周界报警系统根据站库围墙设计对射设备，站内安装照明、报警、扩音器设备，能够与视频监控系统实现报警联动。

4) 物联设备信息监控建设

在人机界面显示工艺过程参数值以及工艺设备运行情况，多画面动态模拟显示生产流程及主要设备运行状态，UPS 电量情况，实现远程控制设备的运行状况，完成参数超限报警、联锁、报警事件记录等功能。

（2）实现功能

在作业区生产监控中心对现场生产情况进行实时监控，实现功能包括：

1）生产数据采集与监测：对集输系统、注水系统、加热炉系统、污油池系统等系统的各项生产参数进行实时监测。

2）生产过程控制：实现 ESD 系统控制、对各机泵进行远程启/停控制，以及对生产参数进行设定、修改。

3）生产环境监测：包括气体报警系统、视频监控系统、周界报警系统，提高生产现场的安全性。

4）监控界面：将现场生产数据及工艺流程通过组态软件在监控电脑中集中展示，中控室值班人员可根据实际情况进行数据查询及远程操作。

2.2.2　联合站数字化

将联合站现场仪表数据统一接入信息中心存储，系统利用现有运行参数数据进行智能分析，分别监测罐区、气液分离区、外输泵房、加热炉区的设备和管线的安全运行状态，可以基本满足生产、安全预警需求，通过现场仪表、视频图像对现场画面进行实时的图像分析，并对危险区域内的设备、管线的泄漏、烟雾、明火以及非工作人员进入操作区域等不安全状态进行监测并进行预警和报警，系统服务器根据分析结果发布预警报警信息，各级操作及管理人员可通过桌面电脑可实时查看、监视现场的安全状况，根据不同的权限接收现场不同级别的预警和报警信息，在第一时间对报警、预警信息进行处理，提高现场生产的安全性。

（1）系统建设

1）数据采集建设

将输油系统、脱水系统、加热炉系统、生化系统、污水处理系统、供注水系统等所有 PLC 数据汇聚的工程师站、操作站都连接到同一生产网交换机，之后通过单向网闸将生产数据传输到信息中心的实时数据库(图 4)。

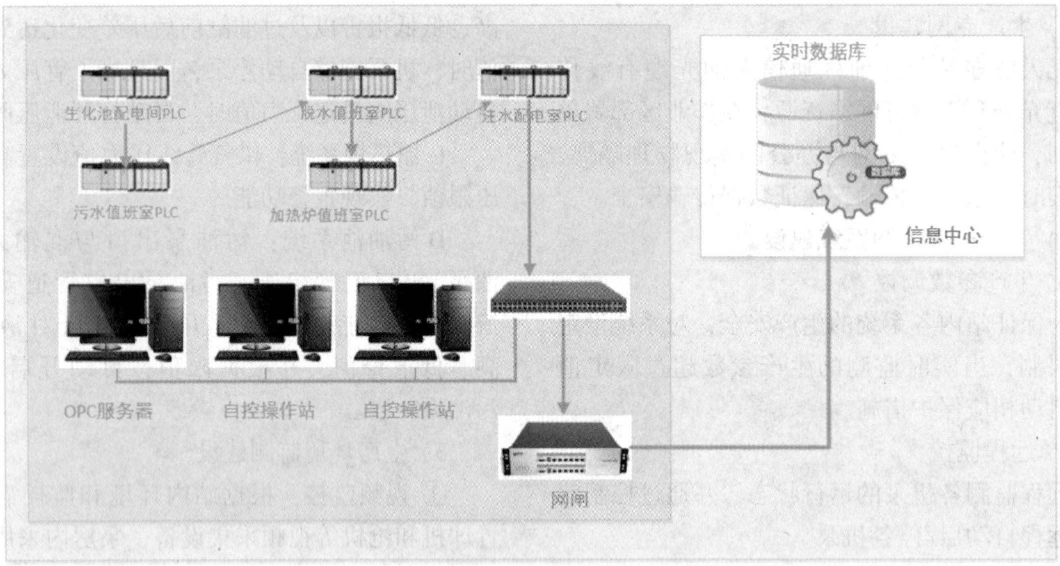

图 4　数据采集图

2）视频采集建设

在原有视频监控的基础上完善储罐、外输、脱水、加热炉、污水、消防泵房、供注水泵房、出入口等重点区域摄像机的数量，实现全区域内视频监控的全覆盖，以实现对重点危险区域进行自动识别及监控。

3）区域识别建设

在出入口、重点危险区域部署区域识别系统，共分两类：一类是在重点危险区域房间内部署读卡装置，当人员携带的防爆标签进入区域内时，系统进行感知；另一类是在各出入口部署感知系统，当人员携带标签进出时，系统能识别人员是进入还是离开，从而实现人员进入重点危险区域的信息及位置。

4）中控室建设

① 大屏系统

中控室安装展示大屏，用于展示流程界面、视频监控、安全预警等系统。

② 不间断电源改造

部署 UPS 供电系统，用于给中控室机柜的自控系统、服务器、数据库在现场停电的时候提供电源，避免数据的损害和丢失，为抢救电力系统争取时间。

(2) 实现功能

主要对站内的储罐区、油气处理区、外输泵房及管线、加热炉区和出入口等范围进行监控和管理，主要功能有：

1) 储罐、管线、容器油气泄漏、烟雾、明火及非工作人员进入操作区预警和报警。

2) 对管线、容器、流程的超压、超限、仪表故障等进行识别并预警。

3) 对该联合站的出入口人员、车辆、特种设备进行登记，对不合格者限制入内。

4) 现场安全生产状况可通过仪表信息、图像、声音等实时传送到各管理部门，现场突发情况、安全预警信息、安全事故等实时推送给相关人员。

5) 对监测数据进行智能分析，自动提醒生产运行辅助，并实时发出预警信息，通过视频监控、周界报警联动功能，为该站的安全生产提供保障。

6) 数据通过 opc 接入上一级集中存储，统一进油田系统。

7) Web 页面展示，建立油田公司、二级单位、站库三级预警信息系统，实现各级安全管理、安全监督人员的对现场监督的穿透式管理。

联合站重点危险场所安全预警信息系统建设后，可全方位、实时的采集生产现场的仪表、视频信息，通过对其智能化的分析，工作人员可随时掌握现场的安全状态，可实现对重点危险部位的全方位、全时段、实时的安全监督和管控，这些现场的安全状况预警和报警实时传送到油田公司、采油厂、联合站的安全监督和管理人员电脑终端，改善了目前的安全监督管理流程，强化了三级管理模式，实现了现场穿透式管理，同时根据不同的各级别人员的权限，发送不同级别的预警和报警信息，实现监控全过程记录，达到事件可追溯的目的。

2.3 管道数字化

2.3.1 阴极保护系统

采油厂的联合站、接转站、长输管道应用了外加电流保护，所有远传数据可在统一平台上集中展示。

2.3.2 管道泄露报警系统

输油管道泄漏监测报警定位系统(图 5)以负压力波结合次声波法为基本方法，当首末两站间输油管道内某一点发生泄漏时，泄漏点压力突然降低，产生负压波。负压力波将沿管道利用介质(原油)向两端传播，当该负压波传播到管道端点时，引起首站出站压力和末站进站压力降低，并分别被设在两端的压力变送器捕获，随泄漏位置的不同，首末站响应的时间差也不同，根据响应时间差、管道长度、压力传播速度即可计算出相应的泄漏位置。

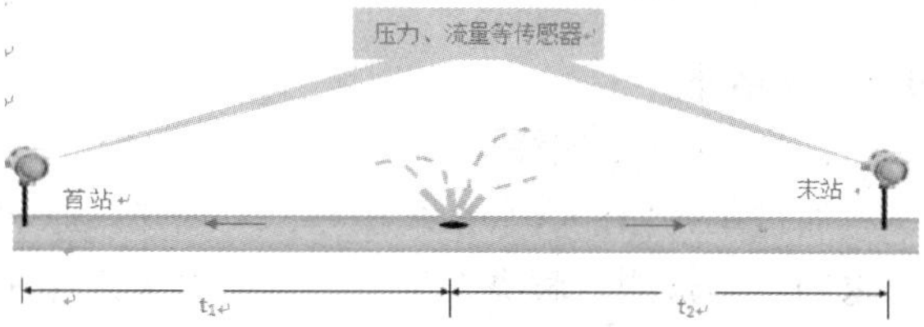

图 5　管道泄漏报警系统原理图

目前，该系统已安装在我厂长输管道上，能够发现问题及时报警，保证安全生产降低损失，某日，管道泄漏报警系统发出泄漏报警，同时长输管线两端交接油报表对数出现较大差值，通过系统定位确定泄漏点，及时进行了处理，把损失降到了最低。

2.4 电力数字化

通过电力生产信息综合管理平台，可实时采集、监测各电力线路运行数据及报警信息，并根据采集的实时数据及时分析统计，实现了我厂电力设施运行状况的监控、管理及数据的深化应用。

3 取得的主要成果

3.1 优化组织机构

组织机构进一步精简，四级生产管理转变为三级生产管理模式，优化下来的员工充实到其他岗位，不仅解决了新区生产人员紧缺的难题，也壮大了技术部门实力，使技术人员比例更加科学，业务技术水平进一步提升。

3.2 提高劳动生产率

在产量稳定，人员减少的情况下，实现人均油气产量及人均管理井数大幅度的大幅度提高。

3.3 提升了管理水平

通过建设，使站库运行由驻站式管理变为巡

检式管理，技术决策由会议模式转变为数字管理模式，安全隐患的被动式管理转变为主动式管理，实现了现场管控一体化。同时注水系统效率、分注合格率、纯抽泵效、检泵周期等指标有了大幅度提升，自然递减率、躺井率、注水单耗、集输系统单耗等指标有了大幅下降。

采油厂作业区管控中心虽初见雏形，油水井、站库等生产数据均在数据监控中心集中展示，而无人机、北斗智能终端、移动单兵等技术也已具备，但不能发挥其合力的最大效果，需将技术合理应用，打造作业区管控新模式，便于作业区生产、安全数智管控。

4 数智化建设研究

4.1 油水井

4.1.1 原油含水在线检测

通过单井原油含水在线检测，实现井口原油含水的自动检测，解决人工蒸馏化验含水，存在费时费力，取样随机性大，不能及时、准确反映油井含水变化情况等问题，达到提高油田管理、减少能耗、降低生产成本、提质增效等效果，对确定油井出水、出油层位、估计原油产量、预测油井的开发寿命也起着重要的作用。

4.1.2 油水井视频监控

通过生产井运行监控可视化系统，实现了油水井生现场的远程视频监控，生产参数实时监控与报警、历史报警信息的综合展示与统计分析等功能，确保油田安全生产和远程监控的需要。

4.2 站库数字化建设

4.2.1 数据监控中心数据整合

以联合站为数据监控中心，将所辖的油水井、管道、站库、电力等生产数据集成展示，并通过软件智能分析，实现监管一体化，达到优化人力资源配置、减轻员工劳动强度、提高油田管理水平等目的。

4.2.2 安全预警平台搭建

该平台通过数字化、智能化手段实现对人的不安全行为、物的不安全状态、环境因素和管理缺陷等风险的智能识别与主动预警的远程监管创新模式，在中小站场、施工作业现场的视频监控方面进一步建设、集成和深化应用，在生产运行安全环保预警可视化系统方面进一步推广应用，辅助管理人员实现快速便捷的远程监管与违章处理，从而减少人员现场监督工作量，提高监督成效，实现企业降本、提质、增效等目的。内容如下：

1）固定场所的安全监管：重点设备设施运行、重大风险源、危化品、管道的监控与监测及安保、环保风险管控；

2）施工作业现场的安全监管：个人违章行为的监控、作业过程中可能出现的可燃、有毒气体的监测及钻井、修井、压裂、地面工程建设和设备维修等大型作业过程中可能出现的险情或风险的管控；

3）安全环保监管信息的管理：承包商入场人员资质、培训情况、考核评价等承包商安全监管信息、监督检查和日常巡检过程产生的现场问题、隐患及监管人员工作轨迹等信息、高风险作业信息等，并通过智能化识别工具，强化风险管控。

4.2.3 原油自动交接装置

通过该装置，实现交接油生产数据的自动采集、计算、存储、查询、工况报警等功能，采集的数据与人工化验数据对比，数据偏差较小，能够满足内部交接的需求，可进一步优化人力资源，提高交接油管理水平。

4.2.4 无人机技术

通过无人机巡检，替代人工巡检，当雨雪天气过后，能够对人工进入困难的井场、管线等地面设备进行巡检，提高了工作效率，优化了人力资源，节约了用工成本，同时，利用无人机热成像巡检，及时发现管线泄露，及时处理，降低环境污染风险，也能及时发现盗油现象，通过远程喊话，及时追踪，降低巡检人员的人身安全风险。

4.2.5 移动单兵

搭建综合安防管理平台，解决信息孤岛问题，实现信息共享，通过系统间的各种联动方式将其整合成一个有机的整体，使之成为一套整体的、全方位的综合安防系统，达到人防、物防和技防充分融合的目的。

4.2.6 智能终端

通过智能终端的不同权限，基层员工可进行单井、站库、管道的智能巡检，管理人员可进行场站、作业区等防爆区域安全问题拍照取证、人员位置定位，作业票、人员资质等相关材料的线上对比审核，设备基础数据、运行维护、监督检查等环节的数字化管理和分析以及井位导航等功能，提供生产运行、安全监督、数据采集等应用支撑。

4.2.7　原油产量自动盘库系统

目前采油厂原油的库存量还是主要依靠人工数据录取和液位自动获取，人工取样化验的数量有限，每天一次的盘库存在着不确定性，且工作强度大，效率偏低。应用原油产量自动盘库系统，实现储油罐的油量自动计算，沉降罐的底水自动切放，通过显示终端掌控油罐放底水的动态数据，实时测量并展示库存的油量。避免人工登高爬罐进行检尺取样，减轻工作量的同时保障了员工人身安全，提升工作效率和质量，优化人力资源配置。

4.2.8　视频周界联动报警

联合站视频周界联动应用智能安防可视化技术实现对现场安全风险的智能识别与主动预警。通过视频监控与周界报警系统联动的方式进行视频监控的弹窗报警与摄像头区域内侦测到异常活动的弹窗报警，进一步提升周界视频报警系统的有效性和及时性。通过在站库、重点井场、特殊为先作业现场等敏感区域的视频监控覆盖，结合移动布控球技术和安全可视化管理平台，对生产现场的视频图像进行智能分析和报警，提升风险预警数据的准确率，强化智能预警管控水平，形成生产、安全、管理一体化的安防新模式。

4.2.9　抽油机井智能间抽建设

油井在线智能控制系统在现有油井综合自动化基础上，实现工况诊断、软件量油、区域识别、报警分析、调节冲次、间抽优化等功能以及所有数据的集中管理与应用。从而满足标准策略自动间抽、间抽工况智能分析、抽油机不停机运行、智能优化间抽策略的实际需求。做到自感知、自学习、自决策、自执行、自适应，同时可将标准化的间抽计划等策略远程下发至边端，从而避免员工现场进行操作，降低员工劳动强度，确保油田在稳产增产的情况下降低能耗和节省人员现场工作量。

4.2.10　高压动液面数据智能监测管理系统

高压动液面监测系统系统采用套筒内气压放气作为无线远程控制的气爆脉冲声源，对外放气产生次声波，回波接收装置接收次声波数据传至远程控制模块进行运算并发基于于可靠传输方式存储于监控中心服务器数据库中，可以精确测量油井的液面深度，确定油井动液面数据，预防油井液面突变发生井喷等事故。

5　预期效果

5.1　优化劳动组织，提高生产效率

作业区生产管理中心与所辖联合站中控室整合，形成作业区数据监控中心，其集成了数据采集、视频监控、无人机巡检、设备设施预警系统、安全管理系统、人员管理、井位导航系统等，对生产现场的风险和施工作业中人的不安全行为智能化识别，通过广泛集成与智能分析，实现风险的智能识别与主动预警，从而达成强化监管、风险受控、降低成本、提质增效的目的，也进一步优化人力资源。

5.2　降低维护成本，节能降耗

通过实时监测，实现故障的及时发现、处理，加强设备管理，提高生产时率。减少设备停机损失、设备偷盗损失及设备节能降耗等。

5.3　提高安全管理水平，提升精细化管理水平

井场、站场数据自动采集，减少人为录取资料误差，提高油田精细管理水平，同时改善员工工作环境和强度，设备出现故障或报警，操作人员能够及时发现，避免事故发生，保障设备和生产的安全。实现危险场所及风险点源视频监控，避免违规操作、降低安全风险。

建设后的采油作业区，将数据采集、安全管控、设备管理、人员管理、智能巡检、视频监控等功能融为一体，充分发挥合力优势，形成采油作业区数智管控新模式，为采油厂提质增效、可持续发展开辟新的途径。

参 考 文 献

[1] 张列贵．简述现代机械自动化技术．黑龙江科技信息，2007.

[2] 李晓东，崔凯，邵勇，段春节．石油机械，2011.

[3] 褚健，荣冈．流程工业自动化技术．机械工业出版社，2004.

大港油田数字化原油交接系统的研究与试验

刘　晴　王存博　米立飞　孙　凯

（中国石油大港油田公司）

摘　要　本文首先分析大港油田厂级原油交接现状，提出开展原油数字化、自动化交接的必要性。对原油自动交接的方法进行了研究，并对动态实时计量的仪器仪表及控制系统进行对比分析，通过综合研究，给出了原油自动化交接的实现方法，并在工艺设计上采用一体化撬装设计。基于此方法开展现场试验，通过试验数据分析得出该方法具有很好的可行性和适用性，能够实现厂级原油自动交接，进而提高厂级原油交接动态实时监控及管理水平，达到减员增效的效果。

关键词　厂级原油交接；数字化；自动交接；动态计量；在线含水率

1　前言

目前世界上原油交接的方式有体积交接和质量交接计量两种方式，我国采用的是质量交接计量的方法。在《油田油气集输设计规范》中规定，原油数量计量可分为三级，其中一级计量为油田外输原油的贸易交接计量，也就是商业级计量；二级计量为油田内部净化原油的生产计量，主要为了解决厂级原油交接和管理需求；三级计量为油井产出的高含水原油生产计量，主要解决了油田开发分析的需求。油田厂级原油交接属于二级计量，目前国内厂级原油交接计量主要采用人工方式，为了进一步提高原油交接技术水平和管理水平，提出对原油自动化交接技术进行研究。

2　大港油田厂级原油交接现状分析

目前大港油田建有南、北、东三条原油长输干线，厂级原油采用动态质量、人工交接模式。建有交接油站点 8 座，分别位于 6 座联合站内，但独立于联合站管理。厂级原油交接采用动态交接方式，主要设备包括流量计、含水仪、温度表、压力表等。人工交接主要工作包括定时抄表、取样化验、计算填报。正常工况下，每小时进行一次取样，4 小时取满一个样品进行原油含水率和密度化验，化验过程需要两人配合 40 分钟完成，8 小时计算一次纯油质量，24 小时结算，填写交接日票据，票据纸质存档。整个过程由交接双方共同完成，并在遇高含水时要加密取样，因此需要工人多，劳动强度大。目前 8 个厂级交接点工作人员共有 128 人，劳动用工多，并且从整体上员工年龄偏老化，近两年退休人员占 30%，人员缺口大。随着人工成本逐年升高，用工结构性矛盾突出。

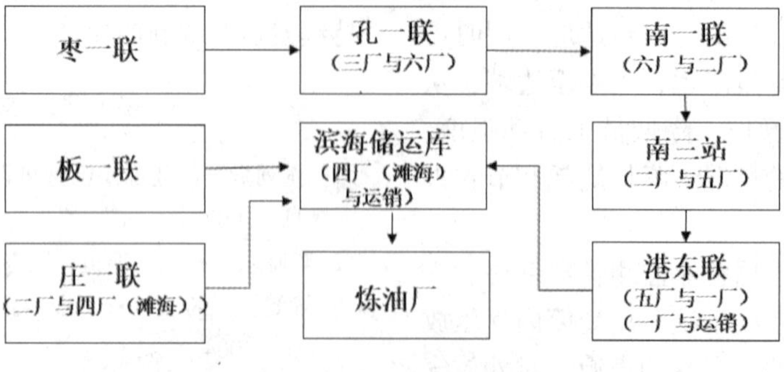

图 1　大港油田集输系统原油交接流程图

目前国内油田内部原油输量交接计量均采用人工的传统模式，从长远发展上难以满足精细化管理、高质量发展的需求。原油交接作为地面集输系统的一个重要环节，由传统生产管理方式向数字化模式变革，既是生产所需亦是发展所需。

3 原油数字化交接技术关键研究

为了实现油田厂级原油数字化交接，本文开展了相关关键技术研究，主要从4个方面开展：(1)原油自动交接算法研究；(2)关键仪表的适应性分析和优选；(3)工艺流程设计；(4)系统架构及可靠性设计。通过分析难点，针对性的提出对策，从而给出完备可行的自动交接系统建设方案。

3.1 原油自动交接基本算法研究

国标规定我国以油品在空气中质量作为交接依据，因此本文开展自动交接油研究时采用质量交接方法计算。根据国家标准，原油在空气中的净质量 m 按照下式计算：

$$m_o = V_i \cdot \rho_{20} \cdot (MF \cdot C_{pi} \cdot C_{ti}) \cdot C_{aw} \cdot F_a$$

式中：各参数的意义如表1所示：

表1 原油交接计量计算参数含义及计算需求相表

参数	含义	计量、计算需求项
V_i	流量及累积体积	流量计
ρ_{20}	原油标准密度	温度变送器、密度计、《石油视密度换算表》
MF	流量计系数	10016(计量温度下蒸气压低于标准大气压)
C_{pi}	原油压力修正系数	压力变送器、温度变送器、ρ_{20}
C_{ti}	原油体积修正系数	温度变送器、《石油体积系数表》、ρ_{20}
F_a	空气浮力修正系数	《烃压缩系数表》
Ca_w	含水系数	含水分析仪

计算算法中，流量、压力和温度数据可以通过体积流量计、压力压力变送器和温度变送器直接采集。对于密度和含水数值简单的方式是通过质量流量计获得，但质量流量计直接测量的是工况下混合油品质量，计算得出含水率和混合油品密度进而转换为标况数据。计算过程中认为油品密度为定值，忽略了组分变化的影响，因此，误差无法预测。本文在算法上，采用在线密度计和含水仪直接测量，加入实时修正算法，基于水、油品介电常数和密度、含水率实时数据得出修正曲线，一定程度上修正因油品组分变化造成的影响，得出最终含水率与纯油密度，进而从算法上降低系统误差。

采用流量计、温度变送器、压力变送器、在线含水仪和在线密度计，实现对动态传输原油的流量、温度、压力、含水和密度的实时采集，并按照标准规定的公式自动的进行查表和算法修正计算，最终得到交接的原油质量，实现对原油的自动化交接。

3.2 关键仪表的适应性分析和优选

原油自动交接是否可行，一个关键因素是现场采集仪表适应性，只有优选出适应性好的现场采集仪表，才能建立好的自动交接基础。因此，对现场采集仪表进行适应性分析和优选。

从上面的研究可以看出，原油自动化盘库与交接需要的计量仪表包括液位计、流量计、温度变送器、压力变送器、密度计和含水分析仪。仪表选型包括仪表精度、类型等等，用于交接计量是仪表首先要保障精度要求。国标规定，二级计量综合误差≤1%，以此作为设计依据，根据误差合成算法进行仪表精度和类型的选择。

在流量计量方面，上海一诺公司生产的LSZ-150双转子流量计计量效果能够达到原油动态计量标准的要求，同时具有运行平稳、噪音小、性能价格比高等特点，可以满足自动交接油流量计量的需要，在油田应用比较广泛。其主要技术指标如下：精度±02%；工作压力4MPa；工作介质温度≤90℃；具备RS-485信号输出；供电电压24V。

在温度和压力变送器方面，目前广泛采用的温度和压力变送器都为罗斯蒙特公司产品，具有非常好的稳定性和计量精度，精度要求02级。

在密度计方面，优先采用科氏力在线密度计。这种密度计具有反应灵敏、测量精度高、工作可靠等特点，与其它弯形振动管密度计相比，受非稳流干扰影响小。相关参数如表2所示。

表2 科氏力密度计基础参数表

测量范围	0~3000kg/m^3
测量精度	±05kg/m^3
重复性	±01kg/m^3
操作温度范围	-50℃~+200℃
最大工作压力	207MPa
信号输出	4~20mA、RS485

在含水仪选型方面，进口的含水分析仪具有良好的温度补偿功能，且配备较强的智能组件，具有自动补偿和输出值修正功能，综合误差明显优于国产仪表。综合比选，优选适用于低含水原油含水率测量的高频微波型含水分析仪。

表 3　高频微波含水分析仪基础参数表

频率	100-5000MHZ
最大量程	0-100%含水
含水 0-4%的精度	±005%
分辨率	±001%
盐度矫正	没有
温度及密度修正	有
信号输出	4~20mA、RS485

3.3　工艺流程设计

理想的检测环境能够大大提升计量的准确性，因此本文提出设计独立的油品品质参数监测工艺流程。相较于传统的主管道支架检测工艺流程，独立的工艺流程能够一方面通过二次过滤使检测介质更洁净，另一方面使检测的介质流速稳定。如图 2 所示。

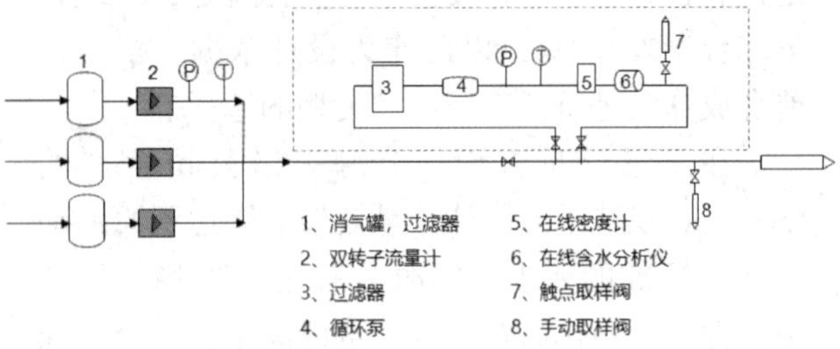

图 2　油品参数监测工艺流程图

为了减少占地空间，便于安装维护，在设计中将上述的工艺流程整装成撬，减少现场安装调试工作量，提升标准化程度。

3.4　系统架构及可靠性设计

采用数据采集、监控和应用三个层级的系统架构设计，如图 3 所示。

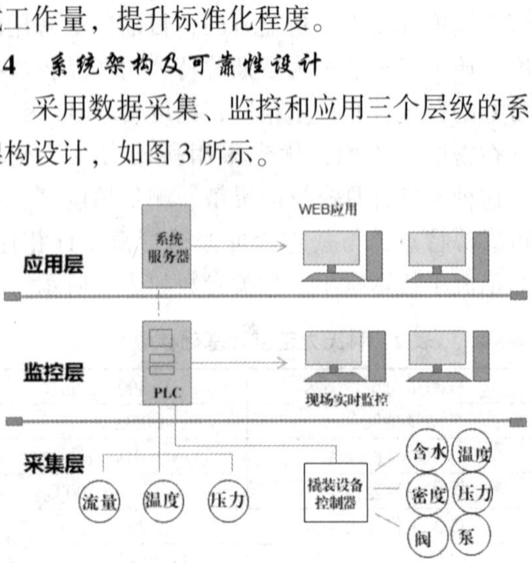

图 3　系统架构设计示意图

数据采集层的控制器直接通过以太网和上位机相连，实现数据的传输；数字量采集模块采集由流量变送器传送的脉冲信号实现流量计算，模拟量模块采集现场的标准电流信号转换成温度和压力值，串行通讯模块实现与现场的含水仪、密度计通讯来采集数据。自动监测计算系统从数据库读取温度、压力、密度和含水值等现场实时采集数据以及交接计量需要的表单，求出标准体积、标准密度、计算出混油重、扣水重、纯油重，再返回到组态软件进行显示，最终由组态软件将单站的原油交接系统以画面的形式呈现出来，并将数据上传至上游综合管理系统，实现数据的综合存储和分析应用。

在可靠性设计方面，供电可靠性采用 UPS 不间断电源技术，保证在停电后系统仍能正常工作；系统运行可靠性上整个自动交接系统进行完全备份，备份系统与运行系统具有完全对等的功能，在运行系统出现异常后，能够快速自动的切换到备份系统运行。

在仪表运行可靠性方面，部分仪表配套备品备件，部分具备在线标定功能，按照标准进行定期标定，同时保留人工取样流程，在自动系统出现故障时，切换到人工模式，保障正常生产。

4　现场试验

根据本文上述技术研究，开展原油自动化交接计量现场试验应用。选取南一联(第二、六厂)交接油站点作为试验点，采用标准算法和独立工艺流程，实现了交接油生产运行数据(流量、温度、压力、含水、密度等)的实时在线采集、计算、存储、查询和工况报警等功能，生产数据实现动态管理、高精度计量，如图 4 所示。

试验期间，对于油品密度、含水率和纯油质量三个关键参数，分三个阶段，开展了人工与自动模式的对比，先后进行了 1800 余条试验数据的统计分析，综合对比得出，单天交接纯油量量平均误差≤01%，累计交接纯油量平均相对误差均≤011%以内；标况下油品密度平均绝对误差 114kg/m^3；含水率平均绝对误差 005%；试验效果较好。截至目前系统运行稳定，系统投运后，南一联交接油站点优化现场操作人员 60%。

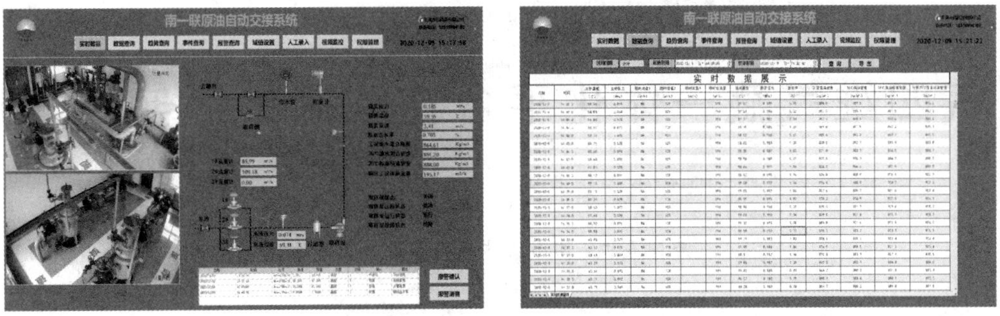

图 4　现场监控界面图

5　结论

厂级原油数字化交接技术，是地面系统“数智化转型智能化发展”的应用实践。基于数字化和信息化技术，采用稳定、可靠高精度的自动化仪器仪表、监控系统以及合理的计算方法，可实现对油田厂级原油的自动化交接计量，能够实时现场和远程在线监测原油动态交接工况，使关键生产参数得到有效监控和管理，保障了生产过程的安全平稳运行。自动采集计算代替工人定时手动采样、化验，大大降低了工人劳动强度，节省现场人力资源。同时示范站建设验证了系统准确性、可靠性和稳定性，为下一步推广应用奠定基础。预计数字化原油交接系统全面推广应用后，可优化现场员工 60% 以上，减员增效效果显著。

参　考　文　献

［1］王文良石油计量及检测技术概论北京：石油工业出版社，2009.

［2］丁也原油交接计量中配套仪表的应用油气田地面工程，2003；22(7)：36-37.

页岩气四维气藏一体化平台在威远地区实践与应用

李俊翔 何怀银 杨亚东 姜 巍 李宜真 李洁辛

（中国石油集团川庆钻探工程有限公司）

摘 要 四川盆地威远气田近年实现高效开发，在系统梳理页岩气地质工程一体化内涵、管理实践基础上，提出并建立页岩气四维气藏一体化综合平台，研究结果表明：①以地质-工程数据库和地质工程一体化技术为依托，建立三维精细地质模型、三维多簇暂堵压裂裂缝动态扩展模型、基于连续介质和嵌入式裂缝网络的页岩气藏多尺度流动模型，实现页岩气藏开发全过程可视化，实现页岩气透明四维气藏。②目前页岩气四维气藏一体化平台推广应用至W47等10个威远页岩气生产平台，共计62口井，助力天然裂缝预测精度提升15%，辅助压裂设计优化，推动设计与施工符合率达95%以上，提升气井动态预测符合率达90%。结论认为：形成综合地质工程评价、压裂模拟、开发一体化数字管理平台，实现地质工程数据分析、裂缝扩展、气藏模拟，对于深化地质工程一体化研究，提升气田开发效益有重要的意义。

关键词 页岩气藏；数字管理；三维可视化；一体化平台；裂缝扩展；地质建模

世界能源发展已经进入从化石能源向新能源转换的关键期，天然气作为一种清洁能源在推进能源转型与应对全球气候变化中扮演着重要角色。目前，常规天然气藏的勘探开发进度难以满足国内天然气日益增长的需求，页岩气等低品质油气资源的开发已经成为我国天然气储量及产量的新增长点。但是，页岩气单井产量低、递减率高，需通过“水平井+水力压裂”的方式才能实现经济开采，规模开发具有资金需求大、投资风险高、回报周期长等经济特征。此外，页岩气开发是一项多学科集成、多部门参与的复杂系统工程，见图1，常规气开发中技术条块分割，难以实现页岩气的规模效益开发及多学科多维度分析。因此，探索统筹协调的一体化工作流程，各专业从“优化的简单相加”向“集成的、有机的优化、透明化”的转换，成为促进页岩气开采“降本增效” 的必然途径。

威远区块通过系统梳理页岩气开发过程中各专业流程，系统总结了页岩气地质工程一体化研究内容，见图2，厘清了目前页岩气开发中地质工程一体化多学科融合及管理上存在的不足与挑战，并提出建立了页岩气四维气藏一体化平台，以期为推动地质工程一体化的研究、实现页岩气高效开发提供参考，为进一步提升威远页岩效益提供了有力支撑。

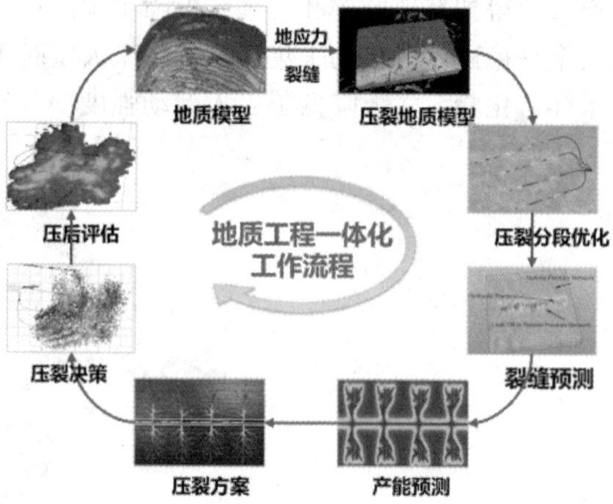

图1 页岩气地质工程一体化工作流程

1 三个一体化理念与实践

中国非常规油气开发的地质条件与北美差异较大，储层地质年代老，热演化成熟度高，有效厚度较薄；埋深大，保存条件复杂，其次地表起伏，人口稠密，环境敏感，见表1。中国非常规油气工作者因地制宜，在借鉴北美先进经验以及技术引进、吸收、创新的基础上不断探索，形成了适合中国地质、地表和油田生产特点的多种实践模式。

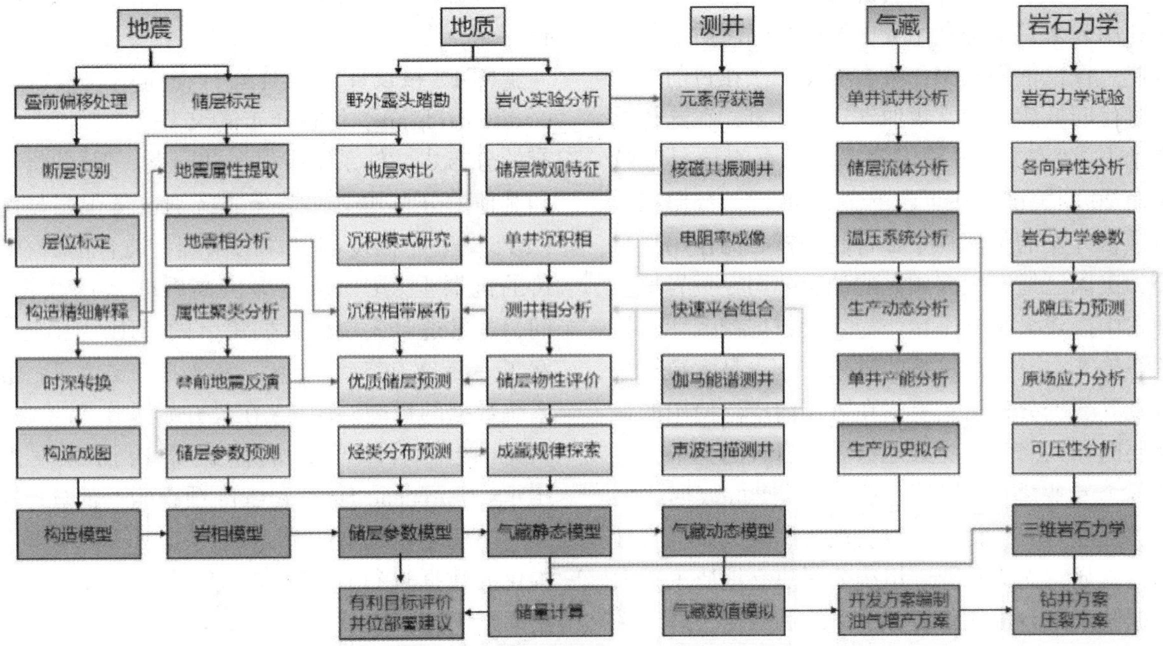

图 2　页岩气地质工程一体化研究流程

表 1　威远页岩气田与美国产区页岩储层参数对比表

页岩气井区	Marcellus	Barnett	Haynesville	威远区块
盆地名	阿巴拉契亚	福特沃斯	阿科玛	四川盆地(威远)
层位	泥盆系	石炭系	侏罗系	志留系
埋藏深度(m)	1291 -2591	1981~2591	3350~4270	1500~3000
TOC(%)	3~12	20~70	05-4	25~33
有效页岩厚度(m)	15~61	15~61	61-107	20~35
含气量(m^3/t)	17~28	85-991	5	20~40
压力系数	101-134	141~144	16-20	12~14
干酪根类型	Ⅰ-Ⅱ型	Ⅰ-Ⅱ型	Ⅰ-Ⅱ型	Ⅰ型
Ro(%)	15~30	11~22	18~25	25~32
层位	泥盆系	石炭系	侏罗系	志留系

威远国家级页岩气开发示范区，川庆钻探公司按照“勘探开发一体化、地质工程一体化、经济技术一体化”的三个一体化模式，特别是深化地质工程一体化研究，不断总结经验和分析不足，形成了一套“选好区”+“打准层”+“压好井”+“采好气”的页岩气藏高效开发技术。

2　页岩气四维气藏一体化平台搭建

围绕页岩气地质工程一体化模式搭建各项专业模块，开发了一套集地质工程数据分析、三维地质建模、三维裂缝扩展预测、全生命周期气井产能预测与评价于一体的页岩气四维气藏一体化软件，实现地质工程数据、地质精细建模、裂缝扩展动态、气井生产动态等多环节数据可视化，实现页岩气藏四维气藏可视化，为提升页岩开发综合效益提供了有力支撑。

2.1　地质工程数据分析模块

截止目前为止，不少油气公司在勘探、开发、生产和运输的过程中，获取大量有价值的数据，有的数据甚至持续搜集了几十年。但是，大量的数据分布在一个个专业部门中，且多数仅仅使用 Office 文档的形式储存，形成了一个又一个的“信息孤岛”，数据的关联性不能有很好的体现，为后续的数据分析和挖掘带来了极大的不便。因此，还很少有油气公司能将这些数据全面地利用起来，平均利用数据的能力仍落后于其他行业。仅仅依靠效率，页岩项目无法在目前低油价时代同低成本的常规油气资源竞争，在这样的背景下，“有效性”替代效率成为页岩项目继续革命20的关键。在页岩革命20时代，数据在页岩项目开发的全流程中都将起到核心的作用。目前，美国已经有很多领先的油矿公司在页岩项目开发中搭建大数据平台作为后续数据挖掘和分析的凭依，并且获得良好的效果。这也是大数据平台及其数据分析工具有望在近期内广泛使用的最重要的原因。为了更好地指导页岩气的开采，打破各个专业之间的“信息孤岛”，使得数据之间能够互通有无，搭建页岩气地质工程大数据管理平台就显得尤为重要。川庆公司建立地质工程大数据管理平台由文件管理子系统和数据管理子系统组成，分别管理非结构化的数据(以文档、表格、PDF、图片等文件)和结构化的数据(Excel、Word 等文件)，实现非结构化数据的分布式存储，选用了基于分布式文件系统 HDFS(Hadoop Distributed File System)对非结构化的文件数据进行存储，见图3。

HDFS 被设计成适合运行在通用硬件(commodity hardware)上的分布式文件系统。它和现有的分布式文件系统有很多共同点。但同时，它和其他的分布式文件系统的区别也是很明显的。HDFS 是一个高度容错性的系统，适合部署在廉价的机器上。HDFS 能提供高吞吐量的数据访问，非常适合大规模数据集上的应用。HDFS 放宽了一部分 POSIX 约束，来实现流式读取文件系统数据的目的。HDFS 在最开始是作为 Apache Nutch 搜索引擎项目的基础架构而开发的。HDFS 是 Apache Hadoop Core 项目的一部分。

结构化数据的存储，选用了 MySQL 来对结构化的数据进行存储。MySQL 是一种关系型数据库管理系统，由瑞 MySQL AB 开发。由于 MySQL 数据库体积小、速度快、总体拥有成本低、开放源代码，在数据库领域有着广泛的应用。由于其社区版的性能卓越，因此搭配 PHP 和 Apache 服务器可组成良好的开发环境。

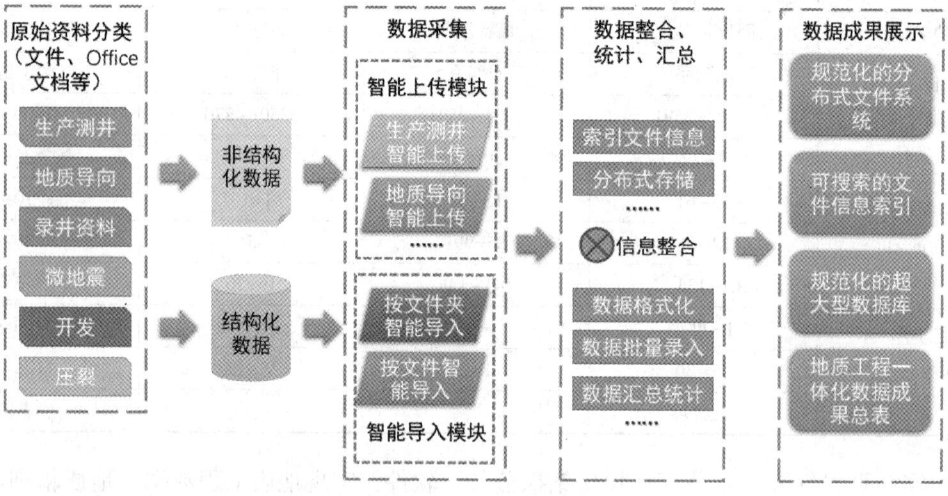

图3　不同簇数压裂裂缝面积模拟结果

基于非结构化与结构化数据存储，建设标准化数据库，各专业基础数据可进行统一管理，各专业软件数据之间可进行流通及调用。管理数据类型共10类，超过33项具体数据；处理数据文件17类，共26种具体文件格式。实现包括物探、测井、地质、压裂、开发等基础静态、动态等数据存储、管理与分析。建立多种人工智能算法，提供关键地质工程数据预测功能，实现地质工程大数据分析评价。

2.2　地质工程一体化模块

2.2.1　三维精细地质建模模块

为实现页岩气藏地质静态数据及三维地质模型一体化显示，为页岩气藏一体化软件提供专业数据可视化基础平台，针对静态地质数据及三维地质模型建模开展了可视化研究，见图4。针对三维可视化框架设计多种动静态数据格式解析及数据文件接口等多个层面信息，为后续页岩气藏压裂扩展模拟及开发数值模拟提供了基础。

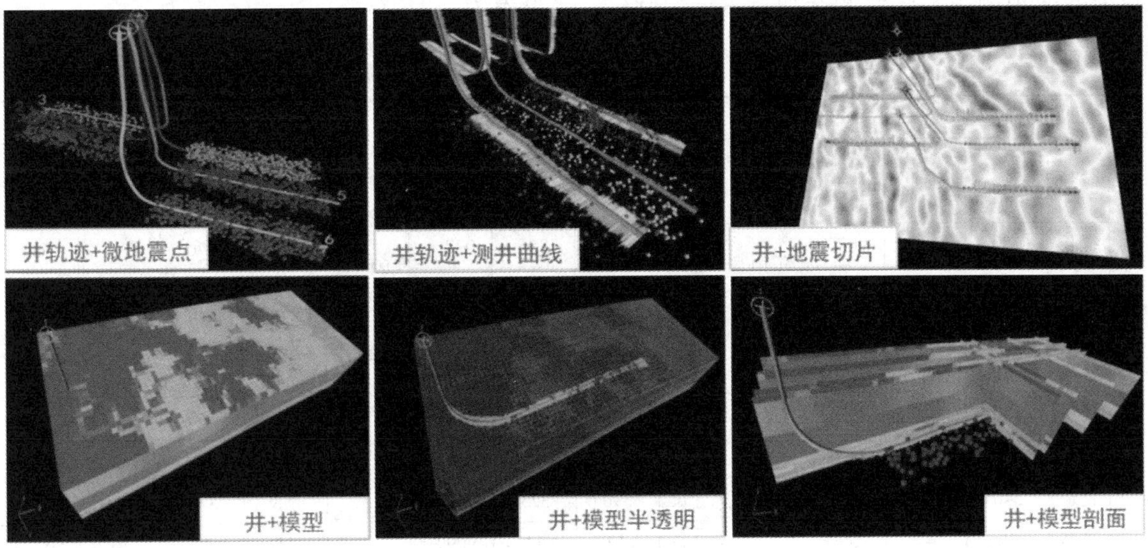

图 4　三维精细地质建模模块

其中重点采用地震、测井等地质资料对裂缝参数进行分析。对于采集的地震数据，采用构造平滑-混沌体-倾角偏差-蚂蚁追踪的方法对小尺度断层和大尺度裂缝进行有效识别。地震数据处理结果如下图所示。根据蚂蚁体追踪结果分析裂缝发育特征，可以看出研究区以近 SN 向、NNE 向以及近 EW 向小断层和大尺度裂缝为主，见图 5，裂缝长度从几米到几百米不等，裂缝倾角以低角度为主，通过实钻井导向可验证蚂蚁体追踪结果的可靠性。

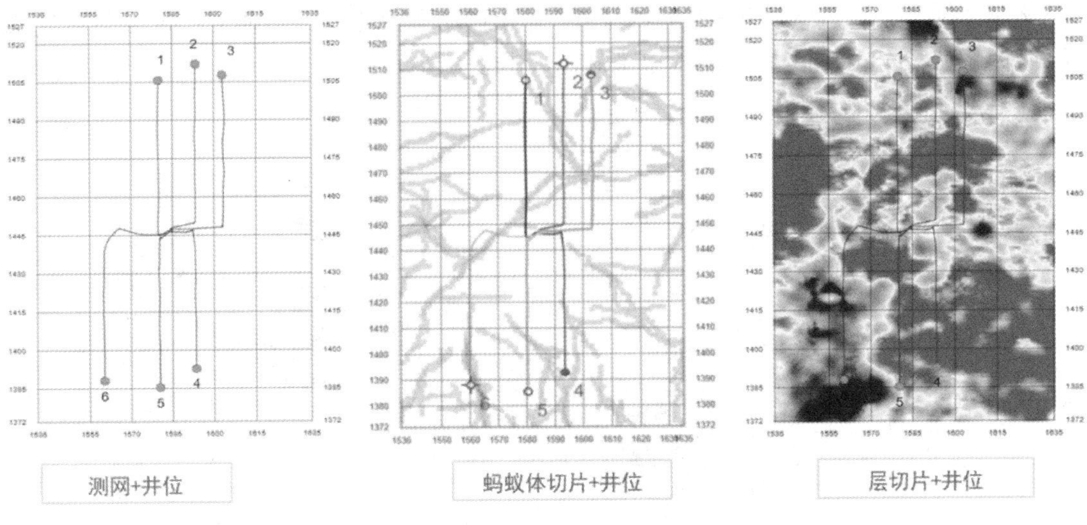

图 5　蚂蚁体切片及层切片图

2.2.2　三维多裂缝暂堵压裂模拟模块

基于前文建立的三维地质精细模块，搭建多裂缝暂堵压裂模拟模块，依据经典射孔磨蚀实验数据，得到的射孔磨蚀模型进行裂缝扩展过程射孔磨蚀动态定量表征，并耦合于平面三维多簇裂缝扩展模型，实现三维多簇裂缝扩展过程射孔磨蚀动态分析、裂缝扩展动态精细刻画。以此模块为基础，使用 MATLAB 编程，并基于 GUI 实现了用户方便操作的界面，开展了水平井分段多簇压裂过程支撑剂展布、射孔磨蚀、射孔暂堵数值模拟研究，研究了支撑剂分布、射孔磨蚀规律和暂堵压裂过程暂堵球设计(堵球数量、注入时机)方法，对国内非常规储层压裂设计具有应用和推广价值。

整体模块考虑层理缝高扩展影响、水平井筒流动、孔眼磨蚀、缝尖断裂、缝内流动、流体滤失、段内暂堵等，实现了井筒流动+多簇裂缝扩展的全耦合。同时提出平面三维多裂缝扩展模型高效算法，较前期隐式解法提高 30 倍。开展实际压裂井进行模拟，与实际井压裂结果相比，模型压裂缝网预测与实际监测平均符合率>90%， 见表 2。

表 2 威远页岩气田 W34-6 井裂缝模拟与实际监测符合率表

W34-6 井														
井段	参数	监测/m	模拟/m	符合率	井段	参数	监测/m	模拟/m	符合率	井段	参数	监测/m	模拟/m	符合率
第 1 段	缝长	380	385	987%	第 10 段	缝长	380	356	937%	第 19 段	缝长	370	340	919%
	缝高	30	33	909%		缝高	40	45	889%		缝高	40	44	909%
第 2 段	缝长	330	366	902%	第 11 段	缝长	340	365	932%	第 20 段	缝长	300	344	872%
	缝高	40	37	925%		缝高	40	38	95%		缝高	40	43	93%
第 3 段	缝长	350	362	967%	第 12 段	缝长	400	372	93%	第 21 段	缝长	360	340	944%
	缝高	40	43	93%		缝高	50	43	86%		缝高	40	43	93%
第 4 段	缝长	340	357	952%	第 13 段	缝长	390	375	962%	第 22 段	缝长	330	354	932%
	缝高	40	44	909%		缝高	40	44	909%		缝高	40	36	90%

2.2.3 气藏动态开发模块

采用改进的 EDFM 实现页岩气压裂后缝网表征，针对页岩气藏的多尺度孔缝特征，结合嵌入式离散裂缝模型，建立了基岩-微裂缝-水力裂缝耦合数值模拟方法；然后结合储层应力敏感研究实验结果，考虑应力敏感及页岩气藏特殊流动机理（吸附解吸、分子扩散、Knudsen 扩散和相态变化）和水力裂缝两侧位移间断及其内部支撑剂作用，建立了多相多组分渗流模型和储层变形力学模型，见图 6；最后，给出模型参数之间的本构关系，形成完整的页岩气藏流固耦合模型，实现多尺度裂缝缝内流体流动模拟。开展了生产动态预测与评估研究，形成整体气藏开发模块。

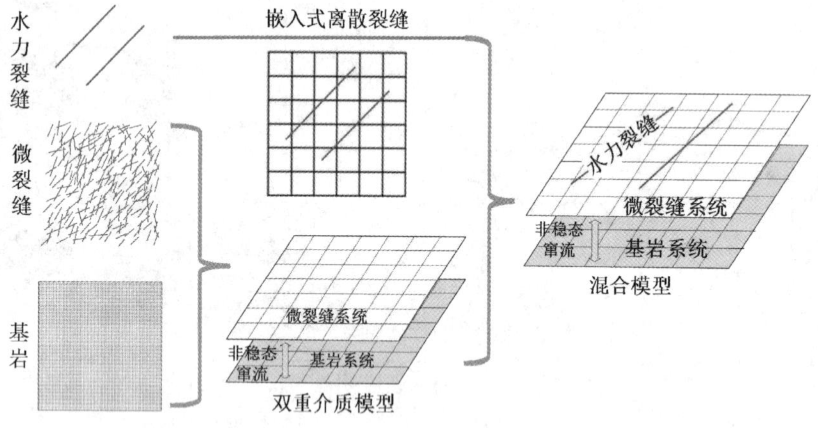

图 6 基岩-微裂缝-水力裂缝耦合模拟方法示意图

软件会自行计算双对数曲线拟合图、Blasingame 曲线拟合图、压力历史拟合图、流量历史拟合图等，同时将拟合结果分别显示在绘图曲线中，以便切换观看。

验证气藏开发模块的生产数据分析方法及软件的正确性及适用性，选取威远地区 26 口井页岩气生产数据进行了解释分析，并提供产能预测结果，提供 EUR 参数，其产能预测结果平均符合率超过 92%，见图 78 与国外同类软件对比预测精度明显提升，见表 3。

表 3 四维气藏软件与国外软件精度对比表

项目	国外软件	四维气藏软件
平均裂缝半长（m）	4108	4301
平均地层渗透率（md）	0024	0023
改造区域面积（m^2）	346910	364630
气藏总储量（$\times 108m^3$）	198	205

续表

项目	国外软件	四维气藏软件
压力预测平均误差	175%	116%
气产量预测平均误差	433%	14%
平均裂缝半长(m)	4108	4301

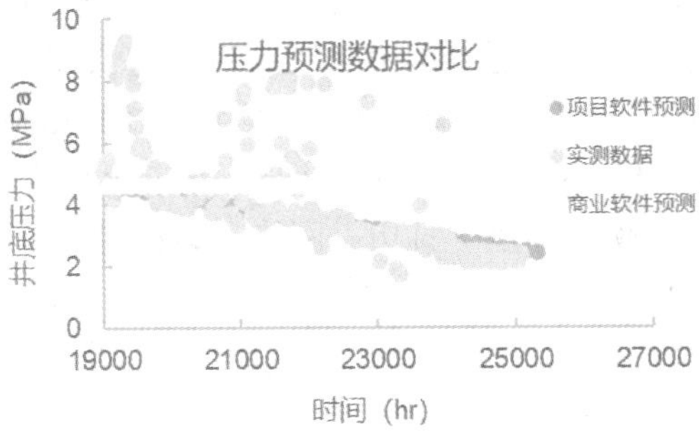

图 7　压力预测数据对比图

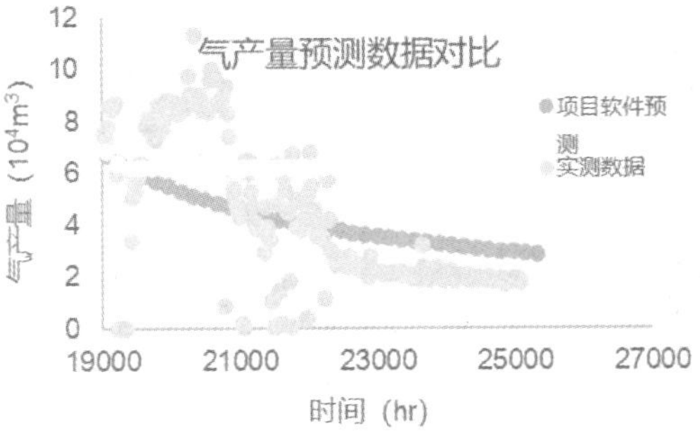

图 8　气产量预测数据对比图

2.3　四维气藏可视化

研究四维气藏成果展示设计的具体需求和体系结构，基于软件工程的理念，考虑软件平台的高效性、安全性、可维护性等，开展四维气藏成果展示设计平台架构设计，形成一套地质工程一体化可视化架构设计方案。建立一套可视化软件，软件集成数据管理(工区管理、数据交换、数据管理、表格显示、数据计算等)、二维图形可视化(图层管理、图形编辑、视图操作、图形属性、统计图、井筒图等)、三维可视化和软件配置等模块。软件基于微软 Windows 系统平台，采用 Visual Studio(MFC)开发环境，使用 BCG-ControlBar、STL(C++11)、BOOST、Direct2D、OpenSceneGraph 等 C++开发库，平台具有标准 Windows 应用程序界面，见图 9。

可视化界面采用 Windows 平台的标准界面。软件使用 MFC 作为开发底层，使用 BCGControlBar 作为界面开发库，使用 OGRE 作为三维可视化开发库，均包含相关 DLL 文件即可运行，不需要依赖其它平台。

软件依赖微软 MFC 运行库开发界面，MFC(Microsoft Foundation Classes)类库(class libraries)，以 C++类的形式封装了 Windows 的 API，并且包含一个应用程序框架，以减少应用程序开发人员的工作量。其中包含大量 Windows 句柄封装类和很多 Windows 的内建控件和组件的封装类。

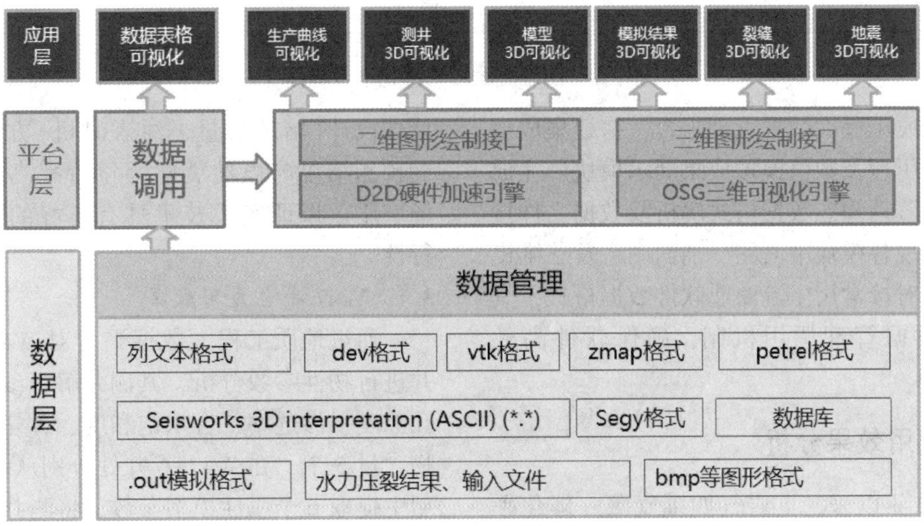

图 9　四维气藏可一体化平台架构图

MFC 是 WinAPI 与 C++的结合。API，即微软提供的 Windows 下应用程序的编程语言接口，是一种软件编程的规范，但不是一种程序开发语言本身，可以允许用户使用各种各样的第三方的编程语言来进行对 Windows 下应用程序的开发，使这些被开发出来的应用程序能在 Windows 下运行，比如 VB、VC++、Java、Delhpi。编程语言函数本质上全部源于 API，因此用它们开发出来的应用程序都能采用 Windows 的消息机制和绘图，遵守 Windows 作为一个操作系统的内部实现。MFC 是微软对 API 函数的专用 C++封装，这种结合让用户使用微软的专业 C++ SDK 来进行 Windows 下应用程序的开发变得容易，因为 MFC 是对 API 的封装，微软做了大量的工作，隐藏了好多程序开发人员在 Windows 下编制软件时的大量细节，如应用程序实现消息的处理、设备环境绘图。

MFC 不只是一个功能单纯的界面开发系统，它提供的类绝大部分用来进行界面开发，关联一个窗口的动作，但它提供的类中有好多类不与一个窗口关联，即类的作用不是一个界面类，不实现对一个窗口对象的控制(如创建、销毁)，而是一些在 Windows(用 MFC 编写的程序绝大部分都在 Windows 中运行)中实现内部处理的类，如数据库的管理类等。

BCGControlBar(Business Components Gallery ControlBar)是一个 MFC 扩展库，允许您创建具有完全自定义选项(功能区、可自定义工具栏、菜单等)和一组丰富的专业设计的 Microsoft Office 和 Microsoft Visual Studio 类应用程序 GUI 控件，例如图表、日历、网格、编辑器、甘特图等。BCGControlBar 库拥有 500 多个经过彻底设计、测试和完整记录的 MFC 扩展类，见图 10。

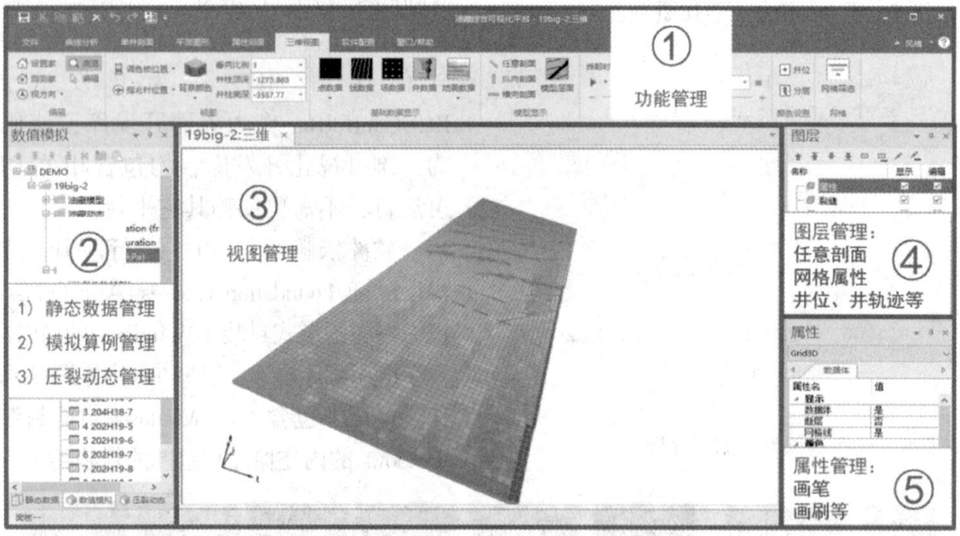

图 10　四维气藏可一体化平台界面

基于地质工程大数据管理平台，搭建集成地震、测井、压裂及数值模拟成果展示模块，完成多种页岩气藏动静态数据格式解析及数据文件接口设计，实现各模块平面图、剖面图、及三维模型可视化。对接常用主流商业软件数据格式，具备高效的数据管理调用机制，确保软件高效运行。

3　现场应用效果分析

自 2020 年以来，页岩气四维气藏一体化平台在威远页岩气开展了现场应用并持续推广，有力支撑了威远页岩气降本增效，已推广应用至 W47 等 10 个威远页岩气生产平台，共计 62 口井，完善了现有压裂缝网预测与暂堵压裂过程暂堵球设计(堵球数量、注入时机)方法，现场裂缝预测结果与微地震解释符合率高达 92%。现场应用效果证实了技术具有良好的适应性和可行性。

3.1　W47 平台应用效果

通过地质工程大数据平台对 W47 平台 8 口井进行物性参数分析，其测井解释参数中包括有孔隙度、渗透率、含水饱和度、含气量和脆性矿物含量 5 个，在 W47-6 井处分别从 W47 平台模型中提取五个属性模型参数，将测井解释的属性参数与模型预测的属性参数进行对比。经分析，模型提取的各参数与测井解释结果相关系数最小为渗透率的 0937，最大为 TOC 的 0984，均大于 09，见图 11。

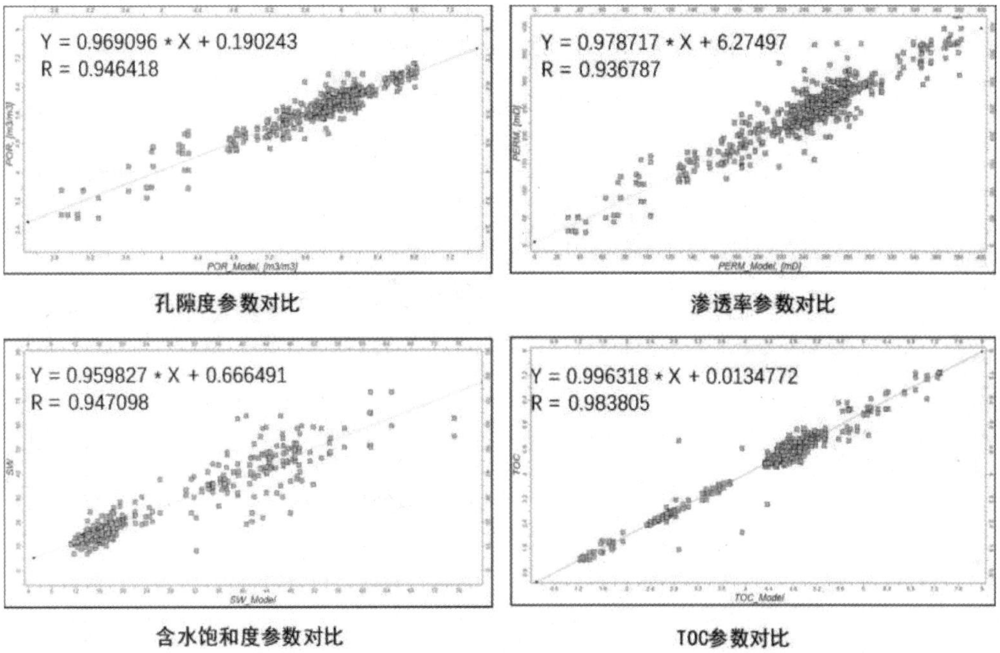

图 11　地质工程数据分析图

基于地震、测井和实钻数据，利用地质建模模块开展精细三维地质精细建模；精细模型平面精度 8m * 8m，龙一 1 优质储层段垂向精度在 05m 左右，网格总量 800 万；属性体与地震趋势体一致性较好，三维模型与单井吻合度 90% 以上，见图 12。

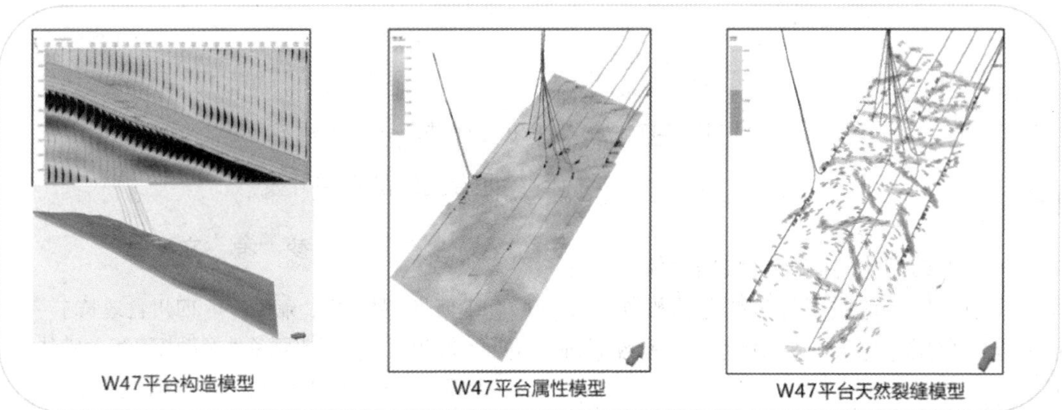

图 12　W47 平台三维地质建模成果图

利用三维多裂缝暂堵压裂模拟模块，建立了 W47 平台页岩压裂缝网动态扩展预测模型，实现了缝网关键参数定量预测，为压裂设计优化与决策技术提供技术支撑。

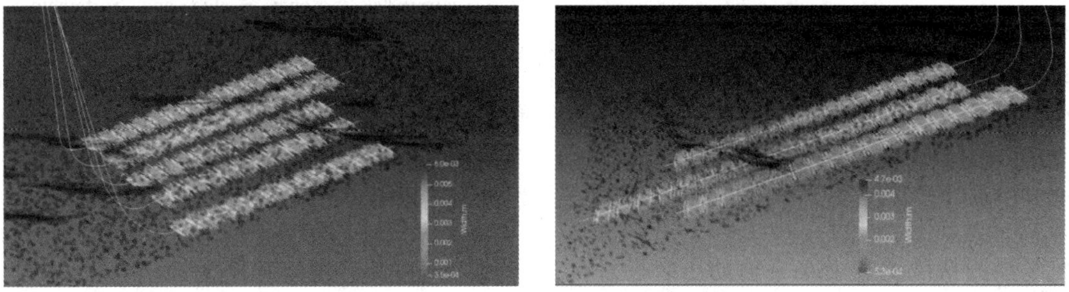

图 13　W47 平台三维多簇裂缝扩展模拟图

基于精细地质模型与压裂缝网扩展模型，开展 W47 平台 W47-10、47-11 井单井 EUR、产能预测拟合，单井 EUR 分别为 137 亿及 112 亿方，见图 14。

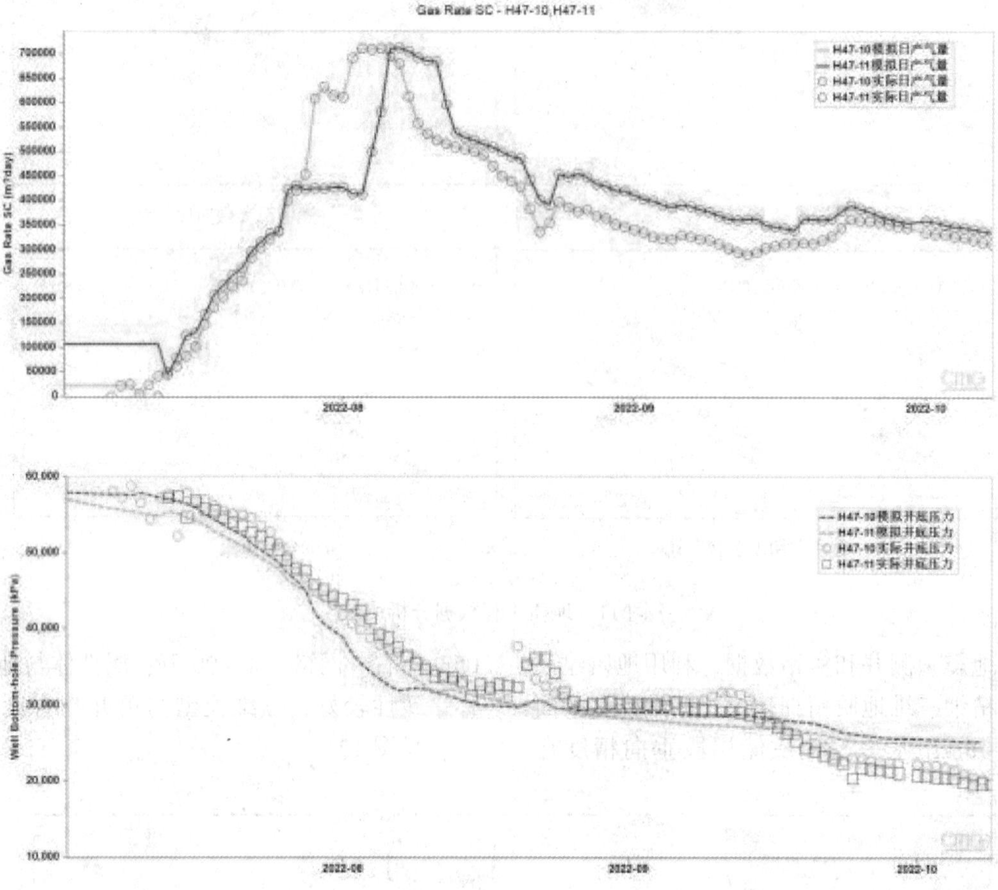

图 14　W47 平台 W47-10、11 井产量拟合图

4　结论

（1）基于非结构化与结构化数据存储、人工智能算法模型，建立地质工程数据分析模块，实现地质工程大数据量化分析，对地质工程数据进行预测。

（2）建立段内射孔暂堵与射孔磨蚀计算模型，并耦合于平面三维多裂缝扩展模型，形成了压裂裂缝扩展数值模拟模块，实现多簇裂缝竞争扩展、加砂运移、射孔磨蚀、段内暂堵和层理影响的裂缝扩展数值模拟。

（3）基于嵌入式离散裂缝模型有限体积数值求解，建立气藏动态开发模块，实现多尺度裂缝缝内流体流动模拟。

（4）页岩气藏一体化平台推广应用 W47 等 10 个威远页岩气生产平台，共计 62 口井，助力天然裂缝预测精度提升 15%，辅助压裂设计优化，推动设计与施工符合率达 95%以上，提升气井动态预测符合率达 90%。，有力支撑了威远页岩气经济效益开发。

参 考 文 献

［1］何骁，吴建发，雍锐，等 四川盆地长宁—威远区块海相页岩气田成藏条件及勘探开发关键技术 石油学报［J］. 2021，42（2）：259-272.

［2］邹才能，赵群，丛连铸，等 中国页岩气开发进展、潜力及前景［J］. 天然气工业，2021，41（1）：1-14.

［3］ZHAO Xingang，KANG Jiaoli，LAN Bei Focus on the develop-ment of shale gas in China-based on SWOT a-nalysis［J］. Renew - able and Sustainable Energy Reviews，2013，21：603-613.

［4］VON BERTALANFFY L，SUTHERLAND J W General systems theory：Foundations，developments，applications［J］. IEEE Trans-actions on Systems，Man，and Cybernetics，1974，SMC-4（6）：592.

［5］吴奇，梁兴，鲜成钢，等 地质—工程一体化高效开发中国南方海相页岩气［J］. 中国石油勘探，2015，20（4）：1-23.

［6］胡文瑞 地质工程一体化是实现复杂油气藏效益勘探

开发的必由之路[J]. 中国石油勘探，2017，22(1)：1-5.

[7] 邹才能，陶士振，白斌，等 论非常规油气与常规油气的区别和联系[J]. 中国石油勘探，2015，20(1)：1-16.

[8] 王书彦，李瑞，王世谦 页岩气勘探开发基本特征与程序[J]. 天然气工业，2015，35(6)：124-130.

[9] SONI T M LPG-based fracturing: An alternate fracturing tech - nique in shale reservoirs [C]//IADC/SPE Asia Pacific Drilling Technology Conference, 25 - 27 August 2014, Bangkok, Thailand.

[10] 曾涛 新贝克休斯数字化与纵向一体化发展战略研究[J]. 国际石油经济，2017，25(9)：7-13.

[11] 雍锐，常程，张德良，等 地质—工程—经济一体化页岩气水平井井距优化——以国家级页岩气开发示范区宁209井区为例 [J]. 天然气工业，2020，40(7)：42-48.

[12] 梁兴，王高成，张介辉，等 昭通国家级示范区页岩气一体化高效开发模式及实践启示[J] 中国石油勘探，2017，22(1)：29-37.

[13] 谢军，长宁—威远国家级页岩气示范区建设实践与成效 [J]天然气工业，2018，38(2)：1-7.

[14] 梁兴，徐进宾，刘成，等 昭通国家级页岩气示范区水平井地质工程一体化导向技术应用 [J] 中国石油勘探，2019，24(2)：226-232.

[15] 刘合，孟思炜，苏健，等. 对中国页岩气压裂工程技术发展和工程管理的思考与建议[J]. 天然气工业，2019，39(4)：1-7.

[16] 李国欣，朱如凯 中国石油非常规油气发展现状、挑战与关注问题 [J] 中国石油勘探，2020，25(2)：1-13.

页岩气数字气田采输技术研究与应用

王照星　姜　巍　敬　博　范刘洋　张　圣　王　聪

（中国石油集团川庆钻探工程有限公司）

摘　要　本文针对页岩气勘探开发快速发展过程中，产量快速攀升与用工总量控制，高质量发展与效益开发等方面的矛盾，通过完善数据采集，加大数字化设备配套，提升自动化控制等技术，实现了页岩气安全高质量效益开发，推进了生产方式和管理模式的变革，落实了压缩组织机构及管理扁平化要求，达到了增井增站不增人的目的，为油田企业推进数字化转型智能化发展奠定一定技术及管理基础。

关键词　页岩气平台；无人值守；自动化控制

页岩气作为非常规天然气，具有较大开发难度，提前做好数字化气田规划显得尤为重要。因此，在威远页岩气勘探开发建设期，通过将页岩气生产工艺流程中各系统按使用特性和优先级，按照功能接口统一化、数据转出标准化、数据视频网络共享化、生产安全监控实时化、数据视频采集自动化、设备选型标准化的要求，建成了一套SCADA系统集成管理平台，实现生产数据一次采集、集中管理、多业务应用建成了多级联锁控制的工艺安全自动控制系统。将属地和工艺安全管理高度集成，形成了完备的平台无人值守模式。

1　数字气田网络部署

无人值守平台随采集气管网敷设伴行光纤，建成伴行专线网络；租用地方无互联网功能专网，构建稳定可靠的工控通讯网络；建成以威204集气总站为网络核心，4个网络汇聚点，向下覆盖单井接入的分层工控网络架构。租用地方无互联网功能专网，建设集气总站到机关、作业区驻地的独立工控网和办公网，实现“两网分离”，利用内网DMZ区，解决了巡检人员手持终端、野外数据传输等问题。

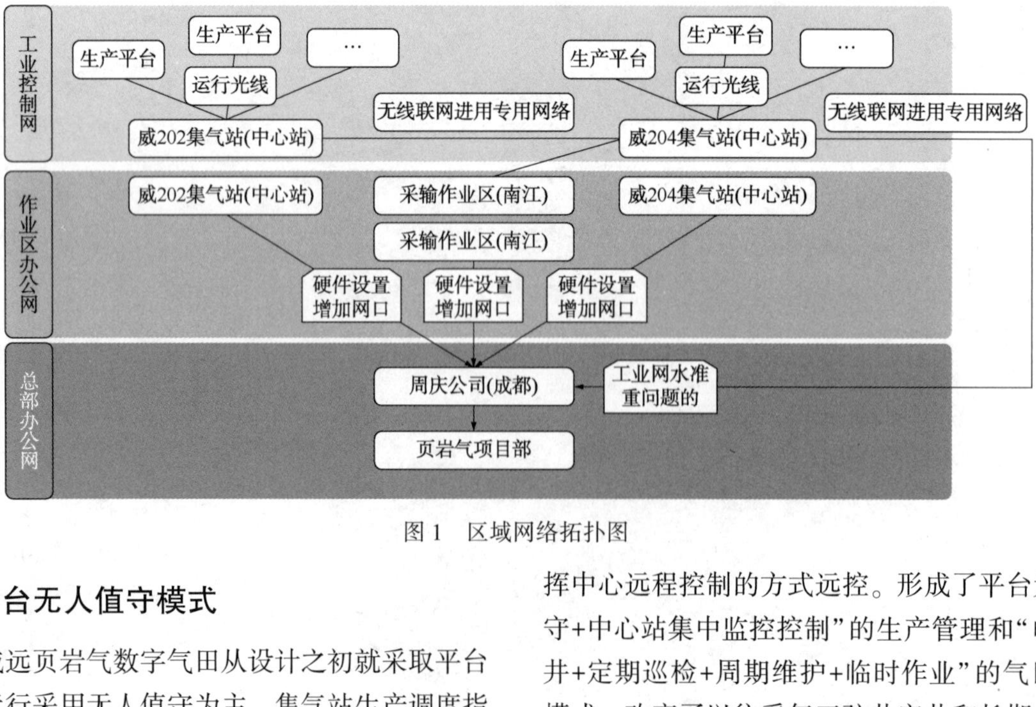

图1　区域网络拓扑图

2　平台无人值守模式

威远页岩气数字气田从设计之初就采取平台场站运行采用无人值守为主，集气站生产调度指挥中心远程控制的方式远控。形成了平台无人值守+中心站集中监控控制”的生产管理和“电子巡井+定期巡检+周期维护+临时作业”的气田运维模式，改变了以往采气工驻井守井和长期在多个平台来回奔波管理的局面，提高了生产管理效率，人员节省50%以上。

两个井区管理下的无人值守平台运行模式可实现运检维一体化，达到集气站生产调度指挥中心集中调控，场站具备应急备控的能力。平台将不再安排人员进行监视，由井区集气站安排人员进行定期巡检；成立维修站进行设备的中小型维修与保养，大型维修依托厂家或外部专业工程公司。

3 硬件安装与支持

通过自建伴行光纤及租用移动专用链路的方式，打通各个平台-集气站-成都的工控数据网络传输，建立SCADA系统、视频监控系统对生产数据及生产现场进行实时监控，保障页岩气生产安全。

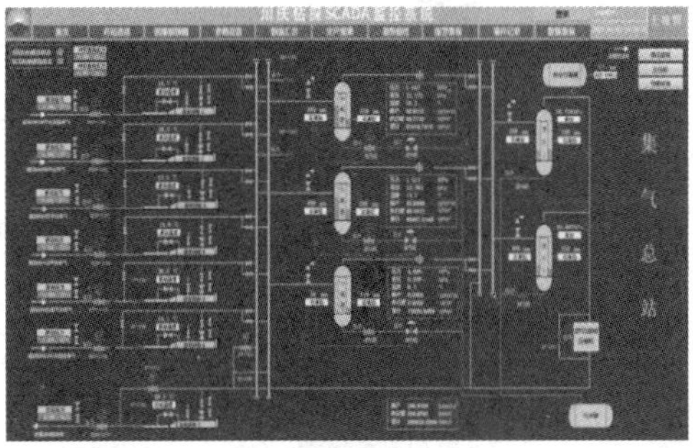

平台均按标准模块化建设，按工艺流程分为5大模块，每个模块均实现自动、远程控制，相互之间具有连锁保护功能。依托信息化功能，实现无人值守。

3.1 自动控制联锁流程

平台安全自动控制作业流程按优先级从高到低的顺序将联锁分为三个等级，依次是一级联锁(包含火灾报警按钮和紧急停车按钮)，二级联锁(主要以出站压力为判断依据)，三级联锁(包含阀后压力、分离器液位、增压机和进站压力)。

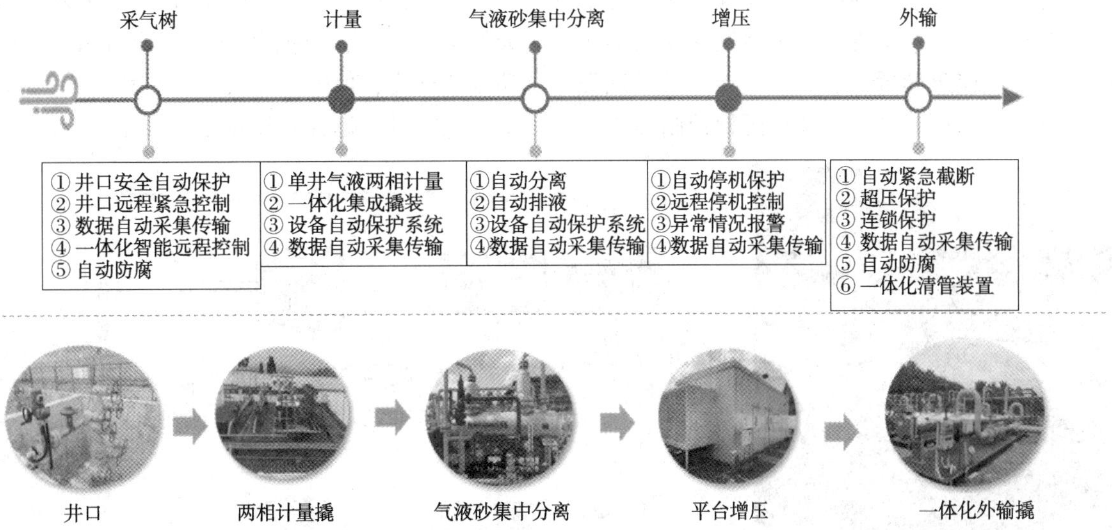

图2 平台工艺流程图

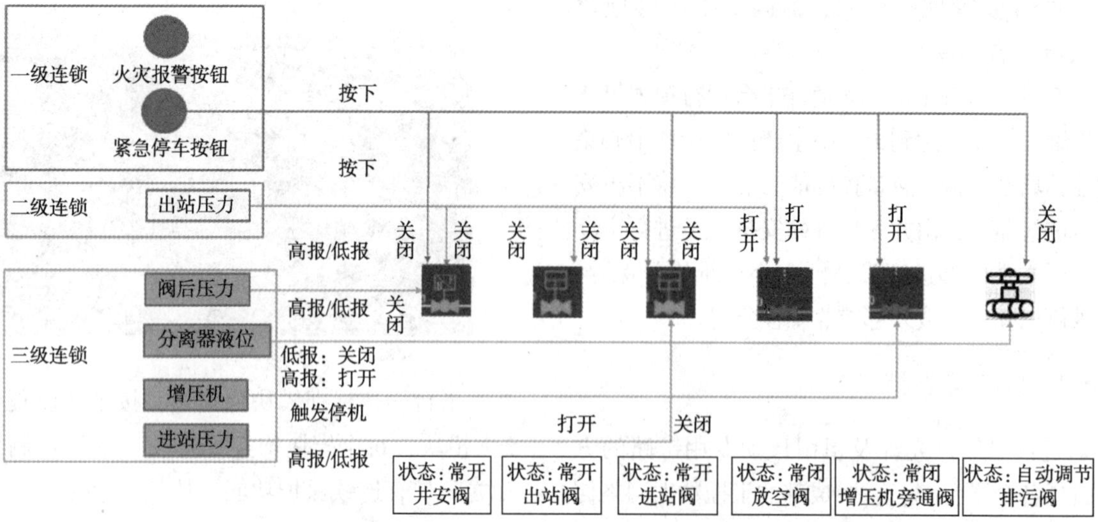

图3　川庆威远页岩气无人值守场站安全自动控制作业流程

集气站通过将每个模块覆盖在SCADA系统上自动采集现场数据并进行远程实时传输，通过分析处理收集到的阀后压力、分离器液位、进站压力、出站压力等运行参数，判断页岩气的生产状态，当上述数据偏离额定范围时，则自动控制对应井安阀、出战阀、进站阀、放空阀、增压机旁通阀、排污阀等的开关状态，以对生产状态进行自动控制。

同时，视频监控系统除可对人员现场作业进行监管外，激光式云台可燃气监测系统及火焰探测器还可对现场可能出现的燃气泄漏、火灾等事故进行监控预警，当出现泄漏等情况时联锁消防系统进行自动应急处置。在视频监控人员发现类似问题发生时，可通过一级连锁远程控制204集气站的作业，以保证页岩气生产安全平稳运行。

3.2　井口智能控制系统

通过在采气树井口安装气井口智能一体化远程控制装置实现单井产量的自动调整、远程调整、远程开关等功能；在井口安装井安阀，在压力出现异常时自动进行紧急关断，在保证安全的情况下达到无人值守的效果。

（1）井口智能一体化远程控制装置

装置由智能节流调节阀门、智能控制器、太阳能供电系统、通讯、程序软件以及远程控制管理平台等组成，在无充电情况下可以保证至少9天的正常工作，根据井口压力通过RTU进行自动调节开度，保障页岩气安全平稳生产，同时传至中控室进行远程监控及开关控制。

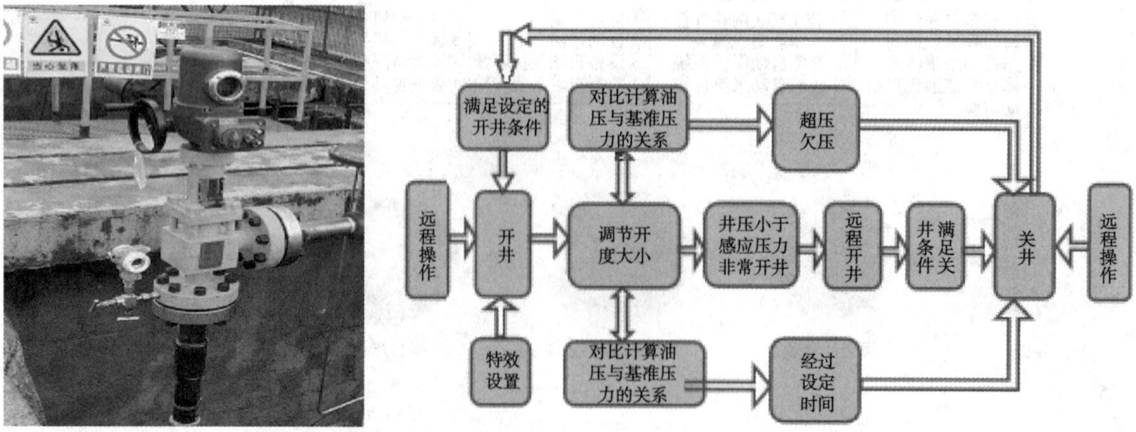

图4　井口智能一体化远程控制装置

（2）井口安全阀

利用仪表风压力提供动力气源，根据压力变送器采集的节流后压力以及机械导阀采集的外输压力，当节流后及外输压力出现异常时，紧急关断，保障生产安全。

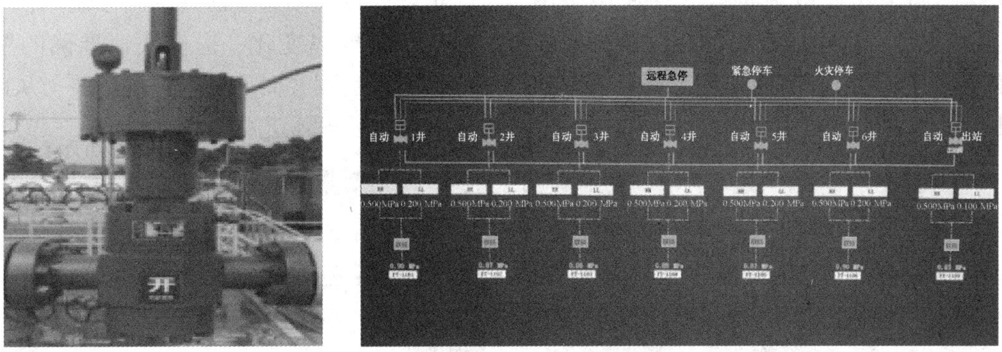

图 5　井安阀自动控制系统

3.3　分离计量升级换代

针对前期页岩气场站地面建设标准针对性不强、投资高、与生产动态变化不匹配等问题，结合实际优化工艺，川庆威远页岩气率先从第一代水套炉加热+轮换计量发展到目前第三代气液两相计量+集中分离，兼顾了精细化管理与降本增效，已成为川南页岩气标杆性工程模板。

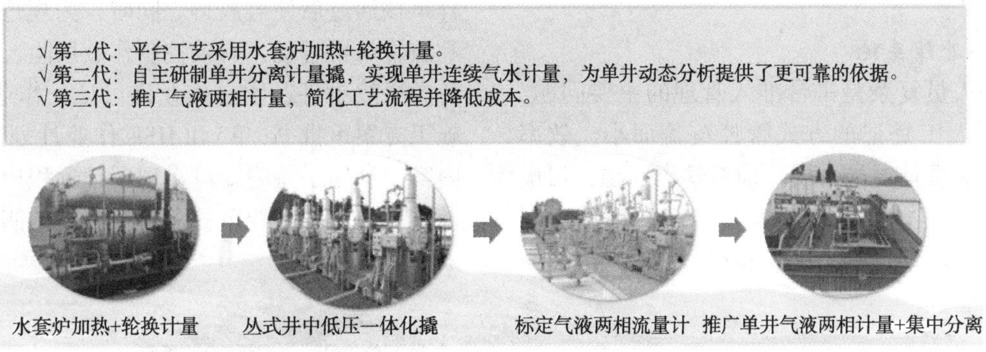

图 5　分离计量优化

气液砂分离器采用双分离通道，有效分离页岩气气、液、砂，而且在高液量下能有效分离。电动+气动阀结合，根据分离器液位计的读数，分离器液位调节阀构成闭环反馈控制，实现自动排液。分离器设置弹簧式安全阀，当出现超压情况时，安全阀起跳自动放空，通过放散管对场站进行泄压。

图 6　气液砂分离器

腐蚀问题常是引发天然气泄漏导致安全生产事故的主要原因，计量撬作为燃气计量装置，主要由阀门、过滤器、调压器、流量计等集中安装在钢制平台上组合而成。由于计量撬上游接收气体直接来自于井口，未经处理的页岩气含水严重，在流经计量撬上的直管、弯管、整流器等位置时，极易对上述设备和管段产生严重腐蚀。

为避免腐蚀对生产的影响和破坏，保证计量

流程的安全运行，川庆威远页岩气在使用杀菌剂+缓蚀剂的同时，利用远程腐蚀在线监测技术对管道和设备的壁厚进行实时监测。高分辨率的远程腐蚀在线监测仪可利用超声波检测腐蚀，实时远程监控现场管道出现的腐蚀缺陷，可快速响应管道的壁厚变化，提供快速准确的壁厚测量值，实现远程实时监测管道的壁厚，从而能够快速有效地管理工艺失效。

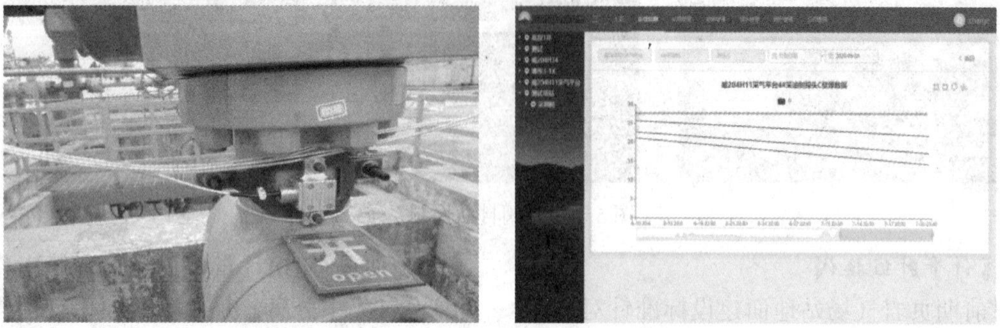

图7　腐蚀在线监测

4　设备、系统支撑

4.1　准入管理系统

入场人员复杂是平台准入管理的主要问题，以往线下人工登记的方式管控覆盖面小、效率低、处理突发情况能力弱。面对这类问题，川庆威远页岩气建立了场站准入和作业许可管理制度，并结合门禁控制系统，实现场站的人员和作业准入的管理。

入场人员在准入系统进行申请，业务人员远程审核通过后便可放行。同时，为规范作业许可和监督认可管理，有效控制作业风险，防止发生各类事故事件，融合作业许可证、作业批准书、施工方案审批书(单)和 HSE 作业计划书(表)等内容，利用手持终端可实现票证远程申请、签批及监护，方案在线审核、防控措施的制定与落实效率成倍提高。

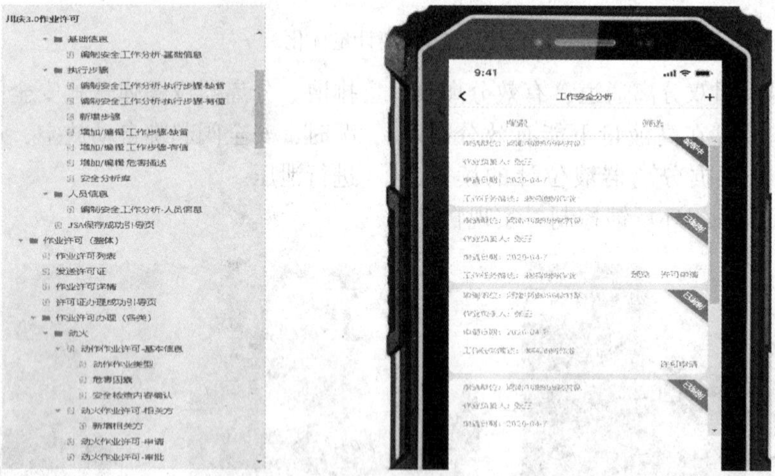

图6　川庆威远页岩气平台现场审批流程

5.2　入场提示系统

无人值守主要通过摄像机内置的智能芯片实现采集视频信号的智能分析，从而识别外来人员或可疑目标的入侵。场站通过支持人脸识别，现场呼叫信息和识别信息实时传输的入场提示系统进行无人值守第二道把关。

入场提示系统将信息实时传输到监控平台，与现有门禁系统联动，经系统信息对比确认后系统自动开门或总站人工判断通过后远程开门。当人员到达现场时，对需要进站人员进行人脸识别，并播放入场安全提示音频，在人工判断是否符合进站条件后，再进行远程开门控制。

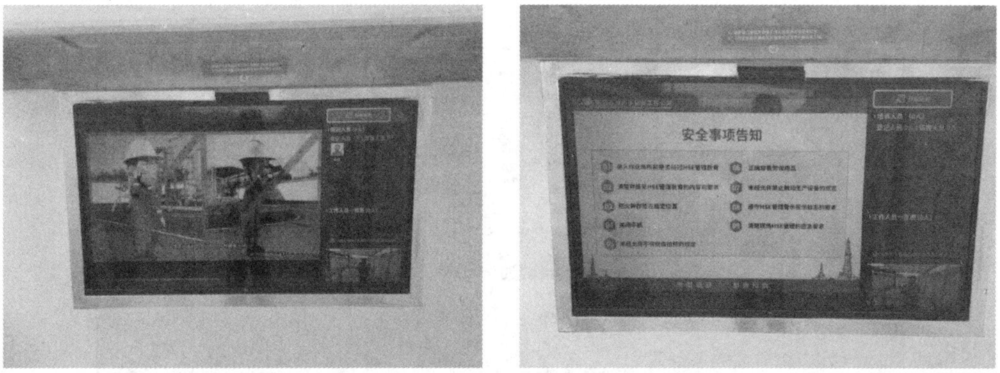

图 7　入场提示系统

4.3　周界报警系统

红外周界报警系统主要由前端探测系统、现场报警系统、传输系统、中心控制系统、联动系统以及电源系统组成，通过使用红外对射对目标进行监测，当目标入侵时阻挡红外光时，红外感应器接收到的红光减少或消失，由此判断入侵并联动报警。红外周界报警系统具有抗干扰能力强、定位准确、扩展性强、可联动报警的功能。场站的四周均建设 22 米高的围墙和防攀爬网，防止外来人员随意进出。同时，在围墙四周设置红外周界报警系统，实时监测外来人员闯入情况，并向集气总站中控值班人员提供入侵报警，同时联动视频监控摄像头自动转向进行实事监控。

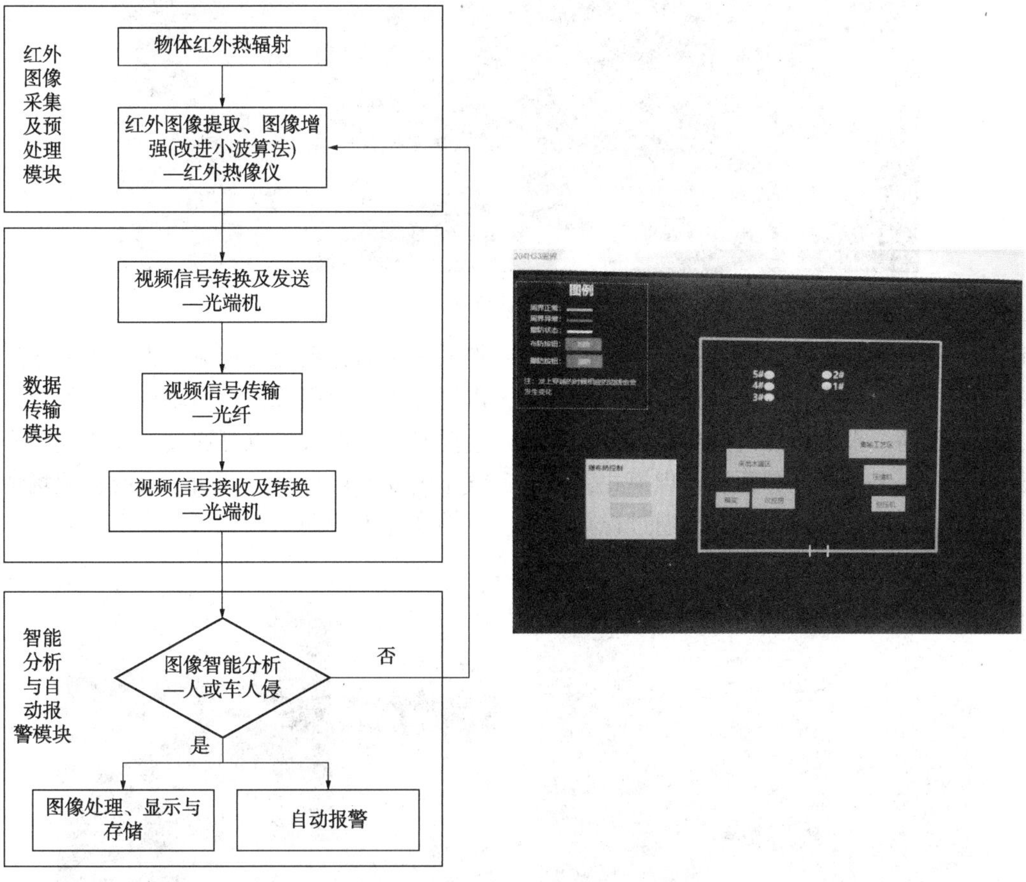

图 8　红外周界系统工作原理

4.4　视频监控系统

根据场站的实际大小及增压机分布情况，设置 4 至 8 台带云台摄像头，提供全方位、无死角的图像监控，当夜间光线不好的时候设备自动切换为红外模式，保障视频监控 24 小时正常运行监控。同时设置视频录像机，视频监控回放保存

1个月。

图9　场站视频监控

4.5　语音通话系统

场站设置语音通话系统，采用全数字音频处理技术，具有广播、报警、对讲等功能。分控无设备，无需布线，采取多任务预设管理模式，实现全天候无人值守。当场站中控人员通过视频监控系统和周界系统发现无关人员进入场站时，可以通过语音远程警告。当现场施工作业出现紧急情况时，工作人员也可通过一体化安防主站与集气站中控室进行紧急呼叫，及时将现场情况进行反馈及寻求帮助。

图10　语音通话系统

4.6　多类机型组合增压

结合区域地质条件差异形成网格化多级增压系统，形成平台一级增压+集气站集中增压的模式，根据不同产量、不同集气半径、不同动态特征匹配不同功率压缩机 50 台以上，形成动态选项模板，在保障页岩气稳产增产的同时，在压缩机操作系统中设置报警、停机参数值。当压缩机出现异常情况，压缩机可实现自动预警及停机动作。在紧急情况下，可在中控室实现远程紧急停机操作。当压缩机停机时，压缩机旁通气动阀自动打开，生产流程自动导入直通流程，保障现场生产安全。

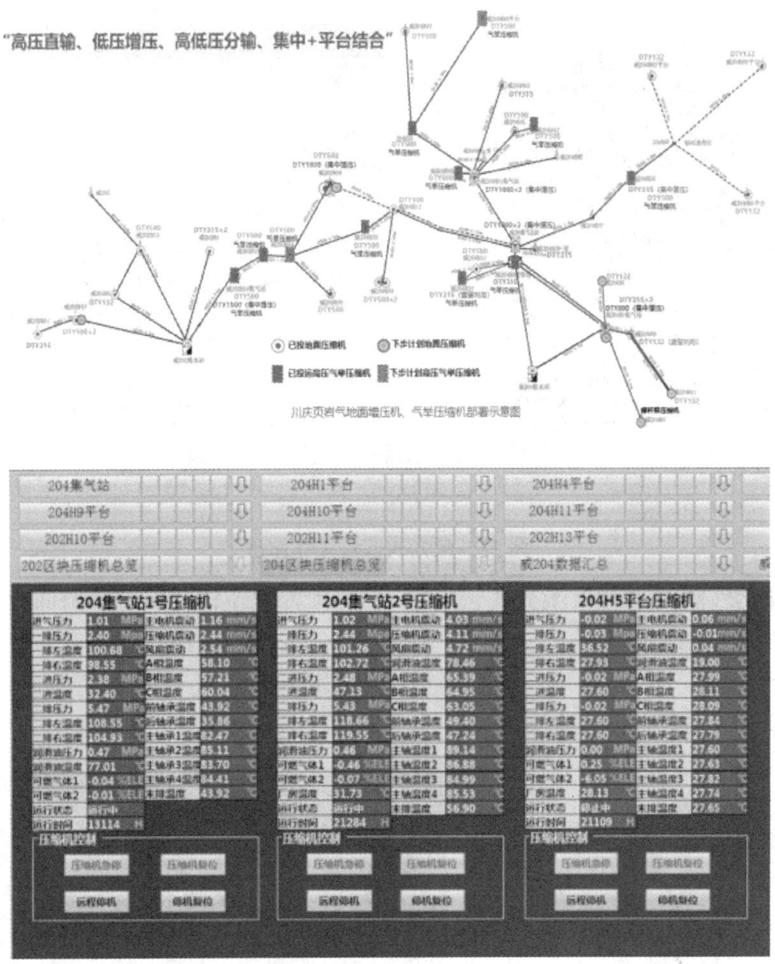

图 11　压缩机运行示意图

4.7　一体化外输截断

清管发球、气流倒换、紧急截断，与井口实现连锁，实现高压及低压超压保护。在出现气体泄漏情况下，可联合井口保护装置，紧急截断上下游，站内紧急放空，点火器自动点火处置。采用气液联动球阀，就地取气，避免了异常情况下仪表风气压低导致的异常关断。

图 12　一体化外输截断装置

4.8　消防智能控制系统

(1) 系统组成

页岩气场站内消防系统由激光式云台可燃气监测平台和自动消防灭火系统组成。激光气体检测技术采用光谱吸收原理，具有灵敏度高、抗干扰性强等特点，可以实现场站内微小泄露的检测。

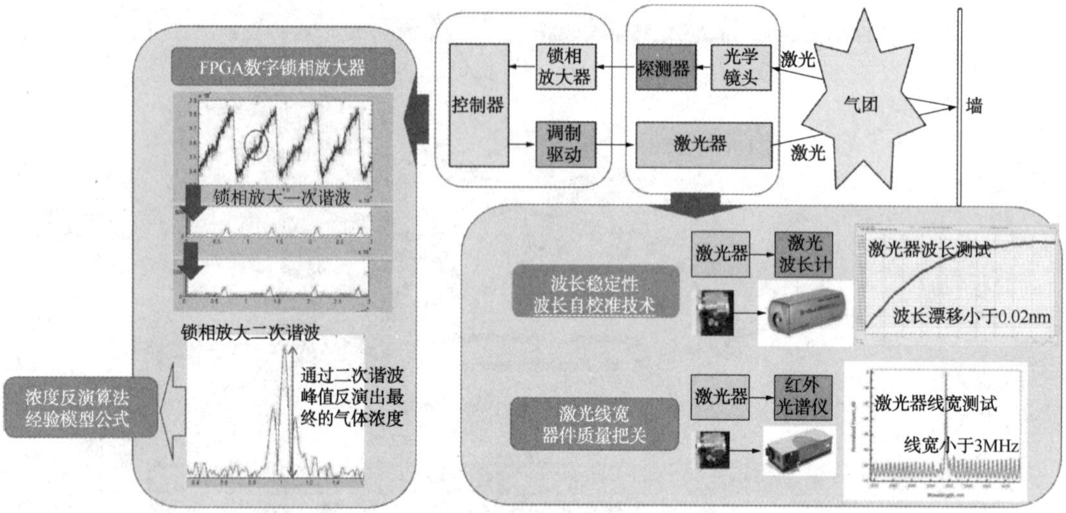

图 13　激光式云台工作原理

激光式云台可燃气监测平台由激光式云台、数据传输系统和预警监控终端组成。

① 激光式云台

激光式云台即云台式激光气体监测仪，可设置预置位、转动速度、俯仰角度、并实现分级监控，按照预设模式进行大面积、重复扫描监测。适用于天然气、页岩气的集输管道、场站工艺区、调压间等泄漏监测。

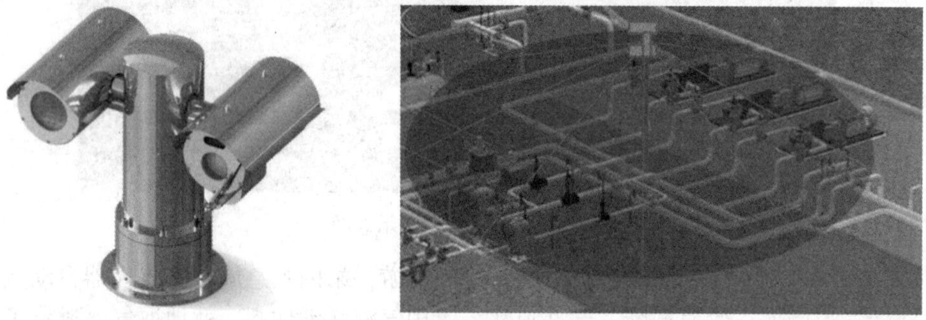

图 14　激光式云台及现场布置覆盖示意图

② 预警监控终端

可燃气监测软件指燃气泄露监控系统综合管理平台，可设置告警阈值、巡航任务，显示趋势曲线、云台姿势、云台地理位置以及进行告警确认、记录、统计和快速检索。

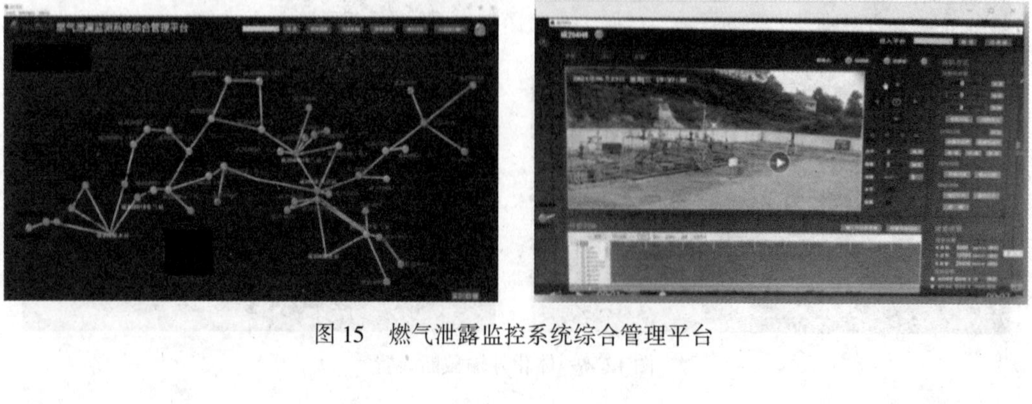

图 15　燃气泄露监控系统综合管理平台

预警监控终端由力控软件和SCADA组态平台组成，通过独立设立软件、报警器进行监控的同时，将报警信号通过PLC传输到现有软件进行控制联动。

（2）主动灭火系统

利用激光云台对场站进行24小时360度全方位旋转检测可燃气体泄漏，当系统确认气体泄漏，水雾炮自动转向至泄漏处进行喷洒，降低气体浓度防止闪爆。布置火焰探测器、烟感探测器在箱变及压缩机房内，一旦监测到险情，房内自动喷洒低压二氧化碳，同时联动压缩机停机。同时在紧急情况下也可人员在机房及现场进行手动喷洒，保障页岩气生产现场安全。

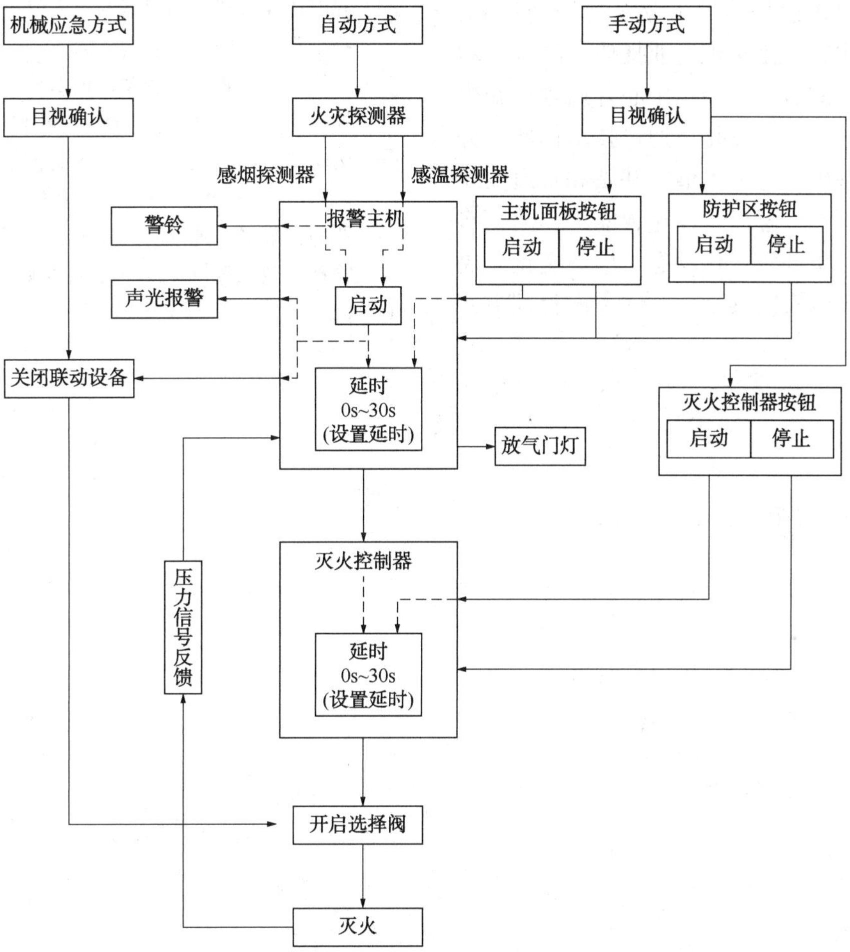

图16　低压二氧化碳及智能消防灭火系统逻辑示意图

平台内最易出现泄露的位置是静密封点处，川庆威远页岩气在进行平台地面设计时，在集气站的井口、分离器、压缩机等关键区域设计安装了固定式可燃气探头。在出现页岩气泄露时，激光式云台通过内置的光学镜头和激光器收集站内出现异常燃气信号，通过数据传输系统传输至预警监控终端，经软件分析后，将判断结果传回集气站的自动消防灭火系统，完成页岩气泄露或火灾的安全应急闭环控制。

5　无人值守总体效果

要实现场站无人化，应对平台进行全面信号采集和远程控制；其次，要提高系统可靠性，在进行系统设计时应采用冗余配置，同时需要考虑工控系统信息安全合规性要求；最后，要实现自控系统与其他系统的高度集成和联动，辅以场站运维技术手段和管理制度，实现安全可靠的无人化监控。

通过对无人值守油气田技术的应用，川庆威

远页岩气场站将人员和设备的数字化管理手段高度集成，通过多级联锁实现了远程监控与自动控制的联动，以智慧化管理取代了繁琐的分层管理，以自动化控制代替了人员操作，有效提升了油气田无人值守平台信息化管理水平，降低人力成本。

6　结语

智能油气田建设是油气工业发展的大趋势，油气企业智能化转型是实现企业提质、降本、增效这一本质目标的有效途径。中心井站管理新模式的核心是集约化、一体化。通过技术创新，夯实中心站硬件基础，对无人值守井站和管道实现全方位监控与预警，辅以一体化智能工作流，将平台、集气站、单井等工作动态、生产变化、决策集成到统一平台实时共享，推动生产管理由井站独立管理向一体化协同运行模式转变。

参 考 文 献

[1] 康昌荣天然气无人值守场站发展现状与探索[J]. 技术研究，2022(8).

[2] 崔勋杰天然气无人值守站场建设模式探索[J]. 辽宁化工，20206(06)：49.

[3] 李秋实，章瑞等低渗透油气田场站无人值守技术研究[J]. 电子技术与软件工程.

[4] 乔亚捷探讨智慧油田下的无人值守技术[J]. 信息系统工程，2019(05)：34.

[5] 崔栋计算机联锁系统关键技术研究[J]. 流体测量与控制，2021，v2；No4(03)：9-14.

[6] 汤晓勇，孙子杰，王鸿捷等智能油气田标准化体系研究[J]. 天然气与石油，2019，37(5)：115-118.

[7] 贾静，粟鹏，魏可萌，陈强. 气田开发生产数字化管理转型探索与实践[J]. 石油科技论坛，2020，39(5).

基于大数据开展工程实时数据一体化应用

张巧堂

（中国石化东北油气分公司）

摘　要　通过对定向、录井、压裂、钻井液等工程实时数据的传输及应用系统的展示，基于大数据技术，建设一套基于统一数据规范的实时数据采集传输系统、实时数据接收系统、EPBP 实时数据推送系统、实时数据展示系统，实现钻录、试油气、定向、压裂实时数据资源整合共享，实现跨专业、跨领域技术融合，提高安全生产管理水平。

关键词　实时；大数据；EPBP；安全管理；资源整合

1　项目背景

自“十二五”以来，油田面对日益复杂的勘探开发对象和扭亏创效的巨大挑战，需要坚持科技创新，在勘探开发技术水平不断提升的同时，积极创新管理理念，探索符合自身特点的高效管理模式。

在石油工程管理方面，其具有投资大、技术密集、点多面广、安全风险高、规范性强的特点，强化科技创新、管理创新，是油气田快优工程建设、增强管理水平、提高经济效益的有效手段，油田分公司面临的主要难题是作业风险大、安全隐患多，技术人员紧缺，管理成本高，作业现场偏远、决策时效差等，要适应低油价、新常态下的石油工程管理要求，需要搭建一体化、智能化管理平台，解决面临的诸多难题。

2　建设目标

围绕东北油气分公司钻录、试油气、定向、压裂、试井五大业务，以及生产信息化建设形成的实时数据，梳理并建立实时数据采集、储存、传输规范，开发一套实时数据采集、传输接口，涵盖油田内主流仪器型号。

建设一套基于统一数据规范的实时数据采集传输系统、实时数据接收系统、EPBP 实时数据推送系统、实时数据展示系统，实现钻录、试油气、定向、压裂、试井实时数据资源整合共享，实现跨专业、跨领域技术融合，提高安全生产管理水平。

分析、梳理原有录井历史实时数据，将数据导入新建系统，并开发相应的展示功能。

3　建设内容

3.1　规范建立

本系统需要建立实时数据采集、存储、传输 3 种规范，原则上规范的建立需要结合目前东北油气分公司钻录、作业施工业务现有业务需求以及业务专家共同讨论，形成一致的结果。

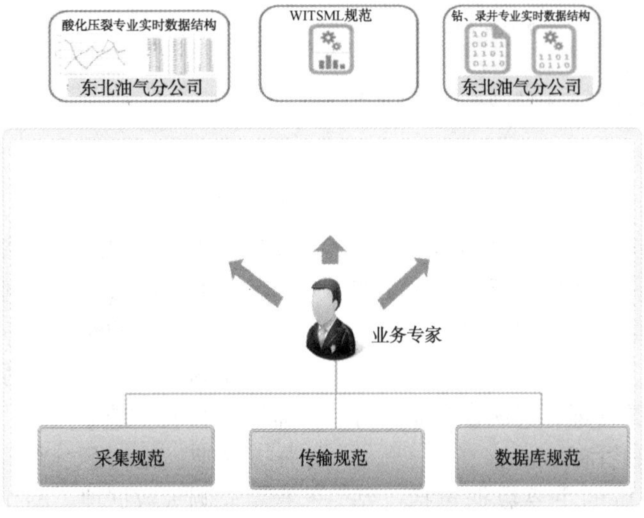

图 1　规范建立

3.2 实时数据接口开发

根据厂家提供的接口协议，开发数据接口读取模块，解析仪器数据包，接口开发的目标是能够解析东北油气分公司钻录、试油气、定向、压裂、试井实时数据采集接口，每种仪器型号根据软件版本、接口方式的不同，所要开发的接口也有区别，完成东北油气分公司钻录、试油气、定向、压裂、试井业务主流仪器实时数据接口的开发，录井及酸化压裂专业约有仪器型号 27 种，接口开发使用 C#语言，最终形成 DLL 动态库形式，方便第三方用户调用。

3.3 实时数据采集传输子系统

在数据规范及仪器接口的基础上开发一套能够实现实时数据采集、储存、展示、传输、断点续传、接口配置、数据项灵活配置、异常数据报警的实时数据采集传输系统。把地质录井仪或钻井参数仪以及酸化压裂车自动采集的多项数据项，自动打包定时发送到远端服务器，实现钻井工程信息安全、连续、稳定的远程传输。

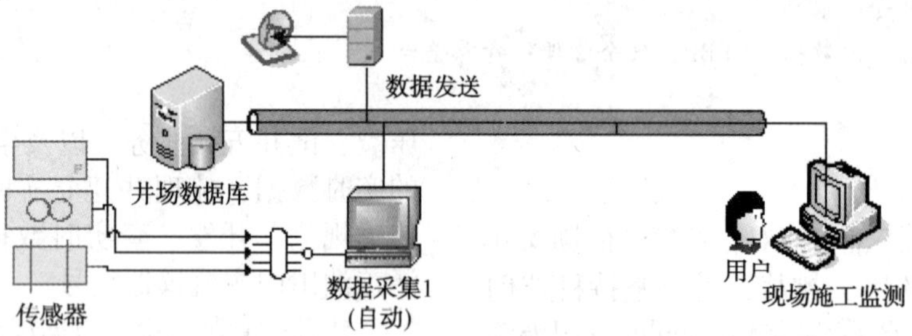

图 2 局域网络示意图

图 3 实时数据解析功能图

解析实时数据采集接口，将采集到的井场实时数据数据进行完整性、规范性分析，读取配置信息的队列号，进行数据校对，同时将实时数据发送到数据库。

将实时数据进行集成管理，实现各专业实时数据以统一的标准存储和管理。

通过本模块实现解析的主要数据包括：钻录、试油气、定向、压裂、试井业务实时数据，通过地质录井仪或钻井参数仪以及酸化压裂车自动解析的数据参数和地质参数共 60 多项等，自动计算出实时的时间数据和深度数据。

现场录井专业有工程监测、气体监测、泥浆监测等实时数据，包括了泥浆性能、钻压、立压、钻速、池体积、总烃含量、H2S 含量、CO2 含量监测等数据项，酸化压裂专业现场采集参数包含了套压、排出排量、阶段总液量、总液量、添加剂排量、累计添加剂、砂浓度、砂比、阶段总砂量、输砂总量等参数。

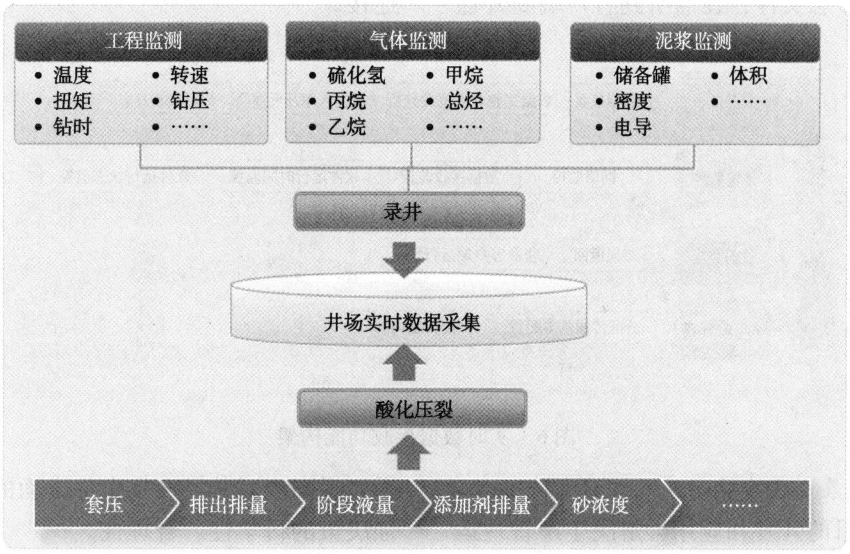

图 4　实时采集的信息

在现有录井等监测技术的基础上，通过一系列模式、规范和方法的建立；形成实时信息解析模块，实现对井场综合信息的实时数据解析、监控，为专业技术人员进行科学决策、控制工程质量提供依据与信息服务。

目前开发的数据接口软件可实现 COM 端口、井场局域网内的数据采集，采集的格式有二进制流数据或是其他字符格式。实现了与国内常用录井仪(钻井参数仪)数据通讯接口模块的开发，实现在国内应用的以下常用仪器的数据采集：

神开系列、基于 WITSML 设计的国外录井仪、国际录井公司的 DLS 仪器、加拿大 DataLog、ALS2、ZH－2、SLZ－2A、江汉 SZJ、Advantage、HalliBurton SDl9000、DrillByte 等 17 种仪器。

实时数据来源于钻录、试油气、定向、压裂、试井的实时数据，与综合录井仪、酸化压裂车的数据通讯为本系统关键技术之一。

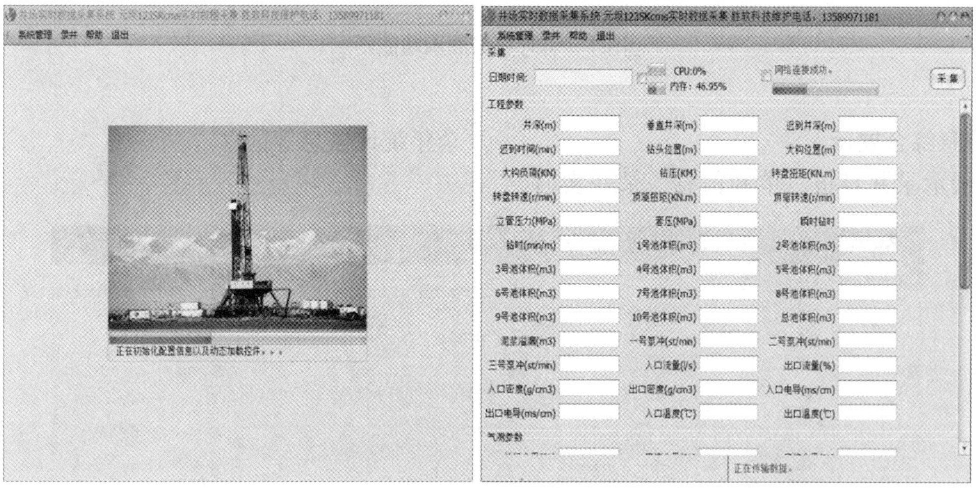

图 5　实时数据采集界面

3.4　实时数据接收子系统

开发能够进行实时数据接收、异常处理、EPBP 数据推送、数据质量检查、网络监控的实时数据管理模块。

数据接收软件采用 net 框架、WCF 技术、c# 语言开发，WCF 具有传输稳定性好、集成度高、使用灵活等特点，采用多线程、多端口的方式增加软件的数据处理能力，客户端主动连接服务器进行数据传输，服务器在监听到客户端主动连接时则开启一个新进程进行数据处理，在处理完成之后对客户端进行信息反馈，如果此过程存在异常则写入本地日志文件，在监听到客户端断开连接之后，关闭此进程，等待下一次客户端的连接。

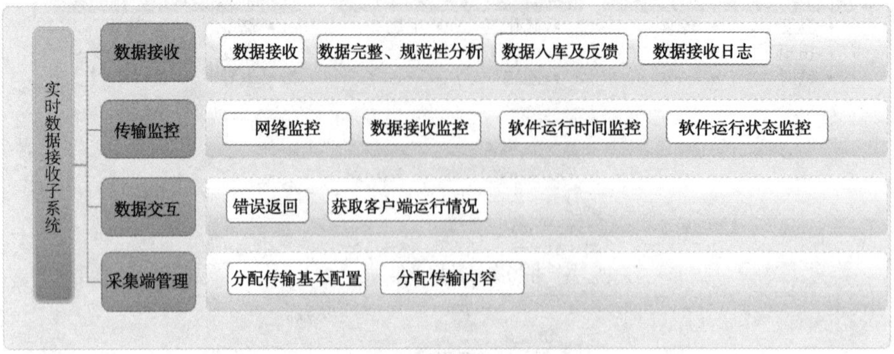

图6　实时数据接收功能构架

3.5　实时数据展示子系统

通过本项目的开发和应用，解决生产管理运行信息化发展的瓶颈问题，提高生产的管理水平，提高应对井场突发事件方面的能力，进而增强决策的科学性、合理性。

该部分实现企业对实时数据的综合应用。

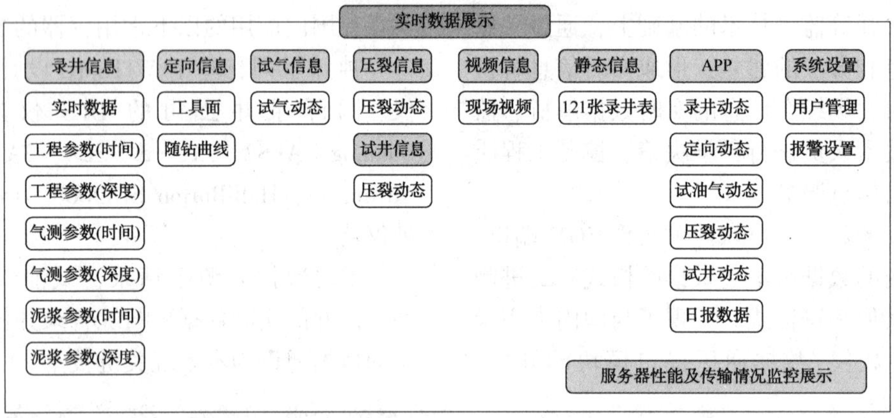

图7　实时数据展示功能图

3.5.1　信息综合展示

集成展示录井日报、单井信息、录井实时、全年统计信息等信息。

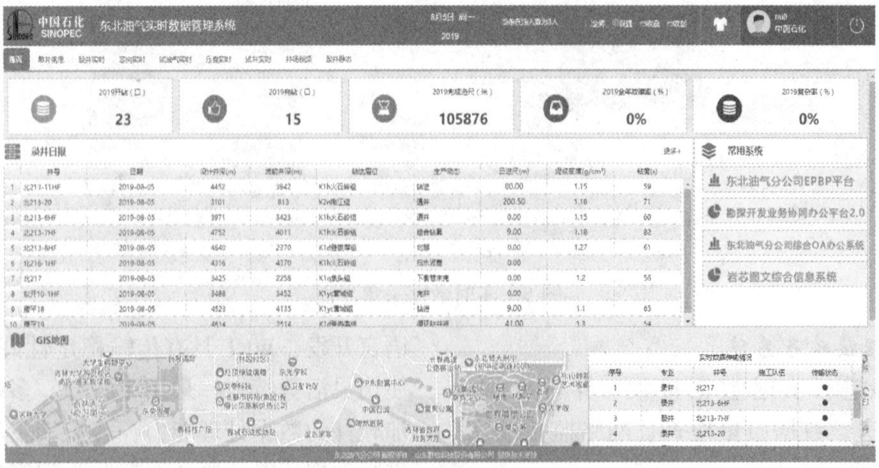

图8　首页面

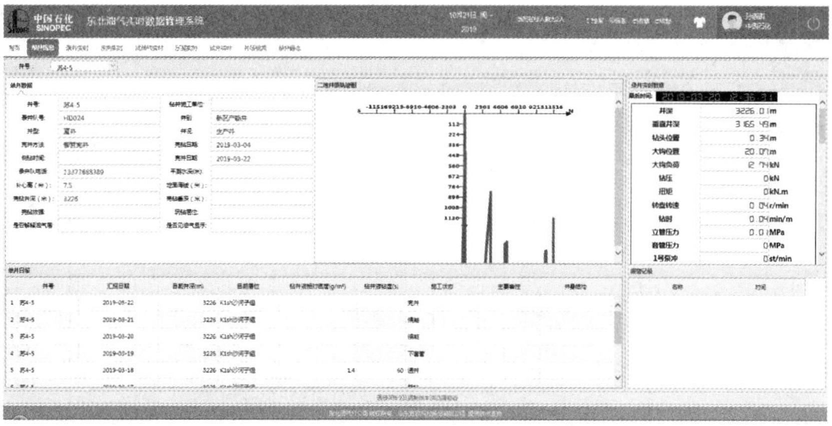

图 9　单井信息集成展示

3.5.2　录井信息展示

在现场安装录井数据采集装置，通过井场的网络传输到数据接收平台，将后方数据库中的录井数据以表格、曲线、动态控件等形式进行展示。

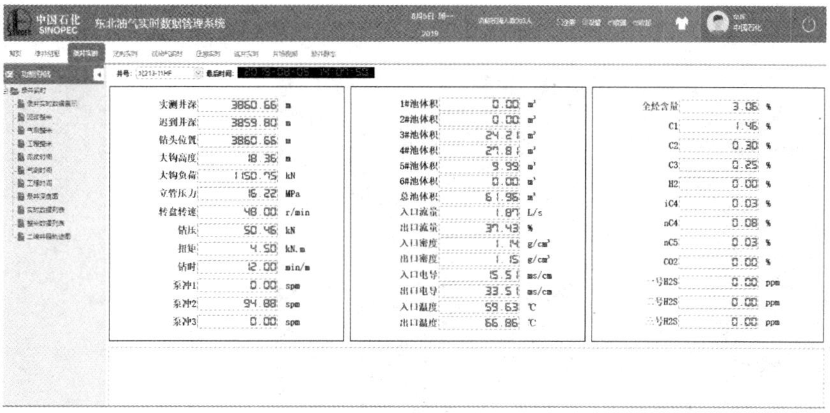

图 10　录井实时数据展示

实时数据接收软件在接收到录井实时数据的同时，进行分析计算生产工程，录井实时数据展示模块还可实现曲线的形式实时展示。

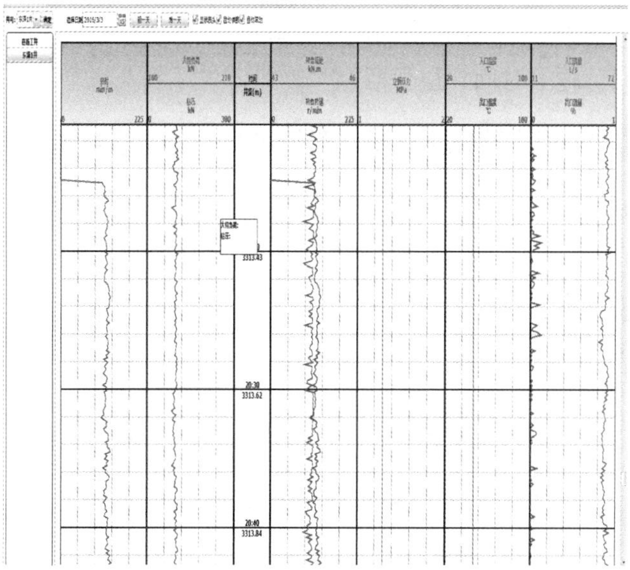

图 11　实时数据曲线展示

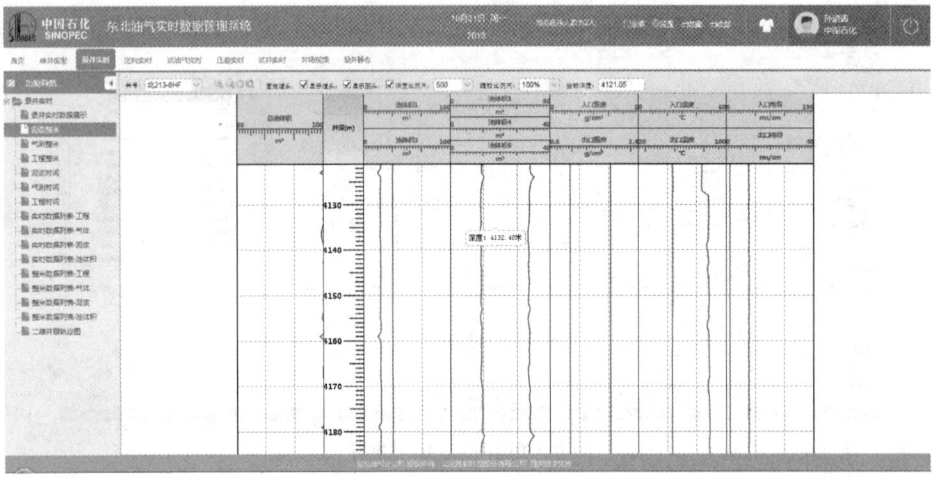

图 12　泥浆整米数据曲线

3.5.3　定向信息展示

显示实时的测斜数据，包括井斜、方位、工具面，使用可视化的数据展示技术实时的进行数据描绘，也通过曲线方式进行历史数据查询。

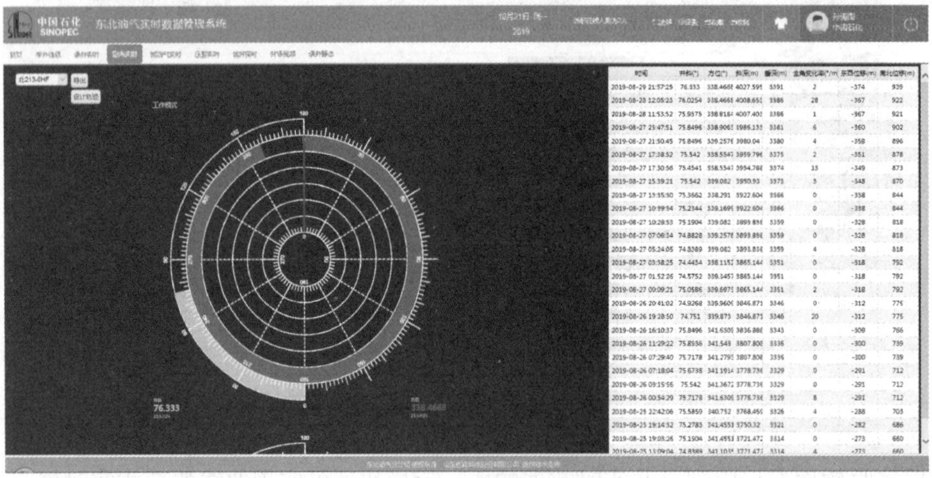

图 13　定向实时数据展示

3.5.4　压裂信息展示

展示当前正压裂井的实时数据，包括当前的施工井号、计划施工日期、施工时间、层段号、油压、套压、砂浓度、排量数据，并绘制施工曲线。

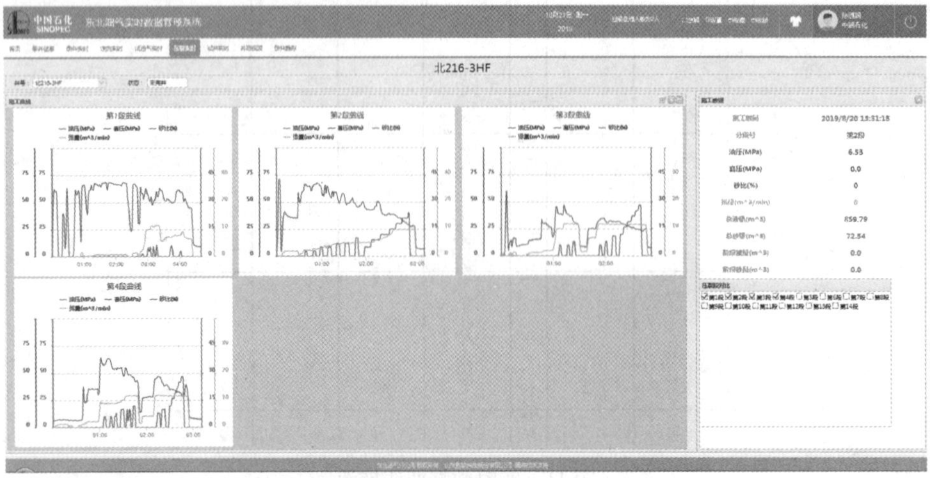

图 14　压裂实时数据展示

系统提供将历史曲线与当前压裂井实时曲线并列显示，可供技术人员同时查看分析和对比。通过对历史井压裂状态和过程的了解，预判当前压裂井可能的问题和风险，或对压裂施工质量的判定起到参考。

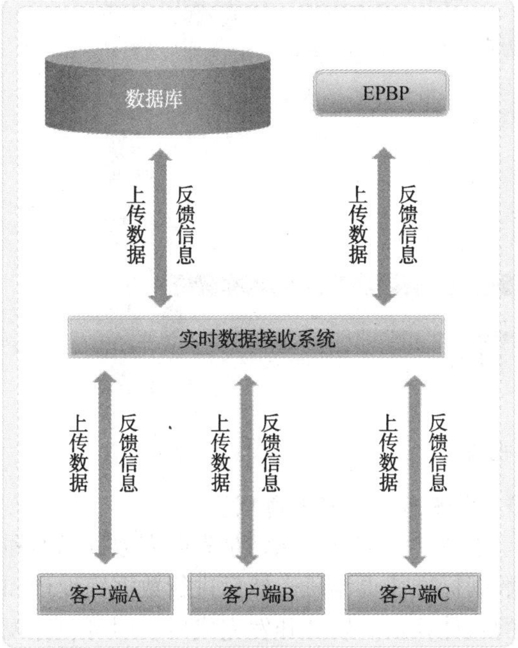

图 15　数据传输流程

3.5.5　钻井液实时数据

展示钻井液的密度、温度、表观粘度、动切力、破乳电压、固相含量等参数，并绘制曲线。

4　总体架构与技术路线

4.1　总体架构

本系统的逻辑架构大体可以分为数据采集传输系统(包括井场局域网络)、远程传输网络、EPBP 数据库几个部分。从物理部署上来说，各公司用户通过授权访问东北油气分公司的实时数据发布系统。

(1) 数据层

主要是实现对数据的访问及管理控制，包括数据投影工具、数据模型管理、数据服务定制等相关功能模块。

(2) 服务层

服务层是平台的核心，通过服务层标准化相关接口，通过服务层实现跨平台的支持、通过服务层实现相关功能的封装。

(3) 应用层

业务层包括松原智能化的各类业务应用系统，平台的最终目标是实现所有业务应用的集中管理、集中授权、集成呈现。

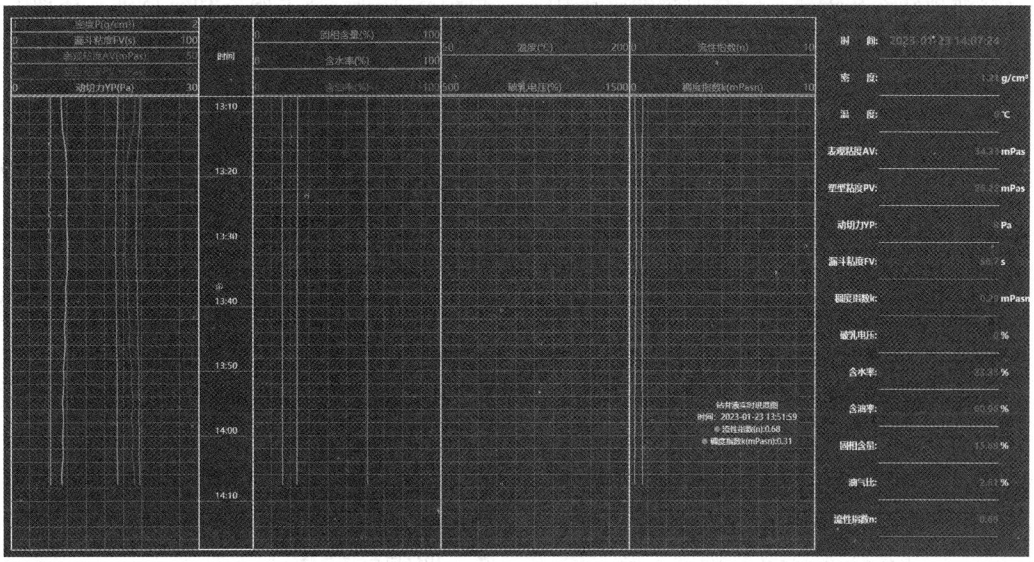

图 16　钻井液实时数据

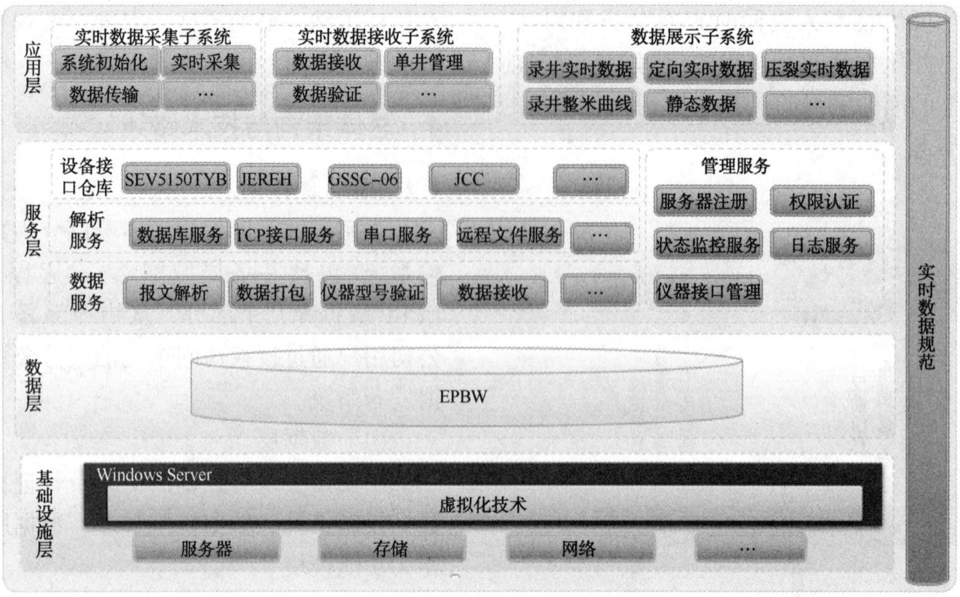

图 17　项目框架视图

(4) 呈现层

呈现层体系主要解决怎么将用户所用到的业务模块更好的呈现给用户，方便用户调用，符合用户的习惯，满足用户的业务。

4.2 系统安全设计

本软件系统的安全性设计，采取以技术实现为主，与管理相结合的方式，充分保障业务应用的安全。在安全性设计和管理方面考虑有如下几个方面。

从系统级、应用级和数据级三个层面，统一部署安全策略；实现统一的用户管理和授权管理；实现包括流量监控在内的 6 种用户行为监控，建立日志备份管理，实现行为管理可追溯。

结合采气厂自身信息化建设特点设计有效的、合理安全规范，全面保证系统的安全运行，包括软件安全、数据安全、安全审计。

表 1　安全设计

层次	安全性方案及措施
系统服务端	系统与统一用户认证中心接口
	基于角色的权限分配机制
	具备完整的系统日志
OS	Windows2012 达到系统级安全标准
	服务器防采用病毒系统
DB	基于 Oracle 数据库系统软件的访问控制、加密、审计
网络	入侵检测、漏洞扫描
	防火墙、网络隔离

4.3 技术特点与技术路线

本项目实施总的原则是先研究数据标准和进行数据标准需求调研，然后进行数据库设计和相应的软件开发。软件开发完成后，即可制定现场推广应用实施方案，在东北油气分公司指定的重点井进行现场部署应用。现场应用的同时，本项目组除了进行技术服务和支持外，还要及时修正完善系统功能，不断总结推广经验，最后形成项目成果报告，申请验收。

本项目采用的技术主要有以下几个：

数据接口技术：主要实现现场设备信号获取，根据厂家提供的编码协议进行解码，然后转换成标准的数据格式存入现场数据库；

数据传输技术：首先要研究最新的 WITSML 实时数据信息传输标准，结合 EPBP 自身的需求，运用数据加密解密技术、断点续传技术和 WCF 技术数据的打包、传输、分发等。

网络技术：在井场采用普通的小型局域网模式，远程网络将采用井场固有的网络资源。

5 取得的效果

(1) 数据采集规范和审核策略的制定，能够提升数据质量，保证数据的可用性，扩展数据应用范围。

(2) 数据的统一管理与存储，可以压缩数据管理层次，提高数据安全性，优化了人员配置和劳动效率。

（3）与 EPBP 系统数据接口标准规范的制定和接口开发，可以规范数据传输格式，保证数据的及时调取与查询展示，有效发挥数据价值。

（4）通过仪表采集数据的自动入库，改变了以往人工录入数据的方式，减轻了一线员工劳动强度的同时，提高了数据的准确性和及时性。

参 考 文 献

［1］陈志伟．定录导一体化数据传输与监控系统建设．录井工程，2020.3.
［2］周超 一种压裂数据实时监测与技术支持系统中国专利，2020.2.

毛管力表征约束下薄互层边水砂体模型建立与定向井部署应用-以柴达木盆地英东油田为例

马凤春[1]　马　腾[2]　邓　帆[2]　王宏磊[2]　王生香[1]　刘　遥[1]
崔海栋[1]　梅　华[1]　王靖茹[1]　李兆亮[1]　唐　丽[1]

（1. 中国石油青海油田勘探开发研究院；2. 中国石油青海油田采油五厂）

摘　要　英东油田下盘是柴达木盆地典型长井段多油层单斜断鼻油藏。针对油藏开发矛盾，以沉积和构造控藏背景认识为出发点，成功将传统单纯油水过渡带计算、储层地质模型预测的单一维度流体分布表征方法结合，提出以压汞实验资料分析和现代地质建模相承的定向井部署轨迹部署方法，有效规避了单一因素在井位部署过程中带来的钻探失利风险。该方法使用过程中，由于实验室测量毛管压力环境和实际地层不同，需要在计算含油高度前将实验室毛管压力转换为相应的油藏毛管压力，这样计算出来的油层高度和宽度才能更贴近真实的油藏信息。于此同时，直接利用平均J函数曲线建立含油高度模型虽然一定程度弥补单一岩样表征不全的缺点，但针对多层非均质性强油藏，若进一步提高油气规模刻画精度，需尽量多点多段进行分析和计算，且必须结合工区沉积和构造等特征及测井资料修正模型参数。研究结果表明：利用毛管压力曲线可以相对有效的定量评价多层砂岩油藏油层发育规模，在高精度三维模型协调建立基础上可以为相应的井位部署轨迹设计提供参考。该方法的应用对当前牙刷状油藏的后期开发方式调整及效益动用启到一定推动作用。

关键词　英东油田；长井段；牙刷状；毛管压力；地质建模；定向井

英东油田下盘油藏为2011年以浅探深评价上盘过程中发现的长井段断块油藏。通过持续推进相关地质研究和井网完善工作，该油藏生产能力逐步提高，成为英东油田四个断块主力产油区之一。但随着开发井数增加及地质研究深入，油藏油气依附油砂山断层高部位富集的规律越发明显，开发上存在局部层段地层直井钻探不全、油气无法控制动用的情况。直井受钻遇油气层少、含油砂体规模小、边水发育影响，多井出现初期产量高、含水上升快、后期层调补孔空间不足的矛盾。

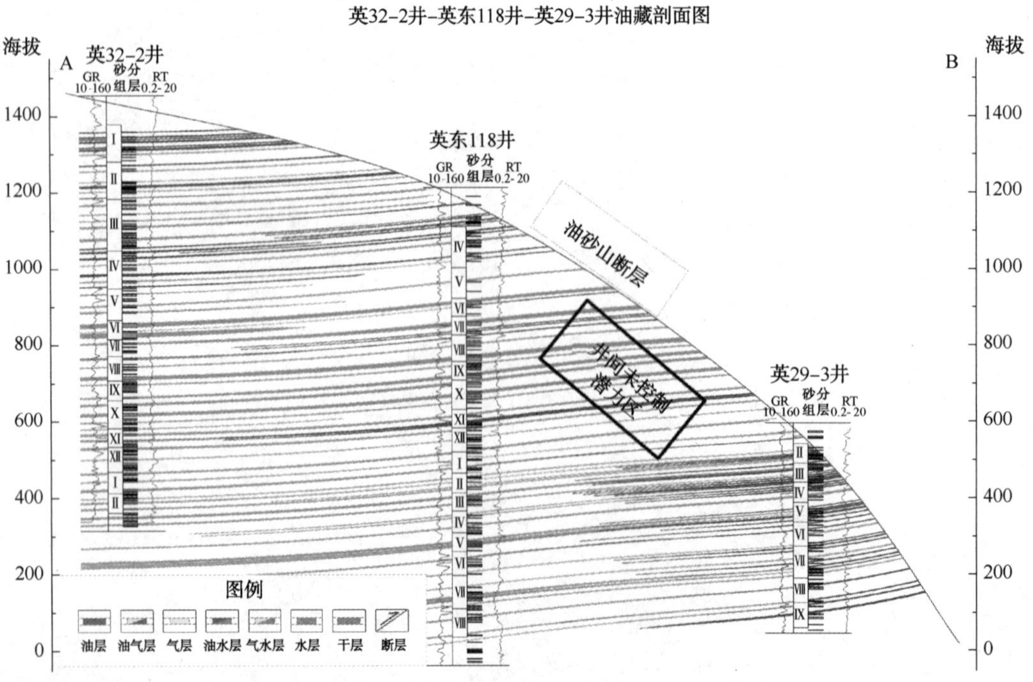

图1　英东油田下盘牙刷状油藏剖面图

针对该类油藏开发，国内外相关油田也尝试采用不同方式进行调整和治理，并取得了一定效果，其中典型的做法是在地震反演技术明确落实构造与有利储层基础上，利用定向斜井部署或直井侧钻开发。如华北油田赵76区块、车城油田，大港油田等。但由于英东油田本身处于柴达木盆地英雄岭构造带，地震资料品质差，难以高精度表征有利构造圈闭和砂体范围，无法有效指导钻探。因此，本文在充分学习借鉴先进油藏开发方式思路的基础上，围绕油藏实际地质特征和油气富集规律，因地制宜，提出了以压汞实验资料分析和现代地质建模相承的定向井轨迹部署方法，为后期改善油藏开发效果、挖潜井间储量做好前期试验与论证。

1 区域地质概况

研究工区位于柴达木盆地西部茫崖坳陷区英雄岭构造带东南端(图2)。构造受复合断褶双重构造影响，变形强烈，主要发育逆断层，是一个纵向叠置的断块油气藏，其中油砂山断层是英东油田上下盘的地质界限。通过钻探，油田自下而上共揭示出上干柴沟组(N_1)、下油砂山组(N_2^1)、上油砂山组(N_2^2)三套地层，其中下油砂山组上段、上油砂山组为主要含油气层层段，其次为下油砂山组下段。油藏含油井段在1746－3308m，单层油层厚度集中在05～30m，储层多、薄、油气水层间互、无统一明显油水界面。

英雄岭构造带成藏条件十分优越，盆内富烃坳陷断隆带具有“深部持续生烃，断层接力输导，纵向复式叠加、横向复合连片的多期复式聚集”模式(图3)。根据钻井、试油、试采、测井解释等资料研究认为，油气主要来自下部N_1及$E_3{}^2$的烃源岩，沿油砂山大断裂及伴生断层垂向运移，后以砂岩为疏导层横向运移。受此影响，英东油田下盘靠近油源断层即油砂山断层油气富集程度较高，呈现纵向“牙刷状”、平面长窄条带分布规律，是柴达木盆地典型的长井段断块层状边水油藏。

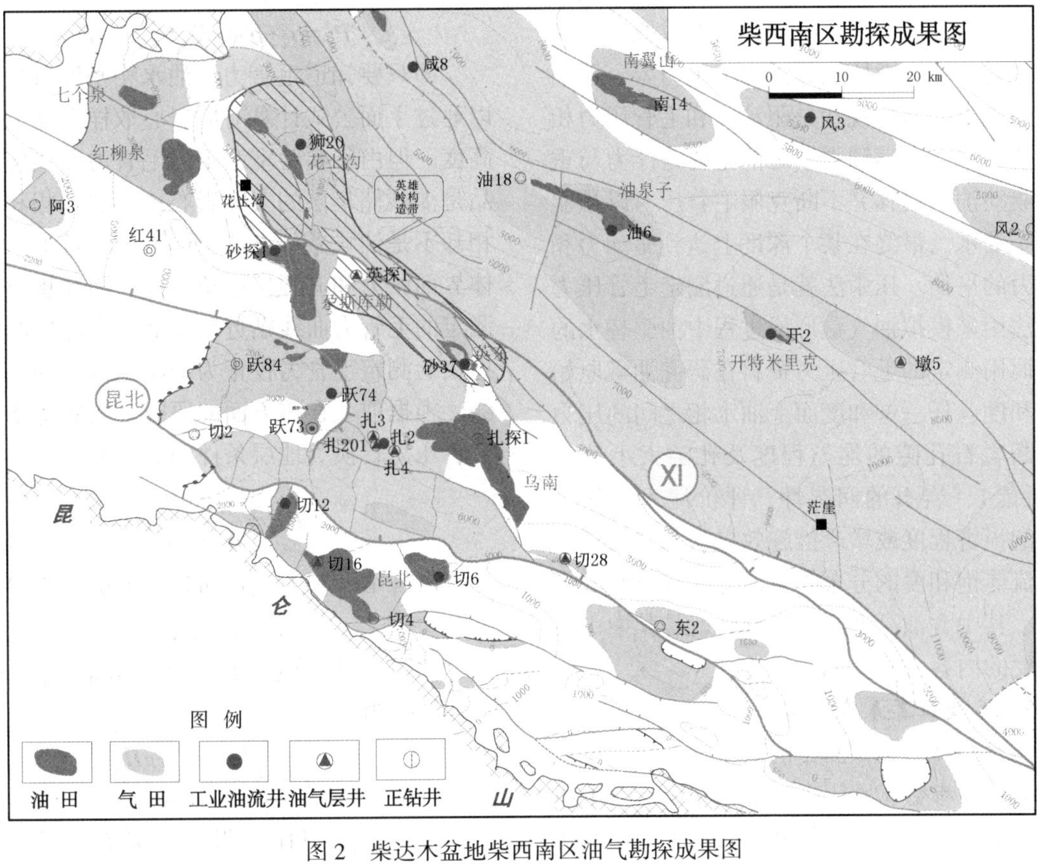

图2　柴达木盆地柴西南区油气勘探成果图

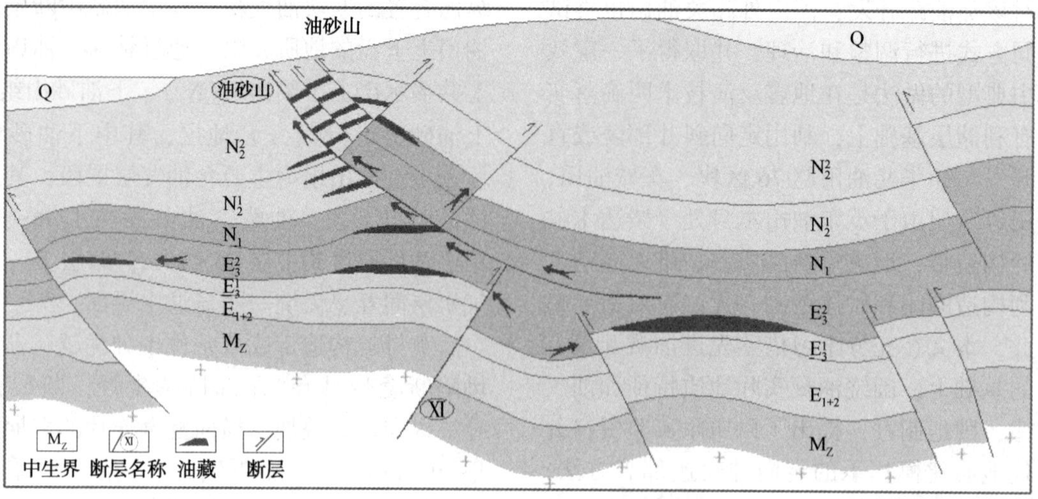

图3　英雄岭地区晚期复式成藏现今模式图

2　毛管压力下含油高度与水平宽度计算

2.1　传统毛管压力曲线及其意义

将一根毛细管插入润湿相(非润湿相)液体中，液体会上升(下降)一定高度的现象，称之为毛管现象。毛管中弯液面两侧非湿相与湿相的压力差称为毛管压力。传统油气藏形成原理认为油气运移的驱动力总体上是浮力与重力差，即油气藏中油气水分布的现状是驱动力和毛管压力相对平衡的结果。在达到平衡之前主要是浮力与重力差在驱动油气运移并不断克服毛管压力以排驱原孔隙中的水，最终在某个深度上达到驱动力和毛管压力的平衡。压汞法就是通过测定毛管压力曲线方法用来模拟油气藏形成过程中油驱替水的过程。而用测定的毛管压力资料在研究油藏原始含油饱和度、任一饱和度面上油水相之间的压力差、判断岩石孔隙的均匀程度及孔隙大小分布(储集性能)、岩石的润湿性、评价注入工作剂对储层的损害程度或增产措施效果、确定油藏过渡带内流体饱和度的分布等方面都具有较好的指导作用，其中含油高度的定量刻画就是其中一项较为重要的内容。

2.2　含油高度计算基本思路

油藏含油高度是预测钻前储量评估、井位优化部署的重要参数，圈闭中的油气藏都是由于原油在区域水压力作用下驱替储层岩石中的水而逐渐形成的。假设地层是一个大的连通器，由于油水密度不同，在重力作用下造成了油柱和水柱的压力梯度不同，所以在一个深度上，油层的压力和水层的压力不等，只有在油水界面上(理论上存在)二者压力才是相同的。对于连通的油层而言，压力差反映了含油高度的大小，压力差越大油柱高度越大，反之越小。多孔介质岩石储层可看做为一个多维连通的毛管束网络，由两相界面平衡理论可知毛管压力即为油水界面上的压力差：

$$P_c=(\rho_w-\rho_o)gH_O=\Delta\rho_{wo}gH_O \tag{1}$$

即只要知道毛管力、油水相密度参数，就可以通过上面公式计算对应岩心取样深度上的油柱高度。但由于实验室测定的毛管力曲线使用的样品是油藏储集层的实际岩心，而驱替相和被驱替相却不是油藏条件下的实际流体，且不同组合流体界面张力和润湿接触角不同，因此想要使实验测定的毛管力曲线贴近反映油藏实际情况，需要把实验测定毛管力校正为油藏条件下的毛管力曲线。根据前人在该方面的研究，实验室条件下的毛管压力转换为地层条件的关系为：

$$P_{CR}=\frac{\sigma_R\cos\theta_R}{\sigma_L\cos\theta_L}P_{CL} \tag{2}$$

由理论毛管力与含油高度关系公式(1)可知

$$P_{CR}=(\rho_w-\rho_o)gH_O \tag{3}$$

取各参数单位分别为：MPa、g/cm³、m，上式转换为：

$$P_{CR}=\frac{(\rho_w-\rho_o)gH_O}{1000} \tag{4}$$

联立式(2)和(4)得实验室条件下的毛管压力与含油高度的关系：

$$P_{CL}=\frac{\sigma_L\cos\theta_L}{\sigma_R\cos\theta_R}\cdot\frac{(\rho_w-\rho_o)gH_O}{1000} \tag{5}$$

(1)-(5)式参数分别为：

P_c：毛管压力，MPa；

ρ_w：水相密度，g/cm^3；

ρ_o：油相密度，g/cm^3；

H_O：含油高度，m；

P_{CR}：地层条件下毛管压力，MPa；

P_{CL}：实验条件下毛管压力，MPa；

σ_L、σ_R：实验条件和地层条件下介质表面张力，10^{-3}mN/m；

θ_L、θ_R：实验条件和地层条件下介质润湿接触角,°；

参考经验表1，以本工区典型井英东118井N_2^2地层2554m处岩样压汞测试数据为例，σ_R取003，θ_R取30°，$\rho_w-\rho_o$取0396，得到该岩样实验室条件下的毛管压力与含油高度的关系为：

$$P_{CL}=0056\cdot H_O \tag{6}$$

由实验得知P_{CL}与汞饱和度(油藏下为含油饱和度)存在一一对应关系，即得到含油高度与汞饱和度(含油饱和度)关系曲线图版(图4)。

表1 接触角和表面张力参数

条件	系统	接触角 θ(°)	表面张力 σ/ 10^{-3}mNm^{-1}
实验室	空气-水	0	0072
	油-水	30	0048
	空气-水银	140	048
	空气-油	0	0024
地层	水-油	30	0030
	水-气	0	0050

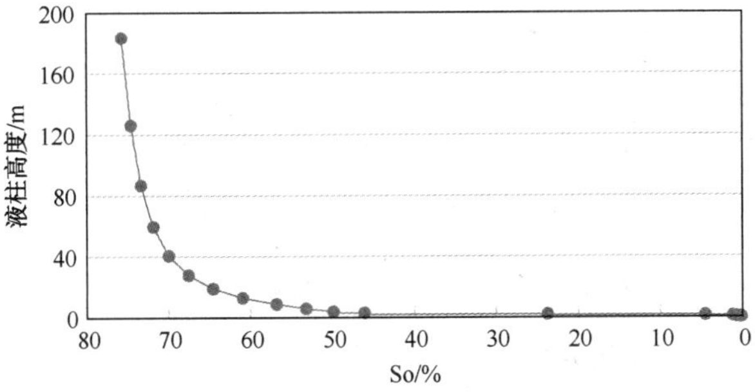

图4 英东118井2554m处压汞计算含油高度与饱和度关系

2.3 平面油水过渡带长度计算

原油在运移过程中，由于油、水重力分异作用，油层沿地层上倾方向移动，聚集在构造高部位，而构造低部位则由于受到构造及油、水重力分异作用影响，形成了一个明显的油水过渡带，即在一定地层倾角下，油水界面以上的含油高度与宽度存在三角函数关系，尤其是边水牙刷油藏受含油宽度的制约，油藏水驱效率和采收率也有所不同。

$$L=H_O/\tan\alpha \tag{7}$$

式中：L为含油宽度，m；α为地层倾角,°

按照式(7)，仍典型井英东118井N_2^2地层2554m处岩样压汞测试数据为例，结合对比计算及倾角资料取地层倾角8°，计算该样品不同压汞饱和度下含油高度与含油宽度关系为：

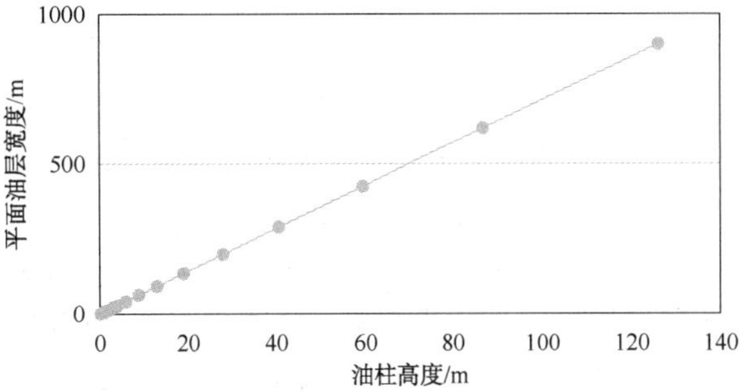

图5 英东118井2554m处压汞计算含油高度与宽度关系

通过以上资料分析与统计，N_2^2地层2554m处纯油层测井解释含油饱和度65-70%，相应计算对应纯油柱高度在20m(油水层3m)，对应油层宽度在135-200m(油水层20m)，合计自由水界面以上油柱高度在23m，油层宽度150-230m。由此可见英东下盘储层含油高度和平面宽度在N_2^2地层2554m处并不大。

2.4 多层多段油层分布特征计算

利用单块岩心的毛管压力数据计算含油高柱通常只能代表油藏中某一点的油气分布特征。受实验样品和油层跨度长约束，又无法做到层层油砂分析数据的获取。应综合从同一油藏中取得的多块岩心的毛管压力数据得到一条反映整个油藏特征的平均毛管压力曲线进而建立对应全油藏的含油高度和宽度模型。为此可利用英东下盘28块岩心压汞资料建立拟合J函数方法进行约束计算。(图6)。

但从图6各块岩样毛管压力J函数曲线变化趋势看，虽然大体一致，但汞饱和度大于40%以后曲线开始分散，统一性不强，表明这些岩样的孔隙结构差异性较大，整体利用一套含油高度模型刻画该油藏的油水分布指导意义不强。

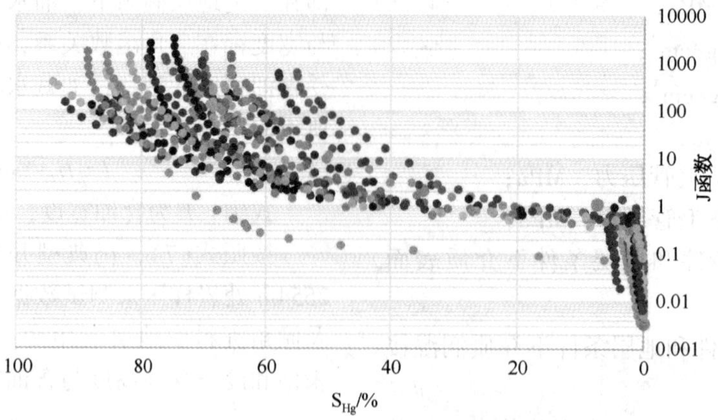

图 6　英东油田下盘 28 块岩样的 J 函数叠加曲线

从压汞分析统计的孔隙结构特征参数上看（图 7）：上油砂山组储层孔隙吼道以中、细吼道为主，孔喉配置关系好。孔隙结构整体较好，以Ⅰ类和Ⅱ类孔隙结构为主；N_2^1上段砂层组储层与N_2^2地层类似，以Ⅱ类孔隙结构为主。随着埋藏深度的增加，砂体发育规模及厚度变小，储层孔隙度与渗透率呈降低趋势，孔隙类型由原生孔隙逐渐向次生孔隙演化，下油砂山组下部砂层组储层孔隙喉道以微、细喉道为主，孔喉配置关系一般，孔隙结构评价为Ⅲ类为主。

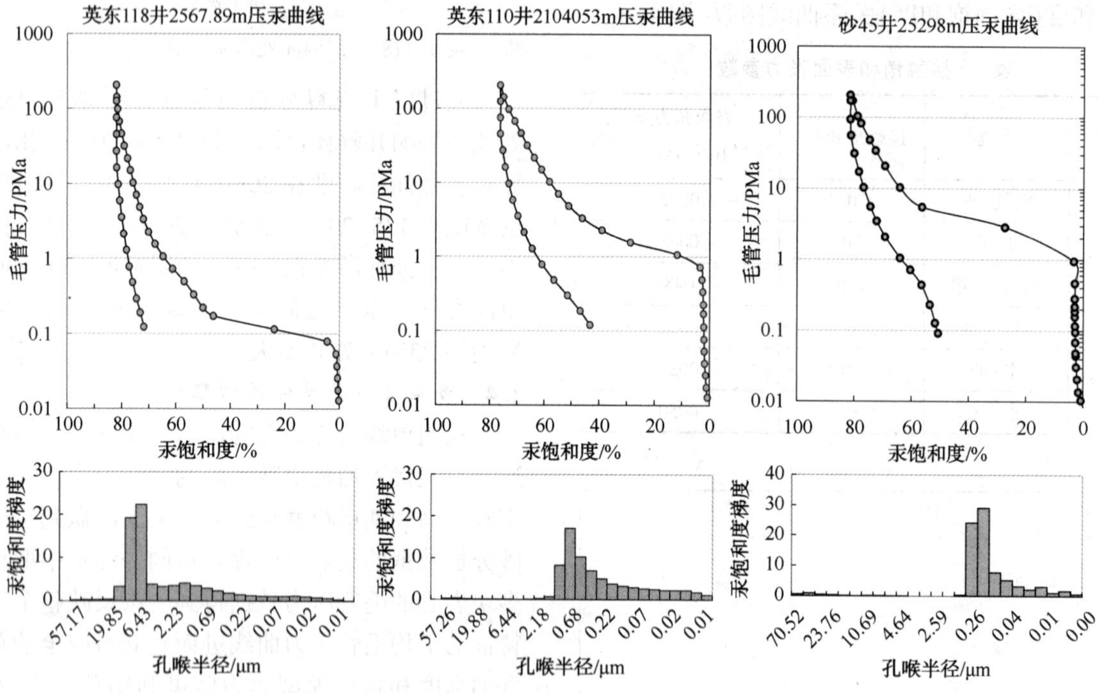

(a)N_2^2地层压汞及孔隙结构图　(b)N_2^1上段地层压汞及孔隙结构图　(c)N_2^1下段地层压汞及孔隙结构图

图 7　不同地层压汞曲线及孔隙结构类型图

三段地层储层的压汞差异性也进一步体现了该油藏实际多段储层内部孔隙结构的强非均质性，因此，为最大化表征全井段油层分布状况，借鉴流体解释分段图版建立的思路方法，对三套地层进行分段油柱和含油宽度计算。因此按照 J 函数方法对三段地层进行拟合分析。

从分段地层计算 J 函数曲线分布看（图 8），规律性相比图 6 较好（N_2^1下段地层岩样少），基本可以满足进一步拟合平均分析的需要。

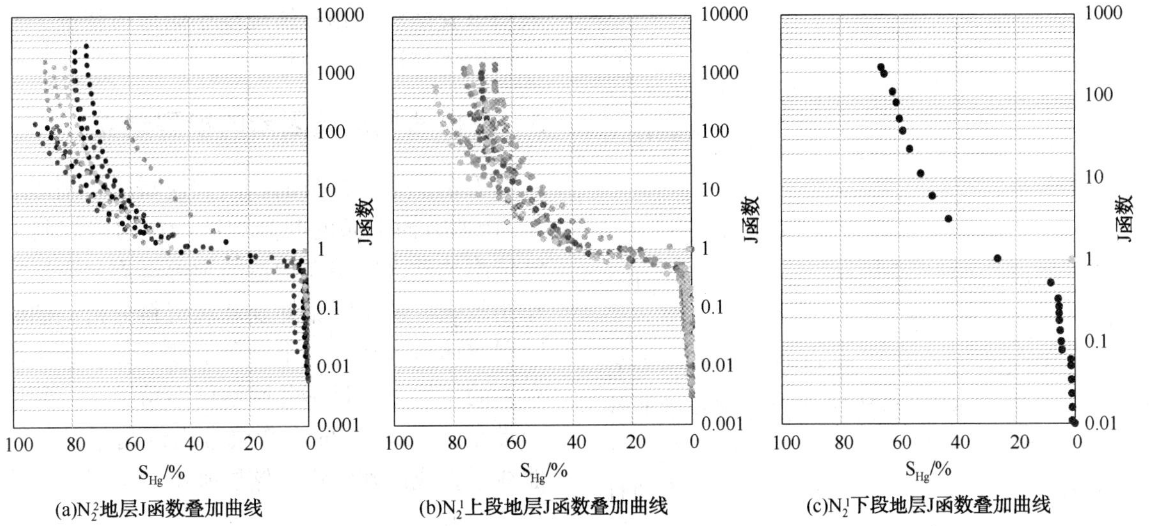

图 8 英东油田下盘三段地层 J 函数叠加曲线

以 N_2^2 为例。该思路计算方法主要是计算该套地层段压汞样品的平均毛管力压力，建立与汞饱和度关系曲线。后续根据该段油层主体物性参数和地层产状取值计算油柱高度和含油宽度，方法与单样计算思路一样。

(1) 平均毛管力计算

由公式(6)可知，在油藏流体性质不变，接触角一致情况下，给定平均的毛管压力即可换算到相应的油柱高度。通过 J 表达公式可知需提前建立拟合相应的平均 J 函数：

$$P_{\overline{C}}=\overline{J}(S_{H_g})\cdot\sigma\cos\theta\cdot\sqrt{\frac{\overline{\varphi}}{\overline{K}}} \tag{8}$$

在拟合这条 $J(S_{Hg})$ 函数曲线时，可考虑只利

用图 8(a) 中饱和度在 10%～75%这部分的数据点，

这部分数据点类似于原毛管压力曲线的平台部分，是最有利用价值的数据。这样大大简化了拟合后的方程，并对最终解释没有太大影响。图 9为截取

的图 8(a) 中饱和度在 10%～75%部分的数据点。

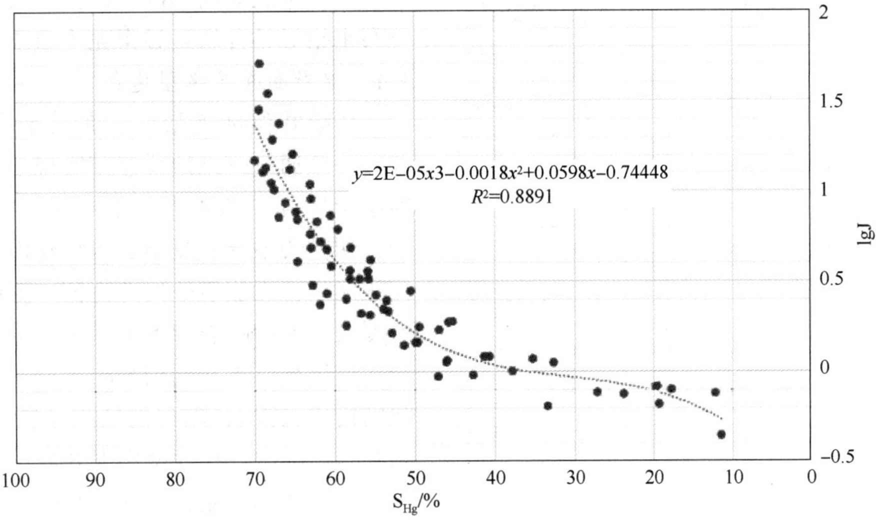

图 9 N_2^2地层饱和度 10%–75%压汞数据点 J 函数拟合

通过数据拟合得图9中$J(S_{Hg})$函数曲线的关系式：

$$J(S_{H_g}) = 10^{2 \cdot 1E-05X^3-00009X^2+00248X-03841} \qquad (9)$$

再根据公式(8)，利用加权平均计算该层段的所有岩心渗透率和孔隙度，得到平均毛管压力与饱和度关系公式：

$$\overline{P_C} = 10^{2 \cdot 1E-05X^3-00009X^2+00248X-03841} \cdot 03677 \cdot 02998 \qquad (10)$$

(2) 含油高度计算

在公式(10)获得给定饱和度下的平均毛管力，后利用公式(6)绘制油柱高度与饱和度曲线(方法类似22)，如图11。从图上可以看到，在油藏N_2^2地层测井饱和度平均65%时，对应油柱平均高度在247m。

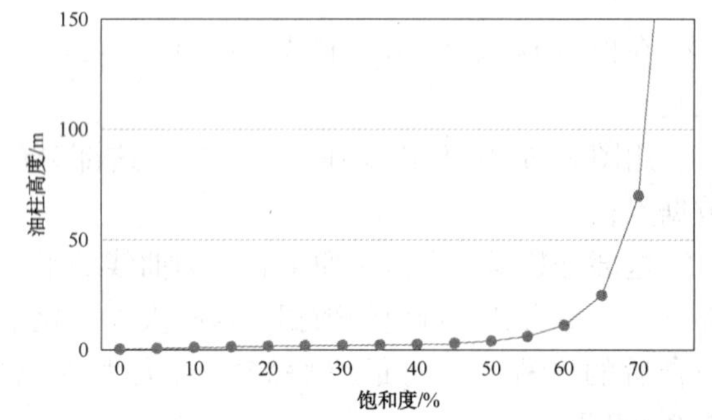

图10　英东油田下盘N_2^2地层含油高度与饱和度关系

(3) 含油跨度计算

以公式(7)为基准，N_2^2地层倾角平均10°下，含油宽度为1455m。按照上述思路，分别建立三段地层的含油高度与宽度，如表2。

表2　英东油田下盘不同地层含油高度和宽度计算统计

地层	N_2^2	N_2^1上段	N_2^1下段
地层倾角	8	10	10
油水密度差	0396	0396	0396
平均含油饱和度	65	60	55
平均渗透率	189	154	5
平均孔隙度	152	484	15
表面张力系数·润湿接触角	03677	03677	03677
平均含油高度	247	262	152
平均含油宽度	1455	1544	894

统计发现主力含油层段平均含油高度在25m左右，宽度150m。但对于滨浅湖沉积的N_2^1下段地层，含油高度仅为152m，含油宽度为894m，表明该套地层湖相砂体规模小的地质特征，与实际油砂体描述基本一致。

3　主控油气地质因素的模型建立

英东油田下盘被油砂山大逆断层切割形成北东-南西方向上倾的断鼻构造。在构造控制下油气依附油砂山断层在构造的顶部富集，断层控藏作用较强。从实际钻井及地震资料分析，油砂山断层整体呈现呈现一个倾角上陡下缓、断距西小东大的特征。通过密井网地层倾角校正，断层破碎带宽度100-400m，断层带内倾角杂乱，测井曲线平直或高陡锯齿，储层基本为干层，射孔后无产液能力。

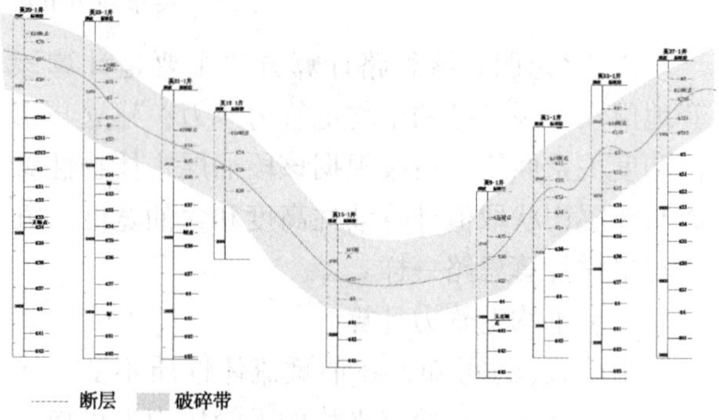

图11　英东油田下盘油砂山断层破碎带分布

因此，为提高砂体钻遇率和高部位油气层动用，避免在该破碎带内进行井位实施，部署井位钻井轨迹在保障在油砂体分布范围内钻进同时，应尽可能使钻遇轨迹依附油砂山断层带底界面以下。由此可见如何精准表征该断层的位置和产状分布来指导钻井轨迹显得尤为重要。

3.1　双断面断层模型建立

传统井位部署随钻、尤其带有较大斜度的井，一般通过三维地质建模实现。但针对该油藏地层跨度高、断距大，正断层和逆断层相互交切，切割关系异常复杂，传统建模将出现大量负体积网格，无法表征构造特征。因此针对于地层跨度大、逆冲断裂导致大量地层重复和缺失的复杂构造体系，本文利用Stairstepped Griding(阶梯状网格化)方法，较好的实现了断层构造特征的刻画与表征，并在此基础上开展了油砂山断层破碎带顶底面的建立，实现了破碎带空间分布与油气富集展布的有机融合。

3.2　毛管力表征约束下多层砂体模型刻画

英东下盘整体油藏受井深及断层发育影响，

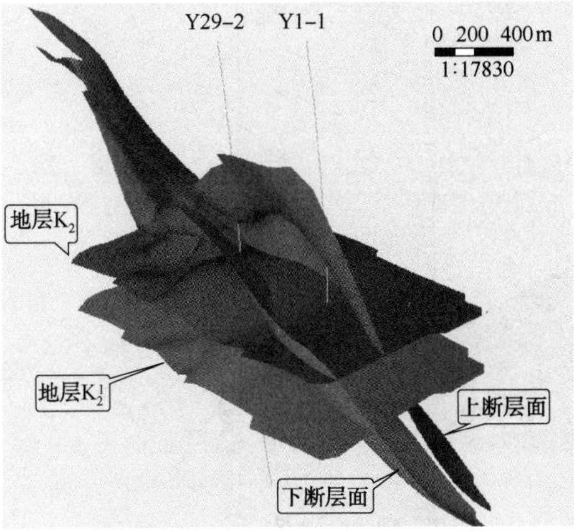

图 12 英东油田下盘油砂山断层顶底面模型建立

存在局部地层井控程度低，砂体展布不清的问题。通过传统的随机砂体建模虽然能一定程度刻画砂体的分布，但受井控程度影响具有较大的不确定，尤其针对不同地层段，所建立起来的砂体分布模型缺乏控藏及成藏规律信息引导和约束，砂体刻画结果区分度不大，不能较为准确的表征不同层段不同物性及沉积环境下的储层发育特征和差异性。因此本文在传统砂体建模刻画的基础上，结合 2 研究，分区分段对不同地层不同物性沉积的储层进行定量约束相边界和油砂体边界，在此基础上进行建模，实现了砂体定量和定性描述的有机结合。

具体方法为通过人为手工开展小层单元微相与流体相刻画，形成符合油藏油气水分布规律的微相与油砂体图分布图。在此基础上进行不同微相与流体相赋值和数据成果转换，实现地质模型数据库建立。按照微相控制建立序贯指示下流体分布模型，并通过各地层单元或小层单元下毛管压力含油高度与水平宽度计算结果进行边界约束开展平面砂体模型修正，最终序贯高斯模拟完成砂体模型建立和空间展布刻画。

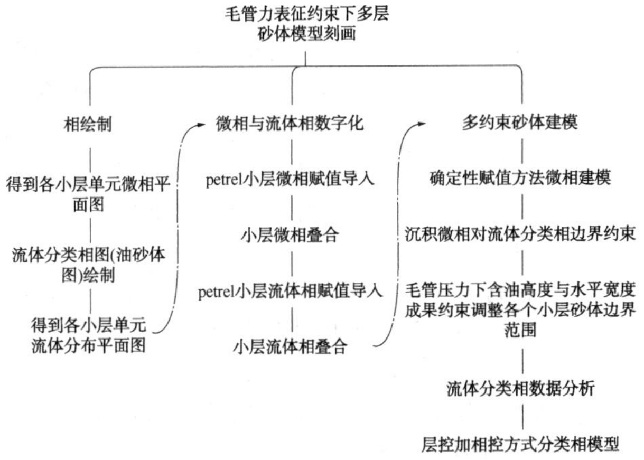

图 13 英东油田下盘精细砂体模型约束建立思路

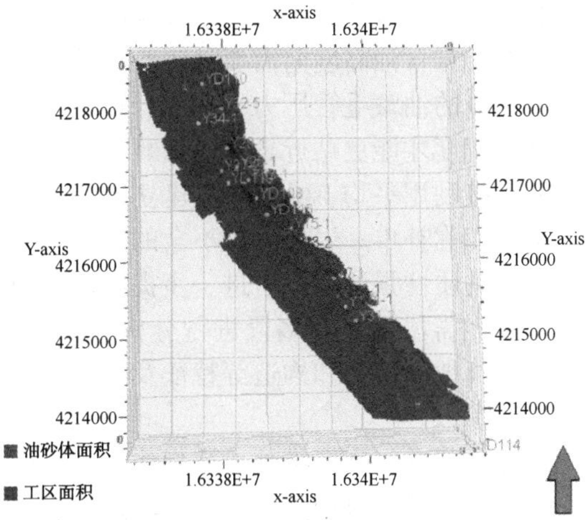

图 14 英东油田下盘 N_2^2地层有效储层模型

4 定向井部署及实施效果

英东油田下盘油藏作为稳产上产主要区块，受钻井井深及直井稳产时间短影响，近年产能万吨投资高达 4500 万元，严重影响效益开发。在充分考量油藏地质特征，认为直井部署向斜井、定向井转变开发可能会形成较好的稳产接替形势。按照英东下盘油层含油高度及宽度计算成果，先后通过地质模型部署评价定向井 3 口。从完钻井单井钻遇含油储层看，比常规直井钻遇率提高了 45 个百分点，尤其是在直井未控制区，通过定向斜井钻探，实现了未控制区的储量控制，为后续油藏整体挖潜接替奠定了基础。目前英东下盘定向井累计完钻 9 口，平均单井产量 78 吨，年均产油 02 万吨，预计单井层段钻遇油层按照开发秩序逐层利用后可稳产开发 7 年、累产原油 20 万吨，同比直井增加 4 年和 15 万吨产量，万吨产能建设投资直降至 3100 万元。

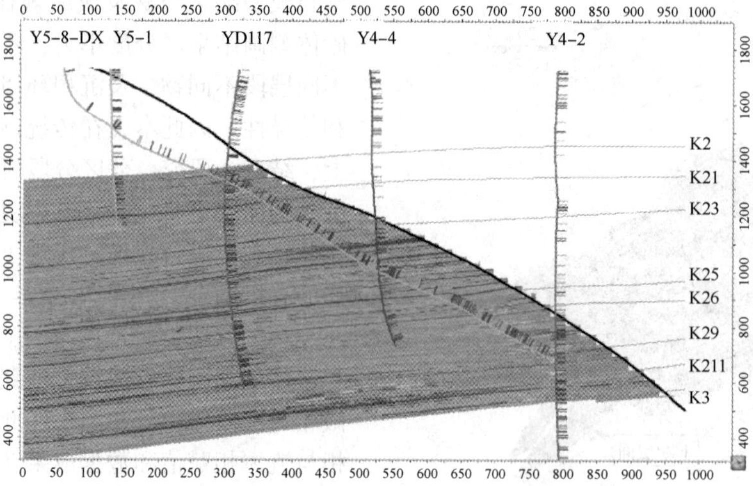

图 15　英东油田下盘定向井部署实施轨迹模型

5　结论

(1) 通过实际岩心化验分析资料认为，利用毛管压力曲线可以相对有效的刻画多层砂岩油藏油层发育规模，为相应的井位部署轨迹设计提供参考。

(2) 实验室测量毛管压力环境和实际地层不同，因此在计算含油高度前需要将实验室毛管压力转换为相应的油藏毛管压力，这样计算出来的油层高度和宽度才能更贴近真实的油藏信息。

(3) 直接利用平均 J 函数曲线建立含油高度模型一定程度弥补单一岩样表征不全的缺点，但针对多层非均质性强油藏，若进一步提高油气规模刻画精度，需尽量多点多段进行分析和计算，且必须结合当地的沉积和构造等特征及测井资料来完善模型参数。

(4) 通过与高精度三维地质模型建立油藏流体分布模型，可以及时调整跟踪钻井轨迹，提高油层钻遇率，实现牙刷状油藏的少井多钻高产，对当前油田高效开发的推动启动一定作用。

参 考 文 献

[1] 懂伟，郭志强，焦立芳，等牙刷状油藏边水驱油影响因素模拟与评价——以冀中坳陷南部束鹿凹陷车城油田为例[C]2018 油气田勘探与开发国际会议 .

[2] 赵政权，刘凤芸，侯守探，等冀中南部晋县凹陷成藏模式研究与应用——以晋县凹陷高村构造带赵 76 区块为例[J]. 石油天然气学报，2008，30(16)：248-250.

[3] 吕传炳，庞雄奇，马奎友，等渤海湾盆地束鹿凹陷"牙刷状"油藏成藏特征与模式[J]. 石油与天然气地质，2022，43(3)：566-581.

[4] 倪金龙，王 鹏，杜小亮，等柴达木盆地西南部新生代构造样式及其动力学特征[J]. 油气地质与采收率，2009，16(1)：9-12.

[5] 王风华，罗 群，李玉喜，等柴达木盆地断裂上下盘油气差异聚集效应与成因[J]. 油气地质与采收率，2007，14(2)：19-22.

[6] 官大勇，胡望水，魏为，等柴达木盆地西部褶皱构造类型及其与油气的关系[J]. 油气地质与采收率，2004，11(5)：30-32.

[7] 马凤春，沙鹏，项燚伟，等柴达木盆地英东油田中浅层油藏储层物性影响因素综合分析[J]. 地质科技情报，2019，38(2)：170-178.

[8] 马达德，魏学斌，夏晓敏，等柴达木盆地英东油田的发现及勘探开发关键技术[J]. 石油学报，2016，37(增刊 1)：11-21.

[9] 管耀利用毛管压力资料求原始含油饱和度方法探讨—以绥中 36-1 油田 23 井为例[J]. 勘探地球物理进展，2009，32(5)：365-375.

[10] 李传亮压汞过程中湿润性问题研究[J]. 天然气工业，1994，14(5)：84-88.

[11] 李爱芬，付帅帅，张环环，等实际油藏条件下毛管力曲线测定方法[J]. 中国石油大学学报，2016，40(3)：103-106.

[12] 孙黎娟，马艳艳，吴凡，等一种油藏油水过渡带高度/宽度的确定方法[Z]. 2021.

[13] 张连元油水过渡带储量计算方法[J]. 江汉石油职工大学学报，2006，19(2)：16-17.

[14] 懂伟，郭志强，焦立芳，等牙刷状油藏边水驱油影响因素模拟与评价——以冀中坳陷南部束鹿凹陷车城油田为例[C]. 2018 油气田勘探与开发国际会议 .

[15] 秦积舜，李爱芬油层物理学[M]. 东营：石油大学出版社，2001，192-197.

[16] 钟大康储层毛管压力曲线的拟合及其地质应用[J]. 沉积学报，1997，15(3)：162-164.

用于石油勘探的云计算与虚拟存储平台设计

贺　龙

（中国石油青海油田公司）

摘　要　随着网络技术的不断发展，网络科技在油田的生产生活中也越发广泛的应用。开展云端计算技术与虚拟储存平台设计在石油勘探中的运用，已经成为了石油勘探工作开展的大方向所在。开展用于石油勘探的云计算与虚拟存储平台设计的研究，可以使得石油勘探工作在云计算与虚拟存储平台设计的技术的应用下更加良好的开展和完成。

关键词　石油勘探；云计算；虚拟存储平台设计

1　前言

云计算在互联网服务工作的拓展内容的应用，可以有效的按照工作的开展所需，应用便于拓展的方式获取、以及存储所需要的信息。将云计算与虚拟存储平台设计应用于石油勘探工作的开展过程中，也可以使得网络数据统计和存储技术的精确性以及高效性充分的体现于石油勘探技术的开展过程中。

2　用于石油勘探的云计算与虚拟存储平台设计的优势

2.1　云计算和虚拟存储平台设计的应用，可以抽象管理石油勘探的物理资源

云计算和虚拟存储平台的应用，可以有效的抽象管理石油勘探的物理资源，从而使得石油勘探中所需要应用的设备以及需要操作的运行模式和运行系统，呈现完全的透明化以及有序化，有效的降低了上层在进行使用开展工作管理的过程中，进行统一管理的难度性。

2.2　云计算和虚拟存储平台设计的应用，可以有效的保证石油勘探工作开展的安全性和有序性

由于云计算和虚拟存储平台，在石油勘探工作开展过程中的应用，可以将石油勘探工作的各个环节的开展进行有效的隔离，从而可以良好的确保石油勘探工作开展的安全性。同时隔离工作的开展，也可以使得石油勘探工作开展过程中的各个环节不会产生相互的干扰，从而也可以使石油勘探工作的开展，应用云计算与虚拟存储平台，获得良好的秩序性。

2.3　云计算和虚拟存储平台设计的应用，可以有效的提升石油勘探工作开展的资源利用率

云计算和虚拟存储平台的设计应用，可以使得石油勘探工作在开展的过程中，能够应用先进的网络数据管理和统计技术，精确的计算出，石油勘探工作的开展所需要的资源所产生的费用，从而有效的降低了石油勘探工作的资源成本。同时也能降低了成本预算工作人员的工作强度和工作量，也有效的节约了石油勘探工作开展的资源成本。

因此通过分析用于油勘探的云计算与虚拟存储平台设计的优势可知，云计算和虚拟存储平台的应用，可以抽象管理石油勘探工作开展过程中的物理资源，增强石油勘探工作开展的安全性和有序性，并且有效的提升了石油勘探工作开展的资源利用率。因此云计算和虚拟存储平台设计在石油勘探工作开展的过程中应用的重要性不容忽视。

3　用于石油勘探的云计算与虚拟存储平台设计的基本思路

在进行石油勘探的云计算与虚拟存储平台设计的应用时，应当明确：应用云计算以及虚拟存储平台，可以根据客户所需为客户提供所需要的

计算数据、存储数据以及网络数据。并且在网络存储功能的服务下，虚拟服务器的资源存储量能够实现最大化，虚拟服务器的存储量几乎能实现无限化，因为石油勘探工作的开展提供了良好的资源存储基础。

根据石油地质勘探产业在应用云计算和虚拟存储平台时的要求的不同，创建具有针对性的、能够同时进行石油勘探的数据的计算以及数据的存储的，工作的云计算与虚拟存储平台。平台所具有的特点主要如下所示：

3.1 石油勘探所应用的平台的虚拟性有效的提升

石油地质勘探应用虚拟化平台，有效提升平台的虚拟性，可以使得石油勘探工作的开展的过程中可以有效的进行多元化的协作数据核算。

3.2 石油勘探所应用的平台的共享程度有效提升

石油地质勘探应用云平台，可以有效的提升平台的共享程度，从而平台可以根据石油勘探工作开展的需求，进行权限的开放和资源的共享。

3.3 石油勘探的资源调度的算法的灵活性得以有效的提升

石油勘探工作的开展，在应用云计算和虚拟平台的过程中，可以实现资源调度的算法的灵活性的有效提升，促使资源调度的算法，能够根据石油勘探工作的开展的具体情况而有效的确立。从而实现石油勘探工作的变化的、周期化的掌握。

4 云计算与虚拟存储平台架构设计

在基于云计算的虚拟存储服务中，云端作为服务端存在。云端对外仅提供一套接口以供客户端调用，云端的内部实现依赖动态启动并分配的计算机节点。将云端计算设计为可伸缩规模的动态集群，可以有效利用计算机资源和虚拟机技术的优势。客户端通过调用云端的接口从而实现数据的上传和下载。如图1所示：

4.1 网状的拓扑结构平台设计

对于数据存储服务来说，网状结构的设计有利于充分发挥云端的可伸缩性特点。由于云中的节点有动态启动、分配和回收的特点，因此云端设计是以一个控制服务器为中心的网状结构。如图2所示，中心控制服务器控制和管理周围各运行节点的运行，而各节点均与数据池保持通信。

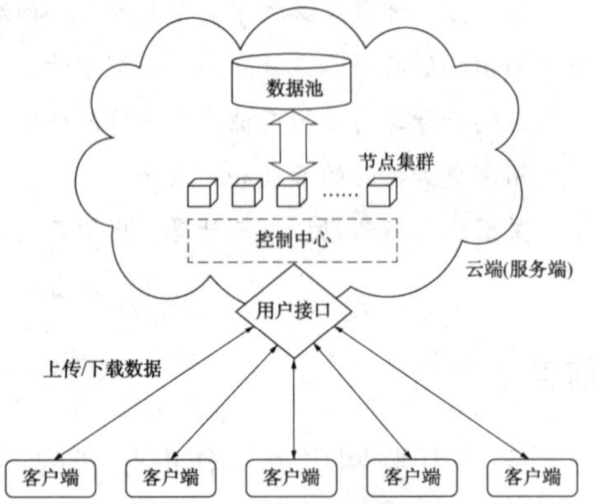

图1　基于云计算的虚拟存储平台设计总体概念图

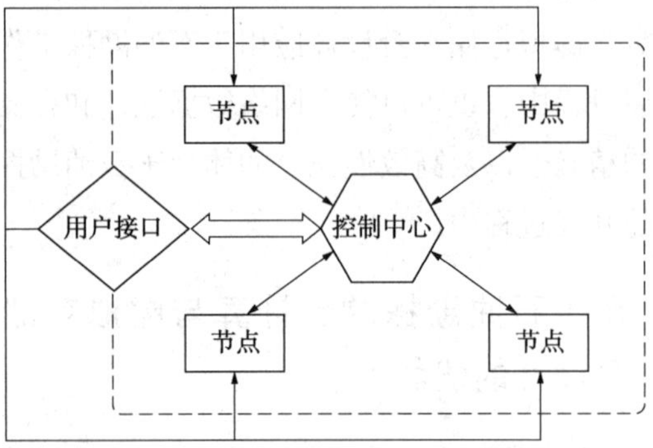

图2　网状拓扑结构设计图

控制中心负责处理用户接口的传输请求，经处理后，与云端中各节点通信。控制中心本身可以为一个关键节点，除了与各节点间的通信外，中心节点还负责同用户接口间的信息接收与反馈。在起始通信完成后，即已分配和确定相应的节点后，控制中心把与客户端的通信通路交给节点，由节点直接完成和客户端的交互。

4.2 节点的管理模型设计

节点的管理包括节点的启动、初始化、分配和释放等一系列控制活动。控制中心监控整个云端中资源的运行状态，通过一定的算法动态调整云中运行的各节点。当云端中缺少运行节点而无法处理新的用户请求时，控制中心将启动新的节点并开始运行服务程序，从而将其初始化，分配至云中集群，参与运算，扩充云端的负载能力；当云端中某节点达到一定空闲度时，控制中心可以妥善处理其上数据，并将次节点释放、回收。

对于云端中的运行节点，通常使用虚拟机方式实现。云端本身由足够数量的物理机器组成集群，控制中心启动和分配的是基于集群中物理机的虚拟机。虚拟机体制的一大优点即为可利用现有成熟的虚拟软件来运行和管理虚拟机，而对于采用镜像方式启动虚拟机的虚拟系统，同一个虚拟机镜像可以用来启动多个完全相同的虚拟机节点，这便进一步降低了控制中心的设计和实现难度。

当云端的规模不足以应付并发用户请求，且云端没有足够的剩余资源运行新的处理节点时，客户端请求将返回出错信息。图3显示了节点管理的基本设计思路。

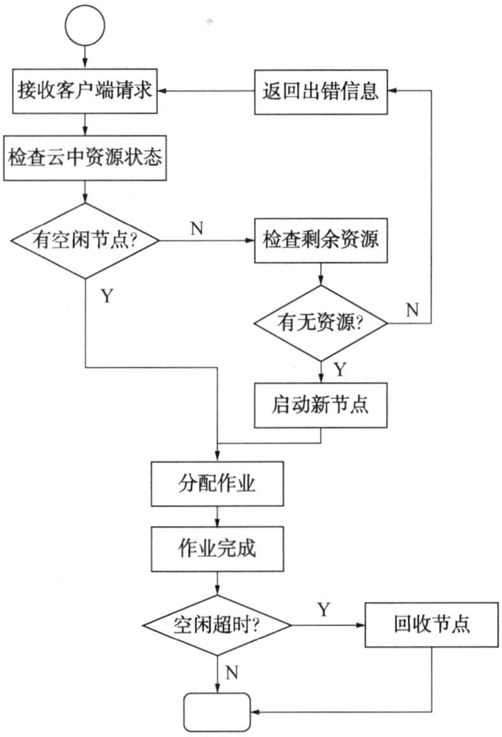

图3　云端中节点管理流程图

4.3　快速缓存(Cache)设计

在数据存储服务中，数据先是存储于云端中的节点上，但因为节点数量和节点本身资源是有限的，因此数据必须由节点转储到数据池以供长期存储。Cache普遍存在的一种典型的应用为某由客户端数据上传至云端中，此时数据仍留在节点上，还未转移至数据池，若此时服务端接收到数据获取请求，则可以不经数据池而直接将其由云端中节点取出并处理。当某客户端请求下载一个数据时，服务端将先检查Cache表，从而确定被请求下载的数据是否已经存在于某节点中。如果找到，则视为Cache命中，指派使用该节点来同客户端交互，完成数据下载；如果未找到，则另行分配节点。基本的Cache管理机制如图4所示。

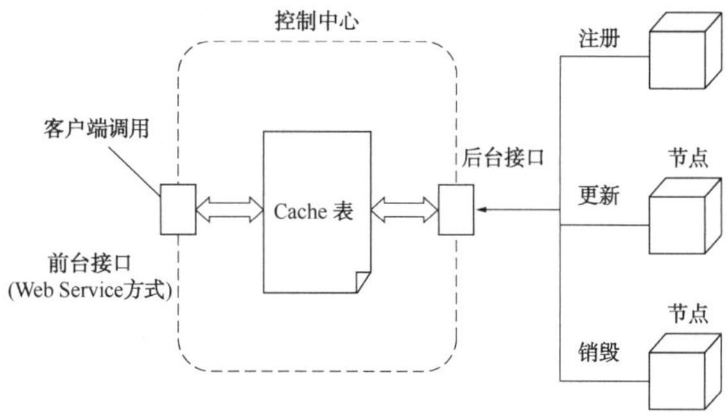

图4　Cache管理机制图

对于Cache表的维护，当新节点启动后，会接收到客户端传输过来的数据或由数据池下载得到数据，每次节点上的数据内容更新后，节点通过同控制中心的相应服务接口进行交互，登记和更新其上的Cache相关信息到Cache表。当节点销毁时，随着此节点上的Cache内容的销毁，Cache表中关于该节点的Cache信息也一并销毁。

5　结语

开展用于石油勘探的云计算与虚拟存储平台设计，首先应当明确用于石油勘探的云计算与虚拟存储平台设计的优势：云计算和虚拟存储平台设计的应用，可以抽象管理石油勘探的物理资源、可以有效的保证石油勘探工作开展的安全性和有序性以及可以有效的提升石油勘探工作开展的资源利用率。同时整理用于石油勘探的云计算与虚拟存储平台设计的基本思路：石油勘探所应用的平台的虚拟性、共享程度以及算法的灵活性有效的提升。因此开展用于石油勘探的云计算与虚拟存储平台设计研究，可以促使石油勘探工作更加高效有序的开展。

参考文献

[1] 林文辉.基于Hadoop的海量网络数据处理平台的关

键技术研究[D]. 云计算用户数据传输与存储安全方案研究[D]. 北京邮电大学，2013.

[2] 杨永全 饮食健康中的食物体积估算云计算技术研究[D]. 私有云环境下作业执行控制系统的设计与实现[D]. 电子科技大学，2014.

[3] 胡秀云 云计算环境下数字图书馆个性化信息服务研究[D]. 面向 IaaS 云计算的虚拟机负载性能优化与保证机制研究[D]. 华中科技大学，2014.

[4] 刘明亮 高性能云计算平台存储系统配置关键技术研究[D]. MPI 高性能云计算平台关键技术研究[D]. 武汉理工大学，2013.

青海油田数据管理道路浅析之数据采集正常化的启示

任燕红

（中国石油青海油田公司）

摘　要　中国石油勘探开发与生产技术数据管理系统 A12.0（以下简称 A12.0）经过几年的建设和深化应用，在青海油田的勘探开发研究工作中发挥了越来越大的作用，本文主要以勘探开发技术数据采集及正常化管理为例，介绍了 A12.0 系统目前在青海油田的数据现状及管理措施，探讨勘探开发数据正常化业务工作的管理思路，分析总结 A12.0 系统应用取得的成果及存在的不足，从而得出数据管理的启示。

关键词　数据管理；A12.0 系统；数据正常化；数据应用

1　勘探开发技术数据管理平台推广应用前的数据状况

勘探开发技术数据正常化之前由于历史原因，数据来源范围广泛，历史数据涉及的年代久远、数据类型复杂，长期以来未形成统一的勘探开发信息标准，使得油田各信息系统的开发标准不统一，体系不兼容，数据不共享，各系统的应用单一；另一方面，由于油田数据业务管理缺乏总体规划和全面统一的数据管理流程及模式，数据的采集及管理存在数据分散、多头管理，系统重复录入，数据更新不及时等问题。

勘探开发数据应用系统

系统名称	所属单位	业务范围	应用情况
勘探生产信息管理平台	勘探处	探井的各类静态数据、动态数据、生产管理数据	有专业公司维护，应用良好，数据更新及时
青海油田油藏数据管理平台	开发处	油水井的各类静态数据、动态数据、生产管理数据	维护技术力量薄弱，大部分数据更新不及时
青海油田生产信息管理系统	生产运行处	所有探井、开发井的日报数据、生产管理数据	有专业公司维护，应用良好，数据更新及时
气田生产动态分析及开发诊断系统	采气一厂	采气一厂所有井的静态数据、动态数据、生产管理数据	有专业人员维护，应用良好，数据更新及时
实验项目与分析报告管理系统	勘探开发研究院	分析化验数据、文档报告	维护技术力量薄弱，数据更新及时，但应用原始，只展示文档
岩心数字化网络发布平台及应用系统	勘探开发研究院	岩心图片、照片	有专业公司维护，数据更新及时，但应用单一
录井数据采集系统	中油测井青海事业部	各类录井数据、文档报告	有专业公司维护，数据更新及时，但油田单位无权限访问
钻井数据采集系统	西部钻探青海钻井	各类钻井数据、文档报告	有专业公司维护，数据更新及时，但油田单位无权限访问

2　青海油田勘探开发数据正常化的开始

2017 年 1 月，集团公司推广并实施的中国石油勘探与生产技术数据管理系统 A12.0（简称 A12.0）正式在青海油田上线运行，其业务及数据范围涵盖了物探、钻井、录井、测井、试油/试采、分析化验、地质油藏等专业。项目建设的过程中，结合油田采油气厂业务需求，从企业层面分析并描述了石油天然气勘探开发核心业务流和数据流，按照完整的井的生命周期进行设计；EPDM 模型遵循统一的井筒、地质单元和层位管理技术路线，从基本实体出发，分别描述了钻完井、井筒作业、油气生产、工程监测分析等业务模型；通过使用统一的业务规则、数据属性规范值、计量单位体系和参考基准面等，保障了模型中各专业数据的一致性，最大限度地减小了数据冗余，有效地支撑了数据源头采集、集中存储管理、标准化应用服务等过程。EPDM 数据模型、数据字典的建立，为勘探与生产数据的采集、服务与应用提供了统一的数据标准。

3 青海油田勘探开发数据正常化的措施

因 A12.0 系统涵盖范围非常之广，包括地震物探、钻井、录井、测井、试油试采、地质油藏、研究成果、样品实验等 8 大专业，因而在推广初期就确定了以下 5 个目标：

(1) 物探数据、地质油藏、研究成果暂缓采集，但物探数据今后需继续从勘探开发研究院拷贝加载。

(2) 收集各系统内钻井、录井、测井、试油试采等数据并做数据同步迁移工作，新数据的采集需建立数据正常化录入流程。

(3) 样品实验与勘探开发研究院分析化验室做对接，对样品实验数据采集做定制开发。

(4) 在油田公司内部建立 3 级考核制度：数据管理部门考核三个专业处室(勘探处、开发处、天然气处)；三个专业处室考核各采油气厂；各采油气厂考核各数据录入单位。

(5) 数据正常化后每月出具质量公报，对数据质量情况进行考核。

通过勘探与生产技术数据管理系统 2.0 的应用，青海油田在 2017 年初圆满地完成了当年油田勘探开发成果数据正常化任务，实现了 8 个专业数据正常化建设目标，使得青海油田成功地步入了数据常态化提交与管理入库的新阶段。

4 勘探与技术数据正常化管理模式

通过对数据正常化工作中数据采集、提交、审核等业务流程全过程研究，逐步探索出了适合数据业务管理的新思路。

4.1 勘探开发数据正常化的业务流程管理

在 A12.0 系统上线后，结合采集系统的数据管理流程，绘制各项目建设单位的业务流程图，各建设单位根据业务流程图重新界定项目流程各环节对应的岗位职责与权限，并将每个岗位职责落实到具体的人员。通过任务分解，明确了管理部门、数据录入提交单位、数据审核单位的相关职责，从而既减轻了基层数据管理人员的工作压力，也提高了数据审核的质量，有效支持了数据质量管理原则(即：谁产生、谁负责)的落地。

专业名称	数据源单位
井号建立	勘探事业部(探井)、各采油气厂
钻井	西部钻探、长城钻探、渤海钻探等各钻井公司
录井	中油测井青海事业部
测井(工程测井、裸眼测井)	中油测井青海事业部
测井(生产测井)	测试公司、勘探开发研究院测井室
试油试采	井下作业公司
分析化验	勘探开发研究院

4.2 数据采集和数据正常化业务管理理念及方法

为解决 A1 系统数据来源而研发的勘探开发成果数据采集系统，其最重要的亮点之一是在勘探开发成果数据采集方面引入项目管理理念。按照项目生命周期进行管理，将油田勘探开发数据的采集看作是勘探开发项目中的子项目，勘探开发项目生命周期从项目计划下达开始到最终项目验收结束，其中涵盖了数据采集、审核、入库等一个完整的数据采集子项目管理周期。通过项目生命周期这条主线将勘探开发项目数据、项目管理、数据管理有机地整合起来。

为了加强油田勘探开发数据正常化的管理，数据中心利用帆软开发了数据决策系统，该系统主要由项目流程、数据存储、业务管理 3 部分构成。

A12.0 数据正常化业务管理系统主要有以下特点：

(1) 以项目的生命周期为主线，设计贯穿科研、勘探、开发三类项目的计划下达、任务指派、数据录入、数据提交、数据审核、数据加载入库全过程的流程管理与监控。

(2) 设立项目建设单位和数据源两级数据审核，提高了数据完整性、准确性和规范性，保证了数据质量。

(3) 根据业务管理的特点，设计了业务管理层、数据管理层2个层次，这2个层次分别对应业务管理部门、项目建设单位和数据提交单位、数据中心，形成了对数据业务的分级监管。

(4) 中心结合数据录入、提交、审核等情况设计了数据正常化工作的考核指标和指标算法，对数据正常化相关单位的数据完成情况、数据提交的及时性以及数据审核质量等方面进行绩效考核，考核结果按季度发布油田网页。

(5) 系统设计了数据下钻等功能，简化用户操作，及时获得用户想要的数据。

5 存在的不足

一是数据的及时性不够，A1 的数据通常会在一口井完井后，才能进行数据的提交工作，所以对钻井、试油、压裂等阶段的现场工艺的及时研究就不能很好发挥作用。

二是数据准确性不够，虽然 A12.0 系统增加了数据质量扫描程序控制部分，质量有了一定提升，但计算机只能对超过临界值和有业务规则的数据进行判断，而对于手工录入为主的数据采集方式，不可避免的存在数据录入错误和不规范的情况。并且由于手工录入的工作量非常大，错误的几率也大大增加，以钻井数据为例，仅一口井的钻井数据需要录入的数据表就有 18 张，共 373 字段，录入的记录数至少有 182 条，这样算下来需要录入的字段就有 356 个，靠手工录入难免会出错或录入不规范，并且，对于系统建设以前的历史数据，由于入库量大，也会出现错误和不规范数据，对于 A1 数据一旦入库，数据存在的问题只有在使用该数据时才能被发现，否则没有一个二次验证核实的环节，对科研分析而言也会产生一定的影响。

三是统计分析功能不健全，在 A12.0 系统内，各类统计功能欠缺，如无法统一浏览项目内容、采集任务下发、录入情况，图表展示功能没有。不能随时了解数据正常化工作的各项进程，掌握项目建设单位、数据产生单位、数据业务管理单位的数据录入、提交、审核、入库等情况。数据正常化各相关单位也不能随时从系统中了解数据提供方、数据提交方、数据审核方等的数据上报、提交、审核的进度情况，未形成业务管理部门、数据中心、各数据源提交单位、乙方公司之间的相互监督机制，大大降低了数据正常化的可管理性和可操控性。

四是专业涵盖不全，缺少井下作业数据。A12.0 系统的数据模型虽然有井下作业部分(图 3，图 4)，但在数据采集模块却没有相应的节点。

五是应用程度不够，从 A12.0 系统人员登陆数量、人员构成、操作来看，勘探开发研究院与钻采工艺研究院使用系统进行相关查询人数较少，大部分用户登陆系统都只是进行数据的录入、审核操作。

6 A12.0 应用启示

从勘探开发领域数据的要求和 A1 数据正常化管理情况分析来看，数据建设与管理工作应做好以下几点：

数据建设的目标：在统一的数据标准下，利用信息技术与工具，持续开展数据整理，加载和各专业数据正常化工作，实现数据的集中存储、统一管理与安全共享，为勘探开发生产管理提供数据支撑。

数据建设工作达到以下 6 各方面要求：

(1) 统一的数据模型和标准：具备完善的数据标准，满足采油气厂的数据需求，遵循并使用统一的勘探开发 EPDM 数据模型；

(2) 制订数据规范，保证数据的标准化，在数据标准框架下制订基础数据、专业数据的规范和规则；

(3) 保证稳定投入，按计划投入一定比例的人力和资金；

(4) 完备的数据质量保证措施，在数据建设的各个环节建立完善的数据审核机制，完善数据质量管理规范(增加数据反馈机制)，确保数据的准确；

(5) 强力的技术保障措施，利用 IT 技术，建立数据采集工具，实现数据自动或半自动模式，建立数据备份机制，制订完善的数据安全管理规范，确保所有数据有备份、可恢复。

(6) 合理完善软硬件配置，配备合理的存储设备、数据库等。

数据管理目标：实现数据整个生命周期的统一管理与共享，实现数据统一集成，保障数据的安全性、可靠性、完整性。

为实现目标，数据管理工作达到以下 6 个方面要求：

（1）数据管理“有标准”即具备完善的数据管理标准规范，保证油田内遵循并应用统一的数据标准；

（2）在数据整个生命周期的各个环节，建立完善的数据质量审核机制，具备完善的数据质量管理规范；

（3）明确数据的所有权及更改权限，确保对数据的所有更改均有“法”可依，有“据”可查；

（4）建立数据备份机制，确保数据有备份、可恢复；

（5）做好数据保密工作，防止信息泄露；

（6）制订完善的数据服务管理规范，保证数据易查询、易获取、易应用，以充分发挥数据作为资产的价值。

胜利油田 EPBP2.0 建设及应用实践

田　丰　李青松　景瑞林　姚　剑　杨琴琴　李　蕊
高　丛　李　腾　吴　昊　孙　阳　李　萍

（中国石化胜利油田分公司）

摘　要　2015 年，中石化明确要求在上游企业全面建设和推广勘探开发业务协同平台（EPBP），提升油田企业的信息化整体水平，并于 2017 年完成了 8 家上游企业的推广，形成了 EPBP1.0 软件。胜利油田 2018 年开展 EPBP 建设工作，年底实现全面上线应用。胜利油田对 EPBP 推广建设工作高度重视，明确提出要把 EPBP 作为主导油田信息化管理的平台来抓，做好 EPBP 推广和提升工作，打造中石化 EPBP2.0 版本。2018 年底，胜利油田建成了 EPBP2.0，2019 年进行持续完善，2020 年实现在中国石化上游板块的全面推广应用，为业务统一管控及数字化转型提供了支撑。

关键词　中国石化；胜利油田；EPBP；勘探开发；业务协同

1　建设背景

1.1　现状及存在问题

数据是企业的资产，是油田信息化工作的基础。自十一五以来，胜利油田通过源头数据采集及数据中心建设，形成了以数据中心为核心的数据资源管理体系，为油田的勘探、开发、生产、经营提供支撑，为中石化信息化工作的发展奠定了基础。

2015 年，中石化明确要求在上游企业全面建设和推广 EPBP，提升油田企业的信息化整体水平，并于 2017 年完成了 8 家上游企业的推广，形成了 EPBP1.0 软件。胜利油田 2018 年开展 EPBP 建设工作，年底实现全面上线应用。胜利油田对 EPBP 推广建设工作高度重视，明确提出要把 EPBP 作为主导油田信息化管理的平台来抓，做好 EPBP 推广和提升工作，打造中石化 EPBP2.0 版本。

1.1.1　胜利油田现状

胜利油田分公司工作区域分为东西两个部分，东部主要分布在山东省东营、滨州、德州、济南、潍坊、淄博、聊城、烟台等 8 个市的 28 个县（区）内，主体位于黄河下游的东营市。西部主要分布在新疆、内蒙古、青海、甘肃、宁夏等 5 个省（自治区），涉及准噶尔、吐哈等 11 个盆地。胜利油田是典型的陆相复式油气区，工作对象隐蔽复杂：包括构造、岩性、地层等多种油藏类型，具有沉积类型多、含油层系多、油藏类型多、油藏构造复杂、储层物性复杂、原油性质复杂的特点。

胜利油田分公司于 2005 年启动了勘探开发源头数据采集建设工作，并于 2011 年完成数据中心试点建设，形成了基于源头开展数据采集、中心库集中统一存储、统一数据服务的企业数据中心共享应用架构。目前油田已经建成了以数据中心为核心的数据采、存、管、用的体系，源头数据采集覆盖了物探（地震野外采集、VSP 采集处理解释）、钻井、录井、测井、油气测试、分析化验、岩心管理、油藏地质、采油设备与工艺管理、井下作业、油气集输、储量管理、开发生产、动态监测和地面建设等业务。目前勘探开发源头数据采集作为勘探开发生产单位实物量生产数据的主要来源，在局级数据中心实现了集中存储。

1.1.2　EPBP 现状

中国石化油田勘探开发业务协同平台，简称 EPBP（Sinopec E&P Business Cooperation Platform），是中国石化油田事业部上游板块推广的大型软件平台。

2015 年 3 月，总部召开 EPBP 推广启动会，2016 年 10 月，总部召开信息化推进会，确定分三批进行 EPBP 推广，胜利被确定为第三批推广企业。会后，油田立即进行专题部署，要求把 EPBP 作为主导油田信息化管理的平台。

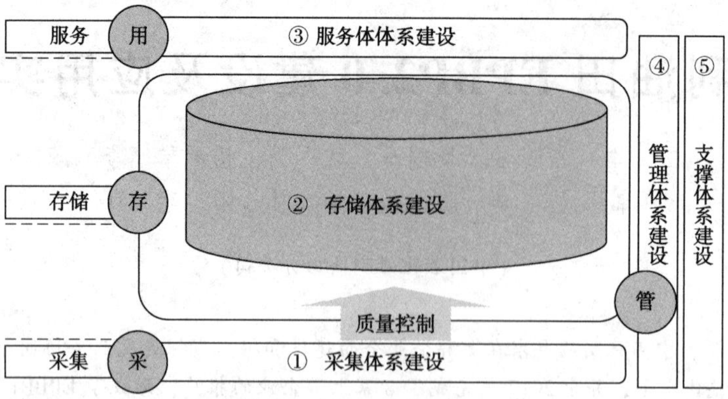

图1 数据资源管理体系示意图

2017年，总部完成江汉、河南、西北、华北、东北、西南、华东和勘探分公司8家企业的推广，形成了EPBP1.0，建立了业务协同的基本框架。

经过深入调研分析，EPBP1.0存在以下不足：

业务方面，一是业务面不全，缺少海上业务、三采业务、工程监督等内容，油气集输内容不系统不全面；二是采集内容不全，采油气、地质研究、分析化验等采集内容缺失较大；三是基层报表不全，模板不符合现在标准，应用不便。软件功能方面，一是数据体解析功能不足，无自动成图功能，应用不便；二是采集方式未实现与实时数据的联动，采集工作量大；三是数据服务功能不足，仅提供了表查询及Webservice两种服务方式；四是缺少质量管控手段，管理不规范。

1.2 建设目标和范围

1.2.1 建设目标

在全面总结EPBP推广建设工作经验的基础上，结合勘探开发业务的需求，建立从数据采集、审核、加载、存储到最终应用管理一体化的勘探开发业务协同平台，全面打造并建成EPBP2.0。从根本上改变传统数据采集应用方式，形成勘探开发业务协同管控的新模式，实现油田企业信息化建设的再创新和信息化应用水平的再提升。

1.2.2 建设范围

胜利油田围绕以下几个方面展开EPBP推广建设的各项工作。

一是业务范围。根据胜利油田勘探开发核心业务的需求和管理需要，在EPBP现有系统管理、物探、地质研究、钻井、测井、录井、采油气、油气集输、井下作业、油气销售和生产管理等模块基础上进行提升完善。

二是管理范围。按照勘探开发一体化业务管理模式，与胜利油田分公司经营管理业务相衔接，支撑企业级统一业务协同平台建设，覆盖勘探开发业务管理部门和各级业务岗位，同步扩展研发具有胜利油田分公司管理特色的业务模块，使基层岗位业务管控方便、直接、快捷、有效。

三是数据范围。在企业EPBP推广建设过程中全面梳理分析和评估油田数据环境，按照信息资源规划（IRP）和信息资源整合（IRI）技术方法，全面优化提升并建设企业统一数据环境。

1.2.3 建设思路

以IRP信息资源规划理论，结合油田数据资源的实际开展推广工作。在EPBP平台组织架构下，做好继承与拓展关系，做好数据中心与EPBP的对接，保证应用平滑过渡。

总体架构如下：

通过EPBP实现新增数据的采集，为EPBW和数据中心提供新增数据，数据中心对总部、局、厂、基层现有应用提供数据服务，保证应用平滑过渡。基于EPBW对现有应用进行集成整合，实现专业应用统一管理。

具体做好四方面的工作：

（1）统一数据采集：数据基于岗位一次采集和质量控制，减轻基层负担。

（2）统一数据存储：油田数据集中、统一存储，完善数据资源管理框架。

（3）统一安全策略：统一数据资源的安全使用和用户认证管理。

（4）统一集成服务：完善信息共享和数据应用模式，对局、厂、基层应用进行集成。

相关工作原则：

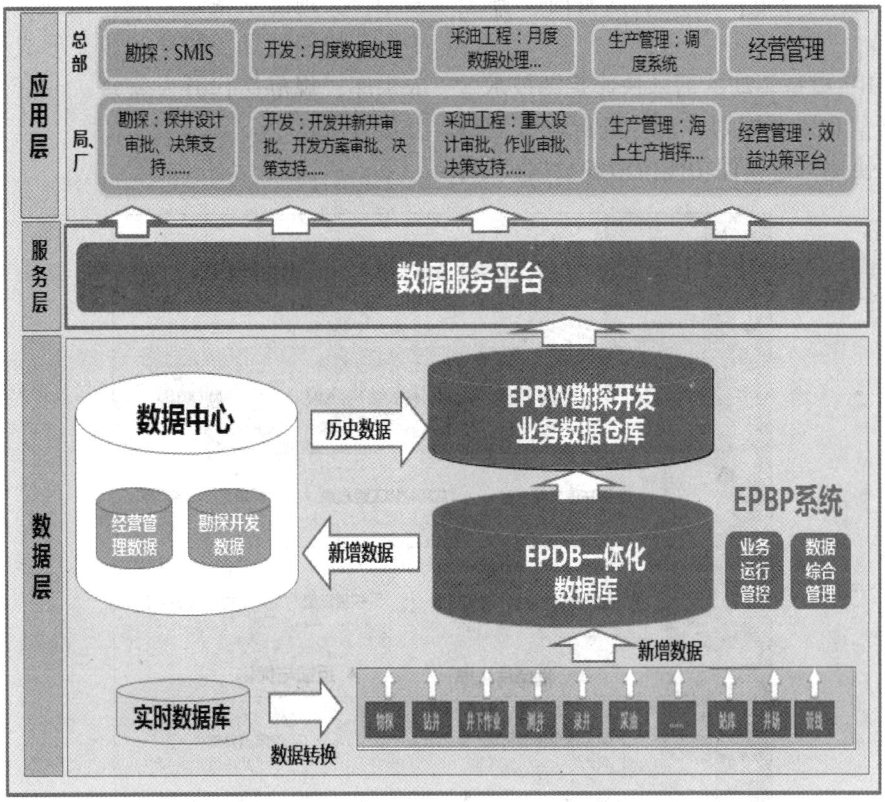

图 2　勘探开发业务协同平台总体架构图

（1）数据岗位源点采集：按照勘探开发业务流程，产生数据的岗位录入数据，同一类数据只有一个入口，确保数据的唯一性。

（2）勘探开发一体化：勘探开发一体化标准设计和数据存储，各业务数据之间紧密关联，确保信息流通顺畅，突出分公司和工程公司、分公司内部甲乙方数据质量审核流程、全面反映勘探开发工作的整体情况。

（3）技术继承和发展：应在原有数据资源体系基础上继承发展，确保历史数据和现有应用的集成利用，满足油田勘探开发的应用需要。

（4）统一采集平台：统一采集软件和数据检查考核软件，确保数据入库的“及时、全面、准确”。

2　EPBP 推广建设与应用提升

2.1　推广完善的主要技术

2.1.1　勘探开发业务一体化分析技术

十大专业按照“物探-地质研究-井位发布-钻井-录井-测井-井下作业（试油）-采油气-油气集输-油气销售”业务流程，进行一体分析，形成需求确认清单。通过 6W 岗位分析方法明确岗位职责、岗位流程。业务分析多专业、多层次、集中化；坚持业务部门牵头，业务专家主导，业务代表参与；基于同一工具（IRPS）、同一方法（IRP）进行分析。保证业务的全覆盖，流程全畅通。

2.1.2　基于流程化的业务协同管控技术

基于业务流程进行业务协同管控，实现甲乙方管理，支持专业化改革；保证数据源头采集、专业间协同共享，避免重复采集；实现岗位流程化采集、责任明确，数据即采即用；将多套采集软件变为一个软件，一级部署、集中管控。

2.1.3　基于业务模型的数据质量管控技术

（1）基于业务模型，进行统一规划，在数据体系建设的同时，同步规划数据质量管控体系。

（2）根据职能域、业务过程，统一进行数据元素设计，数据元素标准化命名，保证数据项不重不漏。

（3）基于业务模型，进行数据项分析，确定值域范围，进行软件自动化检测；根据业务前后关联关系，检验数据实时性、齐全性、准确性。

（4）应用模型反向检测技术，通过实际生产数据，反向检验数据模型划分是否合理、数据是否唯一、编码是否规范，通过检测结果，校验已入库数据的准确性，同时对模型进行持续提升。

（5）形成管理规范，规范数据及时、齐全标准。

2.1.4　基于IRP模型驱动的需求快速定制技术

通过IRP信息资源规划方法，进行业务分析和数据分析，快速构建软件功能模型和数据模型，形成系统模型、界面模型、权限模型和物理数据模型，实现需求快速定制，做到模块清晰、不重不漏，快速设计、快速实施，形成可集中共享的成果库，规范迭代开发管理，改变了传统的需求分析方法。

图3　信息资源规划及应用系统集成开发示意图

2.1.5　油气开发生产实时数据处理技术

通过实时数据接口规范建设、标准化附录建设和实时数据共享规范建设，形成EPBP与生产实时数据的通信机制，研发ETL数据转储工具，配套数据监控及异常反馈技术，实现24类数据429个数据项的自动化采集，减轻了基层数据采集工作量，有效提高工作效率。

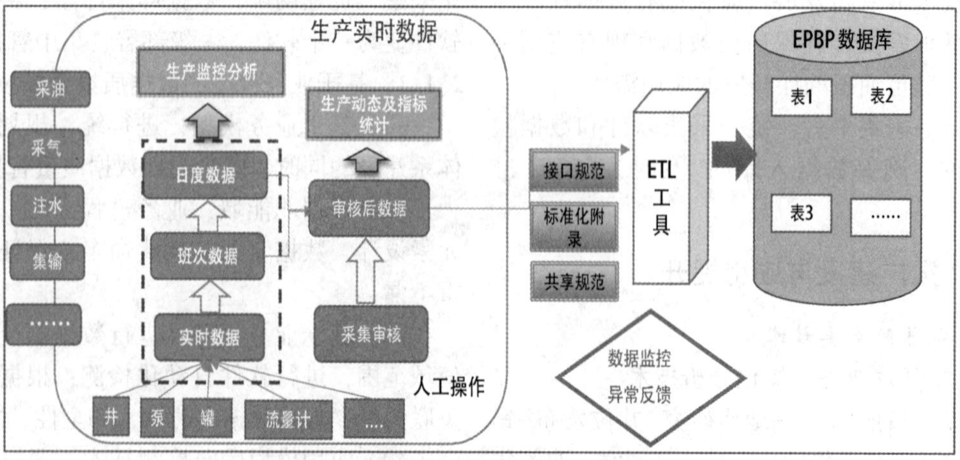

图4　生产实时数据自动采集流程示意图

2.2 推广建设情况

为科学做好 EPBP 建设推广，严格按照中石化 EPBP“十五步法”实施方法论，制定推广建设计划，加强项目综合管理和组织协调，确保项目按节点顺利推进。

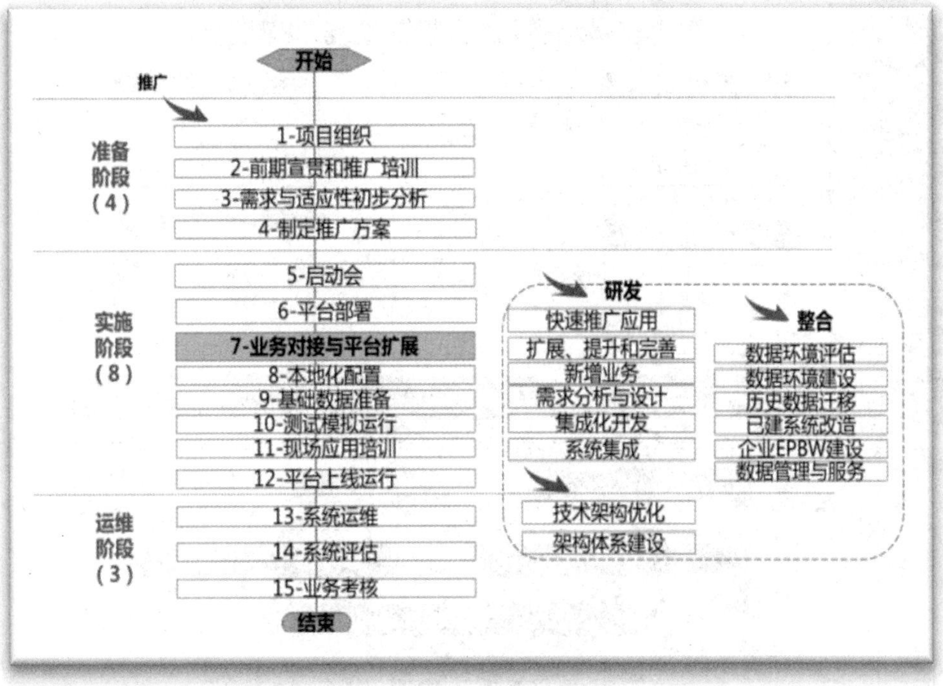

图 5　勘探开发业务协同平台推广实施“十五步法”示意图

2.2.1　深入调研，确定建设目标

为做好 EPBP 建设方案，在全油田范围内精心选拔业务专家，结合油田数据资源建设情况，采用多种形式组织 35 人开展调研分析 13 次，明确任务和建设思路，形成可研方案上报总部通过审查。

2.2.2　一体化业务分析，明确业务需求

在深入学习 EPBP1.0 的基础上，进行油田业务与 EPBP 的全面对接。基于胜利业务流程和源头数据采集、现有应用系统的需求，梳理胜利业务，确定 EPBP 采集业务及数据项，形成胜利需求。胜利需求与 EPBP 对比，确定 EPBP 建设内容。根据需求确定 EPBP 直接推广功能模块 492 个、扩展完善 741 个、新增 716 个，整体完善占比 75%以上。

表 1　勘探开发业务协同平台需求分析统计表

序号	专业名称	业务对接次数		EPEP 现有模块		新增模块	字段数
		对接	确认	直推	完善		
1	物探	6	6	52	70	77	2630
2	地质研究	4	5	27	31	42	553
3	钻井	28	10	94	115	158	3232
4	测井	6	6	29	56	8	913
5	录井	10	5	42	164	105	1920
6	采油气	9	8	94	77	89	4052
7	油气集输	3	3	31	59	117	2470
8	井下作业	20	10	22	70	29	5210
9	生产管理	7	6	55	72	77	3150
10	油气销售	2	2	25	15	12	285
11	系统管理	2	1	21	12	2	248
合计		97	62	492	741	716	24663

2.2.3　合理规划，快速开发，提升软件功能

根据需求清单，利用 IRP 信息资源规划方法进行功能分析和数据分析，形成软件功能模型和数据模型，采用模型驱动方法进行软件研发，实现快速迭代。

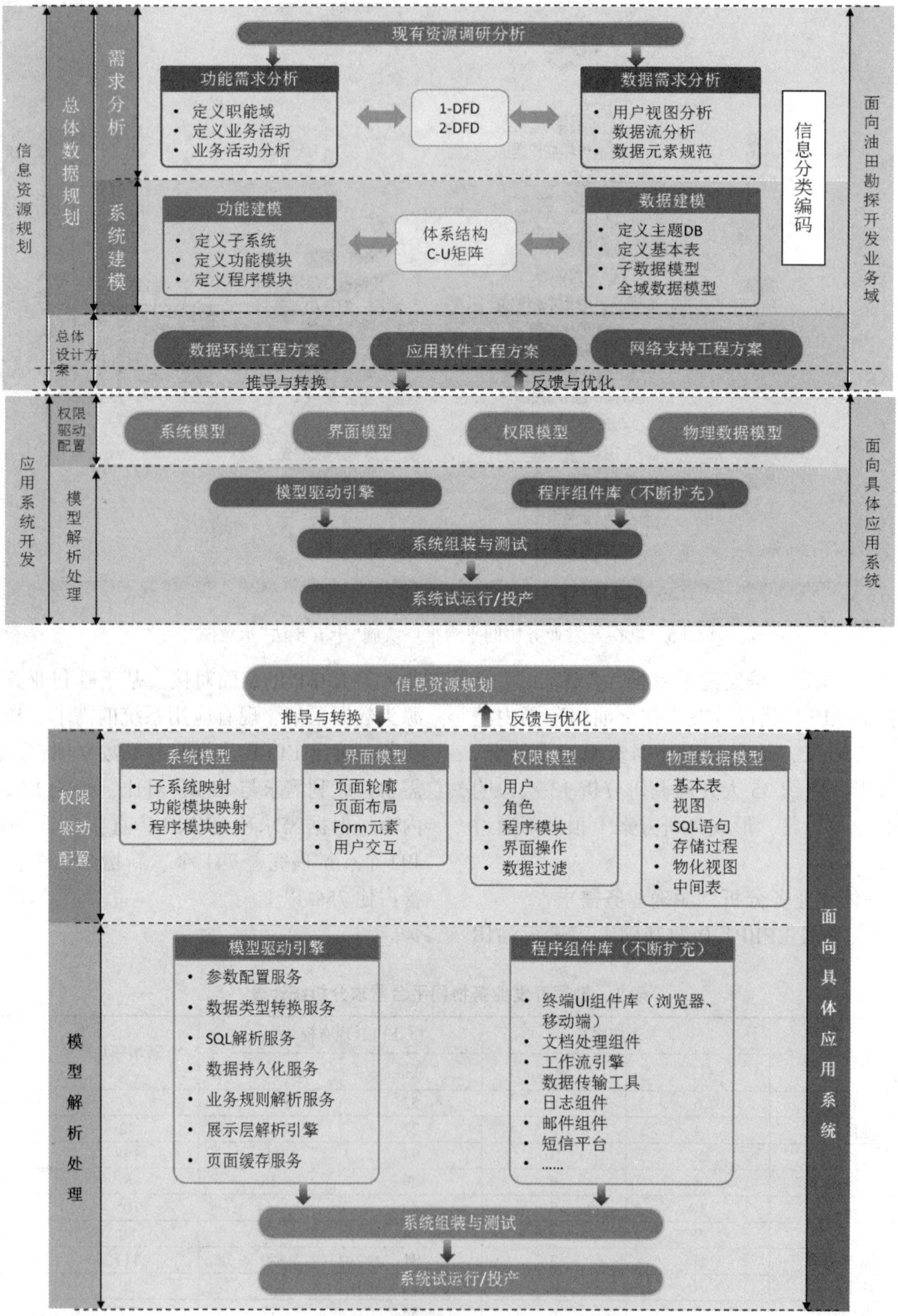

图 6　模型驱动示意图

2.2.4　基于 EPBP 开展深化应用，支撑油田高质量

针对勘探开发业务管理、石油工程质量管控、作业协同设计、油田节能降耗等业务需要，开展了深化应用。

（1）石油工程监督应用

按照业务流、管理流、监督流一体化运行的要求，基于 EPBP 实现石油工程监督委托、监督方案审核、指令下达、现场监督、问题发现及处理、工作量确认功能，完成物探、钻、录、测、井下作业、试油 6 类业务 9 个监督流程，同时实现与工程造价、关联交易平台进行数据贯通，优化了监督业务流程，实现了石油工程监督业务的 E 化和提升。

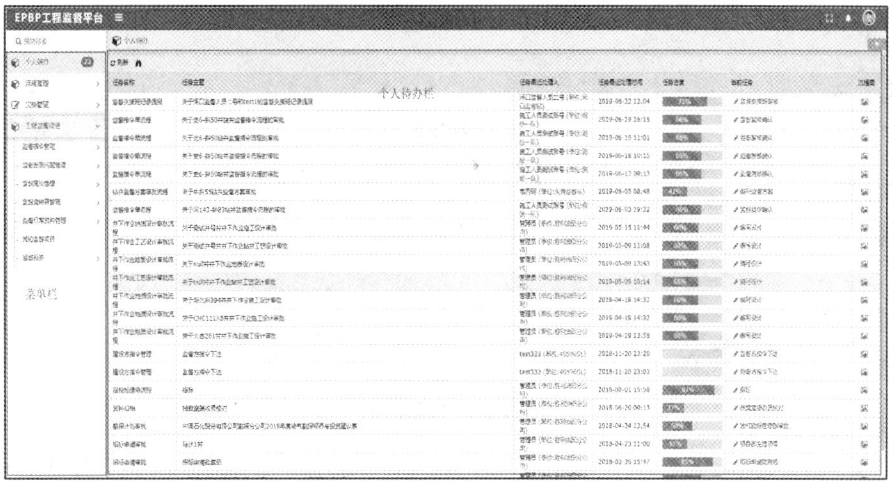

图 7　石油工程监督应用界面示意图

（2）井下作业协同设计应用

针对油田井下作业设计模板长期不统一、各单位录取资料不统一、设计系统多杂散（18 套）、数据难以共享，不符合专业化改革的要求的问题，与业务部门组织编制了统一地质设计、工艺设计、施工设计标准模板（8 大类 54 套），研发了协同设计软件。通过该应用的建设，形成了井下作业设计标准，填补中石化空白。支撑油气水井从地质、工艺、施工、措施工程设计的全流程在线协同运行，将业务流程和岗位工作要求固化在系统中，业务依托系统标准化运行。统一了中石化作业设计模板，实现作业数据结构化采集，数据协同共享。引领中石化井下作业设计业务，达到行业先进水平。

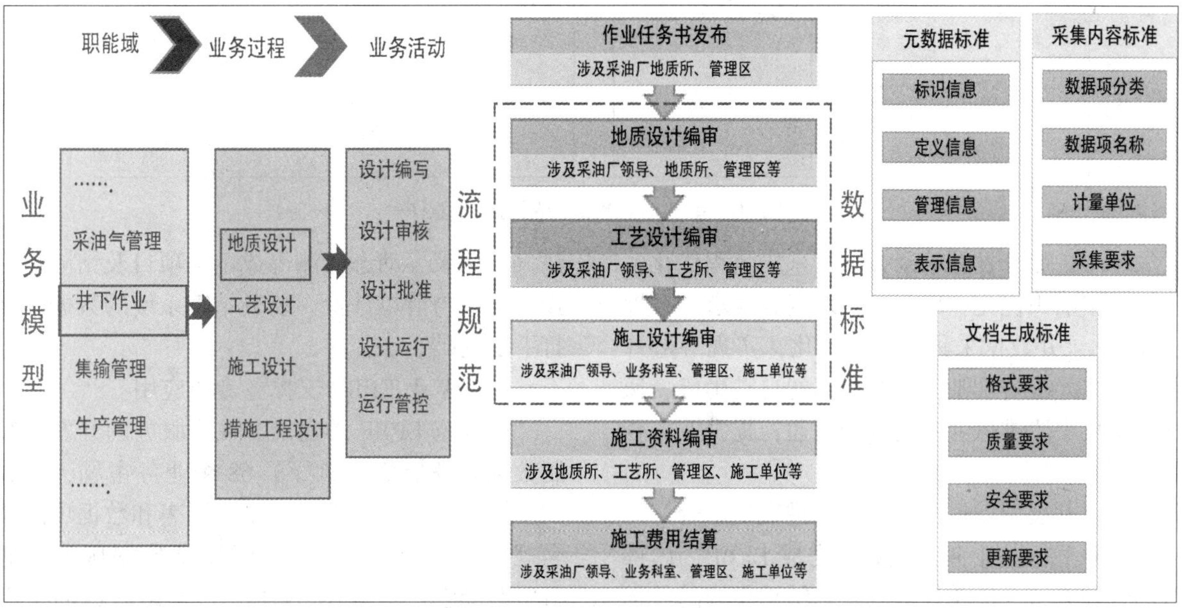

图 8　井下作业业务模型及规范标准

（3）能源管理应用

结合能源管控中心推广建设，针对电力、天然气、原油、成品油等 11 类能源管理要求，扩展数据采集内容，结合 2019 年分公司电力计量提升建设成果，实现各开发单位946条油田电网电力线路、25463个计量点的小时及日度电力数据在EPBW集中存储和共享，并拓展完善国家电网数据采集功能，为能源管控中心推广建设提供数据支持。

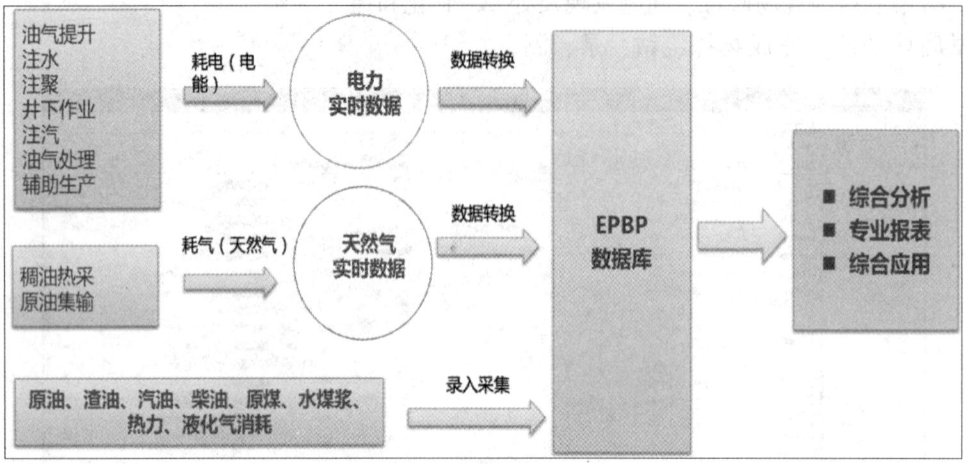

图9　能源管理数据流向示意图

（4）单井信息集成应用

针对EPBP单井信息查询不便的问题，研发单井信息集成功能，共计32个功能模块，168个程序模块，实现从井位设计、钻测录、井下作业、开发生产、动态监测至报废的单井全生命周期信息的综合集成，以及钻、录、测井等21类常用图件的数据可视化展示，提高EPBP使用效率和应用效果。

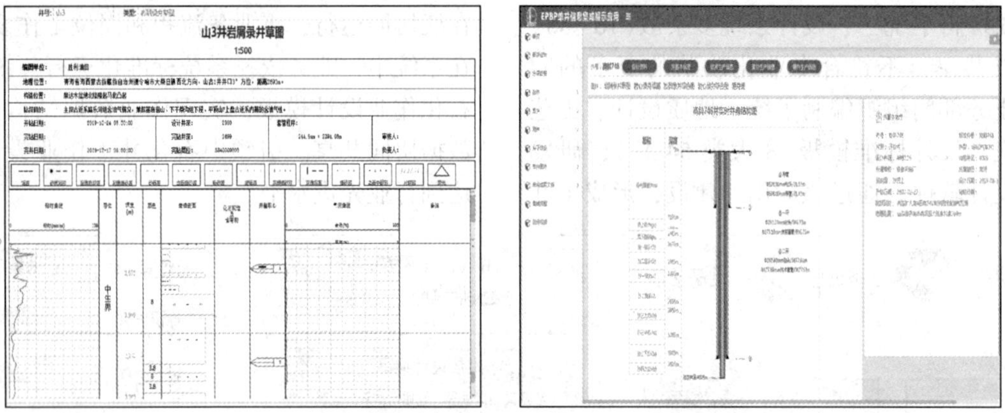

图10　单井信息集成应用功能示意图

（5）一般开发井钻录井数据采集流程优化

根据油田优化一般开发井取资料要求，开展EPBP钻录井数据采集和流程优化，实现一般开发井钻完井报告、油气井交接书的自动生成，通过信息化手段推进业务流程的优化，提升业务管理水平。

（6）开展业财融合试点，推进数据融合

以井下作业业务为试点，完成EPBP、内部市场管理系统、清单计价、财务结算系统的数据互联互通，实现从任务发起、选商、设计、施工、结算的全流程管理，推进数据融合，为后续注汽、注聚、动态监测等成本类项目及钻测录等投资项目与清单计价、财务结算系统的数据融合打下了基础。

（7）基于EPBP支撑各专业应用

为规范EPBP的建设和数据服务的开发，编制数据服务规范，划分了68个业务主题，形成四层架构的服务体系，确定数据表和数据项的命名规范，为油田46套应用提供数据服务，通过“以用促采”方式实现EPBP采集数据的全面应用。

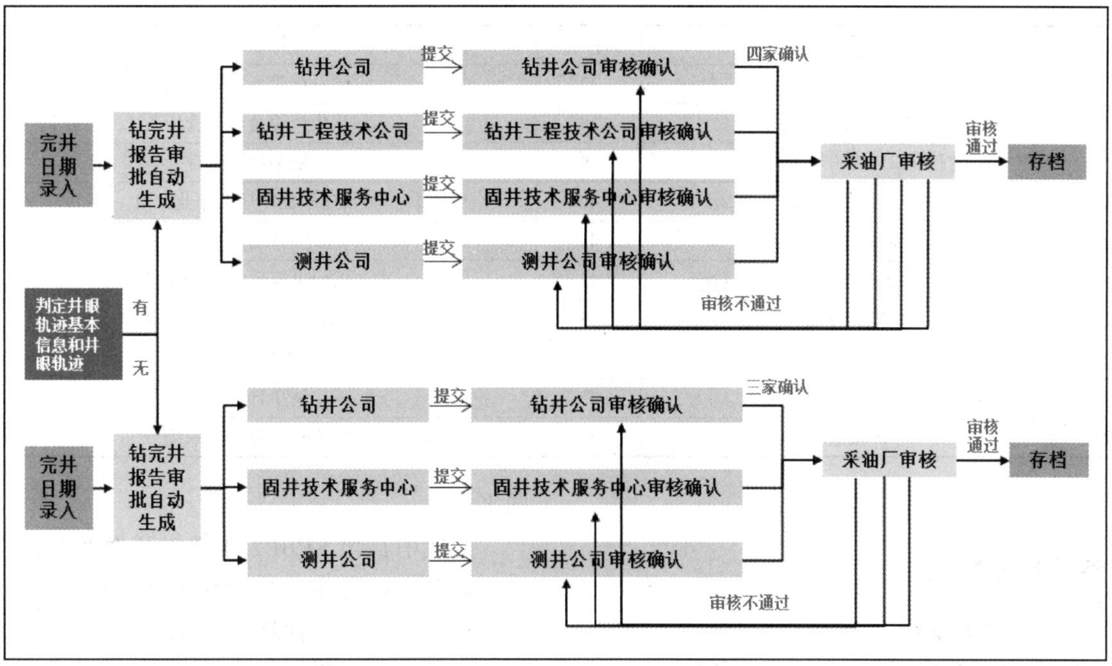

图 11　钻录井数据采集流程示意图

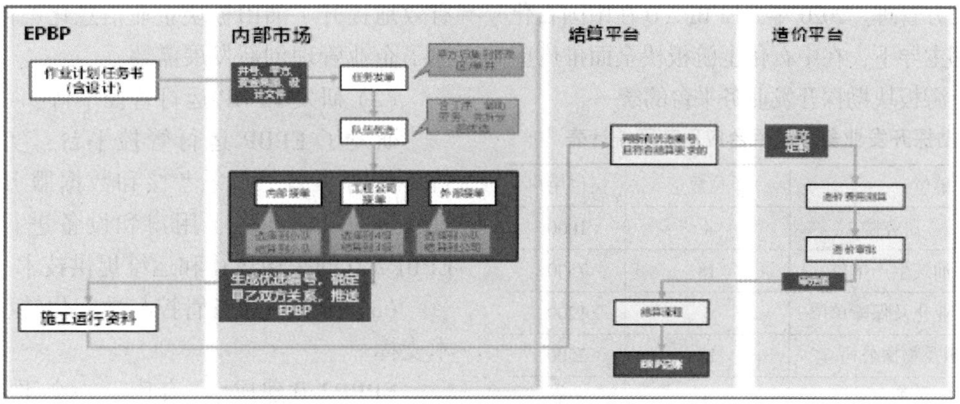

图 12　作业数据融合流程示意图

表 2　数据服务统计表

序号	应用系统名称	序号	应用系统名称
1	测井成果数据管理系统	24	中石化内部定额应用系统
2	测井开发动态监测管理系统	25	管理会计平台
3	新区管量系统	26	集输总厂基于 EPBP 的自动化数据采集
4	老区管理系统	27	物探院 EIS 系统
5	废弃井系统	28	动态检测应用系统
6	工程质量数据质量管理系统	29	生产运行信息管理系统
7	滚评与开发准备系统	30	轻烃生产系统
8	停产停注井系统	31	注水数据查询
9	进控管理系统	32	采油厂自然递减分因素构成与处理方法研究
10	采油工程月报(采油工程决策系统)	33	基于数字化油田的生产系统用能优化软件体系统
11	生产指挥中心大屏系统	34	注采对应率系统
12	总部一体化平台	35	钻井井史管理系统
13	厂级生产指挥系统	36	土地综合管理业务系统

续表

序号	应用系统名称	序号	应用系统名称
14	工程监督系统	37	碳纤维管效果评价系统
15	电力专业化服务价值管理	38	注汽生产综合信息管理系统
16	胜利油田内部市场管理系统	39	财务结算平台
17	井下作业一体化协同管一系统	40	孤岛采油厂厂级作业日报
18	能源管控系统	41	生产指挥系统
19	胜利油田采油厂线损分析管理系统	42	采油工程决策系统(中石化年报)
20	督察管理系统	43	油藏经营效益决策平台
21	海洋工发工艺业务应用	44	稠油热采一体化管理系统
22	油田部一体化平台	45	清单计价平台
23	PCS 报表应用	46	重点业务推送系统

3 推广应用情况

3.1 推广范围与规模

48 个二级单位全面应用，注册用户 1.2 万，日均在线 3000 余人。41 个流程全部贯通，支撑业务运行与甲乙方管理。2020 年，EPBP2.0 在中国石化油田事业部主导下，在中石化上游板块全面推广应用，实现上游板块勘探开发业务平台的统一。

表 3　勘探开发业务协同平台应用范围统计表

单位		单位数量	岗位用户
	研究院	4	1000
	油气生产单位	18	7500
	专业化及保障单位	5	1200
工程公司及物探公司		18	2500
其它施工单位		3	100
合计		48	12300

3.2 取得的主要成果

(1) 研发中石化 EPBP2.0 勘探开发业务协同平台

建成中石化 EPBP2.0 勘探开发业务协同平台，真正实现了业务协同和资源共享，为总部、分公司、采油厂、管理区“四级贯通”奠定了基础。全面加快了勘探开发数据资源管理中心建设，推进了企业信息资源整合和在用系统集成，有效地提升了油田板块企业信息化整体水平，支撑了企业管理创新发展需要。

(2) 研发 EPBP 运行管控平台

研发了 EPBP 运行管控平台，实现平台运行、数据采集、业务考核和数据服务的统一管理，可对具体业务、用户和设备进行监控，为 EPBP2.0 的平稳运行和运维提供技术手段。

(3) 为统一业务管控与数字化转型提供了技术支撑

EPBP2.0 建成“一套库、一个平台”，实现对中国石化勘探开发业务的全面支撑，2020 年 10 月在中国石化上游板块全面推广应用，勘探开发业务基于一个平台运行，为统一业务管控与数字化转型提供了支撑。

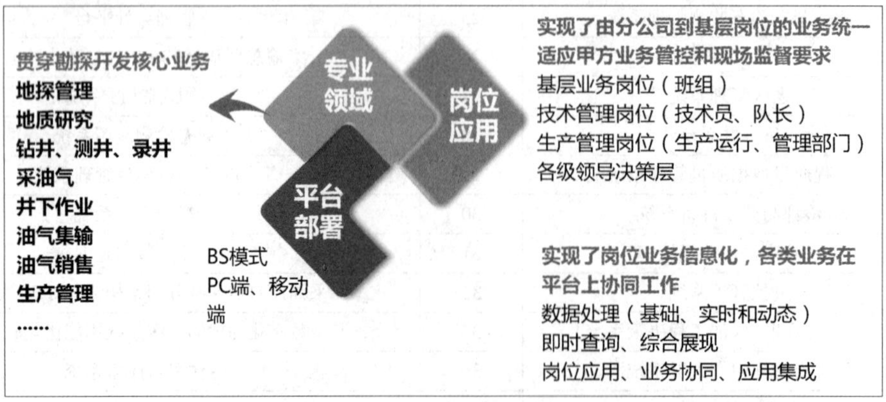

图 13　勘探开发业务协同平台功能示意图

3.3 建设成效

（1）全面覆盖勘探开发业务，实现岗位工作标准化和信息化

EPBP 覆盖了物探、地质研究、钻井、测井、录井、井下作业、采油气、油气集输、生产管理、油气销售十大专业核心内容，涉及油气勘探、油气开发、工程技术、生产运行、油气销售等多个业务管理部门，覆盖了分公司所有生产及科研单位，同时包括工程公司钻、测、录等岗位。EPBP 推广前数据主要是源头采集，由资料员统一录入。EPBP 是业务数据岗位流程化采集，岗位人员处理业务的同时，同步完成数据录入和审核，实现岗位工作标准化和信息化，极大地提高了数据及时性、全面性、准确性。

（2）基于流程化进行管理，业务协同支撑能力大幅提升

源头数据采集流程化考虑的较少，业务管控支撑能力和数据协同能力不足。EPBP 实现了 41 个勘探开发流程，涵盖了物探、地质研究、钻井、测井、录井、采油气、井下作业等专业的任务下达--工程设计--派工--施工--总结等全过程，为油公司内部、油公司与专业化单位、油公司与乙方公司之间的业务管控提供了手段。EPBP 改变了原有数据采集业务协同差的问题，例如钻井施工过程中，钻井和录井专业都需要采集套管、井斜等数据，专业之间没有协同共享，存在重复采集现象。EPBP 通过业务协同和联动，确保了数据唯一采集。

（3）数据即有即用，岗位信息化水平进一步提高

过去数据采集与岗位报表应用分离，数据采集后需要根据不同业务需求，建设不同的报表系统来实现各级、各类报表的存档及上报，管理和应用不便。EPBP 以岗位业务信息化建设为重点，完成了分公司 700 余个岗位报表统一定制，实现了数据即采即用。

（4）建立规范化信息资源管理体系，形成油田企业信息资源管理的系统方法论

EPBP 夯实了勘探开发数据基础，建立了规范化的信息资源管理体系。用 EPBP 代替了原来多套采集系统，统一了数据采集标准、实现了数据集中存储和统一管理。采用信息资源规划（IRP）方法和信息资源整合（IRI）方法，形成了油田企业信息资源管理的系统方法论。

EPBP 提出了油田企业勘探开发数据资源的整体建设架构，打造了油田信息化建管新模式。新业务系统建设不再单独建库，确保不再产生新的孤岛。在用业务系统基于 EPBP 集成整合，由 EPBP 数据库统一支持，加快推进系统整合。EPBP 平台在中国石化上游板块全面推广应用，形成了统一的勘探开发业务解决方案，为业务统一管控和数字化转型提供支撑，对石油企业乃至其它行业信息化建设提供了参考。

参 考 文 献

[1] 王京．浅谈海外数字油田与勘探开发一体化集成系统建设．地球物理学进展．2006，21(1).

[2] 雷迪．油田信息化规划关键点与实践分析．电脑知识与技术，2019，(34).

[3] 石油企业信息资源规划工程实施指南．石油工业出版社．2020.

[4] 孙立宪，宋秋明，白玉荣．石油企业信息资源规划工程实施指南．石油工业出版社，2020.

[5] 高志亮，高倩等．数字油田在中国－油田数据工程与科学．科学出版社，2015.

天然气净化厂安全环保数字化转型探索与实践

吴怡良 张熙川 熊 勇 王 松 杨 刚

（中国石油西南油气田公司）

摘 要 本文主要对天然气净化总厂安全环保数字化转型探索和具体实践做法进行了梳理，探索出10个典型应用场景，推动基层站队QHSE工作实现“四全”管理。

关键词 安全环保；数字化；实践

国家高度重视数字经济和实体经济融合发展，新兴信息技术的快速发展和广泛应用，为HSE监管模式创新与变革提供了重要机遇和技术支持。为进一步提升QHSE管理效率和效益，进一步明确QHSE数字化转型的目标、方向、路径，依托总厂整体数字化转型发展成果，天然气净化总厂加快推进“工业互联网+安全生产”，突出基层站队风险“可想、可见、可感”，加快推进智能净化厂“全面感知、自动操控、智能预测、辅助决策”典型应用场景试点，建立安眼系统、预警可视化系统、隐患管理系统、气云成像系统、承包商信息化管理系统等10种典型应用场景，为实现全员、全过程、全天候、全方位QHSE管理提供有力支撑，推动基层站队QHSE标准化建设在“实用、管用、够用”基础上，做到更加“好用”。

1 实施背景

1.1 提高QHSE管理水平需要信息化手段保障

当前内外部环境对安全环保的要求越来越高、标准越来越严，集团公司设定了安全生产“四条红线”，强化了关键领域的风险管控和责任追究，重新修订发布了《安全生产管理规定》，其中第二十三条明确规定“所属企业应当加强安全生产科学技术研究，推进自有知识产权技术开发。积极利用现代信息技术提高对重点生产安全风险的管控，推进健康安全环境（HSE）信息系统建设与应用，加强安全生产数据统计与分析，研究安全生产发展规律”。目前，两个现场装置多、作业量大，QHSE管控难度加大，QHSE管理工作进入攻坚阶段。加强安全生产信息化建设已成为总厂提高QHSE管理质量和效率的重要保障。

1.2 顺应改革趋势，高质量发展的需要

目前天然气净化总厂QHSE监管总体上仍依靠传统方法进行监管，QHSE数字化尚处于起步阶段，无法满足全过程、全天候、全方位协同监管要求。由于主要依靠传统方法进行监管，存在漏洞多、盲点多、碎片化管理等问题。QHSE管理迫切需要和信息化深度融合，通过互联网、大数据等信息化手段对人的不安全行为、物的不安全状态进行有效监测和预警，实现QHSE信息的采集、处理和分析，为QHSE管理决策提供依据，实现从“亡羊补牢”到“未雨绸缪”的管理转变，确保高质量发展目标的实现。

1.3 实现QHSE质量安全环保实时性管控需要

系统短板现行的信息系统平台，基本覆盖质量安全环保工作的信息化需求，但仍存在以下短板架构比较散乱，没有结合成一个系统的有机整体；数据的准确性、完整性和真实性主观因素制约较大；系统缺少工作协同功能等问题，导致信息数据的传递不对等、滞后，信息的收集、总结分析人为因素过多，无法满足质量安全环保实时性管控需求；无法有效覆盖所有质量安全环保风险点源；数据采集不全面，无法为决策提供可靠依据。

2 主要做法及措施

天然气净化总厂始终将现场安全管理及风险管控放在首位，始终坚持“以责任落实为前提，以风险管控为核心，以文化引领为动力”的安全管理理念，全面促进QHSE体系管理落地，实现QHSE业务的信息化和智能化。围绕智能净化厂“产品气合格外输、三废达标排放、装置安全

高效运行”目标，以“生产运行操作受控、安全环保风险受控、设备设施完整受控、检查维修质量受控、经营管理数字化、辅助决策智能化”为建设需求，打造10大典型应用场景。为实现全员、全过程、全天候、全方位QHSE管理提供有力支撑，推动基层站队QHSE标准化建设在“实用、管用、够用”基础上，做到更加“好用”。

2.1 提高厂界和装置区域管控能力

针对目前传统厂界和装置区域管控的不足：一是建设了厂界防闯入系统，在厂界出入口设置人脸、车辆识别道闸，实现内部人员和车辆自动智能识别进入，外部人员报备核准后进入功能。利用阻车防撞柱，限制、阻挡车辆擅自进入厂区和油气处理核心装置区，防止车辆撞击厂内生产装置和重要设施，保障厂区安全生产。建立入侵报警系统，在厂区周界安装振动光纤报警装置。对设防区域的非法入侵进行实时有效的探测与报警，与视频监控联动，对报警现场进行声音和图像复核。根据电子模拟地图准确、及时的显示报警部位。二是建立生产装置智能安全管控系统，依托物理隔离栅栏开发视频智能分析门禁授权，实现人员劳保佩戴智能监管。三是在遂宁净化公司建成无人机防御系统，在“黑飞”无人机飞进禁止区域时，防御系统发射GPS诱骗信号，实现对进入区域的无人机实现禁飞和驱离。

2.2 强化作业风险管控

针对传统作业风险管控手段存在的不足：一是建成安眼系统。在目前装置区高清旋转摄像机基础上，增设无线移动式摄像机，开发场景视频智能分析，实现生产现场中人员劳保穿戴规范等9种功能，作业现场中吊装作业安全监测等4种功能，实现“无监控，不作业”；完善HSE视频监督子模块，助推构建形成QHSE大监督格局，推动基层刚性落实作业许可预约制及区长制管理要求。全力构建QHSE大监督格局。通过视频智能分析，以系统智能识别代替人工属地监督，着力管控住生产现场及作业现场HSE风险。二是在重点防护区域建立高风险点防闯入系统。目前遂宁净化公司建成受限空间防闯入智能管控系统，在现场受限空间、低位坑池高风险部位安装防爆摄像机、语音扩讲、声光报警器等设备，接入中控室视频安防系统。根据视频系统进行现场视频画面识别分析，实现语音驱逐，中控室同步弹出画面预警等智能管控功能，提醒班组第一时间关注、处理，避免无关人员进入低位坑受限空间发生异常情况。

2.3 提升QHSE基础工作信息化水平

结合实际以信息化手段实现QHSE基础工作管理的规范化、科学化、信息化。一是建立“协同平台+净化文库”实现办公网内QHSE全业务链工作标准电子化和多媒体化，推进线上综合办公业务全面覆盖。结合各业务分工，梳理形成各岗位工作任务清单、工作记录表单，提前植入工作质量标准，逐步推进工作质量标准流程化，倒逼责任有效落实。目前，协同平台已建流程354，业务覆盖23个，累计发起流程19097个。净化文库已使用数据2.6T，在线协同编辑覆盖率100%，加快推进全员办公无纸化，办公数据云上化，全面整合QHSE办公业务数据孤岛。二是依托物联网建立隐患闭环管理系统及隐患直报机制，通过电脑端和手机APP上报各类QHSE问题或隐患，实现各类隐患或QHSE问题自发现、上报、审核、报批、跟踪治理全流程闭环管理及督办，实现安全环保事故隐患线上全过程跟踪及“一本账”管理，各种途径暴露的QHSE问题及时闭环管理。三是建成和推广应用承包商管理系统。将将承包商资质审查、能力评估、安全管理人员、特种作业人员资质、设备入场检查等工作固化在管理程序中，实现公司员工及承包商“五关”“四全”管理。实现了移动端小程序上传、审查和审批功能；实现了现场监督问题在线流转，跟踪确保闭环整改；实现了履职情况与门禁授权相关联；实现了承包商“五关”全过程信息化管理。

2.4 提升装置本质安全

运行信息化、智能化新设备和技术对工艺生产异常工况检测、设备设施状态进行实时监测，以强化科技支撑，不断提升装置本质安全。一是脱硫溶液拦液发泡预警。依据脱硫溶液拦液发泡机制，建立控制模型，对吸收塔、再生塔及闪蒸罐相关的差压、液位等工艺参数进行实时监控，结合溶液发泡高度及消泡时间，实现塔盘拦液发泡发生前预测预警，提醒操作人员及时采取相应措施进行处理。加入数学模型算法辅助大数据分析模型，提高预测结果的准确性。二是动设备检维修周期提醒。通过集成“设备综合管理系统2.0”已有成果，整合设备基本信息、保养任务、检维修和泵时间计量装置采集的运行时间等数据，实现设备检维修周期的自动提醒，设备检维修任务和记录的统计分析、综合查询，并为了更好的满足应用需求，并在预警模块中新增了设备动态监测模块。三是静设备腐蚀监测。以压力容器管理为主线，基于设备腐蚀的线性拟合算法，结合设备的历次壁厚腐蚀检测结果、允许最小壁厚和承压能力等数据，分析设备壁厚值随时间的变化规律，预测下一次检测时刻的壁厚值，实现压力容器基本信息查询管理、设备腐蚀检测结果的趋势预警。四是预警总况。围绕净化厂生产需求，以"预警总况"模块，集成具备条件的现有信息化建设成果数据，基于图表直观展示净化厂预警综合信息，从而对生产安全管理进行总体把控，及时对出现的情况进行了解。

2.5 气体泄漏立体式全实时监测

针对目前净化厂检测气体泄漏方式和便携式在泄漏时人员风险的固有缺点，配置"气云成像""激光云台"等先进检测设备，和 GDS 系统一起构建气体泄漏立体式全实时监测网络，利用防爆机器人、无人机检测代替人员进入危险区域，提升微泄漏处置和应急水平，对传统固定式、便携式气体检测报警仪在检测气体泄漏时的漏洞进行补充；对应急状态下的应急行动提供支持，对决策指挥提供适时支撑。2022 年，总厂在遂宁净化公司和大竹分厂、忠县分厂、大竹分厂配置 4 台气云成像装置和 1 台甲烷激光云台进行对比性试验和运行，在全厂和在天然气净化行业的推广提供有益经验，并尝试努力建立行业应用标准。四是对产生泄漏或发生事故的装置，运用机器人，无人机等新技术手段和设备，替代抢险人员进入风险区域进行人员搜救、气体检测、设备状态及安全条件确认，保障抢修抢险人员安全，为事故处置的指挥决策提供实时安全可靠的依据。

2.6 提升应急指挥能力

以信息、智能手段提升应急处置能力，达到智能化、扁平化、一体化指挥，在常态下进行日常业务和监测工作，在应急处置过程中快速分析事件态势，动态生成优化的综合协调方案和资源配置方案，有效提高应急指挥的科学程度和处置效率。以三维建模和应急疏散一张图，实现厂区周边应急疏散路径规划。系统主要包括了一张图、综合监测和应急指挥系统、应急疏散路径规划 4 个部分。一是一张图子系统，该系统按照分公司调度大厅生产运行指挥系统设计理念，集成生产运行、风险作业、应急处置等业务数据，利用分公司 A4 平台 GIS 引擎进行搭建，提供生产装置、风险作业活动公示、生产概述、综合查询、空间漫游及分析等功能，全方位、多角度可视化展示天然气净化总厂和大竹分厂的生产运营总况。二是监测预警分析子系统。集成厂区内的固定式硫化氢报警仪、甲烷报警仪、二氧化硫报警仪、氧气报警仪等监测设备等监测设备的实时监测数据，当发生气体泄漏报警时，利用各类气体监测数据比值、监测仪器空间位置、风力风向等数据进行智能分析，初步确定泄漏类型和泄漏位置范围，快速下达排查处置任务，提高处置效率，降低生产风险，实现风险隐患的闭环处置。三是应急指挥子系统。当发生安全事故时，根据事故发生的位置，自动分析事件影响情况，关联应急预案及处置流程，一键通知应领导小组进行应急处置，打通上下游，快速通知上下游单位进行协同处置。分厂启动预案后，自动将事件信息上报天然气净化总厂，并实时上传分厂的处置过程，便于总厂及时掌握事态发展，做好应急处置的准备。根据厂区道路、事故位置、风力风向等因素，自动分析推荐撤离路线，集成厂区语音广播系统，一键通知厂区人员撤离。集成智能安全帽等设备，在线快速布置现场处置任务，处置人员收到任务后，可通过安全帽、移动终端等设备快速反馈现场处置情况。四是有毒气体泄漏影响区域三维建模及详细疏散路径规划。根据各分厂生产规模、含硫量、地形条件等参数，通过计算流体动力学软件模拟出硫化氢在不同泄漏方式、气象条件下对周边的影响情况，计算出对周边人员影响距离，制定周边应急疏散策略和逃生路线。

3 取得的主要成效

3.1 双防机制高效运行，科技助推高风险环节精准管控。

形成了总厂每周、所属单位每天、基层站队每班风险三级研判机制，完善了风险信息预警机制，实现高危作业点对点精准督导。以科兴安，通过"安眼工程"人工智能识别违章对高风险环节、高危施工作业实行 24 小时监控，有力推进了"不能违"体系建设，及时消除了事故苗头。

3.2 现场隐患大幅消减，本质化安全管控水平显著提升

构建完善了多层级多维度的QHSE审核检查机制，通过业务部门牵头专项审核、审核组加大专家和技术骨干占比，提高了检查质量，让隐蔽性隐患无处藏身；各厂做排查，各级追溯原因的模式，实现了隐患被动治理向主动排查转变，现场本质化安全管理水平持续提升。

3.2 建立标准工作规范，基层站队管理水平明显提升

通过深入推进“安全+信息化”，在“三册一图”基础上，依托净化文库、协同办公形成了“管理清单+操作清单+工作质量标准+操作规程”的工作规范，并且在工作中加以落实和推广，基层站队管理水平提升明显。

3.4 开发建设系统技术，生产现场本质安全更具保障

在传统DCS、ESD、GDS等工业控制系统基础上，开发建设动静设备检测系统、溶液发泡预警可视化、气云成像等系统，促进了全面感知、预知告警、远程协助，装置本质安全水平进一步提升。

3.5 推进数字化信息化，QHSE工作执行力明显提升

借助数字化建设手段，持续对标建设，全员建立起“按制度建标、按标准执行”的行为规范意识，确保工作程序不逾越；通过大力推进“协同平台+净化文库”，将现有人力资源从传统繁复的记录表单中解放出来，提高了工作效率；通过信息化项目，实现了相关岗位劳动强度降低、人员数量的下降，可以更好的将相关岗位人员投入其他重点工作，促进QHSE工作执行力提升。

3.6 企业精细化管控水平提升，经济效益显现

推广应用“人人都是安全员”等安全文化固化项目，安全科技、小改小革等小型创新项目成果遍地开花，部分项目当年实施、当年取得回报，有效提升了QHSE管理效率和QHSE管理业绩。将QHSE管理系列好的做法在其他领域全面推广，带动了企业各环节管控水平的共同提升，实现连续安全生产23年，连续12年被评为西南油气田公司HSE先进单位。

机器视觉技术在自控设备的运用

徐　洁　张　理　蒙雁琳　林泓宇　华　杰

（中国石油西南油气田公司）

摘　要　油气资源大数据智能平台的总体框架应以数据资源为基础、大数据平台算力为支撑、人工智能算法为核心，通过创建大数据平台，预先诊断设备潜在故障，保证流程工业中的关键设备安全运行。针对天然气场站的安全系统设备监视的弱化，提出一套基于机器视觉技术的智能巡检系统，通过硬件+软件相结合，可实现日常的自控设备巡检、监视，替代人工巡检，并提前预警事故，人为提前干预，保证系统的安全运行。

关键词　大数据平台；机器视觉；提前预警；安全运行

随着科学技术的进步和信息技术的高速发展目前我国已进入了大数据时代。就目前的现状而言大数据在我国的许多行业中都有着非常广泛的应用，所谓大数据，就是机遇互联网技术与通信技术产生和发展的一种新兴的电子计算机技术，大数据不仅改变了人们的生活，还改变了人们的生产方式。随着油田工业勘探、开发技术的飞速发展以及自动化与信息化程度的不断提高，石油工业已经迈入了数字化与智能化的时代。

近些年来随着一体化、智能化、多功能现场仪表技术的发展创新，加上网络化 PLC 技术、工业 DCS 系统等安全监测，使得油气田生产的信息化系统更加完善。近年来，随着新技术的不断出现和实现成本的下降，生产企业期望通过新技术实现人力作业劳动力降低，生产风险规避，生产效率提高。

如今人工智能领域逐渐突出，油气田行业也得到逐步应用。在人工智能应用中，机器视觉技术起到关键且不可替代的作用。机器视觉技术使得借助计算机智能解释图像成为可能，已成为建设“智慧油田”不可或缺的重要技术。随着信息化场站建立的逐步完善，安全联锁响应逐步提高，除了对现场设备的日常巡检，对机房内的自控、通讯设备也应定时巡检，通过机器视觉发现设备存在的故障现象，提前预警告知，避免造成联锁响应，造成气量损失。

1　机器视觉的应用范围

机器视觉可说是工业自动化系统的灵魂之窗，从物件/条码辨识、产品检测、外观尺寸量测到机械手臂/传动设备定位，都是机器视觉技术可以发挥的舞台，因此它的应用范围十分广泛，从作用看，主要包括图像检测应用、视觉定位应用、物体测量应用、物体分拣应用和图像识别应用。

从下游应用行业看，国外主要应用于半导体及电子行业，其中大概 40%-50%都集中在半导体行

业，具体包括三大方面：PCB 印刷电路：各类生产印刷电路板组装技术、设备；单、双面、多层线路板，覆铜板及所需的材料及辅料；辅助设施以及耗材、油墨、药水药剂、配件；电子封装技术与设备；丝网印刷设备及丝网周边材料等。SMT 表面贴装：SMT 工艺与设备、焊接设备、测试仪器、返修设备及各种辅助工具及配件、SMT 材料、贴片剂、胶粘剂、焊剂、焊料及防氧化油、焊膏、清洗剂等；再流焊机、波峰焊机及自动化生产线设备。

2　机器视觉概述及项目背景

机器视觉主要研究利用计算机来模拟人的视觉功能，采用一个或多个摄像机抓拍客观事物的实际图像，经过数字化等一系列处理提取需要的特征信息，然后加以理解并通过逻辑运算最终实现工业生产和科学研究中的检测、测量和控制等功能。一个典型的机器视觉应用系统包括光源、光学镜头、摄像机、图像采集卡、图像处理系统、机器视觉软件模块、输入输出和控制执行模块等部件。如图 1 所示。

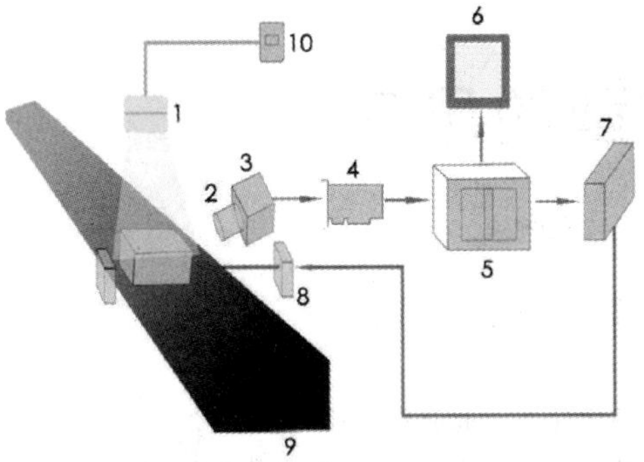

典型机器视觉应用系统组成

1. 光源；2. 光学镜头；3. 摄像机；4 图像采集卡；
5. 图像处理系统（含图像处理软件）；6. 显示器；
7，8. 输入输出和控制执行机构；9. 被测目标；10. 光源控制器

图 1　典型机器视觉应用系统组成

随着天然气场站开发增多，场站的安全管控更加严格。通过自控硬件的安全等级、冗余、联锁及软件实时监控、报警响应等相结合运用，大大减小了异常事故的发生。生产安全的提升对 PLC 的要求越来越高，其灵敏性也会更强。近几年会不时发生因 PLC 自身故障、系统短路、冗余模块损坏等造成全站联锁停车的情况，暴露出对自控机柜内的设备监管不够严格，出现巡检盲区，设备异常无法及时报警响应，相关人员无法及时得知消息，在事故生前无法短时间应急。

3　机器视觉的运用

在重点场站的机房建立 AI 视觉云平台，AI 视觉能覆盖 SIS 机柜、DCS 机柜和通讯机柜。其摄像机能精准扫描到机柜内的所有设备，并清晰识别设备上的指示灯，时刻监视自控设备的运行状态，出现指示异常会响应报警。

2D/3D 视觉：利用 2D/3D 视觉完成图像采集，并实现外观检测、字符识别、目标定位、尺寸测量等功能。此项目主要是对自控机柜内所有设备的类别、外观、指示灯的正确识别，识别不同类别的设备对应的指示灯显示，建立图像，并将信号指示上传至云平台显示器。

智能运算：通过采用深度学习技术，把人工经验转化成 AI 算法，从而实现自动识别和检测。将已识别设备的指示灯图像做深度检测运算，检测出

正常的指示和非正常的指示，非正常的指示要作为预警至上位显示。

短信平台：建立服务器，在服务器上调用短信平台。机器视觉将自控设备类别、外观、指示灯识别后，通过智能运算检测出不正常的设备指示灯显示，并向服务器推送数据，调动短信平台的接口，此条检测出的不正常的指示信息将以短信的形式发到指定手机，形成了双重响应。

通过机器视觉+短信平台的双利用，能实时快速监视到机房内自控设备的运行状态，及时发现存在问题的设备，在事故发生前做好应急响应，避免异常关井造成的损失。

4　结论

机器视觉技术在油气田的运用逐渐成熟化，通过机器感应巡检来替代人工巡检，大大降低了人力劳动，减少了人工巡检的疏漏，信息传输的不及时等缺点，提高了安全生产效率。机器视觉还需广泛普及运用，在运用中不断完善，切实在生产中做到可靠实用。

参　考　文　献

[1] 宋洪庆，都书一，周园春，等 . 油气资源开发的大数据智能平台及应用分析[J]. 工程科学学报 . 2021，43(02).

[2] 成绥民，成珍，李淑白 . 机器视觉在油气田巡检中的应用[J]. 自动化博览，2020，(03).

[3] 蒋也 . 机器视觉技术在油田应用现状及展望[J]. 当代石油石化 . 2021，29(01).

对储气库数字化转型的思考

刘真志　屈俊宇　姜婷婷　周俊池

（中国石油西南油气田公司）

摘　要　在智能化、“双碳”战略目标的新时代背景下，“数字化转型，智能化发展”是我国能源行业极为核心的重要战略要求也是中国石油天然气集团有限公司的发展需求，储气库作为天然气“产、供、储、销”整体产业链中不可或缺的关键一环，需要满足快速响应、精准调控的天然气保供需求，更要确保全生命周期生产安全风险可控，实现高质量可持续发展。详细分析了当前储气库数字化转型的背景，认为数字化转型是顺应时代发展和科技进步的必然选择，是储气库高质量发展的重要手段；但储气库数字化转型仍存在智能化运行尚无成熟经验可借鉴、智能化核心技术对外依存度高等挑战。通过对相国寺储气库数字化转型建设的分析，得出其所搭建专业协同、生产优化、安全管控、基础设施提升四个智能场景，能够实现覆盖全业务、全时域、全生命周期的生产管控一体化、安全管理集中化、专业协同共享化需求，同时坚持“统筹统建、共建共享”思路，边建边用、不断迭代优化，最终实现单库全生命周期完整性管理与智慧运营，并推广到区域储气中心多库联动与气田生产联动，再到全国范围内储气库协同运营，最大能力发挥储气库的调峰保供作用。

关键词　储气库；数字化转型；智能化发展；协同；安全；精准

我国天然气消费需求以每年近10%的增速增长，供需的不均衡已凸显而出，地下储气库对于天然气调峰保供和战略储备至关重要。储气库即储存天然气的“容器”，是将长输管道输送来的商品天然气重新注入地下空间而形成的一种人工气田或气藏，由于其建设周期短、投资小等特性，一直被当作重要的调峰方式之一。储气库运行以年为周期，“冬春旺季采气，夏秋淡季注气”是我国储气库常规运行方式，其具有储存量大、调峰能力强的特点，是天然气“产、供、储、销”整体产业链中不可或缺的关键一环，国务院国资委明确提出，要求以“互联网+大数据+人工智能+示范样板”等手段推动新一代智能化技术与生产深度融合，打造智能化经济新优势。因此，储气库“数字化转型，智能化发展”是其高质量发展的必由之路。

1　储气库数字化转型背景与挑战

天然气作为气体能源，必须建立符合实际运行的天然气供应保障系统以支持“产、供、储、销”整体产业链平稳运行，储气库具有强注强采、大吞大吐、交变载荷、周期往复的生产特点，其地质体、井筒、地面集输系统运行强度大，安全风险在周期往复运行中呈螺旋式上升趋势，作为产业链不可或缺的关键一环，则需要投入更多手段保障其注采运行的安全平稳。目前在智能化、“双碳”战略目标的新时代背景下，“数字化转型，智能化发展”是保障注采运行安全平稳的重要手段，是我国能源行业极为核心的重要战略要求也是中国石油天然气集团有限公司（简称集团公司）的发展需求，推进数字化转型，智能化发展是贯彻网络强国的战略体现，也是当前能源企业高质量发展的必由之路。

1.1　数字化转型是顺应时代发展和科技进步的必然选择

当前，国家大力实施《中国制造2025》制造强国战略，创新驱动发展和数字化转型浪潮风起云涌，持续推进信息化与工业化深度融合。新一代网络信息技术已成为引领创新、驱动转型的主导力量。数字化转型已成为全球领先石油公司重要的战略举措，世界各国石油公司相继启动了数字化转型升级工作。同时国家“十四五”规划纲要提到，“十四五”及今后一个时期，是加快建设科技强国，实现高水平科技自立自强的冲刺时期，是网络强国、数字中国、能源强国建设的关键时期。集团公司“十四五”规划也部署推进科技创新和数字化转型、智能化发展的目标任务和重点举措，是迈向以智能化为特征的数字化转型新征程的重要战略机遇期。数字化转型、智能化发展是为我国全面建成社会主义现代化强国，实现高水平科技自立自强，进入创新型国家前列的重要抓手，是实现高水平科技自立自强，建设国家战略科技力量和能源与化工创新高地的重要举措。

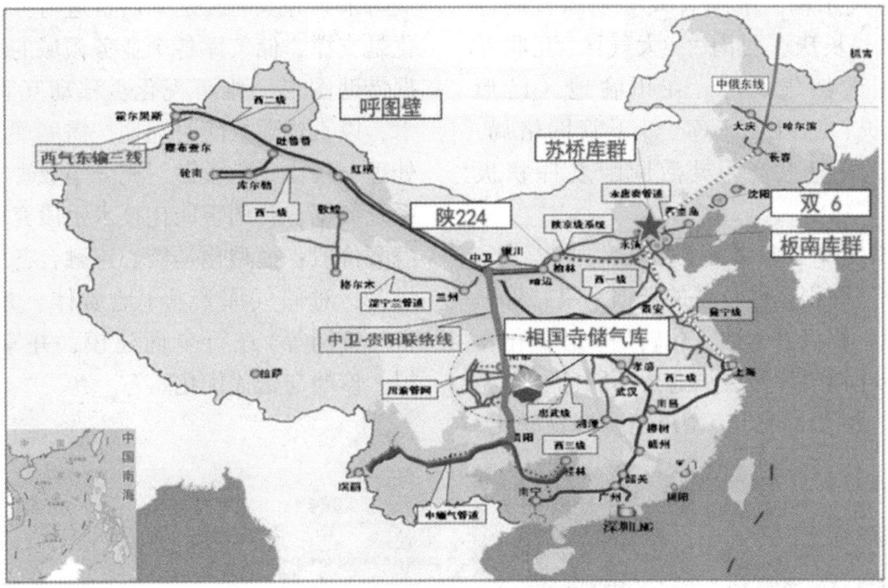

图 1 “三大气区”互联互通示意图

1.2 数字化转型是支撑储气库高质量发展的重要手段

数字化转型坚持“价值导向、战略引领、创新驱动、平台支撑”总体原则，紧紧围绕“业务发展、管理变革、技术赋能”三大主线实施，利用自动感知实施采集油气产业链运行数据，利用全面互联网广泛获取内外部数据，运用数字化技术持续优化业务执行和运行效率，坚持技术赋能主线，以满足快速响应、精准调控的天然气保供需求，确保全生命周期生产安全风险可控，支撑“生产高效协同、安全精准管控”智能储气库发展建设，构建“智能化储气库”。

1.3 储气库数字化转型面临多方面的挑战

1.3.1 智能化运行尚无成熟经验可借鉴

当前，数字化和智能化技术的快速发展促使构建“智能化储气库”需求强烈，但目前“智能化储气库”的构建没有成熟经验和模板可借鉴，国内外储气库数字化转型大都为局部的智能化，智能化管理流程和管控场景的表述相对匮乏，尚未建设覆盖储气库完整业务链的智能化应用，愿景较为抽象。

1.3.2 智能化核心技术对外依存度高

智能化储气库的核心技术是地质气藏、井筒和地面的一体化耦合、智能工作流建设等，需要打造覆盖全业务、全时域、全生命周期的生产管控一体化、安全管理集中化、专业协同共享化的业务场景。目前这些技术的机理模型都是基于国外的专业软件建立和应用，国外软件优势明显，但引进建设成本高、需要大量的人和资金维护软件产品；国外软件本土化较难，国内软件则在起步发展，技术难以与之相比，造成核心技术对外依存度高的情况。

1.3.3 各类信息系统多且分散

各专业应用系统相对完善，但缺乏系统规划，各专业应用系统之间分散、独立，无法支撑未来跨专业、跨板块协同工作的模式。虽有成熟完善的系统，但各系统之间存在信息孤岛，各自为战。

1.3.4 数据治理难度大

目前地质气藏、井筒、地面及智能工作流等数据采集缺乏统一标准，各类信息系统中的数据量大但质量不高，存在碎片化、分散化的情况，并且部分数据仍需由纸质或手工维护，数据资源与业务管理集成整合度低。

2 相国寺储气库数字化转型实践与成效

2.1 相国寺储气库基本概况

相国寺储气库是西南地区首座地下储气库，具备季节调峰、事故应急等功能。在经历井网优化、扩容达产、扩压增量三个建设阶段后，设计参数不断优化完善，运行压力区间为 11.6～30.0MPa，库容量 45 亿立方米，工作气量 26 亿立方米，最大日采气量可达 2800 万立方米。通过中贵线与西气东输、中缅管线等全国管网连接，与塔里木、长庆、西南“三大气区”互联互通，保障全国天然气调峰。在川渝地区已形成“三横、三纵、三环、一库”骨干管网格局，为西南油气田快速上产、灵活调配发挥积极作用。

2.2　相国寺储气库数字化转型思路

相国寺储气库根据已具备的数据采集、管理等信息化手段，积极探索数字化转型、智能化发展思路，智能化储气库建设概念逐渐明确、内涵不断丰富，形成了“四化”转型思路，即物联化、可视化、集成化、模型化。其中：物联化是基础，实现储气库所有的资产对象及管理对象都可以被感知及监控，生产及管理相关的数据可以被实时采集并及时传送到后台进行分析处理；可视化是支撑，储气库各个业务领域的静态及动态数据借助图形三维可视化、移动互联网终端等技术，以直观形式随时随地按需展现，并支持交互处理；集成化是关键，充分集成现有的各类管理系统数据，利用智能化技术手段充分发挥数据的潜藏价值；模型化是核心，融合各专业领域专家经验，对储气库资产（地质体、井筒、关键设备、管网等）进行全面建模，并支持一体化模拟、诊断与迭代优化。

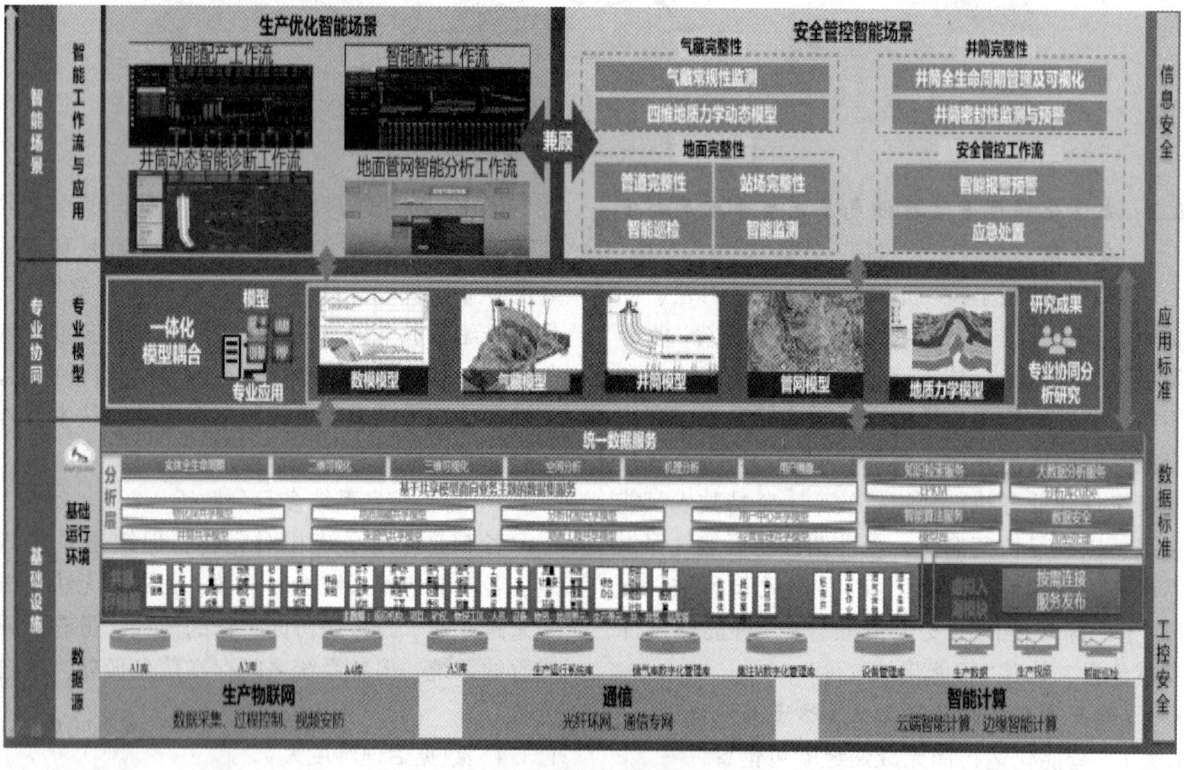

图 2　智能场景模型基础

按照转型思路规划，相国寺储气库于国内率先启动智能化储气库建设，重点围绕基础设施配套建设与优化提升、专业协同智能场景建模优化、生产优化智能场景工作流建设、安全管控智能场景打造开展建设工作，搭建专业协同（科学管库）、生产优化（效益管库）、安全管控（安全管库）、基础设施提升四个智能场景，实现覆盖全业务、全时域、全生命周期的生产管控一体化、安全管理集中化、专业协同共享化的业务场景，坚持集团公司“统筹统建、共建共享”思路，边建边用、不断迭代优化，最终实现单库全生命周期完整性管理与智慧运营，并推广到区域储气中心多库联动与气田生产联动，再到全国范围内储气库协同运营，最大能力发挥储气库的调峰保供作用。

2.3　相国寺储气库数字化转型初步成效

相国寺储气库针对“系统分散建设、标准不统一、数据孤岛严重、缺乏有效共享、业务协同效率低下、数字化应用程度较弱”等信息化现状，拟定三阶段规划，从基础建设、深化应用、转型升级上着手，取得以下初步成效。

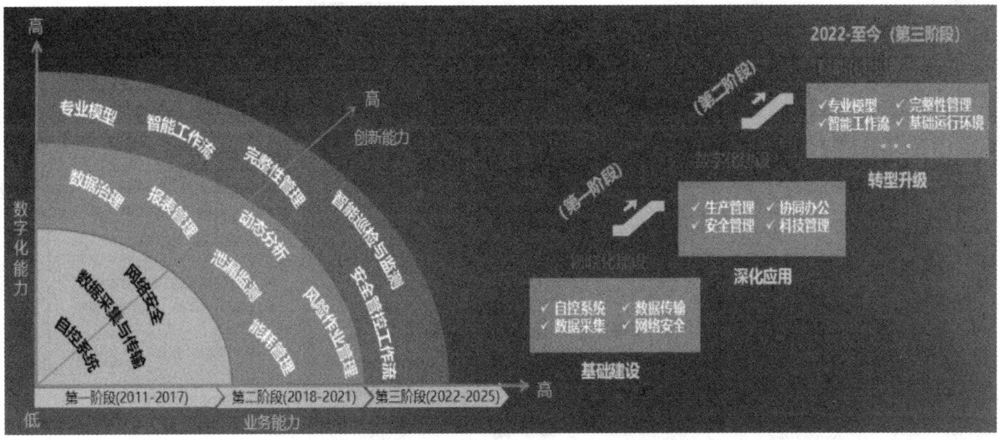

图 3　相国寺储气库智能化建设规划

2.3.1　建立以智能配产配注为核心的生产运行新模式

建立智能配注配产工作流，智能配产以周期最大采气量为目标，以单井允许最大合理产气量为依据，充分考虑地层渗流、井筒管流、地面管网外输过程中诸多约束因素，避免生产压差过大导致近井地层破坏、周期注采过程造成近井筒疲劳、流速过高造成冲蚀等风险，建立预警机制，模拟优化评估后，形成科学、高效、安全的配产方案，全面掌握储气库在生产运行各个环节所面临的风险，同时首次应用地质力学模型与气藏模型耦合技术评价地质体完整体，提升储气库上限运行压力，2022 年，在没有增加任何地面工艺设施的情况下，工作气量增加 9%，为冬季天然气应急与调峰保供提供有力保障。

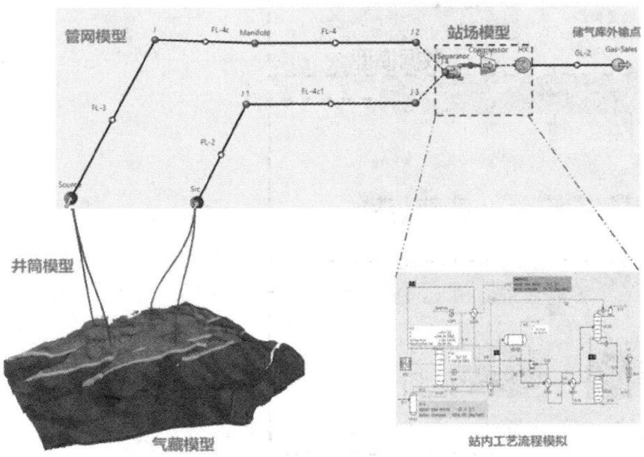

图 4　“地质体–井筒–地面”一体化耦合模型

2.3.2　构建“三位一体”完整性管理体系

逐步构建“三位一体”完整性管理体系，搭建气藏与井工程“驾驶舱”，跟踪气藏生产状态，预测未来生产变化，实现地质气藏、井筒、环空等重要数据的实时监测与预警功能；建立管道及站场完整性管理“一平台”，可多维度采集、评价管道数据，动态展示站场完整性管理数据，一体化闭环管理站场检维修；形成安全管控工作流，围绕“安全环保、完整性管理、专业模型、协同工作”四大业务场景，开展数据与业务关联分析，实现系统失衡、预测预警、关键参数报警以及报警处置的联动控制、辅助决策和闭环管理。

2.3.3　生产组织不断优化，管理效率持续提升

依托储气库数字化管理平台，实现各生产现场数据自动采集，打通数据孤岛，每日 3000 个数据全部转为自动生成，数据误差率降至最低，各系统之间生产数据自动推送，极大提升了员工工作效率，运用远程联锁控制、“两个现场”安全视频监控等技术，极大减少重复劳动，为储气库智能化运行打下良好的物理基础及后台支撑，生产管理由精细转向精益。

无人值守站全面实现数字化巡检，现场巡检周期缩短 60%；巡检效率提升 200%。压缩机厂房引入智能机器人巡检，站场安装气云成像、激光甲烷遥测等在线监测设备，实现了对场站及重点设备的实时监控报警，减少人员在高压、高温、高噪声环境中的暴露时间。

场站工艺关键控制节点均实现远程控制，调度指令操作由 2 小时提速至 2 分钟；注采系统始终处于“备战状态”，构建 4 种应急注采工况快速转换模式，实现 3 小时由采转注，2 小时由注转采，运行组织高效有序。

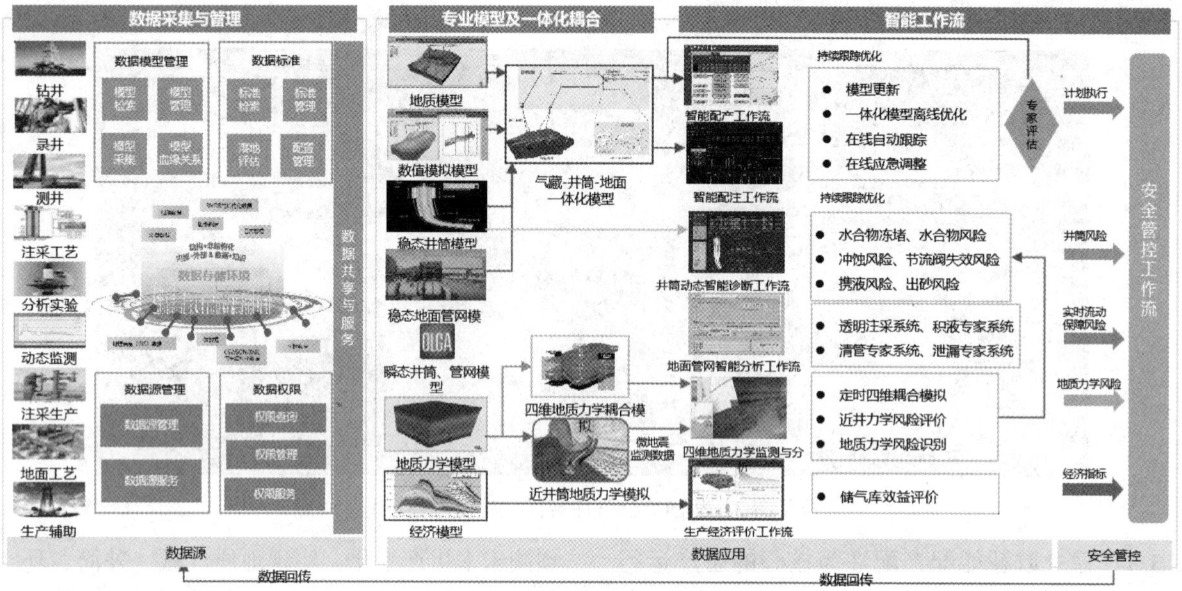

图5　安全管控工作流

2.3.4　构建共建共享复用模式

经过近几年的探索与实践，按照“九性十二统一”的建设标准，智能化“整体开发和通用共享”的建设要求，相国寺储气库已掌握生产数据自动采集、自动化远程控制、电子化巡检、“两个现场”全覆盖监控等手段。同时以适用、有效、经济为目标，不断融入物联网、大数据、云计算、边缘计算、人工智能、图像识别等先进技术，持续推动智能化模块的设计和应用，把相国寺储气库建成可复制、可推广的智能化储气库示范工程，打造国内两化融合标杆储气库。

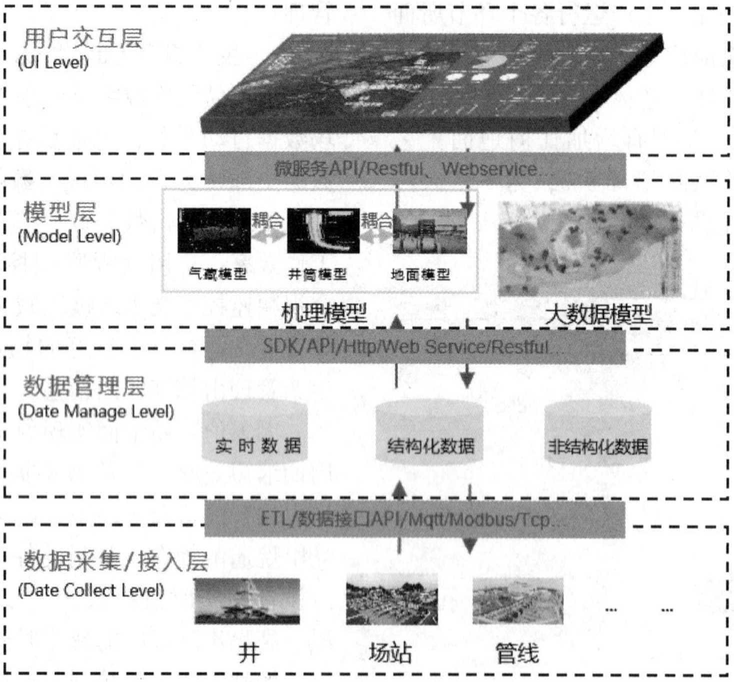

图6　共建共享智能化模块

3　储气库数字化转型的前景与展望

储气库数字化转型以实现地质气藏、井筒、地面管网协同高效生产、安全运营全局受控为目标，也是储气库安全管控提升的手段和生产平稳运行的重要保障。在数字化转型浪潮下，利用智能化技术与生产深度融合，打造覆盖全业务、全时域、全生命周期的生产管控一体化、安全管理集中化、专业协同共享化的业务场景，以适应数字化时代的发展需求，为企业创造价值。

3.1 数字化转型对生产精益管控能力的提升

紧紧围绕地质体密封性监测、井筒完整性检测、地面流动保障等生产环节上存在的风险，开展实时在线监测，实现对异常问题的预测预警、分级报警、提前响应、及时处置，实时监测生产状态，优化生产过程，做到效益管库。

3.2 数字化转型对安全环保全局受控能力的提升

重点利用感知技术和全覆盖的传感网络，对天然气流动环节中存在的风险进行实时感知，实现对人行为的自动记录，对设备的智能识别，对风险的实时提示和防范，实现前方实时感知，后方高效智能分析，做到安全管库。

3.3 数字化转型对专业与生产双向协同科学管库能力的提升

不断构建完善科研和生产多专业协同场景，聚焦科研成果共享和应用，各专业基于统一协同环境，进行地质气藏、井筒、地面一体化模型的模拟分析，将成果用于指导、辅助储气库注采运行，利用注采数据不断优化一体化模型，做到科学管库。

4 结语

综上所述，在智能化、“双碳”战略目标的新时代背景下，储气库数字化转型是实现高质量可持续发展必由之路。储气库的智能化建设正处于探索期，目前以重点突出价值引领、业务驱动、场景建设、效率提升、协同共享、管理变革等功能，完成生产、安全、专业协同三大智能场景建设为目标，通过数字化智能化技术融合应用，逐步将储气库转型为“生产高效协同、安全精准管控”的智能化储气库。

参 考 文 献

[1] 李建君．中国地下储气库发展现状及展望[J]．油气储运，2022，41(7)：780-786.
[2] 公维龙，田磊，王达，等．基于天然气全产业链评价储气库的经济效益[J]．天然气工业，2020，40(4)：157-163.
[3] 丁国生，丁一宸，李洋，等．碳中和战略下的中国地下储气库发展前景[J]．前言与综述，2022，41(1)：1-9.
[4] 马新华，郑得文，丁国生，等．复杂地质条件储气库“极限动用”理论与实践[J]．石油勘探与开发，2023，50(2)：373-383.
[5] 刘坤，何娜，张毅，等．相国寺储气库注采气井的安全风险及对策建议[J]．天然气工业，2013，33(9)：131-135.
[6] 戴厚良．以数字化转型驱动油气产业高质量发展[J]．中国产经，2021，02：70-72.
[7] 戴厚良．高质量推进数字化转型智能化发展[J]．中国网信，2022，03：39-41.
[8] 戴厚良．建设国家战略科技力量和能源与化工创新高地[J]．中国政工研究，2022，04：7-8.
[9] 张保艳，贺金龙，王萌萌，等．数字化油田建设效果与应用前景分析[J]．中国石油和化工标准与质量，2023，43(06)：63-65.
[10] 刘延昭．数字化油田建设效果分析与应用前景探讨[J]．化学工程与装备，2019，04：126-127.
[11] 何骁勇，徐正海，张颖，等．海上智能油气田发展现状及趋势[C]．第七届数字油田国际学术会议论文集，2021.
[12] 文韵豪，王秋晨，巴玺立，等．国内外智能化储气库现状及展望[J]．油气与新能源，2022.34(6)：60-64.
[13] 邱利瑞，徐震，王者云，等．面向智能油气田的数字化管理体系建设与实践[J]．国际石油经济，2022.30(7)：53-63.
[14] 刘宇闲．建立智能化油田管理初探[J]．清洗世界，2021.37(5)：99-100.
[15] 耿关庆．大庆油田智能化储运系统建设展望[J]．行业论坛，2022.41(11)：12-17.

石化智云油田开发测试区应用与实践

李　虎　刘宝军　马承杰　邴绍强　刘怀远　赵　倩

（中国石化胜利油田分公司）

摘　要　随着石油行业逐步进入数字化、智能化高速发展的新阶段，面对油田企业信息孤岛、重复开发、标准不统一、用户使用不便、缺少协作平台等痛点问题，石化智云油田开发测试区紧密围绕勘探开发、经营管理等核心业务需求，持续打造“数据+平台+应用”信息化建设新模式，推进企业信息应用服务化，助力油田企业数字化转型。

本文从石化智云建设情况开始，系统阐述了石化智云油田开发测试区提供的公共服务共享能力、业务功能复用能力、岗位门户定制能力、应用上云服务能力、研发过程管理能力等五项服务能力；本文介绍了石化智云油田开发测试区运营体系建设，包括运营团队、服务流程、标准规范、培训体系等方面，以及石化智云开发测试区在油田企业推广应用情况。

关键词　石化智云；数据+平台+应用；油田开发测试区；服务能力；运营体系

为适应智能化时代发展需要，中石化规划建设了石化智云。石化智云是由中国石化自主打造、服务于能源化工企业的工业互联网，提供基础设施服务能力和数字化服务能力，支撑资源汇集、数据共享、协同创新，构建数智赋能、产业协同、开放共赢的工业互联网生态。石化智云油田开发测试区，主要为油气新能源业务域的信息化建设提供全面支撑，包括勘探开发、石油工程等核心业务。基于石化智云三中心的管控，ABCD四方在油田开发测试区内协同工作，使用石化智云提供的基础资源和技术服务，开展项目上云上平台，共享业务APP、沉淀业务组件，按照敏捷开发、高效迭代的项目开发模式，确保代码仓库同步、资源集中管控和应用统一部署。

1　建设情况

中国石化经过多年云平台的建设，打造了石化智云的全局技术能力，按照“数据+平台+应用”的开发模式，建设了能力开放中心、持续交付中心和管控中心，提供从底层资源到技术组件、业务组件的统一管控，统一发布，统一调用和统一监控，数字化服务平台能够实现业务、数据、技术统一的服务能力，形成了标准化服务水平。2020年开始推进“数据+平台+应用”的云化模式转变。石化智云已发布7大类23项技术服务，提供计算、存储、网络、数据库、中间件、安全等技术服务，为应用系统提供基础服务能力。

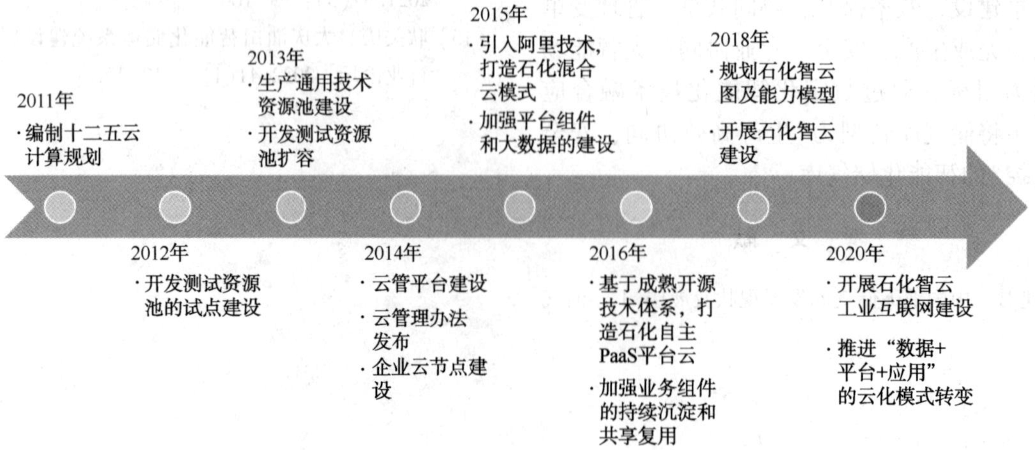

图1　石化智云油田开发测试区发展历程

1.1 服务目录

石化智云提供了丰富的技术服务，为构建协同高效一体化的经营管理模式、工业互联网生态模式和智慧化综合服务生态模式提供了坚实的技术支撑。已建成基础类、数据库类、中间件类、集成类、应用类、大数据类、安全类等 7 类，共 23 项公共技术服务。

表 1　石化智云技术服务目录

序号	服务类别	技术服务名称
1	基础类服务	虚拟机服务
		对象存储服务
		负载均衡服务
2	数据库类服务	数据库服务(MySQL)
		数据库服务(SQL Server)
		数据库服务(MangoDB
		缓存服务(Redis)
		表格存储服务(OTS)
		数据传输服务(DTS)
3	中间件类服务	分布式数据库(DRDS)
		消息服务(ONS)
		分布式应用程序管理服务(EDAS)
4	集成类服务	应用集成服务
		数据集成服务
		任务调度服务
5	应用类服务	地理信息服务
		工作流服务
		搜索服务
		权限服务
6	大数据类服务	离线大数据分析服务(BASE&ODPS)
		实时大数据分析服务(ADS)
7	安全类服务	数据证书服务
		身份认证服务

1.2 服务能力

石化智云油田开发测试区主要提供了公共服务共享、业务功能复用、岗位门户定制等五项服务能力。

1.1.1 公共服务共享能力

将原来各业务系统分散建设的公共基础功能抽取出来，通过统一建设为业务系统提供标准化公共技术服务，共建设了 7 大类 23 项技术服务。建立能力开放中心，具有对 API 的注册、发布调试、监控、下线等全生命周期管理和认证权鉴、IP 黑白名单等访问控制能力，支持公共服务状态及日志的详细审计，提供了全面可视化的 API 服务监控功能和丰富的报警规则策略。新建系统只需通过公共技术服务管控中心调用这些公共技术服务，减少了通用功能重复开发，提升了开发效率。

1.1.2 业务功能复用能力。

从业务应用中抽取各系统中具有共享价值的功能，通过标准化、规范化封装，形成工业 APP 和业务组件，纳入应用商店统一管理。梳理不同业务的活动、岗位和应用需求，分解产生业务活动清单、可复用组件及配套描述信息，接入工业 APP 统一管理，以服务化和组件化的方式助力功能开发。

1.1.3 岗位门户定制能力

以拖拽组合的方式满足不同岗位业务需求，为部门、个人建立高效便捷的标准化工作门户。实现个性化定制，单点登录，及时推送相关信息，方便所有应用系统的应用。岗位门户有不同的 widget 拼装组成，提供灵活的部署和管理工具，用户可根据岗位业务需求随时拖拽、组合、拼装常用 widget，为不同用户视角提供服务。

1.1.4 应用上云服务能力

支持存量应用与新建应用上云，结合应用系统的具体业务情况，优化应用系统资源配置，提高安全防护能力。基于石化智云的基础架构，选择重点业务领域，对油田已建应用进行充分的研究分析后，按照系统功能划分、APP 功能研发、APP 服务化改造等油田企业应用上云方案，对重点业务应用逐步进行了上云改造，并取得了良好的上云效果。

1.1.5 研发过程管理能力

石化智云油田开发测试区基于统一开发环境和持续交付中心，强化项目过程监管，确保过程资产的完整性和一致性，打造系统研发新模式。提供从“需求-开发-测试-发布-运维”端到端的协同服务和研发工具支撑，覆盖软件开发全生命周期，实现持续、快速、可靠交付。支持项目迭代的规划和运行监督，提供项目的统一仪表盘；提供统一的在线代码仓库，实现统一代码管理规范，确保开发协同化，降低代码管理成本；提供持续构建、持续测试、持续部署，支持自动化的测试与部署。真正将甲方对项目的深层次管理、全过程管控落到实处。

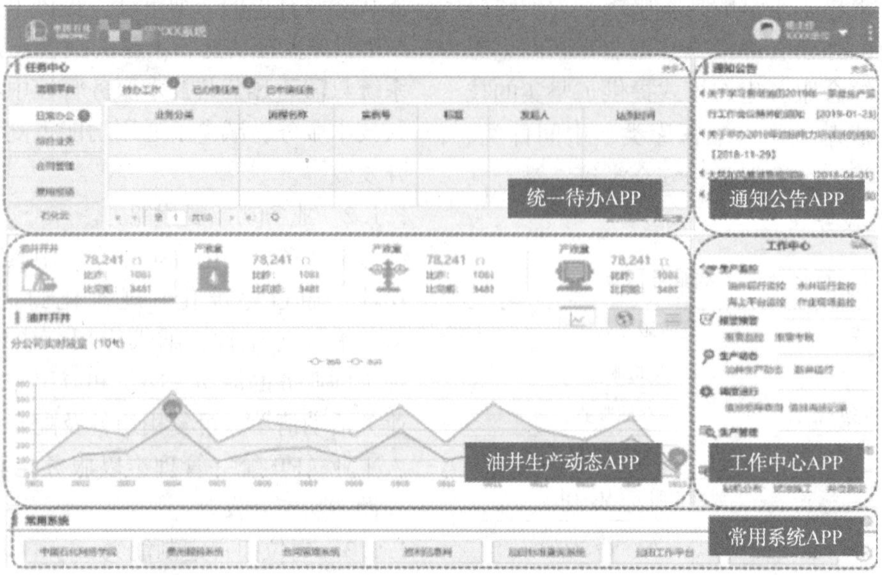

图 2　例：生产运行管理岗岗位门户

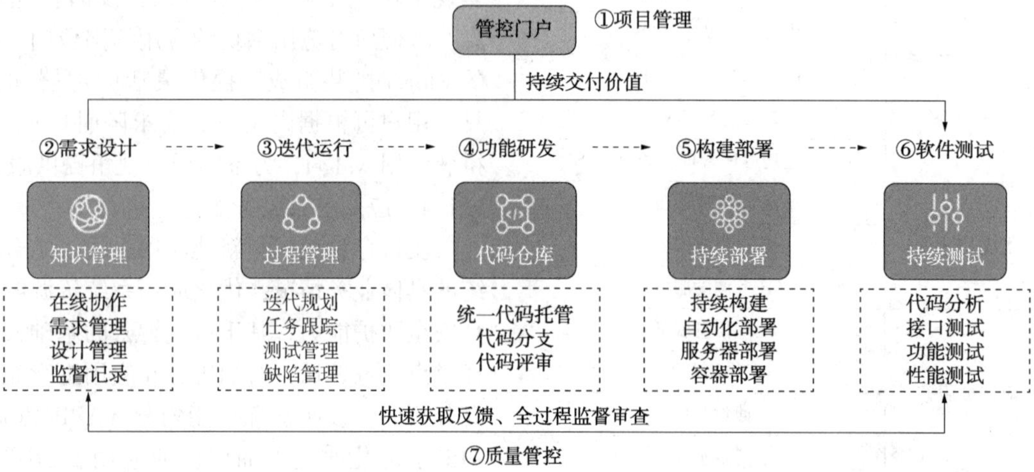

图 3　研发过程全生命周期管理

1.3　关键技术

通过攻关研究，石化智云油田开发测试区形成了企业级公共服务云化技术等三项关键技术。

一是企业级公共服务支撑技术。为信息系统建设提供用户、流程、权限、日志等 10 余项公用服务。建立公共服务管控中心，提供 API 接入、发布、订阅、调用、下线管控功能，促进规范化、标准化的系统集成和数据共享。降低公用功能开发工作量 20%-30%。

二是企业级标准化软件研发技术。建设企业级标准化统一开发环境，固化基础服务接口为业务构件，复用并沉淀工业 APP 中的技术组件。建设企业级持续交付中心，为信息应用建设提供端到端的研发运维工具链，支撑应用开发过程的全生命周期管理。建立基于石化智云的新系统研发模式。基于统一开发环境和持续交付中心进行应用研发和研发过程管理，实现甲方对项目的深层次管理。

三是基于油田 APP 的软件装配技术。沉淀业务功能组件，建成油田企业工业 APP 应用商店，实现工业 APP、业务组件、技术组件、公共服务等统一管理及共享复用；依据油田各专业岗位职能，设计权限角色，定制集成模板，复用商店 APP，形成专业化的个人工作台，业务功能从“一次开发、一次应用”模式到“组件开发、模块组装”的模式转型。

2 运营体系

按照“一切系统皆上云，一切开发上平台”的工作要求，积极探索适应“数据+平台+应用”信息化组织管理模式、建设模式及运维模式，打造石化智云运营能力，规范信息应用系统研发过程，推进企业信息应用服务化。

2.1 运营团队

为了确保石化智云的稳定高效运行和“数据+平台+应用”的开发模式转变，重点组建了石化智云服务队伍和石化智云质量管控队伍，开展石化智云管理和运行。石化智云平台服务团队，负责石化智云的标准制定、技术培训、服务流程及运维管理，发布技术白皮书和服务目录，为企业提供平台技术服务支持。石化智云质量管控团队，负责质量相关技术培训、质量管控流程及管理，发布质量管控白皮书，负责企业应用建设的全过程质量管控。

2.2 服务流程

在“数据+平台+应用”的开发模式下，遵循项目管理部门、平台服务团队、质量管控团队、项目研发团队职责不相容的原则，设计石化智云服务流程。通过石化智云ABCD四方的职责分离和协同工作。保障未来各个基于石化智云建设的应用项目按照总部要求高质量地完成交付。

表2　石化智云A、B、C、D四方职责与分工

参与方	责任实体	工作界面
A方	业务需求部门信息化管理部门等	(1)负责提出、梳理业务需求，提出立项申请； (2)负责组织规划、设计组件/APP可行性研究报告和初步设计方案；组织开展APP应用验收。
B方	平台服务团队	(1)参与制修订平台服务流程、标准规范； (2)负责平台技术培训，审查建设方平台准入资质； (3)负责项目创建和用户授权，提供平台组件及服务支撑(包括持续交付、组件服务、数据服务等)。
C方	质量管控团队	(1)参与制修订平台和APP开发过程质量管控流程、标准规范等； (2)负责技术文档审查、组件合规性审查； (3)负责应用开发过程质量管控，包括组件和APP的代码扫描、组件规范合规检查、测试等，出具质量管控报告。
D方	研发团队	(1)履行平台工作流程，执行平台标准规范要求； (2)接受平台服务、质量管控等技术培训，取得上云资质； (3)负责开展组件详细设计、版本规划、功能研发、数据封装等工作；开展组件、APP测试等。

石化智云ABCD工作流程覆盖项目建设过程的主要环节，包括立项阶段、准备阶段、研发阶段和上线阶段。

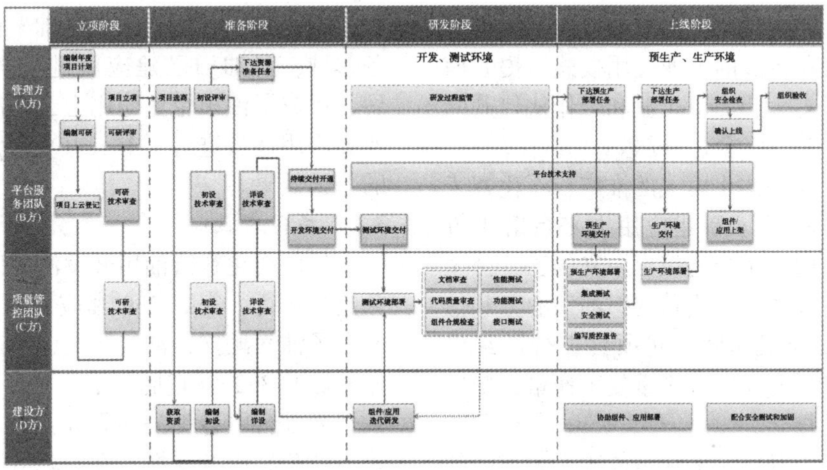

图4　石化智云服务流程

2.3 标准规范

石化智云标准体系，在遵循中石化信息化标准体系的基础上，根据石化智云工业互联网的实际要求，规划了完整的石化智云标准体系，支撑石化智云的设计、建设、应用、运营的规范化运作。

石化智云标准体系，分为基础标准、服务标准2大类标准。基础标准，主要规定石化智云术语定义、参考架构和主数据命名，统一石化智云各方面认识，指导石化智云其他标准的制定。服务标准分为管理类、建设类、使用类、运营类等4小类标准，指导石化智云的管理、建设、使用和运营。

2.4 培训体系

为提升中国石化集团全员数字意识，形成数字化转型文化、价值观和行为标准，打造石化智云培训体系。促进业务应用上云上平台，推动信息技术架构向云模式转变。面向中石化员工及ABCD四方开展数字化意识、石化智云应用培训，全面提升员工数字意识，形成数字化转型文化、价值观和行为标准，培养石化智云运营及应用专项人才，提高信息化建设团队专业能力，构建数字赋能、产业协同、开放共赢的石化工业互联网生态。

根据中国石化数字化战略、十四五发展规划、石化智云建设的意义、石化智云技术架构以及信息化建设新模式，规划了7个方面的培训。

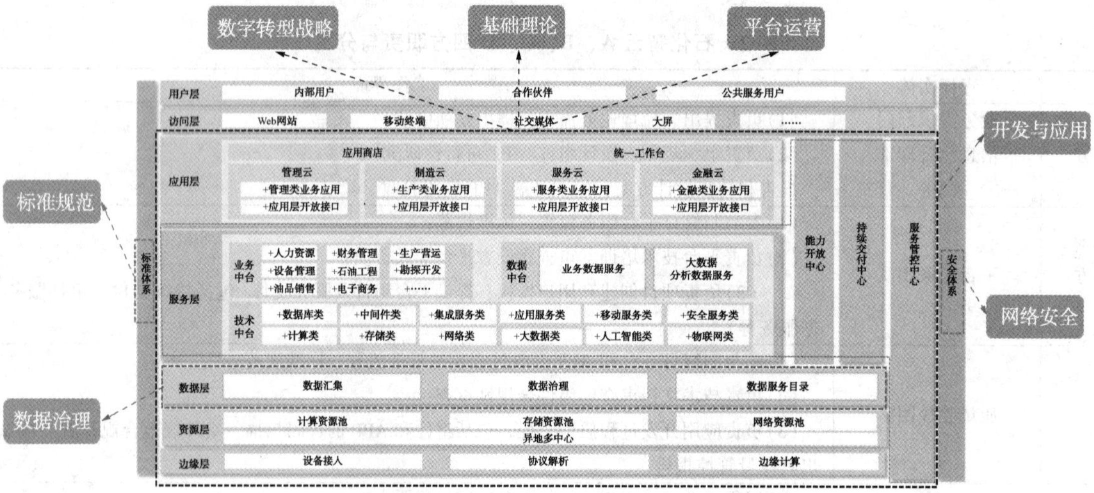

图5　培训方向

3 推广应用

3.1 应用情况

油田企业信息化建设，将基于石化智云油田开发测试区统一的技术中台、数据中台、业务中台，为信息化队伍提供集中共享的应用系统云服务体系，形成百花齐放的专业应用模式，提升信息化核心支撑能力，让油田企业和合作伙伴共同在此基础上协作共建、合作共赢。

通过设计研发一体化模式的推广，石化智云油田开发测试区打造了新建应用上平台解决方案，推动了油田信息系统建设由原来的乙方公司主导，向甲方主导的新模式转变。油田业务和信息人员组成核心研发团队，对项目进行详细设计，减少了需求反复变更带来重复工作量，确保系统研发周期可控。

石化智云油田开发测试区目前正在为智能油气田试点建设项目提供应用上平台服务。通过项目管理、知识管理、过程管理、代码管理、持续测试和持续部署等服务，支持信息项目研发过程的全生命周期管理，支持项目组人员分角色、分权限协同工作，实现从各自为政向合作共赢的转变。

同时基于石化智云的基础架构，选择重点业务领域，对油田已建应用进行充分的研究分析后，形成了油田企业应用上云解决方案，对重点业务应用逐步进行了上云上平台，并取得了良好的上云效果。

3.2 应用成效

目前石化智云油田开发测试区支撑232支业务流程运行，完成239套应用系统的统一认证，发布了油气勘探、油气开发、生产运行等6大类业务域共332个工业APP。

云平台中各类公共服务，为信息化建设提供统一的公共服务支撑，有效降低了开发难度、避免重复建设，提高业务办理效率。一是通过流程服务建设，提高了业务办理的效率，有效节省办公费用；二是通过统一开发环境，为新建应用提供研发支持，节约开发时间及开发费用 20%左右；三是通过各类公共服务的复用，为信息化建设提供统一的公共服务支撑，有效降低了开发难度，避免重复建设，节约开发成本。

通过推进石化智云油田开发测试区建设，打造公共服务支撑体系，建成我集团首家石油工业APP 组件装配体系，打造符合油田企业标准的软件研发体系，创新建设模式、提高建设水平。

3.3 应用案例

以油田企业某应用系统为例，该系统上云前，采用分散部署的方式，部署局级 1 套，二级单位 6 套，三级单位 28 套，共计 45 套，存在资源投资大、利用率低，运维成本高、工作量大，升级难度大等问题。

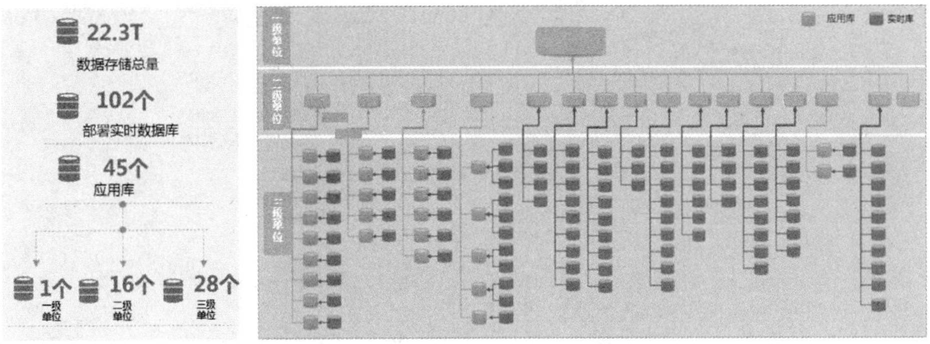

图 6　某应用系统上云前部署示意图

按照总部“一切应用皆上云，一切开发上平台”的工作要求，通过升级系统部署架构、数据处理架构，将分散在各二级、三级单位的数据统一汇聚，功能统一管控、应用，实现了该系统基于云平台的统一部署应用，具体成效体现为一下五个方面：

（1）优化了资源配置。在传统模式下，分布部署 45 套应用、占用应用服务器 54 台、数据服务器 45 台；新模式下，集中部署了 1 套应用、占用应用服务器 7 台、数据服务器 3 台。大幅降低了资源用量，提高了资源利用率。

（2）实现功能同一应用和数据三级贯通。依托云资源环境进行一级部署，所有用户统一通过唯一域名登录系统，从权限服务获取用户单位权限进行动态数据源的自动切换，提高了用户体验，实现该系统功能的统一应用、数据的三级贯通。

（3）负载部署提高性能。采用硬件负载和软件负载相结合的方式，达到高可用、高并发的目的。云部署应用负载及计算通道的负载均衡，提高系统性能。

（4）统一监控服务调用及 APP 应用情况。应用系统上平台后，通过接入统一的日志服务，实现对所有用户、所有服务、所有功能的统一监控，为评价 APP 应用效果、分析用户使用行为提供支持。

（5）提高了安全防护能力。新模式下由多点分散防护转变云上集中防护，通过“两层防护、三层检测”集中管理模式，改变了传统模式下逐台打补丁、修复漏洞、监控及审计能力弱的情况，提高了安全防护能力。

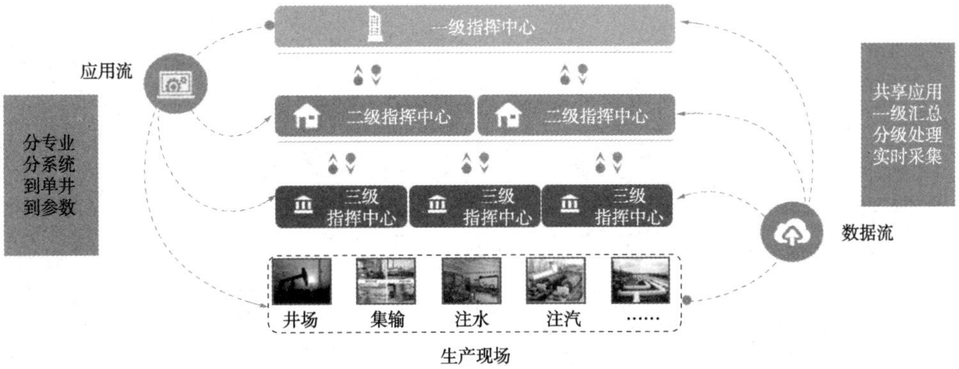

图 7　某应用上云后部署示意图

参 考 文 献

[1] 李剑峰，肖波，肖莉，景帅等．智能油田[M]．北京：中国石化出版社，2020.
[2] 李剑峰．企业数字化转型的本质内涵和实践路径[J]．石油科技论坛，2020，39(5)：1-8.
[3] 新华三大学．数字化转型之路[M]．机械工业出版社，2019 年 3 月．
[4] 马承杰．胜利油田“数据+平台+应用”信息化建设新模式构建与应用石油科技论坛[J]，2021 年第 40 卷第 2 期．2021，40(2)：73-80.

关于海上油田SIS系统工作稳定性的探讨

张　浩　焦仕立　崔常府　高　伟　张　勇　王　荣　伍玉辉

[中海石油(中国)有限公司湛江分公司]

摘　要　SIS系统是海上采油平台防范风险的最直接手段，SIS系统的非计划停机不仅对产量影响严重，更是对现场安全生产的严峻考验。2019年某海上平台SIS系统中ESD子系统发生三次故障停机，对海上油气生产造成严重影响。为解决现场发生的ESD系统主备CPU同时故障停机问题，通过分析ESD系统供电能力及带载能力；建立现场ESD系统功率评估模型；研究ESD系统主备CPU同时故障停机的概率与扫描周期的关系以及采用海上油田ESD系统不停产升级等方法。经过油田现场实际改造和调整，成功避免了ESD系统主备CPU再次同时出现故障停机的问题。通过这次ESD系统稳定性提升改造后，油田现场从2020年初至今，未再次发生ESD系统主备CPU同时故障停机。相对于2019年，直接提升生产时效3小时，减少停产原油产量损失1500立方米，降低直接经济损失300万元。

关键词　SIS系统；ESD系统；CPU停机；故障分析；海上平台

罗克韦尔公司的ICS AADvance系统，作为较早取得SIL3认证的控制系统，在海上采油平台的SIS系统(包括ESD紧急停车系统和FGS火气系统)上有着广泛应用。某海上油田群油气水中心处理平台拥有多套ICS系统，处理原油达数百万方，平台一旦发生关停，将会导致整个油田群关停。2019年6月14日，7月3日，8月27日，平台连续发生3次ESD系统主备CPU(处理器模块)同时故障停机，导致油田群生产关停，对油田的平稳运行造成极大的影响。通过与厂家技术人员探讨，发现可能存在以下几个方面问题影响了系统的稳定性，导致了系统停机。

1）偶发性两个CPU同时停机导致平台关停

2）CPU扫描周期偏长，扫描周期不稳定

3）单CPU机架满载48块卡后背板电流偏高

1　系统基本情况

1.1　现场ESD系统架构

AADvance是一种工业控制器，可以配置为单重化或容错的控制和安全应用程序，是一个灵活的、扩展性强的系统，组件可被配置为单重化、双重化或三重化。其单一处理器模块(CPU)组合成的系统符合SIL2要求，冗余处理器模块(2个或2个以上)组合的系统满足SIL3的要求。在海上采油平台为了实现容错功能满足SIL3的要求，通常采用双重冗余的方式组成SIS系统中的ESD系统和FGS系统，如下图1所示。

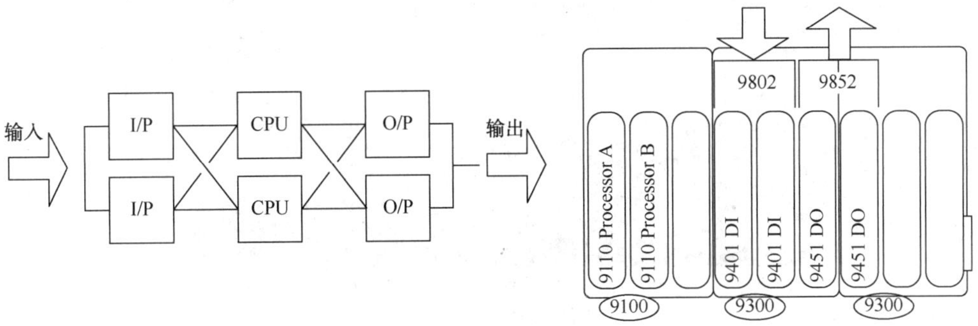

图1　现场ESD系统结构示意图

发生关停平台现场拥有两套ESD系统和三套FGS系统，其中ESD1系统带载CPU卡件(处理模块T9110)2块、DI卡件(数字量输入卡T9402)6块、AI卡件(模拟量输入卡T9432)8

块、DO 卡件(数字量输出卡 T9451)34 块；ESD2 系统带载 CPU 卡件 2 块、DI 卡件 2 块、AI 卡件 10 块、DO 卡件 36 块，FGS1、FGS2 系统也都满载了 48 块卡件。其中 T9110、T9402、T9432 额定功率 4W、电压范围直流 18V 至 32V；T9451 额定功率 3W、电压范围直流 18V 至 32V。

1.2 事故经过及初步分析

2019 年 6 月 14 日 16：40，平台 ESD 系统突然停机，上位机大部分设备无数据显示，现场部分电泵、SDV 阀失控导致平台全部关停，同时造成上游平台随之关停。初步检查原因为 ESD 系统 ESD1 的两块 CPU 同时故障，本次关停安全网交换机存在故障报警，FGS 系统正常，PCS 系统正常。现场更换安全网交换机后，断电复位 ESD 系统，系统硬件运行正常，ESD 系统程序运行正常。

2019 年 7 月 3 日 00：22，平台 ESD 系统突然再次停机，导致平台全部关停，造成上游平台随之关停。初步检查原因也是 ESD 系统 ESD1 的两块 CPU 同时故障，此次关停时安全网交换机运行正常，FGS 系统正常，PCS 系统正常，可以排除交换机故障引起关停。断电复位 ESD 系统，更换 ESD1 系统的两块 CPU 卡件及背板，重新下载程序，系统硬件运行正常，ESD 系统程序运行正常。

2019 年 8 月 27 日 12：37，平台中控 ESD 系统又突然停机，导致本平台和上游平台第三次全部关停。检查原因为 ESD 系统 ESD1 两块 CPU 同时故障，造成 ESD 系统崩溃，造成整个生产关停。现场 FGS 系统正常，PCS 系统正常，可以初步认为 ESD 系统崩溃与 CPU 卡件硬件故障关联不大。

2 实验系统测试

经现场对以下几方面进行分析，通过搭建实验系统测试，评估系统功率、调整程序扫描方式和控制带载量等手段对系统进行优化，并实际应用到现有系统，改善了系统的稳定性能，避免了故障的再次发生。现场实验系统搭建由 2 块 CPU 卡件、10 块 AI 卡件、8 块 DI 卡件、

1.2 块 DO 卡件组成。

1）系统供电及带载能力分析

2）建立现场系统功率评估模型，评估系统功率

3）系统主备 CPU 同时故障的概率与扫描周期的关系

4）一种油田 ESD 系统不停产升级方法

2.1 系统供电及带载能力分析

AAdvance 系统所有卡件的工作电压范围均为 18-32V，常用电压为 24V，而系统的最大 IO 数量与其使用的环境温度存在一定的对应关系，如下图黄色曲线。

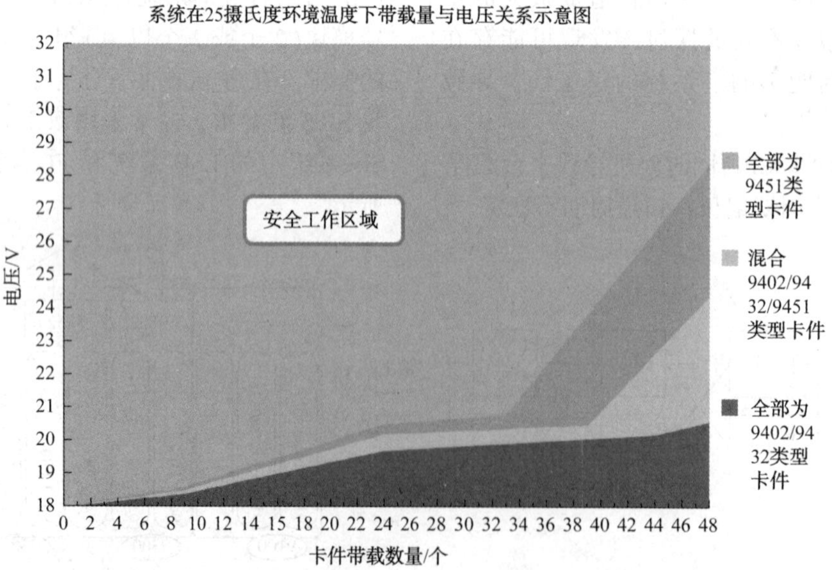

图 2　系统在 25 摄氏度环境温度下带载量与电压关系示意图

平台中控室常年温度在 25 度左右，图中蓝色区域为全部带载 4W 的 DI/AI 卡件的危险区分界，黄色区域为带载 50% DI/AI 卡，50% DO 卡(平均功率 3.5W 的分界)的危险区分界，红色区

域为全部带载 DO 卡件的危险区分界，通过简单的颜色差别即可直观判断系统卡件配置是否安全。与厂家确认后，目前已经逐步把平台 AAdvance 系统背板电压，从 24V 提升到 28V，把系统工作区域从黄色区移位到安全区，提升系统的稳定性。实验测得在不同供电电压下电压与功率情况如表 1 所示，电压电流的对应关系如图 3 所示，电压与功率的对应关系如图 4 所示。

表 1　不同供电电压下电压和功率统计表

供电电压(V)	24	25	26	27	28	29	30
供电电流(A)	3.274	3.15	3.037	2.956	2.859	2.77	2.689
机架功率(W)	78.576	78.75	78.962	79.812	80.052	80.33	80.67

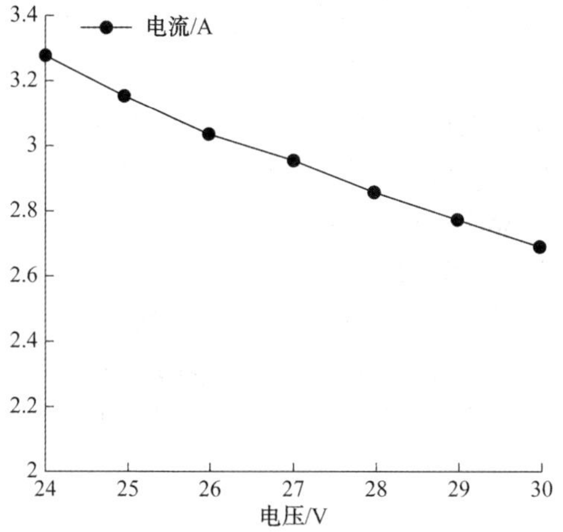

图 3　系统电压电流对应关系示意图

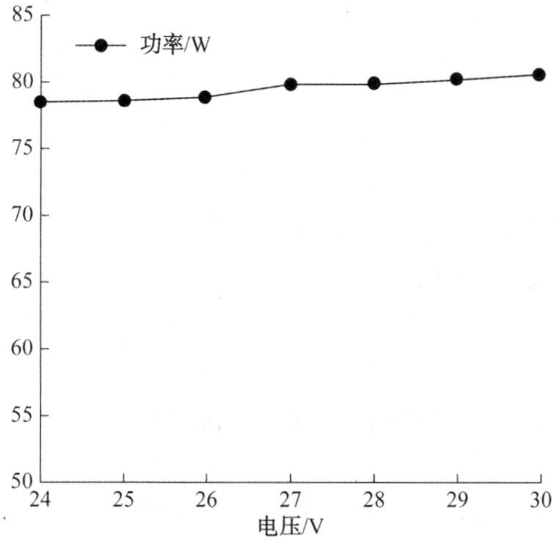

图 4　系统电压功率对应关系示意图

此次实验可以看出，通过调整供电电压从 24V 提升到 30V，系统供电电压提升 25%，供电电流降低了 17%，功率只上升了 2.6%，系统带载能力提升了 17%。实验验证了通过提高系统电压，降低工作电流来提高系统负载能力的可行性。经现场实际应用，把目前的 ESD 系统背板电压从 24V 稳步提升到 28V，背板电流降低了 13%。

2.2　建立系统功率模型评估系统功率

ESD 系统的功率作为系统稳定性的重要指标，可以通过实验和模型计算出实际功耗和最大功耗。实验在 28V 的稳定电源供电情况下（在用系统实际供电 28V），ESD 系统稳定在 Run 工作模式时，首先去掉备 I/O 卡，再去掉主备 I/O 卡的方法，测量并计算出每种类型的卡件工作状态下的平均功耗。其中 AI 卡或 DI 卡的 A/D 转换功耗不受外接变送器等电流电压影响，DO 卡件对外供电由外部电源引入，不增加背板负载。实验模型中 DO 卡件通道均未带载设备，DO 卡的单个通道晶闸管的功耗，按照阳极与门极 100 倍放大倍数计算，由 DO 卡件直接输出的情况下，单通道最大驱动电流 2A，单通道功耗 24V * 2A/100 = 0.48 瓦。通道外接继电器时，单通道最小驱动电流 30mA，正常驱动电流 40mA。单通道驱动正常功耗 24V * 0.04A/100 = 0.0096 瓦，8 通道全部输出为 0.08 瓦。实验数据如表一所示，DO 卡件输出结构如图 5 所示。

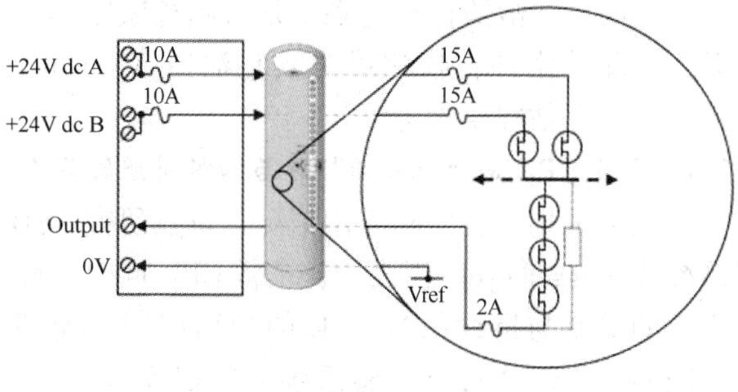

图 5　DO 卡件输出示意图

表 2　卡件功耗试验记录表

卡件型号	试验方法	去卡前电流(A)	去备卡后电流(A)	去主备卡后电流(A)	平均功耗(W)	额定功耗(W)	回路功耗(W)
T9110	拔 1 对 CPU	2.703	2.497	2.287	5.796	8	
T9432	拔 5 对 AI	2.702	2.282	1.872	2.321	4	
T9402	拔 4 对 DI	2.682	2.365	2.047	2.221	4	
T9451	拔 6 对 DO	2.683	2.284	1.886	1.861	3	0.01/通道

平均功耗计算：

$$P_1=(I_1-I_2)*V/N_1 \quad (1)$$

$$P_2=(I_1-I_3)*V/N_2 \quad (2)$$

$$P_3=(I_1-I_2)/2 \quad (3)$$

式中：I_1 为去掉卡件前电流、(I_2)为去掉备用卡件后电流、I_3 为主备卡件全去掉后电流，电流单位 A；P_1 为单个备用卡平均功率、(P_2)为主备用卡件平均功率、P_3 为卡件平均功率，功率单位 W；V 为供电电压，电压单位 V；N_1 为备用卡数量、N_2 为卡件数量。

通过表 1，可得出系统功率评估模型：

$$P_4=X*5.796+Y*2.321+Z*2.221+U*1.861+W*0.08 \quad (4)$$

系统核算功率：

$$P_5+X*8+Y*4+Z*4+U*3 \quad (5)$$

式中：X 为 *CPU* 卡件数(*T*9110 型)，Y 为 *AI* 卡件数(*T*9432 型)，Z 为 *DI* 卡件数(*T*9402 型)，U 为 *DO* 卡件数(*T*9451 型)，W 为全部有输出的通道数。P_4 为功率模型估算功率、P_5 为系统卡件额定功率，功率单位 *W*。

根据现场实际安装卡件类型及数量(*DO* 卡件输出全部为继电器输出)，假设 *DO* 通道全部投用，*ESD*1 系统评估功率为 109.21 瓦特，额定功率为 174 瓦特；*ESD*2 系统评估功率为 110.14 瓦特，额定功率为 172 瓦特。现场实际测量 *ESD*1 系统电流 3.79*A*，电源输出 28*V*；*ESD*2 系统电流 3.76*A*，电流输出 28*V*。具体测量参数如下表所示。

表 3　功率模型评估与实测功率

	CPU 卡	DI 卡	DO 卡	AI 卡	模型预测功率(W)	实测功率(W)	误差(%)	安全功率(W)	安全余量(%)
ESD1	2	6	34	8	109.48	106.12	3.17	174	39.01
ESD2	2	2	36	10	109.12	105.28	3.65	172	38.79

通过对实验系统的主备卡件进行插拔，测量在不同情况下的电流值，测算推导系统的功率评估模型。经过对现场系统测量，证明该模型评估功率与实际测量功率较为接近，此模型评估有效。系统评估功率仍有近 40%的安全余量，由此可说明系统故障停机与系统是否超过额定功率无关。此功率评估模型可为其它油田 AAdvance 系统功率评估提供参考。

2.3　主备 CPU 同时死机的概率与扫描周期的关系

根据现场设备实际应用情况，重点研究 ESD 系统在 Trigger cycle 模式下，主备 CPU 同时故障停机的概率与持续超过 CPU 的扫描周期设定值之间的关系。通过在实验系统上复现停机故障，统计停机概率来评估该模式导致 CPU 同时停机的可能性，系统扫描模式如图 6 所示。

本次实验将 ESD 系统置于 Trigger cycle 模式，通过调整程序大小使 CPU 实际扫描周期稳定 150mS，在 Trigger cycle 模式中分别把周期设置为 100mS，160mS，200mS 的情况下，对 CPU 超时次数，Healthy 报警和死机情况进行记录。经过 2 周运转，发生超时次数 1021 次，在超过 200 次后，CPU 卡件的状态灯 Healthy 灯亮红灯，但是 2 周并未发生主备 CPU 同时故障停机，运行 1 个月后发现 1 次单 CPU 故障的情况，说明在该模式下系统存在 CPU 故障停机风险。

经过不断调整 Trigger Cycle 模式的设定周期，确定在使用该模式时，必须使 Trigger Cycle 的设定时间，是实际扫描周期的 2 倍以上时，也就是负荷(CPU 扫描周期/设置的扫描周期)低于 50%的情况下，才能确保不发生扫描超时问题。目前 ESD1 的 CPU 扫描时间在 180mS 和 470mS 之间，最长时达到 750mS，比出厂时要求的 200mS 偏高。同时对 ESD2，FGS1 及 FGS2 控制器日志进行了分析检查，扫描实际分别为 141ms，152ms，153ms，不存在超时现象。

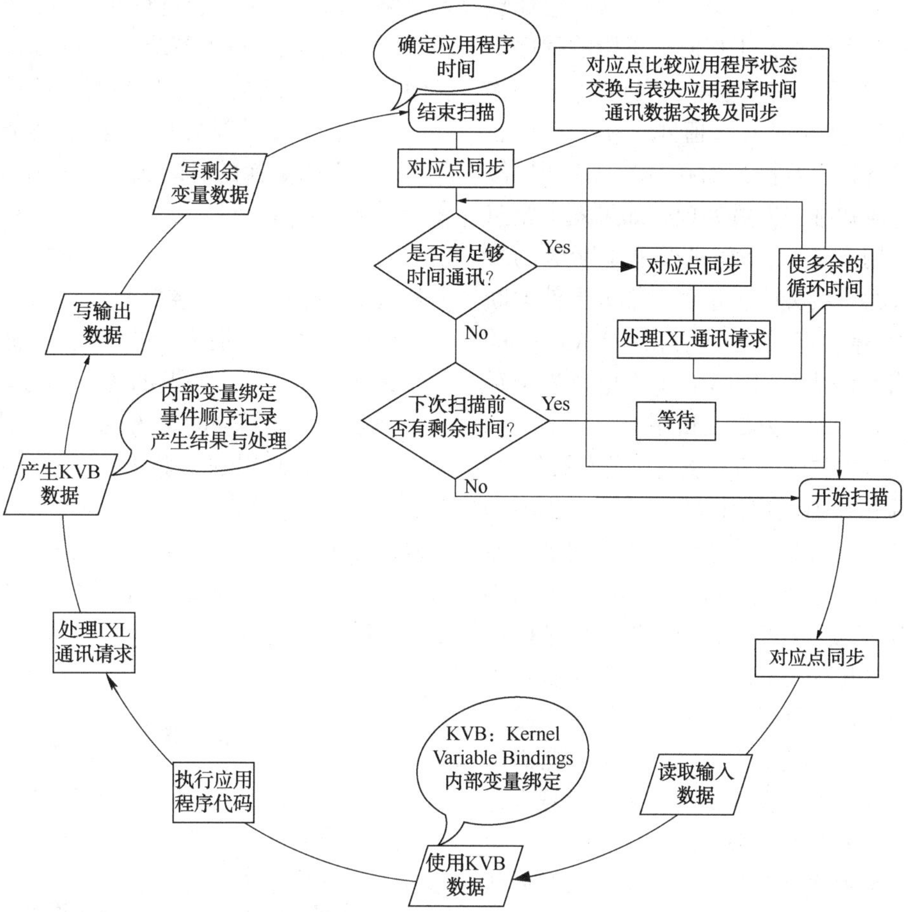

图 6　系统扫描模式示意图

AADvance 系统厂家开发了不少标准化模块，但是在使用过程中发现，为了实现标准化，模块里面 70%以上的功能是油田的 ESD 系统不需要的，这些多余的功能占据了 CPU 大量的工作时间。ESD 系统在建造招标时，一般的扫描周期要求为 300mS 以内，系统负荷不超过 50%。但是该要求未考虑到中心平台普遍存在的后期新加卡件问题，未预留足够冗余量。目前平台的 5 套 AADvance 系统 CPU 都是 400M 主频，扫描周期普遍在 120mS 到 160mS 之间，其主要原因就是程序优化程度不够，未达到 ESD 系统快速稳定逻辑判断的要求。

在本次实验中，通过不断调整 Trigger cycle 模式下的扫描周期设定值，证明了 CPU 的扫描周期在持续超过设定值时，系统将存在 CPU 故障停机风险。通过对程序的 DO，DI 模块进行优化，尽量减少子程序的数量，精简模块的处理功能，用更简单和巧妙的方法实现逻辑的自锁等操作。最终实验结果可以把实验 CPU 的扫描周期从 150mS 减少到 120mS 以下，减少 20%的 CPU 负荷。

2.4　一种油田中控 ESD 系统不停产升级方法

ESD 系统作为油田安全生产的重要安全屏障，一般设置为故障安全型，即 CPU 停机或者离线下载程序，都会导致整个油田所有设备关停。但是在油气生产过程中，ESD 系统不可避免的要进行增加卡件，调整程序结构等操作，这些操作很多情况都要求 CPU 停机才能进行。

在油田不停产进行相关操作时，需要对现场设备 ESD 关停信号进行旁通处理，包括对关断阀手动强制，配电柜跳电信号硬线旁通，上下游油田的连锁信号进行旁通处理等，这些工作需要大量的准备工作，而且在强制到恢复的时间内，存在 SIS 系统长时间失效的风险。本次实验在对这个问题进行了相关总结，总结了 2 个减少停产损失，提高维修效率的关键方法。

2.4.1　DO 卡设置为故障保持

把 AADvance 系统 DO 卡件通道设置为故障保持也就是 DO 卡件通道的 Hold Last State 状态，这样可以在 CPU 故障停机或 DO 卡件故障的过程中，保证 DO 卡件输出不变，为后续应急处理争取时间。而在系统正常工作时，不影响程序运行产生的逻辑关停，DO 卡件通道可以正常输出。现场中控为 24 小时有人值守，在中控组态画面对卡件进行状态监控，如有 DO 卡件发生故障报警可及时通知维修人员处理。如果发生紧急情况，可以采用立即对 ESD 机架电源断电的方法，实现平台的一级关停，也可对部分卡件的断电实现分级关停。但是该方法在 AAdvance 的 CPU 故障重启或停机重启后 DO 卡上电过程中存在闪跳问题，需要配合方法 2 使用。

2.4.2　把 DO 卡件的输出继电器选型为可强制型

将 ESD 系统所有输出到现场的 DO 点都增加可强制继电器，在需要离线程序下载前把继电器打到强制状态进行旁通，即可短时间内完成 ESD 信号的旁通和恢复。CPU 故障停机后对保持住的 DO 点进行继电器强制，系统正常启动后再对继电器强制功能进行释放，这样即可实现不停产离线下载。建议在招标阶段要求 ESD 系统输出使用可强制型继电器，在油田现场使用信号旁通体系对该继电器的旁通加强管理。

在本次实验中通过对 DO 卡件的故障保持状态的设置与输出继电器的功能强制，实现了实验系统在不停产情况下离线下载程序。在现场实际作业过程中，通过加强现场监管与安全风险分析等人为控制方式，与本方法配合成功实现了 SIS 系统的不停产升级。

3　结论

针对 ESD 系统主备 CPU 同时故障问题，提出搭建实验系统测试，评估系统功率、调整程序扫描方式和评估带载量等手段对系统进行优化的思路。通过实验系统进行测试后，运用到现场的系统。提升了 ESD 系统工作的稳定性，成功避免了 ESD 系统主备 CPU 同时故障停机造成的生产关停，保障了现场的安全有效生产，也节约了对 SIS 系统更换的时间成本和资金成本。经过这次平台 ESD 系统稳定性提升后，从 2020 年初至今，未再次发生主备 CPU 同时故障停机问题。相对于 2019 年，直接提升生产时效 3 小时，减少停产原油产量损失 1500 方，降低直接经济损失 300 万元。此次问题的解决也为国内其它油田控制系统类似问题的解决提供了一种新的思路。

本文所使用的实验方法，在解决 ESD 系统主备 CPU 同时故障停机问题上，取得了良好的效果，但在控制系统稳定性还存在提高的空间。下一步需要研究何进一步优化程序缩短扫描时间，减少系统故障率，从而达到安全稳定生产的目的。

参 考 文 献

[1] 吴高波 . 海上平台 ABB 中控 SIS 系统停机故障原因及排除研究[J]. 石油和化工设备，2018，21(5)：229-230.

[2] 袁子陵 . AADvance 系统的应用说明及常见故障分析[J]. 炼油与化工，2020，31(3)；63-66.

[3] 李伟家，周华伟 . SIS 设计中应注意的几个问题分析[J]. 化学工程与装备，2019，(12)：229-230.

[4] 倪耀柯 . PLC 应用中应注意扫描时间和 I/O 响应时间[J]. 电世界，1997，(10)：20-21.

[5] 吴少国 . 张丽丽 . 俞文光 . 在役安全仪表系统的 SIL 验证方法与实例[J]. 水动力学研究与进展：A 辑，2016，37(1)；34-44.

[6] 臧振胜 . SiS 设计中应注意的几个问题[J]. 中国仪器仪表，2012，(增刊)：162-166.

基于云原生模式的企业技术架构设计思考

李婷玉[1]　邢金台[1]　董金平[1]

（中国石油冀东油田公司）

摘　要　传统企业至今业务流程多为紧耦合，彼此之间依赖性极强，我们称之为“有状态”的业务活动。这种互相依赖关系成为了企业转型的“瓶颈”，造成了企业工作效率低、运营成本不断提升。面对创新度高和充满不确定性的敏态业务，云原生引入微服务、持续交付和DevOps，打造出快速迭代能力，与业务同频，为企业创造盈利的价值链。云原生理念和技术是推动传统企业更快向数字化转型的催化剂，帮助企业快速，持续，可靠，规模化地交付业务软件，为形成高效IT研发能力开辟了道路，助力企业更加顺畅地数字化转型。

关键词　云原生；云计算；数字化；技术架构

以大数据、云计算、人工智能等新技术所推动的数字化转型正迅速的改变着我们所处的时代，其巨大的影响力已经从量变到质变。数字化运营已经成为企业发展的必然选择，摸索一条适合自身企业的转型之路，也成为了企业在日渐激烈竞争中脱颖而出的核心竞争力。数字化转型的出现使得企业中越来越多的业务演变成数字化业务，大量数字化业务重构了企业的业务流水线，企业要求这些业务不能有不可接受的业务中断，否则会对生产运营可能造成巨大影响。数字化对于业务运营、竞争格局等诸多方面都带来更加严苛的要求，这就要求技术具备更快的响应速度。

计算机软件技术架构进化有两大主要驱动因素，一个是底层硬件升级，另一个是顶层业务发展诉求。原来企业内部信息系统大多以单体式架构进行建设，形成“烟筒”模式，每个应用都相对独立，造成资源被大量占用、部门间难以共享信息。企业急需使信息资源高度共享且可被不断复用，从而进一步降低企业运营成本。所有这些问题都指向一个共同点，那就是云原生的时代需要新的技术架构，来帮助企业应用能够更好地利用云计算优势，充分释放技术红利，让业务更敏捷、成本更低的同时又可伸缩性更灵活。

1　云原生

虽然云原生的概念由来已久，很多人并不理解什么是云原生。从技术的角度来讲，云原生架构是基于云原生技术的一组架构原则和设计模式的集合，旨在将云应用中的非业务代码部分进行最大化的剥离，从而让云设施接管应用中原有的大量非功能特性（如弹性、韧性、安全、可观测性、灰度等），使业务不再受非功能性业务中断困扰的同时，具备轻量、敏捷、高度自动化的特点。简单的说，就是帮助企业的业务功能迭代更快、系统能承受住各种量级的流量冲击的同时，构建系统的成本更低。

1.1　云原生平台

云计算从工业化应用到如今，大量应用使用云的方式仍停滞在传统IDC（即数据中心）时代：例如虚拟机代替了原来的物理机、使用文件保存应用数据、没有经过架构改造（如微服务改造）的应用上云、传统的应用打包与发布方式等等。未能充分利用云的强大能力，不能从云技术中获得更高的可用性与可扩展能力，也不能利用云提升发布和运维的效率。

云是基础硬件设备经过虚拟化技术抽象而成的共享池，按需提供标准化的虚拟基础设施资源即IaaS（基础设施即服务），该模式底层可以使用配置相对较低的硬件设备，实现了低成本；从池中按需获取资源，不受硬件设备的边界限制，实现资源更加高效的利用；无需考虑底层物理硬件的差异，只要经由虚拟化，所有的资源都是标准化的。

云原生平台是在云虚拟基础设施之上，使得应用直接部署于其上即可运行的环境，小到一个配置好jdk的Docker容器，大到由kubernetes管理的包含服务注册、配置中心、数据库、消息总线、日志聚合管理等服务的集群环境，都可称作云原生平台，提供云原生平台的服务即 PaaS(平台即服务)。

符合云原生环境，按照云的思想模式而开发的软件，就是云原生软件。它应该是为了高度分布式而设计的，应该能够正常运行在一个不断变化的环境中(环境中的各服务随时可能失效)，且自身也在不断变化(不断地升级迭代)。

1.2 云原生架构定义

从技术的角度，云原生架构是基于云原生技术的一组架构原则和设计模式的集合，旨在将云应用中的非业务代码部分进行最大化的剥离，从而让云设施接管应用中原有的大量非功能特性(如弹性、韧性、安全、可观测性、灰度等)，使业务不再有非功能性业务中断困扰的同时，具备轻量、敏捷、高度自动化的特点。

图 1 展示了在代码中通常包括三部分：业务代码、三方软件、处理非功能特性的代码。其中“业务代码”指实现业务逻辑的代码、“三方软件”是业务代码中依赖的所有三方库、包括业务库和基础库、“处理非功能性的代码”指实现高可用、安全、可观测性等非功能性能力的代码。三部分中只有业务代码是核心，是对业务真正带来价值的，另外两个部分都只算附属物，但随着软件规模的增大、业务模块规模变大、部署环境增多、分布式复杂性增强，使得今天的软件构建变得越来越复杂，对开发人员的技能要求也越来越高。云原生架构相比较传统架构进了一大步，从业务代码中剥离了大量非功能性特性到 IaaS 和 PaaS 中，从而减少业务代码开发人员的技术关注范围，可以最大程度利用云服务和提升软件交付能力，进一步加快软件开发。

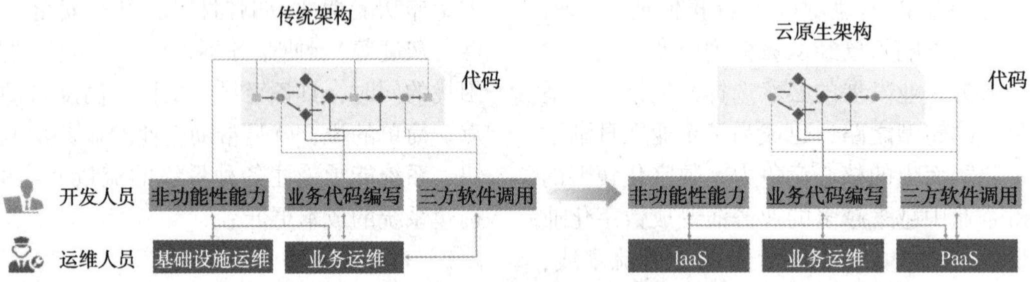

图 1　云原生架构与传统架构的对比

2　云原生架构原则

云原生架构本身作为一种架构，也有若干架构原则作为应用架构的核心架构控制面。

2.1　服务化原则

当代码规模超出小团队的合作范围时，就有必要进行服务化拆分了，包括拆分为微服务架构、小服务(Mini Service)架构，通过服务化架构把不同生命周期的模块分离出来，分别进行业务迭代，避免迭代频繁模块被慢速模块拖慢，从而加快整体的进度和稳定性。同时服务化架构以面向接口编程，服务内部的功能高度内聚，模块间通过公共功能模块的提取增加软件的复用程度。

分布式环境下的限流降级、熔断隔仓、灰度、反压、零信任安全等，本质上都是基于服务流量的控制策略，而非网络流量。所以云原生架构强调使用服务化的目的还在于从架构层面抽象化业务模块之间的关系，标准化服务流量的传输，从而帮助业务模块进行基于服务流量的策略控制和治理，不管这些服务是基于什么语言开发的。

2.2　弹性原则

大部分系统部署上线需要根据业务量的估算，准备一定规模的机器，从提出服务器申请，到软件部署、性能压测，需要一个时间周期；而这期间如果业务发生变化了，重新调整也非常困难。弹性则是指系统的部署规模可以随着业务量的变化自动伸缩，无须根据事先的容量规划准备固定的硬件和软件资源。好的弹性能力不仅缩短了上线时间，让企业不用操心额外软硬件资源的成本支出(闲置成本)，降低了企业的 IT 成本。

2.3　可观测原则

数字化时代大部分企业的软件规模都在不断增长，原来单机可以对应用做完所有调试，但在分布式环境下需要对多个主机上的信息做关联分析，才可能回答清楚服务为什么宕机、目前的故障影响哪些用户、最近这次变更对哪些服务指标带来了影响等等，这些都要求系统具备更强的可观测能力。可观测性与监控、业务探活、APM 等系统提供的能力不同，前者是在云这样的分布式系统中，主动通过日志、链路跟踪和度量等手段，让一次应用服务点击背后的多次服务调用的耗时、返回值和参数都清晰可见，甚至可以下钻到每次三方软件调用、SQL 请求、节点拓扑、网络响应等，这样的能力可以使运维、开发和业务人员实时掌握软件运行情况，并结合多个维度的数据指标，获得前所未有的关联分析能力，不断对业务健康度和用户体验进行数字化衡量和持续优化。

2.4 韧性原则

当业务上线后，最不能接受的就是业务不可用，让用户无法正常使用软件，影响体验和生产。韧性代表了当软件所依赖的软硬件组件出现各种异常时，软件表现出来的抵御能力，这些异常通常包括硬件故障、硬件资源瓶颈（如 CPU/网卡带宽耗尽）、业务流量超出软件设计能力、影响机房工作的故障和灾难、软件 bug、黑客攻击等对业务不可用带来致命影响的因素。

韧性从多个维度诠释了软件持续提供业务服务的能力，核心目标是提升软件的 MTBF（Mean Time Between Failure，平均无故障时间）。从架构设计上，笔者认为韧性包括服务异步化能力、限流、降级、熔断、反压、高可用、单元化、异地多活容灾等。

2.5 所有过程自动化原则

容器、微服务、DevOps、大量第三方组件的使用，在降低分布式复杂性和提升迭代速度的同时，因为整体增大了软件技术栈的复杂度和组件规模，所以不可避免地带来了软件交付的复杂性，如果这里控制不当，应用就无法体会到云原生技术的优势。通过 IaC（Infrastructure as Code）、GitOps、OAM（Open Application Model）、Kubernetes operator 和大量自动化交付工具在 CI/CD 流水线中的实践，一方面标准化企业内部的软件交付过程，另一方面在标准化的基础上进行自动化，通过配置数据自描述和面向终态的交付过程，让自动化工具理解交付目标和环境差异，实现整个软件交付和运维的自动化。

2.6 零信任原则

零信任安全针对传统边界安全架构思想进行了重新评估和审视，并对安全架构思路给出了新建议。其核心思想是，默认情况下不应该信任网络内部和外部的任何人/设备/系统，需要基于认证和授权重构访问控制的信任基础，诸如 IP 地址、主机、地理位置、所处网络等均不能作为可信的凭证。零信任对访问控制进行了范式上的颠覆，引导安全体系架构从“网络中心化”走向“身份中心化”，其本质诉求是以身份为中心进行访问控制。

零信任第一个核心问题就是 Identity，赋予不同的 Entity 不同的 Identity，解决是谁在什么环境下访问某个具体的资源的问题。在研发、测试和运维微服务场景下，Identity 及其相关策略不仅是安全的基础，更是众多（资源，服务，环境）隔离机制的基础；在员工访问企业内部应用的场景下，Identity 及其相关策略提供了灵活的机制来提供随时随地的接入服务。

2.7 架构持续研究原则

如今技术和业务的演进速度非常快，很少有一开始就清晰定义了架构并在整个软件生命周期里面都适用，相反往往还需要对架构进行一定范围内的重构，因此云原生架构本身也应该和必须是一个具备持续演进能力的架构，而不是一个封闭式架构。除了增量迭代、目标选取等因素外，还需要考虑组织（例如架构控制委员会）层面的架构治理和风险控制，特别是在业务高速迭代情况下的架构、业务、实现平衡关系。云原生架构对于新建应用而言的架构控制策略相对容易选择（通常是选择弹性、敏捷、成本的维度），但对于存量应用向云原生架构迁移，则需要从架构上考虑遗留应用的迁出成本与风险和到云上的迁入成本与风险，以及技术上通过微服务、应用网关、应用集成、适配器、服务网格、数据迁移、在线灰度等应用和流量进行细颗粒度控制。

3 云原生主要架构模式

云原生架构有非常多的架构模式，这里选取一些典型架构模式进行讨论。

3.1 服务化架构模式

服务化架构是云时代构建云原生应用的标准架构模式，要求以应用模块为颗粒度划分一个软件，以接口契约定义彼此业务关系，以标准协议（例如 HTTP、gRPC 等）确保彼此的互联互通，结合领域模型驱动、测试驱动开发、容器化部署提升每个接口的代码质量和迭代速度。服务化架构的典型模式是微服务和小服务（Mini Service）

模式，其中小服务可以看做是一组关系非常密切的服务的组合，这组服务会共享数据，小服务模式通常适用于非常大型的软件系统，避免接口的颗粒度太细而导致过多的调用损耗(特别是服务间调用和数据一致性处理)和治理复杂度。

通过服务化架构，把代码模块关系和部署关系进行分离，每个接口可以部署不同数量的实例，单独扩缩容，从而使得整体的部署更经济。此外，由于在进程级实现了模块的分离，每个接口都可以单独升级，从而提升了整体的迭代效率。但也需要注意，服务拆分导致要维护的模块数量增多，如果缺乏服务的自动化能力和治理能力，会让模块管理和组织技能不匹配，反而导致开发和运维效率的降低。

3.2　Mesh 化架构模式

Mesh 化架构是把中间件框架(比如 RPC、缓存、异步消息等)从业务进程中分离，让中间件 SDK 与业务代码进一步解耦，从而使得中间件升级对业务进程没有影响，甚至迁移到另外一个平台的中间件也对业务透明。分离后在业务进程中只保留很"薄"的 Client 部分，Client 通常很少变化，只负责与 Mesh 进程通讯，原来需要在 SDK 中处理的流量控制、安全等逻辑由 Mesh 进程完成。典型的 Server Mesh 架构如图 2 所示。

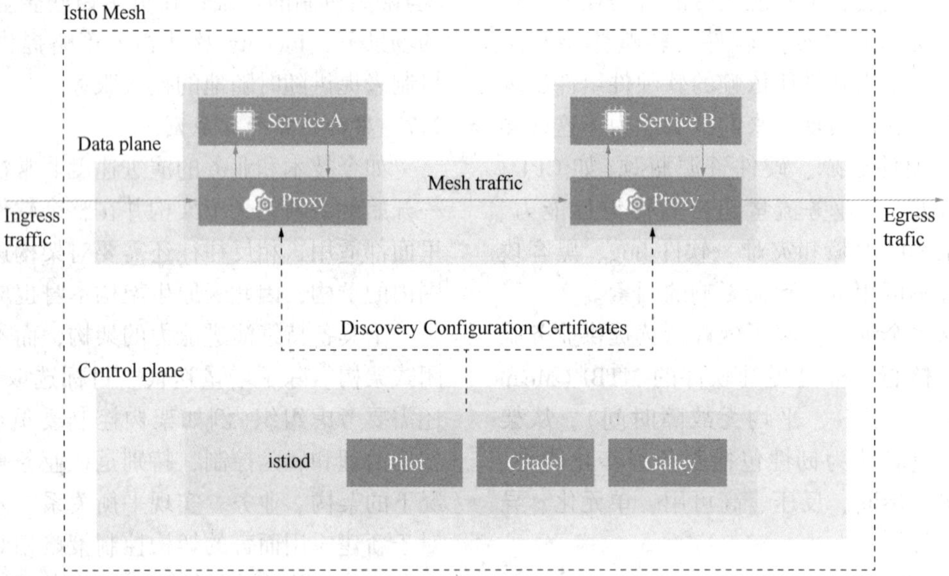

图 2　Istio Architecture

实施 Mesh 化架构后，大量分布式架构模式(如熔断、限流、降级、重试、反压、隔仓等)都由 Mesh 进程完成，即使在业务代码的制品中并没有使用这些三方软件包。同时获得更好的安全性(比如零信任架构能力)、按流量进行动态环境隔离、基于流量做回归测试等。在图 2 这张架构图中，Service A 调用 Service B 的所有请求，都被其下的 Proxy 截获，代理 Service A 完成到 Service B 的服务发现、熔断、限流等策略，而这些策略的总控是在 Control Plane 上配置。

3.3　Serverless 模式

和大部分计算模式不同，Serverless 将"部署"这个动作从运维中"收走"，使开发者不用关心应用在哪里运行，更不用关心装什么操作系统、怎么配置网络、需要多少 CPU 等等。从架构抽象上看，当业务流量到来(业务事件发生时)，云会启动或调度一个已启动的业务进程进行处理，处理完成后云自动会关闭或调度业务进程，等待下一次触发，也就是把应用的整个运行时都委托给云。

目前 Serverless 还没有达到任何类型的应用都适用的地步，因此架构决策者需要关心应用类型是否适合于 Serverless 运算。如果应用是有状态的，云在进行调度时可能导致上下文丢失，毕竟 Serverless 的调度不会帮助应用做状态同步；如果应用是长时间后台运行的密集型计算任务，会得不到太多 Serverless 的优势；如果应用涉及到频繁的外部 I/O(网络或者存储，以及服务间调用)，也因为繁重的 I/O 负担、时延大而不适合。Serverless 非常适合于事件驱动的数据计算任务、计算时间短的请求(或响应)应用、没有复杂相互调用的长周期任务。

4　架构设计设想

借助于云原生的设计理念和原则，我们完全可以从业务流程中，发现那些可以解耦合的部分，先行做出调整，然后利用云原生的技术落地，实现功能复用、更快更好的响应市场变化、满足业务需求，从而达到降本、增效、提质的目的，实现数字化转型的目标。

本文笔者所在企业自建业务系统原架构多基于 Vmware+Oracle 数据库进行搭建。随着云化改造，架构逐步转型为基于 Kubernetes 的云原生架构体系。其中，搭建云原生基础设施环境并完成应用基于容器的微服务改造是整个应用服务架构重构的关键点。

综合考虑实际业务需求与技术特征，本文提出图 3 架构设计设想。

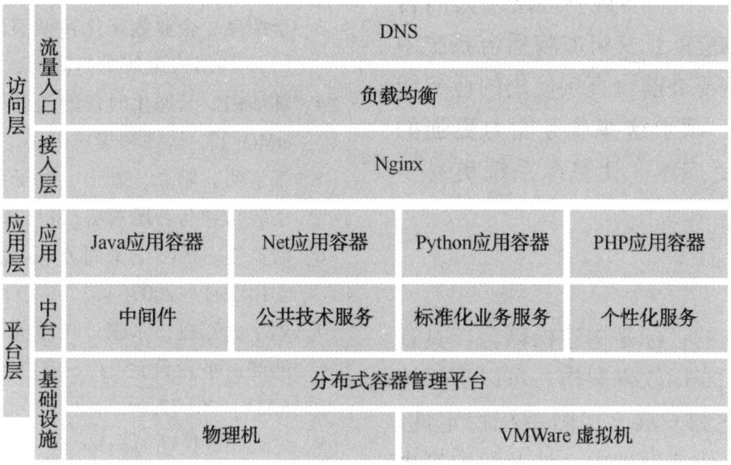

图 3　架构设计设想示意图

4.1　搭建云原生基础设施环境

于 Kubernetes 之上构建以应用为中心的企业级分布式容器平台，以应对敏捷开发与自动化运维、DevOps、微服务治理、灰度发布、多租户管理、监控告警、日志查询与收集、应用商店、多集群管理等多种业务场景。

平台采用前后端分离的架构，实现了面向云原生的设计，后端的各个功能组件可通过 REST API 对接外部系统。平台无底层的基础设施依赖，可以运行在任何 Kubernetes、私有云、VM 或物理环境(BM)之上。

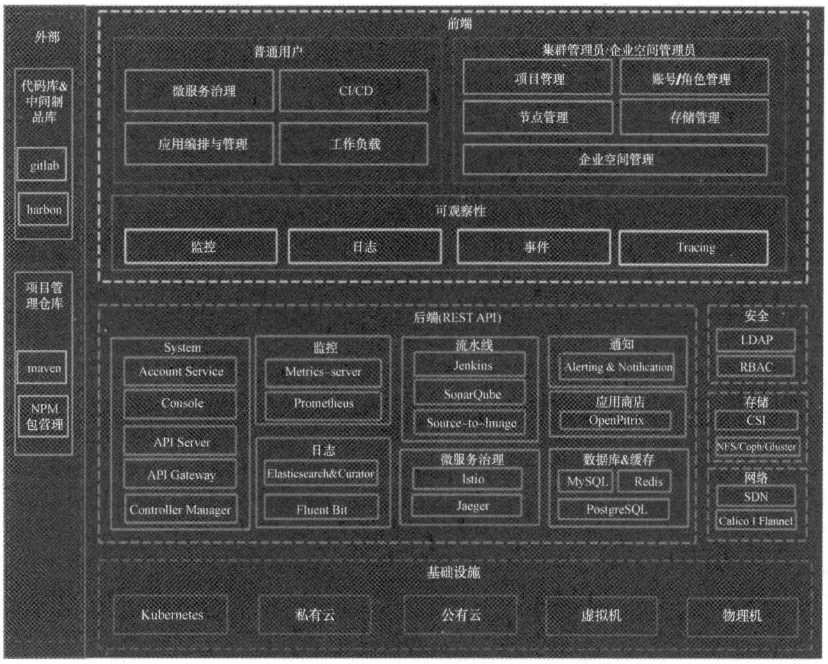

图 4　平台架构设计设想

4.2 应用容器化

伴随着容器化技术的引进，通过应用容器化有效解决了环境不一致的问题，确保应用在开发、测试、生产环境的一致性。与虚拟机相比，容器化提供了效率与速度的双重提升，让应用更适合微服务场景，有效提升研发效率。

基于容器、微服务为核心组建应用改造解决方案，将业务按业务域进行拆分，将前台系统中的稳定通用业务能力“沉降”到中台层，为前台减肥，恢复前台的响应力；又可以将后台系统中需要频繁变化或是需要被前台直接使用的业务能力“提取”到中台层，赋予这些业务能力更强的灵活度和更低的变更成本，让整个系统更易于维护。

5 结语

云原生应用架构的目标是构建松耦合、具备弹性、韧性的分布式应用软件架构，可以更好地应对业务需求的变化和发展，保障系统稳定性。云原生软件架构还在快速发展中，涉及的内容也非常广泛。按照云原生模式，以“提高资源共享能力、聚焦业务应用”为目标，基于 Kubernetes、容器化、微服务等打造的技术架构优势明显突出，可有效节省业务创新带来的技术成本，逐步实现了 IT 驱动业务创新。

参 考 文 献

[1] 张磊，杜文瀚，王勇．区块链：助力企业数字化创新[J]．软件和集成电路，2020(04)：54-59.

[2] 王静萍．《电子商务师》题库系统建设的思考与实践[J]．课程教育研究，2017(07)：233.

[3] 李绍良．企业数字化转型浪潮下的云原生技术应用[J]．网络安全技术与应用，2020(11)：122-123.

[4] 林清山．云原生时代的消息与流计算平台——RocketMQ[J]．软件和集成电路，2020(09)：92-93.

[5] 张宝明，阳光，刘强．电子商务技术基础(第 2 版)实验指导与习题解答[M]．清华大学出版社，2008.

[6] 詹益生．国际电子商务练习题及分析解答．暨南大学出版社，2007.

[7] 周宇，刘侃，张鹏．微服务架构和持续交付技术下的测试平台设计[J]．信息与电脑(理论版)，2017(23)：76-77.

[8] 付大亮．拉动 DevOps 持续交付的三匹马——快速交付实践总结与思考[J]．金融电子化，2018(03)：58-60+6.

浅谈油气生产物联网系统的构建

张登高[1] 范成惠[1] 周 英[1] 何思思[2]

（中国石油西南油气田公司；四川华油集团有限责任公司[2]）

摘 要 近来，在油价持续走低、降本增效要求日益迫切的油气行业“新常态”下，以万物互联为指导思想的油气生产物联网技术为基础支撑，以质量和效益提升为核心诉求，探索新信息技术条件下生产组织优化和管理创新，已成为油气田信息化建设的主要方向。随着物联网技术的逐渐成熟，建设油气生产物联网系统是企业加快发展方式转变、提高油气田管理水平的必然选择。

关键词 物联网；系统架构；采集数据

1 概况

西南油气田分公司油气生产物联网系统是利用物联网技术，实现油气田井、站、处理厂生产数据、设备状态信息在采油(气)厂生产指挥中心及生产控制中心集中管理和控制的系统，主要通过SCADA系统建设、生产信息化建设、光通信建设、数据平台建设来促成分公司对所辖“五矿二处二厂”的信息化管理，其中SCADA系统建设实现生产管网内重点核心站场的监视与控制；信息化建设采集其它站场生产数据，实现数字化气田的全面覆盖；光通信系统工程建设覆盖分公司核心生产区域的数字通信网，搭建信息高速通道；生产数据平台建设实现公司级、矿级勘探开发输销信息的整合与管理。

因此，西南油气田公司物联网系统不是一个全新的系统，它是在原有的SCADA系统基础上，利用HART协议，扩展了智能仪器、仪表和设备的状态数据采集、传输、存储和开发利用，以及视频、图片数据的管理，一是基于无人值守场站综合评价，利用物联网技术，完善场站工业自动化：实现生产数据自动采集、关键流程远程控制、安防设施全面覆盖、安全受控水平全面提升，推动传统生产组织模式向“中心站管理+无人值守站+远程控制”转变，促进生产安全稳定运行、人力资源节约优化、生产效率效益提升；二是通过作业区物联网完善建设，支撑作业区生产业务管理与信息化深度融合：通过作业区物联网完善建设，为作业区数字化管理平台的建设与应用奠定基础，实现综合业务应用集成整合，为作业区生产管理人员开展数据分析、远程诊断、设备预警等提供技术支撑，实现精准运维、动态管理，夯实作业区“岗位标准化、属地规范化、管理数字化”基础。

油气生产物联网系统具有以下特点：信息数据集成化、支持决策、跨区域跨部门信息共享、数据安全可靠，以及海量数据存储能力。

2 系统架构

根据业务需求及实现功能的不同，油气生产物联网系统按四级架构进行建设：即应用层、调度层、监控层和现场层。

2.1 应用层

主要指生产数据经过处理之后的应用部分，包括数据平台的应用展示、各种基于数据分析和数据解释的应用，企业办公网从数据平台读取的数据主要用于OA、生产运行管理指挥系统等的应用。

2.2 调度层

指地面工程数字化建设中主要行使调度功能的集中管理单元，是实现生产调度管理的重要平台。调度层通常指设置在分公司的总调指挥中心和设置在各二级单位的区域调度管理中心。

2.3 监控层

主要行使监控功能的集中管理单元，是实现生产监控、执行生产指令的重要平台，监控层通常指设置在作业区的区域控制中心、中心站监控室和站场监控室。

2.4 现场层

主要指实现现场生产数据采集、现场智能仪表设备的静动态信息和自诊断信息数据的采集、声光报警、入侵探测、生产视频监控、双向语音对讲及喊话、远程控制、状态检测及实时故障报警、电量检测及智能管理等功能的单元，包括现场仪表、设备标签、工业手持终端、RTU控制器、控制柜、生产视频监控设备、太阳能供电系统、电动阀、ESD系统等。

3 数据采集

3.1 采集数据分类

油气生产物联网系统采集数据主要分为三类：

第一类是生产数据采集项，主要包括站场、阀室和计量点的进出压力、流量、阴保、可燃气体浓度、UPS电压、蓄电池电阻、阀位状态等。

第二类是视频数据采集项，主要包括站场和监控阀室的视频、监视阀室的日常状态图片、报警状态图片等。

第三类是物联设备采集项，主要包括物联网设备运行动态数据和静态数据，其中设备运行动态数据包括量程调整、测量精度调整、阀门开度等，以及智能仪表的状态信息和故障信息；静态数据包括设备类型、设备名称、设备ID、生产厂家、量程、精度、投用日期、校正周期等。

3.2 常用采集数据项

(1) HART数据采集器动态数据3+n个，包括HART网关运行状态，HART网关IP，HART网关通信状态/效率等，HART数据采集器静态数据0个，其中n为端口数，通常为采集器8口、16口和32口。

(2) 物联网网关动态数据5个，包括设备运行状态，设备IP，通信状态/效率，当前时间，HART网关数量；物联网网关静态数据2个，包括事件记录，历史数据记录。

(3) 工业WIFI安全网关物联网动态数据5个，包括设备运行状态，接入设备名称，接入设备MAC，允许接入设备数量，已设置过滤规则数量等；静态数据0个。

(4)智能仪表物联网动态数据3个，包括模拟主变量值，数字主变量值，运行状态；静态数据22个，包括主变量单位代码，量程，工作温度等。

(5) 恒电位仪常规生产数据3＊n，其中n为阴保路数。

(6) UPS主机常规生产数据11个。

(7) 电池巡检仪生产数据6个，物联网动态数据3＊n个，静态数据0个，其中n为电池数量。

(8) 智能流量计常规生产数据1个。

(9) 太阳能系统生产数据5个，物联网动态数据16个，静态数据0个。

(10) 计量系统常规生产数据6＊n个，其中n为计量路数。

(11) 破管系统常规生产数据6个。

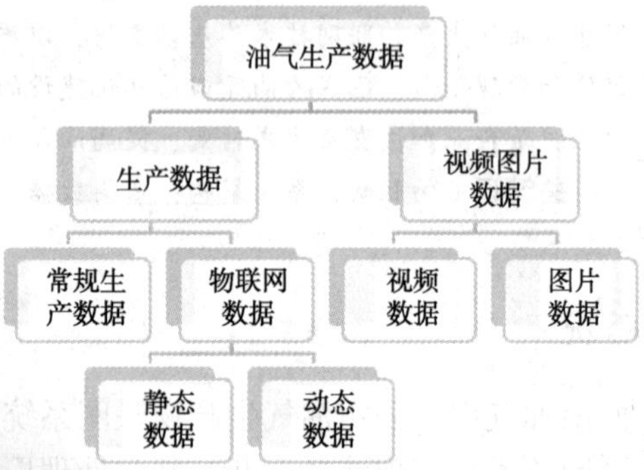

图1　油气生产物联网系统结构图

4 系统主要构成

西南油气田公司油气生产物联网系统建设依据《西南油气田分公司油气生产物联网系统建设规范》，结合作业区生产需求及现状，对站场、阀室进行生产信息化完善、物联设备生产实时数据和动态数据采集，推广作业区数字化管理平台，以提高作业区整体信息化建设水平。

油气生产物联网系统主要实现生产数据采集与监控、物联设备信息采集与监控、数据传输、生产管理与监控功能，物联设备信息采集与监控主要是增加了物联网系统相关设备实现，一是将原有智能仪器、仪表和设备的协议改造成HART协议，二是增加物联网数据采集器、物联网安全网关和物联网安全工业Wifi三种设备，其中：物联网数据采集器实现与现场智能仪器、仪表的数据采集；物联网安全网关实现物联网数据的管理，一方面将物联网数据与现场RTU系统实现共享，另一方面将物联网数据上传到调控中心OPC服务器上，进行物联网数据开发利用，物联网安全工业Wifi主要是进行物联网数据与员工手持机进行数据交换，方便员工进行物联网数据实时监控。

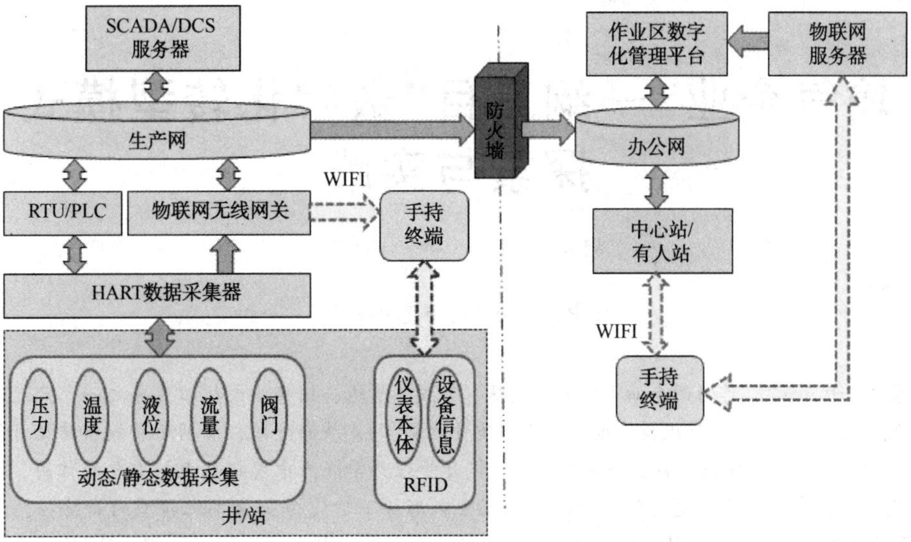

图 2　油气生产物联网数据结构图

5　结论

目前，输气管理处油气生产物联网系统基本建设完成，各类设备、子系统进入正式运行阶段，已经在生产管理中发挥着应有的作用。同时，由于物联网技术发展等原因，物联网设备和自动化 RTU 系统设备还没有融合集成化，导致两者兼容性方面存在一定的不足，给维护管理带来一定的额外工作量。

油气生产物联网系统在油气生产管理中的应用是大势所趋，我们只有持续加强系统的建设，搞好油气生产物联网系统的运行维护，才能进一步优化油气生产过程管理，进一步提高生产管理效率，减轻一线员工劳动强度，提升输气生产安全保障水平。

参　考　文　献

[1] 西南油气田分公司油气生产物联网系统建设规范。

输气企业“一纲三目”数字化转型模式探索与实践

胡春华　李　进　邓国焱

（中国石油西南油气田公司）

摘　要　“十三五”，作为西南油气田公司勘探、开发、管道、销售四大核心业务之一，产运储销其中一环的输气管理处进入“既要有规模速度，又要有质量效益”的发展新阶段，管网运营规模持续升级，传统管理模式难以为继；信息化技术在实施企业改革、提升管理科学能力中发挥越来越重要的作用。输气管理处顺应发展大势，直面内外环境变化，积极主动探索新形势下输气企业数字化转型的新路径，逐渐形成了“以顶层设计为纲，以基础硬件建设、技术实践应用、管控模式转型为目”的“一纲三目”输气企业数字化转型模式，实现数字化转型四个方面的成效。实践表明，“一纲三目”数字化转型模式成效明显，值得管输企业借鉴。

关键词　一纲三目；数字化转型；顶层设计 基础建设；技术应用落地；状态感知；管控模式

进入“十三五”，西南油气田公司进入天然气大发展新时代，上接资源、下连市场的川渝骨干管网也随之进入生产规模快速扩张期，输气管理处管网里程、管网输配能力逐年增长，管网气源从“单流向自然分输”向“多流向控制输送”转变，管网运行从“川气自用、外气补充、下载为主、上载为辅”向“川气自用、富气外输、上下载并存、上载为主”转变。为适应转变，处加快探索数字化转型途径，信息化建设基本满足生产管理需求。

1　实施背景

1.1　改变信息化建设水平整体偏低的现实需求

国家打造数字经济，国有企业数字化转型智能化发展已是大势所趋。国际上，各大国际油气公司均将数字化作为未来发展的重要战略之一，积极进行数字化转型。壳牌、雪弗龙、英国石油等公司均制定了数字化转型战略。伴随数字技术的深度发展和广泛应用，中国企业的数字转型进入新阶段，信息化技术加速与传统业务融合，从油气行业来看，智能化管道建设已在行业内开创先河，输气管理处对标存在“规划缺失、标准偏低、规模受限、应用程度较低”等现象，迫切需要立足现状，着眼未来，统筹开展信息化顶层设计和系统性建设，满足企业发展战略和业务需求。

1.2　推动高质量发展、企业转型改革的时代需求

国企改革要求企业瘦身健体，不断推动高质量发展；中国石油集团公司按照“业务发展、管理变革和数字赋能”三条主线，积极推动数字化转型，构建“一个整体、两个层次”的数字化转型战略体系，着力打造“数字石油公司”，从上至下控制用工总量；“油公司”模式改革推行业务发展“归核化”。输气管理处正处在国内一流“平安输气”品牌建设关键时期，川渝骨干管网依靠人员数量与运营规模成比例增加来实现安全管控的运营模式难以为继，必需顺应时代需求，以信息化手段满足用工总量控制和刚性增员之间的平衡，实现从规模速度型向质量效益型转变。

1.3　提升管控水平和效率的技术需求。

数字化转型是传统行业与IT技术的深度融合。输气管理处已有信息化手段无法满足集中调控、风险管控、科学指挥、高效运转的管理要求，需要加快整合集约已有资源，完善升级信息化功能和数据采集工作，挖掘海量数据应用价值。与此同时，管道建设和防护难度随着国家城市化发展而不断增大，管道沿线第三方施工数量以每年10%-15%的比例呈阶梯型上涨，人防、物防的管控效果很难适应新时期要求，需加强信息化技防手段，构建全面感知、一体化管控的管道管理新模式。

2 “一纲三目”输气企业数字化转型模式

2.1 以顶层设计为纲领，引领信息化与业务深度融合

2.1.1 对标管理找差距

对标高水平、高标准管控的国家管网北调中心、中俄东线等先进单位，找出了自身在数据采集与管理、基础设施、调控模式、调控中心远程控制功能、数字化移交等13个方面、共22项差距。

2.1.2 把握需求明方向

从需求分析、实施步骤、保障措施等方面着手，确定了以建成生产运行集中调控中心、管道站场风险监控中心“两个中心”，抓好“三个模式变革”，用好“三个管控载体”，最终构建“移动端+云计算+大数据”一个体系架构的具体目标和部署，逐步实现“全方位感知、一体化管控、综合性预判、智能化管理”的管道站场管控能力数字化转型目标。

2.1.3 两化融合促转型

围绕“两化融合”体系建设，根据核心业务发展现状和未来发展需求，着力打造“输气生产运行数字化管理效率提升能力”“设备全生命周期精细化管理能力”“管网信息化管控能力”三大新型能力，发布配套制度7项，实施配套项目13个，长期赋能业务发展。

2.2 着力“云、网、端”建设，多角度筑牢底层信息化基础建设

2.2.1 在“云”上，应用系统覆盖重点业务领域

开展应用系统云化部署工作，实现硬件资源共享、动态调配。全面推广应用作业区数字化管理平台等统建系统，实现站场工作流数字化。以业务主导开发建设了综合办公系统等7个自建应用系统，涵盖输气生产经营关键业务，满足各业务科室“数字化办公”需求。

2.2.2 在“网”上，构建信息传输全覆盖通信网

着眼信息化条件下大数据传输需求，通过自建光通信线路与租用通信网络线路组成了“光纤通信为主、无线通信为辅”的通信网络，实现“处—作业区—站场”三级生产、办公网络全面覆盖，办公网、生产网线路均达到主备冗余配置；通过开展租赁网络扩容升级和自建通信网络扩容，站场网络带宽提升5—10倍。

2.2.3 在“端”上，构建“全面感知”物联网系统

以物联网、SCADA系统全面建设应用为基础，逐步开展升级改造，完成100座站场，近200座阀室的物联网建设工作，通过站控系统、变送器及动力环境监控系统与视频监控系统等的升级完善，为生产流程全面控制提供基础数据支持。

2.3 加深技术应用落地，全方位提升信息化实践应用水平

2.3.1 五大系统实现生产状态实时感知

SCADA系统实现了站场阀室生产实时数据监控；物联网系统实现了生产设备状态数据实时监控；作业区数字化管理平台通过移动手持终端实现一线班组常规操作、巡回检查、受控管理、作业许可管理、属地监督、准入管理等关键业务流程的全过程数字化管理；生产调度管理系统实现了生产运行数据日常管理和报表自动生成；生产网络监视平台实现了全处生产网络通讯状况实时监视。借助五大系统达到远程、及时、全面、准确感知生产状态，为及时处置突发异常状况，开展全网科学调配提供技术基础。

2.3.2 深度利用数据赋能管理

数据管理不能局限于对数据的采集、存储，更应关注对数据的梳理、应用。积极探索基础数据集成，建立了自建应用系统建设基础数据接口规范，实现了基础数据源归口管理。深度挖掘系统后台生产数据，在近2万个数据中精选关键数据，通过动态电子列表、实时曲线图、智能分段查询等完善升级SCADA系统功能，更有效的进行生产数据直观监控和分析管理。二次开发利用生产数据，建立三个计算模型，自动实时计算阀室间压差、管存量、管内气体流速，为生产调度科学决策提供有效手段。

2.3.3 探索应用新技术提升管道风险管控

以关键数据监控、关键设备控制和确保平稳安全生产为重点，实现预防预警监视信息化。建立两级管道安全监控中心，实现管理方式变革。部署管道视频监控系统，全面覆盖人口密集型高后果区和动态施工风险点，有效拓展风险管控视野。试点管道次声波泄漏检测、激光气体泄漏监测、光纤预警等新技术手段，不断提升管道自动监控、快速反应和风险感知能力。

2.4 试点新型管理模式，宽领域打造数字化转型输气模板

2.4.1 试点“一站一线一中心”信息化示范工程

以平桥站信息化改造、北内环智能管道建设、处调控中心改造升级等信息化建设项目为试点，扎实推进以一个站场、一条管线、一个调控中心为重点的“一站一线一中心”建设工作，积极探索输气生产智能管控途径，构建从基层现场管理到机关核心管控中心全链条覆盖的示范工程，以“顶层设计+试点先行”的方式推动智能化发展，逐步实施管网和站场的全面升级改造。

2.4.2 试点集中调控新模式

积极探索“点、片、面”管网集中调控新模式，在“点”上，选取软硬件条件齐备的 3 个站场实行集中调控，处调控中心向站场点对点直接下达调度指令；在“片”上，以某压气站为中心站，对片区内各场站实行集中调控片区管理模式，统一监视和控制；在“面”上，以仪陇输气作业区为试点实行“处—站场”两级生产运行调控模式，取消作业区级生产管网运行调度职能。

3 成效

3.1 数字化转型管理流程更加清晰

在“油公司”模式下，通过强化顶层设计，调整体制机制，推动业务工作“归核化”，输气管理处组织结构更加优化，压减机关部门和基层单位股级机构，实行扁平化管理，组织机构更加精干，运行效率和综合管控效能明显提升；明确了职能科(部)室信息化管理职责，精简业务流程，提高管理效率。

3.2 数字化转型基础建设上规模

建成覆盖全处的信息高速公路，自建光通信结构更加优化、通道更加宽畅，在处范围实现了网络“泛在”；实现数据采集覆盖率站场达 100%、监视监控阀室达 100%；物联网建设完成已建站场阀室覆盖率 100%，实现流量自动计算、压力实时监控、关键数据分级报警等功能；7 个自建应用系统为输气生产经营“数字化办公”提供了有力的技术支撑。

3.3 管网管控效率明显提升

川渝骨干管网运行能力与效率明显提升，管网主动脉的作用更加彰显，西南油气田产业链与国家管网之间枢纽作用更加突出。“十三五”与“十二五”末对比，输气管理处在册员工、管理在役管道、年输气量和销售气量增幅分别为 0.26%、7.67%、110.36%、38.42%。在人员小幅增长的情况下，实现管网里程、输送气量、销售气量的大幅增长。

3.4 数字化转型示范效应逐步显现

“一站一线一中心”、“点、片、面”两个示范工程建设形成了“处——站场分级管控、处调控中心集中调度、作业区设备运维保障、中心站区域监视操控”的管网运行新机制，变三级调控为两级调控，缩短了信息传递链条，调度效率提升 30%。仪陇新型作业区打造工程建立了输气专业转型模板和标准，被西南油气田公司列入智能管道建设内容。

参 考 文 献

[1] 王同良．油气行业数字化转型实践与思考[J]. 石油科技论坛，2020，9(1)：29-33.

[2] 叶华文．油气企业数字化转型发展现状研究[J]．无线互联科技，2020(4)：137-138.

[3] 戴厚良．中国石油：以数字化转型驱动油气产业高质量发展[EBI OL]．(2020-12-03) [2021-1-10]．http：l I www. sasac. gov. cnI n4470048l n13461446 n1592761H n15927638 n16135038 c16135615 content. html.

[4] 王勇．华为：助力油气行业数字化转型[J]．能源，2018，5(9)：10-12.

[5] 谢军．安岳特大型气田高效开发关键技术创新与实践[J]. 天然气工业，2020，40 (1)：1-10.

[6] 田日辉．数据治理— 企业数字化转型必经之路[J]．互联网经济，2020 (1-2)：44~47.

基于小型井场站的一体化数据采集系统研究

杨国根 王宏伟 全 江 胡朝杰 周 言

（中国石油西南油气田公司）

摘 要 目前在部分油气田开发中，存在大量油气生产小型井站、输配气站，受限于现场无法提供有效的供电、稳定的网络环境、信息化系统建设成本高的原因，暂未配套远程数据采集系统，不具备远程数据监控功能。本文介绍了一种适用于此类井场站的一体化远程无线数据采集系统，该系统高度集成电源、传感器、数据采集控制器、传输系统，从整体架构、供电系统、通信传输等方面进行低功耗设计，使系统具有运行稳定、安装灵活、可靠性更高的特点，满足小型井场站的远程数据采集监控需求。

关键词 一体化；无线传输；数据采集系统；低功耗；安全；可靠性

近年来，在勘探开发领域，国外各大油气公司都在着力推动科技与传统能源开采的深度融合，从地质到钻井再到采油，依靠新技术、新思路构建的智慧油气田已不再是设想。目前国外先进石油公司已基本实现了生产数据的自动采集和处理，并在此基础上发展形成了生产自动监控、生产自动预警以及生产智能决策等诸多功能，这已成为石油石化行业的发展新趋势。目前在国内部分油气田中，存在大量油气生产小型井站、输配气站，受限于现场无法提供有效的供电、稳定的网络环境、信息化系统建设成本高的原因，暂未配套远程数据采集系统，不具备远程数据监控功能。需要专人在现场抄写相关生产数据后手动输入系统上传，导致生产数据采集实时性差，错误率高，员工劳动强度大，效率低下，生产管理成本高昂等不足之处。本文设计的基于无线传输的一体化数据采集系统，可以解决上述现状中的不足，在实验室测试结果表明：该系统具有功耗低、采集精度高、实时数据传送、稳定性好、网络安全等诸多优点。

1 总体设计

本文设计的基于无线传输的一体化数据采集系统由供电系统、现场传感器、数据采集控制器、数据传输系统和客户端组成。如图1所示：

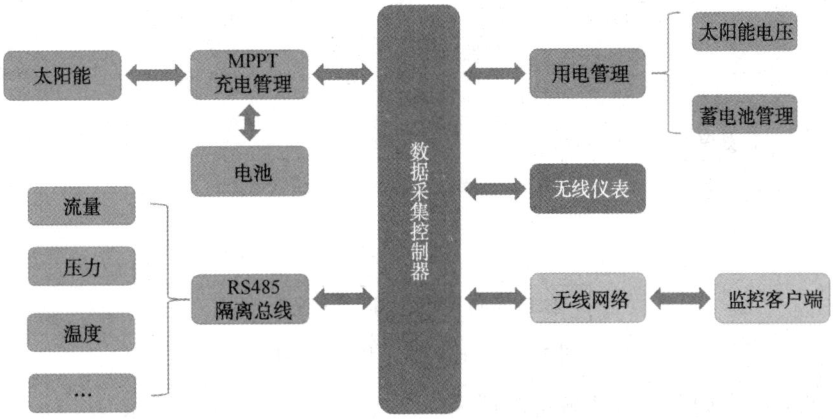

图1 一体化远程无线数据采集系统架构图

该系统由数据采集控制器采集现场生产数据，在满足网络安全防护的前提下，通过RS485通信协议等传输向监控客户端传输数据，供用户使用。

2 系统设计

2.1 供电系统

供电系统由太阳能板、蓄电池和控制器组成。传统的光伏发电系统往往因为充放电不合理，导致蓄电池使用寿命极短，给使用和维护带来不必要的麻烦，加之太阳能电池板输出电流不稳定的原因又使得传统光伏发电系统效率较低，能源供给的持续性差。本设计中，控制器电路集充电控制模块、最大功率跟踪模块、双电源切换模块和功耗控制模块组成，采用可充电铅酸电池作为储能单元，很好地解决了传统光伏系统存在上述问题，具备稳定、可靠、高效、环保节能等特点，非常适合应用于野外安置、无人值守的的小型站场和阀室等场所。

功耗控制模块将装置运行模式分为两种：即低功耗运行模式和全功耗运行模式。

低功耗模式下 CPU 主频设定为 667MHz，全功耗模式下 CPU 主频设定为 866MHz。

低功耗模式下通信模块仅支持 RS485 串口，关闭其他串口和外置液晶输出功能。全功耗模式下开启所有串口和外置液晶输出功能。

低功耗模式下 I/O 卡件仅开放维持基本数据采集的卡件，关闭其他备用卡件。全功耗模式下开启所有的数据传输的卡件。

2.2　数据采集控制器

该方案的数据采集控制器是采用远程终端单元(RTU)和数据传输单元(DTU)相结合的搭配方式。其优点为：(1)支持自动心跳，永久在线；(2)提供串口数据双向转换功能；(3)支持参数配置，永久保存；(4)支持用户串口参数设置；(5)功耗小，工作时间持久；(6)设备自诊断和程序自恢复功能。(7)通信距离较长，实用性强，用于各种恶劣环境的工业现场；(8)模块化设计，维修简单。

数据采集控制器作为该系统的核心部件，内部结构十分复杂且处于不间断运行状态，数据信息结构单元的处理速度较快，工作负荷较大。本设计方案提出一种基于机构输出的统计特征决策的数据采集系统，经实验室测试证明，该系统集功耗低，采集精度高，稳定性好，源代码开放、兼容性高、本地存储等优点。

本方案的数据采集控制器采用可靠的统计特征分析方法进行数据信息特征采集，提取数据信息采集系统机构管控的非线性统计数据样本，采用观测和实验分析的方法进行相关特征统计，对多变量的数据进行特征空间重构和平稳化处理，采用线性方法和统计方法开展特征数据提取处理，实现对数据结构的非线性几何不变量的统计测量，提取有用的数据特征，得到数据采集系统的结构，如图 2 所示。

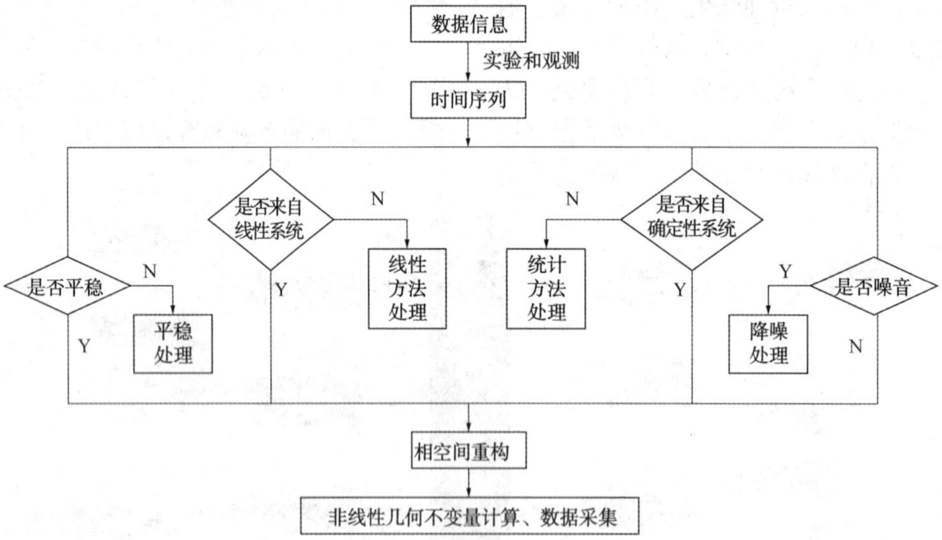

图 2　低功耗数据采集系统结构

采取非线性的时间序列分析方法解析数据采集系统的机构管控特征，设数据采集系统的机构管控工况监测的统计测量数据为 $\{n_1、n_2、\cdots n_m\}$，通过小样本的重组，并结合几何不变特征量的提取方法，监测到的数据机构管控工况向量运动轨迹为：

$$N_i=(n_i,\ n_{i+\tau},\ \cdots,\ n_{i+(m-1)\tau}) \qquad (1)$$

式中：$i=1$，$2\cdots\cdots$，K 表示数据采集系统机构管控的频域统计参量，K 为相空间重构的嵌入式维数，$K=N-(m-1)\tau$。基于深度学习方法得到数据采集系统机构管控系统的传递函数为：

$$H(t)=H\sum_{m=1}^{M}\sum_{k=1}^{K(m)}x_{mk}(t-T_m-\tau_{mk}) \qquad (2)$$

式中：H 表示数据分布区域的数据统计量；M 表

示数据机构管控的节点数；

$K(m)$表示第 m 个机构管控的统计数据采样值；X_{mk}表示第 m 个采样通道中的第 k 条路径的耦合系数；T_m表示数据统计采样时间间隔。

对系统传递函数进行优化求解，提取数据分布特征，进行系统整体设计。

2.3 数据传输系统

该方案的数据传输系统是基于4G通信技术的无线网络安全传输系统，可以实现接入多种数据类型的功能。根据现场生产实际，接入第三方串口生产数据、采集现场数字量和模拟量数据、远传现场高清照片等。

4G移动通信技术网络结构可分为物理网络层、中间环境层和应用网络层三方面。物理网络层主要承担接入和路由选择的两项功能，中间环境层包含了地址变换、Qos映射以及完全性管理三个方面的功能。该方案采用的网络安全防护技术是基于物理硬件防护的安全通信策略，该策略一方面对无线网络中的硬件进行了优化，另一方面降低了因物理接口带来的安全风险。在常规的基于4G通信技术的无线网络系统中，硬件的物理接口往往是被攻击的主要入口，进行物理硬件防护后，可以提高网络系统硬件的集成度，进而降低被攻击的风险。进行防护后的物理硬件接口能提高电流、电压且能及时检测电流、电压信号，确保无线网络系统数据传输的安全性。除此之外，还可以提供可信启动、完整性检测以及存储保护等安全性保护，最大程度对无线网络系统数据传输的安全性进行保护。

2.4 功耗设计

该系统相对于传统的数据采集系统而言整体功耗低。其主要原因是：(1)对电源功耗控制模块进行升级优化。(2)对数据采集系统结构进行优化设计。(3)系统高度集成，减少了非必要的电子元器件。(4)采用较适用的低功耗算法设计。

现有的各种低功耗算法可以分为两种：基于状态的低功耗算法(DPM)和基于性能的低功耗算法(DVS算法)。

基于状态的低功耗算法(DPM)是当系统空闲时，让CPU自己进入休眠状态，当检测到有中断输入时再触发唤醒CPU。基于性能的低功耗算法(DVS算法)，即动态电压调节方法，其原理是利用CMOS电路的功耗与工作频率的关系动态调节CPU工作频率和工作电压。

本方案功耗设计时采用的是基于状态的低功耗算法(DPM)，这种设计理念可以避免CPU长时间高功耗输出，仅在数据变化时唤醒CPU。

3 测试验证

按照本方案设计的基于无线传输的一体化数据采集系统，在实验室开展有针对性的测试验证，测试结果表明，该系统具备以下特点：(1)采用无线技术传输的生产数据准确性高达99%；(2)低功耗，一次充满电可以使系统正常运行200小时以上。(3)成本低，价格相当于传统系统的60%。(4)一体化设计，安装灵活。

4 结论

本文介绍了一种适用于油气生产小型井站、输配气站的一体化远程无线数据采集系统，该系统高度集成电源、传感器、数据采集控制器、传输系统，从整体架构、供电系统、通信传输等方面进行低功耗设计，使系统具有运行稳定安装灵活、可靠性更高的特点。实验测试结果表明该系统在低功耗运行模式下，具有良好的连续工作特性，满足小型井场站的远程数据采集监控需求。

参考文献

[1] 任志玲，张广全，林冬，等．无线传感器网络应用综述[J]．传感器与微系统，2018，37(3)：1-2.

[2] 洪锋，褚红伟，金宗科，等．无线传感器网络应用系统新进展综述[J]．计算机研究与发展，2010，47(增刊1)：81-87.

[3] 李鹏，邓于，雷明东，谭菊．低功耗嵌入式电子信息采集系统设计[J]．现代电子技术，2021，41(15)：101-104.

[4] 徐振华，杨静．基于物联网的工厂生产车间环境监测系统设计[J]．现代制造技术与装备，2020，56(12)：105-106.

[5] 何道清，张禾．传感器与传感器技术[M]．北京：科学技术出版社，2004.

[6] 刘峰，徐金梧，杨建宏．大型设备监测用新型无线传感器网络[J]．北京理工大学学报，2010，30(10)：1184-1188.

[7] 魏春娟，杨俊杰，吕剑．一种低功耗无线传感器网络节点的设计[J]．仪表技术与传感器，2016(6)：128-130.

[8] 顾铁钥．低功耗物联网优化技术[D]．北京：北京邮电大学，科学技术创新，2019.

油田企业能源管控中心建设与应用

任祥云　魏荃立　董　琰　景瑞林　刘宝军　李来俊　孙召龙　李　萍　高　华

（中国石化胜利油田分公司）

摘　要　油田企业能源管控中心是指采用自动化、物联网、信息化技术和集中管理模式，对油田开发涉及的能源生产、输配、消耗环节实施集中扁平化的动态监控和数字化管理，改进和优化能源平衡，实现开发生产系统性节能降耗的管控一体化系统。本文重点介绍了胜利油田在相关系统建设中的思考和实践。

关键词　开发管理；能源管控；节能降耗；大数据；降本增效

1　概述

做好节能降耗减排工作，是落实保障国家能源安全的一项政治任务，国家“十三五”节能规划及中石化“能效提升”计划明确要求加强重点用能单位节能管理，推动重点用能企业建立能源管控中心，实现节能降耗。能源管控中心是指采用自动化、物联网、大数据等信息化技术和集中管理模式，对企业能源系统的生产、输配和消耗环节实施集中扁平化的动态监控和数字化管理，改进和优化能源平衡，实现系统性节能降耗的管控一体化系统。自 1985 年宝钢一期建设国内第一家企业能源管控中心以来，国家相继在钢铁、有色、化工等行业组织开展了一批能源管控中心建设示范项目，以“两化”深度融合手段推动企业节能降耗。实践证明，通过能源管理中心建设，企业综合能耗同比降低可达 2%以上，提升了企业能源利用效率和管理水平。目前，能源管控中心在油田企业的建设和大规模应用还属空白。

油田企业既是产能大户又是用能大户，仅生产用电一项就占油田开发生产单位每年成本费用的 1/3，经过多年节能优化管理，油田企业能源管控建设取得了一定成效，但仍然面临一些问题：一是由于点多、面广、线长，工艺复杂，油藏类型多样，统一管理难度大；二是能源计量虽已基本配备，但缺乏分析管控手段，能耗数据统计周期长，能耗管控相对滞后；三是油区开发年限长，能流液流匹配性逐渐变差，造成局部区域注、采、输等系统运行效率低，能耗高，导致老油田运行成本居高不下。油田开发的客观现状需要加大能源管控力度，从管理与技术角度入手，降低生产能耗。通过油田企业能源管控中心建设可以实现油田开发生产的“能流可视化、在线可优化、能效最大化”，可促进油田能源管理由条块分割的能源管理向以远程综合监控为基础的扁平化、高效率的运行管理模式转变，由分散的能源管理向以集中管控为核心的一体化能源管理模式转变，由传统的能源管理向以建立能源系统评价和考核体系为宗旨的价值管理模式转变。建立完善的油田能源管控体系和能源管控中心，不仅有利于降本提效，同时能及时发现生产中的其它问题（如设备、安全、环保等），有利于保障油田生产的平稳运行，具有现实意义和巨大的经济效益。

2　油田企业能源管控中心的规划设计

油田企业能源管控中心是依附于油田开发生产系统的节能减排管理的系统工程，与开发生产中的采油、注入、集输、作业、后勤管理等系统以及油田生产自动化程度息息相关，必须对开发生产中机采系统、注入系统、集输系统、供电系统、加热系统、后勤的耗能现状及设备运行方式进行针对性分析。

油田企业能源管控中心设计需要从生产环节以及管理层级两方面综合考虑，满足生产现场各用能系统的精细管控要求和各管理层级的能源管控要求。

针对生产环节需要达到以下目的：结合油田企业主要用能系统和主要生产环节，构建覆盖采出（采油、采气）、注入（注水、注汽、注氮、注二氧化碳、注聚等）、集输（输油、输气）、井下作业、供配电等系统的能源管控中心，实现系统生产数据以及电力、天然气、新能源、其他能源等全能源口径的耗能数据指标实时跟踪及异常报警；实现各用能点(主要耗能设备)实时能效状况及能效评价；实现各系统节能措施优化效果分析及动态跟踪；实现各系统分类(综合)能耗及节能数据的动态统计、汇总、排序及监控；实现全方位、立体化能流及能效展示。

针对各管理层级需求需要达到以下目的：满足集团公司、分公司、采油气厂(油公司)、管理区(班组)四级的能源管控需求。具体需求如下：

集团公司：主要是关于各分公司能耗的监控、管理与考核需求。能源管控中心在集团公司层面应能实现全能源口径的各分公司能耗计划、能耗监控、统计考核等功能，应能实现宏观层面的展示以及自上而下的贯通穿透查询。

分公司：主要是关于各采油气厂(油公司)能耗的监控、管理与考核需求。能源管控中心在分公司层面应能实现全能源口径的各采油气厂(油公司)能耗预算完成情况分析、同比环比用能情况分析，实现分单位分油藏类型分油品性质的能耗指标评比、监督考核，实现分能源种类的能源计量网络可视化展示。

采油气厂(油公司)：主要是关于各管理区能耗的监控、管理、优化分析与考核需求。能源管控中心在采油气厂(油公司)层面应能实现全能源口径的各管理区能耗预算完成情况分析、同比环比用能情况分析、分公司下达指标完成情况分析，实现分单位分油藏类型分油品性质的能耗指标评比、监督考核，实现地质、工艺等技术部门与注采输业务部门、管理区基层单位之间的节能方案协同优化，实现分能源种类的能源计量网络可视化展示。

管理区(班组)：主要是关于分系统、分线路、分单元的监控、优化分析、现场实施处理、优化效果跟踪，实现闭环管理。能源管控中心在管理区层面应能实现单井、站库、重点用能设备、电力线路以及油气水输送管网的实时监控、报警、评价、优化以及效果跟踪管理，需要实现全能源口径的能耗预算完成情况分析、同比环比用能情况分析、采油气厂下达指标完成情况分析。

油田企业能源管控中心建设的主要目的是实现油田的精细化管理和效益生产，以 PDCA 循环为指导方法论，按照 Plan(计划)、Do(执行)、Check(检查)和 Act(处理)进行能源管控业务分析，不断循环提升，构建长效节能机制。针对油田企业各生产环节按照作出计划、计划实施、检查实施效果、循环处理提升这一思路来进行功能设计，主要包括能效监控、报警预警、能效评价、能效优化、统计考核五大功能。能效监控模块主要是能耗计划量、实耗量的写实展示，通过对全口径用能数据计划量和实际消耗量的对比，发现问题，以便决策者针对问题制定解决计划；报警预警先检查再报警，是短周期检查识别，能效评价模块是长周期的检查识别；能效优化即整改与提升，针对前端发现问题推送优化方案，线上线下相结合进行问题的处理；统计考核为公共展示模块，通过对各单位数据的统计分析，建立比学赶帮超的机制，促进管理提升，最终实现能源管控的闭环管理。

目前我国很多油田开发生产单位都进行了自动化改造，为油田企业的能源管控打下了基础。在实际工作中应充分利用现有自动化设备，根据能耗管理的需要补充和完善必要的能耗数据采集和管控设备，实现能耗管控数据的自动化采集和存储，以生产运行全生命周期绿色管理为主线，通过大数据手段进行数据收集、梳理、分析、应用，深挖数据价值，并建立必要的能耗优化管控模型，通过能源管控中心分析进行系统的优化和提升，才可能取得理想的效果。能源管控中心建设涉及到多系统各类型数据的汇聚计算，在各系统数据交互中存在数据样本存在较大差异、各系统数据的兼容与衔接存在集成整合困难等问题，需要通过调查研究首先确认统一的数据规范和执行标准，明确数据出处以谁为准、数据精度、采集粒度和存储方式如何定义，在数据标准的制定上尽量向国标、行标等现有数据标准规范的定义靠拢，构建统一的能耗管控系统数据平台，负责集成各能源相关信息系统，为各层级应用提供数据保证和统一的数据接口及规范，便于后续系统的数据集成整合和接口开发。同时，对于新引入装置、设备、计量器具等涉及采集监控数据的单元，在招投标阶段就要充分考虑各生产厂商数据传输协议与本单位能源管控所采用的数据标准的遵循性、吻合性，避免后续大量的接口二次开发、数据转换带来的开发成本和后续维护成本。

3 胜利油田能源管控中心的建设

按照统筹规范、分步实施的原则，胜利油田

能源管控中心建设工作分为管理区试点建设、厂级试点建设、全面推广应用三个部分。2016 年在胜利油田现河采油厂郝现管理区率先开展了能源管控中心示范工程建设，明确了“局-厂-区”三级建设架构及功能定位：分公司层级定位于能耗总量的宏观管控、主要生产系统能效评价、优化效果跟踪、节能项目管理及管理考核等主要功能；采油厂级定位于能耗运行的精准管控、优化措施的制定及实施评价；管理区级定位于日常管理、措施实施。

胜利油田能源管控中心建设的内容主要包括硬件建设、软件建设两个部分，包含能源设备数据自动采集与远程控制系统、能源管控软件平台两个系统的建设工作。主要是对开发生产实施信息化提升改造，在此基础上设计建立能源管控平台和能耗优化管控模型，为胜利油田的节能管理工作提供抓手。

3.1 能源设备数据自动采集与远程控制系统建设

围绕着开发生产的采油系统、注入系统、集输系统、电力系统开展自动化采集改造，依托这些设施进行远程控制、调参。其中在机采方面实现油水井数据的自动采集与控制，在每口油井设置 1 套 RTU，完成油井井口工艺参数的采集，采集的参数主要有井口压力、温度、液量及电参数（电压、电流、电量）。在集输和注水方面，在计量站、接转站、配水间、注水泵站、实现主要的单井压力、单井注水量、汇管温度、汇管压力等参数的采集，在联合站主要实现储油罐罐位、加热炉进出口温度及压力、原油稳定塔瞬时流量及液位、污水罐罐位等参数的自动采集。依托管理区供电系统和用电系统实现电变压器、注水泵、输油泵、加热炉等重点设备电量数据、电压、电流、功率因数等电力参数的自动采集。这些现场数据通过无线网桥上传至现场实时数据库，为现场生产指挥系统及能源管控平台的建设奠定了数据基础。

3.2 能源管控中心软件功能建设

3.2.1 系统架构

胜利油田能源管控中心系统架构包括数据层、平台层、应用层三层，如下图所示：

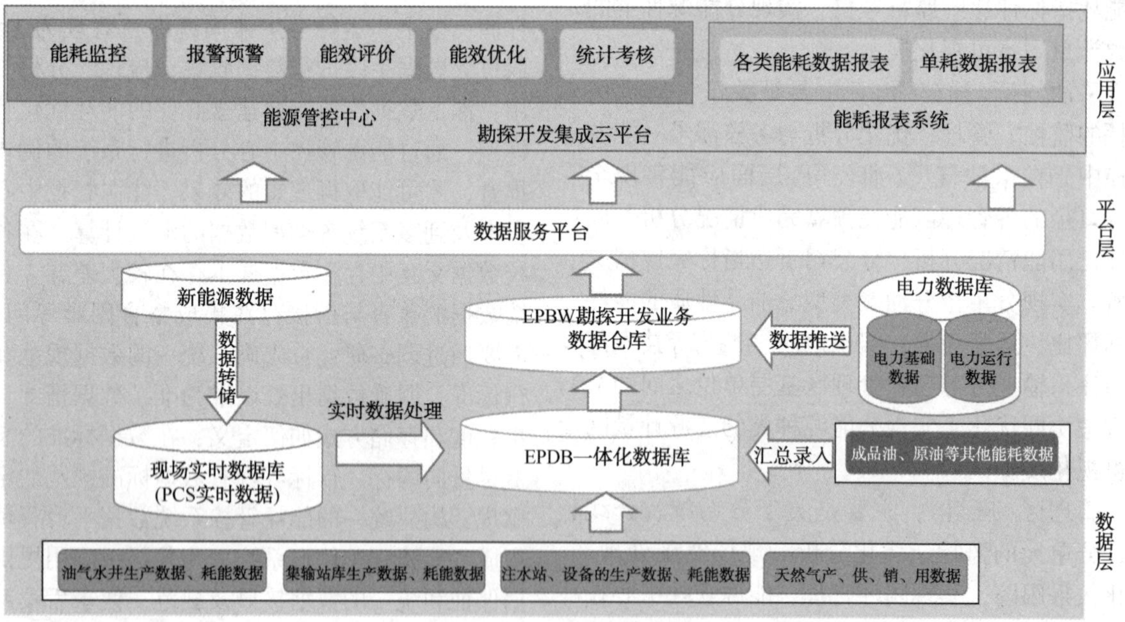

图 1 胜利油田能源管控中心系统架构

数据层：是能源管控中心高效稳定运行的基础，能源管控中心数据均来自中国石化勘探开发业务协同平台（EPBP）和生产指挥系统（PCS），通过 EPBP 日度数据以及月度结算数据支撑能源总量、强度的管控，通过 PCS 实时数据支撑能源管控预报警以及精细化分析、调参优化。在实时数据与结构化基础数据集成时，系统采用 ETL 作为数据库级的数据集成工具，能从多个数据源中抽取数据，然后进行数据转换和加载，最终得到统一的、完备的主题数据库，以便进行实时数据处理，开展相关的数据分析。

平台层：依托石化智云服务框架，通过基础设施服务完成软件部署，并利用统一服务实现消息推送、数据接口转换服务、用户权限安全管理、工作流管理、日志服务管理等工作。

应用层：按照石化智云统一框架和技术规范进行功能组件研发，包括能效监控、报警预警、能效评价、能效优化、统计分析5个APP模块。

3.2.2 功能架构

能源管控中心包括能耗监控、报警预警、能效评价、能效优化、统计分析5个APP模块以及综合监控、采出报警预警、采出系统优化等29个APP功能，如下图所示：

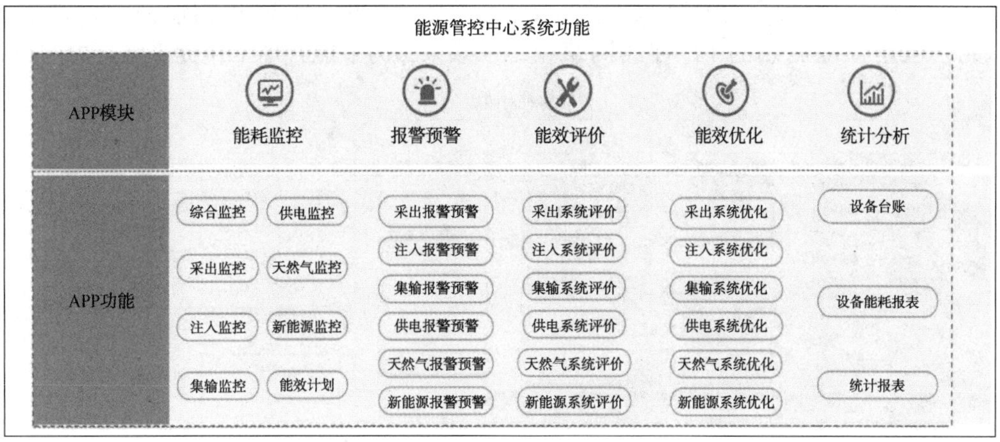

图2 能源管控中心功能架构

能耗监控模块实现区域内各类能源各节点的监控，对能源利用情况进行展示，达到“能流可视化”的目的。

报警预警模块是根据采集的数据，通过对趋势预测、功能变化、波动异常诊断等分析，预测可能存在的问题与后果。在确定报警预警的原因后，能够通知相关人员及时采取措施，并对采取的措施情况进行跟踪评价。

能效评价模块主要有指标评价、总量评价和监督评价三大功能。建立机采、注水、集输、供电四大系统的评价指标体系，对系统中的各类设备的能效指标进行对标分析。总量评价功能根据设备类型、线路、行政层级等对能耗进行分类统计。监督评价是根据建立的指标体系，将实时采集的数据进行分析对标，对不合格的指标进行实时报警，同时进行数据处理形成历史汇总数据，并对设备超标运行时间进行保存，进行综合能耗统计，并对前后能耗相差较大的原因进行分析、评价，对不达标的指标(机采系统效率、注水机组效率、加热炉效率等)进行跟踪，对处理不及时等情况进行监督与评价。根据国标、行标等相关标准，依据能效判识标准和设备实际能效平均水平绘制出标准线、平均线，将设备效率平面散点分布划分为低效区、潜力区、高效区，实现了单元、层位、泵径等多维度“两线三区”能效水平识别和报预警，建立了线损预警、负载波动预警、泵效趋势预警、单耗趋势预警、系统效率趋势预警等13类能效报预警模型。通过关键影响因素分析、实际能效水平对比等系统研究，实现高耗能油藏单元判识，通过研究油井线路负荷数学模型和线路分段损耗计算方法，实现供配电线路损耗实时评价。

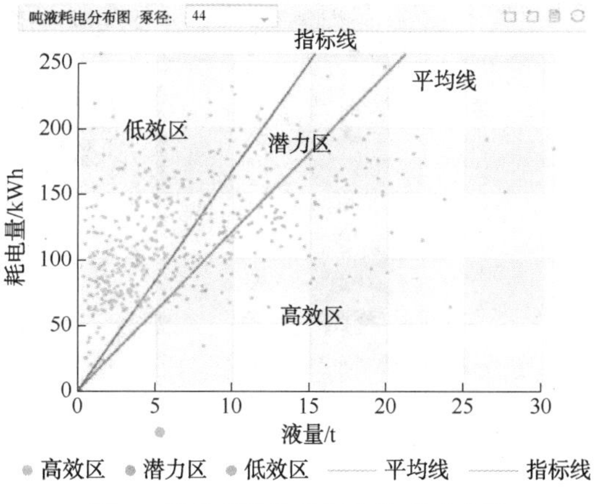

图3 机采系统能效评价模型示意图

能效优化模块是以生产和能耗大数据为基础，建立一套分专业的能效分析模板和工具，辅助节能潜力分析和方案制定，提高节能方案的决策水平。能效优化采用了标杆对照法、理论计算法、神经网络法三种方法，建立了142个能效优化模型。标杆对照法：通过大数据从单元、层位、泵径、指标四个维度选择标杆，从日产液量、平衡度、井口回压、原油粘度、冲次、沉没度六个敏感参数进行对比，建立雷达图，找出主要影响因素，确定优化方法和路径。理论计算法：以采油工程原理与设计为理论基础，应用理论公式搭建数学模型，借助信息化手段实现参数输入、迭代计算、结果筛选和对比输出四个过程自动化，并融合实际经验参数，保障计算结果准确性。神经网络法：应用 BP 神经网络算法，通过数据清洗、数据建模、等距取样、模型训练、预测应用五个步骤建立高拟合度模型，对于低效区用能单元，运用训练成熟的 BP 神经网络模型，预测设备能效运行最佳状态，择优筛选形成备选技术方案。以标杆对照法获取参数作为参考边界，将理论计算法和神经网络法计算结果有条件性取交集，结合优化对象本身参数边界条件，形成参数优化方案。参数优化方案实施后，系统自动识别优化类型、实施日期以及优化前后指标参数的变化，实时跟踪优化状态，对比分析优化效果，为节能管理工作提供强有力的抓手。

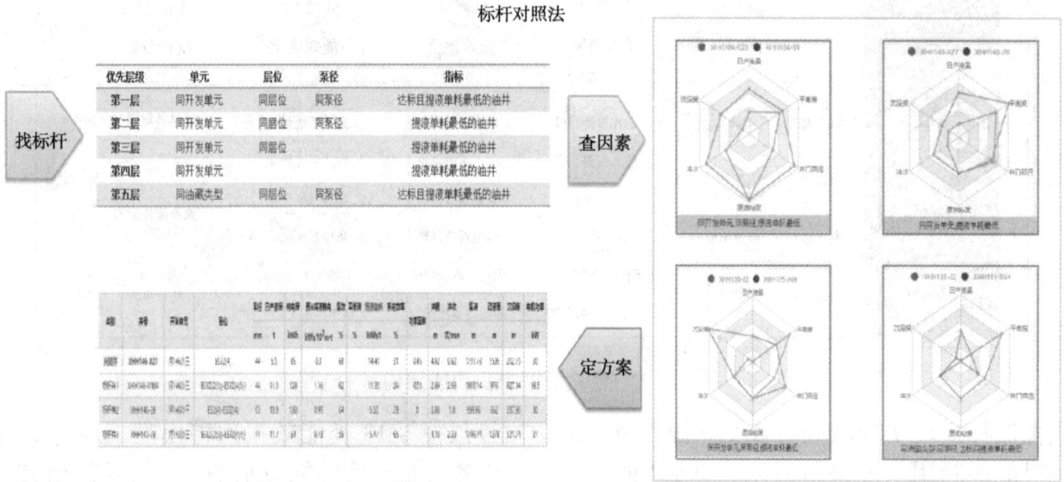

图 4　标杆对照法示意图

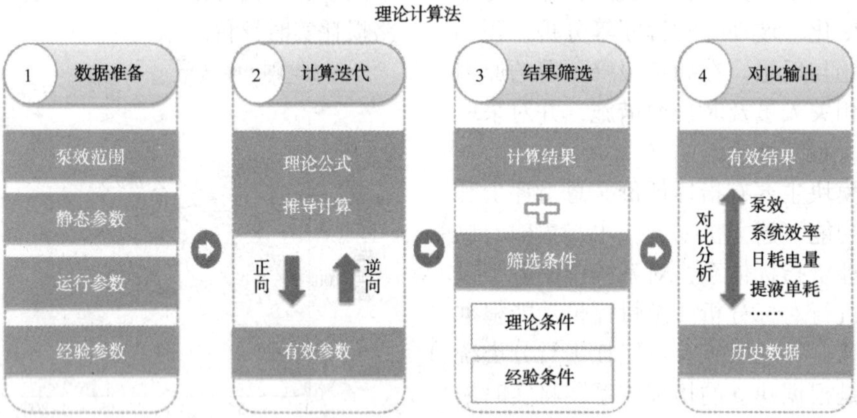

图 5　理论计算法示意图

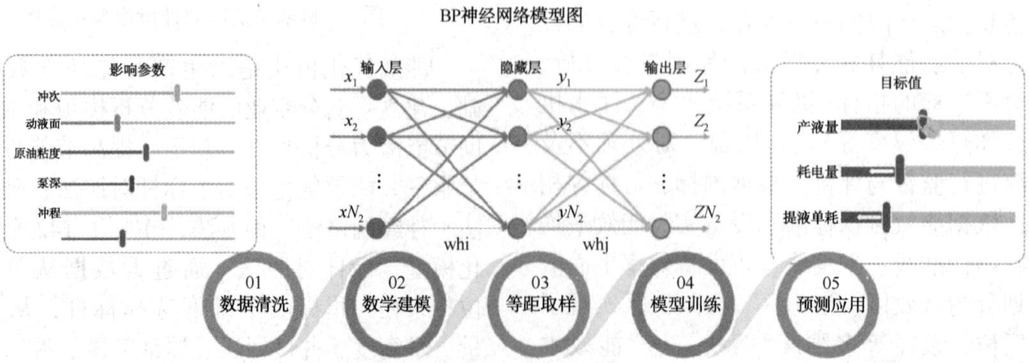

图 6　神经网络法示意图

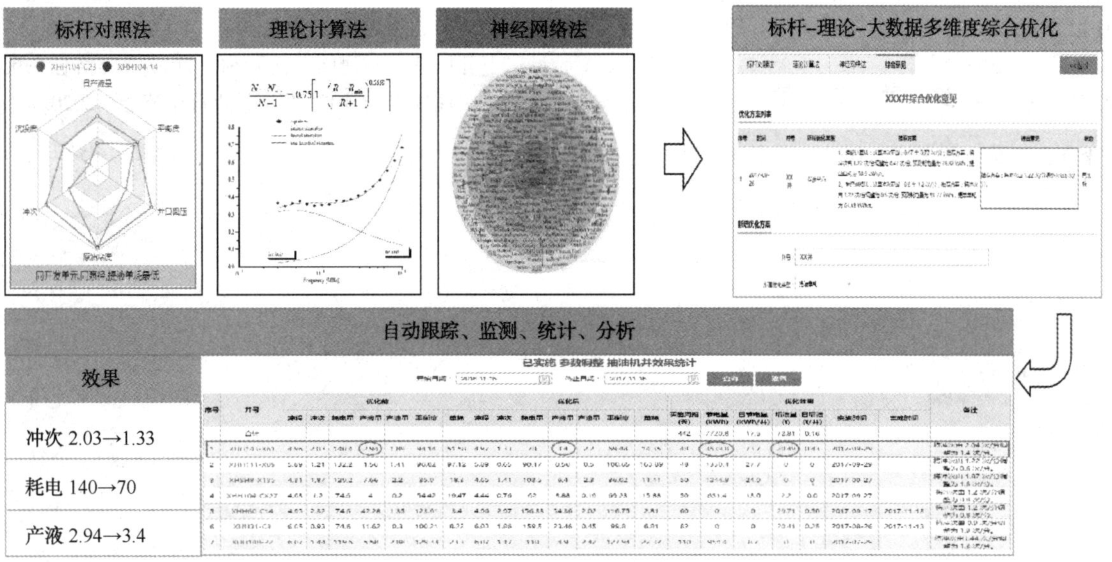

图 7　能效参数优化示意图

统计考核模块是根据不同耗能种类、不同设备类型、不同行政单位等因素对各种能耗进行分类统计，按照“比计划、比先进、比进步”三个维度，根据油藏类型、陆地/海上的不同，实现各类能耗不同层级的统计并实现不同需求条件下的对比考核。依托能源管控中心辅助企业建立多维度、分主体、重效益的对标考核管理体系，促进全面开展比学赶帮超工作，补短板，定措施，促提升。

3.3　实施效果

能源管控系统的建设，物联化、集成化、模型化、可视化、平台化是基础；系统的应用，能源管理的全面感知、集成协同、预警预测和分析优化是保障。胜利油田能源管控中心 2019 年在现河采油厂试点建设厂级能源管控中心，2020 年电能管控功能胜利油田 16 家开发单位 114 个管理区全面推广应用，实现了局厂区三级贯通，注采输生产协同，促进了胜利油田精细化生产管理。2021 年完成了天然气、新能源（光电）、热力、成品油管理功能的扩展，并实现分公司的注汽中心、油气集输总厂、井下作业中心等专业化队伍以及勘探开发研究院、物探院等科研单位的用能管理，实现了分公司能源品种、用能单位全覆盖持续完善提升。

胜利油田能源管控中心的建设应用，打通了能耗精准管控的“最后一公里”，促进了企业的能源数据资源整合和共享应用，实现了能源品种、用能单位全覆盖，确保油气开发单位“像运行产量一样运行能量”。创新研发了多维度“两线三区”能效水平识别技术和报预警机制，实时自动识别高耗能单元、高耗能设备，针对不达标的用能设备（抽油机、注水泵、注汽锅炉等），依托专业知识体系和信息技术，应用标杆对照法、理论计算法、神经网络法，建立能效优化模型，自动推送参数优化、设计优化方案、自动跟踪优化过程、自动分析优化效果，为节能管理工作提供强有力的抓手，助力开发单位优化生产、细化管理、降本增效。

胜利油田能源管控中心的建设推广填补了国内油田企业能源管控中心建设的空白，形成了相关技术标准，为石油石化行业数字化转型、绿色低碳发展提供了技术思路，对油田企业节能降碳、效益生产具有重要的引领意义。

4　总结

能源管控中心是推行系统性节能降耗的一体化管控，实现“能效提升”的关键举措。油田企业能源管控中心是现代信息技术在企业能源管理中的综合应用，是工业化和信息化相互融合实现节能降耗的重要手段，主要通过采用自动化、信息化技术和集约化管理模式，对企业能源的生产、输送、分配和使用环节实施集中监控管理，优化能源配置，提高能源管理水平。通过油田企业能源管控中心实现开发生产能效的自动监控、预警评价、优化提升、实施跟踪的闭环管理，有效节约能源，在技术上可行。随着油田生产现场自动化程度不断提高，系统具有较高的推广价值和现实意义。

参 考 文 献

[1] 李文，李昊，陈漱宇，孙忠诚，李斌，陈企楚，李彦行．基于 PDCA 循环的动态能源管理系统[J]．电力信息与通信技术，2017.
[2] 郭以东，马建国，何晓梅．能源管控信息系统建设关注要素与评估[J]．石油石化节能，2020.

打造油田“厚平台、薄应用”移动应用体系助力油田创新创效发展

王　鹏　王延鹏　向琪月　王川川　孙德营　刘　磊　郭　俊　姚　剑　杨　硕

（中国石化胜利油田分公司）

摘　要　油田工业化与信息化的高度集成，促进了业务应用软件不断更新完善。面对不同工业场景，移动应用及软件移动端的需求日益强烈。为提升办公效率、优化管理流程、促进多种业务融会贯通，打造胜利油田移动应用体系，从而为顶层科学决策提供技术保障。

关键词　智能油田；移动应用；云平台；组件

1　概述

近年来随着移动网络速度升级和应用开发技术进步，移动互联网应用得到了快速发展，应用类型也由最初的新闻资讯推送，逐渐发展为出行搭车、移动支付、疫情防控等，进而改变了当前社会运行模式，以其方便灵活、快捷高效的特点与各行业持续融合，成为信息化发展的新高地，产生了巨大的经济效益和社会效益。

围绕“智能油田”建设目标，梳理需求组织搭建胜利油田移动平台。基于平台持续建设和完善标准组件模板库，推进“新井审批”、“井场巡检”、“移动办公”等应用的建设使用，做好“经营查询”、“干部请销假”等已有应用的平台接入，提供单点登录方便用户操作。通过打造平台，实现了油田移动应用的标准化建设、敏捷式开发，平台式管理、门户式服务，不断完善油田“厚平台、薄应用”移动应用体系，充分发挥移动“小、快、灵”的特点，着力打通信息化建设的“最后一公里”。

2　内涵和主要做法

胜利油田参考中石化发布的推进移动信息化建设指导意见，对接业务需求，移动应用如雨后春笋不断涌现，从数量到质量一直保持着高速发展，在强化业务衔接、助力高效办公、优化管理模式等方面发挥着重要作用。

2.1　打造企业级移动应用平台，完善“厚”平台体系

以完善胜利油田移动应用建设的平台层为目标，通过打造统一的移动平台，采用松耦合应用服务架构，制定统一的开发接入标准，实现应用接入、权限管理、统一发布，提供便捷的个人门户服务。

2.1.1　用户服务和应用管理的建设推进

对于普通用户来说，其需求主要体现在随时随地办公，跳出时间空间限制，杜绝业务遗漏延迟，充分利用碎片时间，提高个人工作效率。基于移动平台为用户提供门户式服务，一是能支持用户按照业务权限获取相应的移动应用服务，方便快捷；二是用户无需频繁切换应用的帐号，支持单点登录使用；三是强化移动数据安全，基于平台加密各种报表、数据传输，无需担心信息泄露。

对于应用管理用户来说，其需求主要是实现移动应用的统一管理，快速响应用户需求，降低运维工作量。基于平台，一是提供统一集成技术标准，降低应用接入门槛，缩短改造周期；二是做好应用的集中快速分发，支持在线安装、更新，统一颁发打包证书，降低运维工作量；三是强化安全管理和监控，强化对设备远程安全管理，提供统一的交换总线加强数据保密性；四是扩展和配置灵活，按照统一的安全策略，实现应用分级授权管理和数据交换规则；五是提供标准组件模板库，支持基础功能模块和组件的复用，降低开发成本，实现敏捷开发提高回报率。

对接以上需求，胜利油田组织开发了企业级移动平台，主要实现如下服务：

一是提供移动应用管理服务。强化应用分发管理，提供包括批量分发、版本更新、接入上

架、管理审核、应用发布；强化移动应用安全管理，按照油田安全要求平台和应用均需接入中石化统一身份认证体系，为实现单点登录创造了条件；强化应用运行管理，掌握运行频率和应用“热点”，杜绝“僵尸应用”。

二是提供移动设备管理服务。平台具有良好的适配性和兼容性，支持当前主流移动终端设备及移动操作系统（能支持 iOS9，Android4.0 以上版本的操作系统）；实现了移动设备基本信息收集，掌握当前主流设备配比，从而在强化兼容性上倾斜；支持用户在 PC 端移动平台（局域网环境下）经统一身份认证后进行自有设备的远程锁屏、解绑等操作，在必要时可操控设备恢复出厂设置，确保设备丢失时用户数据的安全。

三是强化移动应用安全管理。依据平台提供完善的移动安全管理策略，包括密码策略、应用分发策略、设备访问策略、网络连接策略，通过在服务器端配置后，自动更新到移动终端。另外能实现灵活便捷的基础服务配置管理，包括短信配置、邮件配置、消息配置、平台系统配置。

四是支持应用的快速集成。基于统一的数据交换总线，提供灵活配置、自主扩展的数据交换服务以及应用调度规则。所集成应用与平台之间采用数据加密和信道加密，确保数据传输过程中不被恶意监听和窃取。同时平台还提供数据缓存机制，提高了用户体验。

五是支持应用的标准敏捷开发。不断完善基于移动平台的标准组件模板库，为应用开发提供通用开发组件、基础功能服务和配置管理，支持“即插即用”，避免在一些普遍存在的组件或功能模板耗费大量的人力成本来重复开发。另外支持多种开发工具（Visual Studio 、Eclipse、Xcode 等）、开发语言（JAVA、C#、HTML5 等）和开发模式（原生、混合、Web）的应用开发，兼容性好，接入方便。

六是提供组织、用户、权限管理服务。平台需实现对组织机构、平台用户等基础信息的快速调整；支持用户组的快速搭建实现批量赋权管理。

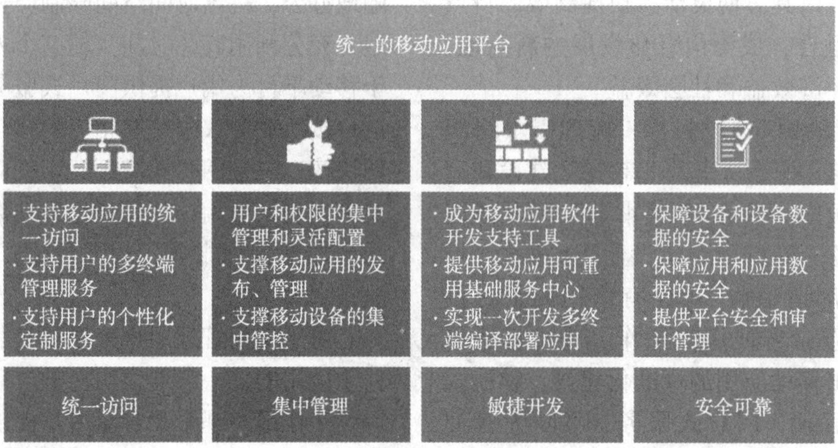

图1　平台内容概述

2.1.2　移动平台与应用主要存在三类集成关系

一是移动应用与移动平台的集成关系，细分为移动应用与移动基础服务、移动应用和 MDM（移动设备管理）之间的关系。二是移动应用和原有系统的集成关系，细分为接口调用方式和 ETL（数据清洗抽取）之间的关系。三是移动平台和原有系统的集成关系，具体体现为移动应用接口的身份认证和单点登录之间的关系。

平台在功能上主要分为三部分：移动应用中心，移动管理中心，移动开发中心。

移动应用中心是面向终端用户的移动应用下载使用和设备管理的门户，分为 PC 版和移动终端版两部分。主要功能包括应用集市、自助服务（标准客户端）、使用说明等。在应用集市用户可以下载、安装使用移动应用；通过自助服务，用户可以对应用、设备进行管理。

移动管理中心是主要服务于管理员的应用和设备管理门户，主要包括应用管理、设备管理、策略管理、系统管理、统计分析。在设备管理方面，可对设备进行锁定、擦除、推送消息、设置策略等操作；在应用管理方面，可上传、更新、发布应用，设置应用访问权限；在策略管理方面，可以设置网络策略和安全策略。系统管理方面，可对组织结构、用户和用户组、角色和权限等进行管理；另外提供统计分析功能，方便管理员及时了解平台的日常运行、数据交换、设备使用、应用访问以及用户登录情况等。

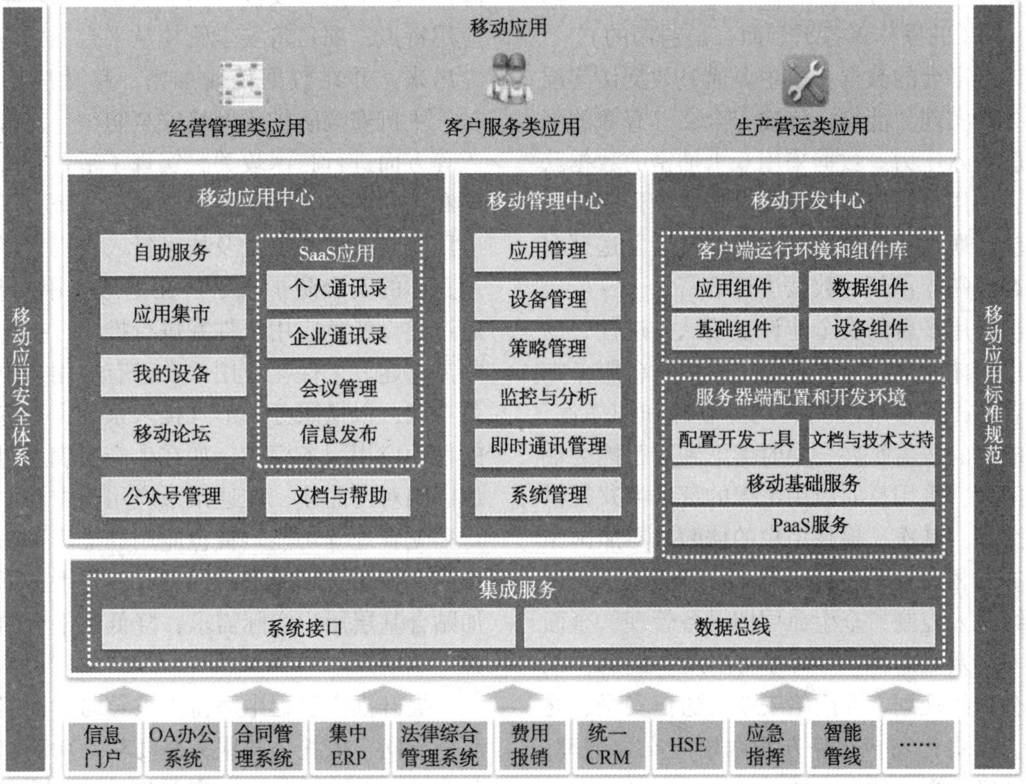

图2　平台整体功能结构

移动开发中心是服务于开发人员的移动应用开发支持门户，主要提供包括应用配置开发、移动基础服务、文档中心、客户端运行环境与标准组件库等主要功能，方便开发人员利用平台组件和服务进行移动应用配置开发。其功能包括混合配置开发、移动基础服务和文档中心。在混合配置开发方面，开发人员使用标准组件模块库提供的19类标准组件和通用模块，通过"配置+开发"的模式完成移动应用的配置开发，无需考虑多种移动设备、多种操作系统等问题；移动基础服务方面，开发人员可以使用文档解析服务、流媒体服务、消息推送服务、短信提醒服务、身份认证服务等多种服务，简化开发工作。

2.1.3　移动平台的开发改造

移动应用平台具有"松耦合、开放性、集成性"等三个关键特性，以应用的集成、管理、使用为主，兼顾相应移动应用的开发改造。

首先，在开发模式选择方面，针对当前主流的原生、混合、WEB三种APP开发模式，经综合评估移动平台采用混合模式开发，后台开发选择成熟的.NET技术，分层架构的设计使产品的稳定性、扩展性、兼容性、安全性得到大幅度提高。所需的不同业务数据通过数据共享集成到平台，各模块调用关联数据构造业务模型组成完善的应用平台，在合适的网络环境下为用户提供应用服务、数据服务、门户服务等。

其次，在平台标准规范方面，主要包括如下方面。一是符合中石化的内控制度要求，用户密码传输加密处理，应用权限由专业管理员进行操作，做到授权有度、风险受控、操作规范。二是采用中石化标准代码体系，包括组织代码、专业类别代码等方面，做到唯一性、标准性、系统性。三是采用业界稳定的开发技术标准，包括SOA应用体系结构、XML数据交换标准协议、Web Services、SQL Server数据库接口、LDAP数据交互协议，以及相关网络交互规范。

第三，将尽可能多的任务交由服务器端进行处理，显著加快运算的速度，减少程序运行过程中的网络数据交互。具体实现方式是通过开发通用应用程序接口(API)，在客户端只需简单调用就能够实现数据交互，将繁琐的数据计算及操作语句转换成简单的“发送 http post 或 get 请求”，而后对返回的 XML 进行解析的过程。另外通用 API 能支持基于不同平台的客户端开发，一举两得(基于 API 的操作对各平台而言是通用的)。

第四，平台的数据获取主要通过数据访问层下发的方式实现，能增强传输安全性，有效的降低数据服务器压力。数据采用双重加密的数据获取方式，即用户与服务器通信时先需验证客户端密匙，验证通过后服务器将数据加密后发送至客户端，客户端需重新对数据进行解密。

移动应用平台的安全建设主要从先进性、易用性、用户体验上出发。首先，采用平台服务在云端部署，提高移动应用的高可靠性和伸缩性，实现了应用的按需扩展，同时考虑到对智能终端的适配问题，采用反向应用汇聚的部署方式提供内外网交互；其次，提高用户的体验。参照国家等级保护的相关要求，对平台的安全防护从“统一的网络接入控制、全生命周期设备管理、全面的数据安全及威胁防护”三方面出发。最后，细化安全管理的规划。在网络安全、通信安全、终端安全、模块化安全、等方面做相应安全管理，建设移动应用平台的安全体系。

2.2　构建移动组件市场，打造“薄”应用模式

以“加快移动技术融入主要业务”为目标，坚持问题导向、需求导向和效果导向，推进移动应用深化建设。依托油田云平台服务，充分发挥移动应用“小、快、灵”的特点，形成“组件市场+个人工作台”的移动服务模式，构建带有自营性质的移动组件“京东”市场，打造“薄”应用模式。

移动组件市场采用了云架构的建设思想，开发者不再需要开发整套应用，而是使用组件代替。运用移动应用特点，让每一位员工成为生产运行的监督者、技术管理的决策者、数据服务的提供者。解决企业应用框架重、技术杂、管理难的问题，激发企业在数字化方面创新发展的活力。

移动组件通过移动加密技术接入油田数据中心，将油田各项生产类数据，包括产油、产气、注水、作业、钻井、工程、能耗等数据格式化，由标准接口进行调用，为移动端提供大数据分析、应用计算、生产数据实时查看等底层支持。通过对移动应用组件的统一管理，实现对基础应用的对接，包括移动端用户统一身份登录、企业通讯录、天气数据、基础生产信息数据等，并且建设形成移动组件市场，由用户自由搭配使用，降低移动应用开发技术门槛及工作量。根据移动应用特点，项目将安全管控从平台下的应用中独立出来，并在数据传输加密、移动应用安全防护、主机安全防护、网络安全防护、终端安全准入等方面进行技术攻关，实现了平台、应用、终端和用户的全方位信息安全防护，减少了平台各应用安全方面的资金及技术投入，提升了移动应用整体的安全防护水平。在基础应用的基础上，通过建设特色应用组件并进行推广，根据单位实际需求建设个性化应用，在已有应用当中添加特色功能，以微服务的形式接入系统，打造差异化的移动应用服务模式。如在生产报表应用当中添加区间对比曲线，在通讯录应用当中添加三级用户独立管理等功能。特色应用的推广平衡了应用推广和使用实际需求的冲突，使得平台下应用更加贴合基层用户实际需求，降低了平台内应用的推广难度。

提升推广过程中坚持需求导向、标准统一和服务导向，依托公共服务推动移动功能组件开发和改造(公司开发、自主开发、众创共享)；打造“移动组件市场”的前端 APP，为用户提供“应用商店”移动 APP 服务；打造“移动组件市场”的后台管理系统，实现功能组件运行监控，效果分析和效益评价等。

移动组件市场具有以下几个特点：

综合管理，集成接口。移动组件市场遵循油田云平台开发规定，与油田多个系统打通并将基础数据接口加密并整合，用户移动端开发和接入所需改造工作及流程明显减少，便于新移动组件的开发以及现有移动组件接入。

分流数据，减少风险。针对移动应用信息传输即时快速、分布松散、环境多变的特点，将用户信息、生产数据、经营数据等敏感数据通过传输加密、追踪记录、VPN 隧道、SSL 加密传输等技术进行全面加密，从入口做好信息安全、追本溯源等工作，防止信号截取、伪装攻击、架设伪基站等针对移动应用的攻击方式造成的信息泄露。

自由竞争，择优推广。采用市场化竞争制度，允许相同类型的组件同时发布，以使用频率、用户人数、组件健康程度等方式进行排名，

并在其中选择部分组件进行统一推广。

2.3 典型经验及主要做法

移动平台作为胜利油田的统一移动应用管理和服务基础平台，集成了生产运行、经营管理、民生服务等移动应用，覆盖面广，打造了“厚平台、薄应用”的移动应用体系。

精细规划周密部署，面向全员进行推广。成立平台推广支持小组，梳理油田建设需求，加强业务沟通组织，形成一整套的推广方案，确保平台推广工作有序开展。发布多套基础数据采集模板，做好组织机构、用户等信息采集和平台初始化；经过应用效果评估，梳理移动办公、处级干部请销假等十余个 APP，进行接口改造、集成接入、联调测试等工作，确保推广即可用，避免“空平台”推广。已完成全油田范围的推广。通过做好宣贯和普及，培养用户“安装平台、使用移动应用”意识，营造活跃的移动信息化氛围。

强化对接提供支持，做好应用集成实施。按照“一切移动应用上平台”的要求，梳理各级移动应用，做好效果评估和技术对接，按照平台标准进行开发、改造、集成和推广实施。采用“油田分版块集中培训，各单位组织内部培训”的模式启动平台推广。先期选择多家二级单位、机关部门启动平台试推广，不断完善、调整和优化后组织全面推广，按照应用侧重点不同分层次、分批次的进行培训，实现了知识的有效转移。自平台推广以来，已集成井场巡检、新井审批等已有移动应用 14 个，以及 BPM 审批、环保管控等新建应用 20 个，掌握油田的移动整体建设情况，为应用评估和统一管理提供依据。

以用促建形成标准，形成移动技术标准体系。为保证开发的规范性、一致性形成配套的移动建设标准规范；另外沉淀了审批、列表等 10 类标准组件和 6 个通用功能模块，实现了跨平台的代码、功能和开发人员的复用，支持敏捷开发，有效缩短应用开发周期 25%以上。强化知识总结，不断总结形成技术标准，编制下发如“第三方移动应用集成规范”、“移动应用接口及 UI 设计标准”等，实现移动知识库的扩展和升级。

应用建设不断提速，移动生态圈初步建成。按照平台技术标准，推进深化建设，梳理专业需求和业务痛点，对接油田特色业务需求，依托勘探、开发、采油等专业 PC 应用，提前介入移动端应用开发，“油味”更浓、服务更优，成为业务运行的有效补充，利用移动技术助力油田提质增效。以新井审批 APP 为例，支持随时随地处理审批业务，解决了新井设计流转速度快、审批频率高的需求，新井平均投产时间缩短 3.6 天，早建产早见效，“以时间换产量”。另外，依托平台做好移动办公、合同审批、探井在线等 APP 的广泛安装使用，突破客观办公条件限制强化业务衔接，“指尖办公”顶替用户跑腿，支持重要事务“马上就办”，有效减少了通讯、交通、耗材等各类费用支出。

平台提供了统一的集成标准，支持应用的统一发布，实现了在线安装和版本更新。应用开发运维人员减轻了单独部署的运维工作量；用户在安装更新时，不用到处寻找安装地址和更新程序，实现了从管理到运维、使用的多方面减负。

基于平台的统一开发技术标准，推进移动应用去安装包化改造。首先方便管理，如有功能变更和界面调整，只需在服务器端进行相关操作既可；其次减少了用户 BYOD 设备(自有设备)上的 APP 安装数量，用户体验好，减少安装包多造成的使用困扰。

平台强化了对个人应用需求支持。按照用户需求支持用户对暂时不需要的移动应用进行临时隐藏，如有需要可以再次恢复。按照总部安全等保要求，为解决用户在使用时需要多次登录的问题，平台提供指纹解锁服务；用户只需录入指纹即可进入平台主页面。

移动平台推广建设，既满足了油田移动应用的快速构建需求，实现移动应用和设备的集中管控，又强化安全与审计管理，做好移动基础功能和业务功能的“可重用”，从而快速地适应油田的业务需求及信息化建设策略的调整，强化了移动应用平台层的建设和完善。

3 实施效果

胜利油田移动平台作为企业级移动应用集市和服务渠道，已完成油田的全面推广实施。平台具备多级管理功能，满足油田到下属各二级单位的管理和开发需求。实现了用户管理、应用开发、设备管理、移动安全等全方位服务，同时不断沉淀可复用组件化服务，支持公文流转、合同运行、日常通知、生产运行、经营管理等多类业务的移动信息化，有效支撑了油田各业务领域移动应用需求。胜利油田移动平台目前共有用户8.3万人，依托移动平台，目前已开发、集成各类移动端APP共计38个，应用效果明显，典型应用如下：

3.1 移动办公APP

主要依托PC端的油田工作平台，集成并发布于移动平台，主要实现通知、公告、业务待办等事务的移动端即时处理，提升协同办公能力，优化用户体验。主要用户群体为油田机关部门人员，二级单位科室人员。利用该应用，业务处理效率提高明显，有效解决了无办公电脑和网络造成的困扰，据统计有17%的业务实现了移动端处理。

3.2 新井审批APP

新井审批基于勘探开发新井设计管理系统，是PC应用移动化的典型代表。利用移动网络，新井审批人员在野外生产、出差、休假时能随时随地查看新井设计信息，处理审批业务，确保实时高效。主要用户为油田领导，以及开发、投资等部门业务审批人员；二级单位业务审批人员。利用该应用，满足了新井业务审批速度快、频率高的需求，提高了业务衔接和运行的效率。

3.3 生产经营APP服务

生产经营查询基于油田已有的生产经营计算策略和基础数据，实现油田重要生产经营数据在移动端的展示。主要用户范围为局领导及副总师以及财务、经营、计划等部门管理人员。利用该应用，用户可随时查询油田的主要经营运行指标，方便是掌握整体运行现状。

3.4 井场巡检APP服务

基于油田GIS服务，打造面向基层注采管理站生产管理的APP，支持灵活的巡检路线设置，实时产生巡检数据并传回到管理后台，为基层生产运行提供管理依据，是移动技术与前线生产融合的典型应用。主要用户范围为注采管理站领导，管理人员，巡线人员。利用该应用，在井场巡检时实现了人员精准定位，信息实时采集，问题及时反馈等需求，提高管理水平和工作效率。

3.5 船舶在线APP服务

以船舶AIS数据库为支撑，在移动端实现了对油区内船舶运行情况的实时监控，方便生产调度人员随时掌握船舶动态，为船舶调度实时管理提供信息支持。主要用户为海上油区船舶调度管理人员和出海员工。利用该应用，可随时掌握海上船舶的运行情况，方便随时调度，用于指导海上原油生产和应急处理。

3.6 管理区“掌上通”

管理区“掌上通”利用移动组件市场为管理区提供差异化服务，集成综合、生产运行、技术管理等移动组件。集成电话簿、承包商准入信息、物料价格等应用，为用户提供日常工作的数据支持；集成了油井、水井等的生产日报、月报信息，并可进行纵向比对；形成管理区开发运行头条，记录当天管理区的生产信息、井组信息、异常预警以及启停信息等，为管理区每日技术管理决策提供数据支持；计量站监控、配水间监控、联合站监控等组件，反馈管理区内实时数据，便于用户随时了解当前生产状况。

4 结论

基于企业级移动平台和移动组件市场，油田移动信息化建设将以“加快移动技术与油田业务融合”为目标，持续推进移动技术与油田基层业务的深度融合，优化移动建设规划、提升基础服务能力，强化基层业务衔接和运行管控。

数字化建设对提高钻井装备本质安全研究

李　鑫

（中国石化胜利油田分公司）

摘　要　石油钻井装备作为石油工程公司的关键组成部分，装备的安全运行至关重要。通过使用物联网技术，可以实时监测钻井设备的状况，进行故障预测和预防，提高钻井设备的运行效率和可靠性。通过对设备状态和安全性的监测，数字化建设可以提高钻井作业的安全性，降低事故发生的风险，为石油钻井行业带来更高效、安全的运行，对推动智能化钻井的长远发展有着重要意义。

关键词　物联网；钻井数字化；实时监测；钻井作业安全性

1　引言

钻井工程是石油勘探开发中最重要的环节之一，其安全性直接影响着勘探开发的合理性和经济效益。钻井装备在实际生产过程中，设备巡查、保养、维修均以人工轮班、纸质记录为主，工作量大、记录数据有限且伴随着现场人员的流动性，导致数据出现偏差，无法做到全时段、全方位、全覆盖实时监测；在日常数据的统计汇总方面消耗大量的时间、人力和物力；设备维修、保养等工作主要凭借现场人员的操作经验结合设备的运行时间判断，设备的故障发现受限于现场操作人员的技术水平，无法实现实时性、可靠性，对事故的发生不能做到及时预防和制止，设备一旦出现异常便会带来较大的经济损失。钻井数字化建设可以有效的提升石油装备运转效率，保障关键设备安全运转，已经成为了集团公司提质增效的重要一环。

近年来，随着信息技术的快速发展，钻井数字化建设作为一种新的技术手段，被越来越多的石油企业所采用。智能化技术在石油钻井行业得到广泛应用，为石油钻井行业提供更高效、更智能、更安全的解决方案和技术手段。本课题充分利用物联网、大数据与人工智能等相关理念，实现对石油工程关键设备运转记录、故障预警、电子报表、维保提醒等方面的全面采集，提高钻井作业安全性、效率和精度，提高装备安全运行的可靠性，保障关键设备高质高效运行，助力公司钻井数字化建设，推进全自动化钻机进程。

2　系统建设内容

2.1　概述

围绕装备信息化、智能化，建立装备信息平台，为后期装备的智能化控制提供数据支持，发挥信息化对企业发展的支撑和引领作用。

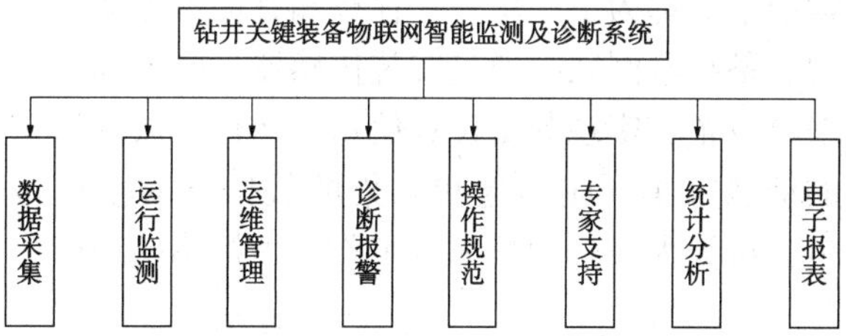

图1　系统功能框架图

2.2　动态采集监测

（1）运行状况

实现对电控系统、动力机组、泥浆泵、绞车等钻井关键设备运行动态信息的实时采集和监测，根据报警规则对异常动态数据进行报警，并提供设备预测性维护保养。

（2）设备定位

通过北斗定位数据的接入，在地图上实时展示井队及设备分布情况，实现设备的快速定位，不仅在一定程度上实现合理、智能、节能的调度设备，而且设备供应商、设备服务商根据设备位置信息，快速、直接、高效的为公司提供快修、快服业务，提高效率。

（3）维保记录

依据检维修规程、设备管理规定、设备运行

状态制定各类维修计划。按照维修计划开展维修工作，并对维修计划执行情况进行评价、分析、优化。改变以往的以故障维修和预防性维修为主的维修方式向预知性维修方向转变。通过对钻井现场设备的运行状态监测，主动推送智能告警信息，实现由事后处置向事前预防转变，问题早发现，故障早排除，变被动为主动。

(4) 自动巡查巡检

巡查是做好装备维护、确保本质安全的重要手段和措施。利用物联网技术对柴油发电机、钻井泵、绞车、转盘等关键设备采用电子标签进行唯一身份标识，依据巡检计划(依据巡检任务、周期、标准和顺序监测系统自动生成)，巡检人员手持移动智能终端，扫描设备上的电子标签，设备的基础信息和运行动态信息就自动显示在IPAD上，移动智能终端自动判断相关参数是否异常，若异常，系统会提醒巡检人员，巡检人员可拍照上传，也可寻求专家远程支持，若正常，即可继续巡检下一个设备。

(5) 自动生成电子报表

目前钻井现场设备的日报、保养、维修、故障记录等都为手工填写，存放和查询不方便。关键装备物联网系统通过安装传感器、电子标签等采集设备，实现装备位置信息、运行参数等信息的动态采集。应用这些采集的数据自动生成报表，可大大减轻现场人员工作。根据不同地区公司、不同层级管理部门的不同需求，按照制定的模式生成年报、季度报和月报，便于数据的统计及查询。

3　总体框架及关键技术

3.1　应用架构

系统整体建设可分为三个管理层，基础层：在井场按照设计要求安装部署特定监测设备，结合物联网相关技术，搭建一体化的数据集成、采集、处理、分析平台，通过制定统一的数据标准，实现基础数据池建设。平台层：开发备运行监控平台，实现对动态数据感知、参数管理、消息服务、报表统计、预警提醒等功能。应用层：设定不同的用户体验窗口，实现多样化的系统体验。

3.2　技术架构

基于物联网、系统集成、云平台架构等技术，通过对信息技术资源的抽取整合、信息采集、平台搭建，重点围绕钻井设备动态信息采集和决策支持系统建设打造系统。

3.3　集成架构

系统以数据中心为核心，以云计算、物联网、移动应用等新技术构建。系统提供了集成规范和丰富的用户、权限、数据等接口，具有良好的可扩展性。

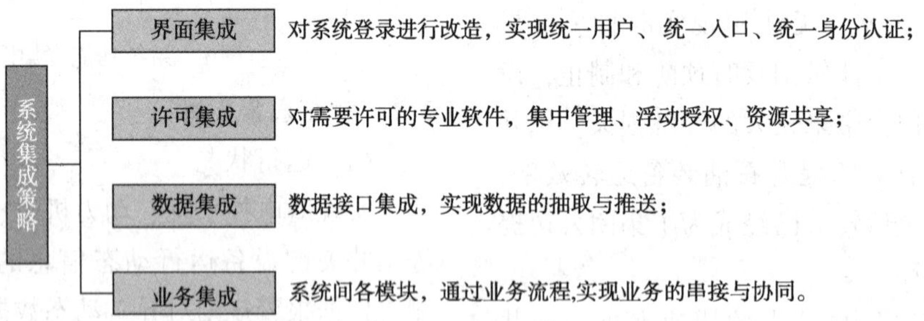

图2　集成架构

4　现场实施情况

该系统已在多部钻机上试点应用。实时监控柴油发电机组、泥浆泵、绞车、网电、转盘等关键设备参数200余项，通过网络随时随地监控装备位置、运行状态及设备概况等信息；依靠装备信息、动态实时数据，钻井现场可自动生成8类42张报表，减轻基层人工录入工作量；实现维保及故障预测提醒自动推送，降低维保成本，减少非故障停机，提高安全生产效率

现场人员手持防爆移动终端扫描巡检装备上的电子标签，装备概况、运行数据自动推送，设备巡检实时上传到云平台，可远程实时掌握装备巡检状况；建立装备唯一识别信息，实现资产、物资、设备统一身份认证，实现了由“人工值守”向“在线监控”的转变，方便装备管理人员和井队现场人员全面掌握关键装备各应用环节数据流，赋能装备的全生命周期管理。

平台基础服务，结合各层级信息化建设特点，进行系统技术方案和物理部署的优化设计，对核心技术难题进行攻关，系统所用的数据技术、平台技术、数据同步转储技术等关键技术经过大量应用验证成熟稳定，有效可靠；技术支持，集成现有技术平台和成熟软件，开展了技术方案测试试验，开展了调研和需求分析，分析了现有软件系统；生产运行，生产动态整合各专业在用报表样式，实现可灵活选择的报表数据项。

5 结论

系统对钻井设备进行实时监测、预测和维护的一个系统，对于提高安全生产具有非常重要的意义。通过实时监测、预测和维护来提升设备的可靠性和稳定性，减少因设备故障而导致的停机时间和生产损失，可以大大减少由于设备故障导致的停机时间和生产损失，避免因此而造成的生产事故和人员伤亡。

同时可以提高现场工作人员的安全意识和安全操作能力。通过对设备状态和工作环境的实时监测，可以提醒工作人员注意安全风险和潜在危险，有助于建立健全的安全管理体系，通过对设备的实时监测和维护，井队人员能够及时发现和解决安全问题，提高安全生产管理的效率和水平，促进实现钻井安全生产的可持续发展。

参 考 文 献

[1] 李卫．钻井生产现场物联网感知节点设计．信息系统工程，2022(8)：99-102.
[2] 朱小辉，郭关波，刘晶．基于物联网的石油钻机安全监控技术研究．中国设备工程，2022(15)：175-177.
[3] 郭荣佐，黄君．基于物联网感知的钻井平台数据采集系统设计[J]．计算机工程与设计，2020，41(3)：887-895.
[4] 葛云华，周波，张彦龙．基于物联网的钻井远程支持系统应用现状及发展方向[J]．石油科技论坛，2019，38(2)：45-51.
[5] 佟凌．石油钻井实现物联网技术的研究[J]．信息系统工程，2016，0(9)：42-42.
[6] 梁海波，张巧．物联网技术在钻井实时监控系统中的应用[J]．物联网技术，2015，0(1)：97-98100.
[7] 檀朝东，闫学峰，邓晗，卫乾，宋健．钻井生产远程指挥物联网系统设计研究[J]．中国石油和化工，2013(12)：38-40.

第二篇　智能化总篇

智慧油田视频网络优化改造的研究

刘　鑫　马国梁　穆太力普·麦麦提

（中国石油塔里木油田公司）

摘　要　近年来，随着视频监控和图像分析技术的不断发展，视频监控网络的规模的逐步扩大，以及生产管理对视频数据集中管理、统一应用、灵活调度需要不断增加，对视频传输网络要求越来越高，现有系统无法满足生产管控的需求。现有系统存在网络架构不合理、系统运行不稳定、设备日趋老化、IP地址冲突多发和地址不够用等问题，亟需将现有视频监控网进行优化改造。改造后的视频监控系统分为油田级视频监控中心和区域级视频监控中心两个部分，本文主要针对区域级视频网络优化改造的安全性、扩展性、稳定性等方面展开讨论。

关键词　视频专网；网络架构；网络规划；安全接入；网络优化；环网保护

1　现状及问题分析

1.1　现状描述

采油气管理区共有视频413路，目前已通过采油气管理区视频综合管理平台完成初步整合，共计接入335路，尚存在部分模拟视频待改造后接入。其整体的架构如图1.1所示。视频存储设备有NVR、CVR和模拟存储三种，采用分布+集中的存储模式部署。视频网由商用交换机和工业交换混合组网，使用品牌较多。

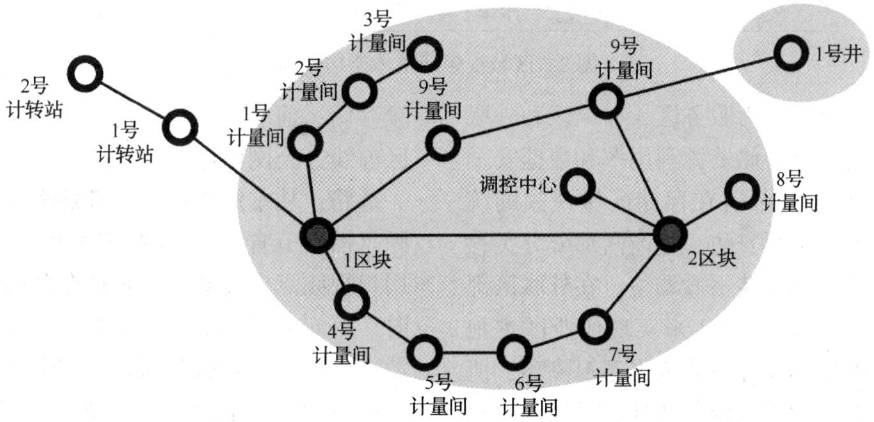

图1　某采油气管理区视频网架构现状

1.2　问题分析

（1）总体架构不合理

视频网随不同时期项目独立分散建设，缺乏统筹规划、标准不一，部分系统仍沿用模拟制式。视频监控资源管理分散，造成管理、维护难度大，无法支撑油田统一管理、调度。

（2）网络规划不合理

目前视频网地址使用混乱，办公网IP、物联网IP和私网IP并存，存在IP地址冲突、办公网IP地址不够用等现象，造成管理维护难度大，网络整体运行效率不高。视频网前端设备分布广、节点多，各节点网络规划、存储方式的标准不统一，造成用户管理难、调度难、维护难。同时关键节点使用的环网协议为RSTP，当链路出现故障时，网络收敛时间过长。

（3）设备硬件问题

视频网部分交换设备老旧，存在频繁死机、CPU占用率过高、不支持环网协议、无法远程管理等情况，无法满足目前视频网络需求。为保障视频网络的稳定，更换的工业交换机应支持以太网多环保护技术ERPS（Ethernet Ring Protection Switching）和IP地址冲突阻断功能。

2 解决方案

2.1 整体架构

将采油气管理区所有视频资源进行统一梳理、规划，建立统一视频网络，视频网络划分为接入、核心、应用三个层级。如图2所示。

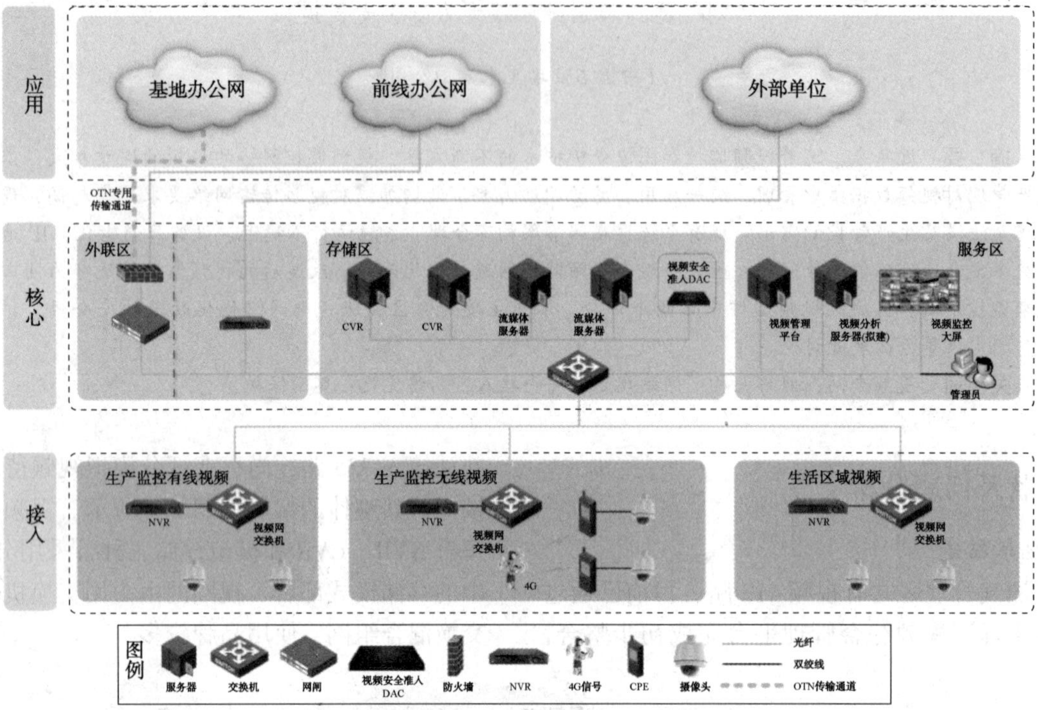

图2　区域视频网整体架构规划

其中，核心层又分为服务区、存储区和外联区三个部分。为提高存储资源利用率和数据安全性，将原有CVR设备部署在存储区做视频的统一存储，视频资源按照安防、生产两部分分类存储，原有各区块本地存储不做调整。在外联区部署视频网闸、防火墙和NVR来实现作业区本地视频网与其他网络的物理隔离或强逻辑隔离，所有视频网以外的调用需求统一从外联区接入。利用网闸实现作业区本地视频网与油田办公网的隔离，并将流媒体推送的两路视频流，一路通过OTN视频专网传回基地，供基地办公网用户查看，一路直接进入作业区本地办公网，供作业区用户查看。NVR实现作业区本地视频网与外部单位网络的网络隔离，同时满足外部单位的视频调用需求。采取1台NVR对应1个外部单位的模式，后期有新的外部单位需要接入时，只需在外联区增加1台NVR即可实现安全接入。

此种架构下，采油气管理区前线视频监控区通过本地视频网点播视频，即使办公网出现中断或出现传输链路故障时，作业区用户仍然可通过本地视频管理平台点播视频，本地视频查看、视频存储、前端视频分析均不受影响；采油气管理区前线办公网侧用户点播视频时，利用网闸的另一链路，从本地流媒体服务器直接取流，实现视频点播，节省OTN视频专网的带宽，提高本地用户视频点播的效率。基地办公网用户点播视频时，首先向基地节点部署的综合管理服务器发起请求，综合管理服务器将请求发送至点播视频所在区域的视频管理平台，视频管理平台从NVR取流后，再推流至基地的综合管理服务器，综合管理服务器再将视频流推至用户，实现视频点播。

2.2 网络规划

根据油田音视讯融合平台的架构设计，油田视频监控系统建设主要分为节点视频监控中心和区域视频监控中心建设两个部分。在采油气管理区范围内，规划建设区域视频监控中心，实现对区域内视频信息的汇聚、转发，搭建视频综合管理平台，提供区域视频监控、管理、调度功能，统一将区域级视频回传至油田级音视讯融合平台。

2.2.1 IP 规划

区域视频网统一采用私网地址进行规划，回收办公网 IP 资源，各区域地址在油田范围内不重复使用。根据片区和业务类型来进行 IP 规划，每个地址段按照使用 60%，预留 40% 比列进行划分。一个汇聚区下存在多个大片区时，同片区整体保留 20% 冗余。按照区域和业务划分，对不同业务需求采用 Vlan 方式进行划分，避免同一个业务 Vlan 内地址数量过多，不利于网络稳定。同时 Vlan 数量不宜划分过多，造成地址浪费。为避免私接、乱接，减小广播域，便于后期管理，Vlan 将进行细分，每个单井划分 1 个 Vlan，每个计量间、联合站最少划分 2 个 Vlan，用于隔离生产和安防视频。各地址段 IP 规划在保障现有基础上，做好预留，便于后期扩展。

2.2.2 环网保护

汇聚交换机采用以太网系列交换机，可以采用单节点、多节点两种部署方式。单节点汇聚设备采用堆叠或虚拟化配置，增加汇聚设备硬件冗余性；多节点汇聚设备采用 ERPS 毫秒级环网协议，各业务网关合理分配至各汇聚设备上。接入交换机采用工业网交换机，同时接入网络关键节点配置环网，使用以太网多环保护技术 ERPS，提供冗余链路，网络故障恢复时间<300ms，保证关键节点业务。ERPS 为 ITU 开发的一种环网保护协议，也称 G.8032。它是一个专门应用于以太环网的链路层协议。它在以太环网完整时能够防止数据环路引起的广播风暴，而当以太环网上一条链路断开时能迅速恢复环网上各个节点之间的通信。

2.3 应用接入

视频网需要调用资源的用户主要有 3 类：油田基地办公网用户、作业区办公网用户、外部单位。在外联区建设视频网闸、防火墙和 NVR 来实现视频网和办公网的网络隔离以及资源调用，如图 3 所示。

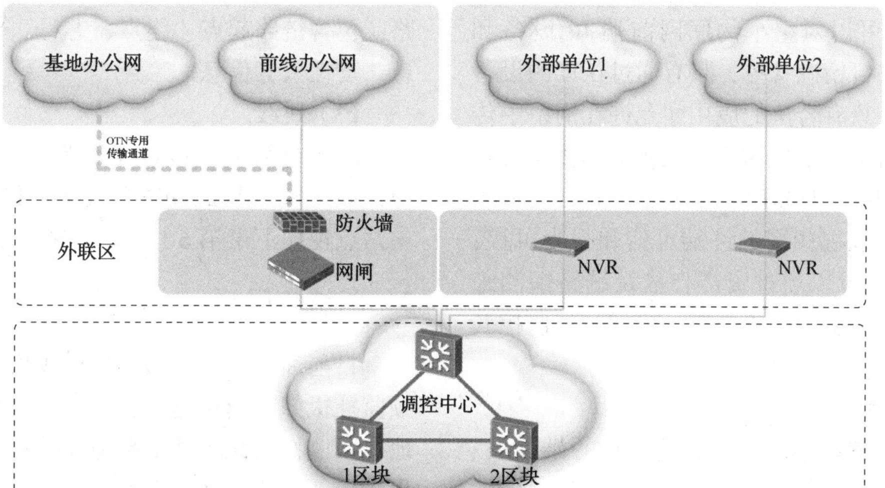

图 3 外联区视频接入方式

2.3.1 油田办公网用户

对于油田办公网用户，通过网闸和防火墙来实现视频资源的接入。网闸由内网处理单元、外网处理单元以及安全数据交换单元组成。数据交换单元包含了存储介质和控制单元，控制单元在物理层面上实现了数据交换单元在任一时刻只与内网处理单元或外网处理单元建立连接，以此来保证在任一时刻网站的内、外网处理单元没有直接建立起连接。存储介质作用在于在网闸进行数据传输过程中，临时对内外网处理单元所传输的数据进行存储，在与数据的发送方断开连接后，将存储介质中的数据发送给接收方。网闸会在内网处理单元和外网处理单元分别对 TCP/IP 协议及其他相关协议进行剥离和重新封装，在内、外网处理单元处完成网络协议终止、对传输内容的检查以及日志审计，将符合配置的安全策略的数据内容传输至数据交换单元等待完成内外网的数据交换，通过数据交换单元进行摆渡的数据是剥离协议后得到的原始数据。从而在保证内外网之间物理隔离的基础上，实现安全、可靠、高效的安全数据交换。通过网闸和防火墙将采油气管理区视频管理平台推送的两路视频流，一路通过

OTN 视频专网传回基地，供基地办公网用户查看，一路直接进入采油气管理区办公网，供本地用户查看。

2.3.2 外部单位用户

外部单位通过在外联区增加 NVR 来实现视频资源的接入。使用双网口 NVR，NVR 的 LAN1 连接监控网络，LAN2 连接外网，两张网卡参数相互独立，网卡独立工作，从而实现视频网和外部单位网络的物理隔离。根据 NVR 的特性，建议 1 台 NVR 对应 1 个外部单位，后期有新的需要接入时，只需在外联区增加 1 台 NVR 即可实现安全接入。

2.4 前端安全接入

视频网络存在前端设备点多面广、非法私接和违规外联行为难管理、摄像头本体安全薄弱、安全漏洞多等问题，易造成数据泄露、篡改、删除及 DDoS 攻击等违规行为。考虑信息安全要求，建议在存储区汇聚交换设备旁路部署一套应用安全控制系统 DAC(Device Application Controller)，该系统可以对整个物联网前端 IP 设备和传输的流量进行精确管控，只有通过认证的设备才允许接入，只有合法的应用才允许在网络中传输。通过白名单技术架构，防范非法私接、设备仿冒、非法扫描、DDoS 攻击、数据重放攻击等威胁入侵，实现视频网的终端可信和行为可控；同时 DAC 系统可以通过资产扫描及链路探测来发现接入前端，实现对终端统一管理并且监控其运行状态。

2.5 设备管理

视频网应按照网络总体架构、核心端设备、交换设备、NVR、前端摄像头、管理终端、传输链路等分类建设完整的台账，机柜、设备、链路、跳线等应有明确标签标识，以便于后期管理维护。

2.5.1 资料台账

(1) 总体架构

应包含完整的网络拓扑、区块、设备数量等信息。

(2) 核心端设备、交换设备、NVR、前端摄像头

应包含设备名称、品牌、型号、SN、IP、用户名、密码、出厂日期、安装位置、责任人等信息。

(3) 交换设备配置

应按照油田要求配置交换机名、密码、端口描述等信息，并定期备份设备配置。

(4) 管理终端

应包含终端位置、使用人、IP、权限等信息。

(5) 传输链路

应包含链路起点、终点、总芯数、可用芯数、使用芯号、线缆及设备接口型号等信息。

2.5.2 目视化管理

所有设备的标签标识应采用机器打印，临时标在设备正式投入使用后应及时更换，字体颜色应清晰工整，标签标识张贴、悬挂结实牢固。

(1) 机柜

应包含机柜标签(机柜内设备用途、管理人等)、机柜巡检表、机柜设备清单(设备型号、数量、位置等)等信息。

(2) 设备

应包含设备名称、用途、管理人等信息；链路应包含链路起点、终点、芯号、使用及空余信息、责任人等信息。

(3) 跳线

应包含两端连接设备位置信息以及业务类型，如＊＊站点 2#ODF 第 2 盘 11、12 芯---＊＊站点视频汇聚第 6 口，安防视频。

3 总结与展望

目前油田视频网络的建设规模不断扩大，视频监控摄像头越建越多，技术人员对实时调取异地视频监控的需求越来越迫切，视频监控也是远程管控、指挥调度、提升管理效率的主要技术手段，视频专网的建设势在必行。区域视频监控是油田油田监控、会议系统的一部分，为油田生产指挥、勘探开发、油气生产、钻完井现场等业务视频监控、融合调度提供必要的信息化支撑，并满足上级平台集中管理、分层查看的需求。

伴随网络、存储等基础硬件设施性能的提升，标准视频流、通讯协议等通用技术发展，解决了不同系统的信息互联互通问题。目前基于图像的基础智能应用，如入侵检测、奔跑检测、摔倒检测、烟火检测等，在治安、维稳等领域应用已经较为普遍，应用算法相对成熟，因此系统融合应用、智能化发展成为趋势。

视频监控的重要性在不断提升的同时，其安

全方面的问题也随之凸显。在油田的视频专网中，一旦出现系统遭受攻击或敏感视频图像信息发生泄露，后果将不堪设想。在部署安全控制系统的基础上，未来安全管理的措施会更加完善。通过在边界保护区处部署入侵侦测设备，实现违规行为的实时自动识别与预警。建立统一的安全管理平台，以全面深入的协议分析为基础，融合智能协议识别、协议异常检测、流量异常检测、会话关联分析等多种技术，提供从网络层、应用层到内容层的深度安全检测，全面掌握区域的现场动态。

参 考 文 献

[1] 智慧城市中视频监控大数据的应用探讨[J]. 田欣. 数字通信世界. 2022(05).

[2] 视频网终端安全准入系统的设计与实现[J]. 洪小龙，陈崇平. 广东公安科技. 2018(04).

[3] 视频新模式应用前景探析[J]. 刘冲. 花炮科技与市场. 2020(01).

气井积液预测模型辨析与聚类优选

贾　皓　朱建军

[中国石油大学(北京)]

摘　要　天然气井生产中后期通常会出现气井积液与内壁结垢腐蚀等现象，使气井产量下降或提前停产，造成诸多不利影响。预测气井积液产生对于天然气井稳产十分必要，经过不断发展，现有文献中的积液模型主要基于液滴、液膜以及能量等机理，计算临界气速或流量。本文通过对现有积液模型广泛调研，考察文献中所涉及不同油气区块的气井信息，对未知气井开展积液预测模型评估。运用数据聚类与归一化等方法，综合考虑气井生产过程中多个变量(包括产量、压力、管径等)，以及模型预测误差的相关统计量，优选出适用于当前气井积液发生的最佳模型，该方法为气井合理配产和稳产提供了良好借鉴。

关键词　气井积液；聚类；归一化；模型优选

1　引言

井底积液是油气田生产中后期常见的问题之一。积液不仅会导致产量降低或气井停产，也会带来储层污染、井筒腐蚀等危害，从而大大降低油气田经济效益。目前有不少人工举升装备和方法用于井底积液的采出，如泡沫排水采气、柱塞气举、电潜泵举升等等。准确预测气井积液临界条件有利于确认人工举升工艺实施的时机与种类，为气井的增产增收提供有利保障。基于不同积液理论，现有文献中的积液预测模型来源非常广泛，有理论推导、实验数据拟合修正，经验公式等等。本文对众多的积液预测模型分类、整理并拓展，提出一种基于聚类算法的积液模型优选方法，在其他相似气井中得到很好验证。

2　积液模型发展概述

2.1　液滴模型

此类模型在井筒中选取液滴为研究对象。忽略气流与液滴间的摩擦，液滴在井筒中受到重力、曳力与浮力作用。当液滴所受合力向上时，液滴被携带至地面，气井不发生积液，反之则液滴在井底积聚，产生积液，见图1。

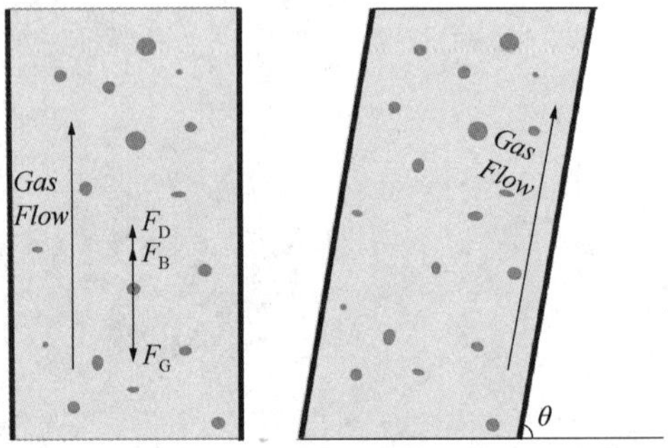

图1　井筒内液滴受力示意图

液滴重力与液滴临界直径相关，曳力主要取决于曳力系数与液滴速度，浮力主要由气体密度，即井筒压力决定。Turner模型针对高气液比气井，将液滴形状视作球体，曳力系数取0.44，液滴破裂时的临界韦伯数为30，求解临界气速向上取20%作为安全系数；李闽等人认为向上运动的液滴由于惯性力的作用形态趋于扁平，有效迎流面积大，容易被携带至地面，曳力系数为1；王毅忠与刘庆文提出：在椭球液滴高宽比小于0.75时将液滴视作球帽形，曳力系数为1.17，安全系数取1.25；彭朝阳将液滴视作高宽比为0.9的椭球体，使用Helenbrook公式计算曳力系数约为0.3236，该模型与实验结果拟合良好；魏纳等人通过实验分析结合液滴厚度与有效迎流面积的理论推导，将曳力系数为1.24代入计算临界携液流速；何顺利等人通过研究低压气井，将液滴视作椭球体处理，分析液滴运动过程中受到的速度压力不均，不断翻转变形，在李闽模型基础上引入修正因子表示液滴运动时能量损失；刘文仪等人假设液滴运动时体积不变，液滴不破裂且不与其他液滴融合，取曳力系数约为1，根据能量守恒定律结合气液界面张力推导临界流速，在涩北油气田应用效果良好；李品等人分析井筒中液滴形状为扁平形，求解曳力系数时引入非球形系数修正项β，由当量球形曳力系数

$C_{DSP}=0.44$ 计算得扁平状液滴曳力系数为 2.19；石军太等人通过大量实验观测，确定液滴形状为半汉堡形，液滴宽高比在 0.3765~1 之间分布，采用临界液滴直径表示临界气速；此外，Coleman、杜敬国等均为在以上模型的基础上调整安全系数增加预测精度。以上模型计算公式汇总见表 1。

$$v_c=B\left[\frac{\sigma_L(\rho_L-\rho_g)}{\rho_g^2}\right]^{0.25} \tag{1}$$

表 1 液滴模型汇总表

模型名称	Turner (1969)	Coleman (1991)	李闽 (2001)	王毅忠 (2007)	杜敬国 (2009)	彭朝阳 (2009)	何顺利 (2010)	魏 纳 (2011)	石军太 (2016)	李 品 (2016)	刘文仪 (2018)
液滴形状	球体	球体	椭球	伞帽	椭球	椭球	椭球	椭球	半汉堡	椭球	椭球
C_D	0.44	0.44	1	1.17	1	0.3236	–	1.24	$\frac{2}{3}\sqrt{E_o}$	2.19	1
B	6.6	4.45	2.5	2.25	3	4.54	4.96	6	1.54–2.5	2.06	3.9996

在以上模型基础上，考虑到气流与液滴的摩阻与井斜角的影响，李丽根据牛顿摩擦定律，结合受力分析对 Turner 模型进行修正，并在四川气田验证，适用效果良好。谭晓华与李晓平并未使用临界韦伯数，而通过 Moody 图计算摩阻系数，利用气相表观流速下的摩阻系数、表观气速、表观液速来表示平均液滴直径。明瑞卿等人将李丽模型中的摩阻系数取为 0.1，曳力系数使用 SPSS 数据分析软件对紊流条件下相关试验数据进行非线性拟合求解，并将临界气速计算值提高 30%。李国珍等人用 Blasius 方程求解湍流状态下壁面摩擦系数、引入了速度系数，其中考虑了液滴动能、持液率、液滴变形与尺寸的差异。张振南等人通过理论分析得到了井筒内气液两相的流动状态和过渡准则，给出了每种流型下夹带液滴尺寸的预测关联式。

Nosseir 等人以流态为分界，分别讨论了层流与湍流状态下临界气速的求解，曳力系数取 0.2，并采用 Turner 文献与 EXXON 公司气井数据验证，效果良好。周德胜提出了液滴浓度的概念，基于井筒持液率对临界气速分段求解，当持液率大于 0.85%时，临界积液流量为 Turner 临界流量和与持液率相关的修正项之和。

王志彬与李颖川考虑了液滴形状与尺寸的动态变化，提出使用 Azzopardi 公式计算临界韦伯数 We_c，使用 Hinze 液滴变形规律与椭圆表面积表示 We_c 与变形参数 k 的函数关系，曳力系数由变形参数 k 决定。熊钰等人采用相同分析方法，使用 Barati 多基因遗传编码(GP)公式求解曳力系数。潘杰等人使用邵明望模型求解曳力系数，采用了新的椭球表面积计算公式表示 We_c 与 k 的函数关系，提高了计算精度。杜社教等人通过纪兵提出的椭圆表面积计算方法与全局优化算法非线性拟合得到 We_c 与 k 的关系式，将邵明望模型下调 15%求解曳力系数，该模型在倾斜气井中有良好使用性。以上四人提出的模型汇总如下表：

表 2 动态液滴积液模型汇总表

模型	曳力系数 C_D	模型表达式
王志彬(2012)	Helenbrook 公式	$C_k=\left[\frac{4g\,We_c}{3\,C_D k^2}\right]^{0.25}$　$v_c=C_k\left[\frac{\sigma_L(\rho_L-\rho_g)}{\rho_g^2}\right]^{0.25}$
熊钰(2015)	GP 公式	
杜社教(2019)	邵明望模型计算值下调 15%	
潘杰(2019)	邵明望模型	$v_c=\frac{2.3}{K\sqrt{C_D}}\left[\frac{\sigma_L(\rho_L-\rho_g)}{\rho_g^2}\right]^{0.25}$

2.2 液膜模型

液膜模型认为井底积液主要是液膜反转造成的。井筒内壁的液膜受到重力与剪切应力的作用：其中气液界面剪切应力与气流方向相同，液膜与壁面剪切应力与液膜运动方向相反。当三者合力为0时，即为临界携液点，如图2。

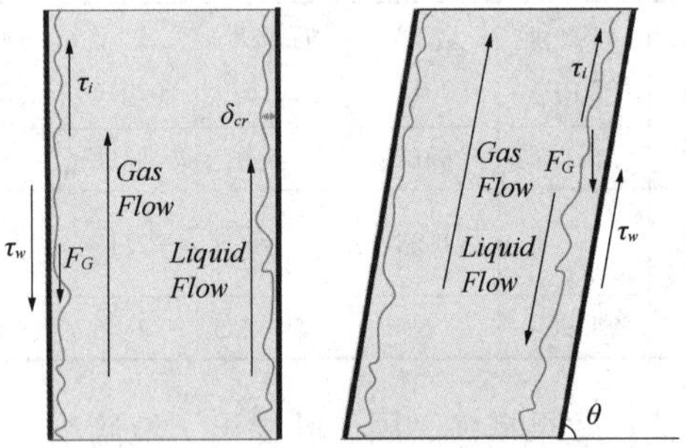

图2 井筒内液膜受力示意图

Pushkina通过理论推导结合实验数据修正，引入Kuteladze速度系数求解临界气速。Richter在其基础上考虑到管径影响，将壁面摩阻系数取0.008，进一步确定Ku系数范围。Wallis提出液泛经验表达式，用以区分液膜是否反转，当忽略液速时即可得到临界气速。Owen根据入口条件推得临界气速范围，部分物性参数取经验值代入计算，由于提出年代久远，且气井参数处在动态变化中，预测精度不高。

Barnea通过理论推导结合实验观测，建立了无量纲液膜厚度与无量纲界面剪切应力的函数关系，见图3。在曲线拐点处即为液膜反转点，对该函数求导即可求解临界液膜厚度。Shekhar、Luo等人基于此，观测到倾斜管道液膜分布不均，对不同倾角下液膜周向位置分别求解厚度，通过实验数据拟合得到不同的液膜厚度关系，提高了Barnea模型的适用范围与预测精度。

肖高棉等人分析液膜受力分布，建立边界条件求解出壁面剪切应力反转点，该点即为临界工况，同时对于斜井加入倾角修正。石军太等使用微元法对倾斜井筒进行分析，结合肖高棉模型的临界液膜厚度与Wallis界面摩擦系数公式得出临界气速表达式。陈德春等人对井筒环状流进行分析，引入无量纲气速与邦德数求解临界速度系数，并讨论不同管径倾角下其系数大小。Arnold模型忽略气核中液滴夹带影响，气核密度为气体密度，结合压力梯度推导出临界流速，使用Fore公式计算界面摩阻系数，液膜厚度分布采用Luo

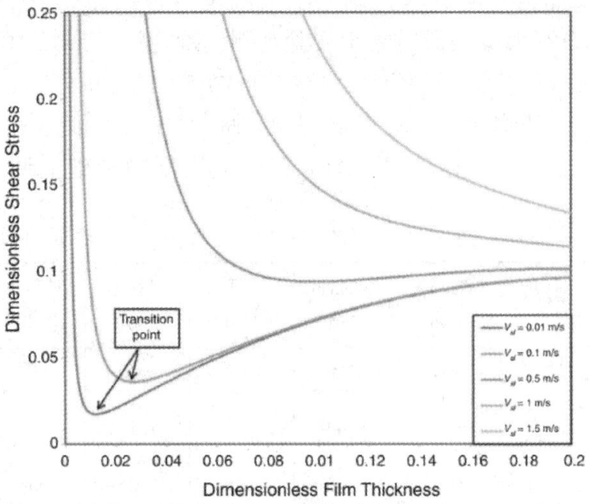

图3 Barnea液膜模型示意图

模型计算。

Belfroid等人通过实验研究气液两相在不同倾角下的携液情况，考虑管径差异，通过Fiedler形状函数对Turner预测模型加入倾角修正项。Veeken等人分析了不同气井参数与临界积液流量之间的敏感性。根据稳态和瞬态多相流建模的结果对Turner模型进行修正。

王志彬等人对Belfroid模型前后进行了两次修正，实验测量小管径下不同工况的临界气速，对数修正项包含管径、表观液速、温度、压力等参数。Li等人根据实验数据对表观液速和倾角进行三维拟合，得到适用范围为倾角0-90°，表观液速范围0.01-0.1m/s的经验公式。刘永辉等人结合表观液速使用1stOpt软件对Belfroid模型进行拟合回归，可求解各角度井筒的临界气速，在垂直气井积液预测方面准确率高达95%。

2.3 夹带模型

夹带模型是对基于液膜理论的积液模型的补充。此类模型将环雾状流型下井筒携液分为管壁液膜与气核中液滴两部分，见图4。因此需先求解夹带气速，进而才能合理预测气井临界积液条件。目前通常采用Pan文献中的初始夹带气速公式，即。

$$v_{c,fE}=40\left[\frac{\sigma_L}{D\rho_l^{0.5}\rho_g^{0.5}}\right]^{0.5} \tag{2}$$

沈伟伟等人基于Shekhar模型，使用Wallis公式计算夹带率，再根据气井产出总液量分别计算液滴与液膜的体积份额，最后将液膜的表观速度代入Barnea模型中求解临界液膜厚度，此方法相对于纯液膜模型具有更高精度。潘杰等人针

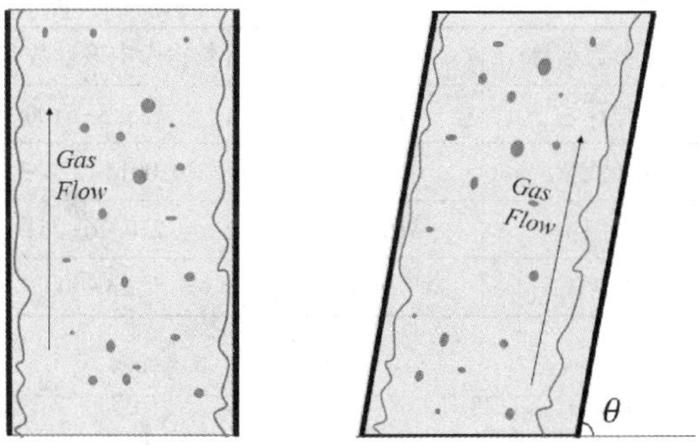

图 4 夹带模型示意图

对井筒气核与管壁液膜分别建立平衡方程，假设液膜中无气泡且液膜厚度周向分布均匀，通过 Henstock 提出的临界液膜厚度公式求解临界气速。王志彬等人忽略液膜周向速度，不考虑气液界面作用，由实验数据拟合了新的管底液膜平均厚度的函数关系，并发现其与表观液速、管径、倾角相关。Okoro 等人基于压力梯度变化在气液两相中相同的假设，分别对于气核和液膜液滴两部分列出动量平衡方程，将液膜反转时刻壁面剪切应力为 0 的边界条件代入求解，在倾斜气井中有良好的适用效果。

已有实验表明，气核内液滴夹带率随着液相/气相速度，气体密度和管径的增大而增大，随着表面张力的增大而减小。下表 3 展示了垂直管道内环雾状流常用的夹带率公式。将其代入 Shekhar 模型，即可求解气井积液的临界气速。

表 3 垂直管道夹带模型汇总

提出者及时间	计算公式
Oliemans(1986)[52]	$\frac{f_E}{1-f_E}=10^{\beta_0}\rho_L^{\beta_1}\rho_G^{\beta_2}\mu_L^{\beta_3}\mu_G^{\beta_4}\sigma_L^{\beta_5}D^{\beta_6}v_{sl}^{\beta_7}v_{sg}^{\beta_8}g^{\beta_9}$
Ishii et al(1989)[52]	$f_E=tanh\left[7.26\times10^{-7}(We')^{1.25}Re_{SL}^{0.25}\right]$
Zhang(2003)[53]	$\frac{f_E}{1-f_E}=0.003\,We_{SG}^{1.8}Fr_{SG}^{-0.92}Re_{SG}^{-1.24}\left(\frac{\rho_L}{\rho_G}\right)^{0.38}\left(\frac{\mu_L}{\mu_G}\right)^{0.97}$
Liu(2017)[54]	$f_E=\frac{\left[1-e^{-\left(\frac{Re_{SL}}{1400}\right)^{0.6}}\right]\left[v_{sg}(\rho_g\rho_L)^{0.25}D^{0.5}-40\sigma_L^{0.5}\right]^2}{1.67\times10^4\sigma_L+\left[v_{sg}(\rho_g\rho_L)^{0.25}D^{0.5}-40\sigma_L^{0.5}\right]^2}$

2.4 动能模型

动能模型是通过计算储层气体流出的最小携液动能，并结合气井参数即可计算积液的临界气速。Guo 在 2006 年建立了四相流模型，从井底气相、边底水、凝析油、泥沙四相来求解井底压力，但未考虑积液和动能部分所产生的压降。动能因子反映气水两相在油管内的流动特征，刘志森针对塔河油气田实际生产情况，用井底密度与流速表示动能因子，预测结果较为精确。Fadairo 等人在 Guo 模型上做出进一步改进，在计算井底压力时补充了积液与动能两部分的压降影响计算，将 Turner 文献中气井数据代入验证，精度较 Guo 模型有所提高。耿新中基于井筒流动建立能量方程，即压降由势能变化、动能变化、摩阻损失三部分组成，对不同流态分别建立携液模型，同时总结生产实践经验，给出了临界动能因子的经验公式，由管径与积液密度决定。

2.5 气井积液模型调研总结

以上众多积液模型无论是从提出时间还是实例验证上都跨度极大。除少数经验模型外，大多预测模型也没有明确适用范围。在具体选用上给现场工程技术人员带来极大困扰。各模型的提出都是基于一定的假设前提，这些假设往往是理想条件下基于理论推导或实验测量。积液从井底到井口过程温度压力逐渐降低，在数千米的气井不同阶段流型差异也较大，因此需要对其进行分类验证。

当前积液模型的求解思路通常从受力平衡方程出发，结合推导得出计算公式。在现有模型上增减安全系数，根据井型对模型加入倾角修正项，并通过大量实验数据拟合回归，获得较为准确的预测模型。

然而，液滴模型中主要分析了单一液滴的行为，未考虑液滴直径形状分布与液滴井壁之间的作用。虽然个别模型计算了曳力系数、临界韦伯数、变形特征参数等，但是对液滴形状按照规则几何体处理。

液膜模型实际所受剪切应力是动态变化的。从井底至井口气液两相流中不断有液滴溶于液膜，也有液滴从液膜脱离。从 Barnea 模型曲线中也可看出，当表观液速过大时，曲线无拐点，无法求解临界液膜厚度。

夹带模型则基于井筒中环雾状流型建立并计算临界积液工况。当液量过多/过少时两相流型会发生转变，进而导致该类模型不再适用。另外现有文献中液滴夹带率均为求解垂直井筒使用，在倾斜井中，计算精确性必然有所下降。

动能模型所依据的最小动能理论在推导时将曳力系数按照 0.44 处理，且忽略了气体密度。而在气井压力下，通常气相密度为标况下的几百倍，忽略气相密度容易造成额外模型误差；动能因子的计算通常取经验值，其实际数值与临界持液率相关，无法准确预测。

本文基于文献中对于气井积液模型的充分调研，拟开展针对单口气井的积液预测工作。各模型的适用范围不同，需先进行特征变量提取，而后通过聚类与归一化算法从气井数据库中选取与待测气井相似工况气井，在模型库中对相似工况气井分别进行计算与模型筛选，最终给出各模型预测评分并进行误差验证。

3　模型优选方法

3.1　待测气井概述

由于现场气井生产数据的保密性，在模型验证时通常选取现有文献中的气井进行验证，新模型提出时往往针对某一区块气田进行验证，若选取不当则对模型精度有很大影响。

本文通过大量调研现有文献中有关气井积液模型的报道，选取国内外共 662 口气井的生产数据作为研究对象，囊括垂直、倾斜、水平等气井类型，且压力和气液比等也在一定范围内变化，模型计算时天然气标况下的相对密度取 0.6，天然气压缩因子采用含有 11 个常系数的 DAK 方法求解，气液界面张力采用杨继盛方法计算。模型基于单口积液气井的计算做算例，计算时所用的主要参数与气井数据库中各参数范围见表 4。通过以下 7 个参数，可计算出各模型对于该气井的积液预测，见图 5。

表 4　待测气井参数表

特征参数名称	数值(单位)	数据库中该参数范围
日产气量	4.19($10^4m^3/d$)	0.03-73.70
井口压力	12(MPa)	0.27-34.86
管径	62(mm)	20.93-187.60
井深	2500(m)	685.8-5100
日产液量	0.4(m^3/d)	0.0014-224.35
井口温度	316.11(K)	250.26-351
井斜角	90(°)	24-90

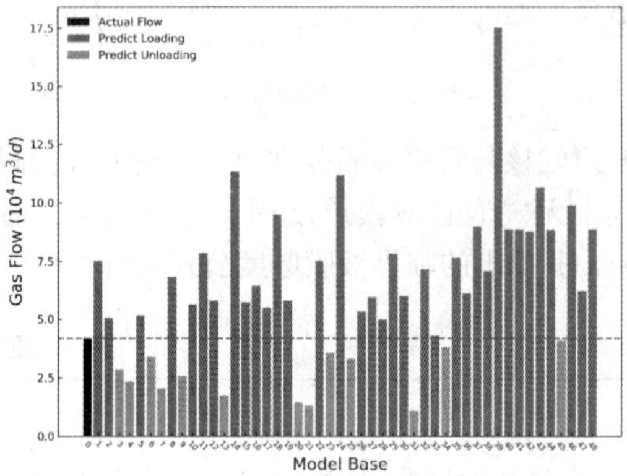

图 5　各模型对该气井的积液情况预测

图 5 所示，横坐标代表不同积液模型，纵坐标是临界积液流量。大部分模型能够较精确预测出该气井积液，但并非预测的临界气体产量越大越好。当预测的临界气体产量过大时会导致关井提前，浪费气井产能，大幅降低生产效益；若预测的临界气体产量过低，气井产生积液却未发现，造成气井产能的持续下降。

3.2　算法路线及详解

本研究通过聚类方法从气井数据库中选择与待测气井工况类似的数据集，并使用筛选后的数据集来优选模型，通过对各模型预测的偏差统计量计算求和并给出各模型评分，最终筛选排序出待测气井的最优预测模型，技术路线见图 6。

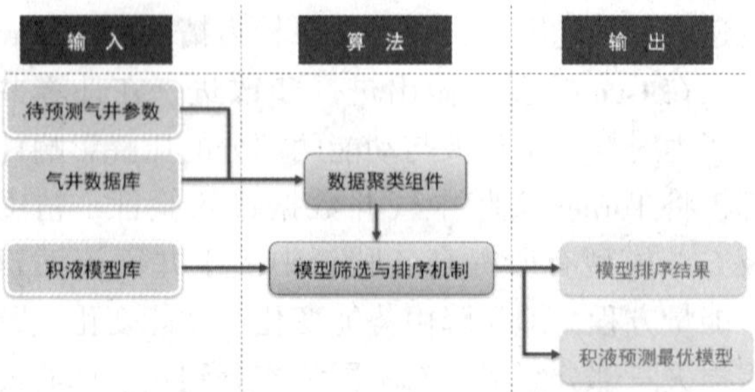

图 6　聚类算法优选模型技术路线图

从表 4 的特征参数中选取日产气量与压力为主要筛选变量，剩余 5 个参数使用欧氏距离表示。由于各参数数量级相差较大，对其使用归一化方式处理，计算方法见式(2)。气量距离、压力距离、欧氏距离均表示数据库中各气井相对于待测气井的相似度，见式(3)~(5)所示。

$$\bar{x}_i=\frac{|x_i|-\min(|x_0|,\ \cdots,\ |x_{N_{model}}|)}{\max(|x_0|,\ \cdots,\ |x_{N_{model}}|)-\min(|x_0|,\ \cdots,\ |x_{N_{model}}|)}\quad i=0,\ \cdots,\ N_{data} \tag{2}$$

$$d_{G.i}=|\bar{G}_i-\bar{G}_0| \tag{3}$$

$$d_{P.i}=|\bar{P}_i-\bar{P}_0| \tag{4}$$

$$d_{E,i}=\sqrt{h_1\times|\bar{d}_i-\bar{d}_0|^2+h_2\times|\bar{H}_i-\bar{H}_0|^2+h_3\times|\bar{L}_i-\bar{L}_0|^2+h_4\times|\bar{T}_i-\bar{T}_0|^2+h_5\times|\bar{\theta}_i-\bar{\theta}_0|^2} \tag{5}$$

使用上述三个距离对于数据库中的众多气井参数进行整合优化，按照以下步骤聚类出相似数据集：

(1) 将数据库中所有气井按照日产气量距离由小到大排序，其中$\frac{d_{G.i}}{d_{G.max}}<0.001$为第一层子集，$\frac{d_{G.i}}{d_{G.max}}<0.005$为第二层子集，其余为第三层子集。

(2) 在上一步基础上对每一层子集按照压力距离由小到大排列，对其再次细化，当$(d_{P.i}-d_{P.i+1})>0.001$时为新的子集。

(3) 针对以上两步划分的不同子集，在各子集内按照欧氏距离由小到大排列。

通过以上步骤，即可对数据库中的气井与待测气井做出相似度排序，按照各类子集优先级依次排序完成后，选取相似排名前20的气井作为聚类完成后的气井数据集，接下来基于优选后的气井数据集进行模型筛选与评分排序工作。

本研究建立的模型库中共有48个积液模型，覆盖范围非常全面，且不同类型模型之间相差较大，若针对每一个模型均验证计算再横向比较会大大降低运算速度，因此需要对众多模型进行初步筛选剔除，所用方法如式(6)~(8)所示。

$$T_{ss,\ mod}=\sum_{i=1}^{N_{Data}}G_{exp,\ i}^{\ 2} \tag{6}$$

$$E_{ss,\ j}=\sum_{i=1}^{N_{Data}}(G_{calc,\ i,\ j}-G_{exp,\ i,\ j})^2 \tag{7}$$

$$R^2_{mod,adj,j}=1-\left(\frac{E_{ss,j}}{T_{ss,mod}}\right)\left(\frac{N_{Data}-1}{N_{Data}-N_{indep,j}-1}\right) \tag{8}$$

式中：G_{exp}：气井实际日产气量；G_{calc}：模型预测日产气量；N_{Data}：聚类后数据集中的气井数量；$N_{indep,j}$：每个模型中独立变量的个数。

其中，角标i，j分别代表模气井数据库，模型库中气井与模型的数量，$R^2_{mod,adj,j}$反映了自变量个数对于模型预测偏差影响，针对于$R^2_{mod,adj,j}<0$的模型选择剔除，模型初步筛选结果见图7。

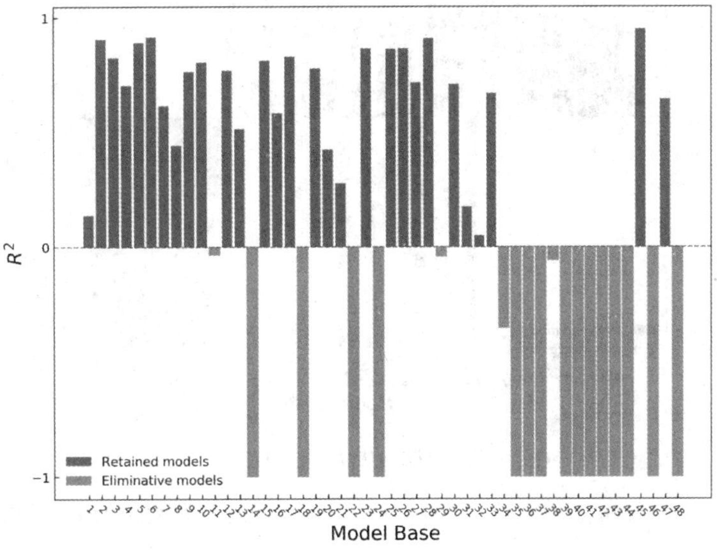

图7 初步筛选结果

本文约定，对于若对于$R^2<-1$则按照$R^2=-1$在图7中表示，灰色条形代表初步淘汰的模型，接下来将针对剩余的模型进一步优选操作，通过表5中给出的误差统计变量来加权计算。

表 5　各误差统计量计算公式汇总

统计量名称	计算公式	编号
误差平方和均值	$E_{MS,j}=\dfrac{E_{SS,j}}{n_{data}}$	(9)
平均相对误差百分比	$E_{MAP,\ j}=\dfrac{100}{n_{data}}\sum_{i=1}^{n_{data}}\dfrac{\lvert G_{calc,\ i,\ j}-G_{exp,\ i}\rvert}{v_{exp,\ i}}$	(10)
绝对误差均值	$E_{MA,\ j}=\dfrac{1}{n_{data}}\sum_{i=1}^{n_{data}}\lvert G_{calc,\ i,\ j}-G_{exp,\ i}\rvert$	(11)
修正 R^2统计量	$R^2_{mod,adj,dev,j}=1-R^2_{mod,adj,j}$	(12)
各预测速度与平均预测速度偏差	$v_{0,?dev,j}=\lvert G_{0,j}-G_{0,avg}\rvert$	(13)
最大预测误差	$MAX_{\%,j}=\dfrac{G_{calc,max,i}}{G_{exp,i}}$	(14)
预测误差超过 50%数据占比	$P_{50\%,j}=\dfrac{N_{\lvert G_{calc,i}\rvert>1.5G_{exp,i}}}{N_{total}}$	(15)

以上统计量全面的展现了各模型的预测误差，对筛选后剩余的模型分别计算以上统计量，由于其数量级相差较大，采用公式(2)对以上统计量进行归一化处理，最终各模型评分排序由公式(16)计算得到。

$$S_j=1-(w_1\overline{E_{MS,j}}+w_2\overline{E_{MAP,j}}+w_3\overline{E_{MA,j}}+w_4\overline{R^2_{mod,adj,dev,j}}+w_5\overline{MAX_{\%,j}}+w_6\overline{v_{0,dev,j}}+w_7\overline{P_{50\%,j}})\quad j=1,\ \cdots,\ J \tag{16}$$

通过微调权重，最终确定，$w_1\sim w_6=0.125$，$w_7=0.25$，S_j越趋近于 1，说明该模型预测精度越高，各模型优选评分结果见图 8。

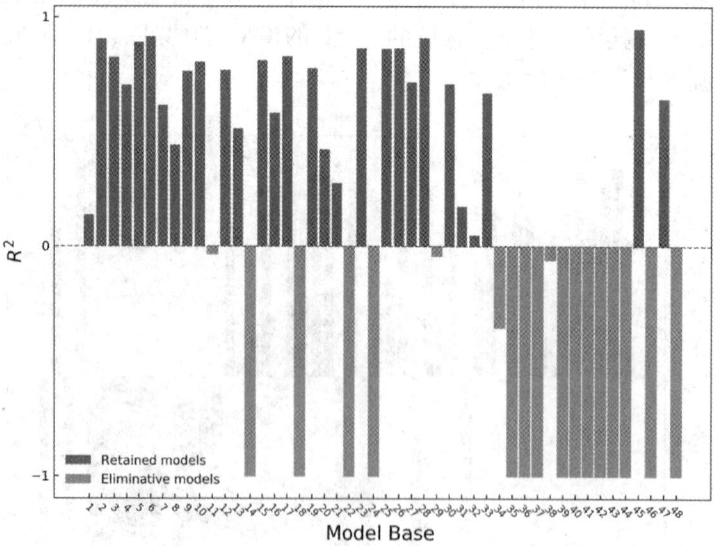

图 8　模型优选评分结果

4　优选结果验证

通过以上优选算法，对筛选后的模型进行验证处理。图 9 展示了排名前三的模型验证：可以看出预测效果最好 Genxinzhong(2019)模型在相似气井工况下大多数能够准确预测，个别气井误差较大。而排名第二的 Panjie(2019)模型与排名第三的 Coleman(1991)模型虽然大体预测相似，但在具体数值上略有不同，且两种模型大多数预测值偏大，但在一定程度上较为精准，优选结果的三种模型能够对气井积液现象产生做出可靠预测。

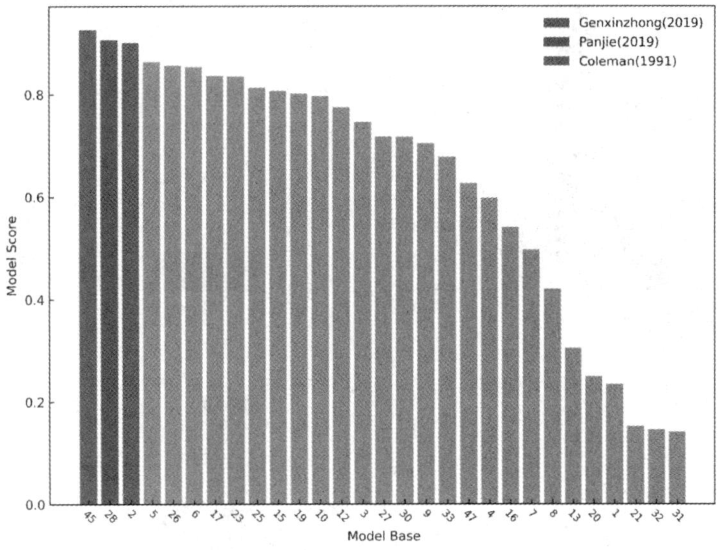

图 9 优选后模型验证

由于气井积液往往需要在发生前作出预测，因此预测值偏大比预测值偏小更为保险。但若预测值过大，则需对气井提前实施相应的排液采气工艺，会对气井生产率造成不利影响，浪费储层能量。图 10 显示了三个优选模型对于相似气井预测的误差与概率分布。柱状图横坐标为误差范围分段，纵坐标代表频率。图 11 散点图横坐标代表预测临界积液气量，纵坐标表示预测误差气量，两图均可以看出 Genxinzhong(2019)模型在该工况下预测精确性明显高出其余模型。

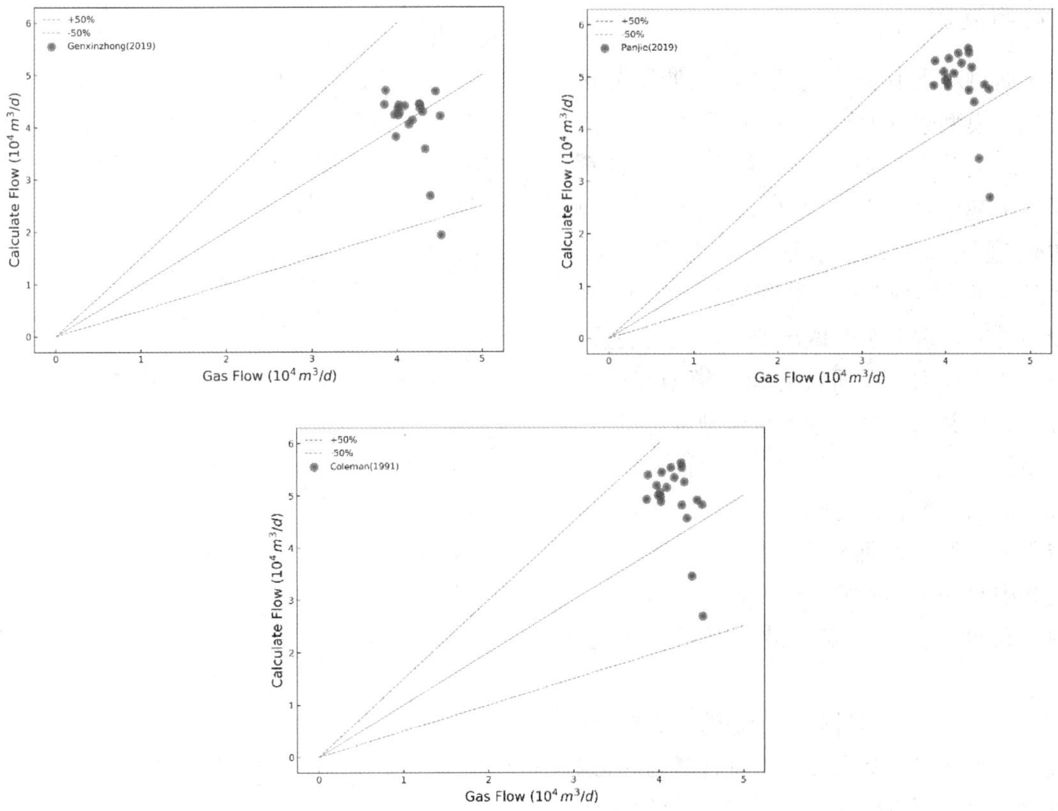

图 10 优选模型误差范围频率分布

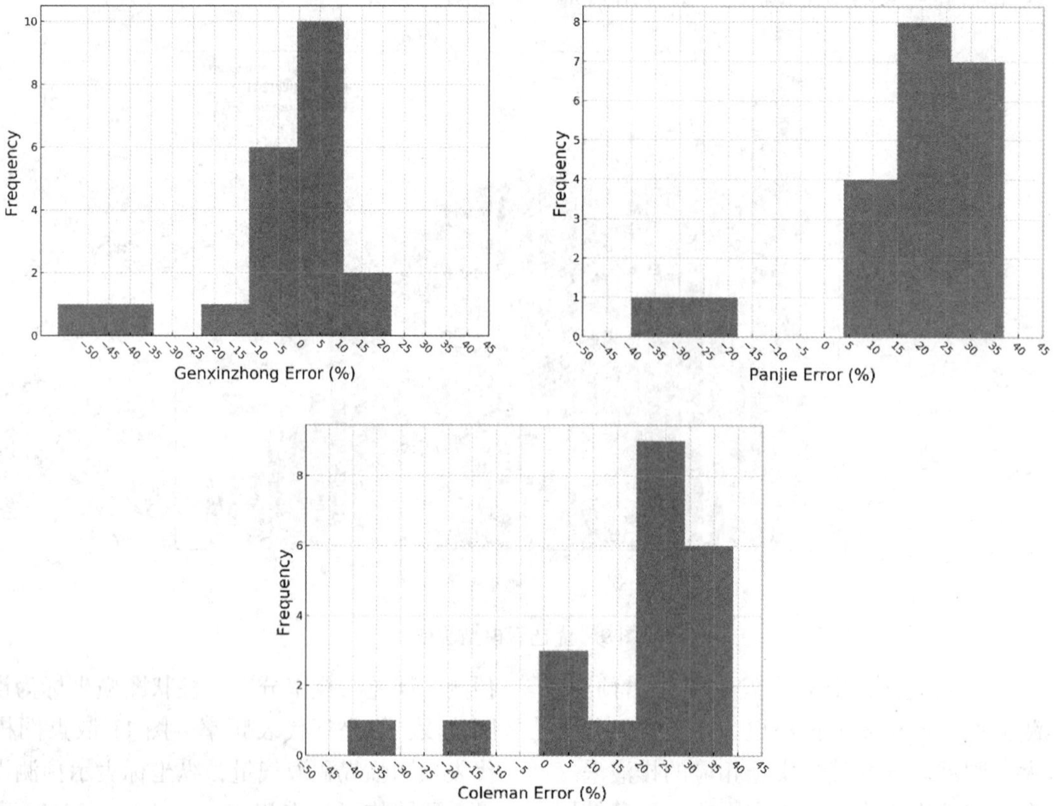

图 11　优选模型临界积液气量误差分布

5　结论与展望

本文通过对现有积液模型的广泛调研分析，建立了积液模型数据库与气井工况数据库，并在各种工况的气井上分别进行临界积液流量计算。同时提出了基于聚类算法与归一化处理的气井积液预测模型优选方法，验证结果表明在误差50%范围内能够实现单口气井积液与否的准确预测，较为可靠。现对全文做出如下总结与展望。

（1）本文在大量调研现有积液模型基础上，对其分类分析总结。且对于夹带模型进行了适当拓展，使积液模型库的选择性更加全面。

（2）使用聚类算法与归一化算法分别从气井数据与积液模型两方面入手，在聚类出的小范围相似气井中验证不同模型。归一化方法能够有效消除数据尺度差异的影响，最大程度实现模型优选。

（3）在模型评估前进行初步筛选，大幅节约计算成本。评分时考虑众多误差统计量与相似数据点离散程度，可有效优选出待测气井的最适积液预测模型

未来工作可着力于该方法的可视化，使用计算机语言对其进行功能封装与软件编写，实现输入气井基本参数直接输出模型优选结果这一功能；更加广泛地收集各区块气井信息，用以充实气井信息数据库，该途径可使得聚类算法在相似气井提取上更加精细，有效提高积液模型优选的精确性。

附录 A　变量说明

变量名称	含义及单位
B	液滴模型临界积液气速系数，无量纲
C_D	曳力系数，无量纲
$C_{D\,SP}$	当量球形曳力系数，无量纲
D	井筒直径，m
E_0	液滴动能，J
f_E	液滴夹带率，无量纲
F_G	重力，N
F_D	液滴所受曳力，N
F_B	液滴所受浮力，N
Fr_{SG}	表观气相弗劳德数，无量纲
g	重力加速度，m/s^2
G	标况下天然气产量，$10^4m^3/d$

续表

变量名称	含义及单位
k	液滴变形系数，无量纲
Ku	Kuteladze 速度系数，无量纲
P	井底压力，Pa
Re_{SL}	表观液相雷诺数，无量纲
Re_{SG}	表观气相雷诺数，无量纲
We_c	临界韦伯数，无量纲
We_{SG}	表观气相韦伯数，无量纲
v_c	临界积液气体流速，m/s
$v_{c,fE}$	初始夹带气速，m/s
v_{sg}	气体表观流速，m/s
v_{sl}	液体表观流速，m/s
τ_i	气流与液膜表面剪切应力，N/m^2
τ_w	液膜与井筒内壁剪切应力，N/m^2
β	非球形系数修正项，无量纲
ρ_g	天然气密度，kg/m^3
ρ_L	液体密度，kg/m^3
σ_L	气液界面表面张力，N/m
μ_G	气体动力粘度，cP
μ_L	液体动力粘度，cP
θ	管道倾角(0°为水平)，°
δ_{cr}	液膜厚度，m

附录 B 模型序号简要说明

注：模型序号代表具体模型(0 代表实际产气量)

其中 41、42、44、48 模型为笔者根据 37 模型拓展。

序号	模型及参考文献	序号	模型及参考文献
1	Turner(1969)[1]	25	Belfroid(2008)[40]
2	Coleman(1991)[11]	26	WangZhibing(2012)[20]
3	LiMin(2001)[2]	27	XiongYu(2015)[23]
4	LiPin(2016)[8]	28	PanJie(2019)[25]
5	PengChaoyang(2010)[4]	29	ChenDechun(2016)[37]
6	DuJingguo(2009)[12]	30	DuShejiao(2019)[27]
7	WangYizhong(2007)[3]	31	LiGuozhen(2016)[16]
8	WeiNa(2011)[6]	32	WangZhibin(2016)[43]
9	LiuWenjin(2018)[9]	33	Belfroid_ em(2017)[44]
10	HeShunli(2010)[7]	34	WangZhibin(2017)[44]
11	Nosseir(1997)[18]	35	Aronld(2020)[38]
12	WuDan(2015)[62]	36	Barnea(1986)[33]

续表

序号	模型及参考文献	序号	模型及参考文献
13	ShiJuntai_Dropout(2016)[10]	37	ShenWeiwei(2019)[48]
14	Veeken(2010)[42]	38	Panjie_fE(2019)[49]
15	Fadairo(2013)[57]	39	LuoShu(2014)[34]
16	Pushkina(1969)[29]	40	Shekhar(2017)[35]
17	Richter(1981)[30]	41	Oliemans-Shekhar(2020)[31]
18	Wallis(1969)[31]	42	Ishii-Shekhar(2020)[31]
19	Owen(1986)[32]	43	LiuYonghui(2018)[46]
20	LiuZhisen(2009)[56]	44	LiuTong-Shekhar(2020)[54]
21	GenXinzhong_em(2019)[58]	45	GenXinzhong(2019)[58]
22	ZhouDesheng(2010)[19]	46	Ming(2018)[15]
23	TanXiaohua(2013)[14]	47	LiLi(2012)[13]
24	ShiJuntai_Liquid_film (2016)[10]	48	ZhangHQ-Shekhar (2020)[53]

参 考 文 献

[1] Turner，R. G. et al. Analysis and Prediction of Minimum Flow rate for the Continuous Removal of Liquids From Gas Wells [J]. JPT (Nov. 1969) 1475-82; Trans.，AIME，246.

[2] Li M，Li S L，Sun L T. New View on Continuous-Removal Liquids From Gas Wells[J]. Spe Production & Facilities，2002，17(01)：42-46.

[3] 王毅忠，刘庆文．计算气井最小携液临界流量的新方法[J]．大庆石油地质与开发，2007，266(6)：82-85.

[4] 彭朝阳．气井携液临界流量研究[J]．新疆石油地质，2010，31(1)：72-74.

[5] Helenbrook B T，Edwards C F. Quasi-steady deformation and drag of uncontaminated liquid drops[J]. International Journal of Multiphase Flow，2002，28(10)：1631-1657.

[6] 魏纳，孟英峰，刘永辉，等．高气液比垂直管流连续携液实验[J]．力学与实践．2011. 33(1)：70-73.

[7] 何顺利，栾国华，杨志，公玉娟，申颖浩，郭雪晶．一种预测低压气井积液的新模型[J]．油气井测试，2010，19(05)：9-13+75.

[8] 李品，江厚顺，王萌，隋海庆，吴岸．气井井筒积液预测模型优选[J]．当代化工，2016，45(08)：1820-1823.

[9] 刘文仅，严文德，杨喜彦，袁迎中，邓成刚．涩北气田低渗气井临界携液流量计算新模型[J]．重庆科技学院学报(自然科学版)，2018，20(04)：56-59.

[10] Shi J，Sun Z，Li X. Analytical Models for Liquid Loading in Multifractured Horizontal Gas Wells [J]. SPE Journal，2016，21(02)：471-487.

[11] Coleman S B, Clay H B, Mccurdy D G, et al. A new look at predicting gas-well load-up[J]. Journal of Petroleum Technology, 1991, 43(3): 329-333.

[12] 杜敬国，蒋建勋，王臣君．气井连续携液模型对比研究及新模型的现场验证[J]．兰州石化职业技术学院学报，2009，9(02)：9-12.

[13] 李丽，张磊，杨波，殷茵，李登伟．天然气斜井携液临界流量预测方法[J]．石油与天然气地质，2012，33(04)：650-654.

[14] 谭晓华，李晓平．考虑气体连续携液及液滴直径影响的气井新模型[J]．水动力学研究与进展A辑，2013，28(01)：41-47.

[15] 明瑞卿，贺会群，胡强法．基于紊流条件下的气井临界携液流量计算模型[J]．地质科技情报，2018，37(03)：248-252.

[16] Guozhen Li, Yuedong Yao, Ronglei Zhang. An improved model for the prediction of liquid loading in gas wells. 2016, 32: 198-204.

[17] Zhennan Zhang, Baojiang Sun, Zhiyuan Wang, et al. Whole wellbore liquid loading recognition model for gas wells. 2018, 60: 153-163.

[18] Nosseir M A, Darwich T A, Sayyouh M H, et al. A new approach for accurate prediction of loading in gas wells under different flowing conditions[C]. SPE Production Operations Symposium. Society of Petroleum Engineers, 1997: SPE-37408-MS.

[19] Zhou Desheng and Yuan Hong. 2010. A New Model for Gas Well Predicting Liquid Loading. SPE Production & Operations120580-PA presented at the 2010 SPE 5. 8 Fundamental Research in Production and Operations, pp. 172-181.

[20] 王志彬，李颖川．气井连续携液机理[J]．石油学报，2012，33(4)：681-686.

[21] Azzopardi B J, Piearcey A, Jepson D M. Drop size measurements for annular two-phase flow in a 20 mm diameter vertical tube[J]. Experiments in Fluids, 1991, 11(2-3): 191-197.

[22] Hinze J O. Critical speeds and sizes of liquid globules [J]. Flow, Turbulence and Combustion, 1949, 1 (1): 273-288.

[23] 熊钰，张森森，曹毅，等．一种预测气井连续携液临界条件的通用模型[J]．水动力学研究与进展A辑，2015. 302(2)：215-222.

[24] Reza Barati, Neyshabouri S A A S, Ahmadi G. Development of empirical models with high accuracy for estimation of drag coefficient of flow around a smooth sphere: An evolutionary approach [J]. Powder Technology, 2014.

[25] 潘杰，王武杰，魏耀奇，陈军斌，王亮亮．气井连续携液预测新模型[J]．工程热物理学报，2019，40(03)：579-586.

[26] 邵明望，奚传棣．球形颗粒沉降曳力系数拟合并联式[J]．化工设计，1994，000(001)：16-16.

[27] 杜社教，梁钰，王武杰，仇栋杰．预测倾斜气井临界携液流量新模型[J]．石油与天然气化工，2019，48(03)：72-77.

[28] 纪兵，边少锋．三轴椭球表面积计算的实用公式[A]．中国测绘学会海洋测绘专业委员会．第二十一届海洋测绘综合性学术研讨会论文集[C]．中国测绘学会海洋测绘专业委员会：中国测绘学会，2009：3.

[29] Ol Pushkina, Yul Sorokin. Breakdown of liquid film motion in vertical tubes. 1969. 1. 56-64.

[30] Richter H J. Flooding in tubes and annuli[J]. International Journal of Multiphase Flow, 1981, 7(6): 647-658.

[31] Wallis G B. One - dimensional two - phase flow [J]. 1969.

[32] Owen D. An experimental and theoretical analysis of equilibrium annular flows [J]. University of Birmingham, 1986.

[33] Barnea D. Transition from annular flow and from dispersed bubble flow-unified models for the whole range of pipe inclinations[J]. International Journal of Multiphase Flow, 1986, 12(5): 733-744.

[34] Luo Shu, Kelkar M, Perryra E, et al. A new comprehensive model for predicting liquid loading in gas wells [J]. SPE Production & Operations, 2014, 29(4): 337-349.

[35] Shekhar S, Kelkar M, Hearn W J, et al. Improved Prediction of Liquid Loading In Gas Wells[J]. SPE Production & Operations, 2017.

[36] 肖高棉，李颖川．水平井段连续携液理论与试验研究[J]．石油天然气学报，2010，32(01)：324-327+332+1.

[37] Chen D, Yao Y, Fu G, et al. A new model for predicting liquid loading in deviated gas wells[J]. Journal of Natural Gas Science and Engineering, 2016, 34: 178-184.

[38] Landjobo Pagou Arnold, Wu Xiaodong, Zhu Zhiying, et al. Liquid Film Model for Prediction and Identification of Liquid Loading in Vertical and Inclined Gas Wells. 2020, 188(C).

[39] Fore L B, Beus S G, Bauer R C. Interfacial friction in gas - liquid annular flow: analogies to full and transition roughness[J]. International Journal of Multiphase Flow, 2000, 26(11): 1755-1769.

[40] Belfroid S , Schiferli W , Alberts G , et al. Predicting Onset and Dynamic Behaviour of Liquid Loading Gas Wells[C], Society of Petroleum Engineers, 2008.

[41] Fiedler S , Auracher H . Experimental and theoretical investigation of reflux condensation in an inclined small diameter tube[J]. International Journal of Heat & Mass Transfer, 2004, 47(19-20): 4031-4043.

[42] Veeken K, Hu B, Schiferli W. Gas-well liquid loading field data analysis and multiphase flow modeling[J]. SPE Production & Operations, 2010, 25(3): 275-284.

[43] Wang Z , Guo L , Wu W , et al. Experimental study on the critical gas velocity of liquid-loading onset in an inclined coiled tube[J]. Journal of Natural Gas ence & Engineering, 2016, 34: 22-33.

[44] Wang Z , Guo L , Zhu S , et al. Prediction of the Critical Gas Velocity of Liquid Unloading in a Horizontal Gas Well[J]. SPE Journal, 2017.

[45] Li J., Almudairs, F., Zhang, H. Prediction of Critical Gas Vecolity of Liquid Unloading for Entire Well Deviation. IPTC. 2014. 12.

[46] 刘永辉，艾先婷，罗程程，刘丰伟，吴朋勃．预测水平井携液临界气流速的新模型[J]．深圳大学学报(理工版)，2018，35(06)：551-557.

[47] Pan L , Hanratty T J . Correlation of entrainment for annular flow in vertical pipes[J]. International Journal of Multiphase Flow, 2002, 28(3): 363-384.

[48] 沈伟伟，邓道明，刘乔平，等．基于环雾流理论的气井临界流速预测模型[J]．化工学报，2019，070(004)：1318-1330.

[49] 潘杰，王武杰，王亮亮，张丽，陈军斌，蒲雪雷．考虑液滴夹带的气井连续携液预测模型[J]．石油学报，2019，40(03)：332-336.

[50] Henstock W H , Hanratty T J . The interfacial drag and the height of the wall layer in annular flows [J]. Aiche Journal, 1976, 22(6).

[51] Okoro E E , Bassey C I , Sanni S E , et al. Application of non-uniform film thickness concept in predicting deviated gas wells liquid loading[J]. MethodsX, 2019, 6.

[52] Ovadia Shoham . Mechanistic Modeling of Gas-liquid Two-Phase Flow in Pipes[M]. Tulsa: Univ. of Tulsa, 2006: 172-173.

[53] Hong-Quan Zhang. Unified Model for Gas-Liquid Pipe Flow via Slug Dynamics—Part1: Model Development [J]. ASME. 2003, Vol. 125: 266-272.

[54] 刘通，王世泽，郭新江，潘国华，陈海龙，伍洲．气井井筒气液两相环雾流压降计算新方法[J]．石油钻采工艺，2017，39(03)：328-333.

[55] B. Guo and A. Ghalambor and C. Xu. A Systematic Approach to Predicting Liquid Loading in Gas Wells. SPE94081, 2005.

[56] 刘志森．塔河凝析气井井筒积液判断标准[J]．断块油气田，2009，16(03)：68-69+92.

[57] Fadairo A, Femi - Oyewole D, Falode O A. An improved tool for liquid loading in a gas well[C]. SPE Nigerian Annual International Conference and Exhibition. Lagos, Nigeria: Society of Petroleum Engineers, 2013: SPE.

[58] 耿新中．基于能量守恒定律的气井井筒携液工况诊断模型[J]．天然气工业，2019，39(09)：65-72.

[59] Dranchuk P M, Abou-Kassem J H. Calculations of z factors for natural gases using equations of state [J]. Journal Canadian Petroleum, 1975, 14 (3): 34-36.

[60] 杨继盛．采气工艺基础[M]．北京：石油工业出版社，1994：330-334.

[61] Maggard J B , Wattenbarger R A , Scott S L . Modeling Plunger Lift for Water Removal From Tight Gas Wells [C]. SPE/CERI Gas Technology Symposium. 2000.

[62] 吴丹．涡流排水采气机理及应用研究[D]．北京化工大学，2015.

基于深度卷积神经网络的沙漠区遥感影像道路提取方法

杨　韬　白志宏　吴　迪　胡　斌　马　竹　吴　昱

（中国石油东方地球物理公司）

摘　要　在沙漠区进行地震采集项目施工时，由于沙漠地表的沙丘起伏大导致车辆无法通行，因此在沙漠区施工时需要首先进行推路。推路会导致施工成本增加，并且受到当地植被保护政策影响，许多地方禁止推路，因此，需要充分利用工区中以往勘探施工的道路，可以缩短项目周期和降低施工成本。本文提出一种基于高分辨率遥感影像研究提取沙漠区域道路的方法，采用深度卷积神经网络的方法自动解译工区中的道路，快速获取工区道路分布情况并进行矢量化，针对沙漠区遥感影像纹理相似和对比区分度低的特点，使用在卫星遥感图像分割任务中表现优异的 SegNet、LinkNet、D-LinkNet、ENet 和 DeepLabV3+等多种深度卷积神经网络进行集成学习，构建道路自动提取框架，针对性采取边缘剪裁和形状特征过滤等后处理方法，将影像中的道路自动分割出来，该方法道路的识别率高，可以满足野外地震勘探施工设计的需要。

关键词　沙漠区；高分辨率遥感影像；道路提取；深度卷积神经网络

高效地震勘探采集技术的进步，需要对沙漠区域采集施工方案进行精细的设计，需要更高的精度遥感影像数据，航拍和高分辨率卫星影像成本的降低正好满足了施工设计的需要，如何准确地从高分辨率遥感影像中提取沙漠区域施工的感兴趣的道路信息，对于物探采集项目的施工效率至关重要。

为了满足勘探采集施工中物资运输和各班组施工车辆通行需要，沙漠区域施工时需要使用推土机进行修路，受风的影响，经过一定时间后，风沙的侵蚀和植被的生长将原来的道路覆盖，变得难以辨识。并且受荒漠化治理和防沙治沙力度政策影响，部分长了植被的区域不允许推路，只能借助于勘探老路进行施工。使用遥感影像数据进行人工标注道路的方式成本较高，不利于地理信息技术的推广应用。

目前已经存在很多半自动和自动的道路提取算法。沙漠区道路与城市道路相比，遥感影像中道路区域不规则，连续性较差，与背景区域的对比度低。文献[1]主要通过数学形态学进行道路提取，该方法对于道路发展较快的区域较为有效，但是在处理过程中，需要较多的人工干预。文献[2]在对图像中的道路进行提取时，采用了面向对象的分类方法。初次分类时利用图像对象的光谱特征来进行，二次分类则通过引入子目标对象的线特征来进行，以此来提取道路。该方法的缺点是建立知识库比较困难导致它的准确度很难得到提高。文献[3-5]研究表明，基于深度学习的高分辨率遥感影像物体识别精度要高于传统方法。因此，相比于现有的基于特征或者对象的道路提取方法，利用深度学习的方法来提取图像中的道路信息显然是更好的办法。

1　深度卷积神经网络识别道路的原理

如何准确分割出道路，使道路信息尽可能保留，而非道路信息尽可能去除，对道路信息的准确提取十分重要．深度卷积神经网络（Deep Convolution Neural Network，简称 DCNN）具有非常好的目标信息表达能力，它能够自动提取目标的特征，已经广泛应用于图像分类和目标识别等方面。文献[7]结合 U-Net 与残差学习方法的特点，实现了道路信息的提取。文献[8]利用 ResU-Net 结构提取城市区域的建筑物信息，并结合导向滤波对影像进行后处理，得到较好的提取效果。

在以上研究的基础上，针对沙漠区道路的特点，本文提出一种适用于沙漠区道路提取的方法，图 1 给出了道路提取算法的流程图。首先使用 DCNN 进行图像语义分割，将每个像素标记为道路或非道路，标记完样本后对其进行镜像、翻转增广样本数据集，通过训练生成多个模型，然后对多模型预测结果进行集成，得到准确度更高的预测结果，由于沙漠区域道路的边缘纹理特征不明显，在道路图像边缘区域容易引起假阳性预测，要进行边缘裁剪削弱影响，再过滤掉形状不符合道路特征的区域。沙漠道路不规则且连续性较差，预测的结果会出现断断续续的现象，使用断线连接算法修正道路信息，最终提取出识别的道路信息。

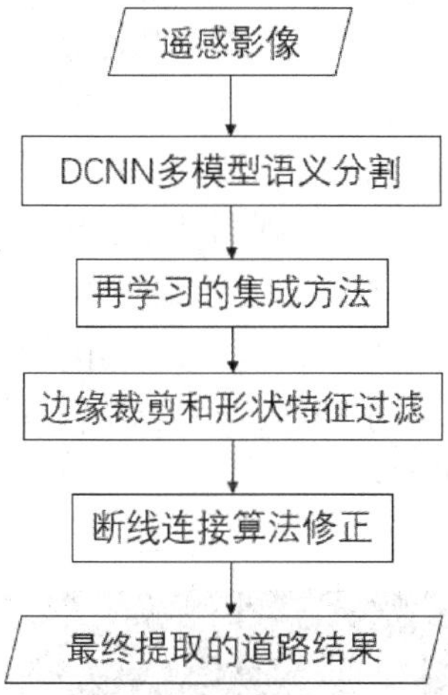

图 1　道路识别流程图

2　基于卷积神经网络的道路提取

2.1　DCNN 多模型语义分割

DCNN 在许多计算机视觉任务中超越了传统图像识别和机器学习方法，特别在图像分类、目标识别、语义分割、实例分割等领域，DCNN 已经占据统治地位。选择在遥感影像语义分割任务中表现优异的 SegNet、LinkNet、D－LinkNet、ENet、Deeplabv3+等网络进行训练学习。

SegNet 网络采用编码器-解码器结构，加入了跳跃连接和带索引的上采样(Pooling Indices)。

LinkNet 每个编码器与解码器相连接，编码器的输入连接到对应解码器的输出上，恢复降采样操作中丢失的空间信息。

D-linkNet 在 U 型网络模型底部加入并联结构模块可以有效的融合多尺度特征。

ENet 采用提前下采样、空洞卷积、非对称卷积等手段减少计算量，加快网络训练和预测速度，提升网络性能。

DeepLabV3+采用深度可分离卷积和 ASPP 空间金字塔池化模块，通过在不同分辨率上以池化操作捕获丰富的上下文信息。

2.2　再学习的集成方法

集成方法(Ensemble Method)就是分别训练多个分类器模型，把各自的预测结果通过投票或均值等方式加权求和的方法进行合并，提高最终的分类精度。经过训练后的分类器，如图 2 所示，是对训练数据集的一个分布假定，如果这些分类器不相关且分类错误率小于 0.5，那么集成方法就会比单一分类器的预测结果错误率更低。因此训练多个模型，取均值进行集成。

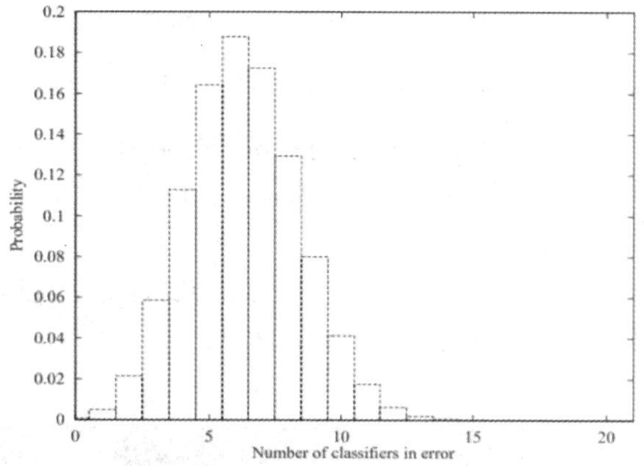

图 2　集成方法模型数与错误率的关系

2.3　边缘裁剪和形状特征过滤

对于使用 DCNN 进行分割后的图像，尽管提取出了绝大多数的道路信息，仍然会存在孤立的噪点，利用道路形状一般具备细长条状和道路相对噪点面积比值较大的特征，进行图像识别结果噪点过滤：

(1) 计算道路的面积 S。通过计算各个连通区域的面积，然后设定一定的阈值去除掉那些面积较小的区域。

(2) 计算改进的长宽比指数 R，道路具有明显的线状特征，通过计算改进的长宽比指数可以有效地区分线状特征和非线状特征。计算公式为：

$$R=L/W=L/\frac{n_p}{L}=L^2/n_p \tag{1}$$

式中　R 为待判别区域的长宽比指数；L 为待判别区域的矩形的长度，单位像素；W 为待判别区域的矩形的宽度，单位像素；n_p 为待判别区域的面积，单位像素。

另外，由于预测时对图像进行 0 值填充，有的模型在图像边缘的预测呈现假阳性，影响识别的效果。用非零值进行图像边缘填充，并且将边缘裁剪掉 M 个像素点来减少假阳性预测，提高预测准确率。

2.4 断线连接算法修正

经过上述步骤进行预测输出，预测结果图存在一些不连续的断线，采用断线连接修正算法进行道路的连接。算法如下：

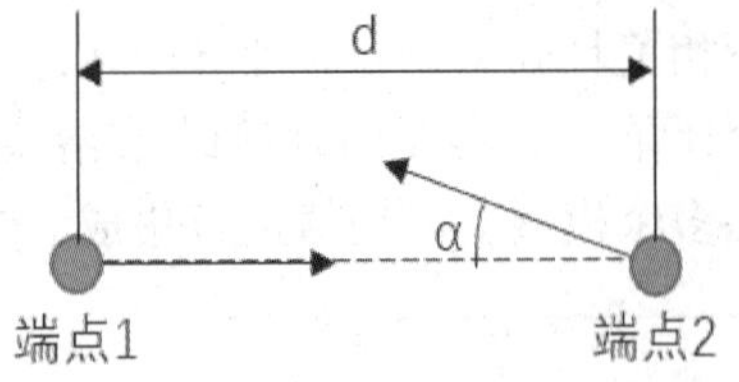

图 3　断线连接修正过程示意图

（1）将预测图的连通区域进行腐蚀形状“变瘦”，将形状缩水至 1 个像素点，以获取道路的骨架线；

（2）计算每条道路路径的端点，即那些连通邻域只有 1 个像素与之相连的点；

（3）对于每个路径的端点，拟合路径到其端点的方向向量；

（4）对于每两个不同路径的端点，如果他们的距离小于某一个阈值 d，且方向向量相对且夹角小于阈值 α 度，则连接这两个端点。

3　试验与分析

采用西部某采集项目沙漠工区高分辨率影像，进行学习训练得到预测的结果。首先，采用多模型 DCNN 进行分割，得到初始分类结果，其结果如图 4 所示。首先，从原始的高分辨率影像大图构建训练数据，每个训练样本的大小为 512 * 512。通过图像翻转、镜像以及加入随机噪声等数据扩充方法得到训练集和验证集，训练集样本个数为 100000，验证集样本个数为 10000，学习率初始为 0.01，按训练迭代轮数衰减。训练 batch size 大小取 8，平均每个模型训练 2-3 个 epoch 后收敛。

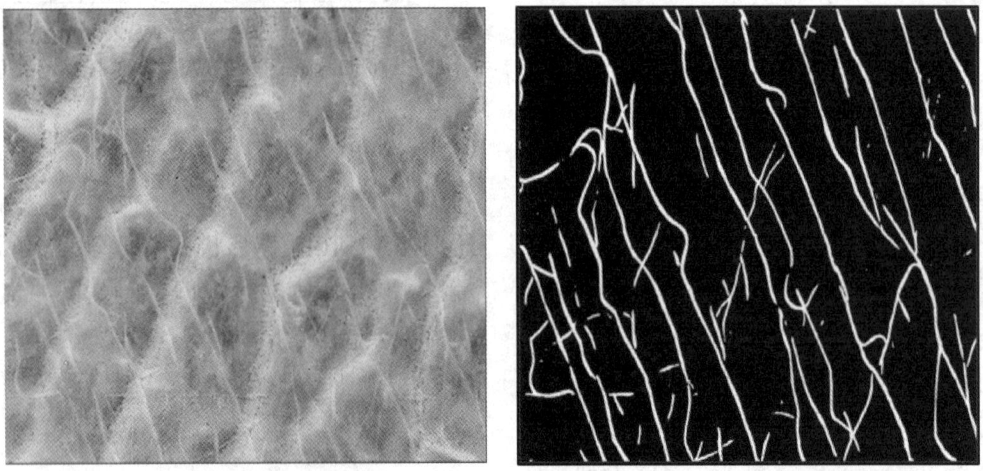

（a）沙漠区高分影像　　（b）DCNN 多模型预测结果

图 4　高分影像与预测结果

测试时使用测试时扩充技术（Test-Time Augmentation，TTA），仅做垂直方向翻转。模型集成采用均值法，然后以 0.5 作为阈值输出预测结果二值图。从图 4(b) 可看出，集成模型后可以得到比较完整的道路区域。但仍有些面积较小的非道路区域斑块，需要进行边缘裁剪和形状过滤，取阈值 S 的值为 300，R 的值设为 5，可以过滤明显的噪点，处理后的实验结果如图 5(a) 所示。最后进行断线连接修正，如图 5(b) 所示，阈值 d 设为 50，α 的值设为 30°，可以看到红框处的道路穿过大沙梁无法被识别出来产生了缺口，经过断线连接后处理，断开的道路被黄色的线连接起来。

实验中实现了 U-Net 作为测试基线，对不同模型的 IoU 性能进行比较，如表 1 所示。可以看出 DCNN 采用多模型集成的效果明显好于单模型，且性能越高的模型集成在一起效果也越好。对 4 个模型进行集成的效果最优，IoU 性能最终达到了 0.6957，比标准 U-Net 模型提升了约 5 个百分点。

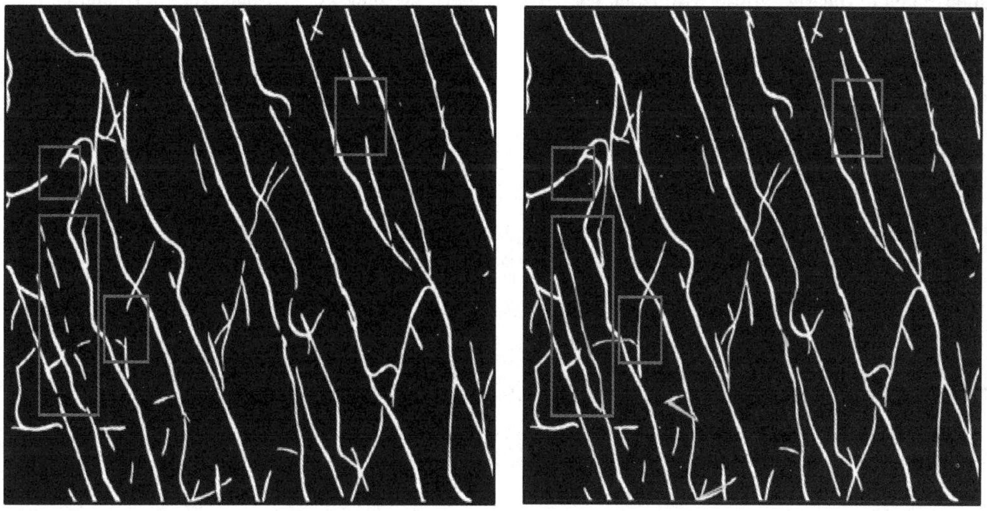

（a）边缘裁剪和形状特征过滤后的图像　　（b）断线连接修正后的结果

图 5　道路提取方法处理结果

表 1　测试多模型集成结果

采用的网络模型	IoU 测试值
U-Net	0.6441
D-LinkNet	0.6739
SegNet	0.6362
LinkNet	0.6407
DeepLabV3	0.6573
ENet	0.6519
SegNet+ENet Ensemble	0.6668
SegNet+LinkNet+D-LineNet+ENet+DeepLabV3+Ensemble	0.6926
LinkNet+D-LineNet+ENet+DeepLabV3+Ensemble	0.6957

4　结论

针对沙漠区域的高分辨率遥感影像数据，提出了一种适用于沙漠区勘探施工道路的提取方法。该方法在 DCNN 多模型像素语义分割的基础上，使用了多模型再学习的集成方法，在加权平均后预测结果基础上进行图像边缘剪裁、形状特征过滤和断线连接修正，获取沙漠区域完整的道路，通过试验与分析，证明该方法对沙漠区遥感影像道路提取是有效的。使用实际工区的数据进行了试验，取得了良好的预测效果。由于风的侵蚀和植被的影响，该工区道路本身出现了不连续的情况，导致预测结果仍存在道路断开的问题，但是绝大部分道路都被正确提取出来，减少了人工标定的工作量。

参考文献

[1] 安如，冯学智，王慧麟．基于数学形态学的道路遥感影像特征提取及网络分析[J]．中国图象图形学报，2003(07)：80-86.

[2] 孙晓霞，张继贤，刘正军．利用面向对象的分类方法从 IKONS 全色图像中提取河流和道路[J]．测绘科学，2006，31(1)：62-63.

[3] 陈冠宇，安凯，李向．基于卷积神经网络的不良地质体识别与分类[J]．地质科技情报，2016，035(001)：205-211.

[4] 刘志强，夏威，彭红春．基于深度学习的高分辨率遥感影像道路提取[C]//第四届高分辨率对地观测学术年会．

[5] 刘笑，王光辉，杨化超，等．全卷积神经网络遥感影像道路提取方法[J]．遥感信息，2018，033(001)：69-75.

[6] 卢宏涛，张秦川．Applications of Deep Convolutional Neural Network in Computer Vision%深度卷积神经网络在计算机视觉中的应用研究综述[J]．数据采集与处理，2016(1)：1-17，共 17 页．

[7] Zhang Z，Liu Q，Wang Y. Road Extraction by Deep Residual U-Net[J]. IEEE Geoscience & Remote Sensing Letters，2018：1-5.

[8] Xu Y，Wu L，Xie Z，et al. Building extraction in very high resolution remote sensing imagery using deep learning and guided filters[J]. Remote Sensing，2018，10(1)：144.

[9] Badrinarayanan V，Handa A，Cipolla R. SegNet：A Deep Convolutional Encoder-Decoder Architecture for Robust Semantic Pixel-Wise Labelling[J]. Computer ence，2015.

[10] Zhou L，Zhang C，Wu M. D-LinkNet：LinkNet with Pretrained Encoder and Dilated Convolution for High

Resolution Satellite Imagery Road Extraction [C]// 2018 IEEE/CVF Conference on Computer Vision and Pattern Recognition Workshops (CVPRW). IEEE, 2018.

[11] Paszke A , Chaurasia A , Kim S , et al. ENet: A Deep Neural Network Architecture for Real-Time Semantic Segmentation[J]. 2016.

[12] Encoder-Decoder with Atrous Separable Convolution for Semantic Image Segmentation

[13] Dietterich T G. Ensemble Methods in Machine Learning [J]. Proc International Workshgp on Multiple Classifier Systems, 2000.

[14] Road Centerline Extraction From High-Resolution Imagery Based on Shape Features and Multivariate Adaptive Regression Splines.

[15] 苗则朗. 基于多特征的高分辨率遥感影像道路提取算法研究[D]. 中国矿业大学, 2014.

[16] Krizhevsky A, Sutskever I, Hinton G. ImageNet Classification with Deep Convolutional Neural Networks [C]// NIPS. Curran Associates Inc. 2012.

[17] 冯宇旭, 李裕梅. 深度学习优化器方法及学习率衰减方式综述[J]. 数据挖掘, 2018, 008(004): P. 186-200.

[18] Moshkov N, Mathe B, Kertesz-Farkas A, et al. Test-time augmentation for deep learning-based cell segmentation on microscopy images[J]. Scientific Reports, 2020, 10(1).

[19] Ronneberger O, Fischer P, Brox T. U-Net: Convolutional Networks for Biomedical Image Segmentation [J]. 2015.

[20] Egghe L. Good properties of similarity measures and their complementarity[J]. Journal of the American Society for Information Science & Technology, 2010, 61 (10): 2151-2160.

智能模拟工厂技术在乙烷回收装置的应用

冯 宇[1] 王亚斌[2] 钱芸芸[1] 于洪祥[2] 陶兴文[3]

(1. 中国石油塔里木油田公司；2. 昆仑数智科技有限责任公司；3. 北京赛普泰克技术有限公司)

摘 要 智能模拟工厂技术包括生产装置的动态模拟、控制系统的模拟以及运行生产装置需要的操作规程等。以某天然气处理乙烷回收两装置为案例，通过使用智能模拟技术开发虚拟装置系统的过程，验证了工艺流程与控制方案设计，同时预调试DCS组态并整定出初步的PID控制参数；通过在此虚拟装置上反复开停工操作，制定出详细完整可靠的生产操作卡，操作工在此系统上被严格按照操作卡进行操作培训并得到科学考核评价；使用该系统对操作人员进行了系统培训。通过使用该系统，验证了该项技术的乙烷回收装置的应用价值，同时也奠定了将来在生产运行阶段、智能生产操作、智能优化技术开发的基础。

关键词 智能工厂；智能模拟；设计验证；培训；生产运行周期管理

中国石油天然气工业正在经历从粗线条的快速产能扩张阶段到应用先进智能制造技术进行精细化管理、节能减排、大幅提高劳动生产率的转型阶段。过去的生产装置建设阶段，业主与工程设计、建设单位主要关注工艺、设备、仪表的设计与采购、实施，而缺乏考虑装置建设与生产运行周期的需求。介绍了天然气管网水力仿真常用的SPS和TGNET软件，分别应用两种软件对某多气源天然气管网进行了动静态仿真。文中给出了新的考虑效率核算的凝析气轻烃回收和天然气液化二级低温动态仿真模拟模型，利用PR方程对凝析气藏地面工艺中的绝热节流膨胀和透平膨胀深冷分离过程进行了仿真模拟。有些企业对于重点装置也采用了操作员仿真培训系统，但大多数停留在简化建模、用于熟悉工艺流程的培训。以西南石油大学油气开发国家级虚拟仿真实验教学中心建设为例，介绍其教学资源应用案例、教学体系、教学实践与认识。以上文献主要关注天然气处理或管网的仿真模拟的开发，对于仿真模拟系统的生产装置建设与运行的生命周期的应用，涉及较少。提出了建设智能模拟炼油装置，并介绍了生命周期的应用。

根据国内石油天然气企业生产装置的建设与生产运行周期的需求，本文提出了智能模拟乙烷回收工厂的概念，分析了装置生命周期的各个阶段的应用需求，并在某天然气处理厂的乙烷回收装置进行了成功应用，取得了良好的效果。

1 天然气乙烷回收装置工艺简介

乙烷回收装置采用“丙烷预冷+膨胀制冷+双回流工艺”实现 C_{2+} 组分的高效回收。天然气经过冷箱预冷分离后，大部分气相进入膨胀机膨胀制冷进入脱甲烷塔；剩余气相经冷箱过冷后再节流制冷进入脱甲烷塔作为一股回流。另外取一股增压天然气经过冷箱过冷后再节流制冷进入脱甲烷塔作为另一股回流。通过两股低温回流，提高乙烷收率。然后利用液烃中各组分挥发度差异，通过脱乙烷塔和脱丁烷塔精馏分离获得粗乙烷、LPG和稳定轻烃产品。

2 工厂生产装置的建设与生产运行周期需求分析

流程工厂的生产操作是复杂的，多面的。为缩短开工时间，节约生产成本，工厂需要在开工前提前发现并解决这套新的工艺流程装置在开工中可能遇到的各种问题，摸清装置运行规律，制定切合实际的操作规程及操作卡，并严格按照这些生产操作卡对员工进行真实的操作培训，同时要求培训系统管理简便且带有科学的评分考核功能以保证以后长期高效利用，需求见图1所示。

2.1 设计验证需求

设计验证需求包括工艺设计验证及控制方案设计验证。在设计阶段，对于新装置在正常稳态运行的设计要求一般能够考虑的比较全面，但对于其他工况，尤其是不断变化的开工过程，即使是设计院比较成熟的工艺流程，在结合了业主实

图1　天然气处理装置建设阶段的需求

际生产背景和要求后，也经常出现许多细节上的设计疏漏。如果在开工过程中才发现这些设计问题，即使简单的管线或仪表改装也将大幅延长开工时间，增加生产成本。另外，工厂资深的技术操作员根据多年经验，针对装置实际情况有许多新的好的设计想法，也需要通过某种手段得以验证并完善。

2.2　开工前预调试需求

控制系统的组态文件中总会有一些只有在实际开工过程中才能发现的控制回路组态问题：如量程、单位、显示位数、流程画面是否准确合理；控制逻辑及公式在一些极值或转变条件下是否计算合理；控制器作用方向对不对等；此外，控制器的控制参数整定也需要长期摸索完成。上述问题往往成为装置能够顺利开工的主要制约因素之一。因此，需要将实际的控制系统组态文件与一个真实动态响应的“虚拟工艺装置”连接集成，提前在测量数据不断动态变化的“开工”过程中来发现并解决这些问题，同时整定得到初步的控制参数作为实际开工的基础和参考。

2.3　工厂操作规程/知识的智能化需求

对于新装置的生产操作规程及详细操作步骤，设计院往往只能提供大体的开工方案，虽然能从兄弟单位借鉴一些类似装置的开工步骤，但由于原料、工艺设备、控制系统及生产条件和要求的差异，其生产操作规程及操作卡只能作为初步的参考。因此需要结合操作规程/操作卡管理和执行工具，提前在定制的“虚拟装置”上反复操作，摸清装置的运行和操作规律，不断探索和细化切合此装置实际情况的生产操作卡。

2.4　人员培训与考核、评估需求

需要提供一个基于工艺机理动态模型的培训系统环境，满足以下要求：

1）动态工艺模型培训系统中的DCS及其他控制系统的控制逻辑与操作站操作画面及功能要与实际完全一致。

2）除中控室内控制系统的操作站外，还需模拟工艺设备现场操作的操作站画面，使得实际操作必需的中控室内操作和设备现场操作在培训中都有所体现。

3）在动态工艺模型培训系统上进行操作时，所有的数据动态趋势要与实际变化一致，达到高精度动态模拟仿真要求。

4）需要提供一个教员能够简便管理和运行的操作管理系统，使得新学员能在不需外人操作指导的情况下能够严格按照操作卡自行操作，减轻教员负担，保证以后长期高效利用。

5）需要有先进合理的评分考核功能，不但能评价学员在每一个操作卡步骤的操作正确与否，还能评价在整个操作过程中的运行稳定情况。

6）培训或考核操作时，系统能够自动生成并显示所有的操作失误或扣分原因，方便学员的经验总结。

3　智能模拟工厂技术

智能模拟工厂（SEPSIM）技术的定义：利用计算机的计算能力，采用高精度的数学模型模拟生产装置、控制系统（包括BCS系统、安全控制系统等），并将工艺操作的规程与操作KNOW-HOW知识也集成到智能模拟工厂，包括工艺过程操作与响应规程、控制系统操作与响应、操作员界面、工艺流程画面、联锁响应、操作方式等。生产装置的动态响应趋势与操作均与实际过程一致。

SEPSIM的模型是以化学工程、自动控制、反应动力学、化工热力学等过程机理为基础的机理模型。SEPSIM技术包括3个部分：动态工艺模拟技术、控制系统模拟技术、智能化操作规程技术。与传统的OTS模拟技术相比，SEPSIM具备以下的创新点：高精度的模型；工艺操作知识的结合；SEPSIM模拟了装置操作的所有环节。

智能模拟原理如2所示：工艺模拟方面采用动态模拟技术进行机理建模，DCS控制系统模拟是在工艺模型开发平台上根据实际装置的控制方案使用DCS模拟控制模块直接开发控制模型并与工艺点连接，操作站是根据DCS操作站界

面开发的模拟操作站，这种模式能很好的模拟实际装置的开停车及紧急工况操作动态响应，满足对操作工的培训要求及其他操作设计及优化功能要求。

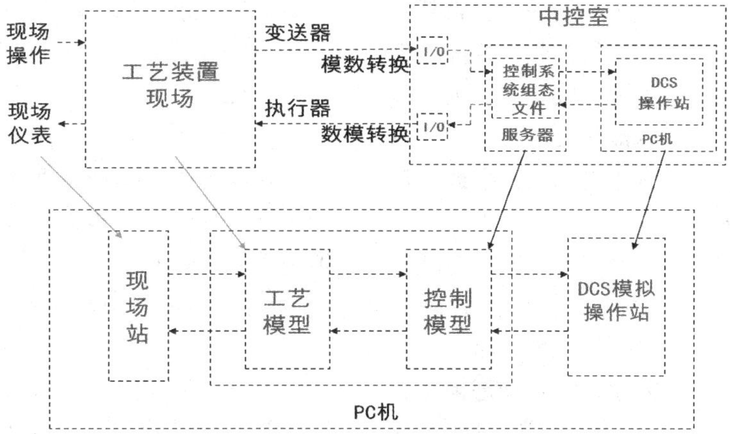

图2　智能模拟工厂模式示意图

3.1　动态工艺模拟技术

SEPSIM中所有的工艺模型都是基于严格的热力学和动力学的机理模型，即由状态方程求解化学平衡及相平衡。这种方法适应于多组分、多相变、有化学反应的复杂体系，并具有很好外延性。

智能模拟工厂软件技术平台具有完整的基本模型库，在模型开发过程中，可从中调出模型，将它们在线构成工厂流程，在线修改流程和调试参数。模型是智能模拟工厂的核心，它直接影响智能模拟工厂的质量。这些模型不仅是根据传热、传质、动量传递和化学反应动力学、化工热力学和自动控制等基本原理编写和调试的，而且模型中的参数都经过很多实际项目的检验。模型库中也包括基本的传递方程。最终提供给用户的智能模拟工厂是由这些基本模型，并按照装置的实际工艺流程搭接起来的。

这些基本模型内容包括：

物性(液相焓、汽相焓、饱和蒸汽压、汽液平衡常数、分子量、密度、溶解度、二元交互作用参数等)；

单元设备(混合、分离、加热、闪蒸、换热、冷却、冷凝、蒸发、精馏、吸收、汽提、萃取、洗涤、反应、结晶、泵、压缩机、透平、蒸汽管网、汽包、锅炉、阀门、液相节点、气相节点等等)；

多种化学反应器模型；

控制和逻辑模型(线性控制模型/非线性控制模型、逻辑模型、各类开关、触发器等)；

数学模型(函数生成、插值、收敛模型、优化模型等)。

3.2　控制系统模拟技术

SEPSIM中使用真实的DCS控制模型算法，能更好地模拟该类DCS，结合严格的过程工艺模型，使整个SEPSIM能更真实地反映被模拟工艺对象的过程特性。控制系统的模拟系统包括：

1）图形显示。

2）总貌显示。

3）控制组显示。

4）调节面板显示。

5）趋势显示。

6）报警总显示。

7）声像功能。

8）硬拷贝功能。

9）操作员功能。

10）在线帮助功能。

11）其他DCS显示和功能。

12）安全停车联锁功能。

3.3　智能化操作规程技术

SEPSIM中使用生产操作管理系统(ASOP)，包括以下的操作专用技术与操作知识：

1）操作规程：可以进行实际操作的规程，通常这些规程将被整理成可以定义单个操作任务的操作卡。通过多个操作卡的串联或并联还可以形成大的操作任务，如：开停工操作规程；异常/应急处理预案；安全岛操作规程及其他规程。

2）操作指南：文档供信息查询，包括：工艺技术规程；操作指南、操作规定；仪表控制系统操作法；安全生产及环境保护。

4　在乙烷回收装置中的应用案例

为了提高经济效益，满足市场需求，将部分较富的天然气中的乙烷组分进行回收，目前已建设了一座大型天然气乙烷深度回收工厂，为了积极推动油田数字化转型、智能化发展，探索上游天然气处理厂智能化建设；乙烷回收工厂通过信息化和工业化的深度融合，实现结构调整、产业升级，改善企业在工业化经济中所存在的高消耗、高污染等问题，实现资源、能源的合理利用，以支持绿色、低碳的可持续发展战略。

根据塔里木油田用户需求，结合动态模拟软件和 DCS 模拟软件，开发出整个装置的动态模拟系统(虚拟装置)。在系统的开发及验收过程中可以验证工艺流程与控制方案设计的正确性，调试校正 DCS 组态文件并通过该模拟系统整定出初步的 PID 控制参数；操作技术员在此虚拟装置上反复开停工操作，导入定版操作卡与虚拟装置连接集成，培训并考核操作工对新装置的操作能力。

4.1　乙烷回收装置智能模拟工厂建设目标

乙烷回收厂动态仿真模拟优化数字孪生系统及开发应用是精细建模全工艺链的一体化动态模型系统，结合三维可视化技术，能够实时定量描述生产过程的瞬态响应和工艺参数间复杂的耦合规律，深入研究分析评估生产流程动态过程和综合生产能力。通过动态模拟仿真技术搭建涵盖乙烷回收厂整个生产工艺链的全面数字化孪生模型系统，集成全工艺链静态属性和动态特性，是真实生产工艺的数字化体现。基于动态仿真模拟的动态数字虚拟仿真系统，能够进行多维度多场景的情景模拟试验，为生产提供技术支持和操作指导。

4.2　建立乙烷回收装置的智能模拟工厂系统

应用 SEPSIM 技术建立乙烷回收装置模型。动态乙烷回收装置模型具有完善的物性方法数据支持、精确的工艺设备模块算法及稳定的“压力-流量”动态模拟计算方法。在动态模拟开发平台中，对于过程流动与压力的计算均采用联立方程网络法求解，根据质量守恒、能量守恒的原则获得整个网络的流动与压力之间的动态响应关系。这种模型可以保证整个模型流量和压力计算的稳定性，也能较真实地反映流动的实际状态。同时该模型是模型开发过程中数据校正、预测、工况变化研究等工作的基础。

联立求解的数学模型简要如下：进出压力节点的物流满足质量守恒方程。假设有 m 股流股，n 个节点($m>n$)，对于每个节点 j 来说，都有：

$$\sum_{i=1}^{m} A_{ij}F_i = 0 \quad (j = 1,\ 2,\ \cdots,\ n) \qquad (1)$$

在这里 Fi 表示第 i 股物流的流量，Aij 是方向矩阵，其中每个元素根据物流的流向而分别取值为-1，0 或 1。

Fi 又是压力节点 $P1$，…，Pn 的函数，可写成：

$$F_i = f_i(P_1,\ \cdots,\ P_n) = \alpha_i\sqrt{(P_{i,1}-P_{i,2})\rho_i} \qquad (2)$$

其中 α 是管道阻力的函数，ρi 是流体密度，Pi，1 和 Pi，2 是 $P1$，…，Pn 中的两个节点压力。对于任意两个节点，做其能量衡算，根据流体稳定流动时的机械能衡算式，又有：

$$W = g\Delta Z + \frac{\Delta u^2}{2} + \int_{P_1}^{P_2} Vdp + \sum h_f \qquad (3)$$

$$\sum h_f = \lambda \frac{(l + l_e)}{d}\frac{u^2}{2} \qquad (4)$$

该关系式中的由机械所获得的外加能量 W (J/kg)，管道高度变化 ΔZ(m)，管长 l，管径 d 为已知量，而摩擦系数 λ 与雷诺数 Re 和管壁相对粗糙度有关。

有了上述三个公式，经过数学处理，就能够建立起流动与压力节点网模型。流体压力的网络解法可以同时解出网络中各点的压力和流量的分布，比序贯模块法更稳定，更准确。根据实际装置流程和工艺设备数据配置出的动态工艺模型，相当于一个高保真的“虚拟工艺装置”。

4.3　利用智能模拟工厂进行设计验证与 DCS 组态预调试

SEPSIM 集成完成后，能够在对应于外操人员操作的现场操作站和内操人员操作的 DCS 操作站上，反复进行开工操作和异常工况操作。由于装置模型的高保真度，在这样反复进行的操作和动态响应过程中，发现了工艺设计及控制方案设计方面的一些问题并帮助测试其解决方案。模拟系统在开发过程中，将对装置控制系统、联锁逻辑系统进行确认和检查，检查控制逻辑的正确性与合理性，能对控制系统参数进行调试，对特殊的控制系统进行修改后的确认和验证。能进行先进控制 APC 的设计和测试功能。

同时可以作为虚拟装置预调试 PID 参数，验证初始的 PID 参数。智能动态工艺模型是严格按照化学工程机理模型建模的，除了完善的物性方法数据、各种化工设备算法以及高精度动态机理计算等平台软件自身条件外，在建模过程中，工艺工程师严格按照用户提供的工艺流程图及详细设备资料组态工艺模块，导致这样的结果：工艺模型在运行时，其计算的工艺参数的动态跟实际几乎完全一致。比如 1. 模型中各种容器及管道的空间体积与实际一致，在某段位置其模拟的压力随进出流量的变化而变化的趋势跟实际完全一致；2. 模型中某段设备的热容、散热效果及流体自身的热容与实际装置一致，那么该设备模拟出的温度随流体流量和温度的变化而变化的趋势跟实际几乎完全一致；3. 模型中某容器组态的体积尺寸和模拟计算出的液体物料的密度跟实际一致，那么模拟出的液位随进出该容器的流量的变化而变化的趋势跟实际几乎完全一致。这样，当一个完整的工艺模型建好后，通过软件内部的控制器对虚拟装置进行 PID 整定，整定出来的 PID 控制参数就能直接用到实际装置中去；为了更接近实际，还可以根据实际调整模拟的测量数据的噪音波动，这样更逼真，整定出的 PID 控制参数更可靠。

4.4 建立乙烷回收装置先进操作规程管理系统

建立乙烷回收装置的先进操作规程管理系统，除了能够很方便地编辑和管理操作规程、操作卡、等文件外，还能监督各生产操作按照规章制度及操作要求严格实施和执行，并且给出科学合理的考核评价。先进操作规程管理系统，不但帮助业主很方便地整理和验证出切合实际的操作规程和操作卡，还能在培训时保证操作工严格按照操作卡步骤操作，并给出科学合理的考核成绩和操作失误评价，帮助操作工总结操作失误经验和教训。

4.5 操作工培训与考核

4.5.1 操作工培训功能

1）操作员在 WEB 端登陆系统，选择不同的考卷执行进入对应的开停工和应急处理工况，在运行过程中可以设置模型的运行倍数和保存当前的模型状态。在当前的 DCS 也有一个去现场的按钮，操作员可以对应的进去现场站进行操作。

2）不需教员操作指导，操作工可根据操作卡步骤在 DCS 操作站或现场操作站进行傻瓜式的培训操作，每操作完一步就确认一步，系统就自动记录下该步骤的执行情况。

3）每一步确认操作时从动态装置模型系统中获得操作响应信息，判断操作是否正确并进行评分。如果扣分，系统会给出操作失误的原因。另外，还有质量评分模式评价整个操作过程中某些重要生产参数的稳定性，如果超出合理范围，系统会自动告诉操作工在哪段时间引起扣分。

4）操作员可在 WEB 端进入对应的“个人考试统计查询”和“全员考试统计查询”，查询对应的培训成绩和步骤错误分析，便于操作员总结此次操作培训的经验和教训。

4.5.2 考核管理功能

考核管理主要功能如下：

1）管理智能模拟工厂在培训/考核时的使用权限；

2）教员可在管理软件服务端限制学员权限，由教员在管理软件服务端选定将要培训的操作方案，然后启动方案，学员只需登录操作培训考核管理软件操作端，进入指定培训操作方案的操作规程管理操作界面操作即可；

3）教员可以统一快速设置所有学员站的培训/考核的装置模拟模型、培训/考核方案、培训/考核模式，考核时间等权限；

4）教员可在管理软件服务端开放学员权限，由学员在管理软件客户端自行选定培训的操作方案，培训/考核模式，考核时间等，登录操作培训考核管理软件操作端，进入操作规程管理操作界面操作；

5）教员可在管理软件服务端使用管理工具管理查询所有学员站上的培训/考核历史事件记录和考核报告，并可进行导出归档存档等工作；

6）装置模型选择：可以选择系统中的任何模型。一旦模型选定，模型数据会自动地装入模型，同时还能选择培训或考核工况环境；

7）一键启动或关闭系统，方便教员及学员使用；

8）存储功能；

9）工况设置功能：可设置某些特定的操作工况，用于强化工艺操作训练。

模拟系统可以对不同水平的操作人员进行工艺流程培训、操作技能培训、强化操作培训、模拟各类生产故障培训(包括设备与仪表等)。也可作为操作工技能考核的重要手段，实现对操作人员的操作技能的考核功能，对操作人员的工艺操作进行水准认证。

5 主要成果

5.1 方案验证

本模拟系统还可用于对新装置和新工艺的工艺过程和操作程序以及工艺过程参数的正确性进行检验。以缩短生产准备的时间、减少装置开车成本，为开停工能量隔离、工艺设计等方案编制提供验证手段。

设计验证包括工艺设计验证及控制方案设计验证。在设计阶段，对于新装置在正常稳态运行的设计要求一般能够考虑的比较全面，但对于其他工况，尤其是不断变化的开工过程，即使是设计院比较成熟的工艺流程，在结合了业主实际生产背景和要求后，也经常出现许多细节上的设计疏漏。如果在开工过程中才发现这些设计问题，即使简单的管线或仪表改装也将大大延长开工时间，增加生产成本。另外，工厂资深的技术操作员根据多年经验，针对装置实际情况有许多新的好的设计想法，也可以通过智能模拟手段得以验证并完善。

操作卡制定与完善：对于新装置的生产操作规程及操作卡，设计院往往只能提供大体的开工方案，虽然能从兄弟单位借鉴一些类似装置的开工步骤，但由于原料、工艺设备、控制系统及生产条件和要求的差异，其生产操作规程及操作卡只能作为初步的参考。因此需要结合操作规程/操作卡管理和执行工具，提前在本项目定制的智能模拟“虚拟装置”上反复操作，摸清装置的运行和操作规律，不断探索和细化契合本装置实际情况的生产操作规程或操作卡。

为生产准备服务：系统开发过程中将进行物料与热量平衡计算。此过程中发现的物料与热量不平衡问题将会及时告知用户，以使问题能尽早得到解决；模拟系统的开发也将进行严格的设备模拟计算，该计算将严格基于用户的设备资料进行，发现的各设备的生产能力、管道与阀门尺寸的不匹配问题也将会及时告知用户。以上过程发现问题的及时解决将会为装置正常开车提供帮助。

5.2 能量隔离模拟

在天然气处理厂的生产运行过程中，为了处理异常与应急工况，经常需要将相关的生产设备或单元进行能量隔离，由于装置的关系复杂，需要考虑的进行隔离的阀门、盲板等运行状态较多，需要花费大量的时间进行能量隔离方案的整定与验证，实际实施时也需要根据实际情况，进行方案调整，给安全管理带来了隐患。

通过利用动态模拟装置，可以快速制定能量隔离的方案，并进行模拟验证，在实际实施阶段，也可以方便的进行相关的泄漏分析，制定更加详细的安全能量隔离操作程序。

双方开发了两列乙烷回收生产线的隔离方案，取得了良好的应用效果。

5.3 控制系统调校(验证)

控制系统、联锁逻辑系统的检验和测试：本模拟系统在开发过程中，将对装置控制系统、联锁逻辑系统进行确认和检查，检查控制逻辑的正确性与合理性，能对控制系统参数进行调试，对特殊的控制系统进行修改后的确认和验证。能进行先进控制 APC 的设计和测试功能。

可以作为虚拟装置预调试 PID 参数，验证初始的 PID 参数。智能动态工艺模型是严格按照化学工程机理模型建模的，除了完善的物性方法数据、各种化工设备算法以及高精度动态机理计算等平台软件自身条件外，在建模过程中，工艺工程师严格按照用户提供的工艺流程图及详细设备资料组态工艺模块，实现这样的功能：工艺模型在运行时，其计算的工艺参数的动态跟实际几乎完全一致。如 1. 模型中各种容器及管道的空间体积与实际一致，在某段位置其模拟的压力随进出流量的变化而变化的趋势跟实际完全一致；2. 模型中某段设备的热容、散热效果及流体自身的热容与实际装置一致，那么该设备模拟出的温度随流体流量和温度的变化而变化的趋势跟实际几乎完全一致；3. 模型中某容器组态的体积尺寸和模拟计算出的液体物料的密度跟实际一致，那么模拟出的液位随进出该容器的流量的变化而变化的趋势跟实际几乎完全一致。这样，当一个完整的工艺模型建好后，通过软件内部的控制器对虚拟装置进行 PID 整定，整定出来的 PID 控制参数就能直接用到实际装置中去；为了更接近实际，还可以根据实际调整模拟的测量数据的噪音波动，这样更逼真，整定出的 PID 控制参数更可靠。

5.4 操作考核管理

可用于监控和管理智能模拟工厂在培训/考核时的使用情况，并可用于培训或考核的历史事件记录管理查询和考核报告的管理查询等。

通过 WEB 端系统可以进行操作卡的上传和编辑，进行操作卡的管理。也可查看操作培训的结果，进行考试成绩的查询。

在学员培训或考试结束后，可以将学员的操作过程及考核情况以试卷的形式进行提交，利于教员对学员的操作情况进行科学合理的评价。考核报告以 excel 的格式呈现。

模拟系统可以对不同水平的操作人员进行工艺流程培训、操作技能培训、强化操作培训、模拟各类生产故障培训(包括设备与仪表等)。也可作为操作工技能考核的重要手段，实现对操作人员的操作技能的考核功能，对操作人员的工艺操作进行水准认证。

5.5 故障模拟仿真

设备故障能否正确处理是装置能否安全稳定长周期运行的关键。可以在安全分析和故障训练中提高生产技术人员的设备故障案例分析能力，提高操作人员的设备故障处理水平。通过对各类设备故障的模拟操作，强化操作工设备故障分析与处理能力，以提高生产的安全性。该功能主要是从安全生产的角度出发，以避免各类设备故障给生产带来的不利影响，即提高生产人员的故障案例分析能力，提高操作人员的故障处理水平，做到安全生产。

故障场景如下，通过故障场景进行装置应急操作卡编制，配合仿真培训开展应急操作演练：

- 分装置分列停工方案(膨胀机投运工况、丙烷离心机投运或持续运行工况)
- SIS 联锁动作及处置
- 关键仪表漂移(低温分离器液位、脱甲烷塔塔底温度、脱乙烷塔底温度、脱丁烷塔底温度等)
- 阀门故障动作(BDV、ESDV、LV、FV、PV、TV、MV、机组防喘阀等)
- 脱乙烷塔、脱丁烷塔回流泵、贫胺液循环泵停机故障
- 天然气增压压缩机停机、膨胀机停机故障
- 制冷系统压缩机(离心式丙烷压缩机、丙烷螺杆机)故障
- 下游乙烷需求减量
- 脱甲烷塔液泛
- 来气组分大幅变化(乙烷及以上、二氧化碳、含水)

6 结束语

智能模拟工厂技术是确保工厂操作的安全和高效的前提下，减少装置开、停车次数，并预防安全性事故的发生。在完全安全的环境中实现操作员的合格验证和再验证，对操作规程进行安全、快速地评价。为控制工程师提供了一个系统改造和升级的理想设计环境，使技术员能学习和理解诊断的技能和控制理论，加速生产优化和改善。系统通过结合先进而成熟的技术、丰富的工业经验，为乙烷回收装置实现最优控制提供保障。智能模拟工厂技术在生产装置建设阶段的成功应用也为该技术在生产运行阶段的应用打下了良好的基础，将来可以开展这些模型的在线应用，如在线操作优化，智能异常诊断，报警管理应用等。

参 考 文 献

[1] 苏欣，章磊，刘佳，等 . SPS 与 TGNET 在天然气管网仿真中应用与认识，天然气与石油，第 27 卷第 1 期，2009 年 2 月 .

[2] 熊钰，赵明，孙雷，等 . 凝析油回收和天然气液化动态仿真模拟研究，新疆石油学院学报新疆石油学院学报，第 14 卷第 3 期，2002 年 9 月 .

[3] 焦念友 . 基于组件技术的 DCS 仿真培训系统及在华北石化公司联合装置上的应用，石油大学学报，2004 年 1 期 .

[4] 高洁 . 常压装置仿真培训系统及质量模型研究，学位论文，中国石油大学(华东)，2007 年 .

[5] 王永友，王琨，郭昭学，等 . 石油与天然气工程虚拟仿真实验教学体系建设与实践，实验技术与管理，第 36 卷第 12 期 2019 年 12 月 .

[6] 石凤勇，于洪祥，陶兴文，等．智能模拟工厂技术在炼化装置建设阶段的应用，《石油化工自动化》2018.
[7] 尹奎．中国石油工程建设有限公司西南分公司填补国内大型天然气乙烷回收技术空白[J]．天然气与石油，2021，39(04)：7.
[8] 饶何隆，马国光．天然气乙烷回收关键参数分析研究[J]．北京化工大学学报(自然科学版)，2022，49(01)：35-43. DOI：10.13543/j.bhxbzr.2022.01.005.
[9] 刘蕾，赵众，陶兴文，等．催化裂化反应再生系统的建模与优化，石油化工自动化，2009(5).
[10] 陶兴文，齐万松，李阳，等．s_zorb 装置闭锁料斗异常侦测管理系统的设计及应用[J]．石油化工自动化，2015，51(05)：63-66.
[11] 范宗海，贺文敏，冀晓举，等．先进报警管理系统的设计实施与应用研究，《石油化工自动化》2018 年第 1 期．

基于机器学习的立管压力预测方法

赵丹汇　肖　剑

（中海油田服务股份有限公司）

摘　要　钻井作业时，把井底压力控制在由地层孔隙压力和漏失压力界定的安全压力窗口内，才能保证作业的安全性和时效性。当钻井过程有油侵时，用立管压力计算出井底压力比较准确。而机器学习技术为立管压力的预测研究提供了新思路，通过对特定区块近几年的历史数据收集、预处理、特征分析后形成样本库，利用5种基于线性模型的回归方法、4种基于树模型的回归方法及支持向量机等其他2种模型进行设计和实现，通过网格搜索给出各类算法的最优参数，利用R2值等模型评估标准，优选出立管压力预测效果最好的支持向量回归模型。对比10折交叉验证结果，展示该模型有较好的泛化能力。

关键词　钻井工程；立管压力；机器学习；回归方法；支持向量回归；泛化能力

钻井过程中，一旦井底压力小于地层孔隙压力，则地层产物就会流入井眼，发生溢流、井涌乃至井喷；当井底压力大于地层孔隙压力，一旦超过地层破裂压力或漏失压力，则钻井流体就会漏入地层，发生井漏。为了解决漏涌等与压力有关的复杂钻井问题，就要把井底压力控制在由地层孔隙压力和漏失压力界定的安全压力窗口内，这样既可以保证钻井作业安全，降低因钻井液、压井液与堵漏材料的消耗而导致的成本，也可以提高钻井时效，有效保护储层。

根据U型管原理，将钻柱内和环空看作U形管的两端，那么井底压力有两种表述形式，针对钻柱内的压力分析：

$$p_{bm}=p_{cd}-p_{pl}-p_{b}+p_{ps} \tag{1}$$

式中　p_{bm}为井底压力，MPa；p_{cd}为循环立管压力，MPa；p_{pl}为钻柱内循环压耗，MPa；p_{b}为钻头压降，MPa；p_{ps}为钻柱内静液柱压力，MPa。

针对环空内压力分析：

$$p_{bm}=p_{al}+p_{as}+p_{a} \tag{2}$$

式中　p_{al}为环空内循环压耗，MPa；p_{as}为环空内静液柱压力，MPa；p_{a}为套压，MPa。

当有溢流时，即钻井过程有油气侵，环空内受岩屑浓度、钻具偏心、井眼尺寸不规则以及气侵等因素的影响，环空的循环压耗难以计算准确，因此，根据式②通过环空难以准确计算井底压力。但是钻柱内则不受这些因素影响，钻柱内循环压耗p_{pl}和钻头压降p_{b}相对较容易计算准确，根据式①用实时立管压力计算井底压力比较准确，因此，准确预测钻井作业过程中的立管压力，进而计算井底压力，有重要的研究意义。

随着数据科学的发展，机器学习方法在各个领域的应用备受关注，它是概率论、统计学、算法理论等多学科发展起来的数据挖掘方法，针对某些业务场景，可以对未知情况作出有效预测，有较强的实用性。近几年，机器学习技术虽然为石油钻井工程的智能预测提供一种新思路和新方法，但应用尚处于初始阶段。因为海量数据是机器学习的基础，对模型效果的评估起着重要作用，而钻井工程数据涉及专业广、种类繁多、类型复杂，使得机器学习样本库的建立面临挑战。并且相同的样本库，选用不同的机器学习方法，或同样的方法，选用不同的模型输入参数，都会导致预测结果千差万别。所以，确定业务场景、收集多源数据、构建样本库、训练模型、调节最优参数、评估模型等都至关重要。

随着作业信息采集系统的应用，多年的作业实践，积累了大量的关于井况、施工工况、流体性能等钻井数据。业务经验表明，这些数据是影响立管压力的重要因素。充分利用这些数据，全面分析和挖掘数据中影响立管压力的重要特征并建立机器学习模型，则能够预测立管压力，进而计算井底压力，保证其在安全压力窗口内，指导工程方案设计和施工作业。

本文以某特定区块井深、井斜角、方位角等井斜信息，机械钻速、钻压、转速、排量等钻井信息，钻井液密度、漏斗黏度、流变等流体性能信息为特征值，以立管压力为目标值，进行了一系列的监督学习实验，分析了包括基于线性回归的5种线性模型、基于决策树的4种树模型及支持向量回归其他2种非线性模型，然后，针对这些模型进行对比和优选，从模型预测的准确率、过拟合程度、泛化能力等方面，选择支持向量回归为预测立管压力的最终模型。本文的主要贡献是：率先利用机器学习的回归模型，对某特定区块的立管压力预测方法进行了研究，优选出一种有效的预测模型，并且评估效果表明，该模型预测准确率达到95%，且泛化能力强，能有效地指导工程方案设计和施工作业，有助于提高作业的安全性。

1　机器学习回归算法简介

1.1　基于线性模型的回归算法

（1）线性回归

假设有 x_1，x_2，…，x_k，k个因素，考虑如下的线性关系式：

$$y=\beta_0+\beta_1x_1+\beta_2x_2+\cdots+\beta_kx_k=X\beta \tag{3}$$

式中　$X=(1,\ x_1,\ x_2,\ \cdots,\ x_k)$；$\beta=(\beta_0,\ \beta_1,\ \beta_2,\ \cdots,\ \beta_k)^T$。

对n次独立观察的$(x_1,\ x_2,\ \cdots,\ x_k)$带入式(1-1)中，与观测值$y_o$，用最小二乘法求解最小值，求出$\beta$，即得到线性回归预测模型。目标函数为：

$$J(\beta)=\sum(y_o-X\beta)^2 \tag{4}$$

（2）岭回归

岭回归模型就是在线性回归模型的目标函数上式(1-2)加了一个L2范数惩罚项。当样本库的特征之间存在多重共线性(即特征之间高度相关)或者特征个数多于样本量时，线性回归中的最小二乘法无法求解，为了解决这类问题，引入了岭回归。

$$J(\beta)=\sum(y_o-X\beta)^2+\lambda_2\|\beta\|_2^2 \tag{5}$$

式中　λ_2为L2范数惩罚系数。

（3）Lasso回归

LASSO回归模型是将线性回归模型的目标函数式(1-2)的惩罚项由L2范数变为L1范数。岭回归无法剔除变量，而Lasso是一个估计稀疏的线性模型，可以将一些不重要的回归系数缩减为0，达到有效剔除变量的目的。

$$J(\beta)=\sum(y_o-X\beta)^2+\lambda_1\|\beta\|_1 \tag{6}$$

式中　λ_1为L1范数惩罚系数。

（4）弹性网络回归

弹性网络回归模型是将线性回归模型的目标函数式(1-2)的惩罚项同时加入L2范数和L1范数。这种组合既可以学习稀疏模型，同时可以保持岭回归的正则化属性。

$$J(\beta)=\sum(y_o-X\beta)^2+\lambda_1\|\beta\|_1+\lambda_2\|\beta\|_2^2 \tag{7}$$

式中　λ_1为L1范数惩罚系数；λ_2为L2范数惩罚系数。

（5）随机梯度下降回归

随机梯度下降回归也是一种线性回归，不同的是，线性回归是通过最小二乘法来优化损失函数，而随机梯度下降是通过随机化梯度下降最小化正则化经验损失。

1.2　基于树模型的回归算法

（1）回归树

回归树就是解决回归问题的决策树模型，从根节点开始，进行特征切分选择节点，一步步走到叶子节点，构建二叉树。其核心思想是找到最优的切分点后，依次将输入空间划分为两个区域，接着对每个区域重复上述划分过程，直到满足停止条件为止。

（2）随机森林

随机森林是集成算法中的Bagging模型最典型的代表，并行训练多个独立的决策树估计器，取平均值。其随机性是双重的，一重随机性指有放回的随机采样数据，二重随机性指特征选择随机。由于二重随机性，使得每个树基本上都不一样，最终的结果也不一样。

（3）Xgboost、LightGBM

Xgboost、LightGBM都是基于树模型的梯度增强学习算法，属于集成算法中的Boosting模型，从弱学习器开始加强，将模型上次预测产生的误差作为参考，进行下一棵树的建立，即由前t-1棵树组合而成的模型预测产生的误差为参考，进行第t棵树的建立，第t棵树和前t-1棵树一起使得模型提升。

这两种算法，近些年在学术界捷报连连，堪称竞赛神器，尤其是对于海量样本，更具有竞争力。相较于Xgboost，LightGBM训练速度更快，效率更高效。

1.3　其他回归算法

（1）KNN回归

KNN回归就是通过找出一个样本的k个距离最近的邻居(通过欧几里得距离计算距离)，将这k

个最近邻居的目标值的平均值赋给该样本，就可以得到该样本目标值的预测值。KNN 算法简单，调整参数较少，不做额外假设，具有通用性。

（2）支持向量回归

传统回归模型通常直接基于模型输出值与真实值之别来计算损失，当且仅当两者完全一样时，损失才为 0，支持向量回归（SVR）与此不同。假设我们能容两者之间有一定的误差 ε，仅当模型输出值与真实值之间的差的绝对值大于误差 ε 时才计算损失。通俗的理解：一个支持向量回归模型就是在一个高维或有限维空间构造了一个或一组超平面，这些超平面被用作回归任务。由超平面实现的最优分割，即这个超平面到任何最近的训练数据点的距离是最大的。支持向量回归因其适合小样本、泛化能力强等优点，被广泛应用于各种实际问题。

2　井口立管压力预测模型的设计和实现

2.1　模型构建的实施步骤

步骤一、数据收集。

数据来源于陵水某特定区块下的钻井数据，涉及井况、施工工况、流体性能等多张表信息，包括井深、井斜角、机械钻速、钻压、转速、排量、钻井液密度、塑性黏度等 40 余个字段，通过业务经验分析，精选出 17 个字段。表 1、表 2 列举了部分数据资料。

表 1　部分钻井数据资料

井深/m	机械钻速/（m/h）	钻压/klbm	悬重/klbm	转速/（1/min）	扭矩/klbf. ft	增压泵排量/（L/min）	排量/（L/min）	立管压力/psi
2908.00	47.54	6.32	393.38	100	10.81	2547	4158	2421
2938.00	40.45	8.9	373.34	82	7.39	2177	3803	2061
2968.00	40.21	4.77	380.32	81	8.35	2177	3796	2118

表 2　部分井眼轨迹、钻井液数据资料

井深/m	井斜角/（°）	方位角/（°）	垂深/m	钻井液密度/（g/cm^3）	漏斗黏度/（s/qt）	塑性黏度/（mPa·s）	动切力/Pa
2908.00	0.07	224.9	2907.95	1.25	54	26	12
2938.00	0.12	204.58	2937.95	1.25	56	27	12.5
2968.00	0.28	200.31	2967.95	1.25	56	27	12.5

步骤二、数据预处理。

缺失值处理，钻井液性能数据是钻井期间间歇性实测数据，不像钻井工况数据、井斜数据连续无间断，所以，相当一部分井深处缺失钻井液性能数据。这里主要选用两种方法："距离最近井深点的钻井液性能数据"进行填充和"相邻井深区间端点的钻井液性能数据的平均值"进行填充。

数据类型处理，数据采集时，由于数据存储的分隔格式不同导致有些数据类型为 object 类型，机器只能对数值型数据进行分析，所以，要进行数据类型的强制转换。

步骤三、特征工程。

一般情况下，随着特征维度的增加，样本数量要呈指数增长，否则就会出现过拟合。但是，实际工作中，能够得到的样本数量有限，为了避免过拟合，就要控制特征维度。通过特征参数相关性检测矩阵，对相关性较高的特征参数，如相关系数大于 0.75，则只保留其中一个特征即可。如图 1 所示，它是特征参数相关性矩阵画的热图，可观察出，只有 TVD 和 MD 相关系数等于 1 大于 0.75，这两个特征线性共线，保留一个即可。

特征预处理，从表 1、表 2 中可以看出，各特征的数据分布区间变化很大，从小数位到千位数。这里对特征进行数据标准化，使得某个特征不会对最终结果造成更大的影响。

步骤四、划分数据集。

先把数据集按二八原则划分为测试集、训练集。对于训练集，通过 10 折交叉验证的方法，将训练集进一步分为训练子集、验证集。在训练子集上训练模型，在验证集上评估模型预测效果，而测试集不参与任何模型训练。

步骤五、构建各类机器学习回归模型。

不同回归算法适用于解决不同条件的回归问题，所以，我们构建各类机器学习回归模型，从中优选出适合预测立管压力的回归模型。因为模型中参数的取值不同，对模型训练的结果有影响。我们利用网格搜索，调节超参数，如表3，通过10折交叉验证，在训练子集上训练模型，在验证集上验证模型预测效果，从而选取出最优的参数组合。然后，将最优参数取值组合放到训练集上训练，再到测试集上得到最后的测试效果。

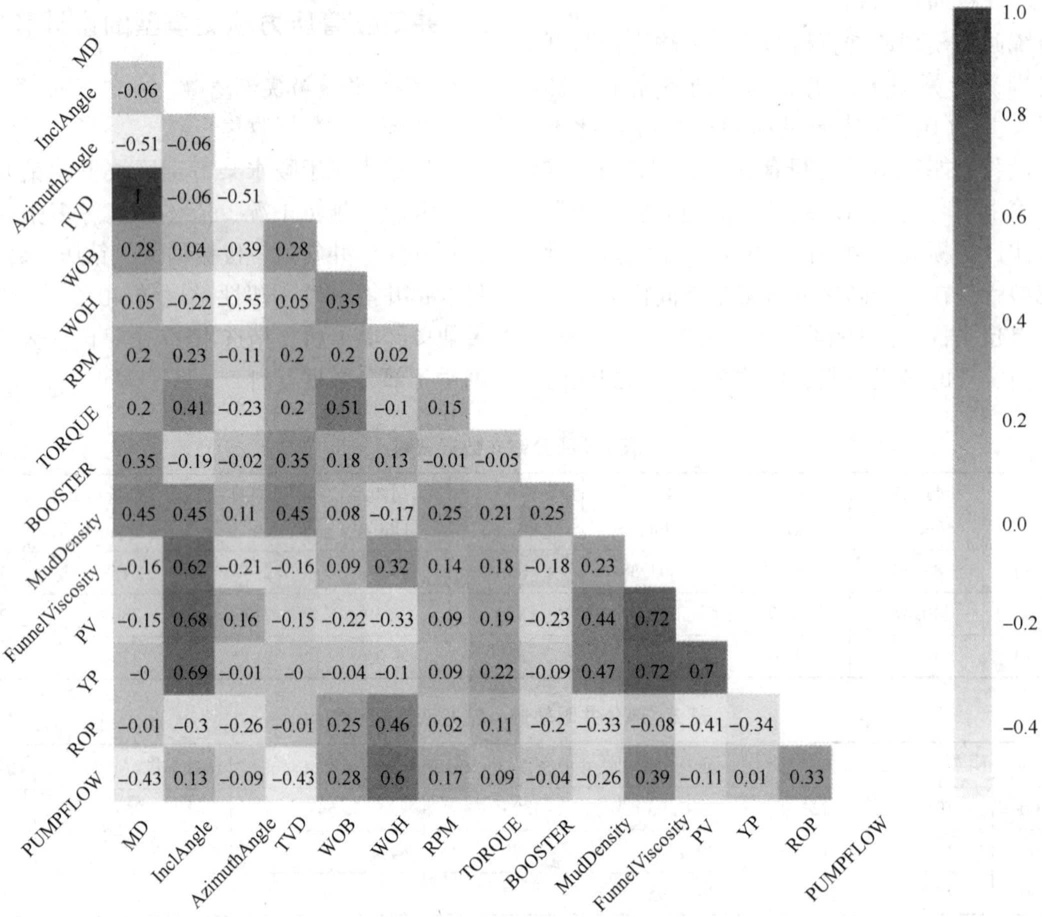

图1　特征参数相关性检测

表3　机器学习回归模型及参数取值

模型类型	回归模型	超参数取值区间	最优参数取值
基于线性模型	线性回归	—	—
	岭回归	{alpha：np. logspace(-5，2，200)}	{alpha：0. 0159}
	Lasso 回归	{alpha：np. logspace(-5，2，200)}	{alpha：0. 4769}
	弹性网络回归	{alpha：[0. 1，0. 01，0. 005，0. 0025，0. 001]，l1_ratio：[0. 1，0. 25，0. 5，0. 75，0. 8]}	{alpha：0. 001，l1_ratio：0. 8}
	随机梯度下降	—	—
基于树模型	回归树	{max_depth：[2，3，4，5]，min_samples_split：[3，6，9]}	{max_depth：5，min_samples_split：9}
	随机森林	{n_estimators：[10，50，100]，min_samples_split：[3，6，9]}	{n_estimators：50，min_samples_split：3}
	Xgboost	{max_depth：[2，3，4，5]，n_estimators：[10，50，100]，learning_rate：[0. 1，0. 001，0. 003]}	{max_depth：3，n_estimators：100，learning_rate：0. 1}
	LightGBM	{num_leaves：[15，24，31]，learning_rate：[0. 1，0. 001，0. 003]}	{num_leaves：15，learning_rate：0. 1}

续表

模型类型	回归模型	超参数取值区间	最优参数取值
其他	KNN 回归	{n_neighbors：[2，4，5，6]}	{n_neighbors：2}
	支持向量回归	{kernel：['linear'，'rbf']，C：[1，10，100，1000，10000]}	{kernel：'linear'，C：10000}

步骤六、回归模型的评估。

选用 R Squared(R^2)、均方根误差(RMSE)、平均绝对误差(MAE)三个评价指标评估上述回归模型的预测结果。

表 4　机器学习回归模型预测结果

模型类型	回归模型	测试集			验证集-10 折交叉验证	
		R^2	RMSE	MAE	R^2	Std
基于线性模型	岭回归	0.946	76.322	64.672	0.907	0.061
	随机梯度下降	0.945	77.156	64.97	0.899	0.067
	Lasso 回归	0.944	78.274	66.956	0.92	0.043
	弹性网络回归	0.943	78.574	65.742	0.907	0.063
	线性回归	0.943	78.625	65.776	0.907	0.063
基于树模型	LightGBM	0.946	76.445	61.390	0.829	0.115
	随机森林	0.942	79.011	63.963	0.865	0.071
	Xgboost	0.942	79.507	66.923	0.857	0.055
	回归树	0.909	99.263	74.839	0.772	0.135
其他	支持向量回归	0.950	73.372	62.372	0.92	0.053
	KNN 回归	0.766	159.166	99.111	0.846	0.087

从表 4 中，可优选出预测效果较好的 3 种回归模型，分别是：支持向量回归、基于线性模型的岭回归、基于树模型的 LightGBM 回归，展示在表 5 中。

表 5　3 种优选的回归模型

回归模型	测试集			验证集-10 折交叉验证	
	R^2	RMSE	MAE	R^2	Std
支持向量回归	0.950	73.372	62.372	0.92	0.053
岭回归	0.946	76.322	64.672	0.907	0.061
LightGBM	0.946	76.445	61.390	0.829	0.115

为了更加直观地展示预测结果，以测试集上的预测值作为横坐标，以真实值为纵坐标，画出两者的关系图，如图 2 所示。其中蓝色 45°线表示预测值与真实值的接近程度，如果落在该线上，说明预测值等于真实值。蓝色 45°线上下两个红线组成的是真实值正负 200psi 带宽，如果预测值落入该带状区域内，说明在工程施工上，该预测值可以接受。如图 2 所示，这三种优选的回归模型预测值在工程上均可以接受。

2.2　模型的对比与优选

根据图 2、表 5 中模型的预测结果，从以下四个方面评估模型：

(1) 预测的准确率：观察优选的 3 种回归模型在测试集上的 R^2 结果，可以看出支持向量回归算法预测的准确率是最高的，也符合支持向量机适合模拟小样本的特点。

(2) 预测值与真实值差距：如图 2 所示，可观察到 LightGBM 算法预测值在真实值两侧集中的最密集；表 5 中列举了 3 种回归模型在测试集上的 MAE 结果，同样观察到 LightGBM 算法预测值与真实值的平均绝对误差最小，即 LightGBM 算法预测值与真实值平均差距最小。

(3) 模型是否过拟合：表 2-5 中列出 3 种回归模型在测试集上的 R^2 结果，可以看出 3 种模型预测的准确率都挺好，但是，模拟预测是否过拟合呢，还需要看10折交叉验证后，验证集上的 R^2 结果。对比后，发现LightGBM模型有点过拟合。

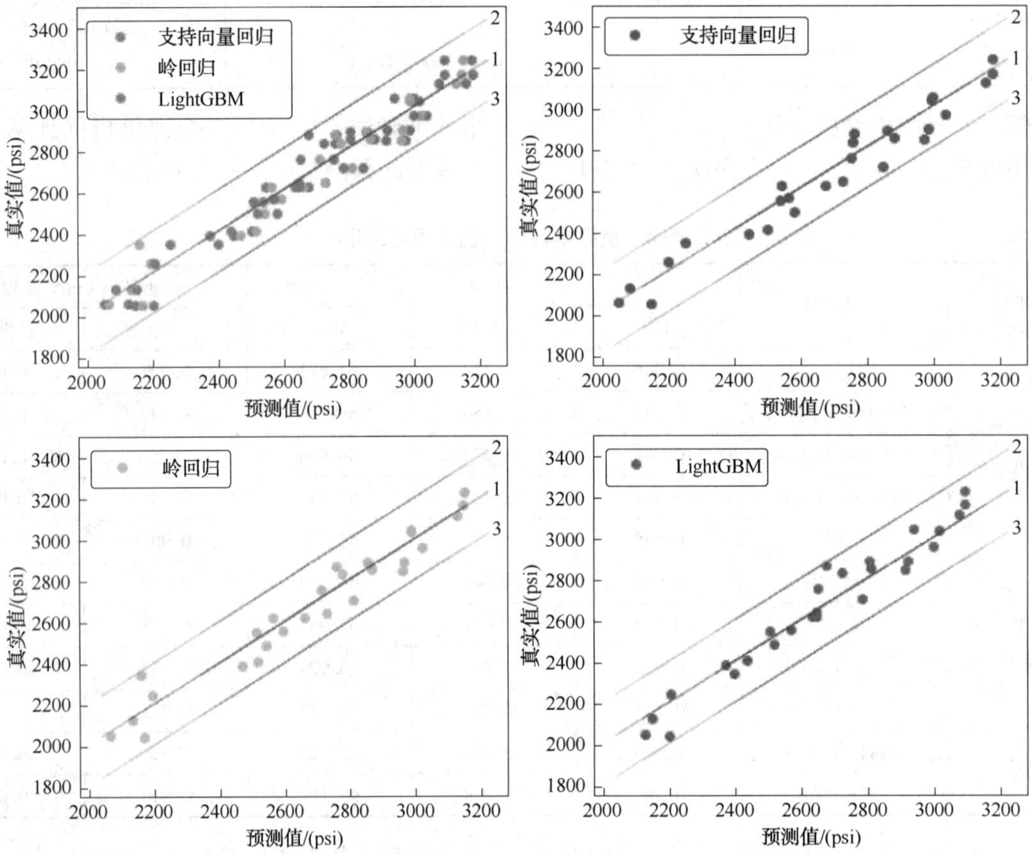

图2　优选的3种回归模型预测值与真实值关系

1—直线 $y=x$；2—直线 $y=x+200$；3—直线 $y=x-200$

（4）模型的泛化能力：10折交叉验证可以很好地反映模型预测值平均相对误差的离散程度，即模型预测结果的稳定性或泛化能力。表5中列举了10折交叉验证后，验证集上的 R^2 结果和标准差Std，可以看出支持向量机模型具有更高的准确率，同时方差很低，泛化能力更强。

综上所述，考虑到模型预测的准确率、过拟合程度、泛化能力等，结合样本库小的特点，选择支持向量回归为预测立管压力的最终模型。

2.3　模型的优化

随机森林在模型训练完成后，能够给出特征的重要性排序，如图3所示：

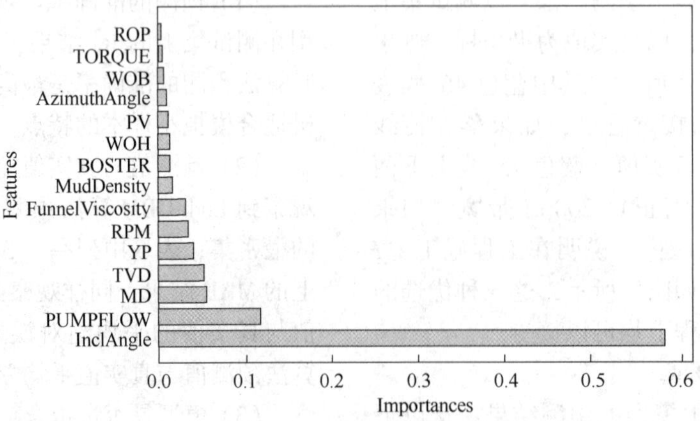

图3　特征重要性评估

如图 3 所示，特征“井斜角”对立管压力的影响最显著。从数据角度分析，是因为样本库中选的是同一个区块不同井的同一井段信息，施工工艺、地质构造、钻井液体系都很相似，然而，井斜信息是个性的，有直井、定向井、水平井，井斜的特征分布差异明显，对立管压力的预测影响显著。

根据井斜分布差异性先对井归类，然后不同类别的井，单独构建模型，模型的预测效果会得到优化。

3 结语

(1) 针对钻井工程中的立管压力预测，利用 5 种基于线性模型的回归方法、4 种基于树模型的回归方法及支持向量机等其他 2 种机器学习方法进行设计和实现，从模型预测的准确率、过拟合程度、泛化能力等方面，优选出支持向量回归为预测立管压力的最终模型。

(2) 通过对数据样本库的特征重要性评估，发现井眼轨迹信息中的“井斜角”对立管压力的预测结果影响最为显著。下一步，根据井斜分布差异性对井归类，然后不同类别的井，单独构建模型，模型的预测效果会得到优化。

(3) 机器学习技术为预测钻井工程中立管压力，进而计算井底压力，保证施工安全性和时效性，提供了一种新思路和新方法。由于样本量收集和研究时间有限，该方法尚未得到实际应用，还需在今后，不断扩大数据量，深入研究，在实际应用中对算法进行改善，提高应用价值。

参 考 文 献

[1] 陈永明，王树江．定向井水平井常规压井简易计算方法[J]. 钻采工艺，2001，24(1)：97-100.

[2] 陈永明，宋荣荣，曹强，等．基于井控原理的压力控制方法[J]. 中外能源，2020，25(S1)：1-7.

[3] 苏兴华，孙俊明，高翔，等．基于 GBDT 算法的钻井机械钻速预测方法研究[J]. 计算机应用与软件，2019，36(12)：87-92.

[4] Bi X L, Yan T, Tao L J. Research on optimizing bit by neural network in Qingshen Oilfield[J]. Journal of Harbin Engineering University, 2006, 27 (b07): 111-114.

[5] Fu Y H, Zhan F, Li Y. Rough Set-BP neural network prediction model of strata movement angle [J]. Metal Mine, 2017(2): 96-101.

[6] Smucler E, Yohai V J. Robust and sparse estimators for linear regression models[J]. Computational Statistics & Data Analysis, 2017, 111: 116-130.

[7] 李航．统计学习方法[M]. 北京：清华大学出版社，2019.

[8] Abuella M, Chowdhury B. Solar Power Forecasting Using Support Vector Regression [EB]. arXiv: 1703.09851, 2017.

基于生产信息化实时大数据计算油井动液面在NH201区块应用

汪金如

（中国石化华东油气分公司）

摘　要　油井动液面反映了地层能量状况，是油藏开发效果评价重要参数。本文基于EPBP数据库油井基础数据、生产动态数据以及PCS实时采集功图、电参、温压等实时数据建立两种计算动液面算法模型：示功图计算动液面以及XGBoost大数据方法计算动液面，相比大数据方法精度较高，具有较高的应用价值。在大数据模型建立过程中，首先对影响动液面的因素进行相关性分析和敏感性分析，最终选取24个相关参数；其次应用机器学习及深度学习算法，建立动液面计算模型，并针对具体井进行动液面计算验证，对模型不断迭代优化，最终形成高精度动液面计算模型。

关键词　示功图计算动液面；XGBoost大数据；动液面计算模型；敏感性分析；机器学习；深度学习

油井动液面反映了地层能量状况，是油藏开发效果评价以及采油工程设计优化重要参数。目前对于动液面的录取主要有两种方式：第一种方式是传统人工现场测试录取，但工作量大、采集频率低，数据质量难保证，不能及时反映油藏能量现状；第二种方式是配备动液面在线实时测试仪，但受产品技术限制以及生产成本制约，很难得到广泛应用。

近年来随着油田企业信息化建设推进的完善，已实现生产数据的实时采集以及标准数据库的搭建，为后期数据的深化应用提供了保障。目前对于动液面的计算主要采用示功图计算动液面，已在部分油田进行应用。本文对示功图计算动液面进行应用效果评价，同时基于采集实时数据以及大数据分析理论，利用机器学习技术，对NH201区块井进行试点，建立大数据计算动液面模型，获得高频次、高精度动液面计算结果。

1　区块概况

NH201区块位于溱潼凹陷西斜坡带，单斜构造，为阜三段上倾尖灭岩性-构造复合圈闭，含油面积6.47km²，沉积相为浅湖，划分为坝砂、滩砂和浅湖泥3个沉积微相，阜三段储层可划分为4个油组18个小层，主力含油小层为Ⅲ-4、Ⅲ-6层，平均厚度3.6m，储层厚度薄但平面分布稳定，平均孔隙度32.1%，平均渗透率656mD，为高孔高渗储层，地层原油黏度3.735mPa·s，地面原油密度0.856g/cm³，属正常温度、压力系统油藏。NH区块采用边滚动、边建产的开发模式，方案设计为15注44采的反九点注水开发井网，于2018年全面完成产建工作。采用有杆泵机抽生产，泵径44mm、冲程4.2m、冲次1.2次左右，平均泵挂深度1389m，平均沉没度560m，单井日产液5.6m³，区块综合含水20%。

2　示功图计算动液面

2.1　计算原理

泵沉没度对应的沉没压力与上冲程时泵的吸入压力之间存在一定关系，因此可由泵示功图求出沉没压力，再由沉没压力推算动液面深度。采油厂信息化油田建设进程的推进，示功图录取实现了实时性，示功图的录取包括了光杆示功图和井下泵示功图，且井下泵相对于悬点受力简单、动载荷的影响小，根据油井泵功图分析阀门开闭点，确定泵载，求出泵沉没压力，即抽油泵沉没在油井动液面以下泵吸入口处流体的压力，进而求出动液面深度。

2.2　计算所需参数

载荷数据：示功图提供的上下静载荷。

油井数据：产液量、含水率、生产气油比、油层温度、油压、套压、泵径、泵挂、尾管深度、油层中深、冲程、冲次、管杆组合（Σ 油管、Σ 油杆、套管内径）、井斜数据。

物性参数：地层原油黏度、原油密度、相对气密度。

2.3 现场应用效果评价

通过收集 NH201 区块 28 口井进行应用效果评价，误差在 200 米内的有 16 口，整体准确率 57.1%。

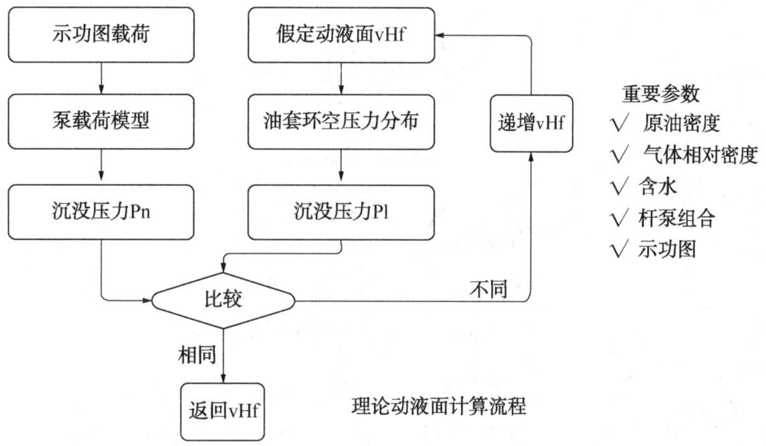

图 1　功图计算动液面计算流程

表 1　NH201 区块实测动液面与功图计算动液面对比

井号	实测动液面/m	计算动液面/m	差值/m	井号	实测动液面/m	计算动液面/m	差值/m
NH2-21	531	1242	711	NH2-43	308	539	231
NH2-22	580	940	360	NH2-45	516	594	78
NH2-23	851	1083	232	NH2-46	440	850	410
NH2-24	800	320	-480	NH4	1120	1186	66
NH2-25	890	960	70	NH2-1	896	958	62
NH2-26	630	720	90	NH2-10	994	1039	45
NH2-27	290	60	-230	NH2-12	841	1174	333
NH2-29	708	955	247	NH2-14	702	901	199
NH2-30	631	260	-371	NH2-15	660	809	149
NH2-32	402	693	291	NH2-17	762	831	69
NH2-34	265	1236	971	NH2-19	1282	1291	9
NH2-40	585	591	6	NH2-20	769	851	82
NH2-41	421	494	73	NH2-6	1245	1179	-66
NH2-42	265	69	-196	NH2-8	1033	1051	18

动液面计算中需要用到储层物性、地下流体物性、杆泵组合、地面流体分析化验、工作制度、生产数据等 32 个参数，任何一个参数的缺失或失真都会造成动液面结果偏差，这也是本次试算部分井误差较大的主要原因。

3　大数据方法（XGBoost）计算动液面

3.1 算法原理

XGBoost 是 boosting 算法的其中一种，是在 GDBT 基础上又进行了算法提升，所用到的树模型则是 CART 回归树模型。

算法思想就是不断地添加树，不断地进行特征分裂来生长一棵树，每次添加一个树，其实是学习一个新函数，去拟合上次预测的残差。当我们训练完成得到 k 棵树，我们要预测一个样本的分数，其实就是根据这个样本的特征，在每棵树中会落到对应的一个叶子节点，每个叶子节点就对应一个分数，最后只需要将每棵树对应的分数加起来就是该样本的预测值。

3.2 模型的建立

基于NH201区块现场监测的动液面数据，探索与实现井口动液面实时计算，建立动液面与油井基础数据、生产动态数据、流体物性数据和电参数的数学模型。

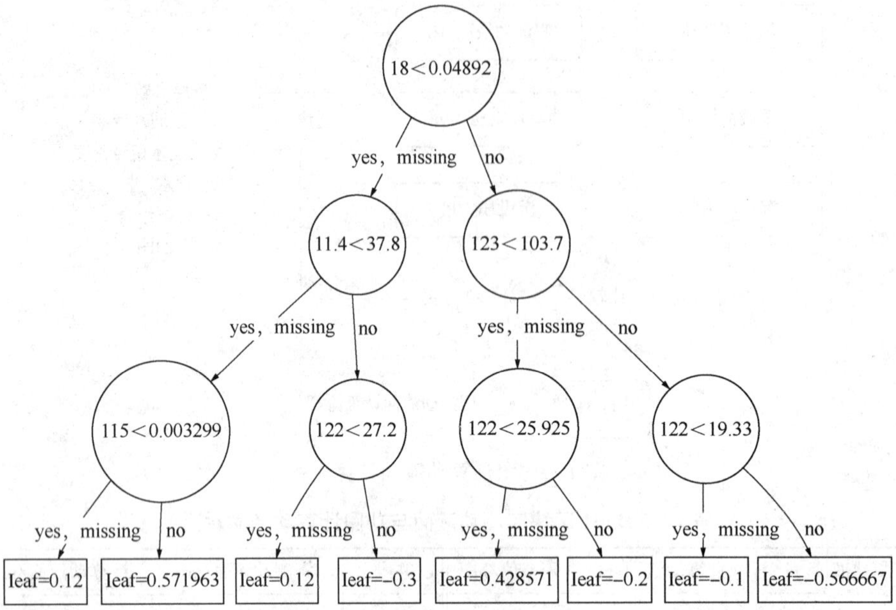

图2　XGBoost树

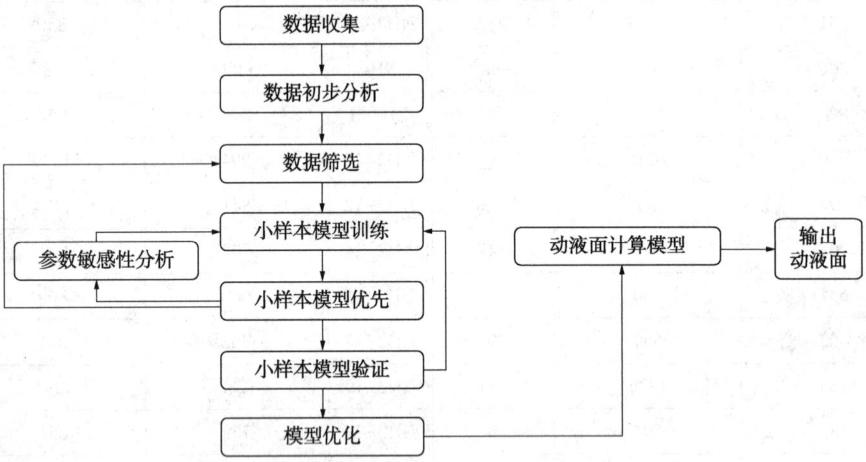

图3　动液面预测模型流程

3.2.1　数据敏感性分析

首先进行全数据的流压初步模型建立，从而初步确立各参数和动液面的相关性，进行个参数敏感性分析，在次基础上进行数据可靠性分析。在初步分析的基础上进行数据敏感性分析，因为在初次模型拟合中发现当动液面数据异常时，模型计算的数据也出现异常，说明有弱相关的数据项(可能是某些常数项)。经过多次模型调整及结果对比分析，最终选取24项参数作为各井动液面预测模型训练参数。

3.2.2　模型迭代优化

以NH201区块实测动液面数据用于模型训练，运用大数据方法建立功图、产量、含水等各种生产参数与动液面之间的关联关系，实现动液面的计算。将最终计算值与实测动液面进行比较，对模型进行迭代修正。

由于实测动液面数据较少，影响模型的计算精度。为了增加样本量，采用二次样条插值算法对动液面数据进行插值，计算区间段内每分钟的动液面数据，增加模拟数据样本量。

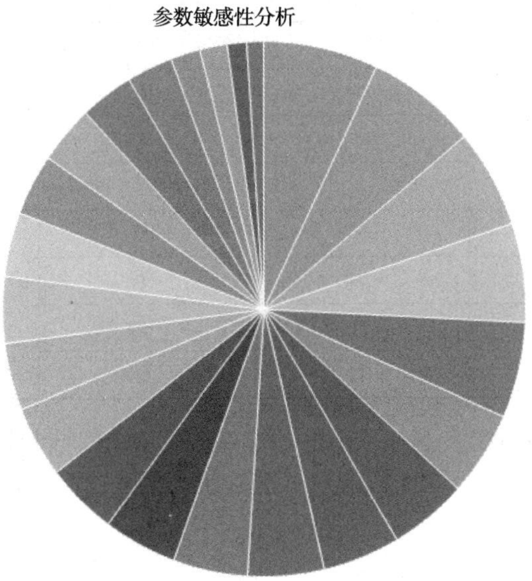

变频器母线电压	6.99214%
油压	6.72542%
A项电流	5.92146%
A项电压	5.89737%
变频器输出电流	5.84985%
B项电压	5.07313%
功率因数	4.79119%
AB项电压	4.71384%
BC项电压	4.64071%
上行电流	4.53377%
C项电压	4.50545%
CA项电压	4.36639%
周期内总功率因数最小值2	4.27593%
周期内C相电流平均值	4.03119%
B项电流	3.9665%
周期内B相电流平均值	3.86127%
周期内A相电流平均值	3.67698%
下行电流	3.48846%
C项电流	3.23273%
变频器输出电压	2.82780%
无效功率	1.82771%
有功功率	1.63835%
视在功率	1.7804%
液产液量	1.02545%

图 4 数据敏感性分析

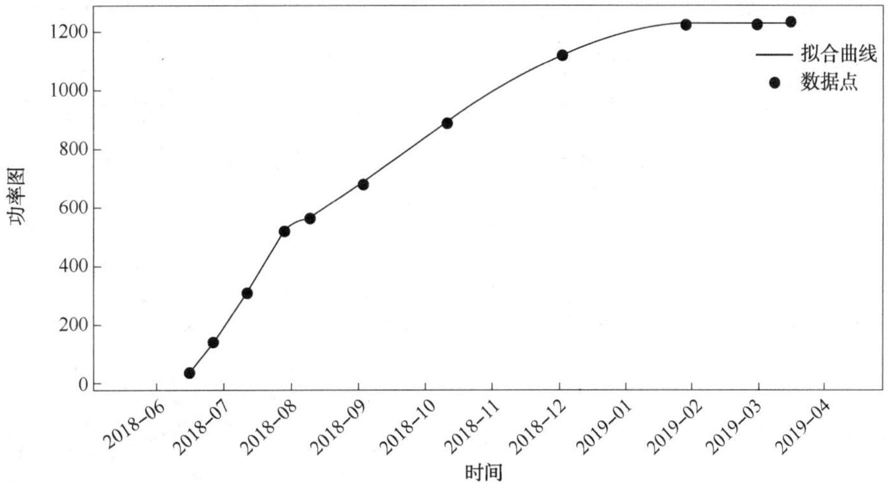

图 5 NH2-47 差值拟合结果

3.3 现场应用效果评价

NH201 区块共 35 口井为研究对象，其中供液不足井 7 口，运用动液面计算模型计算对比 2019 年 1-6 月份数据，具体成果见表 2。考虑到该区块新投入开发区块，生产气油比高，井筒存在泡沫油，常规监测的动液面存在误差，规定误差在 150m 范围内认为合理。从统计结果上看供液充足井应用效果优于供液不足井，整体准确率达 88.6%，模型在 NH201 区块具有较高的应用价值，可用于实际生产分析。

表 2 动液面模型计算效果评价

类别	评价指标	井数/口	效果评价	准确率/%
供液充足	差值<=50m	3	优	92.9
	50m<差值<=150m	23	良	
	150m<差值<=200m	2	一般	
	差值=>200m	0	差	

续表

类别	评价指标	井数/口	效果评价	准确率/%
供液不足	差值<=50m	2	优	66.7
	50m<差值<=150m	2	良	
	150m<差值<=200m	2	一般	
	差值=>200m	1	差	
整体	差值<=50m	5	优	88.6
	50m<差值<=150m	26	良	
	150m<差值<=200m	3	一般	
	差值=>200m	1	差	

NH2-60 模拟计算结果与实测结果基本吻合，应用效果好。2019 年 5 月 20 日进行一次控产措施，通过模拟真实反映动液面变化情况。

NH2-平 1 应用效果好，同时也能反映注水受效能量上涨趋势。

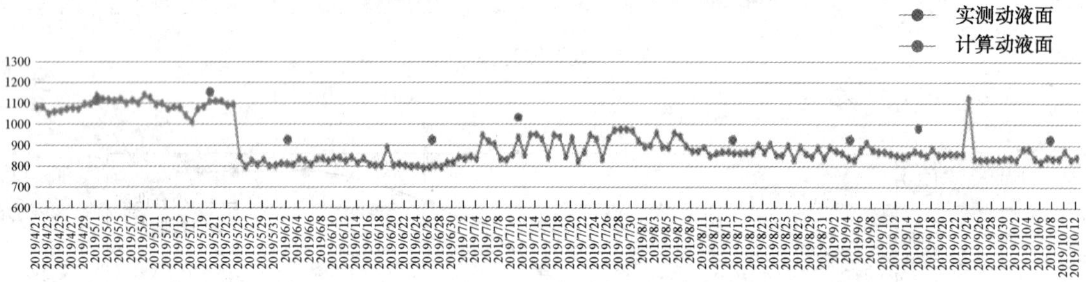

图 6　NH2-60 实测动液面与计算动液面对比

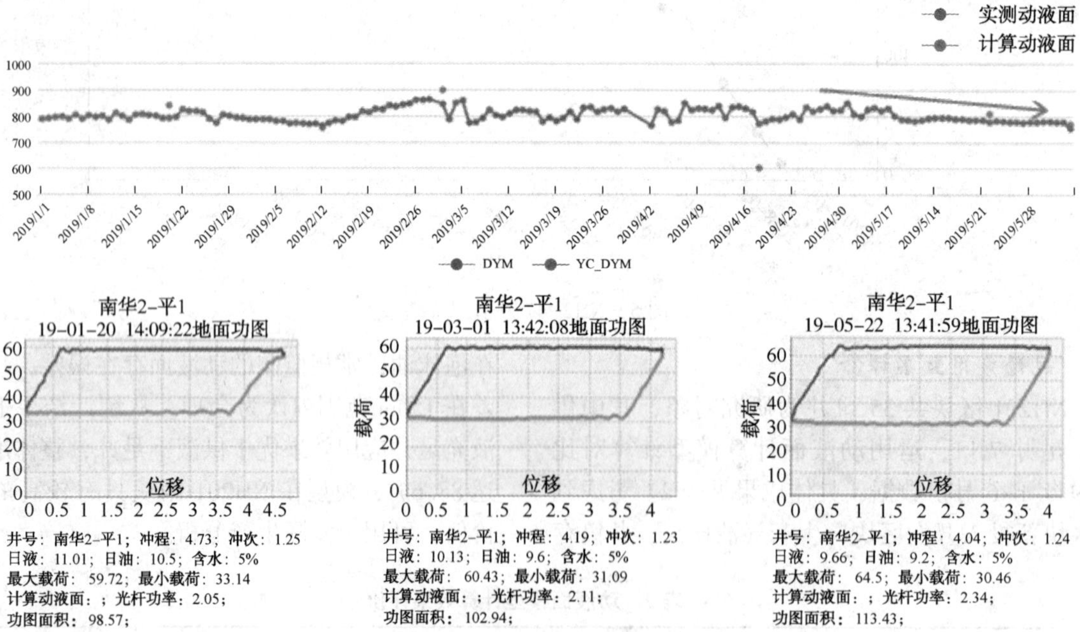

图 7　NH2-平 1 实测动液面与计算动液面对比

4　结论

（1）本文对于油井动液面计算提出了两种方法，示功图计算动液面与大数据分析计算动液面，相比大数据方法计算精度较高，具有较高的应用价值，可用于实际生产分析。

（2）采用大数据算法在样本训练与模型建立过程中，样本的数量是模型精度的关键因素，因此样本数据量应足够丰富。

（3）对于正常生产的井大数据算法具有较好的适应性，当地面设备以及井下工况出现异常应用效果较差。

参 考 文 献

[1] 杨利平．用示功图计算抽油机井动液面深度[J]．石油地质与工程，2010(5)．101-103.

[2] 杨志，蔡龙浩等．井下泵功图获取动液面深度计算方法[J]．石油地质与工程，2013，27(3)：139-141.

[3] 韩修廷．有杆泵采油原理及应用[M]．北京：石油工业出版社，2007.

[4] 何龙．深入理解 XGBOOST[M]．北京：机械出版社，2017.

[5] 李应扬．数值计算原理[M]．北京：清华大学出版社，2000.

基于 Ansible 的智慧机房系统的设计与实现

王子通　付　立　姚以泰　周　蓓　张　毅　李　琦

[中海石油(中国)有限公司天津分公司]

摘　要　油气田的勘探、开发、生产、钻完井、工程等方面大部分业务需要通过计算机系统协助完成，计算机机房支撑着科研生产数据安全、系统稳定并提供全天候多场景的应用，因此，保障机房的安全与稳定至关重要。本文针对渤海油田某机房管理现状，设计并完成了智慧机房系统，将大量服务器设备的运行状态以图形化、可视化的方式直观展示，并实现机房自动化运维，便于 IT 系统管理员进行远程智能操控与数据智能分析，对智慧油田信息化建设需求具有十分重要的意义。

关键词　Ansible；智慧机房；可视化监控；自动化运维；渤海油田；信息化建设

2014 年“十二五”信息化规划中提出“数字油田”概念，包括数字勘探、数字开发、数字生产、数字管理；在“十三五”生产信息化规范定了智能油田基本框架为蓝本，到了“十四五”，数字化、智能化战略已上升至重要国际战略，从国家层面到企业层面讲，加强原创性、引领性科技攻关必将成为企业信息化的发展重点。中国海油积极融入数字化改革大潮，通过数字化转型推动管理创新，建立全面感知、自动控制、智能预测、优化决策的智能油田体系。

近几年，渤海油田持续加大油气勘探开发力度，“七年行动计划”成效显著，成为我国原油第一大生产基地，强有力地保障国家能源安全，这对勘探开发提出了更高的要求，也对信息工作提出了智能化、数字化、自动化的要求，但面对高质量发展与数字化转型，仍面临着诸多挑战。渤海油田的勘探、开发、生产、钻完井、工程等研究工作主要是通过计算机系统上以人机交互模式进行，而不同的计算机系统分布在不同地理位置的机房，工作站机房、生产机房、可视化中心、随钻中心机房等的地理分布分散，难以集中统一监控管理，且机房中设备种类多、规模大，操作系统版本也存在差别。一旦机器出现问题，一般都是通过用户反馈或者命令排查的方式，缺乏直观性，很难提前发现。同时，对于当前的运维方式，目前是手动或者脚本运维，如果不同机器的需要差异化配置，人工参与较多，运维成本较高。因此，本文根据智能油田建设基本框架，紧跟行业数字化趋势，针对渤海油田某机房中数据系统维护进行调研，设计了智慧机房系统，实现了集中统一管理、少人化操作，促进渤海油田数字化转型。

1　整体系统架构设计

结合学术界与工业界主流的软件架构与当前渤海油田中机房管理的具体场景，将整个架构通过前后端分离，将用户层和服务层解耦，并进行进一步划分成 4 层：资源层、执行层、功能层、表现层，如图所示。系统采用 B/S 的方式通过 Web 浏览器进行访问，利用 Flask、ECharts、HTML5、bootstrap 等技术实现数据的可视化，架构如图 1 所示：

（1）资源层

资源层的主要功能是为执行层提供各种类型的数据，包括目标主机的运行状态、目标网页上和目标软件上的各类参数等。

（2）执行层

执行层的主要功能是使用不同的工具和技术实现对资源层的数据进行获取，主要使用到 Ansible 工具、网络爬虫技术和 WOL 网络唤醒技术等。

（3）功能层

功能层的主要用于对执行层的操作进行逻辑划分，将资源层提供的数据进行数据提取、数据清洗、数据分析和数据存储。该层将各个功能进行封装并为表现层开放接口，将数据传输给上层进行展示。

（4）表现层

表现层是将下层提供的数据转化成易受用户理解的图表数据，利用 ECharts 对界面进行优化和渲染，直接与用户进行交互。

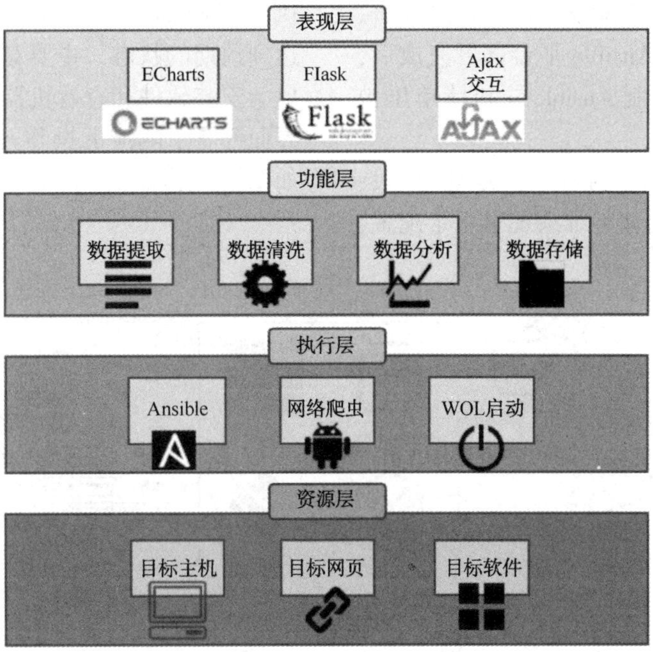

图 1　整体系统架构图

2　主要开发技术

考虑到智慧机房的智能化运维管理，本文采用成熟的轻量级自动化运维工具 Ansible。它基于 Python 语言开发，常被用于批量运行命令、系统配置、程序部署和服务操作等，集合了众多的运维工具优点，实现了配置管理、应用部署、复杂任务编排等功能。同时，也具备丰富的内置功能模块如 ping、file、cron、shell 等，也提供了二次开发的 API 接口，支持开发人员根据需求自主开发。Ansible 采用无客户端设计，受控主机无需安装客户端软件，因此不受操作系统和软件版本的约束。

ECharts(Enterprise Charts)是商业级别数据图表，是一个基于 HTML5 Canvas 的图标库，可以流畅地运行在 PC 端和移动端，兼容绝大部分浏览器。该系统底层依赖轻量级的 Canvas 类库 Zrender，创建了坐标系、图例、工具箱等基础组件，可以提供直观生动、可交互、高度个性化定制的数据可视化图表，大大增强了用户的使用体验，赋予了用户对数据进行挖掘、整合的能力。

3　系统设计与实现

智慧机房系统是为了实现机房智能化监控与可视化运维，为用户提供更大的便利也，减少 IT 系统管理员的工作量。在本系统中，由于运维的对象主要是工作站、服务器、刀片机和虚拟机等设备，通过定时执行配置好的 Playbook 脚本，自动化扫描机器的运行状态。

数据是图表的根本，但冗长的数据日志不便于观察和排错，对机房中的工作站、绘图仪、软件许可产生的大量过程文件。本文采用 Python 语言对设备状态与日志文件进行分析和处理，筛选出需要展示的数据并融入图表中展示。本系统采用 Ansible 2.9.18 版本，基于 Ansible API 现有的功能上，通过 Python 对其功能进行二次开发。

3.1　基于 Ansible 的智能化监控设计

随着新数据的不断产生与积累，索引库中的数据需要定期更新与维护。该模块设置增量索引方法对预处理后的文本内容进行结构化更新，使得索引库中数据保持最新，从而帮助科研人员获取新且全的数据。

数据采集主要分成三个方面：首先是对运行机器的状态进行获取，本文采用了 Ansible 中的 ping 模块测试远程机器的 SSH 连接是否就绪来判断机器的可用性，由于 ping 模块采用的是 SSH 隧道方式连接到客户机而非 ICMP 协议中的 ping。因此，对于 Linux 系统，通过 SSH 公钥认证的登录方式控制；而对于 Windows 系统，则通过 PowerShell 控制，通过 win_ping 模块进行访问。如果机器在线则返回“pong”，表示成功。

3.2 基于 Ansible 的自动化运维设计

Ansible 具有批量系统配置、批量程序部署、批量运行命令等功能，Ansible 平台部署完成后，可执行一些命令批量控制 Ansible 主机清单里被控制的服务器。

Playbook 是本系统的主要实现手段，Playbook 是 Ansible 自动化运维系统里用于配置，部署和管理被控节点的一个任务列表文件。通过执行 Playbook 中的一系列 task，可以让被控主机达到预期的状态。主要对设置了开机、关机、重启、安装软件和查看机器状态等功能，并在前端界面部署了响应的操作开关，实现一键式操作，如图 2 所示。

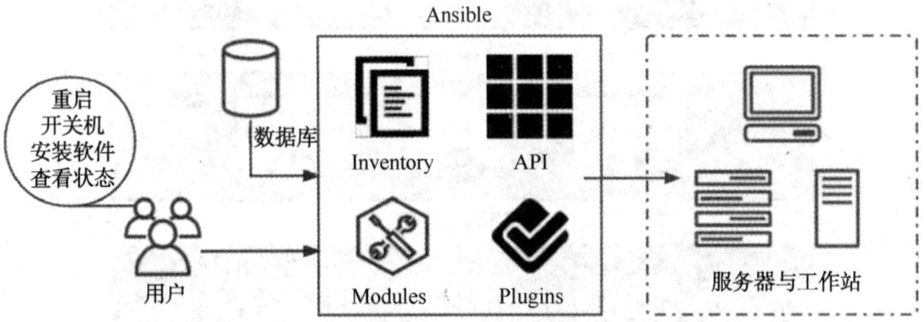

图 2 Ansible 交互式批量控制图

智慧机房系统兼备可视化监控与智能化运维等功能，将机房中各种机器设备的运行状态通过大屏幕直观地展示。系统采用 Web+Ansible 的方式，不仅可以跨平台且无需单独安装客户端软件，而且指令通过 ssh 隧道分发到各个服务器上，可以实现批量操作，实现机房智能化管理，缩短设备停机时间，更好地满足科研人员的日常工作需求。同时，Ansible 具有批量系统配置、批量程序部署、批量运行命令等功能，Ansible 平台部署完成后，可执行一些命令批量控制 Ansible 主机清单里被控制的服务器。考虑到服务器的运维管理，Playbook 脚本成为本系统的主要实现手段，Playbook 是 Ansible 自动化运维系统里用于配置，部署和管理被控节点的一个任务列表文件。通过执行 Playbook 中的一系列 task，可以让被控主机达到预期的状态。主要对设置了开机、关机、重启、安装软件和查看机器状态等功能，并在前端界面部署了响应的操作开关，实现一键式操作，优化了科研生产工作，提高 IT 系统管理人员运维效率和决策质量。

3.3 基于 ECharts 的数据可视化

为了更好地呈现数据，展示工作站机房、生产机房等设备运行状态，采用 ECharts 图表插件进行数据可视化。Apache ECharts 一个基于 JavaScript 的开源可视化图表库，提供了折现图、柱状图、饼图、象形柱图、地理坐标图等多种美观华丽的图表插件，本系统在前端界面采用了大量 ECharts 图表用于可视化呈现。

JavaScript 作为一种主要的 Web 客户端轻量级脚本语言，主要用于实现动态网页效果以及与 Web 访问者间的简单交互，ECharts 作为一个图表库，能够根据需求定制形象的可视化图表，有良好的交互性，能够被应用到需要数据展现的各类应用场景中。在该数据体系监控的应用过程中，采用 AJAX 异步调用方式，通过调用后台的 Java 代码读取所需的数据信息，返回至前台页面后，使用 ECharts 可视化插件，将数据传输信息以图形化的方式呈现在用户面前。

通过把机房平面图利用 Echarts 加载到前端界面中，以实现机房的可视化，可直观地展现设备运行状态，ECharts 支持以 Canvas、SVG (4.0+)、VML 的形式渲染图表，不同的渲染方式提供了更多选择，使得 ECharts 在各种场景下都有更好的表现。

在 HTML 文件中开辟一个如 div span 之类的 DOM 元素用来显示可视化的图表，在 JavaScript 部分，为 ECharts 准备一个 DOM 容器。通过 <script>标签方式引入构建好的 echarts.min.js、jquery.js、echarts-gl.min.js 等库文件，并在此标签中配置可视化图表的使用路径；基于准备好的 DOM，通过 echarts.init()方法初始化 ECharts 实例。对于设备具体位置，采用了地理坐标图来呈现，主要 SVG 和自定义地图。使用 Adobe Illustrator 绘制 SVG 矢量图，从官网上得知，如果想单独显示某个图形或区域(更换颜色)，从SVG 图中可以手动添加 name 属性，将 name 对应具体的机房工位，拥有 name 属性在 echart 内变为可点击的事件，可在前端正常调用。在对应显示的位置，获取页面显示位置的 div，使用echarts. init 初始化，对回调函数中的 option 做个性化数值设置，采用 svg 渲染器绘制 SVG 底图，并向 echarts 注册 SVG 字符串，引入绘制的底图，并设置好 map、geoIndex、selectedMode 等参数，这样机房大屏幕便可正常显示了，如图 3 所示。

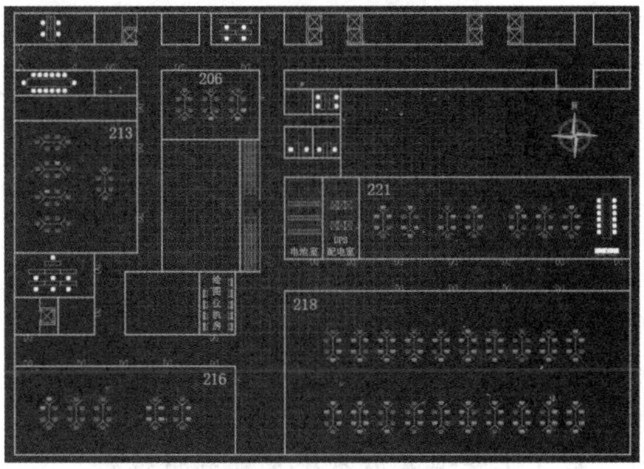

图 3　机房大屏幕监控图(局部)

本系统通过可视化的方式，高效率地实现了对机房智能化监控。同时，提供基于批量命令、脚本执行、任务编排和 Ansible 的自动化运维功能，满足运维人员部分自动化运维场景需求，极大地提升了运维管理水平，一定程度上提高了基础设施资源的利用率。

3　结论

本文通过建立智慧机房系统，实现了对工作站机房、生产机房、可视化中心、随钻中心机房的可视化监控，对机器运行状态一目了然；同时，也实现机房的自动化运维，推动 IT 系统的智能化管理进程，提升管理运维效率，为油田科研生产提供强有力的 IT 支持，持续探索智慧油田发展新道路。

参　考　文　献

[1] 林益楷．倒数第五，油企数字化转型需奋起[J]．中国石油石化，2019(1)：2.

[2] 王同良．油气行业数字化转型实践与思考[J]．石油科技论坛，2020，39(1)：5.

[3] 陈仕俊，艾宝林，吴天慧．央企数字化转型发展思路及推进举措[J]．信息通信技术与政策，2020(12)：5.

[4] 吴贺．前后端解耦模式及开发[J]．计算机系统应用，2017，26(2)：5.

[5] 孙春雨．基于 Linux 集群的 Ansible 部署与自动化管理研究[J]．中国管理信息化，2019，22(9)：2.

[6] 冀潇，李杨．采用 ECharts 可视化技术实现的数据体系监控系统[J]．计算机系统应用，2017，26(6)：5.

[7] 崔蓬．ECharts 在数据可视化中的应用[J]．软件工程，2019，22(6)：5.

[8] 陆冰芳，粟邈如．基于 Ansible 的 web 形式自动化运维系统的研究与设计[J]．数字技术与应用，2017(12)：2.

浅谈海上智能油田建设、应用

徐 林 李 权 任宏伟

(中海石油(中国)有限公司天津分公司)

摘 要 传统能源行业数字化转型受到固有管理理念束缚、数据基础薄弱、数字生态资源不健全等问题影响，实际转型过程中存在重重困难，特别是对于新生事物智能油田无从参考从零开始。渤海某智能油田探索数字生态资源整合方式、数据管理、技术路线等，用实践走出了一套“云化+平台化+云边协同+敏捷开发与交付”的技术路线。应用实践表明，渤海某智能油田的成果可为渤海油田以及同类型企业的数字化转型提供参考。本案例以中国海油首个海上智能油田建设与应用为例，讲解智能油田由梦想走向现实的过程、关键因素，阐述了智能油田建设、使用中的一些主要做法以及建议，突出用户、效益、业务三要素，为海上油田的数字化发展、智能油田建设提供参考。

关键词 数字化转型；智能油田建设；数字化生态；技术路线；三要素

2023年中共中央、国务院引发《数字中国建设整体布局规划》，提出建设数字中国是数字时代推进中国式现代化的重要引擎，是构筑国家竞争新优势的有力支撑。加快数字中国建设，对全面建设社会主义现代化国家、全面推进中华民族伟大复兴具有重要意义和深远影响。《“十四五”规划纲要》明确了2025年数字经济核心产业增加值占GDP比重提升至10%，并圈定了未来数字经济重点发展的七大产业，即云计算、大数据、物联网、工业互联网+、区块链、人工智能、虚拟现实和增强现实。人工智能、大数据、区块链和云计算四大技术将对所有传统行业赋能。

1 研究背景与重要意义

1.1 数字化转型是国家战略的发展方向

党的二十大报告提出，“加快发展数字经济，促进数字经济和实体经济深度融合，打造具有国际竞争力的数字产业集群。”习近平总书记指出，发展数字经济是把握新一轮科技革命和产业变革新机遇的战略选择，是新一轮国际竞争重点领域，我们一定要抓住先机，抢占未来发展制高点。国家“十四五”规划第一次将《加快数字化发展建设数字中国》作为独立篇章，明确提出迎接数字时代，激活数据要素潜能，以数字化转型整体驱动生产方式、生活方式和治理方式变革，并且鲜明地指出要实施“上云用数赋智”行动，推动数据赋能全产业链协同转型。这意味着中国将把数字经济的转型升级作为未来10年关键的机会窗口，数字经济将成为整个中国经济转型的核心部件、经济增长的核心要素和企业竞争的关键领域。

1.2 数字化转型是国有企业的责任使命

2020年8月21日，国资委发布《关于加快推进国有企业数字化转型工作的通知》，引导国有企业加快改造提升传统动能、培育发展新动能，明确了国有企业数字化转型工作的总体定位，促进国有企业数字经济和实体经济融合发展。2021年，中国数字经济规模已达到45.5万亿元，占GDP的39.8%。其中，数字产业化基础实力持续巩固，产业数字化正成为拉动数字经济增长的“主引擎”。传统产业企业的数字化转型已不再是“自选动作”，已经成为“必修课”。

国有企业是引领带动经济高质量发展的中坚力量，加快数字化转型，将推动国有企业的生产方式、业务形态、商业模式等产生颠覆式重构，抢占新一轮产业竞争制高点。因此，数字化转型已成为国有企业的责任使命，而智能工厂、智能油田建设也将成为能源类企业的示范样板。

1.3 数字化转型是石油行业的发展共识

在石油行业，数字化建设在油田企业经营活动中取得了显著的成效，国内外石油公司纷纷加大数字化建设力度，在2000年左右开始陆续提出建设数字油田(或称智能油田、智慧油田等)的理念。经过十几年的建设，目前不少企业已经进入了实质性推广应用的阶段。

英国石油公司(BP)未来油田项目通过物联

网、云储存、大数据平台、数据湖、人工智能等技术，使得设施可靠性由 88% 提升到 95%，2014 年以来每年可节省 10-15%的勘探成本。雪佛龙(Chevron)公司通过收集与存储海底、井下及输油管线的数据，优化数据集成；通过物联网技术实现事件监测、确认和报警管理，对井下和地面设施进行自动检测，实现生产优化。

中国石化、中国石油在智能油田建设方面成效显著实现数据共享、成果共享、专业软件集成应用与多学科协同，石油行业与数字信息技术相结合成为实现高质量发展的必经之路。中国海油党组不断增强政治判断力、政治领悟力、政治执行力，积极探索如何将新一代信息技术与传统海洋石油业务深度融合，由传统管理模式向现代化、数字化、智能化跨越。

2 智能油田建设、应用的前期研究

2.1 智能油田建设中理念的转变

一是智能油田建设成功的与否在很大程度上基于管理理念的建设。从本质上讲，数字化转型绝不单单是技术上的问题，而是企业综合管理方式改变引发的系统性变革。

二是企业数字化转型是一项系统性的工程，周期长、见效慢、失败率高。数字化转型既需要数据基础、硬件基础，又需要大量的人员、经验的积累，不断的应用模型与场景的优化，迫切需要人员思想的做好“长久战”的准备。

三是企业数字化转型初期投入多、收益少。数字化投入只有跨越某个临界(数字生态形成)后，收益才会呈现快速增长，要经历单功能应用到企业内部集成、产业链集成再到产业生态的过程。数字化、智能化建设初期如何保持旺盛的需求与生命力要根据企业特点有针对性的开展部分短平快的项目。

四是抓住整体数字化理念，从顶层将数据、业务的产生、应用各环节进行总体规划，从而减少出现重复建设、标准不统一、不断破除数据壁垒等相关问题。

五是智能化、数字化转型是以业务降本增效为最终目的产生的新处置模式，其核心是借助数字技术实际业务流程与业务逻辑的资源互通、重组与优化。企业的智能化、数字化转型不是披着华丽外衣的高新技术的集成，而是以使用者工作需求为基础通过技术方法与业务逻辑的融合实现工作效率增加、企业效益提升。

2.2 智能化发展的路径

一个企业要实现数字转型，一般要经过融合、变革、重构、创新的过程，根据企业数字化转型的过程，可以归纳几条路径。

为了透彻的介绍智能化的发展的路径与方式，将路径从三个维度去讲解，总体维度、效益维度、建设维度。

智能油田发展路径的总体维度，是总体发展方式，是根据企业本身特点决定的，即数字化转型、智能油田建设采用何种方式策略去逐步实现，是技术推动管理转变还是管理推动技术升级。

智能油田发展路径的效益维度，是在建设前重点考虑的内容，即为了完成数字化转型、智能油田建设在处理时间、费用、效益之间的关系中产生的路径选择，这将直接影响转型的周期。

智能油田发展路径的建设维度，是在建设中根据企业数字化能力会出现变化，即在企业接触数字化、智能化初期更多的借助外部资源，即在企业接触数字化、智能化中期一般采用外部资源+内部资源融合方式，数字化、智能化后期随着不断的积累与深入更多的进入自主建设。

3 打造智能油田应用的实践总结

秦皇岛智能油田(一期)项目通过沉淀，形成了一套“1+1+3”技术体系(海陆数据协同一库建设、多租户一平台建设、基于三网边缘中心建设)支撑了智能油田的“4+2+1”应用场景(4 个智能化业务、2 个协同、1 个移动应用场景)建设。智能油田管理系统提高海上平台的生产监测和优化控制能力，实现开发生产实时监测、预警诊断、主动优化、远程操控、协同运营和辅助决策，推动一体化智能管控迈出重要一步，促进目标导向、分工合作的传统油田运营管理向数字化驱动、智能化协同的一体化方式转变，效益初显。

3.1 以用户为主体推动智能油田建设与生产业务实现四个时期递进式融合

渤海某智能油田建设紧紧围绕两个核心展开，第一个核心是“深度融合数字化技术和业务，转变传统生产经营和管理方式，提升管控能力、实现降本增效、防范重大风险，助力高质量发展”，第二个核心是经历四个时期的融合凸显用户价值主体地位。

表2.1　智能化发展路径

序号	维度	阶段	特点	发展路径名称	发展路径描述	优点	缺点
1	总体维度	总体发展方式	由企业的特点决定	从上到下的数字化辐射型	这是从源头上开始企业的数字化转型。从战略到具体过程的数字化转型。通过数字化发展战略，改变企业的运行模式和发展方式，带动企业的数字化运营覆盖整个经营管理过程。	是一个最有效的转型方式。	对企业的管理层是一个较大的考验和挑战。
				横向数字平台融合型	主要是通过企业数字化平台应用在(海上)生产一线应用、设备实施管理、(陆地)综合业务渠道等阶段，实现“由点带面从局部到整体”的变化，最终覆盖企业全过程实现数字化。	单区域、领域内的融合相对高效，容易出现数字化应用的高效示范区。	在总体工作协同、数据统一性上有较大的难度。
				从下到上需求支持型数字化转型	生产数字化倒逼企业管理数字化，通过企业生产的数字化需求，引入企业数字化转型所需要的数字化平台、数字化管理手段和数字化技术等。	数字化指向性强，代表性强，见效益快。	在相互融合、形成整体框架过程中会出现诸多不利因素，在数字化后期出现大量的工作量。
2	效益维度	在建设前重点考虑	直接影响转型的周期	费用为先	是一种拿更长的时间来节省费用投入的方式，即在单点位、单功能、单产品进行细致测试，获得应用认可后在大规模推行，失败后再进行其他类似产品的测试，此种方式测试时间会拉长战线，周期长，费用相对节省。	节省费用，不怕测试或者转型的失败	周期长
				时间为先	是一种拿费用换取更高使用效率的方式，即同期内大范围进行不同项目、产品的可行性测试，从中选择符合实际应用的项目或者产品的推进方式，此种推进方式费用投入多，浪费大，智能化过程中获得成功的产品多。	时间周期短，获取实践案例多。	费用付出巨大，在测试中会淘汰诸多不符合的项目。
				收益为先	实施过程中普遍采用业内认知度较高的技术、成果，这样可以快速实现效益的转化，适合智能油田建设中先期的引导。其短板在于成熟的经验技术在应用中进一步深化的难度高，数字化长期发展乏力，必须要结合一定的新技术探索项目。	在“巨人”肩膀上去工作，工具进度有极大的提高。	创新力稍不足。
3	建设维度	在建设中不断调整	是由企业的数字化能力决定的	外部专业公司整体实现	一无法保障相应的数据安全；二此类公司不了解业务应用场景，不具有数据深度挖掘能力，无法独自承担相应的开发工作。	实现简单	数据安全、业务场景深入方面受到影响。
				多方合作方式	业务功能需求与功能自主负责，业务实现由专业技术精湛的外部人员负责，项目的推进进度由项目组负责，各司其职将极大加快智能化应用的速度	是一种可以长期发展的数字化方式。	需要培养企业的的复合型数字化人才。
				自主建设实现	企业需要有极大的专业技术开发队伍；自主建设需要很长的探索实践，周期大长；需要维护庞大的技术团队，费用巨大。	深入挖掘数据能力、融合场景的应用，凸显数字化效益。	需要付出复合型人才、专业数字化人才培养时间与费用。

第一阶段(孕育期)——用户与设计规划人员的融合

该阶段是项目开始之初，是生成蓝图的过程。在这个阶段不但要生成蓝图还要在用户广泛需求的基础上建立需求场景库，并进一步制定智能油田建设、发展中长期规划。

首先是用户业提出务痛点、难点及日常工作应用场景(包含供电情况、信息及时性与准确性需求、人员情况等内容)，设计规划人员结合现阶段技术按照场景转化功能可行性将需求场景库划分为项目功能库和愿景储备库，针对项目功能库细化各功能点全面考虑应用环境制定总体软硬件构架(包含但不限于端、边、云端部署方案，设备的供电方案，数据传输方案等)。其次是由用户和设计规划人员对初稿蓝图中涉及的各项功能进行推演，反复确认各项功能点的适用性(在此期间充分考虑细节内容)，最后形成终版的蓝图，为软件开发建立基础。

在此阶段需要用户要兼备丰富的工作经验、敏锐数字化思维方式、近乎苛刻的工作态度。

第二阶段(快速成长期)——用户与开发人员融合

该阶段为交付期前后的一段时间，具有应用前端交互功能优化和工作流程调整数量多和响应快的特点，是一个不断明确用户需求、提高用户体验的过程。用户在刚刚接触新工具时使用积极性比较高，但是随着深入应用，将会逐步指出系统中存在的不便、问题、错误。开发人员针对海量的问题进行处理，需要用户的深度参与提高整改效率，实现快速迭代升级，这样才能能够保持使用者的热情。这个阶段的工作成果决定了各项功能的准确性和便捷性，是继蓝图设计后的又一个关键节点。

第三阶段(自主运行期)——用户与运维团队的融合

系统运维是指智能油田开始应用后的时间段，涉及到“端”、“边”、“云”三方面，具有硬件设备多、数据链路长、专业性强、故障处理实时性高的特点，用户与运维团队默契结合实现软硬件运维，才能保证系统正常使用，才能发挥智能油田使用效果。一是用户接手“端”、“边”硬件检查工作，硬件是基础，由于海上未设置专业运维团队，所以用户要与运维团队形成合力寻求“端”“边”工作最佳契合方式。二是用户接手日常应用数据的运维工作，用户要适应从运维团队的后台数据调整转变到前端的自主数据更新，确保项目数据随着油田生产做到实时更新，提高系统运行准确性。这个阶段的工作成果决定了系统能够准确、稳定的为用户提供各项功能，是系统运维方式形成的重要阶段。

第四阶段(提升期)——不同专业的用户相互融合

这个阶段是一个不同专业的形成数字化应用习惯的用户综合应用需求，提升数据挖掘能力，推动智能化、数字化向更深层次发展的过程。通过前三个阶段的建设与使用经验积累，各级用户(特别是数字化应用价值受益者)对数字化、智能化有了更深刻的理解，将更多复杂专业化的核心工作借助智能化、数字化工具实现，形成业整体务工作数字化转型。这些深层次用户是由下至上进行数字化发展中的关键一环，将带动整个生产经营链条、企业数字化进程整体向前推进。

数字化转型和智能油田以用户为主体、效益为根本、数字技术为手段，通过用户这个主体发挥效益，同时用户也是效益的主要承载体。

3.2 数字赋能让各级员工享受转型成果，让数字化建设自带驱动力

促成渤海某智能油田取得良好应用成果的最重要因素是用户的广泛应用，智能油田管理系统各项功能对用户的工作的支持提升用户使用积极性，这种对于用户的“黏性”是数字化发展的内部驱动力。

在建设与应用过程中将用户的需求作为重要的建设基础，通过物联网实现了海上流程、设备状态等数据的实时采集并全量汇聚入数据湖。在互联互通的基础上，PDA 为海上的远程技术支持提供极为便捷的方式，机器人应用替代电气间的人工巡检，结合应用让数据自动转化每日手动填写的报表，自动形成每周的能耗分析报告，布控球协助现场成为监控作业的眼睛，系统内的智能模型替代工作人员成为设备状态分析的大脑，综合数据针对异常情况给出优化的应急处理措施，海量油藏数据、图件便捷查找，让每一级的用户充分体会到数据在支持实际工作中的价值与作用。正是点点滴滴为实际工作效率、便捷性的提升，使每一个使用者积极参与使用，提出优化意见，不断推动功能点由可用到好用，形成系统良性自我发展的态势。

对于智能化油田来讲赋能、实效是一个短期目标也是当前阶段的重要任务，是智能油田建设建立信心的重要来源。

3.3 以“数据”为中心，以“业务”为载体，不断挖掘数据价值

在数字化转型中，数据是生产要素和信息的表达方式，信息是数据的价值所在，结构化的、标准化的、源头统一化的数据恰恰是数字化转型、智能化应用所必需的。业务是数据应用的外在表现形式，也是数字化展现效益的抓手。作为海洋石油的工业互联网应用，核心是业务的数字化，业务总体上可以分为现场工作场景、深度分析场景。现场工作场景数字化是建设初期由用户实际应用直接转化而成，深度分析场景是由各专业人员依据聚类分析、关联分析、特征分析等方法对数据采取的高附加值的应用。随着数字化、信息化、智能化的不断推进，业务的深度、广度、横向关联需求会越来越多，同时深度分析场景也会越来越多。

实现真正的数据赋能，通过“筑基、提质、增效”实现：“筑基”需要破解壁垒，实现数据共享畅通；“提质”需要多元共治，数据融合；“增效”则要通过业务牵引和知识库的构建，最终实现数据与业务深度融合，持续创新，相互促进。

4 智能油田建设、应用过程中面临的困难和建议

4.1 智能油田建设、应用过程中的困难

4.1.1 基础建设工作量大

硬件基础工作量大——结合海洋石油工作的特点，首先智能油田建设需要铺设海底光缆，其次要自主构建高速安全的网络，最后结合需要对海上的设备进行智能化改造(海上普遍不具备智能监控的基础设备)，其各项工作均需要大量的投入。

软件基础工作量大——面向业务转型构建的大数据平台、软件平台、云服务平台、人工智能平台等先进的技术平台，需要以业务场景虚拟化并实现技术与需求融合。从业务场景根据实际工作分析来看会产生上千种之多，每一个业务场景的虚拟化都需要经验丰富的业务人员、开发人员同步协作，这将是一个长期的、持续的过程，应该贯穿企业数字化建设的始终，是一个不断融合迭代和互促共建的过程。

4.1.2 企业内部数字化生态尚未形成

对与智能油田建设、企业的数字化转型其重要的一环是数据的标准化与互联互通。当前中国海油内部各部门本身的数字化、信息化程度良莠不齐，数据交互的先决条件——数据标准未统一，数据交互的通道未打通——各自用系统之间存在壁垒，数据交互的安全未保证——系统之间互联互通的安全标准未建立，目前智能油田建设仍处于一种烟囱式的建设方式，想要实现快速的壮大的雪球效应任需要付出极大基础数字化的工作。

4.1 智能油田建设、应用过程中的建议

4.2.1 观念保障

观念上的转变——智能油田建设是工业互联网建设的一个无参照的开创性的实例，具有资金投入高、建设周期长、专业化程度高的特点，智能油田建设是推动企业整体数字化转型的重要推动力。智能油田建设目前还处在起步期，在所难免要走一些弯路，同时智能油田建设是原有管理模式的变革，会存在极大的困难，所以在建设中要给予较为宽松的探索实践条件与各项支持。

重点要解决较高的期待与较为苛刻的条件之间的矛盾。智能化油田在试点期间的要求较为苛刻，导致用户、部门在智能化设备试用期间存在极大的抵触情绪，影响了智能化转型的进程。

费用需求——如果在探索阶段投入不足会引发整体规划的缩减、测试产品减少、功能缩水、使用效果失效等一些列问题。充足的费用支持是智能化油田建设的基础。

科学的成果收益计算方式——智能油田建设周期长，收益周期更长，同时会在关键点实现效益的突破，所以在收益计算过程中应充分考虑长期效益、滚动效益。

缺少优化时间——对于智能油田推进是一个过程，特备是智能化的监测设备如何准确、智能化的功能如何更人性化、智能化模型向何方迭代，以满足现场、用户的需求，都要进行筛选、磨合。设备、功能、模型并非建完就可用、好用、提效，均需结合应用场景、使用习惯进行长时间不断打磨。

4.2.2 组织保障

若想适应迅速变化的外部环境，就需要有一个敏捷高效的组织架构。企业在数字化转型就是

去中心化，减少管理层级提高管理效率，过程中需要建立积木化组织、扁平化组织，这样有益于数据的互联互通且容易破除“数据孤岛”，利于企业从整体上推进数字化、智能化转型进程。所以在转型过程中，组织架构包括业务架构都应当做出调整从而更好地适应数字化时代的新形势。

4.2.3 人员保障

大数据、人工智能、云计算、工业互联网等数字化技术应用需要围绕业务流程来构建，而业务流程的数字化核心是人员，此处人员是包含了使用者与建设者两方面。对于使用者要不断与实际工作需求深入探索、融合数字化、智能化的各项新功能，并提出不断提高工作效率、质量的改进要求，让智能化建设更具成长性与生命力。对于建设者则需要具有更高的业务挖掘能力、技术能力。业务挖掘能力人员是企业内部培养具有丰富一线工作经验与一定的数字化基础能力员工，技术能力人员是指专业的数字化人才。

4.2.4 技术保障

海油特色的“端边云”工业互联网平台是得到了实践证实的具有可行性的技术方式，在后期持续发展过程中有四点技术上的建议：整体构架的优化、开发方式的优化、智能模型优化、现场设备的优化。整体构架的优化是指整体构架“端”、“边”、“云”根据海上平台的实际特点不同进行优化调整，满足实时性、数据分析能力等需求。开发方式优化要依据实际开发场景进行低代码、纯代码等不同开发方式的应用，以满足用户需求的快速调整与迭代要求。智能模型优化是指智能模型首先要具备不断学习能力，其次要有可供训练的素材的积累，最后形成成熟度较高的智能模型。现场设备的优化是指与现场息息相关的“端”的适用性，是智能化体现最多的“眼”和“手”，需要不断引进新技术、完善设备提高现场的工作效率。

4.3 智能油田建设、应用过程中的收获

4.3.1 数字化高投入情况下，探索更加经济的建设方式

在经济性方向上结合智能油田的建设与应用总结了五点做法：

训练数据共享。每一个模型都是经过训练从而达到一定准确度实现为用户服务。训练数据越多，模型可用性越强，准确度越高；然而获取有效训练数据难度也越大，耗时耗钱越多，所以建立一个共享的训练数据是降低模型训练费用的重要一项。

成熟模型共享。将使用率高，准确率高的模型进行统计，将模型的原理、所用的数据、程序进行共享，扩大其应用价值，通过各项目之间的共享可快速获得一批高质量的软件，为数字化应用提供重要支持。

一线应用模型自建。一线的生产、维修员工积累了丰富的工作经验，这些工作经验能够快速解决现场问题，一旦员工离开当前的岗位也会一同带走快速解决问题的经验。数字化油田建设则可以有效地解决这个问题，将判断故障的工作经验转化为预警模型，将处理异常的逻辑分析能力转化为措施推荐模型，积累的模型将为公司的知识资产推动企业数字化转型发展。

宽泛的扩展功能。智能油田管理系统作为一个集成平台应具备可扩展的接口，这样既可以方便每一个部门或者单位增加个性化功能，也可以快速集成专业软件，让智能油田管理系统成为一个广泛应用的数字化工具。

丰富的智能化建设问题处置经验库。智能化油田建设处于刚刚起步，无论是基础构架、网络技术、应用方式、数据结构化、人员配备等等方面均会遇到很多的问题、难点，这些问题的处理方法会为其他项目建设与应用提供丰富的借鉴，大量的经验实践会让项目开发更有效率，让所有的参与人员将有限的精力投入到无限的数字化未来中去。

4.3.2 远期战略目标不动摇，近期效益价值做支持

企业的数字化转型具有周期长、见效慢、初期投入多但收益少特点，所以数字化转型必须有坚定的信心。数字化建设如何能够将信心坚守住，关键在于一步步的短期效益的实现，所以在智能油田规划中既要有实现短期效益的短平快的项目，又要有按照长期战略方向规划的前瞻项目，合理配置相互扶持，实现智能油田建设走深走实。

4.3.3 体系更新与技术更新同步，确保工作推进有法可依

体系更新要走在技术更新的前面，为新技术使用提供支持与依据。随着智能油田不断推进，新的数字化应用方式不断推陈出新，特别是关于施工许可类有法律、法规、规定相关要求约束的

内容，必须要有相关配套体系要求的支撑，让数字化技术在尝试、使用过程在规定的范围内起效。

4.3.4 复合型人才培养是数字化发展的持续动力

对于各作业公司来讲，复合型人才就是指“一专多能”人员，是指在业务、数据、程序、系统构架四个方面既在单方面或者几方面有专长，又在其他几个方面均能够参与较为专业的意见的多能性人才。复合型人才是数字化的关键一环，企业内部、市场上均不能提供成品人才，所以在项目实施过程中培养复合型人员是数字化转型可持续发展的必要任务。复合型人才培养主要来源是一线工作人员(重业务)，数据专职人员(重数据)、程序测试员(重编程)、IT 设计人员(重系统构架)，要通过项目实施进行不断的学习、交流，增加新领域的能力，成为数字化需求的“多能”人才。

习近平总书记指出，数字技术正以新理念、新业态、新模式全面融入人类经济、政治、文化、社会、生态文明建设各领域和全过程。中国海油奋力践行“十四五”规划和 2035 年远景目标纲要提出的“加快数字化发展建设数字中国”，并就打造数字经济新优势、加快数字社会建设步伐、提高数字政府建设水平、营造良好数字生态作出战略部署。作为中国海油首个海上智能油田建设示范项目充分发挥数据作为第七大生产要素为传统能源行业赋能增值，有效探索传统能源行业数字化转型、智能化发展实践，积极打造国有企业数字化转型的典范，形成了一套完整、可复制、可推广、可借鉴的技术和管理体系。

参 考 文 献

[1] 李建军；赵丹．企业经营管理视角下数字化转型的发展研究[J]．现代商业，2022，(06)：126-129.
[2] 朱孟克；夏咏．传统企业数字化转型探析[J]．时代经贸，2022，(02)：68-70.
[3] 武常岐．准确把握传统企业数字化转型的阶段性特征[J]．国家治理，2022，(04)：62-64.

油田生产视频监控及智能分析系统建设与应用

曾雨薇　吕辉峰　谢祖君　王　春

（中国石油新疆油田公司）

摘　要　针对油田生产现场安全监督"覆盖率不足、参与度不足、标准性不足、应用性不足"的问题，集成视频监控系统，开发现场视频图像智能分析功能，构建现场管理新模式，提升现场监管效能，实现生产现场智能分析。运用图像分析技术，对图像预处理、目标检测、目标识别，建立图像分析模型，以视频设备为基础，建立视频图像分析系统，辅助监屏员工快速、综合判断现场异常情况，提高分析效率，减轻监屏强度；油田生产安全管理从以往的"事后取证、被动防御"向"主动报警，提前预防"转变，为保障生产现场安全、平稳运行提供了技术手段。

关键词　智能视频；新型油田作业区；智能分析；YOLOV5 算法；安全生产

智能视频分析技术在欧美国家发展迅速，掌控着大部分智能视频分析系统的核心算法，如瑞典的 Axis 网络通讯公司和美国的 VERINT 公司。国内的智能视频分析主要有海康威视、旷世等面向全行业的供应商，经过近年的发展也已形成了相对成熟的产品并取得了成功的应用，但针对油气田应用的针对性低。国内外各公司提出的智能视频分析解决方案，可以满足不同行业在智能视频分析方面的要求，已在交通、军事、油气生产安全等领域得到较广泛的应用。

油田生产作业现场位于野外区域，分布地域广泛、现场人员较少、交通通讯不便，面临着现场故障、"跑冒滴漏"、非生产人员破坏等一系列作业风险。新型油气田作业区建设提出了"完善视频监控，具备异物报警、跟踪拍摄、防区联动功能，及时发现现场故障和"跑冒滴漏"，快速有效判断生产故障"的要求，通过对视频监控的智能分析与报警，可实现作业现场的智能监管，减轻监控人员的工作负担，降低生产管理成本以及提高安全管理水平。

1　视频监控及智能分析系统概述

视频监控及智能分析系统以智能视频分析技术为核心，以数字化、网络化视频监控技术为基础，在实现基本实时视频监控的功能之上，引入人工智能技术，建立智能分析算法模型，对异常场景的视频图像进行实时分析。

目前，某采油厂已实现视频监控及智能分析系统的应用，接入安防、生产、移动作业等视频监控点，可实现油水井生产、管线、集输设备运行状态、异常闯入、道闸监控等全业务场景进行监控，监屏岗可及时发现现场异常情况，减轻员工监控强度，为油田安全生产保驾护航。

1.1　系统整体架构

系统大体分为抽帧服务、算法服务、应用服务三个模块。成功实现了实时报警管理、统计分析、接口服务、基础管理、识别率统计等功能。在视频网环境下获取视频流进行抽帧和分析计算，将计算结果推送给办公网的 web 应用，应用服务按照研发中台软件发布流程进行发布，同时对第三方系统开放接口，提供报警信息，报警图片，设备信息，组织机构，经纬度坐标等数据。

系统开发采用 B/S 架构、vue 前端技术，Spring Cloud 的微服务组件后端技术，集成 13 种违章事件检测模型，开发视频智能分析系统，实现异常事件实时检测报警。系统涵盖"报警事件管理、监控区域管理、平台接入管理、模型智能分析、识别率统计"等功能模块。

1.2　报警事件管理

报警事件管理主要对分析检测的结果提供通知、显示及处理的功能，分为浏览模式和批处理模式，病提供误报反馈、处理、视频监控点的视频预览、回放等功能。

1.3　监控区域管理

支持自动同步工业视频监控系统中的监控信息，将监控区域架构、监控点、视频流地址同步到我方数据库中，实现监控资源的接入，定期更新监控信息。

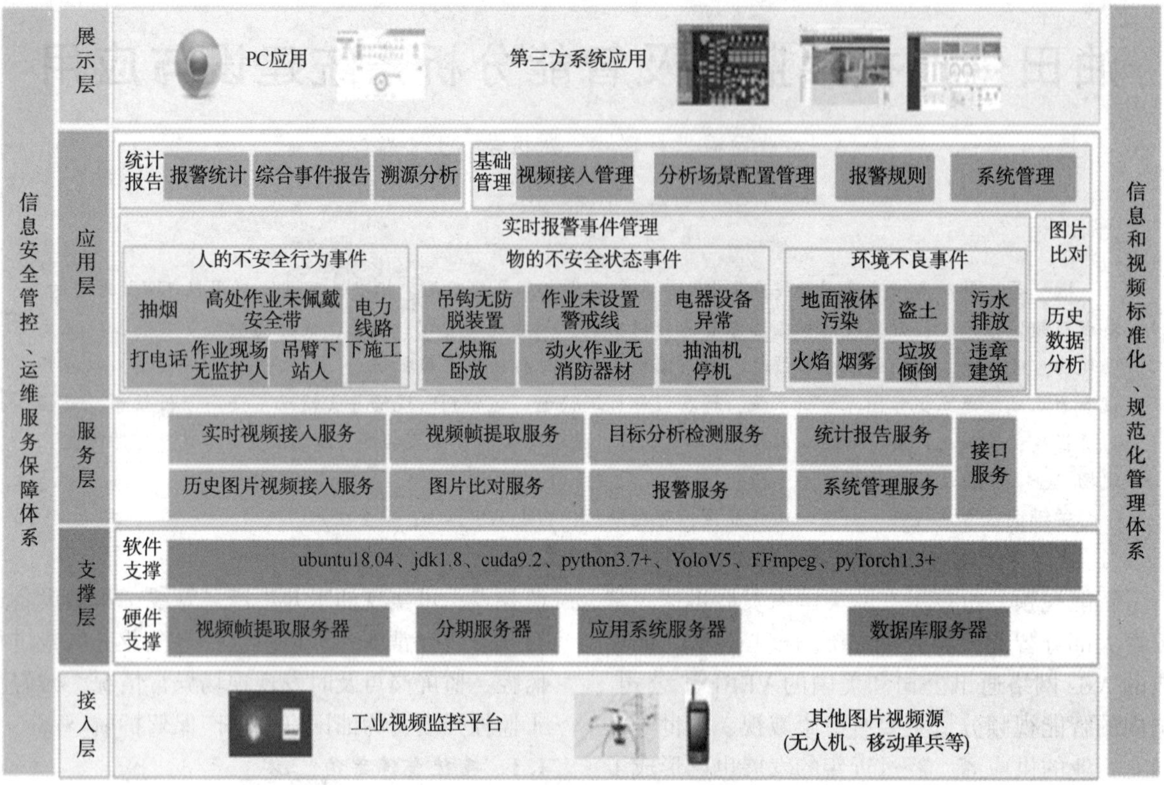

图 1　系统总体架构图

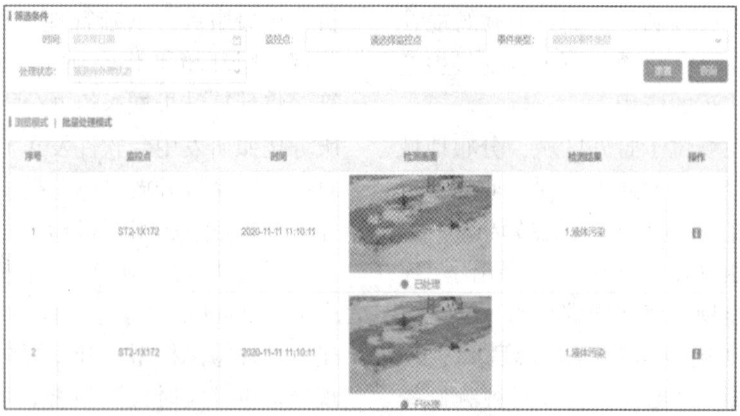

图 2　浏览模式功能设计图

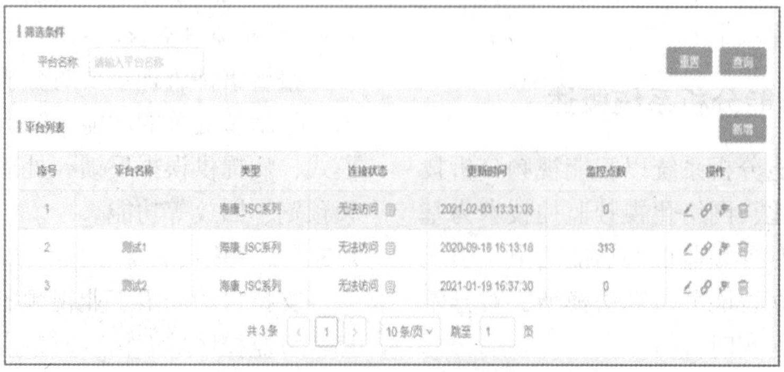

图 3　视频监控区域设置图

1.4　统计分析、监测报告

针对监测到的异常信息，可进行事件趋势分析、事件属地分布统计、事件类型占比统计、高发事件统计以及综合事件报告。支持从联系人、处理人等多个维度进行统计分析。可实现某监控区域内不同报警类型的综合统计，或每类报警的专项统计，可以图文形式自定义输出事件报告，便于管理人员进行分析研判。

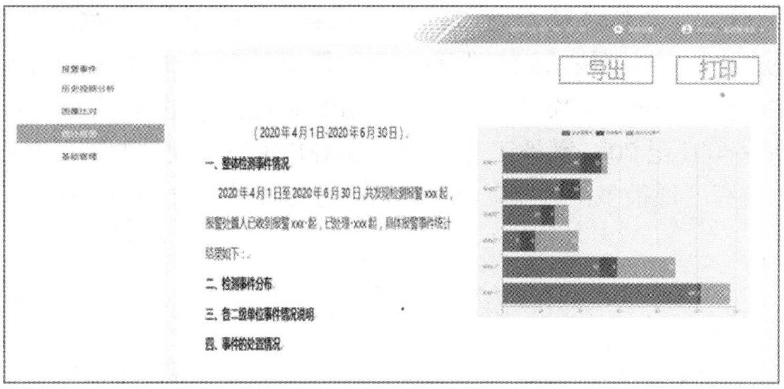

图4　监测报告图

1.5　分析模型管理

提供可视化、易操作的算法管理功能，方便管理人员对算法进行灵活配置、调整。可设置各个算法的状态、资源分配、处理图片的速率等各种参数。

模型列表　新增

序号	模型名称	目标描述	版本号	更新时间	操作
1	综合模型1	动火作业现场无灭火器,未...	v1.5	2021-01-26 13:24:25	
2	综合模型1	动火作业现场无灭火器,未...	v1.6	2021-01-26 13:24:25	
3	综合模型1	动火作业现场无灭火器,未...	V1.1	2021-01-22 10:57:53	
4	综合模型1	动火作业现场无灭火器,未...	V1.3	2021-01-25 14:19:31	
5	综合模型2	动火作业现场,动土作业现场	v1.0	2021-01-26 15:23:10	
6	液体污染模型	液体污染	v1.0	2021-01-28 14:30:01	
7	液体污染模型	液体污染	v1.1	2021-01-28 14:30:01	

共7条　1　10条/页　跳至 1 页

图5　目标检测模型管理功能图

1.6　误报管理

误报管理主要用于新的算法模型上线使用初期，为提升算法准确性，系统提供了对于检测结果的误报的标识，批量导出等功能，便于提升算法场景的准确率。

图6　误报事件列表功能设计

2　视频监控系统关键技术

2.1　自主边缘硬件技术路线

从自主硬件国产化、开发者生态支持、成本等角度进行综合评估，选用华为昇腾系列的芯片进行自主边缘硬件的研发。对算法模型进行转换，使其能够和华为的 AI 计算模块适配，再利用华为 AI 计算模块+项目自研算法模型，形成边缘硬件，它能满足-40℃至 70℃室外工作环境，且对网络质量依赖程度低很多，可以广泛使用在部署环境和网络环境较差的区域。。

自主边缘硬件通过 GB/T28181-2016 国标协议获取前端监控设备中的视频流并利用边缘计算技术对视频流进行处理、分析，对目标进行检测并提取特征，进而识别出具体的目标，然后将识别结果和未识别出的数据进行回传，后端分析服务器对边缘分析服务器未识别出的数据利用 GPU 神经网络的卷积运算进行目标检测，并定期对自主边缘硬件的模型进行远程更新，提高自主边缘硬件的分析检测能力。

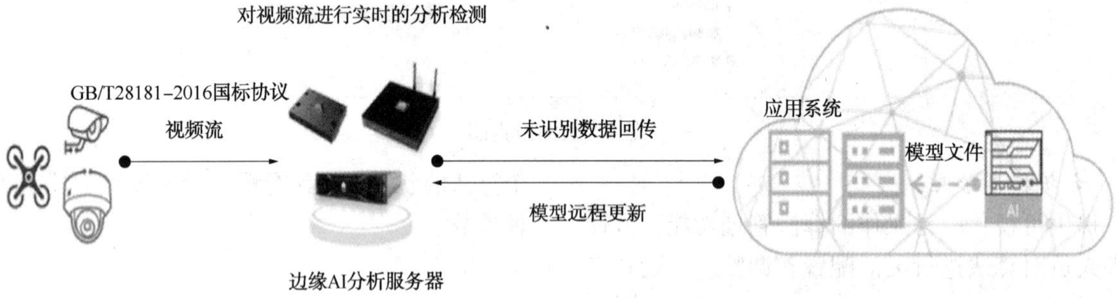

图 7　自主边缘功能示意图

自主边缘硬件主要分为三层：应用使能层、CANN 层和硬件层。应用使能层主要包括 ModelArts、HiAI Service、MindX Edge、ModelZoo 和 MindX SDK 等开发平台和套件，通过相关的平台和套件可以将检测算法部署到边缘计算服务器上，对获取的视频流进行目标检测。CANN (Compute Architecture for Neural Networks) 是针对 AI 场景推出的异构计算架构，通过提供多层次的编程接口，支持用户快速构建基于昇腾平台的 AI 应用和业务。硬件层使用边缘 AI 分析服务器（视频分析智能小站）作为底层硬件基础，对从前端监控设备获取的视频流。

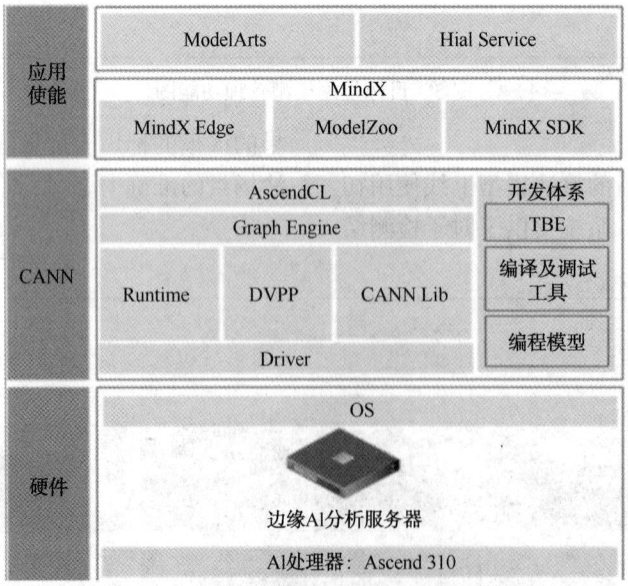

图 8　自主边缘硬件架构图

2.2 软件平台建设

为系统视频接入、实时报警、统计分析等功能应用模块稳定运行，支持软件系统采用了微服务的架构，结合高内聚、开闭原则、松耦合、可自治等设计原则划分了实时视频接入、历史图片视频接入、视频帧提取、目标分析监测图片比对、统计报告、报警、系统管理、数据功能接口等9个业务微服务，服务架构如下：

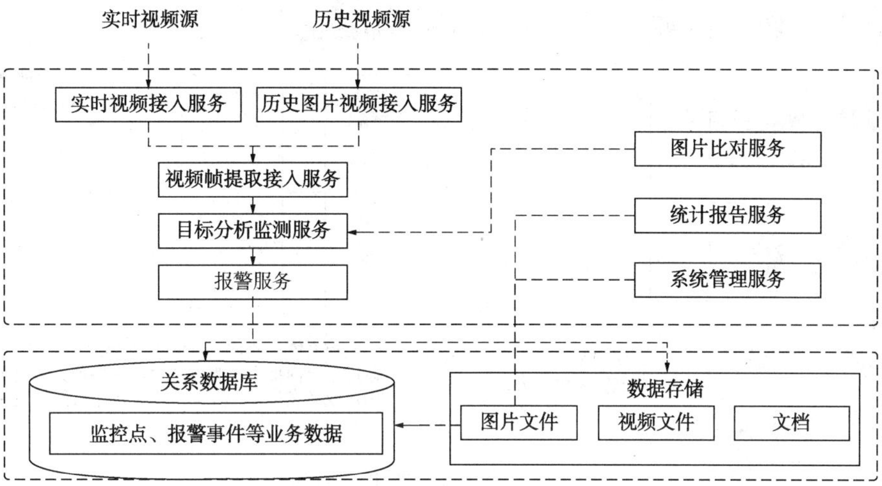

图9 软件平台服务架构图

2.2.1 多协议接口集成技术

通过对多种视频协议进行研究，结合视频监控及智能分析系统接口要求，按“三统一”标准，对海康威视、大华、华为等多种视频监控采用ONVIFF(Open Network Video Interface Forum，开放型网络视频接口论坛)协议统一接口进行转化，统一接入平台，最终集成整合视频资源，实现统一管理。

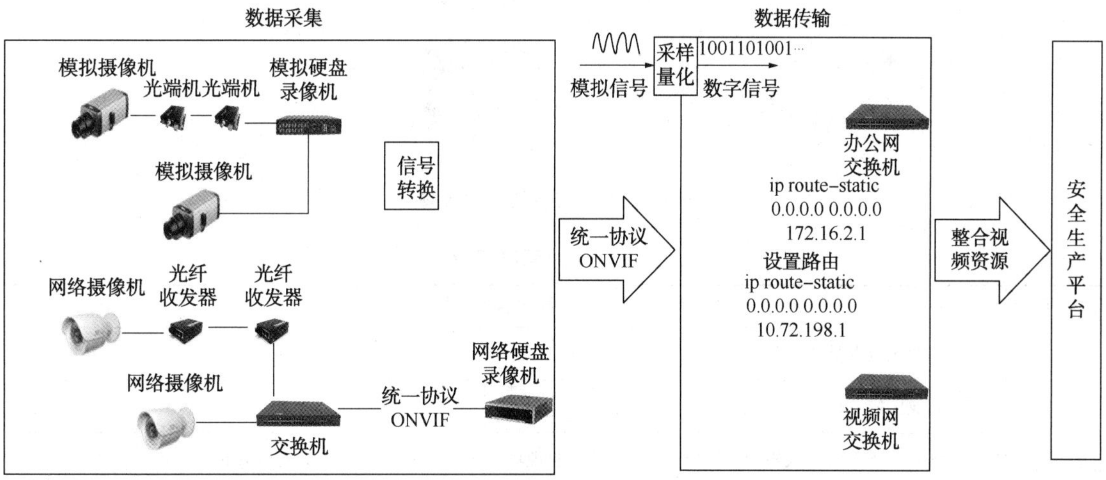

图10 多协议集成技术

2.2.2 抽帧技术

视频监控及智能分析平台通过API接口调取摄像机视频流，使用抽帧技术对视频流进行图像抽帧分析，减少网络资源、带宽占用，节省存储空间，将异常图片单独提取并进行二次分析，进一步提高视频分析的准确性。

2.2.3 实时透雾优化技术

开发图像透雾算法模型，结合图像强度、景物光线、取景深度等参数，对实时视频进行抽帧统计、分析、识别，实现图像融合、增强、复原，避免出现近景透雾过度发黑而远景模糊的效果，同时减小雾、霾、烟、尘等因素影响，实现视频监控在异常天气下的清晰预览。

2.2.4　YoloV5 算法模型开发

针对油田生产现场“人的不安全行为”、“物的不安全状态”和“环境不良事件”，新建 13 种异常场景，包含劳保穿戴、未停机进行抽油机维护、溢油污染、烟雾、火焰等 13 种算法模型的开发。

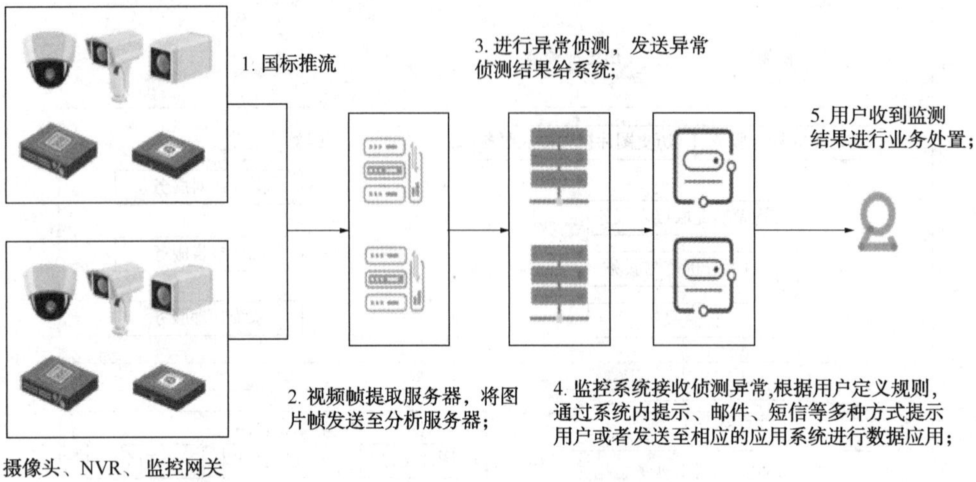

图 11　视频流抽帧分析示意图

图 12　透雾前后效果对比图

表 1　13 种算法模型

算法分类	算法名称及描述
人的不安全行为	1. 作业区域人员未佩戴安全帽
	2. 作业区域人员未穿工服
	3. 作业现场无监护人检测(检测画面中直接作业现场是否有穿着黄色的监护人马甲的人员)
	4. 吊臂下站人(检测画面中吊车的吊臂下方是否有人员活动)
	5. 危险区域人员拨打手机
	6. 危险/防爆区域人员抽烟
物的不安全状态	7. 吊装作业吊钩无防脱装置(检测吊车的吊钩是否有防脱装置)
	8. 动火作业无消防器材检测(检测画面中是否存在红色罐状灭火器)
	9. 作业未设置警戒线(检测画面中是否存在黄白相间、红白相间、蓝白相间、黄黑相间的警戒线)
	10. 抽油机停机检测(检测画面中是否存在抽油机，如存在抽油机，判断其是否处于静止状态。)

续表

算法分类	算法名称及描述
环境事件	11. 液体污染检测(检测画面中是否存在暗色的地面不规则装液体)
	12. 火焰检测(检测画面中是否存在白色、黄色的团装火焰与高亮点)
	13. 烟雾检测(检测画面中是否存在白色、灰色、黑色烟雾)

根据算法检测逻辑选定合适的底层模型，进行模型网络结构的设计与调整，最终选择PyTorch机器学习库、YoloV5算法模型技术实现算法模型的开发，采用B/S架构、vue前端技术，微服务组件后端技术，集成算法模型建设，最后利用华为AI计算模块+项目自研技术，开发机器自学习算法，建立视频智能分析算法，对于检测结果人工辅助标识，便于提升算法场景的准确率。

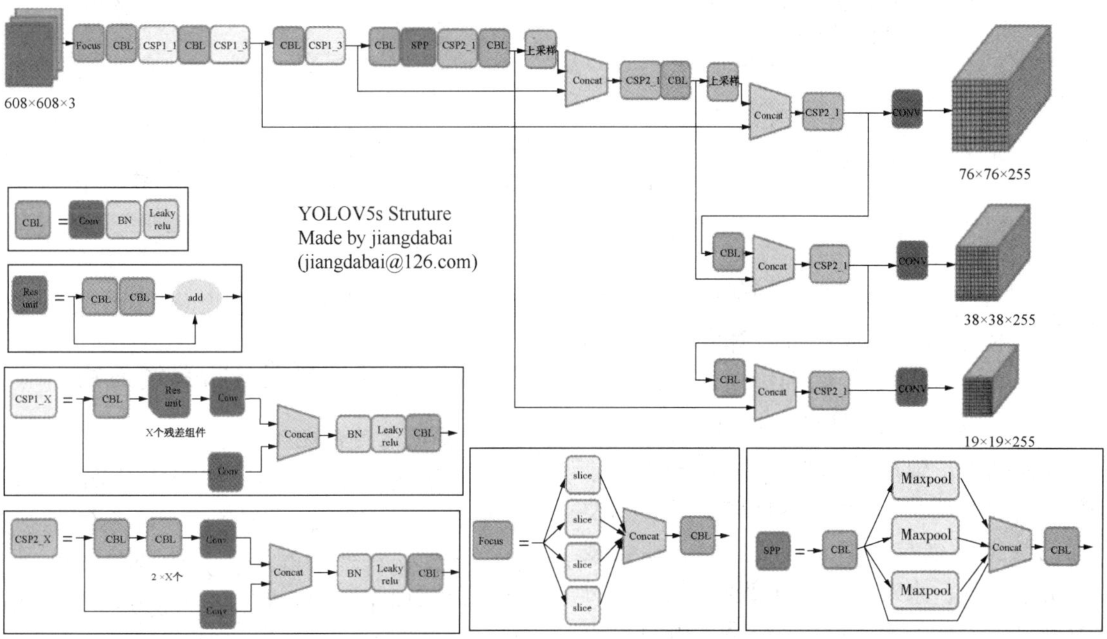

图 13　YOLOV5 算法模型图

(1) 收集人物及潜在安全隐患事件(未戴安全帽、火灾、抽油机停机等)素材并对素材进行筛选、标注，以转换成可用于算法训练的训练包。

(2) 将输入的检测图像划分为 N＊N 网格，识别目标网格负责检测此目标，训练 YOLO 神经网络，提取目标特征。每个网格可预测目标窗口的矩形框(表征目标的大小以及精确位置)、置信度(表征所预测矩形框(简称预测框)的可信程度，取值范围 0～1)、类别概率(表征目标的类别)。目标窗口需要计算：坐标(x，y)、宽度(width)、高度(height)、和置信概率(confidence)

$Confidence = Pr(Object) * IOU\begin{cases} trut? \\ pred \end{cases}$ (Pr(Object)为网格中存在目标的概率，表示网格内预测目标中心坐标位置的准确性)

(3) 运用非极大值抑制法，设置一定的阈值(IOU 阈值和 NMS 阈值)，对存在目标的预测框进行筛选，判断每个预测框的预测置信度是否超过设定阈值(重合度过高)，取置信度最高的预测框，删除大于设定阈值的预测框，(阈值表明重叠部分越多，在图像中就重叠度较高的预测框可能预测的是同一个物体)，对剩余的检测框重复上述过程，直到处理完所有的检测框，选择与实际目标最接近的边接框，去除与其冗余的框。

(4) 通过对非极大抑制算法的迭代、遍历和消除，把筛选后的预测框的最高的类别概率作为输出，类别概率通过分类器，对提取的特征向量进行最后的分类，从而得到目标的行为类别。

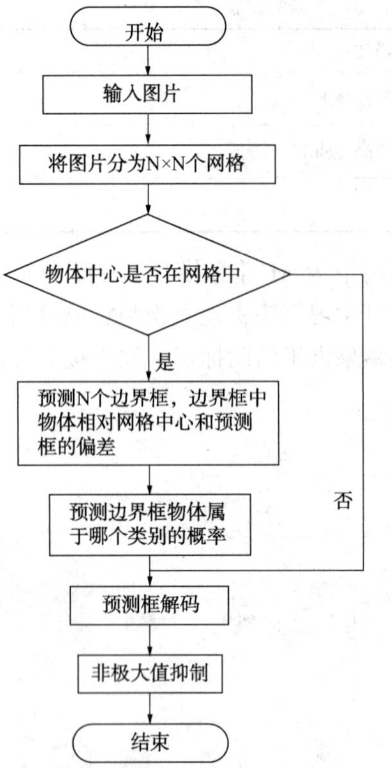

图 14 YOLO 算法检测流程图

YoloV5 模型开发完成后进行算法训练，训练分为多个批次，每 1000 张训练图片可进行一个训练周期，每个训练周期分 5~6 个训练批次。算法训练周期内，根据每个批次的训练结果进行模型网络结构的调整及模型参数调整。(可以使用不同的数据增强技术，如随机旋转、随机裁剪、随机平移等，来对图像进行变换。模型就可以学习到更多不同的物体形状和背景，并且可以更好地适应不同的场景和目标)

2.2.5 测试优化

测试优化主要包含算法运行测试、运行日志回收、运行效果监控、算法效果优化等。筛选、收集误报较多的场景报警图片，并归类回收，误报频率高的图片进行标注后加入算法训练环节，由此可有效减少该类场景的误报。

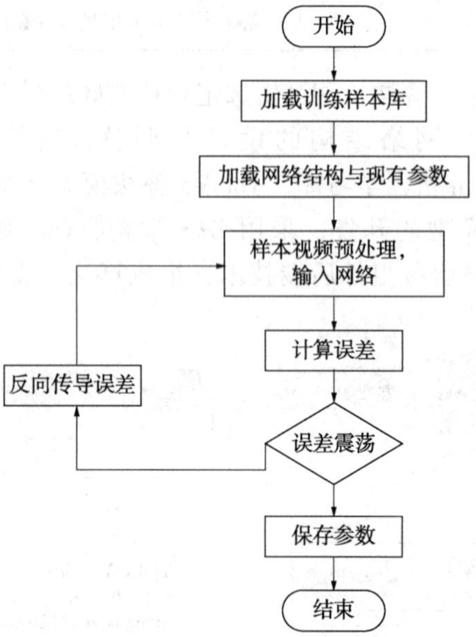

图 15 算法训练流程图

3 视频监控与智能分析系统应用

3.1 系统运行情况

某采油厂视频监控及智能分析系统上线后接入生产相关视频流 800 余路，除系统维护升级外，正常运行约 300 天，算法模型持续进行更新，近一周 13 种异常场景，成功报警 1940 次，其中精准率在 80%以上的有 7 种，研究发现当检测目标占整个图像画面比例越高，识别准确率就越高。

表 2 视频监控及智能分析系统报警情况表

算法名称	抽帧间隔	检测次数	报警次数	正确报警次数	准确率
1. 未佩戴安全帽	20 秒	约 3276000 次	168	152	90.48%
2. 未穿工服	20 秒	约 3276000 次	226	183	80.97%
3. 监护人离开	20 秒	约 3276000 次	67	57	85.07%
4. 吊臂下站人	20 秒	约 3276000 次	45	32	71.11%
5. 打电话	20 秒	约 3276000 次	61	53	86.88%
6. 抽烟	20 秒	约 3276000 次	140	112	80.00%
7. 吊钩无防脱装置	20 秒	约 3276000 次	192	156	81.25%
8. 动火作业无消防器材	20 秒	约 3276000 次	75	31	41.33%

续表

算法名称	抽帧间隔	检测次数	报警次数	正确报警次数	准确率
9. 作业未设置警戒线	20 秒	约 3276000 次	62	44	71.00%
10. 抽油机停机	20 秒	约 3276000 次	725	671	92.55%
11. 液体污染	20 秒	约 3276000 次	96	21	21.88%
12. 火焰	20 秒	约 3276000 次	52	7	13.46%
13. 烟雾	20 秒	约 3276000 次	31	21	67.74%

3.2 低产间开井应用

针对低产间开井，结合视频监控系统建立起“集中监控、远程间开、批量启停、错峰间开、制度优化”的新型模式，改变传统间开井现场启停管理模式，实现远程数字决策，智能启停，有效提高了管控效率，降低员工劳动强度，节约能耗，提质增效效果显著，某采油厂实现智能间抽月节约用电 15 万度。

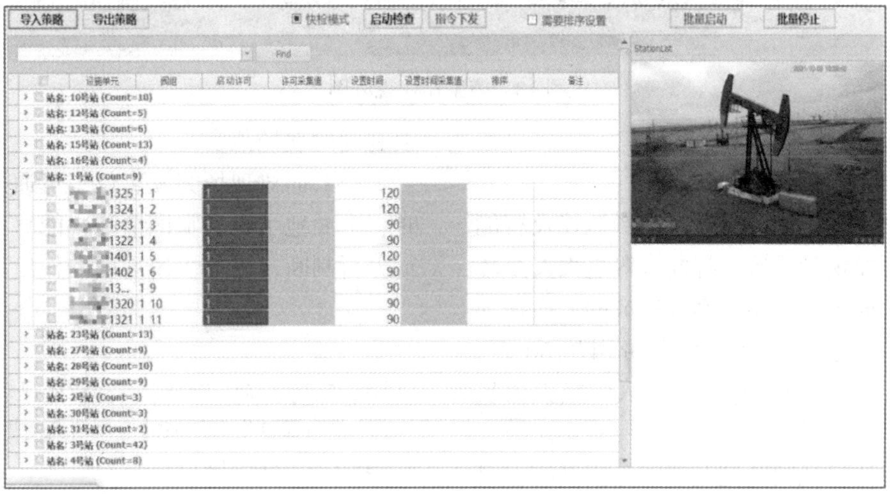

图 16　集中监控示意图

3.3 生产视频监控应用

油田生产运行情况主要依靠传统的人工巡检，通过视频监控及智能分析系统，监屏人员即可对全厂高空瞭望、单井视频、生产视频以及联合站生产视频进行轮巡，实时掌握油田现场生产情况，及时发现异常、及时处理、减少损失，作业区员工通过视频的实时监控实现故障巡井，解决人工巡井周期长、误差大、工作量大等问题。

图 17　高空瞭望视频巡检图

3.4 移动作业视频应用

采油厂每日有大量许可作业场所，按照常规方式全部作业均需要配备相应现场监督人员和车辆，耗时费力。视频监控及智能分析系统上线后，仅需监督人员即可实现全厂作业有效监控，精密监控施工作业过程，督促施工人员按规程操作，杜绝违章，降低事故发生几率，对比常规监督用工效率大幅提升，安全风险事件发现及时率得到有效提高。

图 18　施工作业视频图

4 结论

（1）某采油厂监屏员工通过视频监控及智能分析系统及时发现管线破、杆断脱等重大安全环保事件，有效避免井口跑冒滴漏造成的大面积环境污染，减少安全环保事件处置费用超 50 万，同时优化监控及现场监督员工 15 人，减少值班用车 14 辆。

（2）通过油田视频监控及智能分析系统，可实时监控油区井场、联合站、处理站等运行情况，强化对生产流程和状况的安全管理，及时、准确预测生产异常情况和风险，为生产安全、环境保护等提供了技术保障。

（3）可实现对厂区出入口道闸、关键路口与车辆等安防区域实时监控，让“事后调查取证”转变为“事前报警联动预案”，借助智能化的信息分析、预测，以便提前发现异常情况，提高了油田安防管理水平。

（4）可对油区施工区域进行精密监控，及时发现、纠正现场违章操作行为。保障员工人身安全，提高安全管理能力和水平，确保安全生产各项制度的现场落实。

（5）面对现场突发事件，可通过监控画面及时、全面地了解和掌握情况，能够在第一时间进行分析判断，更加快速准确的作出决策和部署。

参 考 文 献

[1] 沈文建，孙源，李畅，等．智能视频监控技术在海上平台安全生产领域的应用研究与思考[J]．信息系统工程．2022(08)．

[2] 胡帅，张勇，杨正，等．大数据下钻井安全生产研究与发展[J]．石化技术．2022(05)．

[3] 刘玉豪．海上石油平台视频监控系统与火灾探测系统联动设计及应用[J]．信息记录材料．2022(03)．

[4] 王子佳，江山，刘提外．视频监控系统在崖城 13-1 气田的应用[J]．中国石油和化工标准与质量．2021(18)．

[5] 张珊，许斌．基于分布式云的智能视频分析系统在油田的应用研究[J]．中国管理信息化．2021(08)．

[6] 朱傲寒．智能视频监控在数字油田的应用[J]．中国设备工程．2021(04)．

[7] 张双亮，谭壮壮，张凤红，等．海上平台智能安防监控系统设计及研究[J]．红外．2020(09)．

智能机器人野外巡检系统算法研究与现场应用

母 丹 陈 雷 周春燕 曾戡达 李成彬

（中国石油新疆油田公司）

摘 要 油井巡检是油井管理的一项日常工作，它是沿着一定的路线，按照规定的内容对油井的生产情况和抽油设备进行检查，发现问题并进行处理。以前按照人工巡检模式完全满足设备的日常维护要求，但是随着油田开发时间延长，采油站生产规模逐渐扩大，管辖油井数量越来越多，在职员工自然递减，管理和操作人员短缺，岗位合并，班组合并，每人管理的单井数量日趋增加，巡检时间不断延长，尤其对偏远地区的场站，需要耗费的时间越长。目前智能机器人巡检技术在电力行业广泛应用，但在石油行业鲜少，特别是针对油田野外智能巡检技术还处在探索中。本文在通用机器人的技术上，结合油井实际运行环境要求，采用A星算法、TEB算法等研究出适用于油田野外智能巡检系统的算法，并应用于现场。

关键词 野外；油井；智能巡检；机器人；A星算法

传统的油井巡检模式是人工巡检，但随着设备设施的逐年增加，油田生产用工需求增多与在职员工自然递减的矛盾日渐凸显，油气生产数字化建设是促进生产组织模式优化，进而提高人力资源利用率，解决生产用工需求的有效方式，因此运用机器人在一定程度上代替人工实现智能巡检成为油井巡检的发展趋势。

机器人具有感知、决策、执行等特征，可以辅助甚至代替人完成工作，它主要分为服务机器人、工业机器人和特种机器人。服务机器人常见于餐饮店、博物馆等场所，是最为常见的。工业机器人用于工业中替代人操作，被广泛应用于电子、物流、化工等各个工业领域，如大型机械手。特种机器人是指除上述两种之外的、服务于人类的各种先进机器人。虽然相比于服务机器人和工业机器人，特种机器人显得“默默无闻”，但近年来随着特种机器人快速发展，它开始在我国国民经济各行业中崭露头角。

智能机器人巡检就属于特种机器人，是用于替代人工对设备进行检查和维护的机器人，主要分为室外巡检机器人和室内巡检机器人。目前在电力、煤炭行业的室内或者站区内等已有应用，但在油田行业鲜有应用。本文针对油田行业特点，研发适合油田野外的自主定位导航、巡检路径规划、表计识别算法，实现对机器人的准确导航、定位、仪表数据的读取以及高清视频的监测等，并实时向运维管理云平台返回设备状态和机器人本体工作状态，平台通过网络对机器人实施监控，对返回的数据进行处理，及时发现漏油、抽油机停摆等故障，从而达到可靠的巡检，缓解值班人员力量薄弱的问题，提升工作效率。

1 系统整体设计

本系统由三个重要部分组成如图1所示：机器人、运维管理平台和客户端。值班人员登录机器人管理平台，选中目标机器人，设定巡检任务后，下发至机器人。机器人接收到巡检任务后，由充电房出发进入巡检区域执行巡检任务。执行巡检任务过程中，机器人将自身巡检的动态（巡检信息、图片、视频等）发送至后台管理平台，管理平台接收到机器人动态消息后在客户端显示。机器人巡检完成后，返回充电房待机。管理后台整合机器人巡检数据生成巡检报表。

2 系统算法研究

新疆油田地域辽阔、设备众多、井区施工多、极端天气多（冬季积雪时间长，春秋季大风多），采用室内的或者站区的巡检机器人算法，无法使机器人正常运转。本文针对油田巡检的环境，各种主观、非主观的造成巡检区域各种参照物的变化，研发出适合油田野外的巡检路径算法与定位算法；针对油田的设备，研发出适合油田野外的巡检算法，及时发现漏油、抽油机停摆等故障，从而达到可靠的巡检。

2.1 巡检路径算法的研究

路径规划是巡检机器人信息感知和智能控制

的桥梁，是实现自主驾驶的基础。路径规划的任务就是在具有障碍物的环境内按照一定的评价标准，寻找一条从起始状态包括位置和姿态到达目标状态的无碰路径。

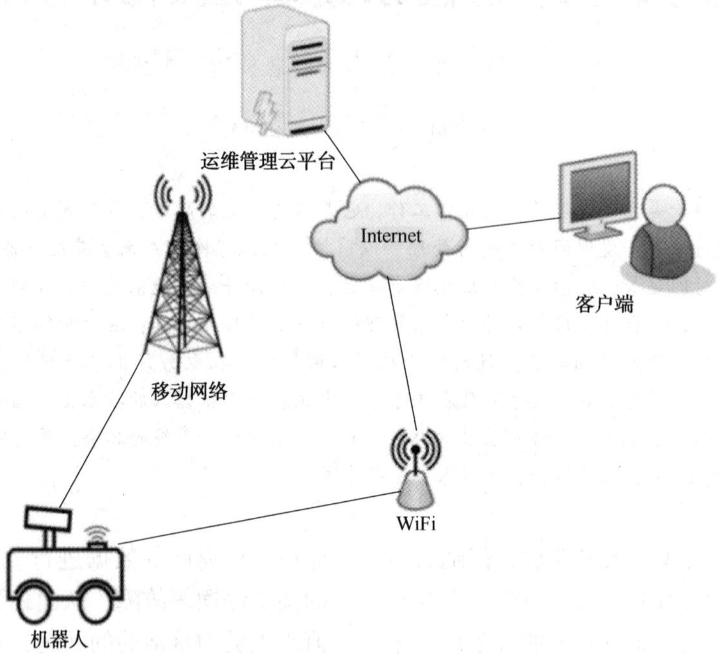

图 1　系统架构图

2.1.1　全局巡检路径的规划

新疆油田每个班组巡检的油井点多面广，在 A 班组油井占地面积约 54 万平方米，共计 51 口油井。根据现场实际情况，将机器人巡检区域分三张地图进行巡检，分别为地图 1，2，3，如图 2，机器人巡检时只需调用当前地图，在到达地图边界时可以自动切换为相邻地图。

将油井动态信息与三张地图结合，采用 A 星算法，实现实时、动态、合理的调整机器人在野外巡检的路线。

A＊(A Star)算法是一种路径搜索以及图像(地图)遍历的算法，计算每个地点的优先级，选取优先级最小的地点继续遍历。相邻两口巡检井之间的移动代价并不总是一致的，例如：平地和山坡中机器人的移动速度并不相等，靠近障碍物的地点和远离障碍物的地点的移动代价也不相同。每个地点优先级计算方法如下：

$$f(n)=g(n)+h(n)$$

其中，$g(n)$是从起点移动到地点 n 的代价函数，$h(n)$是从地点 n 移动到终点的预估代价函数。

$h(n)$是 A＊算法的启发函数，它会影响整个搜索算法的行为：

$h(n)=0$，此时，A＊算法就退化成了 Dijkstra 算法，每个地点都会尽可能地遍历地图中的地点；

$h(n)<$真实代价，这种情况下，A＊算法可以最佳路径，但是 $h(n)$越小，遍历的地点越多，性能越差；

$h(n)=$真实代价，这是理想情况，在这种情况下 A＊算法保证了使用最少的性能生成最佳的路径；

$h(n)>$真实代价，这种情况下，A＊算法不一定会找出最佳路径，但是性能一定是最佳的。

由于应用要求不同，$h(n)$需根据实际情况设计。在油井巡检路径规划中，改变启发函数 $h(n)$，实现实时、动态、合理的调整机器人在野外巡检的路线。

在进行路径规划时，定义 OPEN 和 CLOSED 两个集合：OPEN 集表示等待检查的节点集合，CLOSED 集表示已经搜索过的节点集合。不断的比较 OPEN 集中当前节点的扩展节点的 f、g、h 值，并根据比较结果更新两个集合，当前节点为目标节点时，路径规划结束，此时按顺序提取 CLOSED 集中的节点，即为巡检路径。路径规划程序采用 C 语言编程，首先每日将巡检计划下发给上位机，上位机将要巡检井按照坐标值进行排序，在确定起点位置后，将起点设为当前节点，第一口需要巡检的井为目标节点，对其进行路径规划，到达目标节点后将其设为当前节 n，下口井为目标节点，以此往复，直到巡检完最后一口井，返回充电房子，即起始位置后，路径规划结束，此时按照顺序提取 CLOSED 集中的节点，即为巡检机器人规划路径。

2.1.2　局部巡检路径的规划

局部路径规划是在全局路径规划生成的可行驶区域指导下，依据传感器感知到的局部环境信息来决策巡检机器人当前前方路段所要行驶的轨迹，以避过突然出现的行人、车辆等障碍物，并实现局部路径最优。本文依靠激光雷达和超声波等传感器实时监测周围障碍物，采用 Timed Elastic Band 算法，帮助机器人在短时间、短距离绕开突发障碍物。

Timed Elastic Band 算法的基本原理如下：在机器人当前位置和目标点之间插入 n 个控制点，并且控制点之间的移动时间为 time。

机器人位姿定义如下：

$$X_a = (x_i,\ y_i,\ \beta_i)^T \in R^2 * S^1$$

表示机器人在地图上的位置和朝向，那么路径上的一系列控制点为：

$$Q = \{x_i\}_{i=0,1,2\cdots_n}^{n \in N}$$

<table>
<tr><th>名称</th><th colspan="5">描述</th></tr>
<tr><td rowspan="3">地图1</td><td rowspan="2">属性</td><td>大小(m2)</td><td>油井数量</td><td>切换点数量</td><td>充电桩数量</td></tr>
<tr><td>207937.08</td><td>23</td><td>2</td><td>0</td></tr>
<tr><td>缩略图</td><td colspan="4">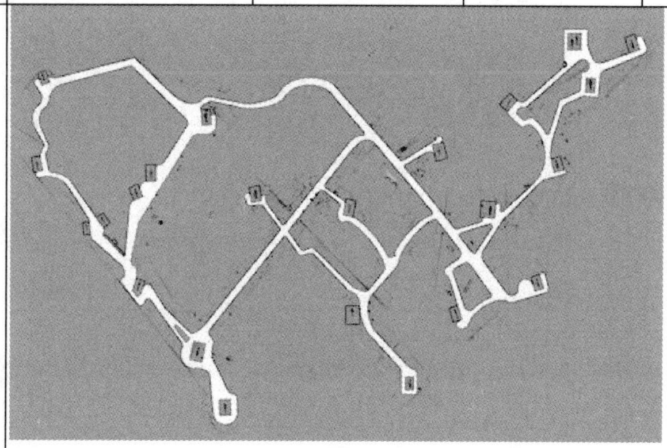</td></tr>
<tr><td colspan="6"></td></tr>
<tr><td rowspan="3">地图2</td><td rowspan="2">属性</td><td>大小(m2)</td><td>油井数量</td><td>切换点数量</td><td>充电桩数量</td></tr>
<tr><td>356534.1</td><td>26</td><td>4</td><td>0</td></tr>
<tr><td>缩略图</td><td colspan="4">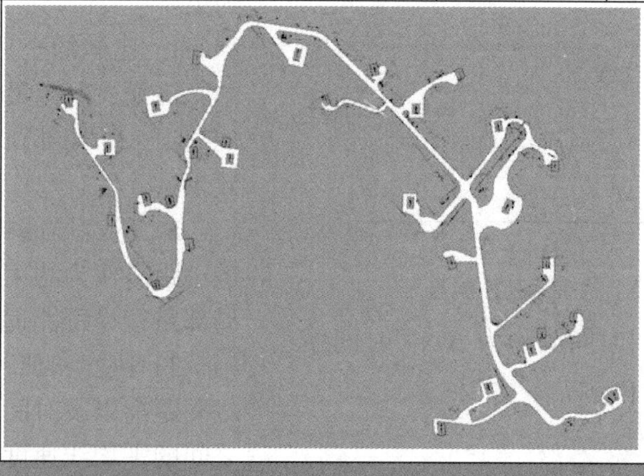</td></tr>
<tr><td colspan="6"></td></tr>
<tr><td rowspan="2">地图3</td><td rowspan="2">属性</td><td>大小(m2)</td><td>油井数量</td><td>切换点数量</td><td>充电桩数量</td></tr>
<tr><td>66827.42</td><td>3</td><td>4</td><td>1</td></tr>
</table>

图 2　A 班巡检地图

<table>
<tr><td></td><td>缩略图</td><td colspan="4">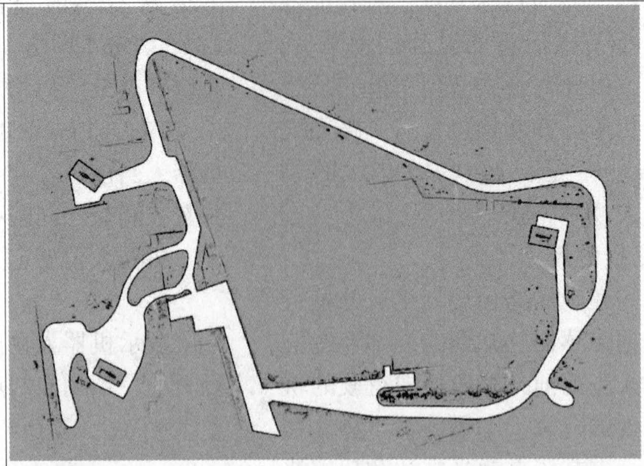</td></tr>
<tr><td colspan="6"></td></tr>
<tr><td rowspan="3">全域图</td><td rowspan="2">属性</td><td>大小(m2)</td><td>油井数量</td><td>切换点数量</td><td>充电桩数量</td></tr>
<tr><td>548900</td><td>51</td><td>10</td><td>1</td></tr>
<tr><td>缩略图</td><td colspan="4">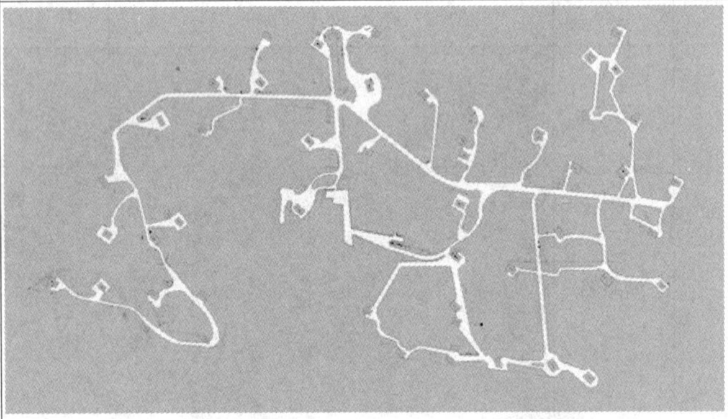</td></tr>
</table>

图 2　A 班巡检地图(续)

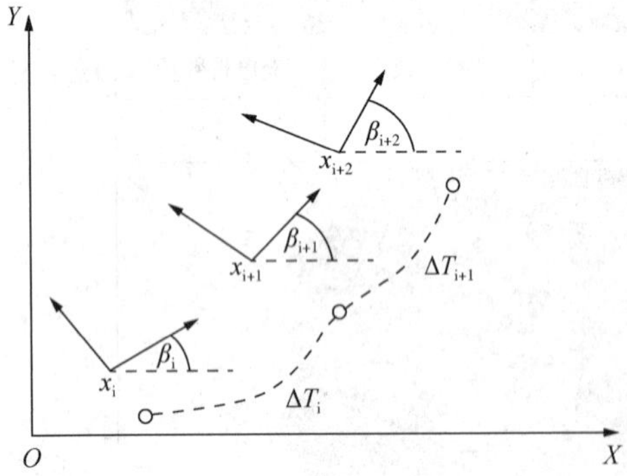

图 3　巡检路径上的一系列控制点

其中，两个控制点之间时间间隔为 ΔTi，时间序列为：

$$T=\{\Delta T_i\}_{i=0,1,2\cdots n-1}$$

通过加权夺目表优化即可获取最优路径 B＊：

$$f(B)=\sum_a r_h f_k(B)$$

$$B^*=\arg_B \min f(B)$$

其中，f(B)为考虑各种约束的目标函数，f(k)为个目标函数的权值。

在机器人巡检中，本文主要考虑了以下几种约束：

1）已知的全局规划路径：以距离全局路径的允许最大距离最为全局路径的约束，使得最终规划出来的局部路径尽可能达到跟随全局路径的效果；

2）避过局部障碍物：以距离障碍物的允许最小距离作为约束，避障的约束使得规划出来的局部路径尽可能远离障碍物；

3）速度和加速度的约束：已知相邻控制点之间距离以及时间间隔，可以计算出两个控制点之间的平均线速度和角速度，满足机器人巡检本身的速度约束；

4）运动学约束：巡检机器人是差速驱动的机器人，只能前向移动和水平旋转；

5）时间最短约束：使得机器人能够获取到

在时间上最优的路径。

2.2　定位算法的研究

巡检机器人的定位模块用于确定巡检机器人其自身的地理位置，知道“自己在什么地方”，是巡检机器人的路径规划和任务规划的支撑。现有自主导航定位技术可分为相对定位（SLMA定位）与绝对定位。

相对定位对于平坦、巡检区域内长期地貌、固定物品无任何变化或者变化较小的情况下比较有优势，且运行成本较低，但在越障、复杂地貌等绝对定位比较有优势。绝对定位有效解决了机器人巡检平台与整个物联网平台的有效融合，并能机器人实时位置进行监控，但是绝对位置对地貌、临时性物品、突发性地貌的改变（如修井机、挖沟作业、井区放置大型设备、下雪天等）无法识别，在无人为干预的情况下容易发生事故。

为适应油田野外环境，设计的巡检机器人精度必须达到厘米级别，才能准确找到需要巡检的井，以及遇到障碍物才能精准定位自身位置，才不会出现安全事故。本文中野外巡检机器人采用组合定位，将绝对定位和相对定位结合，并利用地图模块相结合，根据巡检区域的实际情况调整两种定位方式的权重，井区地貌复杂加大相对定位的权重，井区地貌平台障碍物少可增加绝对定位的权重，实现机器人低成本高精度定位。

相对定位，机器人自行设置原点，一般以充电桩（机器人停靠点）为0.0.0点，建立自有坐标体系。通过机器人巡检范围区域内运行轨迹，完成对整个区域进行建模，C1：摄像头从初始状态（即单位阵I，这个单位阵是指摄像头开机的时候当做起始状态）到T1时刻的转换为C1；C2：摄像头从初始状态（即单位阵I）到T2时刻的转换为C2；Rc：从T1时刻的状态转换到T2时刻的状态所需要的转换（旋转）矩阵；M1：imu初始状态（即单位阵，这个单位阵是指imu与世界坐标系重合时为单位阵。）到T1时刻的转换为M1；M2：imu初始状态（即单位阵，这个单位阵是指imu与世界坐标系重合时为单位阵。）到T2时刻的转换为M2；Rm：从T1时刻的状态转换到T2时刻的状态所需要的转换（旋转）矩阵；R：imu自身的坐标系到与摄像头的坐标系之间存在的转换。定位精度、重复运动到点精度≤10cm。

绝对定位是采用加入CORS差分的GPS系统。GPS即全球定位系统，一般民用精度在3m，加入CORS差分后，可以达到厘米级的定位精度。CORS（Continuous Operational Reference System），全称叫做连续运行卫星定位服务综合系统。CORS技术，是利用多基站的网络RTK（Real-time kinematic）技术建立起来的，它是一个集多种技术与学科的产物，包含了数据通信，卫星定位，网络，测量等技术。

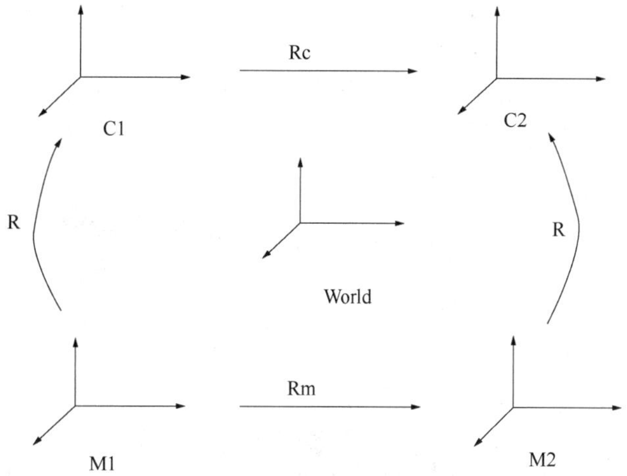

图4　区域建模

2.3　智能抄表算法的研究

智能抄表是巡检机器人需要具备的一项重要能力，然而现场仪表安装的有高有低，有的安装的环境狭小，环境复杂，仪表多样性，给巡检机器人抄表作业带来一定挑战，图5为现场表计图片。

为了让机器人准确快速的读取各个表计的示数，在硬件上，巡检机器人添加了升降杆设备，可以自动设置云台高度，同时结合360度可旋转云台，可以有效覆盖现场表计。在算法上，采用了基于人工智能深度学习的精度高、通用性好、鲁棒性强的表计识别算法。可以识别各种型号的指针表，无需工作人员手动设置仪表类别，实现仪表示数的智能读取。

对于抄表作业规划上，对每个表计新建一个巡检点，机器人自动对场站内的表计进行抄表作业，解放了抄表员工，提高了工作效率。

3　系统的现场应用

目前已经在新疆油田的A班运行了两年，系统稳定可靠，实现了51口油井的实时监控、仪表数据的自动读取，有效降低设备停摆、漏油、火灾、盗窃等安全隐患，缓解值班人员力量薄弱的问题，提升了工作效率。

3.1 客户端界面

下图6是访问机器人的客户端，包括机器人列表(如果有多个机器人可以选择某个机器人)、实时监控、巡检任务、数据查询、系统设置、机器的开启与关闭机器人电量的显示、一键返航、充电设置等等。

图5 现场表计图

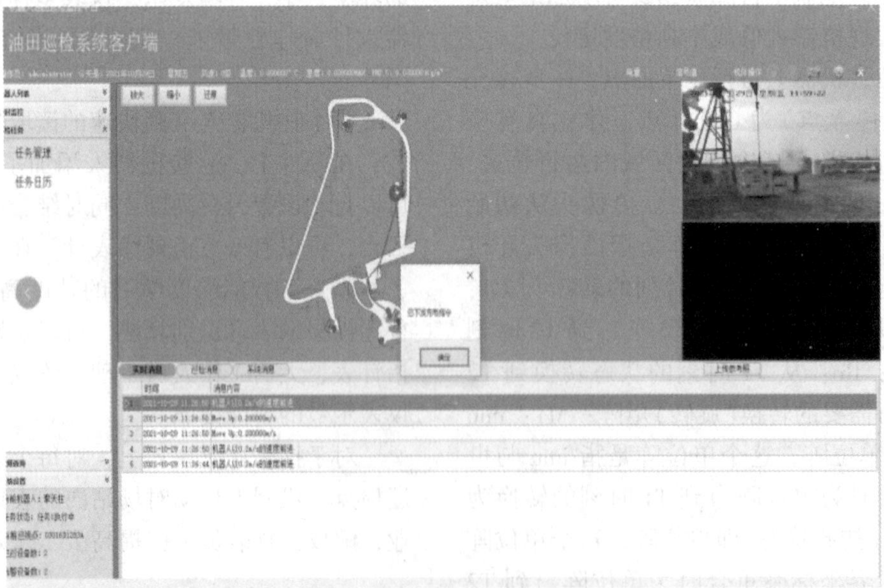

图6 访问机器的客户端

3.2 实时监控功能

当需要机器人进入现场进行实时操控时，值班人员登录机器人管理平台，然后进入机器人实时控制页面，打开机器人视频直播画面并控制机器人进行移动。

机器人通过现场4G网络回传现场视频，视

频清晰度为 1080P。巡检机器人视频画面可以实时展示在中控台，工作人员在中控室远程监控场站内各个设备的运行参数，并根据状态报告做出相对应的处理，为油田的安全提供可靠的保障。

实时监控可以使用高清可见光视频直播以及对当前操作的机器人进行遥控操作，包括可见光及云台操作（转动控制，光圈、焦距、变倍操作，雨刷控制、补光灯控制等）、机器人机体操作（移动控制、机器人速度设定等）。

实时控制结束后，值班人员可发送巡检任务命令继续自主巡检，也可以发送一键返航命令，机器人接收到相应命令返回充电房待命。图 7 是监控到机器人正准确出发，图 8 是监控到机器人正在对抽油机巡检。

图 7　机器人准确出发

图 8　机器人对抽油机巡检

3.3　巡检任务管理

机器人制定巡检任务，任务可以分为“立即执行”、“定时执行”和“周期执行”三种类型的任务：“立即执行”的任务主要是进行临时突发的巡检；“定时任务”主要在特定时间段执行巡检任务；而“周期任务”则替代工人日常巡检任务，每天定时机型巡检。巡检任务管理功能主要用于智能巡检机器人监控平台中巡检任务的日常管理操作，包括任务新建、编辑、复制、删除、查询，任务执行、任务暂停、任务终止等。如图 9 所示。

图 9　巡检任务管理界面

3.4 数据查询

数据查询功能是对机器人巡检结果历史数据进行查询和分析，包括可见光图像、热红外图像数据分析、仪表图像数据分析、视频、音频、历史数据显示、历史曲线显示、报表输出等。图10是A井在6月15日的巡检报告。

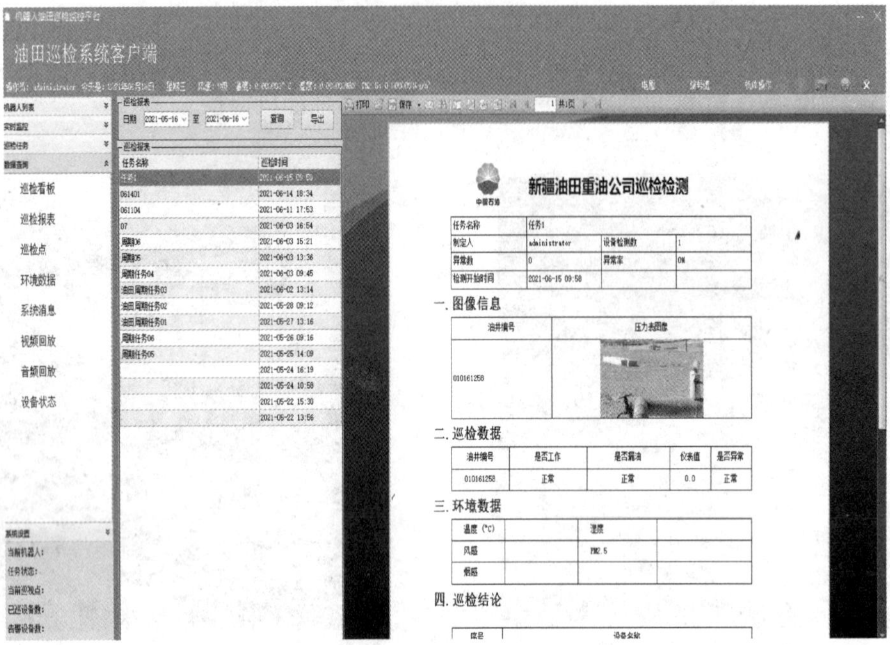

图10　A井在6月15日的巡检报告

5 结论与认识

针对油田行业特点，研发了智能机器人野外巡检系统，已成功部署在新疆油田A班所管区域。巡检机器人工作不受时间和环境影响，将巡检结果实时传送到后台，自动生成报表记录和存储，有助于及时发现油井故障，降低巡检的人力成本，减少安全事故发生，提高工作效率。本文打破了传统的巡检方式，科技创新，采用智能化手段辅助现场设备管理，推动油田行业朝着数字化、智能化方向发展，也是当今提倡运用人工智能技术赋能传统行业的重要体现。

参考文献

[1] 任昶．室内移动机器人路径规划及轨迹跟踪控制研究[D]．哈尔滨：哈尔滨工业大学，2017.

[2] 胡杰，王子卉，朱倚娴．基于运动检测的飞行区车辆差分北斗/SINS组合导航[J]．大地测量与地球动力学，2021，41.

[3] 赵晓，王铮，黄程侃，等．基于改进A*算法的移动机器人路径规划[J]．机器人，2018，40(6)：903-910.

[4] 高玉健，胡立夫，王海明，等．化工厂智能巡检机器人系统设计[J]．工业仪表与自动化装置，2020(3)：55-59.

基于人工智能技术的输油管道 CO_2 腐蚀预测

李婷玉 李鹏飞 张 蕾 田 源

（中石油冀东油田公司）

摘 要 对油气田企业而言，输油管道腐蚀问题是不可回避的话题。特别是伴随着近些年来，产量需求的日益提升，注水、注气、加压等业务的频繁推进，使得腐蚀问题日益严重。其中 CO_2 驱工程的输油管道腐蚀性尤为突出。经分析得知，电化学作用是导致腐蚀加剧的重要因素，而传统处理方式，以及所面临的技术瓶颈，是完全不能满足新时期腐蚀管理预测需求的。因此，笔者创造性地提出了将人工智能技术引入到实际工作中的设想，在可行性分析、基础数据准备、实地情况调研等大量基础准备前提下，结合信息手段建立了整套的预测模型，针对性的分析做出预测，降低了腐蚀发生的概率，做到了防患于未然，值得业务参考。

关键词 人工智能技术；输油管道腐蚀；腐蚀预测；油企；管理

1 引言

对油企发展而言，管道腐蚀之痛长久以来困扰全局，如果不能及时地发现腐蚀的问题，很可能会导致管道疲劳，轻则泄露造成成本上升、重则破坏造成安全事故，严重危害油企发展，是必须要解决的问题。在传统业务模式下，很难有效的对其做出处理，特别是在腐蚀预测方面，效率和质量都难以满足需求，人工预测很难保证精度、效度。在新时期人工智能技术的发展前提下，借助技术优势辅助解决顽疾，将技术的前瞻性、及时性、全面性充分发挥出来，是正确思路。在本文中笔者试图结合案例分析，谈人工智能技术引入到输油管道 CO_2 腐蚀预测的可能性、可行性，搭建相关模型辅助预测，进而为业务改革和问题解决带来理论帮助。

2 腐蚀管理的重要性

2.1 腐蚀危害性

腐蚀是引起管道系统可靠性下降、影响使用寿命的三大失效形式之一。腐蚀破坏引起的恶性突发事故，往往会造成严重的社会后果。特别是随着产业深入发展，埋地管道的服役环境日益复杂，且部分管道服役时间较长，管道腐蚀泄漏并造成事故的风险逐年增加。据国家能源部门的统计数字显示，2015 至 2019 年间，由于腐蚀原因造成的应急处置事件，约占天然气管道事故总数的 60%，每年造成直接成本高达 3 亿元。无独有偶，根据美国腐蚀工程师协会（NACE）的估计，管道腐蚀每年给石油和天然气生产行业造成约 14 亿美元损失。细分后，地面管道和设施费用为 5. 89 亿美元，井下油管成本为 4. 63 亿美元，与腐蚀相关的其他资本支出为 3. 2 亿美元。因管道腐蚀而造成的环境破坏问题，占全球油气田环境污染问题的近 70%，由此可见腐蚀危害性之严重。

2.2 CO_2 腐蚀是重要的诱因

随着开采的深入和产量需求的提升，传统的管道工程技术，已然无法满足新时期的需求。在大量的探索过后，油气田企业提出了驱工程的概念，结合注气、注水、加压等辅助业务推广，来提升业务效率、提高实际产量。结合近些年来实际发展，这套策略确实起到了不错的效果，在很多地区也突破了预期设想。特别是 CO_2 驱工程使用率颇高，得到了业界的广泛认可。

不过需要注意的是，CO_2 驱工程虽能够起到提升产量的作用，可其“副作用”也十分明显，比如在注气过程中所产生的腐蚀现象，就是管道受损的重要诱因，也是制约整体工程更进一步的关键因素。CO_2 腐蚀易导致材料性能和使用寿命下降，影响设施完整性，导致无法正常生产，造成经济损失的同时，对环境污染的破坏和潜在人员安全风险，也是不可低估的隐患。

据不完全统计，国内油气田存在 CO_2 驱工程月均因管线腐蚀穿孔高达数十次，多口油井因油管腐蚀穿孔导致停产，严重影响了油气田高效开发、经济损失大。同时还存在天然气泄露风险，因 CO_2 所导致的油气田集输系统的腐蚀，已成为影响全高效开发的大痛点，因此值得高度注意。

2.3 机理研究

笔者所处的冀东油田，同样也深受输油管道 CO_2 腐蚀问题所害，近年来因此导致的管道穿孔现象频发。相关领导高度重视，组织了大量技术人员，开展针对性的研究。目前，对大部分油企，掌握油气管道内部腐蚀状态的最佳方法是利用智能内检测装置，从管道中爬行获取管道缺陷信息。但这种方法成本高，难以检测到埋地管道和海底管道。就此，业务单位转变思路，积极组织技术力量，通过开展腐蚀机理与防护研究工作，引入计算机辅助功能，通过大量腐蚀产物分析、流体介质腐蚀性研究、室内和现场试验等，发现 CO_2 驱工程的油气田业务，井筒和地面集输系统，大部分都长期处于微生物和二氧化碳共存的环境，导致电化学反映频繁，进而引起了腐蚀发生。摸清机理，对腐蚀管理和预测模型设计意义重大。

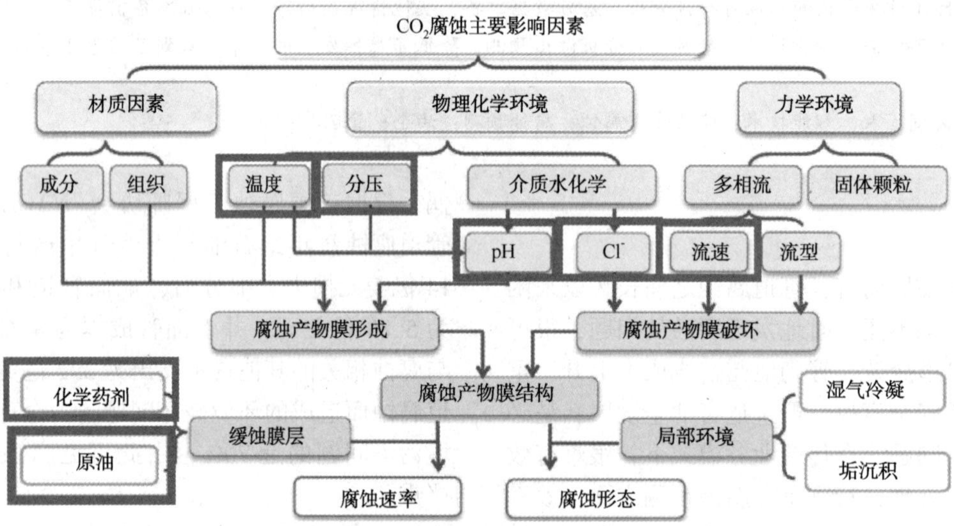

图1　CO_2 腐蚀主要影响因素

3 人工智能技术引入管道腐蚀管理的重要性

3.1 传统业务模式

事后抢修和挂片检测是目前业界，针对管道腐蚀所采取的主要处理方式。事后抢修主要是在发生穿孔后，来做出针对性的补救。不过不同类型管线、输入介质等影响因素众多，只靠业务专家对事后得到的数据分析，很难及时地给出合理的建议，更难以掌握腐蚀规律和具体影响因素。挂片监测方式，主要是采取在管道中加腐蚀片，定期检测腐蚀程度的方式，计算管道腐蚀速率。在计算结果的基础上对出现穿孔的管道加注缓蚀剂、实施内涂层，进而降低管道穿孔概率。不过，这类措施监测腐蚀速率数值，与实际情况相差较大，不能有效掌握管道腐蚀的规律；且无针对性的实施措施，导致花费成本过高。因此，不能实现有效的防控穿孔隐患，腐蚀穿孔次数仍在增加，腐蚀防治工作比较被动。

3.2 技术瓶颈分析

综合两类处理方式可看出，CO_2 驱工况变化复杂、环节众多，腐蚀工况复杂多变，具备 CO_2 腐蚀链的特征（CO_2 捕集→输送→注入→采出→分离→处理→循环注入）。在综合上述措施使用中存在的问题后，笔者提出主要的技术瓶颈局限于以下内容。

需要充分结合技术发展，来解决存在的问题。

第一，影响因素重多，导致措施实施不力。环境温度、液相含量、流体组份、多相流压力、金属结构、防腐层性能、阴极保护水平等都属于影响因素范畴，到底哪些因素是导致管道 CO_2 内腐蚀的关键因素，以及这些关键因素与燃气管道腐蚀穿孔的相关性的研究较少，只靠人工分析很难得出指导的建议。

第二，问题认识不足，导致措施过于单一。

管道在实际服役过程中在受到多因素的综合作用，现有研究主要是基于单个因素，对 CO_2 腐蚀行为的影响，在综合两个及以上因素的情况下，无法准确分析出具体原因。因此，目前的单因素腐蚀风险评估方法均需要进一步完善，亟需开展多因素综合评估技术研究。

第三，变化考虑不足，导致措施过于呆板。埋地管道 CO_2 腐蚀预测方面，目前已有的经验模型，大部分是基于评价管道的服役情况来预测其腐蚀风险，未考虑腐蚀影响因素随时间变化的情况。因此，需要开展腐蚀速率随时间的变化规律研究，并建立基于时间效应的腐蚀风险预测模型。

第四，系统分析不足，导致措施落实缺乏全局性。由于缺少系统数据管理模式，且尚未采用科学的数据处理技术，对已经获得的管道 CO_2 腐蚀数据进行系统分析，数据背后的大量信息尚未被发掘，腐蚀数据的应有价值未能得到充分利用。

3.3 引入人工智能技术的价值

显然，数据量多类别复杂、影响因素分类不足、认识不深入不系统、且对其变化规律无从下手等，是制约预测效率的关键因素。结合各行业情况和技术发展来看，人工智能技术的提出，正好可以辅助解决这些问题。人工智能技术具有超强算力、深度认知、协同多变、系统组织多项优势，在石油行业其他领域也得到了广泛使用。结合人工智能技术的使用，可对已积累的大量管道腐蚀数据做出梳理，在规范数据库和大数据计算平台的辅助下，将数据结构化。在此基础上人工智能专家系统可通过多轮次的自我学习，掌握已有规律、发掘未知因素、给出相关建议，在大量积累后就可转变为具有个性化的知识库，供相关专业人士使用。此外，对于不同类别因素也可在线打标签、做标注，这样的分类方式显然更加合理，对变化的应对效率显然也会更高。

因此，结合人工智能技术来对 CO_2 腐蚀预测管理问题，是可靠的思路，可对问题给出解决建议，在新技术和新思路辅助下，做出更进一步的专业研究，提高腐蚀预测业务的数据精度、信度、效度。这也正是本文研究目的。

4 基于人工智能技术的输油管道 CO_2 腐蚀预测方案设计

4.1 数据治理的重要性

数据治理对于基于人工智能技术的 CO_2 腐蚀预测管理工作，具有重要的基础性意义。腐蚀所涉及到的数据众多，环境复杂且变化不少，如果没有数据治理打基础，那么整体工作推进难度极大。腐蚀管理的业务场景中，业务人员面对的报表数据，是不能够明确给出内在计算路径的，也是不能提供直接判据和思考路径的。二次衍生数据显然更加重要，比如数据来源、计算方式、统计周期、边界条件，维度组合、类型定义等，然而这些数据还是碎片化数据。碎片化腐蚀数据，从来都不是决策的准则，需充分结合治理工作，梳理、归纳、分解，给接下来的工作打下基础。

此外，腐蚀治理本身是一个常态化行动，但材料本体的腐蚀，最大特性就是不可逆，所以腐蚀缺陷如果有了一旦形成，就会成为腐蚀风险源头。也就是说，那些正在发生的、曾经忽略的，往往可能是腐蚀治理的新突破点。因此，数据链完整是构成腐蚀情报的战术条件，数据治理工作则恰好可以助力此项业务开展，辅助企业打造完整的数据链条。

4.2 建设目标与内容

想要达到对 CO_2 驱工程下的管道腐蚀问题精准预测，在设计中要聚合管道基础参数、运行参数、水质分析等多种腐蚀因素数据，通过运用大数据分析、人工智能技术构建预测模型，预测管道平均腐蚀速率发展，节省求证结果所需时间成本，帮助现场技术人员及时准确查询，管网腐蚀的影响因素和处理方案，以此降低管道腐蚀穿孔频次，增强输油管道安全和运行；同时降低不必要的投资浪费。

在实际落实角度，笔者试图结合所在油气田的业务情况，打造以下四个方面的建设内。首先，结合腐蚀数据整合与查询，实现七大项管网动静态数据接入与维护；其次，结合 CO_2 腐蚀预测模型构建，实现管道平均腐蚀速率和点蚀率预测、剩余寿命预测、失效概率预测、腐蚀防治专家意见推送等核心功能；再次，结合腐蚀 GIS

专题图，基于 ArcGis 技术实现管道穿孔分布宏观和形象化展示等功能；最终，结合决策支持辅助，实现穿孔记录对比分析、穿孔率、腐蚀速率分析等决策辅助功能、以及腐蚀预警推送等功能。本文主要针对预测模型构建做详细论证。

管线腐蚀专家系统是项目建成后的重要成果，其功能模块如图 2 所示。

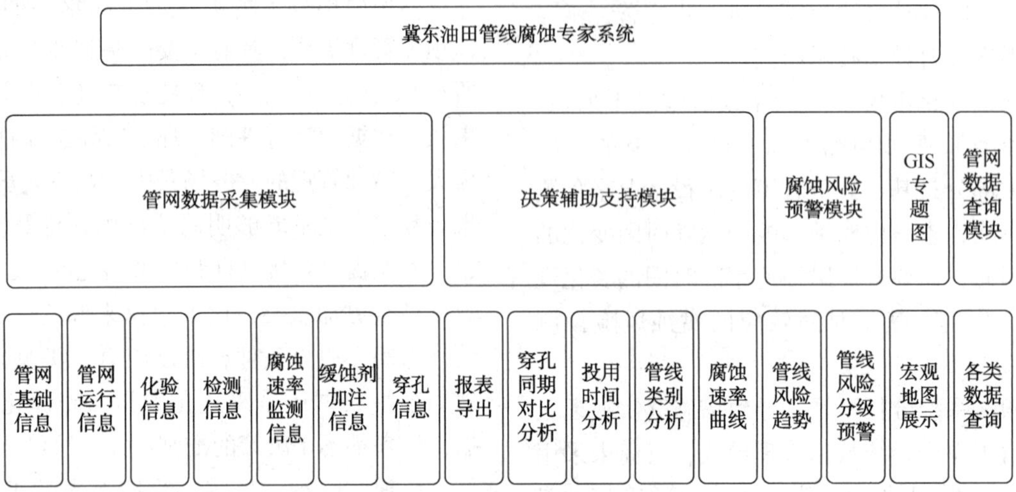

图 2　管线腐蚀专家系统模块图

4.3　项目技术实现

针对以二氧化碳为主，造成的管道腐蚀事件主要影响因素众多、关联性复杂问题，拟采取网络爬虫和数据整合技术，对与管道腐蚀分析具有关联性的数据做聚合；采用灰色关联分析和主成分分析结合，提取 CO_2 腐蚀主要影响因素。预期实现快速提取油田管道腐蚀主要影响因素，建立管道综合数据库目标。

针对管线腐蚀风险不可预估，多为事后处置措施，缺乏事情预警手段，专家知识库基础薄弱的问题，拟采取基于大数据分析平台，利用多层感知器神经网络，设计管线平均腐蚀速率预测模型，实现腐蚀穿孔预测预警，丰富管线专家知识库。预期达到可以基于管道基础数据，预测管道腐蚀概率，提供事前预警功能。

针对管道腐蚀复杂决策问题，在采用定量分析时，因其多因素且非线性难以针对、无法得到有效的解决方案问题，拟采取根据管道剩余寿命预测，分级分类推送腐蚀防治建议，辅助腐蚀防治工作。预期达到辅助现场技术人员，及时准确查询管网腐蚀影响因素，迅速给出方案。

5　基于人工智能技术的输油管道 CO_2 腐蚀预测方案建设

5.1　建设过程

整体建设过程分以下的四个部分。首先，采取实验定性研究与定量研究相结合的研究方法，针对管道二氧化碳腐蚀开展相关理论分析研究；其次，基于云原生技术，设计研发管道相关数据服务，聚合所有相关参数数据，打通数据链；再次，利用灰色关联度分析算法，提取管道腐蚀影响因素中的关键因素进行降维处理；最后，利用神经网络等技术设计腐蚀预测模型、得到平均腐蚀速率的预测。

5.2　数据治理

相关建设人员结合系统需求，梳理分析了包括管道基础信息、管道运行参数、管道化验参数、管道检测信息、监测和缓蚀剂加注信息、缓蚀剂加注信息、穿孔记录等数据在内的多项数据，刨根问题、寻根溯源，找到了各项数据的源头，包括地面动静态数据库、A2、A11 系统，以及人工台账等，截止 2019 年底，已基本完成了整理收集归纳工作，给整个系统建设打下了坚实基础。

5.3　提取关键因素

对油管的影响因素进行了灰色关联分析和主成分分析。系统建设人员以油管的腐蚀速率为参考序列，以腐蚀速率的影响因素作为比较序列。每个因素的影响的最终结果都将被认为反映在腐蚀速率的变化上。影响油管钢腐蚀的因素有很多，量化各影响因素的重要性程度后，找出了影响腐蚀速率的主要因素 10 项和次要因素 3 项。

5.4 构建腐蚀预测模型

根据数据质量情况，设定选择部分转油站外输油管道数据为样本数据(8540 条)进行神经网络分析。分析项包括 pH 值、MG2、CA2、CL、S04 等 15 项。

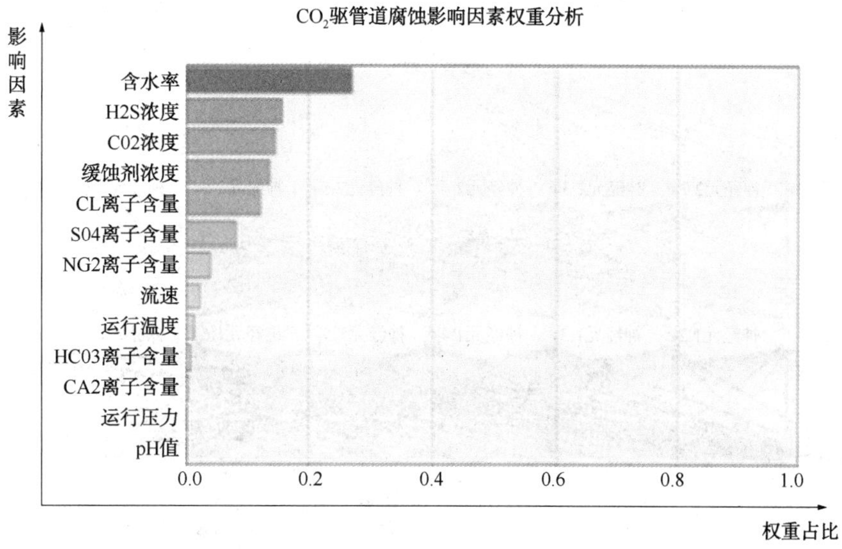

图 3　因素的权重分解图

pH	MG2	CA2	CL	S04	HC03	C02	H2S	压力	℃	含水率	流速	缓蚀剂浓度	监测速率
7	15	147	592	12	1167	27.49	238	0.576	46.35	95.5	3715.96	109	0.2061
7	36	59	557	23	1229	21.91	0	0.479	46.54	95.5	2574.08	109	0.0233
7	1	73	435	18	1065	19.36	0	0.55	46.63	95.5	2912.88	109	0.0128
7.5	12	44	605	82	1399	21.23	360	0.558	46.54	95.5	3166.09	109	0.0353
7	25	41	426	12	1130	21.91	0	0.491	46.57	95.5	2506.38	109	0.2896
7	6	44	556	23	1098	19.36	0	0.533	46.74	95.5	2412.49	109	0.1316
7	9	49	2046	24	1080	20.99	1350	0.489	46.09	90	2403.23	30	0.0003
7	21	64	1098	59	750	13.27	1086	0.468	46.12	90	2967.74	30	0.0003
7	6	17	610	18	1065	18.65	807	0.506	46.12	90	3188.17	30	0.0012
7	6	19	490	6	1140	19.65	808	0.553	46.12	90	4317.2	30	0.0278
7	9	74	595	24	1050	20.99	1350	0.523	46.15	90	3532.26	30	0.0048
7	10	69	697	12	930	13.27	1086	0.576	46.15	90	4580.65	30	0.0086
7	18	138	1212	12	930	0	877	0.567	46.63	90	3989.25	30	0.0086
7	6	24	507	63	1110	18.25	0	0.515	46.83	90	2682.8	30	0.004
7	10	42	445	12	1204	22.76	119	0.567	34.36	90.1	4054.41	118	0.056
7	6	119	610	24	930	18.34	175	0.474	34.54	90.1	1666.67	118	0.056
7	24	64	575	59	1200	18.34	175	0.436	34.09	90.1	4084.3	118	0.056
7	22	59	558	6	1275	22.76	119	0.583	34.54	90.1	2932.8	118	0.056
7	21	79	612	47	1290	19.82	202	0.498	34.21	90.1	4272.58	118	0.056
7	24	49	560	24	1470	22.76	119	0.517	34.37	90.1	2888.55	118	0.056
7	27	69	822	71	1440	22.77	120	0.554	34.4	90.1	3568.01	118	0.056
7	17	34	472	46	1290	18.34	175	0.567	34.39	90.1	4272.58	118	0.056
7	19	29	525	34	1200	18.35	176	0.538	34.63	90.1	4272.58	118	0.056
7	20	31	411	29	1050	18.36	177	0.45	34.46	90.1	4378.71	118	0.056
7	20	38	402	46	1230	22.76	119	0.429	34.38	90.1	2919.46	118	0.056
7	12	34	402	23	1050	22.77	120	0.475	34.37	90.1	1666.67	118	0.056
7	20	34	507	80	1050	19.82	202	0.518	34.36	90.1	2888.55	118	0.056
7.5	26	43	490	46	1083	19.83	203	0.574	34.4	90.1	3568.01	118	0.056
7	15	34	385	34	1049	19.84	204	0.533	34.59	90.1	4272.58	118	0.056
7	32	38	472	69	846	19.85	205	0.54	34.43	90.1	4272.58	118	0.056
7	12	34	367	69	1083	22.76	119	0.581	34.65	90.1	4378.71	118	0.056
7.5	20	29	455	57	1049	22.77	120	0.58	34.46	90.1	2919.46	118	0.056
7	15	64	1166	59	1260	19.82	202	0.581	34.67	90.1	4054.41	118	0.0092
7	15	98	1775	152	1475	19.83	203	0.492	34.25	90.1	1666.67	118	0.0092
7	15	98	1775	152	1475	19.84	204	0.487	33.13	90.1	4084.3	118	0.0092
7	39	103	766	117	1229	19.85	205	0.576	34.78	90.1	2932.8	118	0.0092

图 4　汇总样本数据概述图

在此基础上，结合训练神经网络中主要使用的是组件模型，对管道腐蚀速率影响因素进行预测。系统构建的神经网络模型输入层有 13 个神经元节点；输出变量为腐蚀速率一项，首先对输入及输出数据进行归一化，然后通过隐层神经元数目的经验公式，进行神经元的计算并考察模型精度，并确定模型结构。模型最终调整为两层隐含层，每层 13 个神经元。

结合着增强模型准确性研究，比较预测监测速率与监测速率最小误差为-0.018，最大误差为0.021，平均误差为0，绝对平均误差为0.006，标准差为0.008，线性相关为0.99。基本符合预期，也在学术界统计要求范围之内。

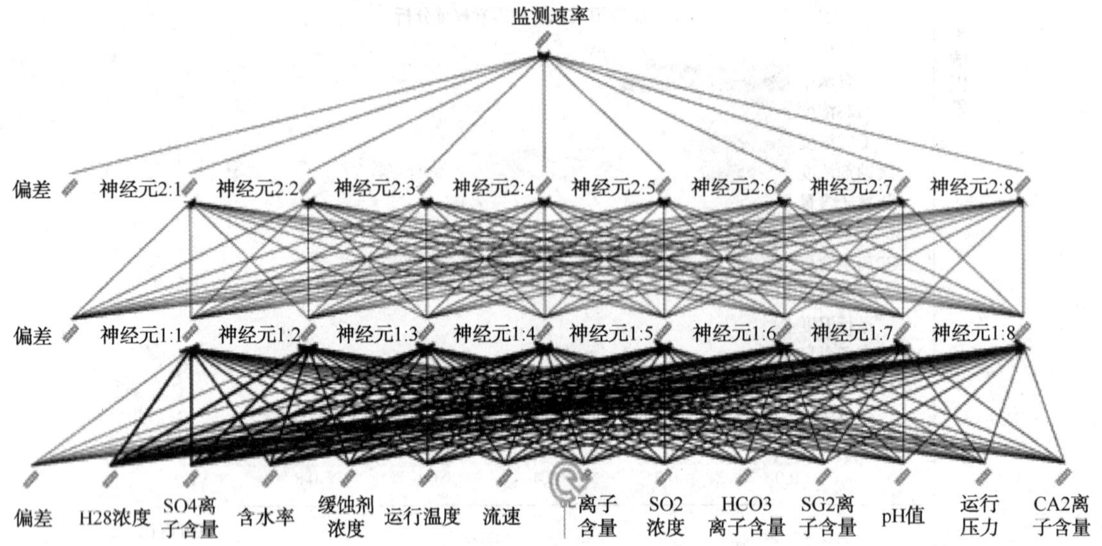

图5　神经元节点

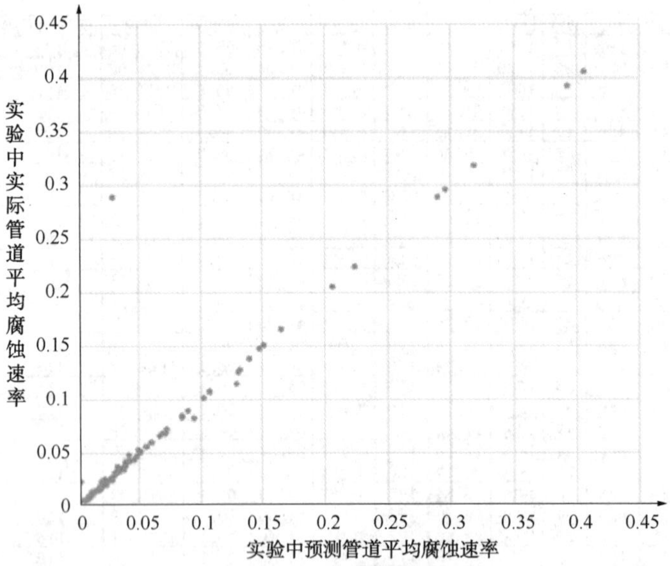

图6　腐蚀速率图

6　项目效果介绍

6.1　专业视角

结合管网数据综合管理、腐蚀GIS专题图、决策辅助支持、智能风险预警四大模块组成，系统聚合了管道相关参数数据，实现了管网数据互联互通、统一查询和管理的目的，改变了以前各个数据不流通的情况，大幅提升了管道管理业务人员工作效率。且针对腐蚀机理与影响因素情况，利用人工智能技术建立了多种工况条件下的腐蚀速率预测模型，实现了利用信息化手段掌控风险，由穿孔抢修变为有效的预防穿孔、防控隐患的转变。

结合数据聚合和查询功能，集成了动静态数据库、A2数据库、自动化数据库、化验数据库、腐蚀数据等各项信息，实现七大项管网动静态数据的统一维护和查询。在专题模块辅助下，利用arcgis技术实现了管道穿孔分布宏观和形象化展示、高风险区标识等功能，辅助业务人员以直观形象化方式进行安全管控。

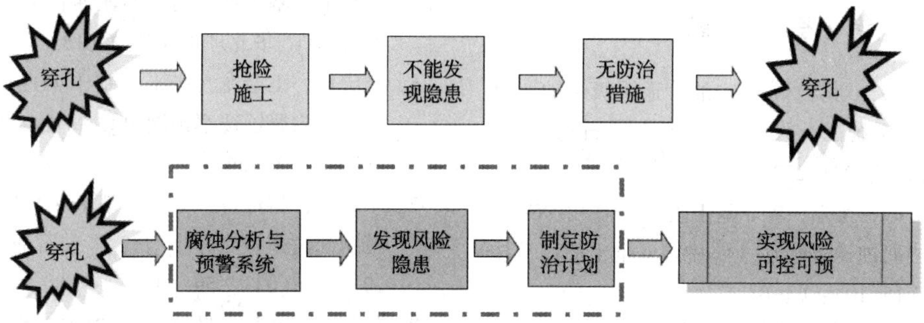

图 7 腐蚀预测防控体系图

在辅助决策支持助力下，实现了穿孔记录的对比分析、穿孔率分析、腐蚀速率分析和报表自定义查询和导出等功能，实现了管道腐蚀统计无纸化办公与自动分析功能，减轻了基层员工的工作量，提升了管道管理分析工作效率。

而腐蚀的预警设计则建立了 CO_2 腐蚀速率预测模型、失效概率模型、管道风险变化趋势预测模型，平均腐蚀速度和点蚀速率清晰展现，还可以按照不同管理维度进行自定义查询，根据陆业务专家经验和相关管理规定设置风险阈值，对管道的风险进行分级预警，为管理者的决策提供技术支持，避免过度防腐维护、避免关注度不足，及时消减风险隐患，做到风险可预可控，切实提高管道管理水平。

6.2 实际效果

首先，系统建设填补了行业空白。系统实现了管道腐蚀数据标准化管理，推动了管道腐蚀数据智能化管理体系的建设；系统提供分级分类数据分析，辅助公司进一步完善了管道预防性管理工作。

其次，系统建设提升岗位工作效率。系统实现了管道腐蚀统计无纸化办公、自动分析、腐蚀预测及防腐建议推送功能，减轻基层员工收集资料、填报台账的工作量，提升岗位工作效率近 3 倍；降低了公司腐蚀防治专家工作量，基层员工可根据系统预测结果和建议推送进行现场问题处置，大幅提升了管道管理分析和事故处置工作效率。

再次，降低了公司停产频率。系统按照投产年限、管道类别、所处工况等不同维度提供管道剩余寿命预测，辅助公司计划性开展管道防腐施工工作，提高了管道服役年限和管道综合使用效率，降低公司成本投入、提升公司总体经营效益。

此外，也提升了公司安全环保水平。系统对高风险区管线信息和预测结果实现了形象化展示，在消除敏感区腐蚀隐患方面发挥了巨大作用，直线降低了高风险区腐蚀穿孔造成油气泄漏事故所产生的的安全风险，大幅提升了公司安全环保水平。

6.3 数据对比

通过 2017 年至 2019 年三年数据监测情况总结，根据人工智能技术辅助的预测结果，针对服役年限 10 年以上预测腐蚀速率高的转油站，采取加大药剂使用量和使用浓度、对已发生穿孔部分管段及时更换抗菌钢等措施，避免穿孔的发生，大大降低管线腐蚀穿孔次数，加强了完整性管理，提升油田油气生产运行的保障，降低了腐蚀事故对产量的影响。

2018 年(1-10 月份)试点区域转油站外输集输管道穿孔同比减少 45 次，环比减少 112 次；2018 年全年辅助降低试点区域腐蚀穿孔事件 67 次；2019 年比 2017 年管道失效率下降约 34%；2019 年全年减少管道腐蚀失效风险点约 394 个。

结束语

基于人工智能技术的 CO_2 管道腐蚀预测管理模型建设，给油气田企业解决相关生产问题提供了一个高效可行的信息化路径。通过建立智慧化管道，实时监测采集管道运行数据，结合数据分析和人工智能手段，洞察数据后隐藏的隐患信息，实现对输油管道的实时监控、预测预警，减少人工巡检次数和耗材式内检测资金投入，提升公司安全隐患防治工作水平，助力公司降本增效，促进企业数字化转型，值得业界同行研究。

参 考 文 献

[1] 杨精伟，景伟，刘晓，等．输油管道阴极保护监测与GPS巡检系统融合设计与实现[J]．石化技术，2019，26(11)：231-232.

[2] 凌晓，徐鲁帅，梁瑞，等．基于改进PSO-BPNN的输油管道内腐蚀速率研究[J]．中国安全生产科学技术，2019，15(10)：63-68.

[3] 吴忠．在役输油管道剩余寿命的预测[J]．江西化工，2019(01)：98-101.

[4] 田凯．海底输油管道在悬空与腐蚀联合作用下的剩余寿命预测[J]．中国测试，2018，44(02)：6-10.

[5] 李婷玉．基于神经网络的输油管道腐蚀预测研究与实现[D]．华北理工大学，2018.

[6] 吴庆伟，王金龙，张平．基于FOA-SVM模型的输油管道内腐蚀速率预测[J]．腐蚀与防护，2017，38(09)：732-736.

[7] 李启锐，黎贤娇，李晓．基于EDGM模型的输油管道腐蚀速率预测方法[J]．广东石油化工学院学报，2016，26(03)：59-63.

[8] 孙东旭，吴明，赵玲，等．“聊城-濮阳”成品油管道剩余寿命预测[J]．材料保护，2015，48(12)：42-45+8.

油气田站控系统报警及事件辅助分析浅析

杨永维[1]　熊文龙[2]

（1. 中国石油西南油气田公司；2. 中国石油大学）

摘　要　站控系统是实现油气田生产站场数据远程监控和风险管控的关键。为适应面临新的安全风险和业务管理需求，本文对站控系统报警和事件数据远程实时采集、标准化入库和集中管理进行分析，通过数据建模和大数据分析，实现多个分散站控系统报警和事件数据的智能辅助分析，及时发现生产过程、生产程序和生产管理中存在的问题，达到优化报警参数管理和辅助现场处置决策的目的，减轻一线人员工作量，提升生产场站安全管控能力。

关键词　油气田；站控系统；报警；事件；辅助分析

油气田站控系统（SCS）担负着现场生产第一级监控、报警功能，直接关系到站场的正常生产和安全风险管控，而站控系统的报警和事件记录功能是现场风险控制的关键。在物联网和大数据时代，探索利用海量的报警和事件数据进行智能辅助分析，及时发现生产过程、生产程序和生产管理中存在的问题，以期减轻一线人员工作量，降低生产场站运行风险。

1　概况

1.1　站控系统现状

经过多年的信息化建设，油气田生产站场全部实现了 SCADA 远程监控和数据采集，形成了“无人值守站（RTU）-中心站或直管站（SCS）-作业区（RCC）-气矿（DCC）”四级生产管理模式。站控系统（SCS）作为气田生产信息化系统中承上启下的重要系统，实现了生产数据实时监控、远程控制、系统报表、报警、事件记录等功能，承担着一线生产单元与生产相关的数据采集、传输、存储、汇聚、报警、查看等重要功能。

油气田在用站控系统的上位控制系统品牌众多，有 Intouch、iFix、三维力控、组态王等，以 Intouch 和三维力控为主。

1.2　报警及事件存在问题

站控系统上位工控软件因品牌厂家不同，报警和事件记录、展示和存储的方式各有不同。通过现场实际调研，以重庆气矿为例，日常生产、管理中，站控系统在报警和事件应用方面存在以下的问题：

站控系统存在部分报警参数设置不合理，引起系统频繁报警和误报警。

站场工艺变更后或工况发生变化后，参数设置更新不及时或未更新，造成频繁误报警。

部分站控系统事件和报警未进行有效分类，重要的报警和事件被大量无效报警及事件日志淹没而被忽略。

部分现场值守人员对报警信息不敏感，报警信息发生后存在未及时核实确认或未核实直接确认的情况。

站控系统报警和事件数据只能本地查询，要查询详细的报警和事件数据只能到现场本地进行查询，未实现集中管控，海量的报警和事件数据仅用于报警提示、事件记录和查询追溯，未有效深入利用分析，提供可视化的辅助分析和决策支持。

2　报警及事件辅助分析实现

通过对站控系统报警及事件数据实时远程采集和集中存储，结合生产工艺、技术参数及事件告警相关规则，对报警及事件进行大数据分析和数据建模，实现报警及事件数据的智能分析和可视化推送，达到辅助分析和现场决策支持的目的。

2.1　报警及事件数据实时采集和远程传输实现

站控系统报警及事件数据包含多项数据字段。以 Intouch 上位系统包含报警/事件编号、报警/事件类型、井站名称、变量名、报警/事件设置限值、报警/事件值、报警/事件、日期等字段，三维力控上位系统报警数据包含日期，变量名称、变量描述，报警类型，当前值，报警限值，操作员，报警确认等字段，事件数据包含时间、事件描述、操作员字段，如表1、表2所示：

表1　Intouch上位系统报警数据字段表

序号	数据字段		序号	数据字段	
	英文名称	中文名称		英文名称	中文名称
1	ALarmDetailId	报警明细ID	15	CommentId	报警描述
2	AlarmId	报警编号	16	TransitionTime	过渡时间
3	AlarmType	报警类型	17	OriginationTime	开始时间
4	AlarmTransition	报警状态转变	18	Time	时间
5	AlarmState	报警状态	19	OperatorID	操作员编号
6	AlarmClass	报警分类	20	OperatorName	操作员名
7	AlarmPriority	报警优先级别	21	OperatorNode	操作点
8	GroupName	组名(井站名称)	22	OutstandingAcks	未完成的确认
9	TagName	变量名	23	UnAckDuration	未确认间隔
10	TagType	变量类型	24	LoggingNode	归档编号
11	Limit	设置限值	25	QueryId	请求ID
12	LimitString	限制字符串	26	bActive	启用
13	AlarmValue	报警值	27	TimeDelay	时间延迟
14	ValueString	报警字符串	28	Cookie	偏好

表2　Intouch上位系统事件数据字段

序号	数据字段		序号	数据字段	
	英文名称	中文名称		英文名称	中文名称
1	EventId	事件编号	10	EventLimit	事件限值
2	EventGuid	事件标识	11	ValueString	值字符串
3	GroupName	组名(井站名称)	12	LimitString	限制字符串
4	TagName	变量名	13	EventTime	事件发生时间
5	EventClass	事件分类	14	Comment	事件描述
6	EventType	事件类型	15	OperatorNode	操作点
7	EventState	事件状态	16	OperatorName	操作员名
8	EventPriority	事件优先级别	17	OperatorID	操作员编号
9	EventValue	事件值	18	EventStamp	事件印记

根据站控系统上位系统，分别开发了针对不同上位系统的报警及事件数据采集和远程传输模块。模块针对站控系统特点，用VC++语言开发，适用于Windows环境下运行，能够在站控系统上正常运行且不应用站控系统的正常运行。

表3　数据采集及传输模块开发设计实现

模块名称	设计概述
数据采集及传输模块(AEAS-Collection)	用于站控工控机终端的报警及事件数据采集及传输(Windows) VS6/VS201 * C++开发

利用数据实时采集和远程传输模块，通过专用生产网，将站控系统上位系统报警和事件数据库（AlarmDetail、AlarmMaster、Comment和Events数据表）中的所有数据逐条实时采集，采用TCP加密传输方式，实时(刷新频率5秒钟，可根据需要调整)远程传输至气矿中心数据库服务器。

目前已完成了3个中心站报警及事件数据实时采集和同步远传，同时，将近三个月(可根据需要进行更改)的历史报警及事件数据上传至中心数据库存储、分析。

经现场多次测试和试用，数据采集和传输模块对试点站的站控系统上位控制系统的硬件性

图 1 数据采集及远程传输开发实现

能、上位软件运行和操作性能无任何影响。

2.2 中心数据库服务器的搭建

中心数据库服务器使用安全性、可靠性较好的 Linux 系统，采用 EPoll 多路复用 IO 接口架构设计，实现大批量数据文件处理。运行于 Linux 下的数据接收及转存模块开发采用 c++开发。

表 4 中心数据库及 web 服务器开发设计概述

模块名称	设计概述
数据收集模块（AEAS-Service）	运行于 Linux 下的数据收集服务程序，采用 c++开发
中心数据库（AEAS-Database）	数据库存储，采用 MySQL
数据标准化模块（AEAS-Analysis）	运行于 Linux 下的数据分析程序，根据上报入数据库的报警及事件信息进行分类分析，为 AEAS-UI 提供数据支撑

中心数据库采用 MySQL 数据库软件，相关数据分类、分时、分站进行标准化入库存储（如图 2 所示），便于下步的数据分析应用，实现了站控系统报警及事件数据实时采集、标准化入库和数据筛选、查询、统计功能。

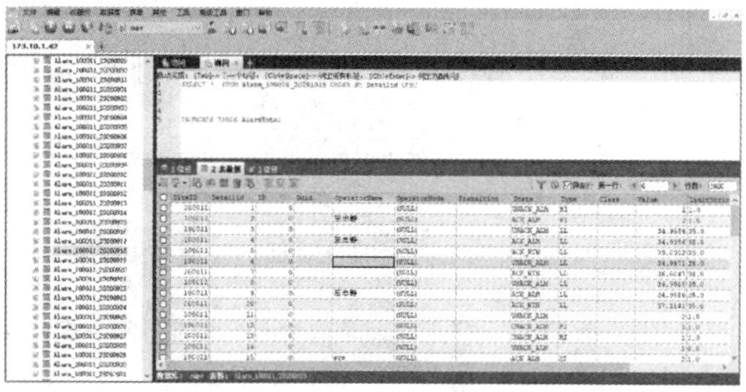

图 2 报警及事件辅助分析系统中心数据库

2.3 辅助分析系统实现

辅助分析系统数据采集层采用 C/S 构架，采集和处理报警及事件数据，进入中心数据库处理分析后，通过 B/S 构架实现远程 Web 访问和数据推送，满足中心站、作业区和气矿各级人员应用需求。

系统主要包括数据实时采集及传输、数据接收及转存模块、中心数据库、Web 应用（数据统计分析、数据查询、异常报警、报表管理和系统管理）等功能模块。

接入层：站控系统，通过报警数据采集及传输模块，将站控系统报警及事件数据实时采集传输气矿报警及事件集中辅助分析系统中心数据库服务器。

数据层：一方面接受站控系统报警及事件数据，进行标准化处理入库，另一方面分类分功能建立数据库表，对入库的数据分类进行存储，实现各种应用功能。

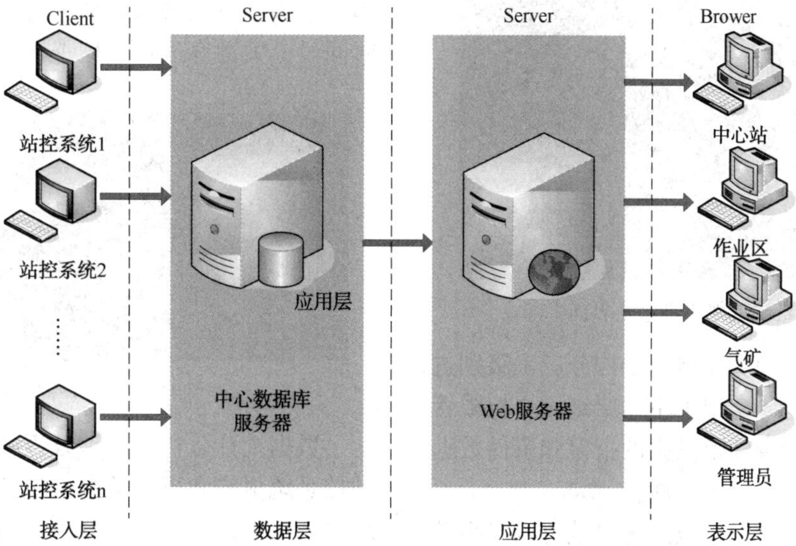

图 3 系统网络架构示意图

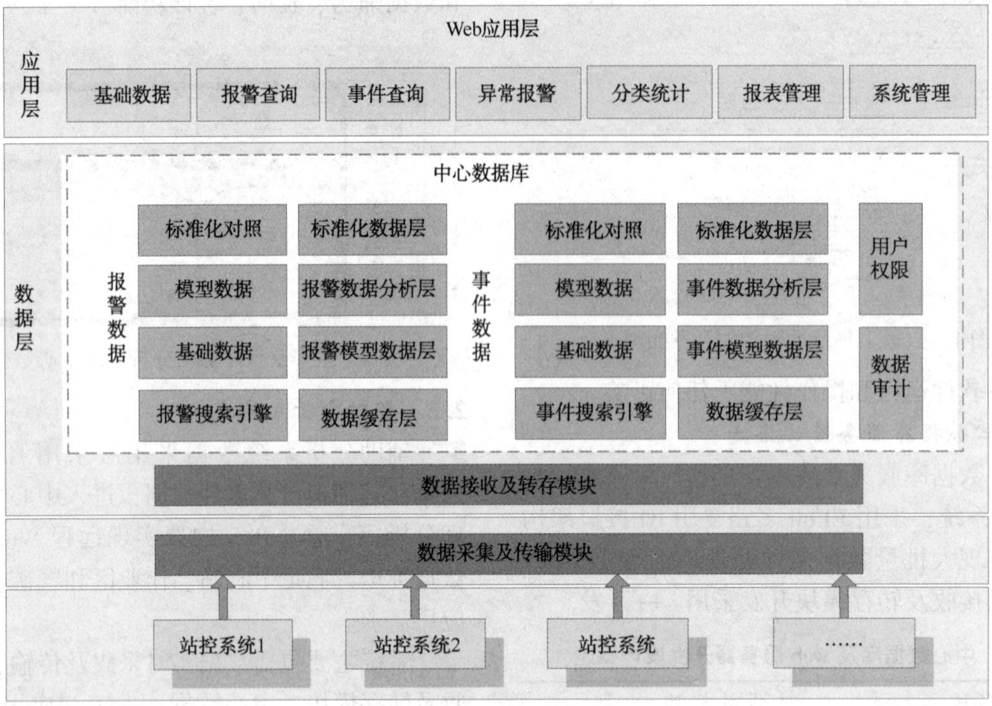

图4　系统功能模块示意图

应用层：应用层通过对报警及事件数据可视化客户端展现，并以报警、事件、异常提示、辅助分析等为中心重新组织和管理数据，为应用层提供支撑。

2.4　可视化推送实现

可视化推送充分考虑了系统的健壮性、可靠性、效率(性能)、易用性、清晰性，同时确保系统安全性、可扩展性、兼容性、可移植性等，系统 Web 客户端采用 PHP 语言编写开发，界面设计，系统主界面如图 5 所示：

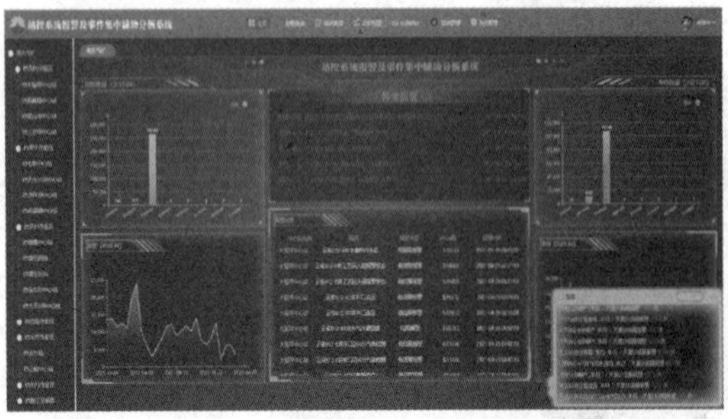

图5　系统可视化推送主界面

系统可视化界面按照组织架构分三个级别进行可视化界面推送，实现了不同层级用户权限管理配置，明确负责管辖范围内的报警和事件数据管理，系统主要实现以下功能：

报警数据查询：通过应用客户端可以对报警进行精确查询，可以按照分级进行查询，也可以按照时间段、关键字进行模糊查询。

图6　报警查询页面

事件查询：通过应用客户端可以对事件进行精确查询，可以按照分级进行查询，也可以按照时间段、关键字进行模糊查询。

图7　事件查询页面

数据统计分析：统计分析各层级管辖范围内站控系统报警和事件数据，包括所属各个站控系统报警、事件总数对比分析，当月每日的报警和事件数据量分析，最新的报警信息滚动分析，频繁误报警大数据分析结果异常提示等。

图 8　异常报警分析提示页面

辅助分析：针对重复报警和频繁误报警进行次数统计和对比分析，通过大数据分析推送异常原因，为现场异常报警处置提供辅助决策。结合生产工艺、技术参数及事件告警相关规则，通过数据建模建立相关预警模型，比如针对管线泄漏，建立与管线进出站压力、流量实时动态联动的预警模型，根据实时数据进行动态监测，能够对管线泄露异常情况及时作出预判和安全预警。

3　下步建议

（1）为了有效发挥大数据分析提供辅助分析预判和决策支持的作用，下步建议接入更多的站控系统，有利于系统模型完善和决策的精准性。

（2）系统采集的报警及事件数据，可以与生产物联网数据进行联合综合对比分析，结合生产情况实时进行智能分析和辅助决策。

4　结束语

本文通过对站控系统报警和事件数据的远程实时采集、标准化入库和集中管理分析的探索，实现了多个分散的站控系统报警和事件数据的100%实时采集、集中管理、智能辅助分析和可视化推送，达到优化报警参数管理和辅助现场处置决策的目的，减轻了一线人员工作量，提升生产场站安全管控能力，具有推广应用价值。

参　考　文　献

[1] 张时雄．基于大数据的监所智能预警分析系统研究[J]．数字通信世界，2018.12，131.

[2] 王丽娜．先进报警管理平台的应用[J]．仪器仪表用户，2019 年 3 月．

[3] 王志强，等．工业控制系统安全隐患及应对措施研究[J]．信息网络安全，2014(9)：203-206.

[4] 朱群雄，高慧慧，徐圆．工业过程报警管理研究进展[J]．自动化学报，2017，43(6)：955-956.

[5] 赵虹．过程报警合理化设置方法及其应用[J]．化工自动化及仪表，2016，43：1208-1210.

[6] 刁海胜．油田 SCADA 系统报警参数优化技术研究与应用[J]．信息系统工程，2018，6：93-94.

[7] 李春宇孔祥宇，等．SCADA 系统报警分析与系统改进的研究[J]．煤气与热力．2016 年中国燃气运营与安全研讨会，481-486.

在运天然气管道掺氢输送的可行性分析

周　轩　刘王子　王　东

（中国石油西南油气田公司）

摘　要　氢气是公认的理想能量载体和清洁能源，被誉为“21世纪的终极能源”。由于天然气管网系统覆盖范围广且较为成熟，将氢气按照一定比例掺入已建天然气管网中形成混氢天然气输送给用户使用，可以进一步减少温室气体的排放，这在双碳背景下助力氢能研究具有重要的意义。本文以仁寿输气作业区已建天然气管网为例，应用天然气气质、运行参数及管道材质等数据，从混氢天然气的互换性、运行工况、管道安全性三个方面来论证在运天然气管道掺混输送氢气的可行性。结果表明，将氢气以较低的掺混比例加入天然气管道中是安全可行的。

关键词　互换性；混氢天然气；掺氢浓度；安全性

氢气绿色清洁、无毒无害，燃烧反应物仅为水，且因其能量密度高，是世界上公认的理想能源。氢能发展已成为国际社会发展共识。中国石油作为世界上最大的能源企业之一，现已开始探索发展氢经济之路。氢气的获得可以通过电解水，电力来源可通过光伏、风力等可再生能源；而水覆盖了地球70%的面积，因此氢气实现低成本开发具有很大的潜力。纯氢气的长输管道面临着复杂的技术问题和安全问题，建设成本和运行成本高昂。为实现氢气低成本的运输，可以将氢气按照一定比例掺入天然气管道中形成混氢天然气，作为燃料供给用户使用，可以减少温室气体的排放。由于天然气管网系统覆盖范围广且较为成熟，因此利用天然气管道掺混输送氢气具有巨大的潜力。从节能减排角度来看，掺氢输送可以进一步降低温室气体排放，例如，一个日耗气量为200万方的用户，在现有气质的基础上掺入5%的氢气替换原有的天然气，就可以减少10万方的甲烷消耗，减少66.96吨碳排放，实现的减排效果是巨大的。

然而，氢气的掺入会引起气体热值发生变化，且天然气中氢气比例提高对管道材质影响较大，因此不能在天然气管网中随意加入氢气，需要探索合适的掺氢比例。目前，国内外已有大量学者已从管道运行工况、气质影响、管道系统影响等多个不同角度来论证已建天然气管道系统输送氢气的可行性。

文献[1]计算了氢气注入后管道温降、压降、节流(J-T)效应、能量密度、沃伯指数以及管道压降的变化。文献[2]指出天然气管道不是为纯氢气设计的，只能携带一定量的氢气。文献[3]选用重庆江津某天然气管网，采用Pipeline Studio软件对已建管网进行氢气掺混模拟，研究不同氢气掺混比例下管网用户节点的气质组分和节点压力变化情况。文献[4]从混氢输送的安全性角度对天然气中氢气的掺混比例进行了研究结果表明，管道中氢气的最大掺混比例约为10%~15%。文献[5]细致地研究了氢气的输送和分配问题，讨论了现有的天然气管道运输氢气的热值和气质组分方面存在的问题。文献[6]研究了天然气掺氢后对家用燃气灶燃烧特性的影响，得出随着天然气掺氢比例的增加，家用燃气灶的一次空气系数逐渐增加，热负荷逐渐下降，热效率逐渐升高。文献[7]概述了在管道内输送混氢天然气时应考虑的因素，这些因素包括了管道各个元件的性能及对使用天然气的终端用户设备的影响。

1　天然气掺氢互换性分析

由于不同燃气①之间存在热值、密度及燃烧性能的差异，且用户使用的燃烧器针对的气体燃烧设计也具有针对性，混合后的性能与单一天然气势必不同。如果燃气之间的组分变化过大，就会对燃气的终端用户和管道的输送工况造成较大影响，因此必须控制混合比例。目前，燃气互换性尚未制定统一的判定方法，但可以通过满足相

① 燃气，本文指氢气和天然气。

关标准中燃气的气质要求来确定掺氢比例。本文采用沃伯指数热值判定法、A. G. A 指数判定法、韦弗指数判定法三种常用的燃气互换性判别方法，对不同掺氢比下的燃气互换性进行计算和分析，天然气组分如表 1 所示。

表 1　气体组分

组分	体积分数/%	组分	体积分数/%
C1	96. 51	C2	0. 49
C3	0. 02	O_2	0. 07
H_2	0. 01	He	0. 02
N_2	1. 35	CO_2	1. 53

沃泊热值指数判断法的指标包括热值、相对密度、沃泊指数、燃烧势及爆炸极限，A. G. A 指数判定法的指标包括离焰指数、回火指数和黄焰指数，二者计算结果如图 1(a)所示；韦弗指数判定法的指标包括热负荷指数、引射指数、脱火指数、回火指数、黄焰指数及 CO 指数，计算结果如图 1(b)所示。

通过对计算结果和判定指标要求分析，得到可掺氢比例如表 2 所示。可以看出，不同互换性判定方法得到的允许掺氢比例是不同的。沃伯热值指数判定方法①计算得到的掺氢比应小于 24%，A. G. A 指数法得到的掺氢比不超过 20%，韦弗指数法最为严苛，掺氢比例不应超过 8%。造成不同掺氢比的原因可以从不同指数的计算方法来分析，沃伯热值指数法主要用于描述燃烧现象，反映了燃气燃烧时内焰的高度；A. G. A 指数法主要考虑了离焰指数、回火互换指数以及黄焰指数；韦弗法综合考虑了燃气的热负荷指数、引射指数等基本燃烧现象和燃烧动力特性。单独依据某一种判定方法来确定天然气中的掺氢比是比较局限的，在分析时，要综合考虑多种判定方法允许的掺氢比例。

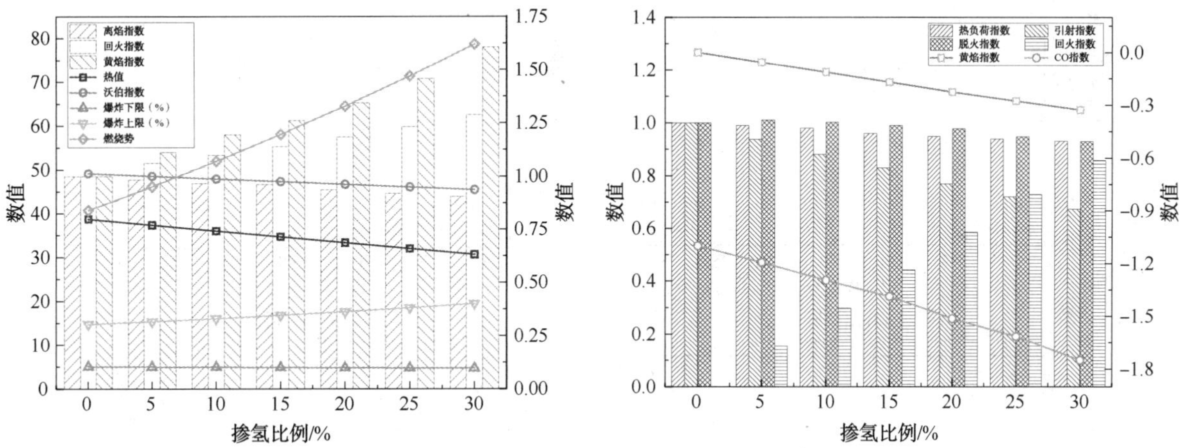

(a) 沃泊热值指数、A.G.A指数判定法　　(b) 韦弗指数判定法

图 1　掺氢天然气互换性计算结果

表 2　不同互换性判定方法掺氢比例

序号	互换性判定方法		指标掺氢比	确定掺氢比
1	沃伯指数、热值互换性判定		0≤δ≤24%	0≤δ≤24%
2	A. G. A 指数法	离焰互换指数	0≤δ≤100%	0≤δ≤20%
		回火互换指数	0≤δ≤20%	
		黄焰互换指数	0≤δ≤100%	
3	韦弗指数法	热负荷指数	0≤δ<22%	0≤δ<8%
		引射指数	0≤δ<16%	
		脱火指数	0≤δ<30%	
		回火指数	0≤δ<8%	
		CO 生成指数	0≤δ<30%	
		黄焰指数	0≤δ<30%	

① 沃伯热值指数判定方法基于 GB/T 13611—2018《城镇燃气分类和基本特性》中对二类气的要求。

2 管道运行工况分析

基于沃泊热值指数判定法的判定结果，本文选取掺氢比的范围为0~30%，分析掺氢比对管道输送工况的影响。以某条天然气输送管道为例(参数见表3)，使用TGNET软件建立单管仿真模型，分析不同掺氢比对管道沿线压降、温降、最大输气量和最大输气功率的影响。掺氢天然气物性计算模型选用BWRS状态方程。依次计算不同设计输量、环境温度时，不同掺氢比下的出站压力、温度，以及给定进、出口压力时的最大输气量和输气功率，输气功率定义为单位时间内管道输送气体的热负荷，数值为气体高位热值和流量的乘积，计算结果如图2所示。

表3　天然气管道参数

参数名称	数　值
管道长度/km	60
管道外径/mm	406.4
管道埋深/m	1.5
年输送天数/d	350
设计输气能力/(m^3/d)	150×10^4
管道壁厚/mm	6.3
平均气温/℃	15
管道内壁粗糙度/μm	30
起点压力/MPa	2.0

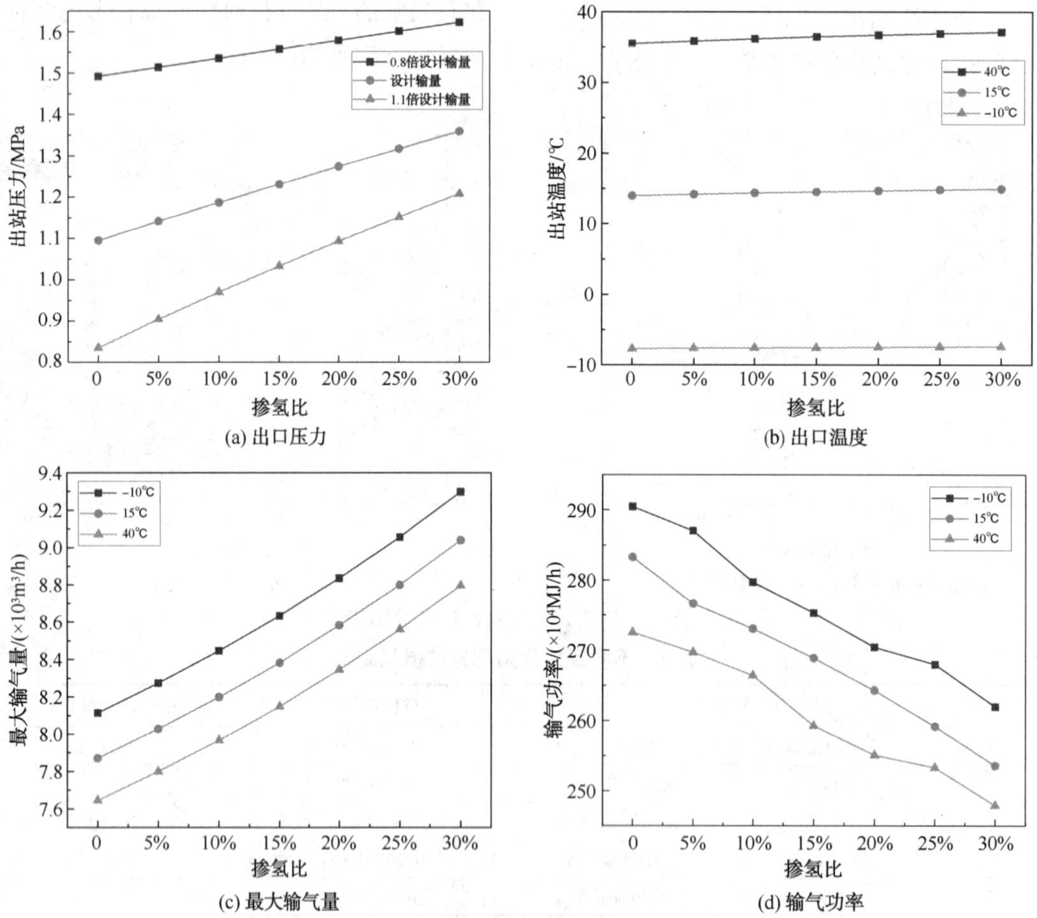

图2　不同条件下掺氢比对管道运行参数的影响

由图2(a)可知，在环境温度15℃，设计输量下，随着掺氢比从0升高至30%，管道的终点压力由1.10MPa逐渐升高至1.36MPa，即管道压降由0.90MPa逐渐降低至0.64MPa，压降降低了28.9%；随着管道输量的增加，管道的终点压力逐渐降低，压降也随之增加。由图2(b)可知，随着掺氢比的增加，气体的出站温度只有轻微的上升，即掺氢比对气体出站温度的影响较小。对比图2(c)和图2(d)可以看出，当管道掺氢比增加，管道的最大输气量增加，输气功率降低，这是因为在相同的压差下，氢气较天然气更容易压缩，使输气量增大；而相同体积流量时，氢气的热值更低，输气功率因此下降。因此，当天然气管道注氢输送时，应当适当提高管道的运行压力以保证与不掺混氢气下的管道输气功率相同，提高输送效率。

3 管道安全性分析

3.1 管道钢材方面的影响

目前，输气管理处天然气管道管材大部分都是金属材料，存在氢脆问题，氢气的加入势必导致氢脆加剧，但氢脆的发生与管道的氢浓度和压力都有很大的关系。美国能源部与可再生能源国家实验室发布的评估报告认为，美国天然气体系基本能承受体积分数在20%以下的氢气。总体来说，氢体积分数较低的混合气与现有管网系统较好地兼容，而采用氢体积分数较高的气体则需更换部分设施。

参照欧洲的研究成果进行分析，如果管道钢级低于X52，则该天然气管道可用于输送氢气浓度小于10%的混合天然气。自1990年来，X52钢级的管道就被用来输送压力高达7MPa的氢气，并且管道状况一直良好，因此欧洲研究成果判定X52钢级及以下用于输送混合天然气是安全的。国内学者结合ASME B31.12和一些研究成果指出当在该天然气管道工程中添加10%以下的氢气进行混合输送时，需将最大操作压力降至7MPa；当添加10%及以上的氢气时，则需将最大运行压力降至5.38MPa。

根据《石油天然气工业管线输送系统用钢管》GB/T 9711—2017，低于或等于X52的钢级有L360或X52、L320或X46、L290或X42、L245或B、L210或A、L175P或A25P、L175或A25。将仁寿输气作业区的管道钢材和管道运行压力统计如表4所示。大部分的管道都是采用低于或等于X52的钢级，且运行压力都低于5.38MPa，综合来看满足掺混输送10%以下的混氢天然气。

表4 仁寿作业区管线规格

序号	管线名称	起止站场	管线规格	材质钢级	钢级是否低于X52	运行压力/MPa
1	南干线西段	玉成输气站-汪洋新输气站	D711×8(10，12.5)	L485	×	3.6~4.0
2	威青线	煎茶输气站-越溪输气站	D406.4×6.3	L360	√	2.7~3.0
3	仁乐线	汪洋新输气站—井研输气站	D660×8.0	L415	×	3.0~4.0
		井研输气站—甘霖输气站	D610×7.1	L415	×	3.0~4.0
		甘霖输气站—嘉农输气站	D406.4×6.3	HFW/X52	√	3.0~4.0
4	威内线	越溪输气站—东兴输气站	D630×8	16Mn	×	3.0~4.0
5	煎籍复线	煎茶输气站—籍田输气站	D406.4×6.3	L360	√	2.8~3.5
6	彭籍线	观音输气站-籍田阀室	D323.9×6	L245	√	1.5~2.5
7	彭乐线	观音输气站—太和清管站	D323.9×5.6	20#	√	1.5~2.0
		太和清管站-东坡输气站	D406.4×6	20#	√	1.5~2.0
		东坡输气站—黄土输气站	D406.4×6	20#	√	1.5~2.0
		黄土输气站—甘霖输气站	D406.4×6	20#	√	1.5~2.0
8	金沙线	金山输气站-嘉农输气站	D323.9×5.6	L245	√	1.0~2.0
9	麻金线	金山输气站-麻八井输气站	D323.9×6	L245	√	1.0~2.0
10	威五线	东兴输气站—金山输气站	D377×7	A3F	停用	停用
11	崇大邛输气管道	锦江分输站-莲花末站	D406.4×6.3	L360M	√	2.5~3.5
		西河盾构隧道备用	D406.4×6.3	L360M	√	2.5~3.5
12	威乐线	来牟阀室下游3.734km-乐山输气总站	D813×9.5(11.1)	L485	×	2.5~3.5

3.2 管道设备方面的风险

氢气加入后管道设备方面的风险主要从调压阀后、流量计和检测仪三个方面来介绍。

（1）调压阀后

采用HYSYS软件对纯氢气流的节流效应进行模拟，将氢气、天然气、掺混5%和掺混10%

氢气的天然气节流后的温度进行对比，如图3所示。气流节流前的温度均设置为25℃，当气体压力从6MPa逐渐降低时，由于焦耳-汤姆逊效应，气体的温度会发生变化。但是氢气和天然气呈现相反的规律，氢气经节流后温度上升，天然气经节流后温度下降。结果表明每降低0.5MPa会使天然气温度降低2.15℃而氢气温度上升0.18℃。氢气掺入天然气后在减压过程中，随着掺氢量的提高(5%~30%)，氢气加入的温升效应幅度逐渐增大，但并不能抵消天然气导致的温度下降，但仍需考虑节流过程当中这种温度变化相反的现象可能会带来其他的问题。

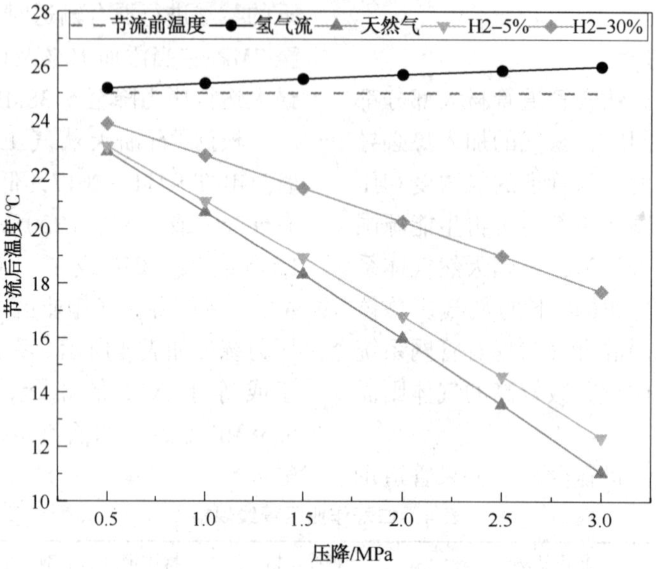

图3　氢气、天然气、混氢天然气节流效应对比

(2) 流量计

流量计在管网输配当中占有十分重要的地位，目前仁寿作业区使用比较广泛的流量计有体积流量计(气体超声波流量计)、速度流量计(涡轮流量计)和压差流量计(孔板流量计)。其中体积流量计的精度最高但是气体种类对计量有影响，因此用天然气体积流量计计量氢气与天然气掺混气可能会导致测量结果失真。此外如速度式涡轮流量计，其计量方式是通过转速测量气体体积。而由于氢气体积能量小于天然气，采用相同管道和条件下运输等量能量负荷时氢气的体积流量远大于天然气，当使用天然气涡轮流量计计量掺混气时则需要考虑提高流量计转速。

(3) 探测器

氢气及其火焰难以用肉眼察觉，因此人类的感官难以判断氢气的泄漏和燃烧，如果往天然气中添加氢气那么气体探测器显得极其重要。有的气体检测器针对甲烷设计，所以不能识别氢气。这导致氢气加入天然气后显示为甲烷被稀释的作用，气体检测器的检测结果会产生错误。对于不能显示氢检测的测量系统，有学者[98]建议对氢含量大于10%掺混气使用环境进行气体探测器的改进或更换。

4　结论

本文基于天然气与氢气互换性理论基础，确定了天然气管道中合适的氢气比例，采用TGNET软件对天然气管网进行水力仿真，同时讨论了氢气加入后对管网本体的影响。主要结论如下：

(1) 天然气掺氢会对气体的燃烧特性产生较大的影响。随着掺氢比例的提高，混氢天然气的热值、沃伯指数下降，燃烧势急剧增加，加大回火风险。单独依据某一种判定方法来确定天然气中的掺氢比例是比较局限的，在分析时，要综合考虑多种判定方法允许的掺氢比例。

(2) 天然气掺氢会减小气体的摩阻损失，增大管道的出口压力。管道的输气功率与掺氢比例成反比关系，应当适当提高管道的运行压力以保证与管道的输气功率。

(3) 从管道安全性来看，仁寿作业区的管材钢级和运行压力适合8%及以下的掺混比例；随着掺氢量的提高，氢气加入后的温升效应不能抵消天然气导致的温度下降，但仍需考虑节流过程当中这种温度变化相反的现象可能会带来其他的问题；若要在在运天然气管道中掺入氢气，还要对站场的部分设备作出一定的调整，如流量计、气体检测仪。

参考文献

[1] Schouten J，Michels J，R. Rosmalen J. Effect of H2-injection on the thermodynamic and transportation properties of natural gas. International Journal of Hydrogen Energy[J]，2004，29：1173-1180.

[2] Melaina M W，Antonia O，Penev M. Blending hydrogen into natural gas pipeline networks：a review of key issues [J]. 2013.

[3] 吴嫦. 天然气掺混氢气使用的可行性研究[D]. 重庆大学，2018.

[4] 黄国日，刘伟佳，文福拴，董朝阳，郑宇，张睿. 具有电转气装置的电-气混联综合能源系统的协同规划[J]. 电力建设，2016，37(9)：1-13.

[5] Haeseldonckx Dries，D'haeseleer William. The use of the natural-gas pipeline infrastructure for hydrogen transport in a changing market structure. International Journal of Hydrogen Energy [J]. 2007，32 (10)：1381-1386.

[6] 马向阳，黄小美，吴嫦. 天然气掺氢对家用燃气灶燃烧特性的影响研究[J]. 可再生能源，2018，36(12)：1746-1751.

[7] Van der Zwaan BCC，Schoots K，Rivera-Tinoco R，Verbong GPJ. The cost of pipelining climate change mitigation：an overview of the economics of CH_4，CO_2 and H_2 transportation. Applied Energy[J]. 2011，88(11)：3821-3831.

[8] 周承商，黄通文，刘煌，刘咏. 混氢天然气输氢技术研究进展[J]. 中南大学学报(自然科学版)，2021，52(01)：31-43.

[9] 郝珍，李闯，朱艳兵，袁先明，陈晓东. 我国天然气掺氢可行性分析[J]. 云南化工，2021，48(10)：94-96.

基于机器学习技术的气举井工况智能诊断

张 蕾 李婷玉

（中国石油冀东油田公司）

摘 要 气举采油技术由于地下情况复杂且不可实时监测，业务难以掌握气举井工况变化，目前多采用井筒流压流温实测诊断法，此方法成本高，监测密度低，不能及时发现生产异常并制定相应的治理措施，阻碍了气举井精细管理水平提升。近年来机器学习技术在故障诊断领域应用方面展现出了巨大潜力。本文首先介绍几个常用的气举井故障诊断方法；然后重点介绍基于机器学习的气举井工况智能诊断，从建模、故障诊断、诊断效果三个方面进行分析；最后总结了实验结果和实验后续改进方向。

关键词 气举井；机器学习；工况诊断；智能预警；神经网络

1 研究背景

1.1 生产需求

气举井作为油气田的主要生产方式之一，广泛应用于各大油田。在气井生产中，井筒内有地层水和天然气凝析水造成的气井井筒积液，气举技术利用注入的高压气体形成井筒内压力梯度，流动举升携带液体，促进气井排液，提高气井产能；在油井的生产中，气举技术补充地层供能不足，注入井内的高压气体与油层产生流体混合，并利用其能量举升流体产液。本文主要是关于油井的气举井工况诊断研究。

气举采油具有举升度高、适用范围广、操作简单等特点。但随着生产时间的延长，出现气举装置故障(多点注气、注气点上移、油套窜通等问题)，导致气举效率降低，严重影响产液量。因此，提高气举井工况诊断技术对气举装置故障分析、工艺设计改进、提高生产效率具有十分重要的意义。

1.2 研究现状

为了及时发现生产异常并制定相应的治理措施，必须定期对气举井进行工况诊断，目前主要有三种常用的诊断技术。

一是连续油套压记录诊断法，需要连续记录油管压力和套管压力与时间的关系，绘制波动曲线，利用气举知识和生产经验，判断气举井卸载和生产情况；通过油套压曲线波动宽窄和降落恢复情况，判断气举工作阀的位置。此方法有一定局限性，凭借现场经验的定性诊断方法，结果带有主观意愿，准确性差；实际生产中油套压受主客观因素影响明显，严重混淆经验判断结果。

二是井筒流压流温实测诊断法，通过钢丝作业在井下气举装置处测量流压和流温，建立井筒的流压流温梯度线，判断出注气点和油管漏失位置。此方法获得的测试数据较准确，现场应用较多，但作业成本极高，且需停井作业、影响生产时率。

三是数学计算模型诊断法，研究人员以理论研究为基础建立数学计算模拟诊断模型，可对气举阀工况进行精确描述。但需要完整、实时的油井、地面、井下数据，否则诊断结果严重失真。

2 机器学习建模

现有的气举井工况诊断是通过各种手段直接测量或间接计算得到井筒内压力梯度变化、温度梯度变化和气举阀通气量，精确描述气举井工况变化，结合油田实际生产情况定位气举井故障。基于机器学习技术的气举井工况诊断，是通过机器学习技术完成井筒内压力和温度的预测建模，拟合出梯度曲线，依托建模结果进一步预测得到气举阀通气量。

为实现理想的工况诊断效果，本文将研究分为两个阶段，第一个阶段为建模实现关键指标的预测，即对井筒内压力和温度梯度的预测。第二个阶段依据关键指标结合现场经验，做出工况诊断，即油套平衡点的判断、工作气举阀位置的判断和多点注气诊断。

在研究过程中，参考了大量的国内外学者对气举工况诊断的方式方法，例如在建模的特征提取工作时，收集目前流行的多项管流压力和温度计算方法，采集公式中的变量作为特征数据，从而使特征指标最优化，降低数据集维度，提高模型效率和准确率。

对井筒内压力、温度梯度的预测，是工况诊断的核心工作，其结果的准确率直接影响业务人员对气举井工况的判断和决策。本研究基于机器学习技术，采用神经网络实现数值型预测。

2.1　数据收集

不同气举井的基础数据存在着巨大的差异，包括其所处的地质条件、生产时间、工程设计、设备设施等，这些差异都会影响模型准确率。若是将这些因素通通考虑进来，确实会提高模型的准确率，但是部分数据收集难度大，数据失真情况较严重，且模型投入生产更难保证输入数据的完整性。为了尽快建立有一套行之有效的智能诊断方法，建模过程中对这些因素进行了取舍，最终选择了区段块数据、生产运行数据、油套管数据、井底流压流温数据作为建模特征数据。

2.2　数据预处理

日产液、日产气、综合日产气(产气量+注气量)、油压、套压均为测井当天的生产日数据，生产日数据若存在空值，则删除处理。油套管数据取自勘探开发数据，若为空再取井下作业数据进行填补。井底流压流温数据为测井数据，若为空采用临近值法填补。填补后查看各特征数据情况，表1显示，整体来看数据量纲不统一，数量级差异大，为提高模型迭代效率，需对数据进行标准化处理。

图1为各断块下所有井的数据量分布，模型需纳入断块数据为特征数据，该数据是文本数据，要进行特征数字化处理，采用 One-Hot 编码方式。在回归算法中，特征之间距离的计算或相似度的计算是非常重要的，One-Hot 编码将离散特征的取值扩展到了欧式空间，离散特征的某个取值就对应欧式空间的某个点。

表1　样本数据范围

	日产液	日产气	综合日产气	油压	套压	套管内径	油管深度	井筒垂深	井底流压	井底温度
数据量	5076	5076	5076	5076	5076	5076	5076	5076	5076	5076
平均值	18.47	2283.03	13787.61	1.41	6.62	123.15	3472.69	2958.84	10.74	108.93
标准差	16.34	2991.30	4069.25	0.63	1.43	7.87	642.52	688.20	4.20	11.63
最小值	0.00	372.00	372.00	0.80	1.30	118.62	2340.00	1496.14	3.18	73.88
25%	7.80	1150.00	11412.00	1.20	5.70	121.36	3025.00	2728.72	7.58	104.89
50%	14.80	1401.00	13342.40	1.24	6.80	121.36	3362.00	2852.64	9.87	108.30
75%	24.50	2116.00	15704.00	1.30	7.60	121.36	3825.50	2914.31	13.19	111.08
最大值	152.30	31105.00	42955.00	7.90	9.84	159.42	6387.00	9999.00	28.23	197.11

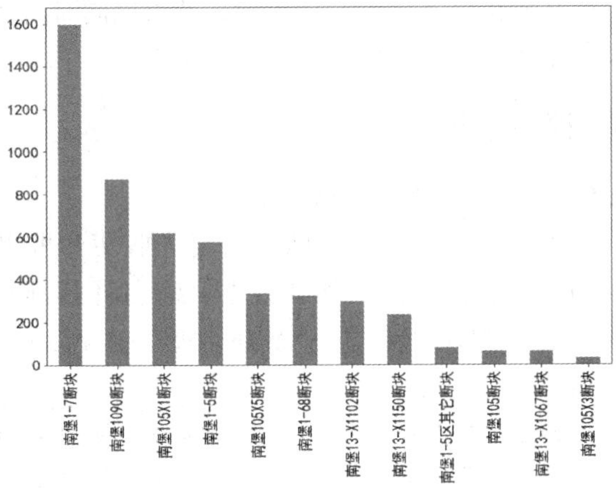

图1　井断块分布情况

在训练之前，为提高模型运算速度和梯度下降表现，要对数据进行标准化处理，这里选择的是 Z-score 标准化方法，对特征值进行缩放，缩放到均值为0，方差为1，使不同量纲的特征处于同一数值量级，减少方差大的特征的影响，加快算法收敛速度。Z-score 变换公式：$x*=x-\mu\sigma$，其中 μ 为所有样本数据的均值，σ 为所有样本数据的标准差。

2.3　模型构建

为预测井下不同深度的压力和温度，需利用机器学习技术，建立基于 BP 深度学习网络的回归预测模型。把测井数据中的台阶井深纳入模型特征数据，台阶压力和台阶温度分别做2个模型的标签数据。

BP神经网络构建基于pytorch框架，共五层，激活函数选取relu函数。定义损失函数MSELoss，优化器选择SGD。输入层神经元23个，第一个隐藏层神经元100个，第二个隐藏层神经元40个，第三个隐藏层神经元20个，输出层神经元1个。

如图2，压力梯度预测模型经过2000000次迭代，loss最终降到0.028481；如图3，温度梯度预测模型经过2000000次迭代，loss最终降到0.948475。

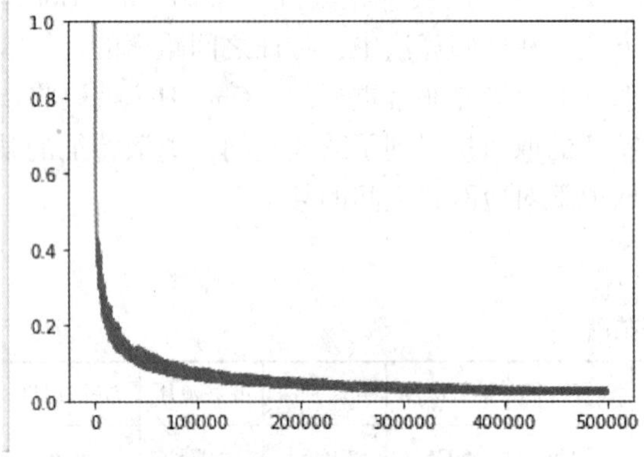

图2　压力预测模型梯度下降过程

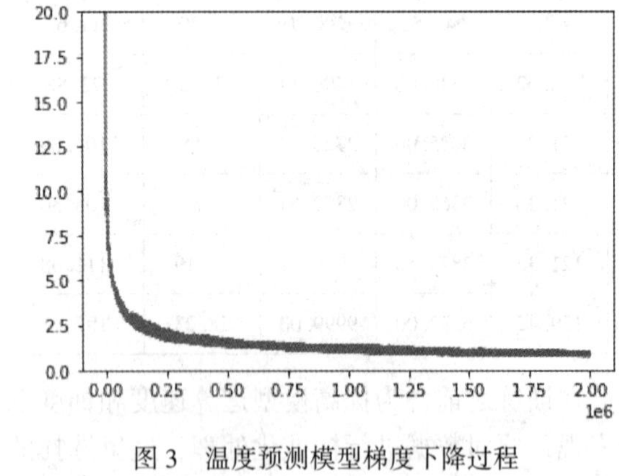

图3　温度预测模型梯度下降过程

3　工况智能诊断

3.1　工况诊断方法

如图4所示，完成工况诊断首先需要通过直接测量或者经验公式得到油管内压力梯度、油管内温度梯度和套管内压力梯度。然后对比油管内压力梯度和套管内压力梯度，得到油套平衡点，并预测注气点位置。之后，结合气举阀设计参数，对比其与注气点位置距离差，判断距离注气点最近的气举阀与预测注气点之间的距离是否过大，若过大则工况异常，可能出现多点注气或者油套窜通等故障。

基于之前得到的油管内压力梯度、油管内温度梯度和套管压力梯度，计算工作气举阀处的油压、温度和套压，结合Thornhill-Craver方程，计算气举阀通气量，对比气举阀通气量和当天的注气量，若气举阀通气量远远小于注气量，则判断可能出现多点注气。

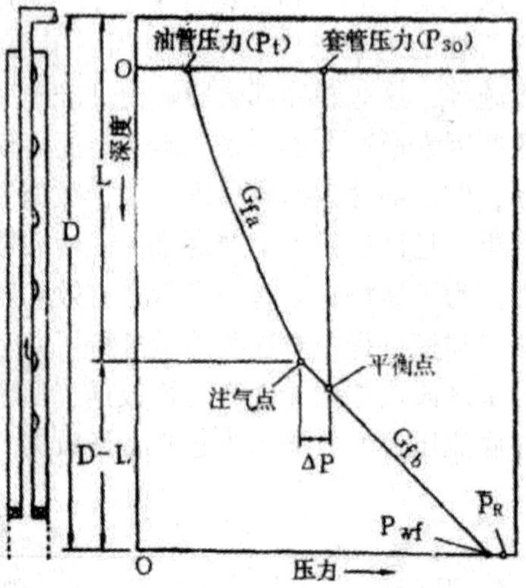

图5　气举井压力分布

3.2　智能诊断

通过机器学习技术，可以代替测量或者计算等传统方法，模型自动预测油管内压力梯度和温度梯度，并在设置好的判定条件的帮助下，自动给出气举工况诊断结论。

智能诊断输出的结果包括，气举井油管压力梯度曲线、油管温度梯度曲线、油套环空压力梯度曲线、油套平衡点深度、预测工作气举阀深度、预测工作气举阀处温度和油套压、预测工作气举阀通气量、预测多点注气诊断。

基于机器学习的智能工况诊断可以同时对多口井生产数据进行监测、诊断、预警。

4　诊断效果

4.1　工况正常井的预测效果

实现一次完整的诊断，需要先收集诊断井的相关信息，包括井基础数据、油套管基础数据、气举阀基础数据、测井数据、生产运行数据。

表2、表3展示的是NP13-1940气举井基础数据、气举阀参数和2019年7月27日生产运行参数。

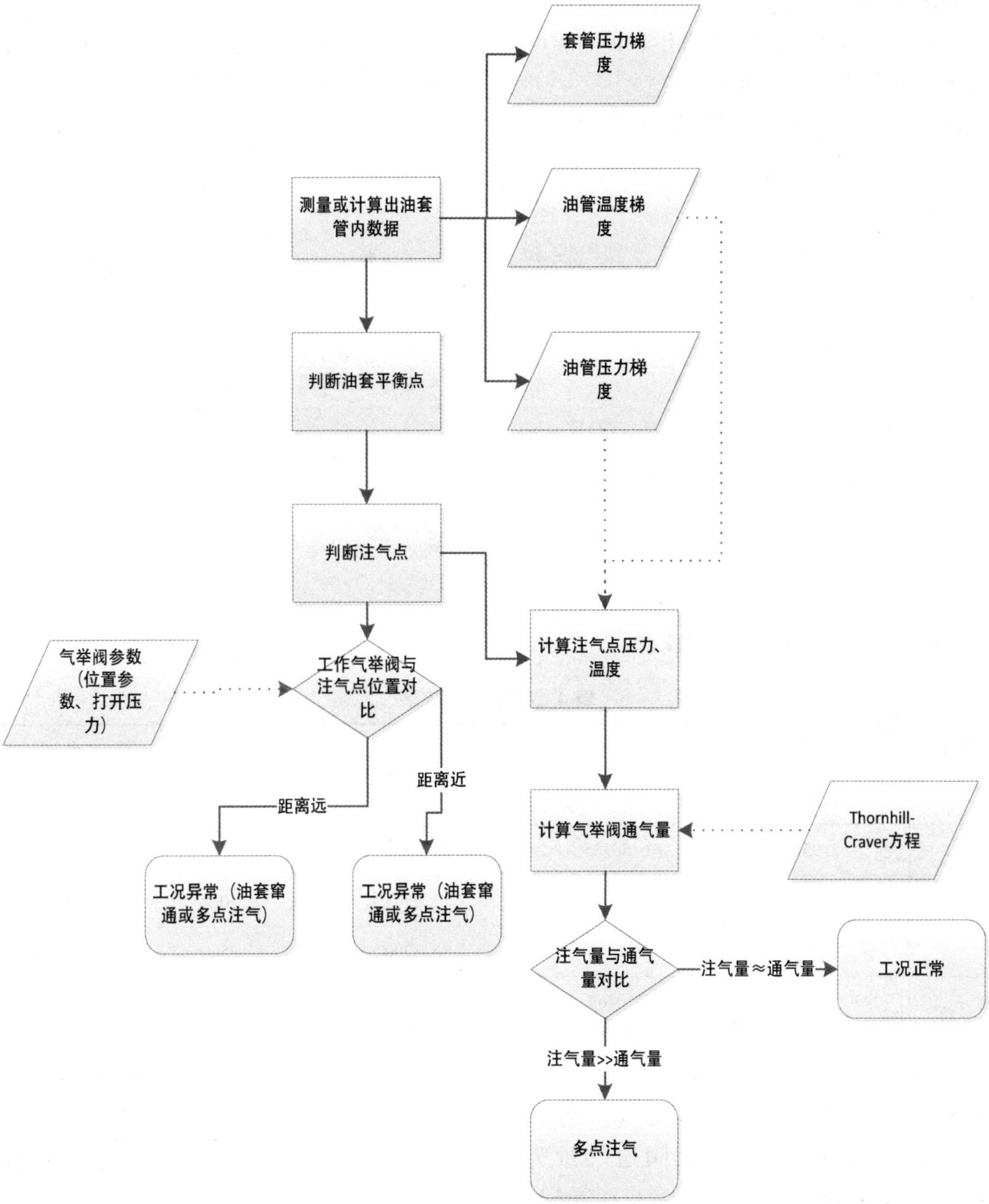

图 4　工况诊断流程

表 2　井基础数据和生产数据

油管深度	井筒垂深	套管内径	井底流压	井底温度
3293.5	2779.43	121.36	6.56	100.73
日产液	日产气	综合日产气	油压	套压
2.7	1182	9182	1.2	7.0

表 3　气举阀参数

级数	型号	测深	垂深	阀孔尺寸	调试打开压力
1	固定式气举阀	790	760	4.8	8.997977007
2	固定式气举阀	1505	1320	4.8	8.515326899
3	固定式气举阀	2088	1770	4.8	8.101626807
4	固定式气举阀	2560	2140	4.8	7.75687673
5	固定式气举阀	2890	2400	4.8	7.412126653
6	固定式气举阀	3055	2550	4.8	5.51600123

模型预测不同井深的压力，形成压力梯度曲线，如图 6 所示，其中黄色实线为井下实测压力曲线，蓝色实线为模型预测曲线，绿色为套压预测曲线，蓝色点为各级气举阀打开压力。

模型预测不同井深的温度，形成温度梯度曲线，如图7所示，其中黄色实线为井下实测温度曲线，蓝色实线为模型预测曲线。

智能诊断结果可以综合判断各气举阀处油压，阀处套压、阀处温度，结合气举阀打开压力和油套平衡点等参数，综合判断出工作气举阀位置和阀通气量，模型诊断结果如表4。

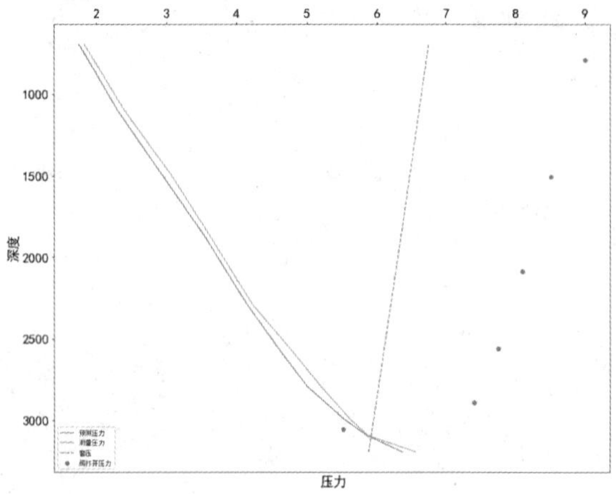

图6　NP13-1940压力梯度曲线

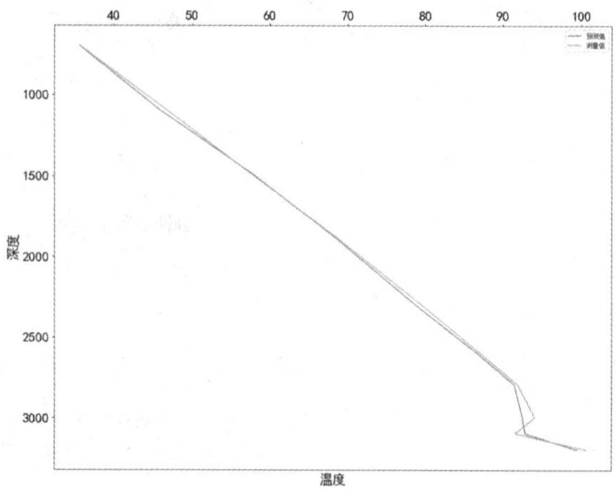

图7　NP13-1940温度梯度曲线

表4　模型诊断结果

气举阀级数	阀处油压	阀处套压	阀处温度	测深	调试打开压力
1	1.8630	6.7393	38.9557	790	8.997977007
2	2.9540	6.50335	58.2527	1505	8.515326899
3	3.8709	6.31096	73.2365	2088	8.101626807
4	4.5933	6.1552	86.3200	2560	7.75687673
5	5.2080	6.0463	91.7438	2890	7.412126653
6	5.7220	5.99185	91.6848	3055	5.51600123

判断气举阀位置在六级阀处，结合Thornhill-Craver方程，预测每天阀通气量为8118.29立方米，实际注气量为(综合日产气-日产气)每天8000立方米。

诊断结论：油套平衡点在3200米附近，工作气举阀为第六级气举阀，气举工况正常。

4.2　工况故障井预测数果

表5、表6展示的是NP13-X1017气举井基础数据、气举阀参数和2021年1月17日生产运行参数。

表5　井基础数据和生产数据

油管深度	井筒垂深	套管内径	井底流压	井底温度
4175.6	2705.04	121.36	12.21	107.5
日产液	日产气	综合日产气	油压	套压
32.7	979.4	19419.4	1.54	7.5

表6　气举阀参数

级数	型号	测深	垂深	阀孔尺寸	调试打开压力
1	KFG-B-25.4	840	773	3.2	9.115192033
2	KFG-B-25.4	1765	1339	3.2	8.853181974
3	KFG-B-25.4	2478	1775	3.2	8.591171916
4	KFG-B-25.4	3007	2098	3.2	8.356741864
5	KFG-B-25.4	3320	2289	3.2	6.895001538
6	KFG-B-25.4	3370	2320	8	9.211722054

模型预测不同井深的压力，形成压力梯度曲线，如图8所示，其中黄色实线为井下实测压力曲线，蓝色实线为模型预测曲线，绿色为套压预测曲线，蓝色点为各级气举阀打开压力。

模型预测不同井深的温度，形成温度梯度曲线，如图9所示，其中黄色实线为井下实测温度曲线，蓝色实线为模型预测曲线。

智能诊断结果可以综合判断各气举阀处油压，阀处套压、阀处温度，结合气举阀打开压力和油套平衡点等参数，综合判断出工作气举阀位置和阀通气量，模型诊断结果如表7。

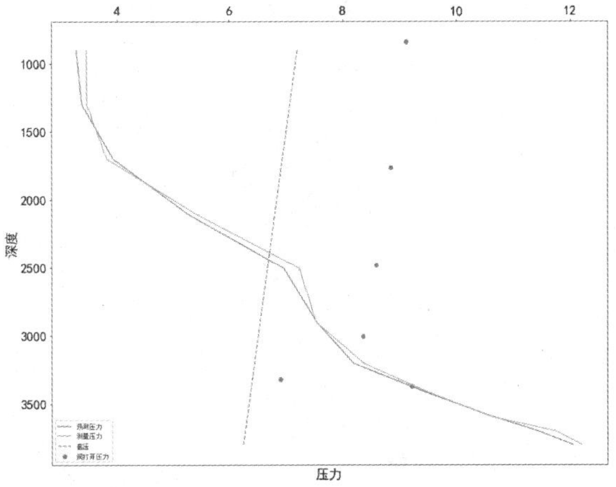

图8 NP13-X1017压力梯度曲线

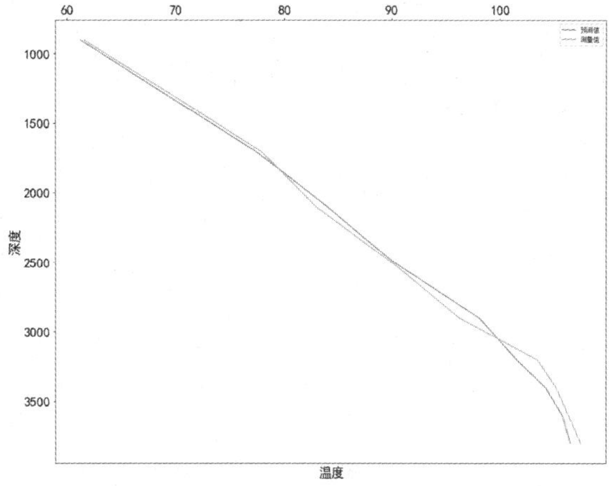

图9 NP13-X101温度梯度曲线

表7 模型诊断结果

气举阀级数	阀处油压	阀处套压	阀处温度	测深	调试打开压力
1	3.2249	7.2228	59.8606	840	9.115192033
2	4.0954	6.91755	78.3481	1765	8.853181974
3	6.8923	6.68226	89.8884	2478	8.591171916
4	7.7067	6.50769	99.7402	3007	8.356741864
5	8.8660	6.4044	103.4305	3320	6.895001538
6	9.1815	6.3879	104.035	3370	9.211722054

结合Thornhill-Craver方程，若工作气举阀为第二级气举阀时，预测通气量为每天9646.38立方米，实际注气量为(综合日产气-日产气)每天18440立方米。

诊断结论：油套平衡点在2400米附近，工作气举阀不确定，若第二级阀为工作气举阀，预测通气量9646.38远小于实际注气量为18440立方米，判断存在多点注气，气举阀故障。

5 结论

从模型预测曲线图和诊断结果可以直观看出来智能诊断与实测诊断的结果基本一致。本研究探索发现可以通过收集井基础信息、生产运行、分析化验等数据建立一套基于机器学习技术的气举井工况智能诊断方法，实现了对气举井的实时监测、故障预警和装置故障分析的目标。

在实验中，由于数据收集难度大，特征尚没有覆盖地质信息、分割器等有效数据，部分数据如套压是按照人为经验每1000米压降0.33MPa进行计算的，这些由于数据的缺失和人为选择的不准确性会一定程度上缩小模型的适用性，在后续的研究中需要继续扩大模型特征，提高数据准确性，相信会让模型的准确性和适用性有进一步的提升。

目前国内很少有基于人工智能技术的气举井工况诊断案例，此方法为人工智能技术在油气田领域的故障诊断探索应用提供了一个重要参考，为油气田企业建设智慧油田提供了一个可行应用方向和思路借鉴。

参考文献

[1] 谢向威．气举井的工况诊断与故障处理研究[D]．长江大学，2015.

[2] 王雪娇，鲁琳，高飞明．连续气举油井工况诊断方法[J]．科学管理，2018.
[3] 薛建泉，李敏慧，张国栋，岳广韬，蒋嫚．基于 BP 神经网络的螺杆泵井故障诊断技术研究[J]．西安石油大学学报，2013.
[4] 张涛．BP 神经网络在测井解释中的应用研究[D]．西安：西北大学，2010.
[5] 任浩，屈剑锋，柴毅，唐秋，叶欣．深度学习在故障领域中的研究现状和挑战[J]．控制与决策，2017.

基于智能视频分析技术的油气田安眼工程建设研究

李婷玉 程有为 崔文慧 花 宇 田 源

（中国石油冀东油田公司）

摘 要 油气田企业是一个安全风险比较高的行业，生产安全形势较为严峻。近年来，油气田企业在安全生产领域广泛采用视频监控系统进行现场安全管理，对重点区域、重点部位实现全天候、全覆盖的实时监控。随着智能化技术的发展，基于视频分析技术的智能监控系统在油气田安全管理领域的应用正逐步成为趋势，对提高生产管理效率和提升安全管理水平具有重要作用。本文提出了一种基于智能视频分析技术的油气田安眼工程建设方法，旨在提高油气田企业视频监控系统的智能化水平，为油气田企业在生产管理过程中提升安全生产水平提供支持。

关键词 视频监控；云端监控；智能识别；作业安全

油气田是国民经济发展的重要基础，在油气生产过程中，需要管理人员对油气田生产现场的各种信息进行实时监控，其中视频监控是最基本的技术手段，在实际工作中，现有巡检手段和措施在一定程度上满足了油气田的需要。然而，传统的视频监控系统主要基于人工监控模式，在人员数量较多、业务流程较复杂的情况下，人工进行视频监控容易产生人力资源浪费和工作效率低下等问题。

普通监控摄像头主要用于发生事件的实时机械记录，由于产品本身配置软件性能差，无法对移动目的地进行实时监控和行为区分，监控摄像头像素和分辨率也差，只能通过画面前后对比识别监控画面。此外，传统的视频监控严重依赖于人类的主观判断，由于人类自身的生理弱点，有时无法察觉安全隐患，导致漏报现象的发生，传统的视频监控系统通常由安全人员响应安全隐患进行处理，一旦发生危险，系统的响应速度直接关系到人身安全和财产安全。

在视频监控快速发展的今天，海量的视频图像已经大大超出了人类有效处理的范围。视频监控技术已经从网络视频监控进入智能视频监控时代。智能视频分析技术极大地利用和扩展了视频监控系统的作用和能力，使其高度智能化，大大减少了资源和人员配置，全面提高了安全防范工作的效率。智能视频分析技术是计算机视觉技术在安全领域应用的一个分支，是一种基于目标行为的智能监控技术。它可以在图像序列和事件描述之间建立映射关系，使计算机能够从复杂的视频图像中区分和识别关键目标的行为，过滤掉用户不关心的信息，其本质是自动分析和提取视频源中的关键信息。

因此，为了实现对油气田生产现场的远程监控和控制，有必要应用先进的智能视频分析技术。智能视频分析技术是一种利用计算机视觉技术对视频信息进行自动分析和识别的技术。由于其具有良好的应用前景，所以在油气田安全生产领域得到了广泛应用。目前油气田安全生产领域智能视频分析技术主要有 3 种应用模式。

1 研究现状

智能视频监控技术作为第四代视频监控技术，在国外起步较早。2007 年，中佛罗里达大学开发的 Knight 系统是一种全自动多摄像头监控系统，使用计算机视觉技术来检测、分类和跟踪场景中的移动物体。美国 ISS 公司于 2013 年推出的 SecurOS Face 商业产品可以在合理的光照条件下提取高速人脸图像，检测多个人脸图像，并以最佳定位角度自动采集和搜索人脸图像，实现快速采集。2015 年，德国博世推出了 IVA4.0 第四代智能视频分析系统，该系统可以适应不同的光照变化和复杂的环境变化，对室内外移动目标进行检测、跟踪和分析。

在中国，智能视频监控技术目前广泛应用于

安全城市、智能交通、金融业、政法监管、商业等领域。大华、海康威视等厂商在视频监控网络化和智能化领域有一定的技术积累，其监控对象针对一些常见场景，如社区监控、门禁监控、交通监控等。2016年至2017年，AI深度学习技术迅速应用于安防行业。国家政府积极推进基于人工智能的公共安全，示范样本多集中在人脸识别、车辆检测、视频结构化数据分析等方面。

在能源行业应用方面，目前智能视频分析技术仍处于起步阶段，大部分只具备基础的区域入侵预警功能，行为检测及智能分析应用较少，针对特定场景量身定制的智能视频监控产品也相对较少。现有系统缺乏针对油气田作业现场监管个性化业务需求的智能检测，且缺乏对上报数据进行专项分析和风险隐患闭环处理的功能。国内部分油气田安防管控模式见表1所示：

表1　部分油气田安防管控模式

序号	应用场景	安防管控模式
1	涪陵页岩气无人值守集气站	振动光缆入侵检测+入侵区域摄像机联动+语音远程喊话
2	长庆油气田无人值守油井	摄像机入侵检测+入侵区域摄像机联动+语音告警驱离
3	苏里格气田无人值守气井	周界红外告警系统+入侵区域摄像机联动+语音告警驱离
4	元坝气田无人值守气井	井站周边红外线对射器+入侵区域摄像机联动+语音告警驱离，视频监控系统具有图像跟踪、越界报警等功能
5	普光气田无人值守气井	周界防范系统+视频监控系统，一旦发生周界入侵报警，报警区域内的摄像机将自动定位转向，将报警第一画面传至生产指挥中心
6	管道公司京津冀及山东地区管线阀室	智能监控分析预警系统通过高清摄像机拍摄的视频图像，可自行区别正常行人和入侵阀室人员行为上的区别，对于实施入侵的人员，可以立即发出报警信号

目前，在油气田智能视频分析方面，国内相关研究和应用处于起步阶段，技术的研发和应用相对滞后。当前研究主要集中在油气生产领域，在油田以外的其他行业应用较少。随着智能视频分析技术的不断发展，其在油气田生产领域的应用也会不断扩展和深化，国内相关研究和应用主要集中在以下几个方面：一是针对油气田企业人员管理、设备管理等方面的智能视频分析技术；二是基于智能视频分析技术的油气生产监控系统建设；三是针对油气生产区域中石油生产安全与作业行为进行智能视频分析研究。除此之外，相关研究还集中在对视频监控系统进行分析和研究，如对视频监控系统中的异常事件进行定位和跟踪，以实现对油气生产过程中的异常行为进行监控等。

因此，本文通过安全生产智慧眼可视化智能化识别项目的建设，重点开展现有系统集成应用、智能识别工具的研发，包括现有视频监控系统、物联网系统、承包商管理系统、高风险作业管理系统、危险品及重大危险源监控系统等集成，研发高风险装置、场地、管段等风险和施工作业中人的不安全行为等新的智能化识别工具。通过视频监控系统的集成、视频智能分析能力的引入以及智能分析算法的逐步优化，可以对违规行为进行实时监控预警和存贮预查，通过对全油气田视频智能分析点数据的不断汇集，利用大数据分析手段，可以对违规行为和整改结果进行有效的管理和展示，并根据现有数据进行精确诊断和提前预警，为管理层提供科学的决策依据。

2　“安眼工程”智能化平台架构设计

随着信息技术的飞速发展，新技术不断涌现。视频监控及智能分析管控平台的建设必须是高性能、高扩展的体系结构，以便支持今后不断更新和升级的需要，安眼工程智能化平台是针对视频监控类业务的综合性业务能力平台，平台系统架构以满足实际应用为出发点，主要提供统一视频服务能力和视频智能分析能力，辅以必要的业务管理、运维能力。具体架构设计可见图1所示。

平台所能提供的主要能力包含：

（1）统一视频服务能力：提供流媒体服务能力，根据分权分域的用户属性管理实现不同级别用户对监控视频的实时调看需求；提供视频存储回看能力，实现对实时视频流的全天全量存储和回看调用。

（2）视频智能分析能力：提供视频结构化处理和图片识别、分析、比对能力，能够按照设定的分析策略进行视频取流、视频抽帧、算法模型调用、算力资源启停、告警预警和事件关联数据存储等功能。

（3）业务智能化管理：针对冀东油田公司职责管辖范围内视频分析预警信息接报处理、跟踪反馈和整改处置等安全管理需要，实现与板块级平台及管理层的联通，重点完成预警结果信息记录、整改处置信息和基础数据维护等功能。

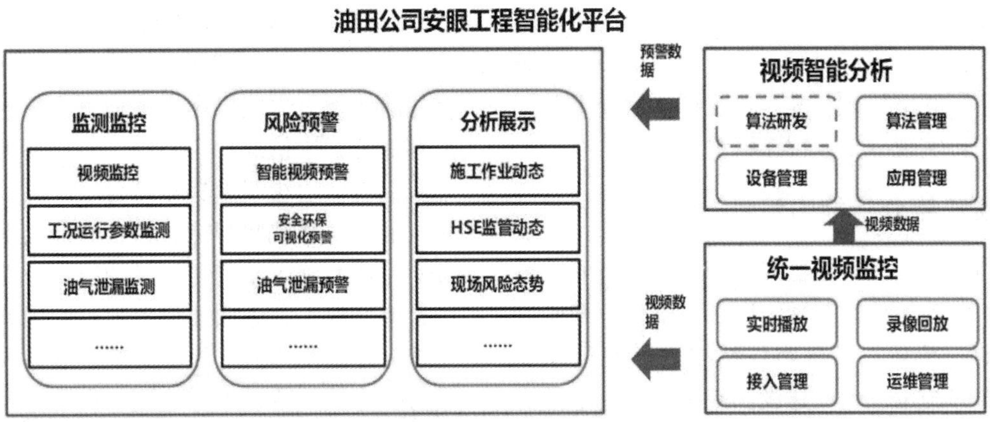

图 1　“安眼工程”智能化平台总体架构图

3　统一视频服务设计

目前冀东油田公司各视频监控平台主要建设厂商为海康、宇视等品牌，其中绝大部分为海康。对于各视频监控平台，由于建设时由各二级单位自行设计建设，监控人员只能通过各监控平台监控所属的视频监控点位，无法实现各监控平台间的信息共享，同时视频监控点仅覆盖关键生产工艺、重点厂区，部分阀组间、加药泵房等场站区域存在视频监控盲区，降低了监控系统的高效性，增加了监控系统的管理成本。

本文针对视频监控系统的现状，提出建设基于统一软件架构的视频服务管理，汇聚试点区域视频监控，对前端的运行、业务、设备等进行管理，满足集中管理、分层查看、分级监督的需求。同时确保系统的可扩展性和兼容性，保障后期可接入油田全部生产单位视频。其架构设计可见图 2 所示。

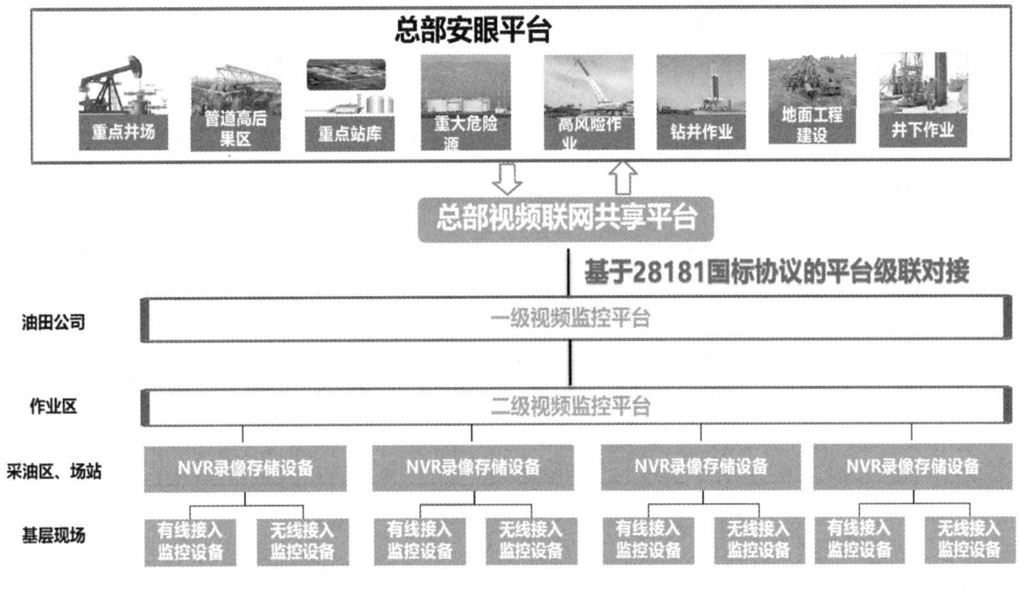

图 2　统一视频服务架构设计

根据油田公司网络情况综合考虑，统一视频服务部分采用分布式存储模式设计。按照油田公司管理层级，分别在作业区建设二级视频监控平台、在油田公司建设一级视频监控平台，分布式数据存储管理。平台满足公司相关管理部门以及监督中心等监管单位随时调取现场视频实时查看。

统一视频服务利用视频汇聚技术对接试点区域视频监控平台、专业领域视频监控集成平台等视频平台，采用国标级联方式实现现场设备目录及视频通道联网接入，并且可支撑接入安眼总部应用子平台实现分专业视频调看。

4　视频智能分析能力设计

视频智能服务主要针对视频智能分析能力进行建设，实现对建设范围内所有风险作业智能分析能力的全覆盖，具备对场站内进行的风险作业、检维修施工、地面建设等施工作业违章行为的智能分析、告警及事件存档等功能，解决人工远程监控效率低下，问题易遗漏，发现不及时的困境。主要包括：

（1）生产场站的视频智能分析能力，通过预设不安全行为及状态模型，系统自动进行智能分析和主动识别，对监测到的不安全行为及状态及时告警，以系统智能识别报警替代人工重复巡检；

（2）施工现场的高风险作业智能管控能力，定制开发算法模型，对吊装、动火、高处作业中的不安全行为进行智能识别，并及时推送至相关管理人员，提升施工现场的安防管理水平。

4.1　视频智能分析部署方式

视频智能分析部署方式分为中心级部署方式和边缘级部署方式，本文根据网络传输情况、数据存储方式等情况综合考虑，设计部署方式为中心级部署与边缘级部署相结合。

通过部署视频智能分析中心节点服务，提供针对生产、施工、管道场景的智能分析能力，用作检维修施工、地面建设等项目的视频监督，采用统一拉流至作业区级中心节点的方式，针对人员劳保穿戴规范、烟雾检测、火焰检测、漏液检测、外来入侵检测、打电话检测、吸烟检测、人员异常倒地监测等不安全状态或行为进行集中分析处理。同时前端点位部署作为能力补充，在前端监控点位分布式部署 AI 智能分析设备（AIbox），进行本地视频智能分析，结果上传至中心平台统一存储。

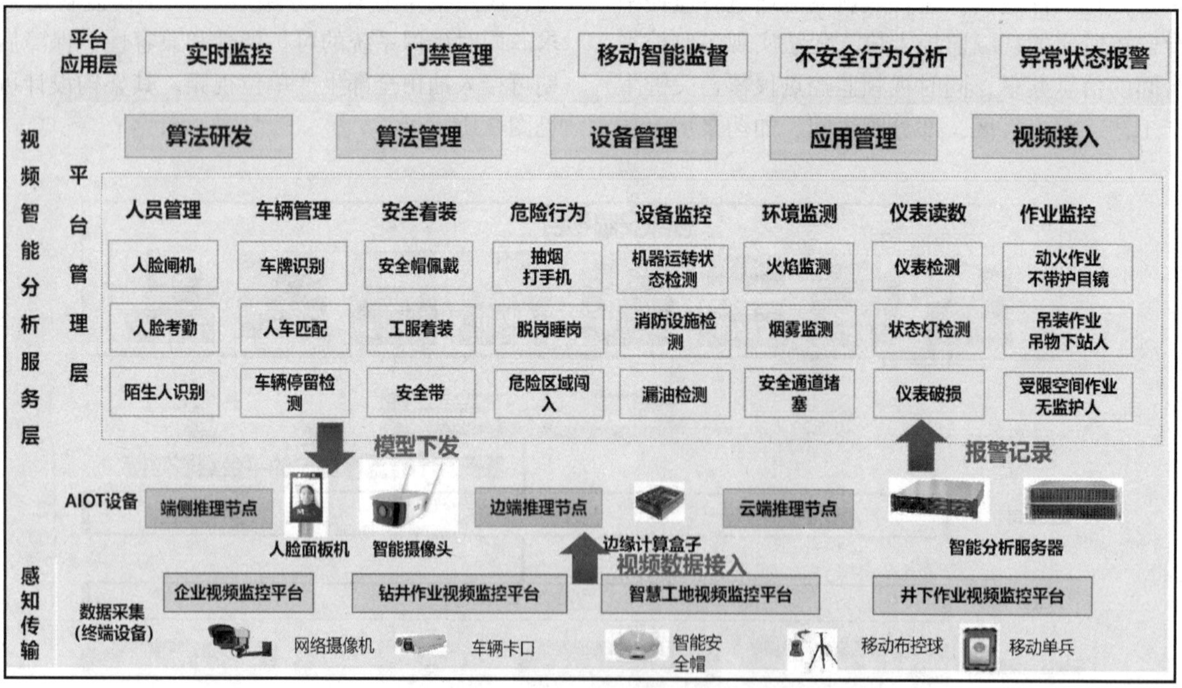

图 3　视频智能分析中心节点服务架构设计

视频智能分析中心节点服务可提供智能分析能力管理调度、算法管理、设备管理等功能。AI 智能分析能力管理调度模块实现 AI 能力管理，包含 AI 算法模型管理、资源分配调度、模型调度分发等功能。需部署容器化管理服务器、数据库服务器、检索服务器和应用服务器，实现统一的设备管理、AI能力(算力、模型)管理、数据订阅管理和可视化运营功能，并提供统一的能力封装接口，供第三方调用。

此部署方式优势在于通过前端部署AI分析能力，降低对实时拉流的网络带宽需求，减少无线流量费用，实现关键信息的统一管理。同时中心级部署又保障了算法能力的统一管理和扩展的灵活性。

4.2 视频智能分析算法模型

目前，智能视频分析技术主要包括图像分析技术、视频处理技术、智能控制技术和大数据应用技术等。其中，图像分析技术是智能视频分析的核心，该技术主要包括目标检测、目标跟踪、行为理解和行为分类四个方面；视频处理技术是基于视频流媒体的数字图像处理技术，该技术主要包括视频解码、图像处理和图像存储三部分；智能控制技术是在计算机视觉基础上，结合人工智能的相关算法，实现对视频流媒体的分析和处理，包括目标检测、目标分类和行为理解；大数据应用是基于智能视频分析等相关技术，结合油田生产实际情况，实现对油气生产现场各类信息的集成管理和分析，包括人员管理、设备管理、环境监测等。其中，目标检测是智能视频分析的基础，该技术主要包括目标检测算法和图像预处理算法两部分。

智能视频分析技术的核心算法有多种，本文中采用的是基于深度学习的目标检测与识别算法，主要算法以YOLO系列为基础，采用了目标检测、目标分割、运动估计、运动跟踪等多种技术，且在特征提取上融合了多种算法的优势。本算法适用于多种场景，如交通场景、油田场景、监控场景等。该算法不仅可以解决视频监控中的一些目标检测问题，同时可以对视频中的异常行为进行识别与检测。本算法对视频中的行人、车辆等运动物体有较好的识别能力，对特殊动作(如走路不看路、翻栏杆)也有较好的识别能力。该算法适用于智能视频监控中的异常行为检测，如翻越护栏、抽烟等行为。

在视频监控系统中，可以针对不同区域使用不同的算法，以达到更好地管理和分析目的。该算法的特点是可以处理遮挡、光线变化等复杂场景，适用于各种视频监控场景。

油气生产作业现场环境复杂，监控设备成像质量低、训练样本量少，正负样本类别不均衡、目标物体尺度差异大、施工作业现场视线遮挡干扰因素多、边缘侧计算资源有限等因素，都是影响油气生产作业视频智能分析技术应用的关键问题。本文结合现场实际需求，从复杂的安全监管业务问题抽象出AI分析场景，将需要实现的场景进行拆解梳理，充分考虑现场实际使用情况，设计了符合业务需求的13项智能视频分析识别模型，如表2所示：

表2　智能视频分析识别模型

序号	一级功能	二级功能	功能介绍
1	人员劳保穿戴规范	未佩戴安全帽检测	对识别区域内是否有人员活动进行实时监测，当检测到有人时，识别相应人员是否正确佩戴安全帽。识别到未穿戴情况则输出则发出报警至智能分析平台
2		未穿工服检测	对识别区域内是否有人员活动进行实时监测，当检测到有人时，识别相应人员是否正确穿戴工服。识别到未穿戴情况则输出报警信息至智能分析平台
3	生产环境检测	烟雾识别	对识别区域内是否有烟雾进行实时监测，如在区域内检测到烟雾图像特征，则发出报警至智能分析平台
4		火焰识别	对识别区域内是否有明火火焰进行实时监测，智能分析生产井站内的图像信息，如在区域内检测到火焰图像特征，则发出报警至智能分析平台
5		漏液检测	对识别区域内是否存在漏油进行实时监测，如在区域内检测到油体泄漏，则发出报警至智能分析平台
6		监控画面遮挡识别(蜘蛛网、人为)	对监控画面是否存在人为进行遮挡、对墙或对地照射进行实时监测，如在监控画面内检测到由遮挡造成画面全部或部分全白或全黑，则发出报警至智能分析平台
7		消防设施检测	对识别区域内是否存在未按要求防止消防设施进行实时监测，如在区域内检测到没有灭火器等消防设施，则发出报警至智能分析平台

续表

序号	一级功能	二级功能	功能介绍
8	周界警戒	外来入侵检测	对识别区域是否存在人员异常闯入行为进行实时监测，如在区域内检测到人员入侵行为，则发出报警至智能分析平台
9	行为规范	吸烟检测	对识别区域是否存在人员吸烟行为进行实时监测，如在区域内检测到人员吸烟行为，则发出报警至智能分析平台
10		打电话检测	对识别区域是否存在人员打电话行为进行实时监测，如在区域内检测到人员打电话，则发出报警至智能分析平台
11		人员脱岗检测	对监控中心等需要人员值班区域是否有值班人员离开工作岗位进行实时监测，如在区域内检测到人员离岗行为，则发出报警至智能分析平台
12		绝缘手套佩戴检测	对配电室等涉及带电操作的场景，识别操作人员在触摸配电柜时是否已佩戴好绝缘手套，如在区域内检测到未佩戴绝缘手套，则发出报警至智能分析平台
13	人员守护	人员异常倒地检测	对识别区域是否存在人员异常倒地行为进行实时监测，如在区域内检测到人员倒地行为，则发出报警至智能分析平台

5　业务智能化管理

业务智能化管理主要为满足视频分析预警信息接报处理、跟踪反馈和整改处置等安全管理需要，建立告警管理、预警处置、问题闭环处理、统计分析等业务功能。

（1）告警管理

实现对告警提示消息的管理配置，如系统提示声音、短信等。实现告警的自动处理、告警通知、告警手动确认、告警手动清除、告警查询以及告警派单的处理功能。

（2）预警处置

实现对告警工单流程的配置管理，集成监督助手、应急广播等系统，增强对告警工单或故障工单的闭环处理功能，实现系统内故障工单的流转和归档操作。

（3）问题闭环处理

针对告警、预警信息，实现与原有自建系统数据集成，智能识别到的图片作为问题图片，自动插入隐患排查与监督助手系统功能中，同时发送提醒信息给对应监督以及隐患排查人员，进行完善问题信息，形成有效的问题记录，问题记录按照隐患排查与监督检查工作流程，实现后续问题下发、问题整改、问题验证等相关工作。同时通过智能 AI 识别的违章行为，在隐患排查及监督系统中形成问题记录库，便于后续查询应用。

（4）统计分析

提供从告警类型、告警级别、告警源等多个角度对告警信息进行分析的功能。提供按照日、周、月等不同时间粒度的告警明细和统计报表，帮助维护人员定位故障频发点、故障多发时段，故障多发类型，分析故障发生原因。并提供针对告警处理的统计报表，使维护人员能够清晰地了解告警被处理的情况。

6　结论

本项目的研究和应用，可有效提升油气田生产管理水平和安全生产保障能力。项目实施后，在油气田生产现场可实现对安全风险的实时感知、风险预警与智能管控，建立完善的“事前预防、事中控制、事后恢复”的生产全流程管理模式，从而达到降低事故发生率、提高安全防范水平的目的。

该项目将人工智能技术应用于油气田安眼工程中，实现了视频图像智能分析处理，在油田安全生产过程中，可通过视频图像分析技术实现对重点区域的实时监测，在出现突发事件时可及时发现问题并进行处理，从而实现对现场突发事件的智能监控。本项目通过采用视频图像智能分析技术，实现了对异常行为、危险行为、自然灾害等事故的智能预警和应急处置。同时，结合油田公司智能安防一体化平台建设工作要求，进行了视频图像智能分析技术与油气田安全生产的深度融合。

参　考　文　献

[1] 赵学刚．视频监控智能分析技术应用分析[J]．中国安防，2015(19)：67-70.

[2] 杜春炜．智能分析的关键技术解析及新应用[J]．中国安防，2016(7)：67-70.

[3] 白晓楠．多相机情况下基于人脸的视频回溯系统［D］．西安：西安理工大学，2015.

[4] 宫杰．智能视频监控技术的问题与对策分析［J］．集成电路应用，2022，39(08)：156-157.

[5] 曹闯明．油气长输管道巡检中的智能视频监控技术［J］．油气储运，2018，37(10)：1192-1195；1200.

[6] 肖博舰，程健．油气长输管道巡检中的智能视频监控技术［J］．当代化工研究，2021(8)：44-45.

[7] 张星，陈逸，王立学，张金亚．油气行业智能巡检机器人应用现状综述［J］．中国设备工程，2021(23)：47-49.

[8] 蒋丰．采油井智能监控分析技术在油田视频监控中的应用［J］．中国安防，2014(10)：94-97.

[9] 宋一纯．长输油气管道安全影响因素分析及安全监控管理体系研究［J］．石油化工安全环保技术，2021，37(6)：16-19+5-6.

[10] 张光一，杨甲玉，惠宁．油气田智能化管理建设及其应用研究［J］．中国石油企业，2024，(4)：76-80.

基于 Logix5000 的膨胀压缩机防喘振控制浅析

王　春　李天生　曾　斌　武元刚　杨武华　吕永聪

[中海石油(中国)有限公司湛江分公司]

摘　要　详细介绍了某油气处理终端天然气制冷单元膨胀压缩机的防喘振控制系统的原理，组成和控制机制，选择 AB 公司的 Logix5000 系列 PLC 代替原来老旧的 FoxBoro 控制器，用比例控制和 PID 参数算法相结合，重新设计防踹振控制系统的算法和程序结构，将防踹振 PID 控制，手动控制算法相结合，通过踹振 PID 参数的在线优化，有效地实现了膨胀压缩机防喘振控制优化和设备升级。

关键词　ContrlLogix5000；防喘振；膨胀压缩机；算法

膨胀压缩机是天然气制冷单元的核心，防喘振控制系统是膨胀压缩机的重要组成部分，对保护膨胀压缩的安全运行有着举足轻重的作用。膨胀压缩机配置的 Foxboro 控制器是 90 年代产品，随着时代和技术的进步，其综合性能已经越来越不能满足现场生产实际要求。为解决原控制器的老化和综合性能落后的问题，该油气终端装置通过大量的调研和试验，决定采用 Logix5000 PLC 替代原来的 FoxBoro 控制器。

1　膨胀压缩机工艺流程设计流程与防喘振系统组成

1.1　膨胀压缩机工艺流程

压力 1.83MPa，温度-60℃的天然气进入膨胀端的进口，通过膨胀端膨胀做功后，得到压力 0.3MPa、温度-105℃的低温干气，低温干气去一级冷箱和二级冷箱冷却未分离的天然气，以分离出乙烷以上的较重组分，得到甲烷为主的天然气干气，再度进入膨胀端的进口，以此循环冷却。膨胀端会做功带动压缩端压缩之前换热升温后的干气去下游用户。由于其本身固有物理特性，天然气干气在压缩端压缩过程中会产生喘振现象，对设备产生严重破坏，因此需要安装防喘振控制系统，来达到抑制防喘振现象的产生。本文将就如何控制防喘振现象展开探讨。

1.2　反喘振控制器控制框图

FOXBORO 逻辑控制器(FIC-B440)通过控制压缩端进出口的旁通控制阀 FV-B440 达到防喘振的目的；压缩端进出口差压变送器 PDT-B440 测量压缩端进出口的差压，并将信号传送到 FIC-B440；同时流量变送器(FT-B440)检测压缩端进口流体的流量，也将信号传送至 FIC-B440。控制器 FIC-B440 对这两个输入信号进行比较，并通过输出一个信号控制旁通控制阀 FV-B440 的开度将此比率保持在预设定的范围内，从而避免压缩端进口流量过低，达到防止喘振的目的。

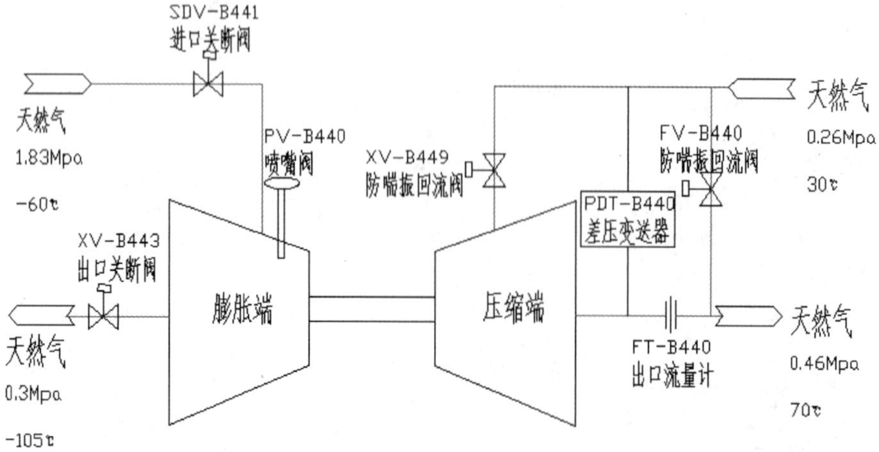

图 1　膨胀压缩机工艺流程

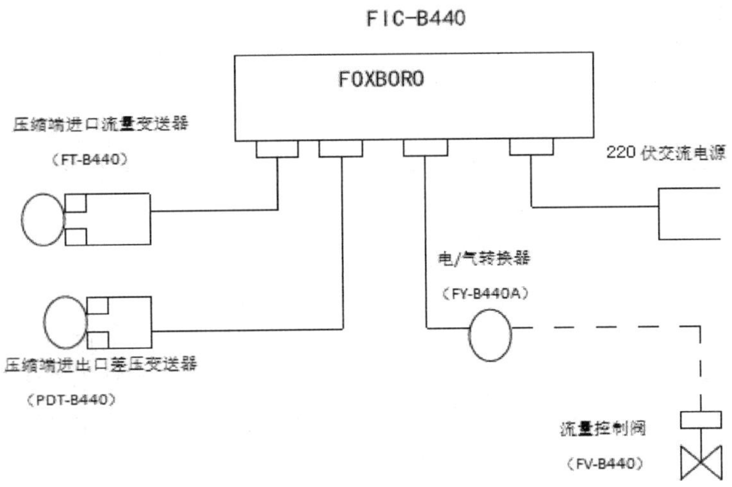

图 2　防喘振控制器控制框图

2　离心式压缩端喘振产生机理

一般而言，压缩端和设备之间存在制约关系，当流量变大时，会出现波动现象，气流传输脱离实际运行模式，增压轮内部会持续进行做攻运动，提升旋转速度，但由于在运行中，损耗大量能力，使得机身内压力降低，导致机器的端口部位压力降低，管网的网容量比较大，压力引起反应比较小，而且还会出现滞后现象，当管网系统压力数值过高时，会出现气体倒流问题。使得增压端压力逐渐上升，再次出现气流倒流现象，最终停止倒流，为了保障机器内部运行状态，增压透平膨胀机会自动进行供气，这时管网内的气流会逐渐增加，会发出喘气的声音，不断增加端口压力时，该机器会逐渐振动起来，对设备造成极大损伤，这种现象被称为喘振现象。

3　防喘振曲线分析

喘振是离心式压缩机的固有特性，产生喘振的原因首先得从对象特性上找。从图 3 中可见压缩机的压缩比 P_2/P_1 与流量 Q 的曲线上都有一个 P_2/P_1 值的最高点。在此点右面的曲线上工作，压缩机是稳定的。在曲线左面低流量范围内，由于气体的可压缩性，产生了一个不稳定状态。当流量逐渐减小到喘振线时，一旦压缩比下降，使流量进一步减小，由于输出管线中气体压力高于压缩机出口压力，被压缩了的气体很快倒流入压缩机，待管线中压力下降后，气体流动方向又反过来，周而复始便产生喘振。喘振时压缩机机体发生振动并波及到相邻的管网，喘振强烈时，能使压缩机严重破坏。

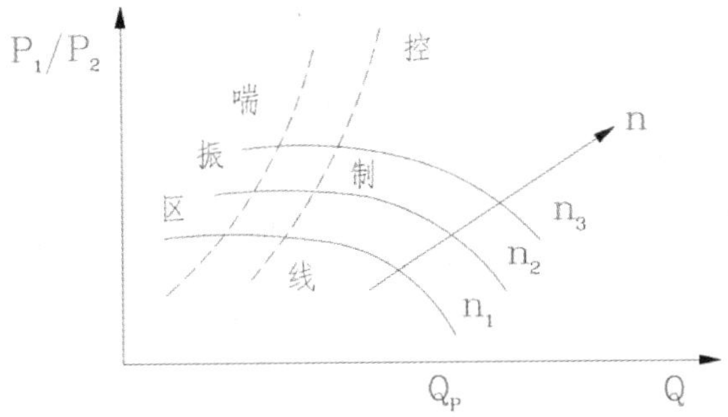

图 3　喘振曲线图

4　防喘振自控系统的可行性分析

为使压缩机安全有效和经济运行，在低负荷下操作时，其气量应始终保持在喘振区右边并留有一定的安全裕量，一般控制线位于超过喘振极限流量的 5%～10% 之处。只要保证压缩机吸人流量大于临界吸入量 Q_P，系统就会工作在稳定区，不会发生喘振。即在生产降负荷时，须将部分出口气体，经出口旁路阀返回到入口或将部分出口气放空，但是如果旁通回路倒回入进口的气体越多越能避免喘振发生，但是这样出口增压的效率会降低，而且回流越多，效率越低，违背了增压的初衷，因此保证需要既防止喘振，又保证增压效率，必须使系统工作在稳定区，并且需要根据实际计算出最佳方案即防喘振算法。

5　防喘振的实现方法

目前，常采用两类防喘振方法，即固定极限流量（或称最小流量）法与可变极限流量法。

5.1 固定极限流量法

固定极限流量的防喘振控制系统，就是使压缩机的流量始终保持大于某一定值流量(图3中的Q_P)，从而避免进入喘振区运行。此法优点是控制系统简单，使用仪表较少。缺点是当压缩机转速降低，处在低负荷运行时，防喘振控制系统投用过早，回流量较大，能耗较大。

5.2 可变极限流量法

在压缩机负荷有可能通过调速来改变的场合，因为不同转速工况下，极限喘振流量是一个变数，它随转速的下降而变小，所以最合理的防喘振控制方法，应是留有适当的安全裕量，使防喘振调节器沿着喘振极限流量曲线右侧的一条安全控制线工作，这便是可变极限流量法。

6 基于 Logix5000 的防喘振控制器的解决方案

6.1 Logix5000 防喘振控制的主要机制

喘振图说明：

(1) 喘振图中纵坐标为压比，横坐标为入口压力补偿后的流量差压。

(2) 红色线是喘振线，绿色是控制线。

(3) 绿色十字点表示实际工作点，随实际的流量压差及出入口压比而移动。

(4) 黄色十字点表示盘旋控制点。

① 控制线移位(安全裕度重校)

如图4所示，如果系统检测到工作点越过喘振线，表示喘振已经发生，喘振控制线将被自动右移一个校准量，即增加安全裕度。系统可设置每次增加的校准量为一个固定值或一个比例值。

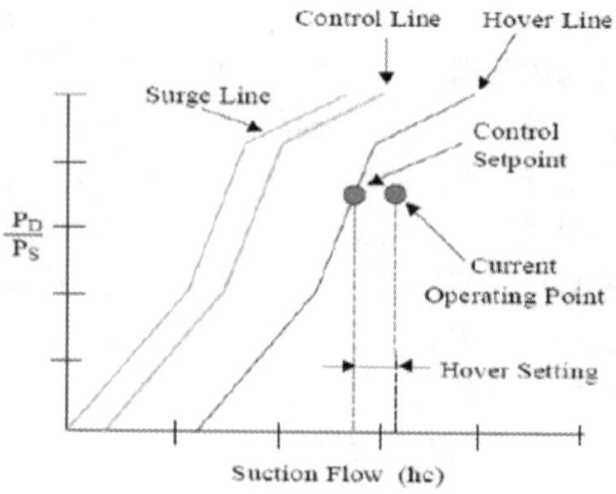

图4　喘振图

② PI 控制

最基本的防喘振控制采用PI控制(比例积分控制)，它将所测得的实际值与设定值进行比较后，进入比例积分控制过程。

③ 设定点跟踪

当压缩机的工作点在喘振控制线右方(安全区域)时，防喘振控制器的设定点位于实际工作点的左侧，并与实际工作点保持一定的跟踪距离。

④ 非对称响应

防喘振调节阀的过快关闭容易使压缩机进入喘振，为了消除这种不希望的操作工况，控制器中有一个阀门关闭速率限制器，在开阀时则没有这一限制，这样就能使防喘振阀达到快开慢关的目的。

⑤ 纯比例控制

系统有一个纯比例控制，独立于正常PI作用，可强制打开防喘振阀。如果由于工艺过程出现紊乱，工作点移到控制线左方，而正常的PI整定无法提供足够快的响应时，纯比例控制将起作用。

6.2 Logix5000 防喘振控制模式

PLC Logix5000控制系统同通过控制压缩端进出口的旁通控制阀FV-B440，达到防喘振的目的。PLC系统采集压缩端进出口差压变送器PDT-B440的差压、采集压缩端进口流量变送器(FT-B440)检测的流量，PLC的PID回路FIC-B440对两个输入信号进行比较，并按一定算法运算，运算值去控制旁通阀FV-B440的开度，以达到压差与流量的关系在规定的范围，最终达到防止喘振的目的。

6.2.1 自动控制模式下的算法

算法是自动控制模式的核心，此控制系统在自动模式下，压缩端旁通阀开度控制由PLC的PID回路(FIC-B440)根据压缩端进出口压差与压缩端进口流量的关系决定。此关系为整个控制系统的核心算法，是通过大量工程试验得出的常数和彼此之间的关系，要防止膨胀机喘振，压差与流量的关系应满足以下的算法关系(该算法是通过实验得出膨胀机本身固有的特性)：

$$FT\text{-}B440>(PDT\text{-}B440\times0.382+C_1)\times K_1$$

式中　FT-B440为压缩端进口流量；PDT-B440为压缩端进出口压差；C_1为常数因子，经验值为1.3，可通过触摸屏界面设置；K_1为比例因子，经验值为62.2，可通过触摸屏界面设置。

从上述算法的关系式中可以得出：只要FT-

B440 足够大(相比 PDT-B440 而言)，膨胀机就可以避免膨胀机发生喘振现象，但通过打开压缩端旁通阀 FV-B440 的开度来增大压缩端进出口流量虽然可以避免喘振，但过多的气体回流也降低了膨胀机的工作效率，所以需要将 FV-B440 调节到一个合适的开度。

6.2.2　手动模式的控制

手动模式可分为两种，第 1 种为全手动控制，它允许忽略喘振控制器的作用而关闭防喘振阀。这种方法在起步和测试阶段很有用，但不能作为常规操作。如果系统被置于全手动操作，喘振控制器将无法开阀来避免喘振，只能通过改变手动操作值来操作。第 2 种为限权手动控制(部分手动)，至阀门的最终输出是由手动操作值与控制器的输出值进行高选后得出。

在手动控制时，若要关阀，输出值会以一定的斜率(2%/s)变化至手动操作值，即在手动状态下也要实现阀门的快开慢关。在全手动时，防喘振控制的输出会跟踪最终输出值，以便实现手/自动无扰动切换。

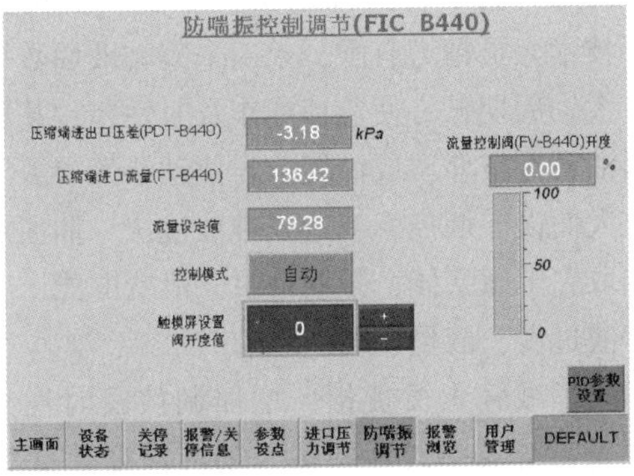

图 5　Logix5000 防喘振调节操作界面

手动模式下，操作员可直接旁通阀 FV-B440 的开度进行调节。调节方式通过触摸屏界面中手动设定进行。

界面操作按钮及数据显示介绍：

控制模式(按钮)：PID 控制模式选择按钮，弹出 PID 手/自动模式选择画面，如下图所示。

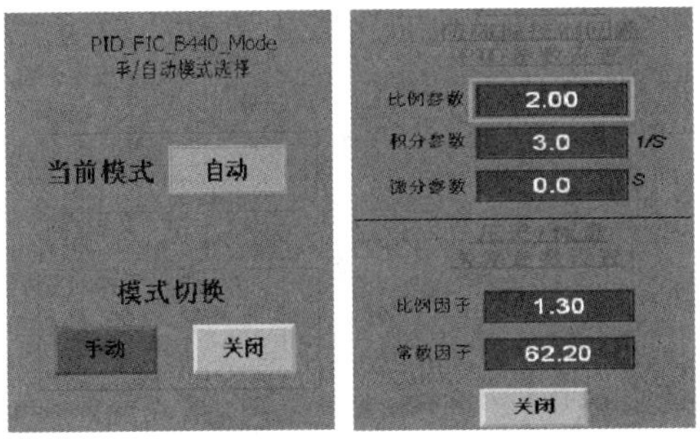

图 6　Logix5000 防喘振参数设定界面

流量设定值：PID 回路的流量设定值是压缩端进出口压差 PDT-B440 经过算法 1 计算得出。

压缩端进口压差：实际压差测量值。

压缩端进口流量：实际流量测量值。

手动控制时阀开度来源：显示手动模式下阀开度调节信号的来源。

触摸屏设置阀开度值：设定手动模式下当前触摸屏设定的阀开度值。

阀开度手动设定值：显示手动设定值来源，实际的手动模式下阀开度设定值。

流量控制阀(FV-B440)开度：实际流量控制阀开度显示。

PID 参数设置：按下该按钮，弹出 PID 参数的设置。

7　结束语

防喘振控制系统是膨胀压缩机的重要组成部分，关系到整个膨胀压缩机安全运行。FoxBord 控制器升级为 Logix5000 控制器后，大大增加了系统的可靠性和可维护性，人机界面更加友好，更加方便操作人员和维护人员的操作、维护。

参考文献

[1] 田春波．离心式压缩机的防喘振控制[J]．石化技术，2007.2.

[2] 徐英．离心式压缩机的防喘振调节及应用实例[J]．石化技术，2005.2.

基于动液面变化智能调参采油技术应用

薛胜东　宋俊述　常　波　王庆锋　李建设　孙柏东

（中国石化胜利油田分公司）

摘　要　随着对石油的连续开采，部分油井已进入开采的中后期，油层压力不断衰减，供液能力逐渐减弱，依靠人工监测调控机采参数的及时性差，造成油层供液能力与抽油泵排液速度不匹配、供排关系不平衡、机采系统效率低等问题。研究基于动液面变化智能调参采油技术，主要包括智能监测系统、中心监督系统、自动保护系统、自动报警系统的研究设计。该技术系统以监测动液面深度为核心，根据实时自动监测的动液面深度参数，自动识别并判断油层的供液能力情况，灵活实时自动调控抽油机的电机频率，改变抽油杆上下往复冲次，使抽油泵排液速度与油层供液能力相符合，实现产液量的供排平衡，提高机采效率。现场应用效果显著，与投产初期对比抽油泵泵效提高 11.4%，日产液量提高 0.5t，日耗电量下降 21.1%，节约 60kW·h。基于动液面的智能调参采油技术能够适合现场实际应用需求，实现智能自动调控生产，可以有效解决现场井数多、偏远分散、技术人员精力不足、管理困难等实际问题，能够有效提高机采系统工作效率，达到节能减耗、降本增效的目的。

关键词　动液面；智能调参采油；抽油泵调频；供排平衡；节能增效

1　前言

目前，抽油机是应用最普遍的石油开采机械之一，也是油田耗电大户，其用电量约占油田总用电量的总体效率很低。随着对石油的连续开采，部分油井已进入开采的中后期，一些油井就会出现井下供液不足的现象，这一现象将会打破原抽油设备设计的高效稳产状态。这部分井的抽油机正常工作时多是以轻载运行，有时还会出现不同程度的“泵空”，甚至会出现空抽现象，造成所谓的“大马拉小车”现象。资料表明：有30%以上的供液不足井在50%~80%的运行时间内处于空抽状态。空抽首先会造成电能的大量浪费；其次由于抽油设备长期连续运行，机械损耗大、加速设备老化，随之也增加了维护费用和停机维修时间；更严重的情况下会由于液击而导致抽油杆的断裂等严重事故。

为了使抽油机井在生产全程中都能保持在一个较高的机采效率状态下稳定工作，必须保证抽油泵的排液能力与油层供液能力相互匹配，维护抽油泵供排关系平衡，才能稳定泵效，使生产顺利进行。

以往通常采用人工操作的方式，根据手动测试的油井动液面参数，调控抽油机频率转速来提降抽油杆上下往复冲次，从而维持抽油泵供排平衡。但是，由于目前抽油机井数多，且位置分散，技术人员精力有限，人工采集动液面数据工作量大、周期长，使监控操作及时性差，甚至时常因油套环空介质成份复杂，使动液面参数测试误差大而误导调控，或造成排液过快，抽油泵无功抽取，干摩泵体，频繁检泵，浪费电能；或造成排液过慢，液量积压，影响产量。

为了减轻人员负担，增加调控及时性，提高机采系统效率，开展基于动液面变化的智能调参采油技术研究，通过实时监测动液面并智能调整抽油井工作制度，改变抽油机的冲程频次，达到上、下冲程间的平稳过渡，使油层供液能力与抽油泵排液速度相匹配，从而提高泵充满系数及排量系数，达到节能、增产、无级调速的效果。

2　智能调参采油基本工作原理

抽油机智能调参采油技术是集自动化技术、通信技术和计算机信号处理技术相结合。主要通过在线实时监测油井动液面参数作为调控依据，分析油井的运行情况，从而指导调整抽油机的相关抽汲参数，实现抽油机井的闭环控制及抽油机井合理协调运行。其控制模型如图 1 所示。

通过载荷和位移传感器，实时获取抽油机的地面示功图数据，根据波动方程计算井下泵功图，智能提取泵功图特征，实时诊断和确定泵的运行状况，进而计算动液面参数。

预先设置固定合理的动液面参数后，通过实时监测动液面高度动态变化，对抽油机变频电动机进行自动变频控制调频，近而调节抽油杆带动抽油泵内活塞的上下往复冲次数。当动液面高于设定值，油层供液能力强，抽油机电机增频率提冲次，加速泵体排液速度；当动液面低于设定值，油层供液能力弱，抽油机电机减频率降冲次，减慢泵体排液速度。使抽油泵始终在理想的供液能力范围内高效排液工作。

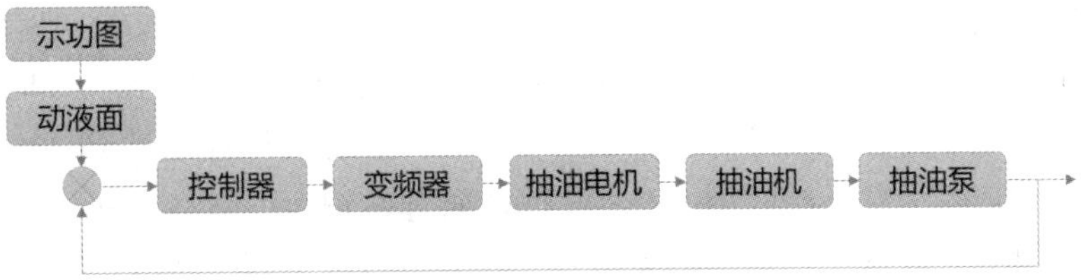

图 1　抽油机闭环控制模型

3　智能调参采油主要工作系统

3.1　动液面在线监测子系统

智能调参采油的关键参数是动液面，动液面是油井生产稳定时，油管与套管之间的环形空间内的液面，油井通过动液面计算抽油泵沉没度和井底流压，依据动液面变化制定油井工作制度。动液面反应油井地层供液能力的强弱，地层供液能力是决定油井产量和持续性的关键性因素，其准确程度直接决定了智能调参采油技术能否成功应用。

示功图测试仪主要由位移传感器、载荷传感器、单片机处理器、无线单元等部件组成。通过位移传感器和载荷传感器，按照预先设定好的固定间隔时间，定期定时测试抽油机光杆位移与悬点载荷，同时将数据输送给单片机处理器完成数据处理及信号转换，再通过无线单元把数据输传给智能控制柜采集数据终端。

动液面计算模块实时读取示功图数据及油井其他生产数据，根据波动方程计算井下泵功图，智能提取泵功图特征，实时诊断和确定泵的运行状况，进而计算动液面参数，实现动液面在线实时监测。通过现场试验，动液面计算结果准确度在 92% 以上，满足动液面精度及应用要求。

3.2　优化控制箱

优化控制箱主要由 RTU、控制模块、变频器、电参模块及通讯模块。当 RTU 接收到动液面的测试数据或示功图测试仪的数据后，进行分析计算处理变换并储存。

电参模块按设定时间定期测试电动机电参数据，并传给 RTU 储存。RTU 可将数据和功图显示出来供技术人员查看。RTU 定期会将数据转换成信号传递给通讯模块，通过无线信号传输给中心控制系统。通讯模块接收到中心控制系统的管控命令后，传递给 RTU 将数据转换输传给控制模块，由其根据命令灵活调动变频器，进而控制抽油机上电动机自动改变抽油杆上下往复冲次，带动抽油泵内活塞运动速度与泵腔内进液速度相互匹配，达到最大泵效。

3.3　中心处理系统

中心处理系统的核心是数值处理中心，它包括动态数值交换机制、自动分析控制软件、动液面计算软件、数据库和网页显示软件。

首先动态数值交换机制获得采集数据后，转储存至数据库内，动液面在线监测软件从数据库内提取需要的各种数据并分析计算，将动液面计算结果储存到数据库中。自动管控软件依据得到的多种参数和动液面设计值做数据筛选，将命令传递给动态数值交换机制，动态数值交换机制将数值信号变换成控制指令下发给优化控制箱内通讯模块。

3.4　自动保护系统

自动保护管控系统由断路器、交流接触器、热继电器、中间继电器等组成。变频运行过程中出现故障自动切换工频运行，保护自身变频器；

当外接电网出现大电压、大电流时，主开关跳闸，切断整个供电线路，保护整个设备；当电源电压下降或瞬时停电时，直流母线电压会下降，变频器通过降低输出频率，使电机转速降低，负载的惯性能量回馈到直流一侧，维持直流电压高于欠压动作值，避免因欠压而停机；当电机带有大惯性负载并快速停车时，或在运行过程中由于负载突变等原因引起短时再生制动时，变频器的直流母线电压会上升，通过调整输出频率和自动延长减速时间、降低制动转矩，以控制直流母线电压的稳定。

3.5 自动报警系统

为了防止出现特殊异常状况，增加了自动报警功能，随时监测油井状态变化。对于达到运算出错、基本参数输入有误，以及实际泵效位于参数过大区域、位于参较小区域、位于待落实区域、位于断脱漏失区域内等等；或者井口温度、压力、动液面、冲次、套压以及电机电流最大实际载荷超过规定范围；或者串口设备通信、变频器、电度表读取等参数出现故障；或者出现抽油杆断杆、管漏和卡泵等特殊情况出现时，自动报警。同时调整油井相关参数，减小损失。不同情况有不同的报警等级，根据等级，对采油系统设备进行自动控制保护。

4 现场试验应用

实施智能调参采油技术，对油井生产动态实时监测，依据动液面变化，自动智能变频调速，改变抽油杆冲次，实现抽油泵供排平衡，提高泵效。下面例举 DXY11X172 井作为典型应用试验井，进行智能调参采油效果跟踪分析。

4.1 试验井情况简介

以某管理区 DXY11X172 井为实例，开发目的层为营 11 中下，生产井段 3143~3147m，安装智能调参采油设备前，地层能量差，长期供液不足生产，累采水 59575t，累采油 26565t，地下存水 17119t，地层亏空 9446t，阶段油汽比 0.31，阶段采出程度达到 42%。因油井距离中心管理站较远，绕路距离大约 2300m，且与其他井分布较为分散，人工定期监测并操控能力有限，时常管控及时性差。

4.2 应用效果分析

安装智能调参采油系统前，该井泵深 2200 米，在生产中人工测试动液面高度在 1950-2100m 波动，供液能力差，人工调频设定低冲次在 1.8 次抽，因工作人员疏于管理，没能及时监测调控参数，冲次太快，油液入泵时间不够，造成泵效低。采液量仅 4.4t/d 左右，泵效仅 19.1%左右。研究决定安装智能调参采油系统，并设定自动控制动液面高度为 2000m。系统自动监测动液面高度，并依据实时监测的动液面高度自动调整抽油机电机频率，进而自动调整抽油杆冲次。

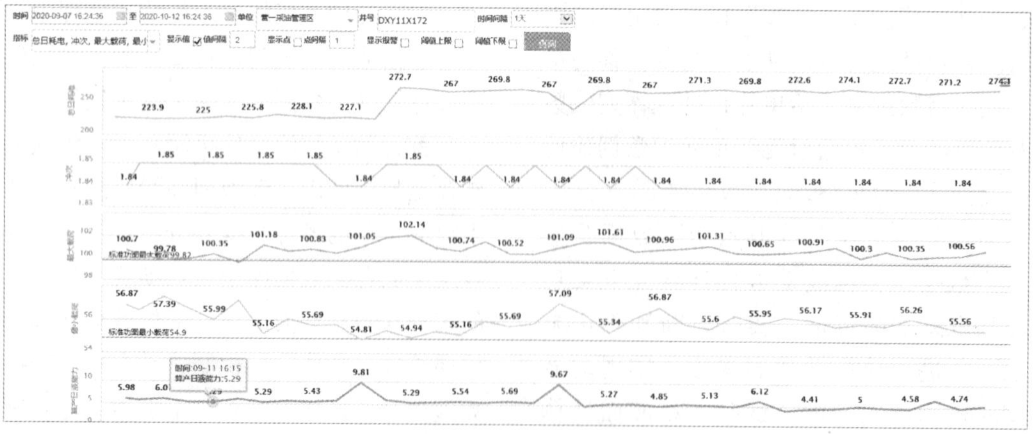

图 2　智能调参前的生产曲线图

安装智能调参采油系统后，阶段生产 120 天对比发现，实施后在线监测的动液面数据与实施前人工监测的数据对比，误差不大，基本吻合，曲线变化显示基本符合实际液面变化规律，动液面数据由 1950~2100 左右波动变至至周期末的 2000m 左右稳定，系统能够依据动液面的变化自动调节抽油机电机频率，调整抽油杆冲次从最初的1.8次抽自动逐渐降至最后的1.4次抽，日产液量也由最初的4.4t/d升至最后的4.9t/d左右，泵效由最初的19.1%左右升至最后的28.8%左右；日耗电量从285kW·h降到225kW·h。

另外，通过实施智能调参采油技术，降低冲次能有效降低因泵体损耗而检泵、检杆等作业费用，节约电能，避免抽油机系统及电能的无效损耗和浪费。可见，智能调参采油技术系统，完全可以替代人工手动操作管控调节采油，不但能够提高系统效率、节能降耗、增加经济效益，而且完全适应现场实际生产需求，保证开发平稳顺利进行。

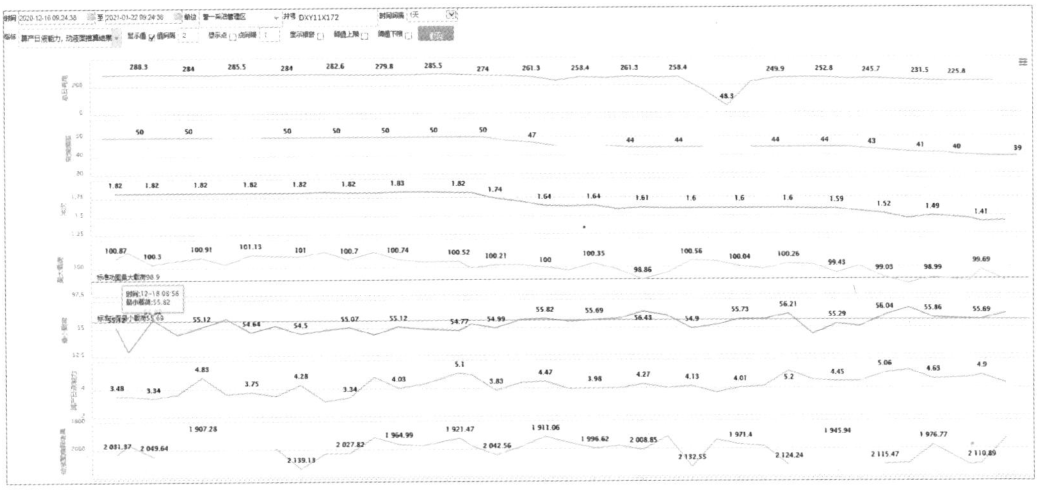

图3　智能调参后的生产曲线图

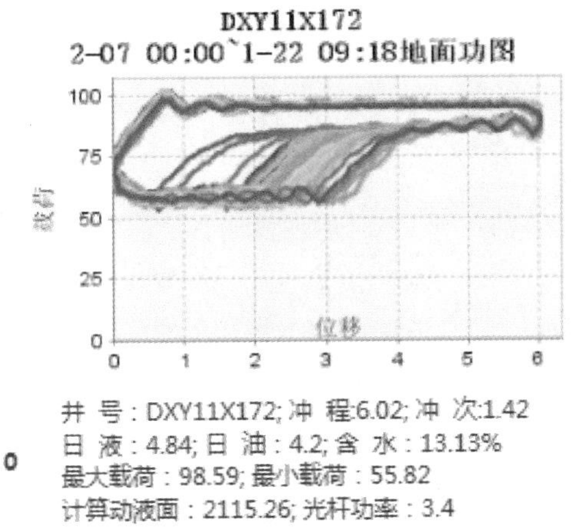

图4　智能调参后示功图变化

5　结论

基于动液面的智能调参采油技术系统，设计合理，能够通过多种传感器，同步在线实时监测油井动液面深度及悬点载荷等数据参数的动态变化，并测算油井供液能力，自动调整抽油机电机频率转速，维持抽油泵供排平衡，避免泵体抽空干摩损耗泵体及机采系统，有效提高泵效和产量。

通过现场应用表明，基于动液面的智能调参采油技术完全适合现场实际应用需求，实现智能自动调控生产，可以有效解决现场井数多、偏远分散、技术人员精力不足，管理困难等实际问题，既能有效节省大量人力资源，提高工作效率，又能提高机采系统效率，节省能耗，降本增效，实现数字化高效管理，提高油田现代化管理水平，为油田早日实现自动化和信息化生产管理奠定了技术基础。具有良好的推广价值和应用前景。

参 考 文 献

[1] 仇治学．基于示功图分析的有杆泵抽油井故障诊断方法研究[D]．东北大学，2011.6.

[2] 孙东，崔晓霖，齐光峰，等．基于动液面连续监测的油井间开优化方法[J]．石油石化节能，2012(8)：1-2.

[3] 杨利萍．用示功图计算抽油机井动液面深度[J]．石油地质与工程，2010.9，5(3)：154-159.

[4] 李伟强．基于STM32的智能调参采油控制系统[J]．信息记录材料，2018(1)：218-219.

[5] 陈志军．基于动液面的智能调参采油控制系统[J]．科技资讯，2001(12)：58.

[6] 杨志，蔡龙浩，胡茜茜，等．井下泵功图获取动液面深度的计算方法[J]．石油地质与工程，2013(3)：139-141.
[7] 闫贵堂．动液面连续监测技术在间抽油井上的应用[J]．石油工程建设，2012.10，5(4)：54-59.
[8] 张海浪，李苹．功图计算动液面的方法初步研究和应用[J]．青海石油，2007.06，6(1)：89-96.
[9] 杨秀玲．抽油机井合理沉没度的计算[J]．科技与企业，2014.06，6(2)：74-79.
[10] 王伟伟．水平井基于动液面变化智能调参采油技术应用[J]．中外能源，2019，24(07)：49-53.
[11] 魏佳超，田新民．新型动液面测试设备的试验与应用[J]．设备管理与维修，2011.09，3(3)：88-94.
[12] 何建中．抽油机在线监测及自动控制技术研究与应用[J]．石油机械，2012(2)：51-53.